BIOQUÍMICA

2ª Edição

Valter T. Motta

Professor Titular de Bioquímica de 1972 a 2008
Universidade de Caxias do Sul

EDITORA CIENTÍFICA LTDA.

BIOQUÍMICA – 2ª Edição
Direitos exclusivos para a língua portuguesa
Copyright © 2011 by
MEDBOOK – Editora Científica Ltda.

Nota da Editora: O autor desta obra verificou cuidadosamente os nomes genéricos e comerciais dos medicamentos mencionados; também conferiu os dados referentes à posologia, objetivando informações acuradas e de acordo com os padrões atualmente aceitos. Entretanto, em função do dinamismo da área de saúde, os leitores devem prestar atenção às informações fornecidas pelos fabricantes, a fim de se certificarem de que as doses preconizadas ou as contraindicações não sofreram modificações, principalmente em relação a substâncias novas ou prescritas com pouca frequência. Os organizadores e a editora não podem ser responsabilizados pelo uso impróprio nem pela aplicação incorreta de produto apresentado nesta obra.

Apesar de terem envidado o máximo de esforço para localizar os detentores dos direitos autorais de qualquer material utilizado, o autor e o editor desta obra estão dispostos a acertos posteriores caso, inadvertidamente, a identificação de algum deles tenha sido omitida.

Reservados todos os direitos. É proibida a duplicação ou reprodução deste volume, no todo ou em parte, sob quaisquer formas ou por quaisquer meios (eletrônico, mecânico, gravação, fotocópia, distribuição na Web, ou outros), sem permissão expressa da Editora.

Editoração Eletrônica: REDB STYLE – Produções Gráficas e Editorial Ltda.
Capa: Margareth Baldissara

CIP-BRASIL.   CATALOGAÇÃO-NA-FONTE
SINDICATO NACIONAL DOS EDITORES DE LIVROS, RJ

M875b
2. ed.

Motta, Valter T. (Valter Teixeira), 1943 –
  Bioquímica / Valter T. Motta. – 2.ed. – Rio de Janeiro: MedBook, 2011.
  488p.

  Inclui bibliografia
  ISBN 978-85-99977-66-8

  1. Bioquímica. I. Título.

11-1724.   CDD: 612.015
                        CDU: 612.015

28.03.11   29.03.11   025400

Editora Científica Ltda.
Rua Mariz e Barros, 711 – Maracanã
CEP 20.270-004 – Rio de Janeiro – RJ
Tel.: (21) 2502-4438 • 2569-2524
contato@medbookeditora.com.br
medbook@superig.com.br
www.medbookeditora.com.br

Dedicado a minha neta Ana Luiza que,
com sua alegria contagiante, está distribuindo
felicidade para todos que a cercam.

Apresentação

Diante dos extraordinários avanços nas áreas biomédicas, torna-se inviável um curso completo com toda a extensão da bioquímica em um nível que aparentemente satisfaria os alunos de graduação. Para o professor essa experiência mostra-se intimidadora por sua extensão e complexidade à grande maioria dos estudantes no seu primeiro encontro com a matéria. Além disso, para atingir esse intento, é imprescindível o emprego de livros-textos de estruturas mais complexas e mais densamente escritos e, frequentemente, comprometidos com a clareza de exposição e a organização necessárias para o curso em questão. Por outro lado, essa abordagem necessita de uma sólida iniciação em química orgânica e geral, além de físico-química e biologia, nem sempre presentes de forma apropriada na estrutura cognoscitiva dos estudantes de graduação, oriundos de diferentes cursos de segundo grau.

Amparado nessas dificuldades e concepções, retomam-se as questões básicas que assaltam todos os professores num país à procura de um caminho para o seu desenvolvimento: para que ensinar bioquímica nos cursos de graduação na área biomédica? O que ensinar? E como ensinar visando a uma aprendizagem significativa para que o aluno construa a realidade atribuindo-lhe significado?

Na tentativa de responder a essas questões em toda sua extensão e intensidade, ensinar o quê? Utilizando a experiência acumulada como docente, foi elaborada uma proposta fundamental de estudo que culminou com a estruturação de um livro-texto especialmente idealizado para a realidade brasileira, enfatizando a compreensão dos assuntos abordados, e não a simples memorização nos moldes *estímulo* e *resposta*.

A segunda edição do livro *Bioquímica* mantém inalterados os objetivos da primeira edição: desenvolvimento dos temas básicos da bioquímica em uma perspectiva moderna, utilizando, sempre que possível, os resultados de pesquisas recentes sem o excesso de detalhes que comprometam o interesse do estudante de graduação pela leitura. O texto prévio e o adicional da segunda edição introduzem, gradativamente, a linguagem bioquímica, com explanações e o significado dos termos para uma compreensão dos principais temas relacionados com as biomoléculas, reações e vias metabólicas.

Não posso deixar de agradecer à Profª Jovana Mandelli as sugestões dadas, aos colegas de departamento o constante incentivo, e aos alunos que, ao longo dos anos, têm me ajudado a crescer na carreira de professor. Agradecimento especial merecem Ricardo Guerra, pela elaboração de todas as ilustrações da obra, e Leonardo R. Motta, pela análise crítica de vários aspectos do texto.

Valter T. Motta

Sumário

CAPÍTULO 1
INTRODUÇÃO À BIOQUÍMICA 1

1.1	**Biomoléculas**	**2**
	A. Grupos funcionais das biomoléculas	3
	B. Estrutura tridimensional das biomoléculas	4
	C. Principais classes de biomoléculas	4
1.2	**Energia da Vida**	**9**
	A. Ciclo do carbono	10
1.3	**Vias Metabólicas**	**11**
1.4	**O Que as Vias Metabólicas Realizam?**	**13**
	A. Geração de energia	13
	B. Degradação ou catabolismo de moléculas orgânicas	13
	C. Síntese de precursores de macromoléculas	14
	D. Armazenamento de combustíveis	15
	E. Excreção de substâncias potencialmente nocivas	16
	F. Geração de substâncias reguladoras	16

CAPÍTULO 2
ÁGUA: O MEIO DA VIDA 19

2.1	**Estrutura da Água**	**19**
2.2	**Interações Não Covalentes**	**20**
2.3	**Propriedades Solventes da Água**	**21**
2.4	**Moléculas Anfifílicas**	**22**
2.5	**Osmolalidade e Movimento da Água**	**22**

2.6	**Ionização da Água**	**23**
2.7	**Escala de pH**	**24**
2.8	**Ácidos e Bases**	**25**
	A. Par ácido-base conjugado	26
	B. Equação de Henderson-Hasselbach	27
2.9	**Tampões e Tamponamento**	**28**
	A. Ácidos fracos com mais de um grupo ionizável	30
	B. Sistemas-tampões de importância fisiológica	30

CAPÍTULO 3
AMINOÁCIDOS E PROTEÍNAS 33

3.1	**Aminoácidos**	**33**
	A. Aminoácidos pouco comuns em proteínas	34
	B. Aminoácidos biologicamente ativos	34
3.2	**Titulação dos Aminoácidos**	**34**
	A. Titulação de aminoácido monoamino-monocarboxílico	36
	B. Titulação de aminoácido monoamino-dicarboxílico	36
	C. Titulação de aminoácido diamino-monocarboxílico	38
3.3	**Reações Químicas dos Aminoácidos**	**39**
	A. Ligação peptídica	39
	B. Oxidação da cisteína	40
3.4	**Peptídeos**	**41**
3.5	**Proteínas**	**42**
3.6	**Estrutura das Proteínas**	**42**
	A. Estrutura primária	43
	B. Estrutura secundária	43
	C. Estrutura terciária	46
	D. Estrutura quaternária	48
	E. Proteínas chaperones	48
	F. Dinâmica proteica	49
3.7	**Desnaturação e Renaturação de Proteínas**	**49**
3.8	**Peptídeos como Eletrólitos**	**50**

CAPÍTULO 4
PROTEÍNAS FIBROSAS E GLOBULARES 53

4.1	**Proteínas da Matriz Extracelular**	**53**
	A. Colágenos	53
	B. Elastina	56
	C. Proteínas de adesão da matriz extracelular	57
	D. Integrinas	57
	E. Proteínas de adesão celular (CAMS)	57
4.2	**Proteínas Globulares**	**57**
	A. Mioglobina	58
	B. Hemoglobina	59
	C. Anticorpos	63

CAPÍTULO 5
ENZIMAS: ESTRUTURA E FUNÇÃO 67

5.1	**Classificação das Enzimas**	**69**
5.2	**Cofatores Metálicos e Coenzimas**	**70**
	A. Cofatores íons metálicos	70
	B. Coenzimas	71
5.3	**Reações Catalisadas por Enzimas**	**72**
5.4	**Especificidade Enzimática: Sítio Ativo**	**73**
5.5	**Mecanismos Básicos de Catálise**	**74**
	A. Mecanismo de ação das serino proteases	75
5.6	**Fatores que Influenciam a Atividade Enzimática**	**76**
	A. Efeitos da temperatura sobre as enzimas	76
	B. Efeitos do pH sobre as enzimas	77
	C. Concentração da enzima	77
5.7	**Doenças Associadas ao Funcionamento Anormal das Enzimas**	**78**
	A. Deficiências vitamínicas	78
	B. Erros hereditários do metabolismo	79
	C. Doenças vitamino-dependentes	79
	D. Deficiência de α_1-antitripsina	79

E. Pancreatite 80

F. Marcadores e enzimas na clínica médica 80

CAPÍTULO 6
ENZIMAS: CINÉTICA, INIBIÇÃO E CONTROLE 83

6.1 Velocidade de Formação do Produto e Consumo do Substrato **83**

6.2 Equação de Michaelis-Menten **84**

A. Significado de K_m 86

B. Constante catalítica (K_{cat}) 87

C. Constante de especificidade (K_{cat}/K_m) 87

D. Gráfico de Lineweaver-Burk 87

E. Reações com multissubstratos 88

6.3 Inibição Enzimática **88**

A. Inibição competitiva 89

B. Inibição não competitiva 90

C. Inibição incompetitiva 91

D. Inibição mista 92

E. Muitos fármacos atuam como inibidores enzimáticos 92

6.4. Regulação da Atividade Enzimática **92**

A. Controle genético 93

B. Modificação covalente 93

C. Regulação por efetores alostéricos 95

D. Isoenzimas 98

CAPÍTULO 7
CARBOIDRATOS 101

7.1 Monossacarídeos **101**

A. Configuração dos monossacarídeos 101

B. Ciclização de monossacarídeos 104

C. Derivados de monossacarídeos 107

7.2 Dissacarídeos e Oligossacarídeos **108**

A. Dissacarídeos 108

B. Oligossacarídeos 109

SUMÁRIO   XIII

7.3 Polissacarídeos **109**

  A. Homopolissacarídeos (homoglicanos)............. 109

  B. Heteropolissacarídeos (heteroglicanos) 111

7.4 Glicoconjugados **115**

  A. Glicoproteínas 115

  B. Proteoglicanos 117

CAPÍTULO 8
LIPÍDEOS **121**

8.1 Classificação dos Lipídeos **121**

  A. Ácidos graxos 121

  B. Triacilgliceróis 123

  C. Ceras 124

  D. Fosfolipídeos...................................... 124

  E. Esfingolipídeos 126

  F. Doenças do armazenamento de
     esfingolipídeos (esfingolipidoses).................... 129

  G. Isoprenoides 129

8.2 Lipoproteínas **131**

CAPÍTULO 9
BIOENERGÉTICA **135**

9.1 Termodinâmica e Metabolismo **136**

  A. Energia livre 137

  B. Relação da ΔG com a constante de equilíbrio .. 138

9.2 Compostos de *Alta Energia* **140**

  A. Adenosina trifosfato (ATP) 140

  B. Outros nucleotídeos 5'-trifosfatos 142

  C. Reações acopladas 142

  D. Componentes do gasto de energia 143

CAPÍTULO 10
DIGESTÃO E ABSORÇÃO **145**

10.1 Funções da Digestão e Absorção **145**

  A. Órgãos que contribuem para
     digestão e absorção de alimentos 145

B.	Enzimas digestivas	146
C.	Proteção das células epiteliais pelo muco	146

10.2 Digestão e Absorção de Proteínas **147**

A. Produção de HCl pelo estômago 147

B. Enzimas que contribuem para a digestão das proteínas 147

C. Absorção de aminoácidos e pequenos peptídeos 149

D. Metabolismo de aminoácidos nos enterócitos 149

10.3 Digestão e Absorção de Carboidratos **150**

A. Digestão 150

B. Transporte de monossacarídeos para os enterócitos 151

C. Metabolismo de monossacarídeos nos enterócitos 152

10.4 Digestão e Absorção de Lipídeos **152**

A. Digestão de lipídeos 153

B. Absorção de lipídeos 157

C. Formação de quilomícrons 157

D. Absorção de ácidos biliares 158

E. Hidrólise de quilomícrons 159

10.5 Digestão e Absorção de Micronutrientes **160**

A. Vitaminas lipossolúveis 160

B. Absorção dos íons zinco e cobre 160

10.6 Regulação da Digestão e da Absorção **161**

10.7 Regulação da Ingestão dos Alimentos: Controle do Apetite **161**

A. Hormônios que controlam o apetite 162

B. Papel do hipotálamo no controle hormonal do apetite 163

CAPÍTULO 11
METABOLISMO DA GLICOSE 165

11.1 Glicólise **165**

A. Captação de glicose pelas células 166

B. Reações da glicólise 167

SUMÁRIO

    C. Rendimento energético da glicólise 174

    D. Destinos do piruvato 175

11.2   Regulação da Glicólise **177**

11.3   Via das Pentoses-Fosfato **180**

    A. Reações oxidativas 180

    B. Reações não oxidativas 182

    C. Via das pentoses-fosfato em células com maior
necessidade de NADPH que de ribose-5-fosfato .. 184

    D. Via das pentoses-fosfato em células com maior
necessidade de ribose-5-fosfato que de NADPH .. 186

11.4   Regulação da Via das Pentoses-Fosfato **186**

11.5   Metabolismo da Frutose **187**

11.6   Metabolismo da Galactose **189**

CAPÍTULO 12
METABOLISMO DO GLICOGÊNIO E GLICONEOGÊNESE 191

12.1   Glicogênese **192**

    A. Reações da glicogênese 192

12.2   Glicogenólise **195**

    A. Manutenção dos níveis de glicose no sangue .. 196

12.3   Regulação do Metabolismo do Glicogênio **197**

12.4   Gliconeogênese **202**

    A. Reações da gliconeogênese 203

    B. Precursores para a gliconeogênese 207

    C. Regulação da gliconeogênese 210

    D. Inibição da gliconeogênese pelo etanol 212

CAPÍTULO 13
CICLO DO ÁCIDO CÍTRICO 215

13.1   Funções do Ciclo do Ácido Cítrico **215**

13.2   Oxidação do Piruvato a Acetil-Coa e Co_2 .... **217**

    A. Regulação do complexo piruvato
desidrogenase 218

    B. Destinos metabólicos da acetil-CoA 218

| 13.3 | **Reações do Ciclo do Ácido Cítrico**..................... **219** |
| | A. Energia no ciclo do ácido cítrico...................... 224 |

| 13.4 | **Regulação do Ciclo do Ácido Cítrico**............... **224** |

| 13.5 | **Intermediários do Ciclo do Ácido Cítrico e Reações Anapleróticas**..................................... **225** |

CAPÍTULO 14
FOSFORILAÇÃO OXIDATIVA 229

| 14.1 | **Estrutura Mitocondrial**..................................... **229** |

| 14.2 | **Reações de Oxidação-Redução**......................... **231** |

14.3	**Cadeia Mitocondrial Transportadora de Elétrons**.. **232**
	A. Energia livre da transferência de elétrons do NADH para o O_2 232
	B. Complexo I: NADH-ubiquinona oxidorredutase... 233
	C. Complexo II: succinato-ubiquinona oxidorredutase 236
	D. Complexo III: ubiquinol-citocromo c oxidorredutase... 237
	E. Complexo IV: citocromo c oxidase.................. 239

14.4.	**Síntese de ATP**... **240**
	A. Modelo quimiosmótico................................... 240
	B. ATP sintase.. 240
	C. Número de ATP gerado via cadeia mitocondrial transportadora de elétrons 242
	D. Transporte ativo de ATP, ADP e P_i através da membrana mitocondrial 242
	E. Regulação da transferência de elétrons e fosforilação oxidativa.................................... 243
	F. Inibidores da transferência de elétrons............ 244
	G. Desacopladores da transferência de elétrons e termogênese................................ 244

| 14.5 | **Transporte de Elétrons do Citosol para a Mitocôndria**... **245** |

| 14.6 | **Rendimento da Oxidação Completa da Glicose**... **247** |

SUMÁRIO

XVII

14.7 **Troca de Ligações de Alta Energia entre Nucleotídeos** 247

14.8 **Reservatório de Ligações Fosfato de Alta Energia** 248

14.9 **Espécies Reativas de Oxigênio (ROS)** 248

    A. Estresse oxidativo 249

    B. Defesas celulares: enzimas antioxidantes........ 250

CAPÍTULO 15
METABOLISMO DOS ÁCIDOS GRAXOS 253

15.1 **Mobilização de Ácidos Graxos a Partir de Triacilgliceróis nos Adipócitos**........................ 254

15.2 **Oxidação dos Ácidos Graxos**........................... 256

    A. Ativação de ácidos graxos............................ 256

    B. Transporte de ácidos graxos ativados para a matriz mitocondrial..................................... 257

    C. Reações da β-oxidação mitocondrial............... 258

    D. Oxidação dos ácidos graxos nos peroxissomos 259

    E. Rendimento energético na oxidação completa de ácidos graxos saturados.............. 260

    F. Oxidação dos ácidos graxos insaturados......... 260

    G. Oxidação de ácidos graxos de cadeia ímpar 261

    H. Oxidação dos ácidos graxos de cadeia média .. 261

    I. Vias secundárias de oxidação dos ácidos graxos 262

15.3 **Regulação da Oxidação Mitocondrial de Ácidos Graxos**.. 262

    A. Regulação pela carga energética.................... 262

    B. Regulação da transcrição de genes................. 263

15.4 **Metabolismo de Corpos Cetônicos** 263

    A. Síntese de corpos cetônicos (cetogênese)........ 263

    B. Oxidação de corpos cetônicos........................ 265

15.5 **Biossíntese de Ácidos Graxos** 266

    A. Conversão da glicose em acetil-CoA citoplasmática.. 267

    B. Síntese do ácido palmítico a partir de acetil-CoA 267

| | C. | Reações do complexo ácido graxo sintase....... | 268 |

D. Fontes de NADPH para a síntese de ácidos graxos 271

E. Reações que modificam os ácidos graxos........ 272

15.6 Regulação da Síntese dos Ácidos Graxos........ **274**

15.7 Metabolismo e Transporte de Triacilgliceróis . **275**

15.8 Transporte de Lipídeos no Sangue: Lipoproteínas **278**

A. Hidrólise extracelular de triacilgliceróis........... 281

B. Lipases intracelulares 282

15.9 Regulação do Metabolismo dos Triacilgliceróis.. **283**

CAPÍTULO 16
FOSFOLIPÍDEOS, EICOSANOIDES E ESTEROIDES.. **287**

16.1 Fosfolipídeos.. **287**

A. Síntese de fosfoglicerídeos.............................. 289

B. Síntese de esfingolipídeos............................... 291

C. Fosfolipases 293

D. Reações de remodelamento de fosfolipídeos ... 294

16.2 Eicosanoides... **295**

A. Prostaglandinas (PG)...................................... 296

B. Tromboxanos (TX) 298

C. Leucotrienos (LT), ácidos hidroxieicosatetraenoicos (5-HETE) e lipoxinas (LX) 298

D. Receptores de eicosanoides 299

E. Condições que aumentam a síntese de eicosanoides 300

F. Regulação da síntese e atividade dos eicosanoides 300

G. Doenças que envolvem eicosanoides 302

16.3 Síntese do Colesterol.. **302**

A. Átomos de carbono do colesterol provêm da acetil-CoA.. 303

B. Prenilação de farnesil e geranil-geranil 306

C. Esterificação do colesterol.............................. 307

SUMÁRIO

16.4 Transporte do Colesterol entre os Tecidos..... 307

A. Remodelamento das lipoproteínas na
circulação... 310

B. Troca de proteínas entre as lipoproteínas
na circulação... 312

C. Receptores de lipoproteínas 312

D. Transporte do colesterol no cérebro 313

16.5 Regulação do Metabolismo de Colesterol 313

A. Regulação da HMG-CoA redutase.................... 313

B. Papel regulador do receptor de LDL............... 314

C. Regulação da absorção do colesterol.............. 315

16.6 Síntese de Ácidos Biliares............................. 315

A. Funções dos ácidos biliares........................... 318

B. Regulação da síntese de ácidos biliares.......... 319

16.7 Síntese de Hormônios Esteroides 319

A. Regulação da síntese de esteroides 321

B. Regulação da síntese de
1,25-di-hidroxicolecalciferol........................... 323

CAPÍTULO 17
METABOLISMO DOS AMINOÁCIDOS 325

17.1 Fontes de Aminoácidos 325

17.2 Remoção do Nitrogênio de Aminoácidos 326

A. Remoção de grupo α-amino dos
aminoácidos por transaminação..................... 327

B. Transformação de α-amino em íons amônio....... 328

C. Aminoácido oxidases 328

D. Desaminação de outros aminoácidos.............. 328

E. Urease bacteriana.. 329

**17.3 Transporte de Amônia para o Fígado e os
Rins..** 330

A. Incorporação da amônia ao glutamato para
formar glutamina 330

B. Ciclo glicose-alanina.................................... 331

17.4 Biossíntese de Ureia (Ciclo da Ureia)............. 331

A. Reações do ciclo da ureia 331

B. Regulação do ciclo da ureia.......................... 334

17.5 Função Anormal das Vias do Metabolismo do Nitrogênio **335**

   A. Hiperamonemia 335

   B. Deficiência de ornitina transcarbamoilase 335

   C. Acidose metabólica 335

   D. Ureia elevada 335

   E. Estados hipercatabólicos 336

17.6 Aminoácidos Essenciais e Não Essenciais **336**

   A. Biossíntese de aminoácidos nutricionalmente não essenciais 337

   B. Biossíntese de aminoácidos nutricionalmente essenciais 340

17.7 Catabolismo de Esqueletos Carbonados dos Aminoácidos **343**

17.8 Metabolismo de Unidades com um Carbono .. **350**

   A. S-adenosilmetionina (AdoMet) 350

   B. Tetra-hidrofolato (THF) 352

17.9 Moléculas Derivadas de Aminoácidos **353**

   A. Neurotransmissores 353

   B. Glutationa (GSH) 356

   C. Biossíntese do grupo prostético heme 356

   D. Degradação do grupo heme 357

17.10 Fixação de Nitrogênio **358**

   A. Nitrificação e desnitrificação 359

   B. Incorporação de íons amônio em aminoácidos 360

CAPÍTULO 18
METABOLISMO DOS NUCLEOTÍDEOS **363**

18.1 Estrutura dos Nucleotídeos **363**

18.2 Biossíntese e Catabolismo dos Nucleotídeos .. **365**

18.3 Síntese *de Novo* de Nucleotídeos de Purinas .. **365**

   A. Vias de recuperação de purinas 367

18.4 Catabolismo de Purinas: Formação de Ácido Úrico **368**

   A. Ciclo purina nucleotídeo 369

SUMÁRIO

18.5 Síntese *de Novo* de Nucleotídeos de Pirimidinas.......... **370**

    A. Via de recuperação de pirimidinas.......... 372

18.6 Catabolismo de Nucleotídeos de Pirimidinas.......... **373**

18.7 Regulação do Metabolismo de Purinas e Pirimidinas.......... **373**

CAPÍTULO 19
INTEGRAÇÃO DO METABOLISMO 375

19.1 Papel de Cada Órgão na Integração do Metabolismo.......... **376**

    A. Fígado.......... 376

    B. Tecido adiposo.......... 376

    C. Músculo esquelético.......... 377

    D. Músculo cardíaco.......... 378

19.2 Interações Interórgãos em Diferentes Estados Fisiológicos.......... **378**

    A. Estado de jejum.......... 378

    B. Metabolismo no estado bem alimentado.......... 381

    C. Metabolismo durante exercícios moderados.......... 382

19.3 Regulação do Metabolismo.......... **383**

    A. Insulina.......... 383

    B. Glucagon.......... 384

    C. Adrenalina (epinefrina).......... 384

    D. Cortisol.......... 384

    E. Adipocitocinas.......... 384

    F. Exercício.......... 385

19.4 Etanol.......... **385**

    A. Vias do metabolismo do etanol.......... 386

    B. Metabolismo do acetaldeído.......... 387

    C. Destino metabólico do acetato derivado do etanol.......... 387

    D. Regulação do metabolismo do etanol.......... 387

    E. Anormalidades metabólicas associadas ao metabolismo do etanol.......... 388

CAPÍTULO 20
MEMBRANAS BIOLÓGICAS 391

20.1 Estrutura das Membranas Biológicas 391
    A. Lipídeos de membrana 392
    B. Propriedades de bicamadas lipídicas 393
    C. Proteínas de membrana 395
    D. Glicoproteínas de membrana 396

20.2 Transporte Através de Membranas 398
    A. Aquaporinas 399
    B. Canais iônicos 399
    C. Transporte passivo 400
    D. Transporte ativo 401
    E. Transporte de glicose através das membranas celulares 403
    F. Sistemas de cotransporte 404
    G. Disfunção do canal de íons e fibrose cística 404
    H. Endocitose e exocitose 405

CAPÍTULO 21
TRANSDUÇÃO DE SINAL 409

21.1 Moléculas Sinalizadoras 411

21.2 Resposta do Tecido-Alvo aos Sinais 413

21.3 Respostas Mediadas por Receptores Intracelulares 413

21.4 Respostas Mediadas por Receptores de Superfície Celular 414
    A. Receptores acoplados às proteínas G 415
    B. Receptores acoplados às tirosina cinases (RTK) 422
    C. Sinalização JAK/STAT 423
    D. Insulina e receptor de insulina 423
    E. Sistema do fosfoinositídeo e cálcio 427
    F. Visão – via de transdução da luz 429

21.6 Fatores de Crescimento 430

SUMÁRIO   XXIII

CAPÍTULO 22
FOTOSSÍNTESE **433**

22.1 Cloroplastos: Sítio da Fotossíntese **433**

    A. Clorofila e outros pigmentos que
    absorvem luz 434

    B. Fotossistemas 435

22.2 Reações de Luz **436**

    A. Fotossistema II 436

    B. Complexo produtor de oxigênio do
    fotossistema II 437

    C. O citocromo b_6 f conecta os
    fotossistemas I e II 438

    D. Segunda foto-oxidação no
    fotossistema I 439

    E. Fotofosforilação: síntese de ATP 441

22.3 Reações de Fixação do Carbono **442**

    A. A enzima rubisco catalisa a fixação de CO_2 442

22.4 Ciclo de Calvin **444**

22.5 Regulação da Fixação de Carbono **445**

22.6 Síntese de Carboidratos **446**

    Índice Remissivo **449**

1

Introdução à Bioquímica

A bioquímica é o ramo da ciência que se utiliza das ferramentas e da terminologia da química para explicar a biologia em termos moleculares. Movimento, respiração, excreção, nutrição, sensibilidade e reprodução são os critérios frequentemente utilizados para definir *vida*. Os seres vivos são formados por uma grande variedade de biomoléculas complexas que, por inúmeras reações químicas, efetuam atividades que permitem a sobrevivência, o crescimento e a reprodução. Para tanto, dependem da capacidade de obter, transformar, armazenar e utilizar energia. A bioquímica é também uma ciência prática: produz poderosas técnicas empregadas em outros campos, como a imunologia, a genética e a biologia celular. Oferece, também, elementos para o tratamento de doenças, como o diabetes e o câncer, e melhora a eficiência industrial para o tratamento da água e a síntese de pesticidas e fármacos.

A maioria das biomoléculas apresenta formas tridimensionais que executam inúmeras reações químicas entre si para manter e perpetuar a vida. Em bioquímica, a *estrutura,* a *organização* e as *atividades potenciais* das biomoléculas são examinadas na tentativa de elucidar os aspectos que promovem as indispensáveis contribuições à manutenção da vida.

Os organismos vivos são estruturalmente complexos e diversificados. Todavia, muitas características unificadoras são comuns a todos eles. Todos fazem uso das mesmas espécies de biomoléculas e extraem a energia do meio ambiente para exercer suas funções. Quando as moléculas que compõem os seres vivos são isoladas, estão sujeitas a todas as leis da química e da física que regem o universo inanimado.

Estimam-se entre 2.000 e 3.000 tipos diferentes de reações metabólicas que ocorrem em momentos diversos, em células humanas. Muitas delas são comuns a todos os tipos de células, enquanto outras estão restritas a alguns tecidos em particular.

Apesar da grande diversidade dos processos bioquímicos que envolvem a integração funcional de milhões de moléculas para manter e perpetuar a vida, a ordem biológica é conservada por vários processos: (1) síntese de biomoléculas; (2) transporte de íons e moléculas através das membranas biológicas; (3) geração de energia e movimento; e (4) excreção de produtos metabólicos e substâncias tóxicas.

As notáveis propriedades dos seres vivos são ditadas por várias biomoléculas, como carboidratos, lipídeos, proteínas, ácidos nucleicos e compostos relacionados. Além dessas, outras substâncias estão presentes em pequenas quantidades: vitaminas, sais minerais, hormônios etc. A água é o solvente no qual ocorre a maioria das reações bioquímicas. As propriedades solventes da água afetam as interações não covalentes das biomoléculas. Muitas biomoléculas se caracterizam por grupos ácidos ou básicos em suas estruturas e ocorrem em solução aquosa como espécies ionizadas. O grau de dissociação de um grupo químico e, portanto, a reatividade bioquímica da molécula são amplamente influenciados pela concentração de íons hidrogênio na solução (pH).

1.1 BIOMOLÉCULAS

Os organismos vivos complexos são constituídos por muitos tipos diferentes de biomoléculas, como proteínas, carboidratos e lipídeos. As moléculas orgânicas são formadas, principalmente, de carbono, hidrogênio, oxigênio, nitrogênio, fósforo, enxofre, cálcio e potássio (*elementos principais*). Os outros constituintes estão presentes em quantidades diminutas, mas essenciais à vida (*oligoelementos*) (Tabela 1.1). A grande maioria dos constituintes moleculares dos sistemas vivos contém carbonos ligados covalentemente a outros carbo-

Tabela 1.1 ● Elementos encontrados nas células

Elementos principais		Oligoelementos	
Elemento	Símbolo	Elemento	Símbolo
Carbono	C	Arsênico	As
Hidrogênio	H	Boro	B
Nitrogênio	N	Cloro	Cl
Oxigênio	O	Cromo	Cr
Fósforo	P	Flúor	F
Enxofre	S	Iodo	I
Cálcio	Ca	Ferro	Fe
Potássio	K	Magnésio	Mg
		Manganês	Mn
		Molibdênio	Mo
		Níquel	Ni
		Selênio	Se
		Silicônio	Si
		Sódio	Na
		Estanho	Sn
		Vanádio	V
		Zinco	Zn

INTRODUÇÃO À BIOQUÍMICA

nos, para formar cadeias lineares, cadeias ramificadas e cadeias cíclicas, e a outros átomos, como hidrogênio, oxigênio e nitrogênio.

A. Grupos funcionais das biomoléculas

A maioria das biomoléculas é derivada de hidrocarbonetos (compostos de carbono e hidrogênio) *hidrofóbicos*, insolúveis em água. As moléculas orgânicas são formadas pela substituição de átomos de hidrogênio nos hidrocarbonetos por *grupos funcionais* (Figura 1.1). Por exemplo, os alcoóis resultam da substituição de átomos de hidrogênio por grupos hidroxila (–OH). Assim, o metano (CH_4), um componente do gás natural, pode ser convertido em metanol (CH_3OH), um líquido tóxico usado como solvente em processos industriais.

Muitas biomoléculas contêm dois ou mais grupos funcionais diferentes. Por exemplo, as moléculas de açúcar simples têm vários grupos hidroxila e um grupo aldeído ou um grupo cetona. Os aminoácidos contêm um grupo amino e um grupo carboxílico.

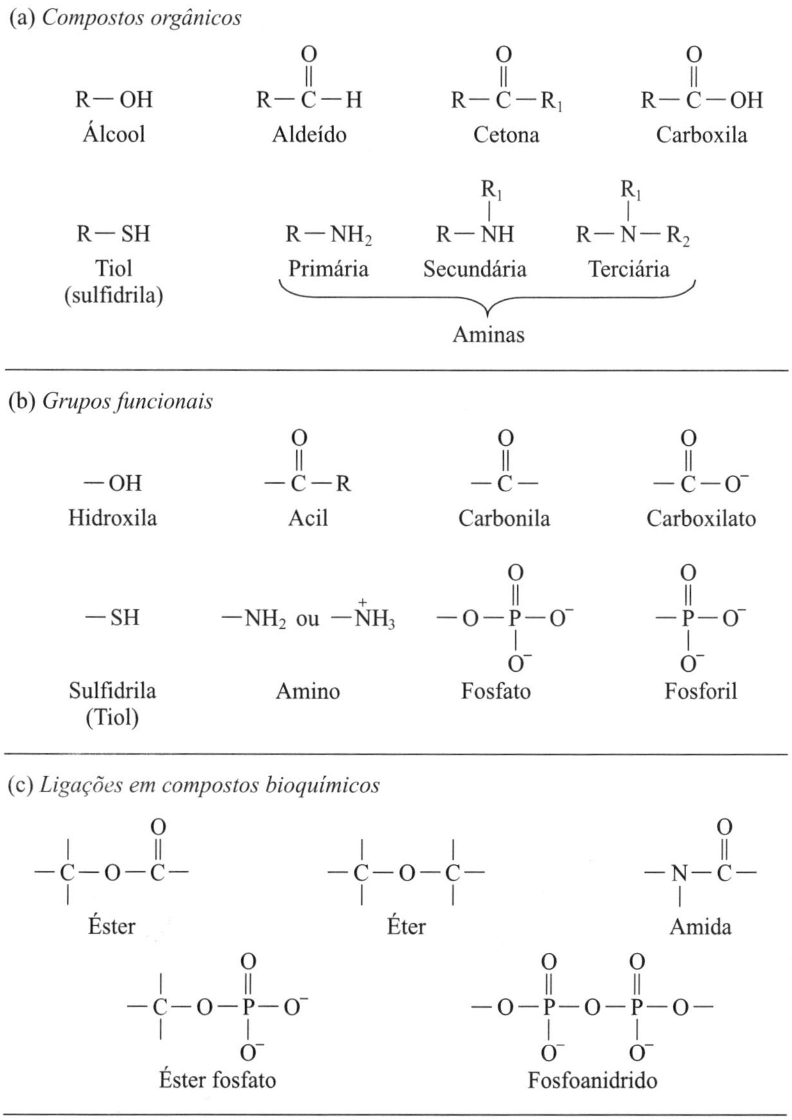

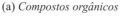

Figura 1.1 Alguns compostos orgânicos, grupos funcionais e ligações em bioquímica.

B. Estrutura tridimensional das biomoléculas

Além da importância das ligações covalentes e dos grupos funcionais existentes nas moléculas orgânicas, a estrutura tridimensional (arranjo espacial em três dimensões) também exerce importante papel nas funções das biomoléculas. Os compostos de carbono cujo tipo e número de átomos são idênticos, mas cuja relação espacial entre os átomos é diferente, existem como *estereoisômeros*. O átomo de carbono ligado a quatro substituintes diferentes é chamado assimétrico. Carbonos assimétricos são *centros quirais*, indicando que os estereoisômeros podem ocorrer em formas orientadas à direita ou à esquerda. Os estereoisômeros são imagens especulares uns dos outros, denominadas *enantiômeros*. Apresentam atividade óptica, ou seja, giram a luz plano-polarizada para a direita (dextrógiro) ou para a esquerda (levógiro). Uma mistura equimolar de dois enantiômeros é opticamente inativa (mistura racêmica).

As posições dos átomos ou grupos ao redor de um átomo de carbono quiral não estão relacionadas com a direção do desvio da luz plano-polarizada de uma maneira simples. Em 1891, Emil Fisher, arbitrária e corretamente, designou uma das estruturas do gliceraldeído de D-gliceraldeído. O isômero levorrotatório foi denominado L-gliceraldeído. Atualmente, o gliceraldeído permanece como base da configuração estereoquímica das moléculas biológicas. Estereoisômeros de todas as moléculas quirais têm configurações estruturais relacionadas com um dos gliceraldeídos, as quais são designadas D ou L independentemente de sua atividade óptica. A atividade óptica é indicada por (+) para dextrorrotatório e (−) para levorrotatório.

Os centros quirais são de grande importância biológica, pois conferem estereoespecificidade a muitas moléculas. Por exemplo, virtualmente todas as proteínas e os polissacarídeos dos mamíferos são compostos por L-aminoácidos e D-monossacarídeos, respectivamente. Essa seletividade promove estabilidade adicional às moléculas poliméricas.

C. Principais classes de biomoléculas

As células contêm quatro famílias de pequenas moléculas ou monômeros: aminoácidos, açúcares, ácidos graxos e nucleotídeos. São precursores para a síntese de macromoléculas, muitas das quais são polímeros. Por exemplo, certos carboidratos e os ácidos nucleicos são polímeros de açúcares e nucleotídeos, respectivamente. Os ácidos graxos são componentes de vários tipos de moléculas de lipídeos.

Todos os organismos vivos têm os mesmos tipos de precursores monoméricos que se unem por ligações específicas por meio de *reações de condensação* com perda de água para formar macromoléculas, em processos que consomem energia (Figura 1.2).

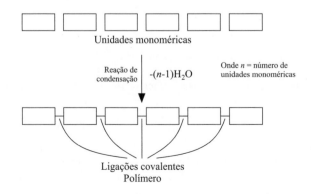

Figura 1.2 • Macromoléculas são formadas a partir de precursores monoméricos. As macromoléculas intracelulares são polímeros de elevada massa molecular formadas com precursores relativamente simples.

INTRODUÇÃO À BIOQUÍMICA

O tamanho de uma molécula é dado em termos de *massa molecular*. A unidade de massa empregada é o *dálton* (D) (1.000 D = 1 quilodálton = kD), onde 1 D é definido como 1/12 da massa do átomo de 12C.

As principais classes de moléculas biológicas são:

1. Aminoácidos e proteínas

Existem centenas de aminoácidos de ocorrência natural, cada um contendo um grupo amino e um grupo carboxila. Os aminoácidos são classificados como α, β ou γ de acordo com a localização do grupo amino em relação ao grupo carboxila. Nos α-aminoácidos, o tipo mais comum, o grupo amino está ligado ao átomo de carbono adjacente ao grupo carboxílico (carbono α). Nos aminoácidos β e γ, o grupo amino está ligado ao segundo e ao terceiro carbonos, respectivamente, do grupo carboxila. Nos α-aminoácidos, o carbono α está ligado a um grupo denominado cadeia lateral ou grupo R (área sombreada nas fórmulas a seguir). As propriedades químicas de cada aminoácido são determinadas, fundamentalmente, por sua cadeia lateral. Por exemplo, algumas cadeias laterais são hidrofóbicas, enquanto outras são hidrófilas (se dissolvem facilmente em água). Exemplos de alguns aminoácidos:

Leucina

Tirosina

Arginina

Existem 20 α-aminoácidos primários que ocorrem nas proteínas. Alguns têm funções específicas nos organismos vivos. Por exemplo, a glicina e o ácido glutâmico atuam como neurotransmissores. As proteínas também contêm aminoácidos não primários, que são versões modificadas dos aminoácidos primários. A estrutura e a função das moléculas proteicas são, muitas vezes, modificadas por conversão de resíduos de aminoácidos por fosforilação, por hidroxilação ou por outros tipos de reações (o termo *resíduo* designa uma molécula incorporada em uma macromolécula, como resíduos de aminoácidos em proteínas). Por exemplo, resíduos prolina são hidroxilados no colágeno, proteína do tecido conjuntivo. Muitos aminoácidos de ocorrência natural não são α-aminoácidos. Entre os exemplos mais comuns está a β-alanina, este último um precursor da vitamina ácido pantotênico e do ácido γ-aminobutírico (GABA), um neurotransmissor encontrado no cérebro.

Os aminoácidos são fundamentalmente empregados para a síntese de compostos de alto peso molecular, os *polipeptídeos*. Polipeptídeos com mais

Ácido γ-aminobutírico (GABA)

D-Glicose

de 50 aminoácidos são denominados *proteínas*. São moléculas com inúmeros papéis nos organismos vivos. Por exemplo, as proteínas exercem funções transportadoras, estruturais e catalíticas.

2. Açúcares e carboidratos

Os açúcares contêm grupos funcionais álcool e carbonila. São descritos em termos do número de carbonos e do grupo carbonila que contêm. Açúcares com grupos aldeídos são chamados aldoses, e os que possuem grupos cetônicos são cetoses. Por exemplo, o açúcar glicose de seis carbonos (uma importante fonte de energia nos organismos vivos) é uma aldohexose. A frutose (açúcar das frutas) é uma cetohexose.

Os açúcares são unidades básicas dos carboidratos, moléculas orgânicas mais abundantes encontradas na natureza. Os carboidratos incluem desde os açúcares simples, ou *monossacarídeos*, como a glicose e a frutose, até os polissacarídeos, polímeros que contêm milhares de unidades de açúcar (p. ex., glicogênio em animais, amido e celulose em vegetais). Os carboidratos exercem várias funções nos organismos vivos. Certos açúcares, como a glicose, atuam como importante fonte de energia em animais e vegetais. A sacarose é empregada por vegetais como meio de transporte de energia pelos tecidos. Alguns carboidratos servem como matérias estruturais. A celulose é o principal componente da madeira e de certas fibras vegetais. A quitina, outro tipo de polissacarídeo, é encontrada no exoesqueleto de alguns insetos e crustáceos.

Algumas biomoléculas contêm componentes carboidratos. Os nucleotídeos, moléculas construtoras dos ácidos nucleicos, contêm os açúcares ribose ou desoxirribose. Certas proteínas e alguns lipídeos também possuem carboidratos. Glicoproteínas e glicolipídeos ocorrem na superfície externa das membranas celulares em organismos multicelulares, onde executam papéis críticos nas interações entre as células.

3. Ácidos graxos e lipídeos

Os ácidos graxos são ácidos monocarboxílicos e, em geral, têm número par de átomos de carbono. Em alguns organismos, servem como fonte de energia. Os ácidos graxos são representados pela fórmula R—COOH, na qual o R é um grupo alquila que contém átomos de carbono e hidrogênio. Existem dois tipos de ácidos graxos: ácidos graxos *saturados*, que não possuem ligações duplas, e os ácidos graxos *insaturados*, com uma ou mais ligações duplas. Sob condições fisiológicas, o grupo carboxila dos ácidos graxos existe no estado ionizado, R—COO⁻. Por exemplo, o ácido graxo saturado de 16C chamado ácido palmítico existe, normalmente, como palmitato. Embora o grupo carboxila carregado tenha afinidade pela água, a cadeia hidrocarbonada longa não polar é insolúvel em água, o que faz prevalecer o caráter apolar.

Ácido esteárico (18 carbonos)

INTRODUÇÃO À BIOQUÍMICA

Os ácidos graxos na forma livre estão presentes em quantidades mínimas nos organismos vivos. Em geral, são componentes de várias moléculas de lipídeos. *Lipídeos* são substâncias que exibem grande variedade estrutural e são solúveis em solventes orgânicos, como clorofórmio ou acetona. Por exemplo, os triacilgliceróis (gorduras e óleos) são ésteres do glicerol (um álcool com três grupos hidroxila) com três ácidos graxos.

Certas moléculas de lipídeos semelhantes ao triacilglicerol, chamadas fosfoglicerídeos, contêm dois ácidos graxos. Nessas moléculas, o terceiro grupo hidroxila do glicerol está ligado ao fosfato que, por sua vez, está unido a compostos polares, como a colina. São componentes estruturais das membranas celulares. A fosfatidilcolina é um dos fosfoglicerídeos mais abundantes.

Triacilglicerol

Fosfatidilcolina

O colesterol, apesar de diferir significativamente da estrutura do palmitato e dos fosfoglicerídeos, é também um lipídeo.

Colesterol

Nas células existem outras moléculas que não podem ser facilmente classificadas, mas que também fazem parte da classe dos lipídeos.

4. Nucleotídeos e ácidos nucleicos (DNA e RNA)

Cada nucleotídeo contém três componentes: um açúcar com cinco carbonos (ribose ou desoxirribose), uma base nitrogenada e um ou mais grupos fosfato. As bases nos nucleotídeos são anéis aromáticos heterocíclicos com vários substituintes. Existem duas classes de base: as purinas e as pirimidinas. Exemplo de nucleotídeo trifosfato (ATP – adenosina trifosfato):

ATP

Os nucleotídeos participam de inúmeras reações biossintéticas e geradoras de energia. Por exemplo, uma parte substancial de energia obtida a partir das moléculas de alimentos é usada para formar ligações fosfato de *alta energia* de ATP. Um importante papel dos nucleotídeos, entretanto, é produzir ácidos nucleicos. Nas moléculas de ácidos nucleicos, os nucleotídeos ligam-se entre si por ligações fosfodiésteres para formar cadeias polinucleotídicas ou fitas. Existem dois tipos de ácidos nucleicos:

- **DNA:** o DNA é o repositório da informação genética. Sua estrutura é constituída por duas fitas polinucleotídicas em forma de hélice voltadas para a direita. Além da desoxirribose e do fosfato, o DNA contém bases: as *purinas* adenina e guanina e as *pirimidinas* timina e citosina. A forma de dupla hélice é possível pelo pareamento complementar entre as bases mantidas por pontes de hidrogênio (a ponte de hidrogênio é uma força de atração entre o hidrogênio e átomos eletronegativos, como oxigênio ou nitrogênio). Os pares formados são adenina-timina e guanina-citosina. Cada gene é composto de uma sequência única de bases. Apesar de a maioria dos genes codificar sequências de aminoácidos nas proteínas, o DNA não está diretamente envolvido na síntese proteica. Esse papel é exercido pelo RNA, que converte as instruções codificadas no DNA em cadeias polipeptídicas. O DNA total de uma célula é chamado *genoma*.

- **RNA:** o RNA é um polinucleotídeo que difere do DNA por conter o açúcar ribose em lugar da desoxirribose e uracila em lugar da timina. No RNA, como no DNA, os nucleotídeos estão ligados por ligações fosfodiésteres. De modo diferente da dupla hélice do DNA, o RNA é uma fita simples. As moléculas de RNA dobram-se em complexas estruturas tridimensionais criadas por regiões de pares de bases pareados. Em um processo complexo, a dupla hélice de DNA desenrola parcialmente, e as moléculas de RNA são sintetizadas usando uma fita de DNA como molde. Existem três tipos principais de RNA: RNA mensageiro (mRNA), RNA ribossômico (rRNA) e RNA transportador (tRNA). Cada molécula de mRNA contém informações que codificam a sequência de aminoácidos em um polipeptídeo. O ribossomo, uma estrutura supramolecular complexa, composta de rRNA e proteínas, converte as informações codificadas nas bases da molécula de mRNA na sequência de aminoácidos de um polipeptídeo. As moléculas do tRNA atuam como adaptadores durante a síntese de proteínas. Cada tipo de molécula de tRNA liga-se a um aminoácido específico.

INTRODUÇÃO À BIOQUÍMICA

Na Tabela 1.2 estão destacadas algumas características da construção das macromoléculas. Como exemplo, os carboidratos poliméricos são constituídos por monossacarídeos unidos por *ligações glicosídicas* para formar *oligossacarídeos* (de duas a dez unidades) ou *polissacarídeos* (mais de dez unidades). Os oligossacarídeos são descritos como dissacarídeos, trissacarídeos ou tetrassacarídeos, e assim por diante, de acordo com o número de unidades monoméricas. Nomenclatura similar é empregada para as proteínas e os ácidos nucleicos. A maioria das macromoléculas contém uma ou poucas unidades monoméricas diferentes (p. ex., o glicogênio é formado pela glicose); o ácido desoxirribonucleico (DNA) contém quatro diferentes nucleotídeos.

A forma precisa de uma estrutura polimérica é conferida pela natureza das ligações covalentes e interações não covalentes. As três ligações não covalentes fundamentais são: *pontes de hidrogênio, interações eletrostáticas e forças de van der Waals*. Elas diferem quanto à geometria, à força e à especificidade. Além disso, as ligações são grandemente afetadas pela presença da água. As ligações não covalentes ocorrem entre átomos ou grupos funcionais na mesma molécula ou em moléculas adjacentes.

Tabela 1.2 ● Comparação entre as classes de macromoléculas

Características	Carboidratos	Proteínas	Ácidos nucleicos
Unidades monoméricas	Monossacarídeos	Aminoácidos	Nucleotídeos
Ligação	Glicosídica	Peptídica	Fosfodiéster
Nomenclatura:			
2 a 10 unidades	Oligossacarídeos	Olipeptídeos	Oligonucleotídeos
>10 unidades	Polissacarídeos	Polipetídeos	Polinucleotídeos
Pontes de hidrogênio	Intra e intermolecular	Intra e intermolecular	Intra e intermolecular
Enzima hidrolítica	Glicosidases	Peptidases	Nucleases

As classes de macromoléculas biológicas não são mutuamente exclusivas e podem interagir para produzir *moléculas híbridas* ou *conjugadas*. Por exemplo, as proteínas e os carboidratos formam *proteoglicanos* ou *glicoproteínas*. Os proteoglicanos são fundamentalmente constituídos por polissacarídeos (95% da massa da macromolécula) unidos entre si por ligações covalentes e por interações não covalentes às proteínas. As glicoproteínas contêm pequenas quantidades de carboidratos ligados às cadeias polipeptídicas por ligações covalentes. Moléculas híbridas, como glicolipídeos, lipoproteínas e nucleoproteínas, também estão presentes nos organismos vivos.

1.2 ENERGIA DA VIDA

Os processos físicos e químicos realizados pelas células vivas envolvem a extração, a canalização e o consumo de energia. Os mamíferos empregam energia química extraída de alimentos (carboidratos, proteínas e lipídeos não esteroides) para realizar suas funções. Os processos químicos celulares são organizados como uma rede de reações enzimáticas interligadas, nas quais as biomoléculas são quebradas ou sintetizadas com a geração e o gasto de energia, respectivamente. Os processos químicos estão relacionados com:

- A energia liberada nos processos de quebra de moléculas de nutrientes orgânicos (carboidratos, lipídeos, proteínas) é conservada na forma de ATP e NADPH (nicotinamida adenina dinucleotídeo fosfato reduzida).
- Biossíntese de macromoléculas a partir de precursores mais simples (unidades monoméricas) em processos que exigem energia. Ácidos nucleicos, proteínas, lipídeos e carboidratos são sintetizados a partir de nucleotídeos, aminoácidos, ácidos graxos e monossacarídeos, respectivamente.
- Transporte ativo de moléculas e íons através das membranas em direção contrária a gradientes de concentrações em processos dependentes de energia.
- O movimento das células ou de seus componentes também depende de energia.

A demanda por energia para a realização de processos metabólicos varia de acordo com a natureza do organismo, o tipo de célula, o estado nutricional e o estágio de desenvolvimento. A atividade metabólica celular é regulada de tal modo que as concentrações dos compostos-chave são mantidas dentro de limites estreitos. Em células saudáveis, a biossíntese restaura, em velocidade apropriada, os compostos consumidos. O equilíbrio é atingido pela síntese de enzimas necessárias para a via ou, de modo mais imediato, pela regulação da atividade das enzimas já existentes.

A. Ciclo do carbono

A fonte primária de energia empregada pelos seres vivos é a fusão termonuclear dos átomos de hidrogênio para formar hélio, que ocorre na superfície solar, de acordo com a equação: $4 H \rightarrow 1 He + 2$ pósitrons* + energia. A energia radiante da luz solar é convertida em energia química por organismos *fotossintéticos* (vegetais, algumas algas e algumas bactérias). A energia é convertida em carboidratos pela transferência de elétrons da molécula de água para o CO_2. No processo, o carbono é reduzido e há liberação de O_2 para a atmosfera (Figura 1.3).

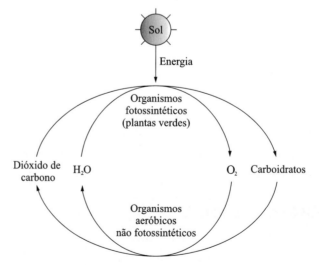

Figura 1.3 ● **Ciclo do carbono.**

---

*Pósitron é uma partícula com a mesma massa de um elétron, mas com carga positiva.

INTRODUÇÃO À BIOQUÍMICA

Os organismos não fotossintéticos se alimentam desses carboidratos e obtêm energia para suas necessidades metabólicas. No processo, o carbono é oxidado (adição de oxigênio ou remoção de hidrogênio) para formar CO_2, o qual retorna à atmosfera para ser, subsequentemente, reciclado pela fotossíntese. A oxidação do carbono gera energia capturada, principalmente, na forma de ATP, a qual pode ser acoplada a processos que exigem energia, como síntese de macromoléculas, contração muscular e transporte ativo de íons e outros solutos através das membranas (Figura 1.4).

$$O=C=O \xrightarrow[\text{(não favorável)}]{\text{Energia luminosa} \\ \text{Redução}} H-\underset{|}{\overset{|}{C}}-OH \xrightarrow[\text{(favorável)}]{\text{Energia livre} \\ \text{Oxidação}} O=C=O$$

Carbono do monossacarídeo

Figura 1.4 ● **Redução e reoxidação de compostos de carbono.** A energia radiante da luz solar converte o CO_2 em compostos reduzidos, como os monossacarídeos. A reoxidação desses compostos a CO_2 é termodinamicamente espontânea, de modo que a energia livre torna-se disponível para outros processos metabólicos.

1.3 VIAS METABÓLICAS

As características dos organismos vivos – sua organização complexa e sua capacidade de crescimento e reprodução – são resultantes de processos bioquímicos coordenados. *Metabolismo* ou *metabolismo intermediário* são os nomes dados à sequência de reações bioquímicas que degradam, sintetizam ou interconvertem moléculas nas células vivas. *Via metabólica* refere-se a um conjunto particular de reações que executam determinada função ou funções. A via da gliconeogênese (síntese de glicose), por exemplo, opera principalmente durante o período de jejum e sua principal função é manter a concentração de glicose na circulação em níveis requeridos por tecidos como o cérebro e os eritrócitos. As funções básicas do metabolismo são: (1) obtenção e utilização de energia (p. ex., para o trabalho mecânico de contração muscular ou transporte ativo de moléculas e íons); (2) síntese de macromoléculas estruturais e funcionais a partir de precursores simples; (3) crescimento e desenvolvimento celular; e (4) remoção de produtos de excreção. As vias metabólicas ocorrem em etapas distintas, catalisadas por enzimas:

- **Vias anabólicas:** são processos biossintéticos a partir de pequenas moléculas precursoras para formar moléculas maiores e mais complexas. As vias anabólicas são endergônicas, redutivas e exigem energia para ocorrer.

- **Vias catabólicas:** são processos degradativos do metabolismo nos quais moléculas orgânicas nutrientes (carboidratos, proteínas e lipídeos não esteroides) ingeridas pelos seres vivos são convertidas em moléculas menores. As vias catabólicas são exergônicas e oxidativas. A energia gerada nessas reações é conservada, principalmente, como ATP, forma biologicamente utilizável.

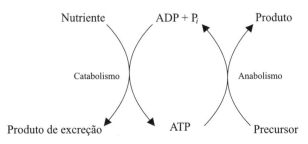

- **Vias anfibólicas:** são processos de junção entre as vias anabólica e catabólica (p. ex., ciclo do ácido cítrico).

O catabolismo em organismos aeróbicos ocorre em três estágios:

- **Primeiro estágio:** as moléculas nutrientes complexas (proteínas, carboidratos e lipídeos não esteroides) são quebradas em unidades menores: vários aminoácidos, monossacarídeos como a glicose e ácidos graxos mais glicerol, respectivamente.

- **Segundo estágio:** os produtos do primeiro estágio são transformados em unidades simples de acetila componente da acetil-CoA (acetil-coenzima A) que exerce papel central no metabolismo. Pouco ATP é gerado nesse estágio.

- **Terceiro estágio:** a acetila da acetil-CoA é oxidada no ciclo do ácido cítrico a CO_2, enquanto as coenzimas nicotinamida-adenina dinucleotídeo (NAD^+) e flavina dinucleotídeo (FAD) são reduzidas por quatro pares de elétrons liberados na oxidação para formar três NADH e um $FADH_2$. As coenzimas reduzidas transferem seus elétrons para o O_2 por meio da *cadeia mitocondrial transportadora de elétrons* que, associada à *fosforilação oxidativa*, produz H_2O e ATP. Esse processo mitocondrial é a principal fonte de ATP.

Quadro 1.1 ● **Talidomida**

Durante o período entre 1957 e 1961, aproximadamente 10 mil pessoas em todo o mundo nasceram com membros deformados ou inexistentes em razão de as mães terem ingerido a droga *talidomida,* um sedativo para tratar enjoos e náuseas durante a gravidez. A talidomida pode existir em duas formas enantiomorfas. Animais tratados com a R(+)-talidomida produziam neonatos normais, enquanto aqueles que recebiam o enanciômero S(–) produziam recém-nascidos deformados.	A talidomida prescrita para humanos era formada por uma mistura *racêmica* (mistura que contém quantidades iguais de cada enanciômero). Somente em 1995 foi comprovado que em humanos há uma rápida interconversão entre os dois enanciômeros. O equilíbrio é estabelecido entre as duas formas no sangue, independentemente de qual enanciômero foi empregado inicialmente. Isso sugere que, mesmo utilizando a forma pura r(+)-talidomida, os defeitos de nascimento em seres humanos seriam os mesmos.

A energia livre liberada nas reações catabólicas (processos exergônicos) é utilizada para realizar processos anabólicos (endergônicos) (Figura 1.5). O catabolismo e o anabolismo estão frequentemente acoplados por meio do ATP e do NADPH (nicotinamida-adenina dinucleotídeo fosfato, forma reduzida). O ATP é o doador de energia livre para os processos endergônicos. O NADPH é o principal doador de elétrons para a maioria das biossínteses redutoras.

INTRODUÇÃO À BIOQUÍMICA

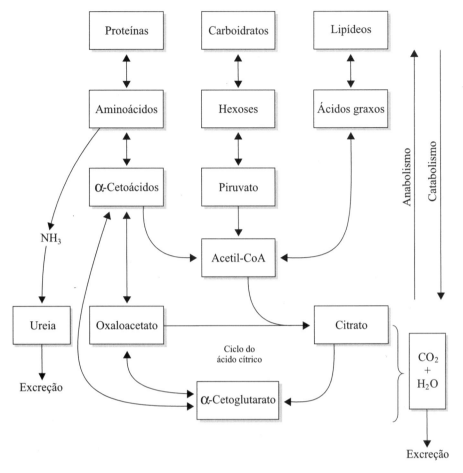

Figura 1.5 ● **Visão geral do catabolismo e do anabolismo.** Aminoácidos, hexoses e ácidos graxos são formados pela hidrólise enzimática de seus respectivos polímeros (proteínas, carboidratos e lipídeos). Os monômeros são desdobrados em intermediários de dois e três carbonos, como acetil-CoA e piruvato que, por sua vez, também são precursores de outros compostos biológicos. A completa degradação das moléculas produz NH_3, CO_2 e H_2O.

1.4 O QUE AS VIAS METABÓLICAS REALIZAM?

A. Geração de energia

Para os seres humanos, os principais combustíveis presentes na alimentação são os carboidratos e as gorduras (triacilgliceróis). O corpo humano também obtém energia de proteínas da dieta e – para algumas pessoas – do etanol. O metabolismo desses combustíveis gera energia que é capturada por moléculas de alta energia, como o ATP. O ATP é usado em processos que necessitam energia (p. ex., síntese de proteínas, contração muscular e transporte ativo de íons e outros solutos através das membranas).

B. Degradação ou catabolismo de moléculas orgânicas

As vias catabólicas geralmente clivam ligações C–O, C–N ou C–C. A maioria das vias catabólicas intracelulares é oxidativa e envolve a transferência de equivalentes redutores (átomos de hidrogênio) para a NAD^+ ou a FAD para formar NADH e $FADH_2$, respectivamente. Os equivalentes redutores presentes no NADH ou $FADH_2$ são usados em reações de biossíntese ou transferidos para a *cadeia mitocondrial transportadora de elétrons* para gerar ATP. Os principais processos de degradação são:

1. Digestão

Antes de serem absorvidos, os alimentos ingeridos pelo organismo são quebrados em moléculas mais simples. Por exemplo, o amido é hidrolisado a glicose e as proteínas a seus aminoácidos constituintes.

2. Glicólise

A principal via para o metabolismo da glicose, compreende uma sequência de reações que oxida a molécula de glicose a duas de piruvato, com liberação de energia como ATP. É um processo anaeróbico que ocorre no citoplasma de todas as células.

3. Oxidação de ácidos graxos

Os ácidos graxos são quebrados em moléculas de acetil-CoA, um composto com dois carbonos, em processo chamado β-oxidação, que ocorre principalmente nas mitocôndrias. A oxidação de ácidos graxos constitui uma fonte fundamental de energia.

4. Catabolismo de aminoácidos

A quebra da maioria dos 20 aminoácidos naturais é iniciada pela remoção do grupo α-amino do aminoácido via transaminação. Os esqueletos de carbono resultantes são então catabolizados para gerar energia ou usados para sintetizar outras moléculas (p. ex., glicose, cetonas). Os átomos de hidrogênio dos aminoácidos podem ser utilizados para a síntese de outros compostos nitrogenados, como heme, purinas e pirimidinas. O excesso de nitrogênio é excretado na urina em forma de ureia.

C. Síntese de precursores de macromoléculas

1. Síntese de glicose (gliconeogênese)

Consiste no processo de conversão de precursores não carboidratos (glicerol, piruvato, lactato e aminoácidos glicogênicos) em glicose ou glicogênio. A gliconeogênese ocorre no fígado e no rim e é crucial para manter o suprimento adequado de glicose para o cérebro e de eritrócitos durante o jejum ou a inanição.

2. Síntese de ácidos graxos

Excesso de carboidratos na dieta e os esqueletos de carbono de aminoácidos cetogênicos são catabolizados a acetil-CoA para produzir ácidos graxos de cadeia longa (16C e 18C). O armazenamento de ácidos graxos como triacilgliceróis provê a principal fonte de energia durante o estado de jejum.

3. Síntese do heme

O heme é um componente ligado às proteínas hemoglobina e mioglobina. O heme também atua como parte dos citocromos, tanto na cadeia mitocondrial transportadora de elétrons envolvida na síntese de ATP como em enzimas que catalisam reações de oxidorredução, como as oxigenases (p. ex.,

INTRODUÇÃO À BIOQUÍMICA

citocromo P450). Apesar de a maior parte da síntese do heme ocorrer no tecido hematopoético (p. ex., medula óssea), praticamente todas as células produzem seus próprios citocromos e enzimas contendo heme.

Quadro 1.2 ● **Sistema RS**

O *sistema RS* de nomenclatura para a configuração estereoquímica foi desenvolvido em 1956 para superar o principal problema associado à nomenclatura DL, que pode ser ambígua para compostos com múltiplos centros quirais. O sistema RS compara os quatro átomos ou grupos ligados ao átomo de carbono tetraédrico (centro quiral). Cada grupo ligado ao centro quiral tem uma *prioridade*. As prioridades são: SH > OH > NH$_2$ > COOH > CHO > CH$_2$OH > CH$_3$ > H. A configuração do centro quiral é visualizada com o grupo de menor prioridade orientado para longe do observador, exemplo, o H no gliceraldeído.

Se a ordem dos outros três grupos diminuir na direção horária, a configuração será considerada R (do latim, *rectus,* direita). Se a ordem for no sentido anti-horário, a configuração será considerada S (do latim, *sinistrus,* esquerda). Desse modo, o R-gliceraldeído é sinônimo de D-gliceraldeído. O sistema RS descreve sem ambiguidades a configuração estereoquímica de compostos contendo vários centros quirais, como, por exemplo, (2S, 3R)-treonina.

D. Armazenamento de combustíveis

A capacidade das células de acumularem ATP (a principal molécula de alta energia do metabolismo humano) é relativamente modesta. O organismo tem a capacidade de armazenar combustíveis metabólicos para utilizar em períodos entre as refeições ou jejum prolongado.

1. Creatina-fosfato

A maioria das células, especialmente as musculares, pode armazenar uma quantidade limitada de energia na forma de creatina-fosfato. Isso é acompanhado por um processo reversível catalisado pela enzima *creatino cinase*:

$$ATP + creatina \leftrightarrows creatina\text{-}fosfato + ADP$$

Quando a célula necessita de energia em quantidades mínimas, a reação tende para a direita. De modo contrário, quando a célula necessita de ATP para o trabalho mecânico, bombeamento de íons ou como substrato para vias sintéticas, a reação tende para a esquerda, para disponibilizar ATP.

2. Glicogênio

Consiste na forma de armazenamento de glicose. Quase todo o glicogênio do organismo está contido no músculo (cerca de 600 g) e no fígado (ao redor de 300 g), com pequenas quantidades no cérebro e em células alveolares tipo II no pulmão. O glicogênio exerce funções diferentes no músculo e no fígado. O glicogênio hepático é utilizado para manter mais ou menos constante o suprimento de glicose para o sangue. O glicogênio muscular é desdobrado, liberando glicose, a qual é oxidada para fornecer energia para o trabalho muscular.

3. Triacilglicerol (gordura)

Enquanto a capacidade do organismo de armazenar energia na forma de glicogênio é limitada, sua capacidade para estocar gordura é quase ilimitada. Após uma refeição, o excesso de carboidratos da alimentação é transformado em ácidos graxos no fígado. Parte desses ácidos graxos sintetizados endogenamente, assim como os provenientes da digestão de gordura dos alimentos, é utilizada diretamente como combustível pelos tecidos periféricos. No entanto, a maior porção desses ácidos graxos é armazenada nos adipócitos na forma de triacilgliceróis. Para suprir necessidades adicionais de energia durante períodos de jejum ou exercícios, os ácidos graxos são mobilizados a partir dos triacilgliceróis armazenados no tecido adiposo e liberados para o músculo e o fígado.

4. Glutamina

A glutamina é encontrada em todas as células na forma combinada em peptídeos ou proteínas, mas também na forma livre. Teores elevados de glutamina são encontrados no músculo, onde atuam como reserva para utilização em outros tecidos. A quantidade total nos músculos esqueléticos no organismo é de cerca de 80 g, a qual é sintetizada a partir da glicose e de aminoácidos de cadeia ramificada. Como o glicogênio hepático e o triacilglicerol no tecido adiposo, a glutamina é liberada durante a inanição e o trauma.

E. Excreção de substâncias potencialmente nocivas

1. Biossíntese de ureia

A via tem lugar no fígado e sintetiza ureia a partir da amônia (íons amônio) derivada do catabolismo dos aminoácidos e pirimidinas. A síntese de ureia é um dos principais mecanismos para desintoxicação e excreção de amônia.

2. Síntese de ácidos biliares

A transformação do colesterol em ácidos biliares no fígado serve a dois propósitos: (1) fornecer sais biliares – cujas propriedades emulsificantes facilitam a digestão e a absorção de gorduras – para o intestino e (2) excretar o excesso de colesterol. Humanos não podem abrir nenhum dos quatro anéis do colesterol, ou seja, não oxidam o colesterol a dióxido de carbono e água. Assim, a excreção biliar direta do colesterol e de ácidos biliares é o mecanismo para a eliminação de quantidades significativas de colesterol.

3. Catabolismo do heme

Quando proteínas contendo heme (p. ex., hemoglobina, mioglobina) e enzimas (p. ex., catalase) são degradadas, a estrutura do heme é oxidada a bilirrubina, que, após conjugação com ácido glicurônico, é excretada via sistema hepatobiliar.

F. Geração de substâncias reguladoras

Algumas vias metabólicas geram moléculas que exercem papéis reguladores. O ácido cítrico (produzido no ciclo do ácido cítrico) desempenha pa-

INTRODUÇÃO À BIOQUÍMICA

pel fundamental na coordenação de vias da glicólise e gliconeogênese. Outro exemplo de molécula reguladora é o 2,3-bisfosfoglicerato, produzido em via minoritária da glicólise e que modula a afinidade da hemoglobina pelo oxigênio.

RESUMO

1. Bioquímica é o estudo das estruturas moleculares, dos mecanismos e dos processos químicos responsáveis pela vida. Os organismos vivos são mantidos por sua capacidade de obter, transformar, armazenar e utilizar energia.

2. Muitas biomoléculas encontradas nas células são relativamente pequenas, com peso molecular menor do que 1.000D. Constituem quatro famílias de pequenas moléculas: aminoácidos, açúcares, ácidos graxos e nucleotídeos. Os membros de cada grupo exercem várias funções, como: (1) síntese de grandes moléculas, (2) atividades biológicas especiais e (3) componentes em vias metabólicas complexas.

3. As células são instáveis. Somente um constante fluxo de energia evita que se desorganizem. Uma forma de obtenção de energia é a oxidação de biomoléculas combustíveis ingeridas na dieta.

4. O metabolismo é a soma total de todas as reações que ocorrem no organismo vivo. Muitas das reações são organizadas em vias. Duas são as principais vias metabólicas: anabolismo e catabolismo.

5. As vias metabólicas promovem geração de energia, degradação de moléculas orgânicas, síntese de precursores de macromoléculas, armazenamento de energia, excreção de substâncias potencialmente nocivas e geração de substâncias reguladoras.

BIBLIOGRAFIA

Berg JM, Tymoczko JL, Stryer L. Bioquímica. 6. ed. Rio de Janeiro: Guanabara-Koogan, 2008: 357-86.

Blackstock JC. Biochemistry. Oxford: Butterworth, 1998: 1-19.

Frayn KN. Metabolic regulation: a human perspective. 3. ed. Oxford: Wiley-Blackwell, 2010: 1-26.

Nelson DL, Cox MM. Lehninger: principles of biochemistry. 4. ed. New York: Freeman, 2004: 1-43.

Pratt CW, Cornely K. Essential biochemistry. Danvers: Wiley, 2004: 2-23.

Reed S. Essential physiological biochemistry: an organ-based approach. Chichester: Wiley-Blackwell, 2009: 1-27.

Rosenthal MD, Glew RH. Medical biochemistry. Danvers: Wiley, 2009: 1-10.

2
Água: O Meio da Vida

A água é a substância mais abundante no ser humano. É o solvente da vida. Banha as células, dissolve e transporta compostos no sangue, proporciona o meio para o movimento de moléculas dentro e entre os compartimentos *celulares*, separa moléculas carregadas, dissipa o calor e participa de reações químicas. A água dissolve íons (p. ex., Na^+, K^+ e Cl^-), açúcares e muitos aminoácidos. Diferentemente, as moléculas não polares (lipídeos e alguns aminoácidos) são pouco solúveis em água, promovendo a formação de estruturas supramoleculares (p. ex., membranas) e dobramento proteico.

As interações não covalentes são os meios pelos quais as moléculas interagem entre si – enzimas com seus substratos, hormônios com seus receptores e anticorpos com seus antígenos. A força e a especificidade das interações não covalentes são em grande parte dependentes da água. Duas propriedades da água são especialmente importantes para a existência dos seres vivos:

- **A água é uma molécula polar:** a molécula de água é não linear com distribuição da carga de forma assimétrica.
- **A água é altamente coesiva:** as moléculas de água interagem entre si por meio de pontes de hidrogênio. A natureza altamente coesiva da água interfere nas interações entre as biomoléculas em solução aquosa.

2.1 ESTRUTURA DA ÁGUA

A água é formada por dois átomos de hidrogênio ligados a um átomo de oxigênio. Cada átomo de hidrogênio possui uma carga elétrica parcial positiva (δ^+), e o átomo de oxigênio, carga elétrica parcial negativa (δ^-). Assim, o compartilhamento dos elétrons entre H e O é desigual, o que acarreta o surgimento de dois dipolos elétricos na molécula de água, um para cada ligação H–O. O ângulo de ligação entre os hidrogênios e o oxigênio (H–O–H) é 104,5°, tornando a molécula eletricamente assimétrica e produzindo dipolos elétricos (Figura 2.1). Ao se aproximar, o hidrogênio parcialmente positivo de uma molécula de água atrai o oxigênio parcialmente negativo de outra molécula de água adjacente, resultando na *ponte de hidrogênio*.

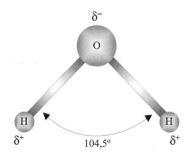

Figura 2.1 **Estrutura da molécula de água.** O ângulo de ligação H–O–H é 104,5°, e tanto os hidrogênios como o oxigênio possuem cargas elétricas parciais, criando um dipolo elétrico.

Tabela 2.1 ● **Energia de dissociação de ligação (energia necessária para romper a ligação)**

Tipo de ligação	Energia de dissociação de ligação (kJ·mol⁻¹)
Ligações covalentes	>210
Ligações não covalentes	
Interações eletrostáticas (iônicas)	4 a 80
Pontes de hidrogênio	12 a 30
Interações hidrofóbicas	3 a 12
Forças de van der Waals	0,3 a 9

2.2 INTERAÇÕES NÃO COVALENTES

As interações não covalentes são geralmente eletrostáticas e ocorrem entre o núcleo positivo de um átomo e a nuvem eletrônica de outro átomo adjacente. De modo diferente das ligações covalentes, as interações não covalentes são individualmente fracas e facilmente rompidas (Tabela 2.1). No entanto, coletivamente, elas interferem de modo significativo nas propriedades, nas estruturas e nas funções das biomoléculas (proteínas, polissacarídeos, ácidos nucleicos e lipídeos) em função do cumulativo de muitas interações. O grande número de interações não covalentes estabiliza macromoléculas e estruturas supramoleculares, de modo que essas ligações são rapidamente formadas ou rompidas, promovendo a flexibilidade necessária para manter os processos dinâmicos da vida. Nos organismos vivos, as interações não covalentes mais importantes são: pontes de hidrogênio, interações iônicas, interações hidrofóbicas e forças de van der Waals:

- **Pontes de hidrogênio:** normalmente envolvem N–H, O–H e S–H como doadores de hidrogênio e os átomos eletronegativos N, O ou S como aceptores de hidrogênio (a eletronegatividade é uma medida da afinidade de átomos por elétrons).

Pontes de hidrogênio

- **Interações iônicas:** ocorrem entre átomos ou grupos carregados. Íons de cargas opostas, como o sódio (Na^+) e o cloreto (Cl^-), são atraídos entre si. Ao contrário, íons de cargas similares, como o Na^+ e K^+ (potássio), se repelem. Em proteínas, certas cadeias laterais de aminoácidos contêm grupos ionizáveis. Por exemplo, a cadeia lateral do ácido glutâmico ioniza em pH fisiológico como $-CH_2CH_2COO^-$. A cadeia lateral do aminoácido lisina está ionizada como $-CH_2CH_2CH_2CH_2NH_3^+$. A atração dos grupos carregados nos dois aminoácidos forma *pontes salinas* ($-COO^{-+}H_3N-$).

ÁGUA: O MEIO DA VIDA

Forças de repulsão criadas quando espécies de carga similar se aproximam são propriedades importantes em muitos processos biológicos, como o enovelamento das proteínas, a catálise enzimática e o reconhecimento molecular.

- **Forças de van der Waals:** são associações não covalentes entre moléculas neutras. Ocorrem entre dipolos permanentes ou induzidos que se atraem fracamente, aproximando os dois núcleos. Podem ser atrativas ou repulsivas, dependendo da distância entre os átomos ou entre os grupos envolvidos. Forças de van der Waals muito fracas são conhecidas como *forças de dispersão de London* e ocorrem entre moléculas não polares como resultado de pequenas flutuações na distribuição de elétrons, que cria uma carga de separação temporária.

2.3 PROPRIEDADES SOLVENTES DA ÁGUA

A natureza polar e a capacidade de formar pontes de hidrogênio tornam a água uma molécula com grande poder de interação. A água solvata facilmente as moléculas polares ou iônicas em virtude do enfraquecimento das interações eletrostáticas e das pontes de hidrogênio entre as moléculas, competindo com elas por suas atrações (efeito hidrofílico, do grego "que gosta de água").

A água dissolve sais como o NaCl por hidratação e estabilização dos íons Na^+ e Cl^-, enfraquecendo as interações eletrostáticas e impedindo a associação para formar uma rede cristalina (Figura 2.2).

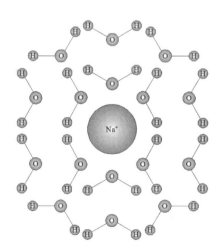
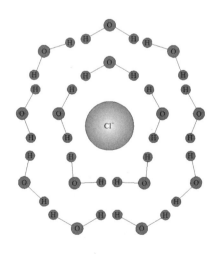

Figura 2.2 • Dissolução de sais cristalinos. A água dissolve o NaCl (e outros sais cristalinos) por meio da hidratação dos íons Na^+ e Cl^-. À medida que as moléculas de água se agrupam ao redor dos íons Cl^- e Na^+, é rompida a atração eletrostática necessária para a formação da rede cristalina de NaCl.

A água dissolve biomoléculas com grupos ionizáveis e com grupos funcionais polares, porém não carregadas, por formar pontes de hidrogênio com os solutos. As associações ocorrem entre a água e a carboxila, o aldeído, a cetona e a hidroxila de alcoóis.

Os grupos não polares são insolúveis em água, pois as interações entre as moléculas de água são mais fortes do que as interações da água com compostos não polares. Os compostos não polares tendem a se aglomerar em água (*interações hidrofóbicas*, do grego "que teme a água"). As interações hidrofóbicas são as principais forças propulsoras no enovelamento de macromoléculas (p. ex., proteínas).

2.4 MOLÉCULAS ANFIFÍLICAS

Um grande número de biomoléculas, denominadas *anfifílicas* (ou *anfipáticas*), contém tanto grupos polares como grupos não polares. Essa propriedade afeta significativamente o meio aquoso. Por exemplo, os ácidos graxos ionizados são moléculas anfipáticas porque contêm grupos carboxilatos hidrofílicos e grupos hidrocarbonetos hidrofóbicos.

Quando misturadas com a água, as moléculas anfifílicas se agregam, formando estruturas estáveis, chamadas *micelas*. Nas micelas, as regiões carregadas (grupos carboxilatos), denominadas *cabeças polares*, são orientadas para a água, com a qual interagem. A *cauda hidrocarboneto* não polar tende a evitar o contato com a água e orienta-se para o interior hidrofóbico. As biomoléculas anfipáticas tendem espontaneamente a se rearranjar em água, o que é uma característica importante de numerosos componentes celulares. Por exemplo, a formação de bicamadas por moléculas de fosfolipídeos é a estrutura básica das membranas biológicas (Figura 2.3).

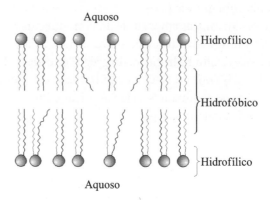

Figura 2.3 • Bicamada lipídica de membranas celulares. Formada na água por moléculas anfifílicas (fosfolipídeos) com cabeças polares (ou carregadas) e caudas não polares.

2.5 OSMOLALIDADE E MOVIMENTO DA ÁGUA

A água se distribui entre diferentes compartimentos líquidos do corpo de acordo com a concentração de solutos, ou a osmolalidade de cada compartimento. A osmolalidade (expressa em miliosmol – mOsm/kg de água) de um líquido é proporcional à concentração total de todas as moléculas dissolvidas, incluindo íons, metabólitos orgânicos e proteínas.

A membrana celular semipermeável, que separa o compartimento extracelular do intracelular, contém numerosos poros suficientemente amplos para permitir a livre difusão da água, mas não a passagem de outras moléculas ou íons. De modo semelhante, a água se move livremente através de capilares que separam o líquido intersticial do plasma. Como resultado, a água se move de compartimento com baixa concentração de soluto (osmolalidade baixa) para um compartimento de alta concentração para igualar a osmolalidade nos dois lados da membrana.

Osmose é o processo espontâneo no qual a água (ou outro solvente) atravessa uma membrana semipermeável de uma solução de menor concentração de soluto (moléculas e íons) para uma solução de maior concentração de soluto. A *pressão osmótica* é a força necessária para resistir ao movimento da água através da membrana. A pressão osmótica depende da concentração do soluto (Figura 2.4).

ÁGUA: O MEIO DA VIDA

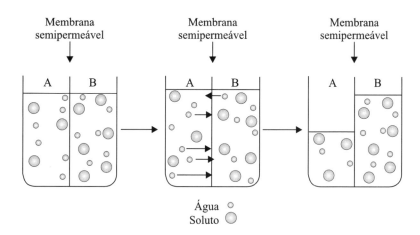

Figura 2.4 • Pressão osmótica. A membrana semipermeável permite a passagem de água, mas não do soluto. A água flui do compartimento A (mais diluído) para o compartimento B (mais concentrado). À medida que a água se move para a solução mais concentrada, a altura da solução dentro do compartimento B aumenta. A pressão osmótica é a pressão necessária para interromper o fluxo líquido de água através da membrana.

A pressão osmótica cria alguns problemas críticos para os organismos vivos. As células contêm altas concentrações de pequenas moléculas orgânicas e sais iônicos, bem como macromoléculas em baixas concentrações. Consequentemente, as células podem ganhar ou perder água devido à concentração de soluto em relação a seu meio. Se as células estão em *solução isotônica* (a concentração de soluto e água é igual nos dois lados da membrana plasmática semipermeável), a célula nem ganha nem perde água. Por exemplo, os eritrócitos são isotônicos em solução de NaCl a 0,9%. Quando as células são colocadas em uma solução com concentração baixa de soluto (*solução hipotônica*), a água se move para o interior das células. Os eritrócitos, por exemplo, se distendem e se rompem em processo chamado *hemólise* quando são imersos em água pura. Nas soluções hipertônicas, aquelas com maior concentração de soluto, as células murcham à medida que a água flui para a solução.

Aumento da osmolaridade no plasma desencadeia rapidamente a sede, exigindo a ingestão de água para diluir o Na^+ e reajustar a osmolaridade.

2.6 IONIZAÇÃO DA ÁGUA

Pequena quantidade de moléculas de água se dissocia em íons hidrogênio (H^+) e hidroxila (OH^-):

$$H_2O \rightleftharpoons H^+ + OH^-$$

Para cada mol de H^+, um mol de OH^- é produzido. Em razão da elevada reatividade do íon hidrogênio (próton) e do momento dipolar da molécula de água, o H^+ não existe como tal em solução aquosa, mas reage com uma segunda molécula de H_2O para formar o *íon hidrônio* (H_3O^+). O grau de ionização é descrito quantitativamente pela *constante de equilíbrio* (K_{eq}):

$$K_{eq} = \frac{[H^+][OH^-]}{[H_2O]}$$

A concentração da água a 25°C (1.000g/L)/(18g/mol) = 55,5M (o número de gramas de água em 1.000mL dividido pela molécula-grama da água) é muito maior do que a concentração dos íons H^+ e OH^-, ou seja, a quantidade de água ionizada é insignificante em relação à não ionizada. Substituindo os valores na equação anterior, tem-se:

$$K_{eq} = \frac{[H^+][OH^-]}{55,5} = 1,8 \times 10^{-16}$$

O valor da K_{eq} para a água é $1,8 \times 10^{-16}$, a 25°C. Pelo rearranjo da expressão, a K_{eq} é redefinida como *produto iônico da água* (K_w):

$$K_w = K_{eq}[H_2O] = [H^+][OH^-]$$
$$K_w = (1,8 \times 10^{-16})(55,5) = 1 \times 10^{-14} = (10^{-7})(10^{-7})$$

Portanto, o valor numérico do produto $[H^+][OH^-]$ em soluções aquosas a 25°C é $1,0 \times 10^{-14}$. Em água pura $[H^+] = [OH^-]$, o valor é $1,0 \times 10^{-7}$ M. Ao adicionar-se qualquer substância à água, como um ácido ou uma base, alterações concomitantes devem ocorrer nas concentrações do H^+ ou OH^- para satisfazer a relação de equilíbrio. Conhecendo-se a concentração de um deles, facilmente é calculado o teor do outro.

2.7 ESCALA DE pH

Para expressar as concentrações de íons hidrogênio em soluções aquosas, emprega-se a escala de pH. O pH é definido como o *logaritmo negativo da concentração de íons hidrogênio* (o símbolo "p" designa "logaritmo negativo de"):

$$pH = -\log[H^+]$$

Em uma solução aquosa neutra a 25°C, a concentração do íon hidrogênio (como também a $[OH^-]$) é $1,0 \times 10^{-7}$M ou pH = 7,0.

Soluções com pH<7 são *ácidas*, enquanto aquelas com pH>7 são *básicas*. A Tabela 2.2 mostra a relação entre $[H^+]$, $[OH^-]$, pH e pOH.

Tabela 2.2 ● **Relação entre [H⁺], [OH⁻], pH e pOH**

$[H^+]$ (M)	pH	$[OH^-]$ (M)	pOH
1,0	0	1×10^{-14}	14
$0,1(1 \times 10^{-1})$	1	1×10^{-13}	13
1×10^{-2}	2	1×10^{-12}	12
1×10^{-3}	3	1×10^{-11}	11
1×10^{-4}	4	1×10^{-10}	10
1×10^{-5}	5	1×10^{-9}	9
1×10^{-6}	6	1×10^{-8}	8
1×10^{-7}	7	1×10^{-7}	7
1×10^{-8}	8	1×10^{-6}	6
1×10^{-9}	9	1×10^{-5}	5
1×10^{-10}	10	1×10^{-4}	4
1×10^{-11}	11	1×10^{-3}	3
1×10^{-12}	12	1×10^{-2}	2
1×10^{-13}	13	$0,1(1 \times 10^{-1})$	1
1×10^{-14}	14	1,0	0

ÁGUA: O MEIO DA VIDA

É importante frisar que o pH varia na razão inversa da concentração de H^+. Desse modo, o aumento de $[H^+]$ reduz o pH, enquanto a diminuição o eleva. Deve-se notar, também, que o pH é uma função logarítmica, portanto, quando o pH de uma solução aumenta de 3 para 4, a concentração de H^+ diminui 10 vezes, de $10^{-3}M$ para $10^{-4}M$.

Exercício

Como a água pura tem $[H^+] = 10^{-7}M$, calcule o pH das seguintes soluções:
1. HCl $10^{-4}M$
2. NaOH $10^{-5}M$

A autoionização da água apresenta uma contribuição negligenciável para as concentrações de íons hidrônio e íons hidróxido.

Solução:
1. Para HCl 10^{-4}: $[H_3O^+] = 10^{-4}M$; portanto pH = 4.
2. Para NaOH 10^{-5}: $[OH^-] = 10^{-5}M$. Como $[OH^-][H_3O^+] = 1 \times 10^{-14}$, então $[H_3O^+] = 10^{-9}M$; assim, pH = 9.

O pH de diferentes líquidos biológicos é mostrado na Tabela 2.3. Em pH 7, o íon H^+ está na concentração 0,000,000,1M (1×10^{-7}), enquanto a concentração de outros cátions está entre 0,001 e 0,10M. Um aumento no teor de íon H^+ de somente 0,000,001 (1×10^{-6}) tem um grande efeito deletério sobre as atividades celulares.

Tabela 2.3 ● **Valores de pH de alguns líquidos biológicos**

Líquido	pH
Plasma sanguíneo	7,4
Líquido intersticial	7,4
Líquido intracelular (citosol hepático)	6,9
Suco gástrico	1,5 a 3,0
Suco pancreático	7,8 a 8,0
Leite humano	7,4
Saliva	6,4 a 7,0
Urina	4,5 a 8,0

2.8 ÁCIDOS E BASES

A concentração do íon hidrogênio – $[H^+]$ – afeta a maioria dos processos nos sistemas biológicos. As definições de ácidos e bases propostas por Bronsted e Lowry são as mais convenientes para os seres vivos:

- **Ácidos são substâncias doadoras de prótons.**

- **Bases são substâncias aceptoras de prótons.**

Por exemplo, a adição de ácido clorídrico (HCl) a uma amostra de água aumenta a concentração de íon hidrogênio ($[H^+]$ ou $[H_3O^+]$), pois o HCl doa prótons:

$$HCl + H_2O \rightarrow H_3O^+ + Cl^-$$

A H_2O atua como uma base que aceita o próton do ácido adicionado.

Do mesmo modo, a adição da base hidróxido de sódio (NaOH) aumenta o pH (redução da [H^+]) pela introdução de íons hidróxido que combinam com os íons hidrogênios existentes:

$$NaOH + H_3O^+ \rightarrow Na^+ + 2H_2O$$

Na reação, o H_3O^+ atua como ácido doador de próton. O pH final da solução depende da quantidade de H^+ adicionada (p. ex., HCl) ou da quantidade de H^+ removida da solução (p. ex., pelo íon OH^- do NaOH).

Ácido sulfúrico (H_2SO_4) e o ácido clorídrico (HCl) são *ácidos fortes* porque se dissociam completamente. Os ácidos orgânicos são geralmente *ácidos fracos*, porque se dissociam parcialmente.

Tabela 2.4 ● Constantes de dissociação e pK_a de alguns ácidos fracos importantes em bioquímica (a 25°C)

Ácido	K_a, M	pK_a
Ácido acético (CH_3COOH)	$1,74 \times 10^{-5}$	4,76
Ácido láctico (CH_3–CHOH–COOH)	$1,38 \times 10^{-4}$	3,86
Ácido pirúvico (CH_3CO–COOH)	$3,16 \times 10^{-3}$	2,50
Glicose-6-PO_3H^-	$7,76 \times 10^{-7}$	6,11
Ácido fosfórico (H_3PO_4)	$1,1 \times 10^{-2}$	2,0
Íon di-hidrogenofosfato ($H_2PO_4^-$)	$2,0 \times 10^{-7}$	6,8
Íon hidrogenofosfato (HPO_4^{2-})	$3,4 \times 10^{-13}$	12,5
Ácido carbônico H_2CO_3	$1,70 \times 10^{-4}$	3,77
Íon amônio (NH_4^+)	$5,62 \times 10^{-10}$	9,25

A. Par ácido-base conjugado

O ácido acético (CH_3–COOH) e o ânion acetato (CH_3–COO$^-$) formam um *par ácido-base conjugado*

$$CH_3COOH \leftrightarrows H^+ + CH_3COO^-$$

O ácido acético é o *ácido conjugado* (doador de prótons), e a forma ionizada do ácido acético, o íon acetato (CH_3COO^-), é a *base conjugada* (aceptora de prótons). A tendência de o ácido perder prótons e formar sua base conjugada é definida pela *constante de equilíbrio* (K_{eq}), que para as reações de ionização é chamada *constante de dissociação* (K_a). O valor da constante de dissociação para o ácido acético é:

$$K_a = \frac{\left[CH_3 - COO^-\right]\left[H^+\right]}{\left[CH_3 - COOH\right]} = 1,74 \times 10^{-5}$$

Valores altos de K_a indicam ácidos mais fortes (mais ácido se dissocia), enquanto valores baixos de K_a tendem a liberar prótons (tendência menor –

ÁGUA: O MEIO DA VIDA

menos ácido se dissocia). As constantes de dissociação são mais facilmente expressas em termos de pK_a:

$$pK_a = -\log K_a$$

ou seja, o pK_a de um ácido é o logaritmo negativo de sua constante de dissociação. Quanto maior a tendência para dissociar prótons, mais forte será o ácido e menor seu pK_a. Para o ácido acético,

$$pK_a = -\log (1{,}74 \times 10^{-5}) = 4{,}76$$

Valores de K_a e pK_a de alguns ácidos são mostrados na Tabela 2.4. A água é considerada um ácido muito fraco, com $pK_a = 14$ a 25°C.

Quadro 2.1 ● Força de ácidos

A *força de um ácido* ou *base* refere-se à eficiência com que o ácido doa prótons ou a base aceita prótons. Com respeito à força, existem duas classes de ácidos e bases: *fortes* e *fracos*. Ácidos e bases fortes são aqueles que se dissociam quase completamente em meio aquoso diluído (p. ex., HCl ou NaOH). Ácidos e bases fracos são os que dissociam parcialmente em soluções aquosas diluídas (p. ex., CH_3–COOH).

A tendência de um ácido fraco não dissociado (HA) perder um próton e formar sua base conjugada (A^-) é dada pela equação:

$$HA \leftrightharpoons H^+ + A^-$$

A reação não ocorre até o final, mas atinge um ponto de *equilíbrio* entre 0 e 100% da reação.

No equilíbrio, a velocidade líquida é zero, pois as velocidades absolutas, em ambas as direções, são exatamente iguais. Tal posição é descrita pela equação:

$$K = \frac{[H^+][A^-]}{[HA]}$$

em que K é a *constante de equilíbrio* da reação reversível e tem um valor fixo para cada temperatura. A K para as reações de ionização é denominada *constante de dissociação* ou de *ionização*.

Para os ácidos é usada a designação K_a. Os ácidos fortes têm valor de K_a elevado por apresentarem maior número de prótons liberados por mol de ácido em solução.

Durante o metabolismo, o corpo produz ácidos que aumentam a concentração de íon hidrogênio do sangue e outros líquidos biológicos e tendem a reduzir o pH. Os ácidos inorgânicos, como o ácido sulfúrico (H_2SO_4) e o ácido clorídrico (HCl), são ácidos fortes que se dissociam completamente em solução aquosa. Os ácidos orgânicos contendo grupos carboxílicos (p. ex., os corpos cetônicos, o ácido acetoacético e o ácido β-hidroxibutírico) são ácidos fracos que se dissociam parcialmente em água.

B. Equação de Henderson-Hasselbach

O pH de uma solução contendo uma mistura de ácido fraco com sua base conjugada (par ácido-base conjugado) é calculado pela equação de Henderson-Hasselbach. A tendência de o ácido (HA) perder prótons e formar sua base conjugada (A^-)

$$HA \leftrightharpoons H^+ + A^-$$

é definida pela constante de dissociação (K_a):

$$K_a = \frac{[H^+][A^-]}{[HA]}$$

Por rearranjo,

$$[H^+] = K_a \frac{[HA]}{[H^-]}$$

pode-se expressar $[H^+]$ como $-\log[H^+]$ e K_a como $-\log K_a$:

$$-\log\left[H^+\right] = -\log K_a + \log\frac{\left[A^-\right]}{\left[HA\right]}$$

empregando as definições de pH e pK_a

$$pH = pK_a + \log\frac{\left[A^-\right]}{\left[HA\right]}$$

ou escrita de forma genérica:

$$pH = K_a + \log\frac{\left[aceptor\ de\ prótons\right]}{\left[doador\ de\ prótons\right]}$$

A expressão relaciona o pH, o pK_a e as quantidades relativas de aceptor de prótons e de doador de prótons presentes na solução. Nos casos em que a concentração molar de doador de prótons é igual à do aceptor de prótons ($[HA]$ = $[A^-]$), a relação $[A^-]/[HA]$ é igual a 1. Como o logaritmo de 1 é zero, o pH da solução é igual ao valor do pK_a do ácido fraco.

2.9 TAMPÕES E TAMPONAMENTO

A regulação do pH nos líquidos biológicos é atividade essencial dos organismos vivos. Mesmo pequenas quantidades de ácido (H^+) ou base (OH^-) podem afetar muito as estruturas e as funções das biomoléculas. A concentração do H^+ (pH) é mantida relativamente constante por meio de sistemas-tampões que resistem a alterações bruscas de pH quando são adicionadas quantidades relativamente pequenas de ácido (H^+) ou base (OH^-) à solução. Um sistema-tampão consiste em um ácido fraco (o doador de prótons) e sua base conjugada (o aceptor de prótons).

Quando um ácido forte como o HCl é adicionado à água pura, todo o ácido adicionado contribui diretamente para a redução do pH. No entanto, quando o HCl é adicionado a uma solução contendo um ácido fraco em equilíbrio com sua base conjugada (A^-), o pH não se altera tão dramaticamente, pois parte dos prótons adicionados combina com a base conjugada para amenizar o aumento da $[H^+]$ (Figura 2.5):

$$HCl \rightarrow H^+ + Cl^- \quad grande\ aumento\ da\ [H^+]$$
$$HCl + A^- \rightarrow HA + Cl^- \quad pequeno\ aumento\ da\ [H^+]$$

Quando uma base forte (como o NaOH) é adicionada à água pura, ocorre grande redução da $[H^+]$. Se a base for adicionada a um ácido fraco em equilíbrio com sua base conjugada (A^-), parte dos íons hidróxidos aceita prótons do ácido para formar H_2O e, portanto, não contribui para a redução do $[H^+]$:

$$NaOH \rightarrow Na^+ + OH^- \quad grande\ redução\ da\ [H^+]$$
$$NaOH + HA \rightarrow Na^+ + A^- + H_2O \quad pequena\ redução\ da\ [H^+]$$

A resistência a mudanças no pH de um tampão depende de dois fatores: (a) a concentração molar do ácido fraco e sua base conjugada e (b) a relação entre suas concentrações.

ÁGUA: O MEIO DA VIDA

Exercício

Calcule a quantidade relativa de ácido acético e de íon acetato presente quando 1 mol de ácido acético é titulado com 0,3 mol de hidróxido de sódio. Calcule também o valor do pH da solução final.

Solução:
Ao adicionar 0,3 mol de NaOH, 0,3 mol de ácido acético reage para formar 0,3 mol de íon acetato, deixando 0,7 mol de ácido acético. A composição é 70% de ácido acético e 30% de íon acetato:

$$pH = pK_a + \log\frac{[\text{Acetato}]}{[\text{Ácido acético}]}$$

$$pH = 4{,}75 + \log\frac{0{,}3}{0{,}7} = 4{,}39$$

O poder tamponante de um sistema é máximo quando o pH = pK_a, isto é, quando as concentrações do doador de prótons (HA) se iguala à do aceptor de prótons (A⁻). Cada sistema-tampão tem uma zona característica de pH na qual ele atua como um tampão efetivo.

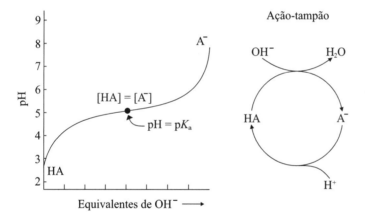

Figura 2.5 ● Poder tamponante do par ácido fraco (HA) e sua base conjugada (A⁻). O sistema é capaz de absorver tanto o H⁺ como o OH⁻ por meio da reversibilidade da dissociação do ácido. O doador de prótons (ácido fraco) contém uma reserva de H⁺ ligado que pode ser liberada para neutralizar a adição de OH⁻ ao sistema, resultando na formação de água. De maneira semelhante, a base conjugada (A⁻) pode reagir com os íons H⁺ adicionados ao sistema. Assim, o par ácido-base conjugado resiste às variações de pH quando quantidades relativamente pequenas de ácido ou base são adicionadas à solução.

Na realidade, o poder tamponante é considerável mesmo dentro de uma faixa de ±1,0 unidade de pH do valor de seu pK_a. Fora desses limites, a ação tamponante é mínima. Esse fato está representado na curva de titulação do ácido acético (Figura 2.6). Para o par ácido acético/acetato (pK_a = 4,76) o tamponamento efetivo situa-se entre pH 3,76 e 5,76.

Exercício

Calcule o valor do pH obtido quando 1,0mL de HCl 0,1M é adicionado a 99mL de água pura. Calcule também o pH após a adição de 1,0mL de NaOH 0,1M a 99mL de água pura. (Leve em conta a diluição tanto do ácido como da base ao volume final de 100mL).

Solução:
Sobre a diluição, tem-se 100mL de HCl 0,001M e 100mL de NaOH 0,001M.
Ácido adicionado [H$_3$O⁺] = 10⁻³, portanto, pH = 3.
Base adicionada,
[OH⁻] = 10⁻³M.
Como [OH⁻][H$_3$O⁺] = 1 × 10⁻¹⁴, [H$_3$O⁺] = 10⁻¹¹ M; portanto, pH = 11.

A. Ácidos fracos com mais de um grupo ionizável

Algumas moléculas contêm mais de um grupo ionizável. O ácido fosfórico (H_3PO_4) é um ácido fraco poliprótico – pode doar três íons hidrogênio. Durante a titulação do ácido fosfórico com NaOH, as ionizações ocorrem em etapas com a liberação de um próton por vez:

Figura 2.6 ● Curva de titulação do ácido acético por uma base (OH⁻) e a ação tamponante.
No ponto inicial (antes da adição da base), o ácido está presente na forma CH_3COOH. A adição de base dissocia prótons até atingir o ponto médio da titulação no qual o pH = pK, as concentrações do ácido (CH_3COOH) e de sua base conjugada (CH_3–COO^-) são iguais. A adição de mais base dissocia mais prótons até que todo o ácido atinja a forma CH_3COO^- (ponto final). Na região de tamponamento efetivo (PK ± 1), adições de ácidos ou bases não alteram muito o pH da solução.

$$H_3PO_4 \xleftrightarrow{pK_1 = 2,15} H^+ + H_2PO_4^- \xleftrightarrow{pK_2 = 6,82} H^+ + HPO_4^{2-} \xleftrightarrow{pK_3 = 12,38} H^+ + PO_3^{3-}$$

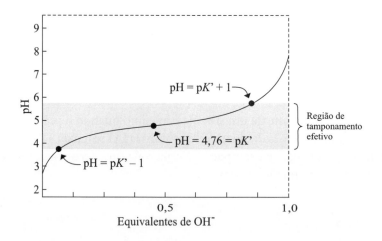

Os valores de pK_1, pK_2 e pK_3 representam os pK_a de cada grupo ionizado (Figura 2.7).

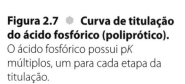

Figura 2.7 ● Curva de titulação do ácido fosfórico (poliprótico).
O ácido fosfórico possui pK múltiplos, um para cada etapa da titulação.

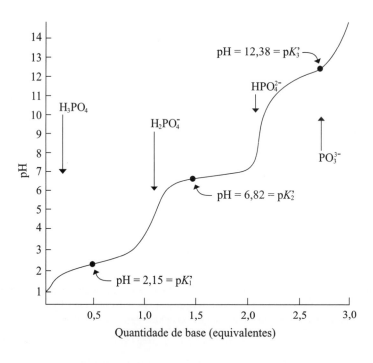

B. Sistemas-tampões de importância fisiológica

Os tampões biologicamente importantes são os sistemas bicarbonato, fosfato e proteico.

ÁGUA: O MEIO DA VIDA

1. Sistema-tampão bicarbonato

O par bicarbonato/ácido carbônico constitui um dos mais importantes sistemas no plasma sanguíneo. O dióxido de carbono reage com a água para formar ácido carbônico:

$$CO_2 + H_2O \leftrightarrows H_2CO_3$$

O ácido carbônico se dissocia em H^+ e bicarbonato (HCO_3^-):

$$H_2CO_3 \leftrightarrows H^+ + HCO_3^-$$

Como a concentração do H_2CO_3 é muito baixa, as duas equações podem ser escritas da seguinte maneira:

$$CO_2 + H_2O \leftrightarrows H^+ + HCO_3^-$$

A importância do sistema-tampão bicarbonato reside na capacidade de o CO_2 poder ser ajustado por alterações na velocidade da respiração, enquanto o teor de bicarbonato é regulado pelos rins.

2. Sistema-tampão fosfato

Consiste em $H_2PO_4^-/HPO_4^{-2}$:

$$H_2PO_4^- \leftrightarrows H^+ + HPO_4^{-2}$$

O sistema resiste às variações de pH na região entre 5,8 e 7,8 (pK_a 6,82) e pode parecer o tampão de escolha para o tamponamento sanguíneo. No entanto, as concentrações do $H_2PO_4^-$ e HPO_4^{-2} no sangue são muito baixas (4mEq/L) para exercer atividade significativa. No entanto, o sistema fosfato é fundamental para o tamponamento dos líquidos intracelulares.

3. Sistema-tampão de proteínas

As proteínas apresentam grande poder tamponante. Compostas de aminoácidos ligados entre si por ligações peptídicas, as proteínas contêm vários grupos ionizáveis nas cadeias laterais que doam ou aceitam prótons. Como as moléculas de proteínas estão presentes em concentrações significativas nos organismos vivos, elas são tampões poderosos. Por exemplo, a hemoglobina é a mais abundante biomolécula nas células sanguíneas e exerce um importante papel na manutenção do pH no sangue.

RESUMO

1. As moléculas de água são constituídas por dois átomos de hidrogênio e um de oxigênio. As ligações oxigênio-hidrogênio são polares, e as moléculas de água são dipolos. As moléculas de água podem formar pontes de hidrogênio entre o oxigênio de uma molécula e o hidrogênio de outra molécula.

2. As ligações não covalentes são relativamente fracas e facilmente rompidas e exercem papel fundamental na determinação das propriedades físicas e químicas da água e de biomoléculas. Interações iônicas ocorrem entre átomos e grupos carregados. O grande número de ligações não covalentes exerce considerável efeito nas moléculas envolvidas.

3. A estrutura dipolar da água e sua capacidade de formar pontes de hidrogênio permitem a dissolução de muitas substâncias iônicas e polares.

4. As moléculas de água líquida apresentam capacidade limitada de ionização para formar H^+ e OH. Quando uma solução contém quantidades iguais dos íons H^+ e OH^-, é considerada neutra. Soluções com excesso de H^+ são ácidas, enquanto aquelas com grande número de OH^- são básicas. Como os ácidos orgânicos não se dissociam completamente em água, são chamados ácidos fracos. A constante de dissociação de um ácido, K_a, expressa a força de um ácido fraco. Em geral, a K_a é expressa como $pK_a = -\log K_a$.

5. A concentração do íon hidrogênio é expressa na forma de pH definido como o logaritmo negativo da concentração do íon hidrogênio ($-\log [H^+]$).

6. Os ácidos são definidos como doadores de prótons e as bases, como aceptores de prótons. A tendência de um ácido HA doar prótons é expressa por sua constante de dissociação ($K_a = [H^+][A^-]/[HA]$).

7. A regulação do pH é essencial para a atividade dos seres vivos. A concentração do íon hidrogênio é mantida dentro de limites estreitos. As soluções tamponadas (par ácido-base conjugado) resistem a mudanças de pH. A capacidade máxima de tamponamento está situada uma unidade de pH acima ou abaixo de seu pK_a.

8. Várias propriedades físicas da água modificam as moléculas de soluto dissolvidas. Uma importante modificação é a pressão osmótica, a pressão que evita o fluxo de água através das membranas celulares.

BIBLIOGRAFIA

Blackstock JC. Biochemistry. Oxford: Butterworth, 1998: 1-19.

Devlin TM. Manual de bioquímica: com correlações clínicas. 6. ed. São Paulo: Blucher, 2007: 1-22.

McKee T, McKee JR. Biochemistry: the molecular basis of live. 4. ed. New York: McGraw-Hill, 2008: 65-91.

Nelson DL, Cox MM. Lehninger: principles of biochemistry. 4. ed. New York: Freeman, 2004: 47-74.

Pratt CW, Cornely K. Essential biochemistry. Danvers: John Wiley, 2004: 24-51.

Smith C, Marks AD, Lieberman M. Marks' basic medical biochemistry: a clinical approach. 2. ed. Baltimore: Lippincott, 2005: 41-53.

3

Aminoácidos e Proteínas

As proteínas são as biomoléculas mais abundantes nos seres vivos e exercem funções fundamentais em todos os processos biológicos. São polímeros formados por α-*aminoácidos*, unidos entre si por ligações peptídicas. As proteínas são constituídas de 20 aminoácidos primários diferentes, reunidos em combinações praticamente infinitas, possibilitando a formação de milhões de estruturas diferentes.

3.1 AMINOÁCIDOS

Os α-aminoácidos têm um grupo carboxílico (–COOH), um grupo amino primário (–NH$_2$), uma cadeia lateral diferenciada (grupo R) e um átomo de hidrogênio, todos covalentemente ligados a um átomo de carbono central (α) (Figura 3.1). Existem duas exceções: a prolina e a hidroxiprolina, que são α-iminoácidos.

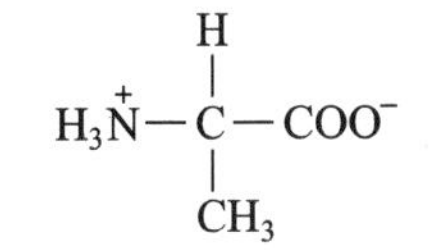

Os α-aminoácidos monoamino-monocarboxílicos ocorrem em pH neutro na forma de *íons dipolares* ("*zwitterions*") eletricamente neutros. O grupo α-amino está protonado (íon amônio, –NH$_3^+$) e o grupo α-carboxílico está dissociado (íon carboxilato, –COO$^-$).

Os aminoácidos apresentam as seguintes propriedades gerais:

- Com exceção da glicina, todos os aminoácidos são *opticamente ativos* – desviam o plano da luz polarizada – pois o átomo de carbono α dessas moléculas é um *centro quiral*. São átomos de carbono ligados a quatro substituintes diferentes, arranjados em uma configuração tetraédrica e assimétrica. Os aminoácidos com átomos quirais podem existir como *estereoisômeros* (L e D) – moléculas que diferem somente no arranjo espacial dos átomos.

- Os α-aminoácidos presentes em proteínas têm configuração L. Por convenção, na forma L, o grupo α-NH$_3^+$ está projetado para a esquerda, enquanto na forma D está direcionado para a direita. Os D-aminoácidos são encontrados em alguns antibióticos (valinomicina e actinomicina D) e em paredes de algumas bactérias (peptideoglicano).

- A cadeia lateral (R) determina as propriedades de cada aminoácido.

Os α-aminoácidos são classificados em classes, com base na natureza das cadeias laterais (grupo R). Os 20 tipos de cadeias laterais dos aminoácidos variam em tamanho, forma, carga, capacidade de formação de pontes de hidrogênio, características hidrofóbicas e reatividade química (Figura 3.2).

Figura 3.1 ● **Estrutura de um α-aminoácido na forma de íon dipolar ("zwitterions").**

A. Aminoácidos pouco comuns em proteínas

Várias proteínas contêm aminoácidos pouco comuns criados por modificação de aminoácidos já incorporados a um peptídeo (p. ex., *ácido* *γ-carboxiglutâmico*, um aminoácido ligado ao cálcio e encontrado na protrombina – uma proteína da cascata de coagulação do sangue). A *hidroxiprolina* e a *hidroxilisina,* produtos de hidroxilação da prolina e da lisina, respectivamente, são importantes componentes do colágeno. A fosforilação de aminoácidos contendo grupos hidroxila (serina, treonina e tirosina) regula a atividade das proteínas.

Hidroxilisina Hidroxiprolina σ-fosfoserina γ-carboxiglutamato

B. Aminoácidos biologicamente ativos

Além da função primária como componentes das proteínas, os aminoácidos exercem outros papéis biológicos. Vários α-aminoácidos ou seus derivados atuam como mensageiros químicos entre as células. Por exemplo, *glicina, ácido γ-aminobutírico* (GABA, um derivado do glutamato), *serotonina* e *melatonina* (derivados do triptofano) são neurotransmissores, substâncias liberadas de uma célula nervosa e que influenciam outras células vizinhas (nervosas ou musculares). A *tiroxina* (um derivado da tirosina, produzida pela glândula tireoide) e o *ácido indolacético* (um derivado do triptofano e encontrado nas plantas) são exemplos de hormônios.

Os aminoácidos são precursores de várias moléculas complexas contendo nitrogênio (p. ex., *nucleotídeos, ácidos nucleicos, heme* [grupo orgânico contendo ferro] e *clorofila* [pigmento de importância crítica na fotossíntese]).

Vários aminoácidos primários e aminoácidos não primários atuam como intermediários metabólicos. Por exemplo, *arginina, citrulina* e *ornitina* são componentes do ciclo da ureia (Capítulo 15).

3.2 TITULAÇÃO DOS AMINOÁCIDOS

Como os α-aminoácidos possuem grupos ionizáveis na molécula, a forma iônica predominante dessas moléculas em solução depende do pH. A titulação dos aminoácidos ilustra o efeito do pH sobre o estado de ionização e na carga da molécula. A titulação é também útil para determinar a reatividade das cadeias laterais dos aminoácidos.

Na Tabela 3.1 estão relacionados os valores de pK' dos grupos α-amino e α-carboxílico, além de grupos ionizáveis das cadeias laterais dos aminoácidos.

AMINOÁCIDOS E PROTEÍNAS

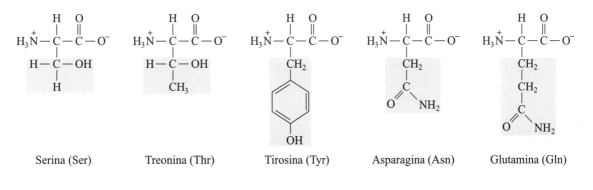

Figura 3.2 • **Aminoácidos primários.** As cadeias laterais estão sombreadas.

Estruturas químicas: GABA, Serotonina, Melatonina, Ácido indolacético, Tiroxina.

A. Titulação de aminoácido monoamino-monocarboxílico

Ao se considerar o aminoácido alanina em solução fortemente ácida (pH = 0), têm-se os grupos ácido e básico da molécula totalmente protonados. Com a adição de uma base forte, como NaOH, ocorre, inicialmente, a perda de próton do grupo α-COOH e, posteriormente, a perda do próton do grupo α-NH$_3^+$.

A curva de titulação da alanina é mostrada na Figura 3.3.

O valor de pH no qual o aminoácido é eletricamente neutro (igual número de cargas positivas e negativas) corresponde ao *ponto isoelétrico* (pI). Para a alanina, o valor de pI é a média aritmética dos dois valores de pK_a:

$$pI = \frac{pK_1 + pK_2}{2} = \frac{2,34 + 9,69}{2} = 6,02$$

B. Titulação de aminoácido monoamino-dicarboxílico

Um exemplo mais complexo da relação entre a carga elétrica da molécula e o pH é a titulação dos aminoácidos monoamino-dicarboxílicos, cujos re-

AMINOÁCIDOS E PROTEÍNAS

Tabela 3.1 • Abreviaturas e p*K* de aminoácidos

Aminoácido	Abreviatura	p*K* α-COOH	p*K* α-NH₃	p*K* Outro (R)
Alanina	Ala	2,34	9,69	–
Arginina	Arg	2,17	9,04	12,48 (guanidino)
Ácido aspártico	Asp	2,09	9,82	3,86 (carboxil)
Asparagina	Asn	2,02	8,80	–
Ácido glutâmico	Glu	2,19	9,67	4,25 (carboxil)
Glutamina	Gln	2,17	9,13	–
Cisteína	Cys	1,96	10,28	8,18 (sulfidril)
Cistina	–	1,65; 2,26	7,85; 9,85	–
Fenilalanina	Phe	1,83	9,13	–
Glicina	Gly	2,34	9,60	–
Histidina	His	1,82	9,17	6,0 (imidazol)
Hidroxilisina	Hyl	2,13	8,62	9,67 (ε-amino)
Hidroxiprolina	Hyp	1,92	9,73	–
Isoleucina	Ile	2,36	9,68	–
Leucina	Leu	2,36	9,60	–
Lisina	Lys	2,18	8,95	10,53 (ε-amino)
Metionina	Met	2,28	9,21	–
Prolina	Pro	1,99	10,60	–
Serina	Ser	2,21	9,15	–
Tirosina	Tyr	2,20	9,11	10,07 (fenol)
Treonina	Thr	2,63	10,43	–
Triptofano	Trp	2,38	9,39	–
Valina	Val	2,32	9,62	–

presentantes são o ácido glutâmico e o ácido aspártico. Os dois aminoácidos possuem, nas cadeias laterais, um segundo grupo carboxílico. Para o ácido aspártico tem-se que:

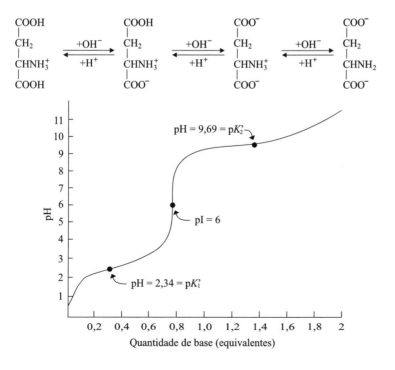

Figura 3.3 • Curva de titulação da alanina.

A curva de titulação do ácido aspártico é mostrada na Figura 3.4.

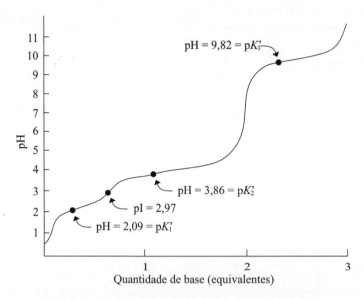

Figura 3.4 ● **Curva de titulação do ácido aspártico.**

Para o ácido aspártico o pK' do α-COOH é 2,09, o pK' do grupo β-COOH é 3,86 e o pK' do α-NH$_3^+$ é 9,82. O ponto isoelétrico (pI) é

$$pI = \frac{2,09 + 3,86}{2} = 2,97$$

C. Titulação de aminoácido diamino-monocarboxílico

A lisina é um exemplo de aminoácido com dois grupos básicos na molécula. O grupo ε-NH$_2$ da molécula confere basicidade.

$$\begin{array}{c}\overset{+}{N}H_3\\|\\CH_2\\|\\CH_2\\|\\CH_2\\|\\CH_2\\|\\CHNH_3^+\\|\\COOH\end{array} \underset{+H^+}{\overset{+OH^-}{\rightleftarrows}} \begin{array}{c}\overset{+}{N}H_3\\|\\CH_2\\|\\CH_2\\|\\CH_2\\|\\CH_2\\|\\CHNH_3^+\\|\\COO^-\end{array} \underset{+H^+}{\overset{+OH^-}{\rightleftarrows}} \begin{array}{c}\overset{+}{N}H_3\\|\\CH_2\\|\\CH_2\\|\\CH_2\\|\\CH_2\\|\\CHNH_2\\|\\COO^-\end{array} \underset{+H^+}{\overset{+OH^-}{\rightleftarrows}} \begin{array}{c}NH_2\\|\\CH_2\\|\\CH_2\\|\\CH_2\\|\\CH_2\\|\\CHNH_2\\|\\COO^-\end{array}$$

No caso da lisina, o pK' do α-COOH é 2,18, o pK' do α-NH$_3^+$ é 8,95 e o pK' do ε-NH$_3^+$ é 10,53. O ponto isoelétrico é assim calculado:

$$pI = \frac{8,95 + 10,53}{2} = 9,74$$

A curva de titulação da lisina é mostrada na Figura 3.5.

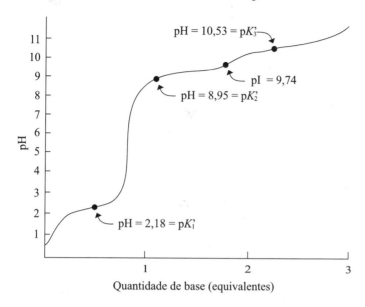

Figura 3.5 • **Curva de titulação da lisina.**

3.3 REAÇÕES QUÍMICAS DOS AMINOÁCIDOS

Os aminoácidos com seus grupos carboxílicos, grupos amino primários e os grupos presentes nas cadeias laterais podem sofrer diferentes reações químicas. Duas reações – *ligação peptídica* e *oxidação da cisteína* (formação de pontes dissulfeto) – são de especial interesse por afetar a estrutura das proteínas.

A. Ligação peptídica

Os peptídeos e as proteínas são polímeros lineares de aminoácidos unidos entre si por ligações amida do grupo α-COOH de um aminoácido com o grupo α-NH_2 de outro, com a remoção da água (reação de condensação) para formar *ligações peptídicas*.

Após incorporação a peptídeos, os aminoácidos individuais são denominados *resíduos de aminoácidos*.

A estrutura que contém dois resíduos de aminoácidos é chamada *dipeptídeo*; com três aminoácidos, *tripeptídeo* etc. Quando muitos aminoácidos estão unidos dessa forma, o produto é denominado polipeptídeo ou proteína.

Os peptídeos são representados com o grupo amino livre, chamado *aminoterminal* ou *N-terminal*, à esquerda e o grupo carboxílico livre, denominado *carbóxi-terminal* ou *C-terminal*, à direita.

N-terminal → $H_3\overset{+}{N}-CH-\overset{O}{\underset{R_1}{C}}-N-CH-\overset{O}{\underset{R_2}{C}}-N-CH-\overset{O}{\underset{R_3}{C}}-N-CH-\overset{O}{\underset{R_4}{C}}-O^-$ ← C-terminal

Resíduo 1   Resíduo 2   Resíduo 3   Resíduo 4

A nomenclatura dos peptídeos pequenos é dada pela sequência dos nomes de resíduos de aminoácidos que os formam e que iniciam a partir da esquerda com o resíduo que tem o grupo α-amino livre, substituindo-se o sufixo *-ina* pelo sufixo *-il*. Assim, são relacionados todos os aminoácidos que formam o polipeptídeo, com exceção do que contém o grupo carboxila livre, que permanece com o nome original. Exemplo:

Tirosilvaliltreonina

As principais características das ligações peptídicas são:

- Os seis átomos que formam a ligação Cα–CO–NH–Cα ficam em plano comum (Cα é o carbono alfa de aminoácidos adjacentes).

- A ligação peptídica entre C=O e N–H mostra uma configuração *trans* de seus átomos de oxigênio e hidrogênio.

- A ligação C–N apresenta caráter de dupla ligação parcial, o que impede a rotação em torno da ligação peptídica.

B. Oxidação da cisteína

Os grupos sulfidrílicos de duas cisteínas são reversivelmente oxidados para formar *cistina*, molécula com uma *ponte dissulfeto*. A síntese da cistina é realizada após a incorporação da cisteína às proteínas e exerce importante papel na estabilização da conformação proteica.

Cisteína   Cistina

3.4 PEPTÍDEOS

Os peptídeos são cadeias de aminoácidos. O tripeptídeo *glutationa* (GSH – γ-L-glutamil-L-cisteinilglicina) contém uma ligação pouco comum γ-amida (é o grupo γ-carboxílico e não o grupo α-carboxílico do ácido glutâmico que participa da ligação peptídica). Encontrada em quase todos os organismos, a glutationa está envolvida na síntese de proteínas e DNA, no transporte de aminoácidos e no metabolismo de fármacos e de substâncias tóxicas. A glutationa também atua como agente redutor e protege as células dos efeitos destrutivos da oxidação pelos peróxidos (R–O–O–R). Nos eritrócitos, o peróxido de hidrogênio (H_2O_2) oxida o ferro da hemoglobina para a forma férrica (Fe^{3+}). A metaemoglobina, o produto da reação, é incapaz de ligar o O_2. A glutationa impede a formação de metaemoglobina pela redução do H_2O_2 em reação catalisada pela *glutationa peroxidase*. No GSSG oxidado, duas moléculas de GSH estão unidas por ponte dissulfeto.

$$2\ GSH + H_2O_2 \rightarrow GSSG + H_2O$$

A enzima γ-glutamil transpeptidase participa do metabolismo da glutationa e é empregada como marcador para algumas hepatopatias, como carcinoma hepatocelular e hepatopatias por alcoolismo.

Alguns peptídeos atuam como moléculas de sinalização usadas para coordenar o imenso número de processos bioquímicos em organismos multicelulares. Os exemplos incluem o apetite, a pressão sanguínea e a percepção de dor.

Estudos acerca da regulação da ingestão de alimentos e do peso corporal revelaram várias moléculas de sinalização no cérebro, entre as quais, estão os peptídeos estimulantes do apetite, como o *neuropeptídeo Y* (NPY) e a *galanina*, e os peptídeos inibidores do apetite, como a *colecistocinina* e o *hormônio estimulador dos α-melanócitos* (α-MSH). Evidências recentes sugerem que a *leptina*, polipeptídeo produzido pelos adipócitos, exerce seus efeitos sobre o peso corporal e atua sobre o neuropeptídeo Y, a galanina e várias outras moléculas sinalizadoras para reduzir a ingestão de alimentos e aumentar o gasto calórico.

A pressão sanguínea é influenciada pelo volume sanguíneo e pela viscosidade. Dois peptídeos afetam o volume sanguíneo: a *vasopressina* e o *fator natriurético atrial* (ANF). A vasopressina, também chamada hormônio antidiurético (ADH), é sintetizada no hipotálamo e contém nove resíduos de aminoácidos. O ADH estimula os rins a reter água. A estrutura do ADH é similar a outro peptídeo produzido pelo hipotálamo, chamado *oxitocina*, uma molécula de sinalização que estimula a liberação do leite pelas glândulas mamárias e influencia os comportamentos sexual, maternal e social. A oxitocina (produzida no útero) estimula a contração uterina durante o parto. O ANF – peptídeo produzido por células atriais cardíacas em resposta à distensão – estimula a formação de urina diluída, efeito oposto ao da vasopressina. O ANF exerce seus efeitos, em parte, pelo aumento da excreção de Na^+ pela urina, processo que causa o aumento da excreção da água e a inibição da secreção de renina pelo rim.

8-arginina vasopressina (hormônio antidiurético)

A *met-encefalina* e a *leu-encefalina* são peptídeos-opiáceos, encontrados predominantemente nas células do tecido nervoso. Os peptídeos-opiáceos são moléculas que atenuam a dor e produzem sensações agradáveis. A *substância P* e a *bradicinina* estimulam a percepção de dor e apresentam efeitos opostos aos dos peptídeos opiáceos.

Um importante dipeptídeo comercial sintético é o adoçante artificial *aspartame* (éster metílico de L-aspartil-L-fenilalanina).

3.5 PROTEÍNAS

As proteínas são componentes essenciais à matéria viva. Atuam como catalisadores (enzimas), transportadores (de oxigênio, vitaminas, fármacos, lipídeos, ferro, cobre etc.), armazenamento (caseína do leite), proteção imune (anticorpos), reguladores (insulina, glucagon), movimento (actina e miosina), estruturais (colágeno), transmissão de impulsos nervosos (neurotransmissores), controle do crescimento e diferenciação celular (fatores de crescimento).

Outras funções das proteínas: manutenção da distribuição de água entre o compartimento intersticial e o sistema vascular do organismo, participação da homeostase e coagulação sanguínea, nutrição de tecidos, formação de tampões para a manutenção do pH etc.

Com base em sua composição, as proteínas são divididas em *simples,* que consistem somente em cadeias polipeptídicas, e *conjugadas*, que além das cadeias polipeptídicas, também possuem componentes orgânicos e inorgânicos. A porção não peptídica das proteínas conjugadas é o *grupo prostético.* As mais importantes proteínas conjugadas são: nucleoproteínas, lipoproteínas, fosfoproteínas, metaloproteínas, glicoproteínas, hemoproteínas e flavoproteínas.

As proteínas variam amplamente quanto à massa molecular. Algumas atingem valores acima de um milhão de dáltons. Considera-se uma proteína quando existem pelo menos 40 resíduos de aminoácidos na estrutura. Isso representa o ponto de demarcação no tamanho entre um polipeptídeo e uma proteína; entretanto, deve-se enfatizar que essa é uma definição de conveniência, pois não existem diferenças marcantes nas propriedades dos peptídeos grandes e das proteínas pequenas.

3.6 ESTRUTURA DAS PROTEÍNAS

A estrutura das proteínas é extraordinariamente complexa, e seu estudo exige o conhecimento dos vários níveis de organização. A distinção dos níveis de organização é realizada em termos de natureza das interações necessárias para sua manutenção. Destingem-se quatro níveis de organização existentes nas proteínas. Os conceitos a seguir destinam-se fundamentalmente a uma melhor compreensão das estruturas proteicas, pois existem casos de sobreposição entre os diferentes níveis de organização. As quatro estruturas são:

- **Primária:** número, espécie e sequência dos aminoácidos em uma cadeia polipeptídica. É especificada por informação genética.

- **Secundária:** arranjos regulares e recorrentes da cadeia peptídica (conformações em hélice, folha pregueada ou ao acaso).

- **Terciária:** pregueamento não periódico da cadeia polipeptídica, formando uma estrutura tridimensional estável.

AMINOÁCIDOS E PROTEÍNAS

43

- **Quaternária:** arranjo espacial de duas ou mais cadeias polipeptídicas (ou subunidades proteicas) com a formação de complexos tridimensionais.

A. Estrutura primária

Cada cadeia polipeptídica tem uma sequência específica de aminoácidos determinada por informação genética. A estrutura primária descreve o número de aminoácidos, a espécie, a sequência (ordem) e a localização das pontes dissulfeto (cistina) de uma cadeia polipeptídica. A estrutura é estabilizada pelas ligações peptídicas e pontes dissulfeto.

Atualmente são conhecidas as estruturas primárias de numerosas proteínas. A primeira a ser determinada foi a insulina (Sanger, 1953), que consiste em duas cadeias polipeptídicas: cadeia A (21 aminoácidos) e B (30 aminoácidos), que estão ligadas entre si por duas pontes dissulfeto (Cys–S–S–Cys):

```
                        S————————S
                        |        |
  A   Gly ·············Cys Cys····Cys──Cys Asn
                            |            |
                            S            S
                            |            |
                            S            S
                            |            |
  B   Phe ··················Cys··········Cys···Ala
```

O conhecimento da sequência de aminoácidos é essencial para elucidar seu mecanismo de ação e compreender a estrutura tridimensional das proteínas.

B. Estrutura secundária

As proteínas apresentam arranjos tridimensionais com dobramentos regulares estabilizados por pontes de hidrogênio entre os átomos dos grupamentos NH e CO que participam das ligações peptídicas ($-NH\cdots O=C-$). Formam conformações α-*hélice, folha* β *pregueada* e *ao acaso*. Outras regiões da cadeia peptídica formam outros tipos de estrutura, como alças e espirais. As cadeias laterais não são consideradas na estrutura secundária.

1. α-hélice

A α-hélice é uma estrutura comum em proteínas globulares, domínios transmembrânicos e proteínas associadas ao DNA. A molécula polipeptídica apresenta-se como uma hélice orientada para a direita, como se estivesse em torno de um cilindro, estabilizada por pontes de hidrogênio entre o oxigênio do grupo C=O e o hidrogênio do grupo H–N das ligações peptídicas. Cada volta da hélice (passo) corresponde a 3,6 resíduos de aminoácidos (Figura 3.6). A unidade repetitiva é uma volta simples da hélice, que se estende ao longo do eixo. As cadeias laterais R dos aminoácidos projetam-se para fora da hélice.

A presença dos aminoácidos prolina e hidroxiprolina, cujas estruturas cíclicas relativamente rígidas não se encaixam na hélice, rompem a configuração regular α-hélice, formando uma dobra. A glicina também favorece dobras α-hélice. Sequências polipeptídicas com grande número de aminoácidos com carga (p. ex., ácido aspártico, ácido glutâmico) e grupos R volumosos (p. ex., triptofano) são incompatíveis com a estrutura helicoidal em virtude dos efeitos provocados por suas cadeias laterais.

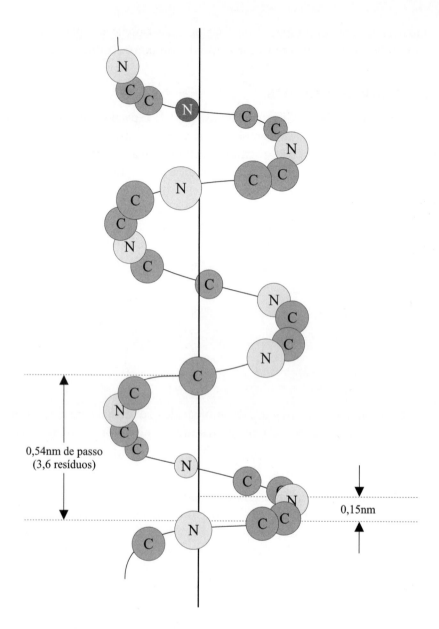

Figura 3.6 Estrutura helicoidal de um segmento polipeptídico mostrando os locais das pontes de hidrogênio intracadeia (C=O····H–N).

2. Folha β pregueada

A estrutura de folha β pregueada resulta da formação de pontes de hidrogênio entre duas ou mais cadeias peptídicas adjacentes. As pontes de hidrogênio ocorrem entre o oxigênio do grupo C=O e o hidrogênio do grupo H–N de ligações peptídicas pertencentes a cadeias polipeptídicas vizinhas em lugar do interior da cadeia (Figura 3.7). Cada segmento polipeptídico individual é denominado folha β. Diferentemente da α-hélice compacta, as cadeias peptídicas da folha β estão quase inteiramente estendidas.

Os segmentos peptídicos na folha β pregueada são alinhados em sentido paralelo ou antiparalelo em relação às cadeias vizinhas:

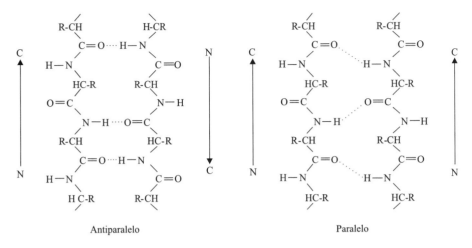

Figura 3.7 Estrutura de folha β pregueada entre cadeias polipeptídicas.

- *A estrutura folhas β paralelas* é formada por cadeias polipeptídicas com os N-terminais alinhados na mesma direção.
- *Na estrutura folhas β antiparalelas*, os N-terminais de cada cadeia polipeptídica estão alinhados em direções opostas.

Ocasionalmente, são observadas misturas de cadeias paralelas e antiparalelas.

A representação esquemática das ligações intermoleculares e das cadeias paralelas dispostas em estrutura de folha pregueada é mostrada na Figura 3.7. As cadeias laterais (R) são projetadas para cima e para baixo aos planos formados pelas pontes de hidrogênio entre as cadeias polipeptídicas.

3. Estrutura secundária irregular

As α-hélices e as folhas β pregueadas são estruturas secundárias com conformações periódicas. Muitas proteínas apresentam combinações de estruturas α-hélice e de estruturas folha β pregueada em combinações denominadas *estruturas supersecundárias* ou *motivos estruturais,* cujas variações são:

- *Motivo βαβ* – duas folhas β pregueadas paralelas estão conectadas a uma α-hélice.
- *Motivo β meandro* – duas folhas β pregueadas antiparalelas estão conectadas por aminoácidos polares e glicina que efetuam uma mudança brusca de direção da cadeia polipeptídica.
- *Motivo αα* – duas α-hélices antiparalelas consecutivas estão separadas por uma alça ou segmento não helicoidal.
- *Barris β* – são formados quando várias folhas β pregueadas enrolam-se sobre si mesmas.

As estruturas secundárias e supersecundárias de grandes proteínas, geralmente, são organizadas como *domínios* – regiões compactas semi-independentes ligadas entre si por uma cadeia polipeptídica.

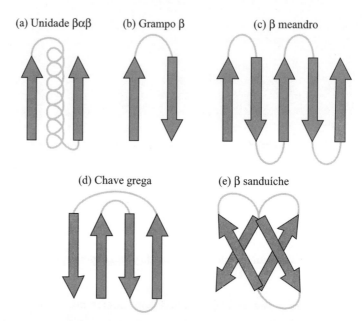

Figura 3.8 **Algumas estruturas supersecundárias (motivos-proteína).** As setas indicam as direções das cadeias polipeptídicas: (a) motivo βαβ; (b) motivo grampo; (c) motivo β meandro; (d) motivo chave grega; e (e) β sanduíche.

C. Estrutura terciária

A estrutura terciária consiste no enovelamento não periódico da cadeia peptídica e é determinada pela sequência de aminoácidos na proteína. O dobramento proteico é um processo no qual uma molécula não organizada nascente adquire uma estrutura tridimensional altamente organizada como consequência de interações entre as cadeias laterais presentes em sua estrutura primária. A estrutura terciária apresenta várias características importantes:

- A cadeia peptídica se enovela de modo que suas cadeias laterais hidrofóbicas fiquem voltadas para o interior e suas cadeias polares com carga elétrica fiquem na superfície.

- Muitos peptídeos dobram, de modo que os resíduos de aminoácidos que estão distantes uns dos outros na estrutura primária podem estar próximos na estrutura terciária.

- Em função do empacotamento eficiente pelo dobramento da cadeia peptídica, as proteínas globulares são compactas. Durante o processo, a maioria das moléculas de água é excluída do interior da proteína, tornando possíveis interações entre grupos polares e não polares.

- Algumas cadeias peptídicas dobram-se em duas ou mais regiões compactas conectadas por um segmento flexível de cadeia peptídica. Essas unidades globulares compactas, chamadas *domínios*, são formadas por 30 a 400 resíduos de aminoácidos. *Domínios* são segmentos estruturalmente independentes que têm funções específicas. Por exemplo, o receptor proteico CD4, que permite a ligação do vírus da imunodeficiência humana (HIV) com a célula do hospedeiro, é formado por quatro domínios similares de aproximadamente cem aminoácidos cada. As pequenas proteínas possuem, geralmente, apenas um domínio.

A estrutura terciária tridimensional das proteínas é estabilizada por interações entre as cadeias laterais:

- **Interações hidrofóbicas:** são as forças não covalentes mais importantes para a estabilidade da estrutura peptídica enovelada. As interações são resultantes da tendência de as cadeias laterais não polares – presentes na alanina, na isoleucina, na leucina, na fenilalanina e na valina – serem atraídas umas pelas outras para se agruparem em áreas específicas e definidas de modo a minimizar seus contatos com a água. Quando circundados por moléculas de água, os grupos hidrofóbicos são induzidos a se juntarem para ocupar o menor volume possível. As interações hidrofóbicas levam os peptídeos ao processo de dobramento, configurando sua estrutura nativa.

- **Interações eletrostáticas (ligações iônicas):** grupos carregados positivamente, como os grupos protonados de lisil, arginil e histidil, interagem com grupos carregados negativamente, como o grupo carboxila dos ácidos glutâmico e aspártico (*pares iônicos* ou *pontes salinas*).

- **Pontes dissulfeto:** a única ligação covalente para a manutenção da estrutura terciária é a ponte dissulfeto (Cys–S–S–Cys). São formadas à medida que a proteína se dobra para adquirir sua conformação nativa. No meio extracelular, essas ligações protegem parcialmente a estrutura das proteínas de modificações adversas de pH e das concentrações de sais. As proteínas intracelulares raramente contêm pontes dissulfeto devido a altas concentrações citoplasmáticas de agentes redutores.

- **Pontes de hidrogênio:** são formadas no interior e na superfície das proteínas e contribuem moderadamente para direcionar o enovelamento.

- **Forças de van der Waals:** são uma força de atração inespecífica que ocorre entre dois átomos próximos. Podem existir entre fenilalanina e tirosina próximas umas das outras ou entre resíduos vizinhos de serina. As forças de van der Waals são também proeminentes entre as cadeias laterais envolvidas nas interações hidrofóbicas (Tabela 3.1). São as mais fracas das forças não covalentes, mas sua contribuição total (efeito acumulativo) é de substancial importância para a estabilidade da estrutura enovelada.

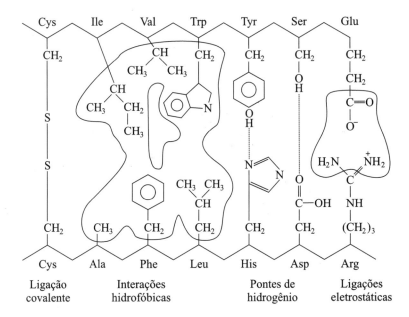

Figura 3.9 ● **Ligações ou interações que estabilizam a estrutura terciária das proteínas.**

Os íons metálicos também podem formar ligações cruzadas internas nas proteínas (p. ex., os domínios contendo ligações cruzadas chamadas *dedos de zinco* são comuns em proteínas ligadoras de DNA). Essas estruturas consistem em 20 a 60 resíduos com um ou dois íons Zn^{2+}. Os íons Zn^{2+} são coordenados em um tetraedro pelas cadeias laterais de Cys e/ou His e, algumas vezes, Asp ou Glu. Os domínios são muito pequenos para assumir uma estrutura terciária estável na ausência de Zn^{2+}. O zinco é um íon ideal para estabilizar proteínas; ele pode interagir com vários ligantes (S, N ou O) provenientes de vários aminoácidos.

D. Estrutura quaternária

Muitas proteínas são multiméricas; são compostas por duas ou mais cadeias peptídicas. As cadeias individuais de peptídeos – chamadas *protômeros* ou *subunidades* – estão associadas entre si por interações *não covalentes:* efeitos hidrofóbicos, pontes de hidrogênio e interações eletrostáticas. O arranjo espacial das subunidades é conhecido como estrutura quaternária das proteínas. As proteínas multiméricas em que algumas ou todas as subunidades são idênticas denominam-se *oligômeros*. Os oligômeros são compostos de *protômeros*, formados de uma ou mais subunidades. Grande parte das proteínas oligoméricas contém duas ou quatro subunidades protoméricas, sendo chamadas *diméricas* ou *tetraméricas*, respectivamente.

Existem várias razões para a existência de proteínas multissubunidades:

- A síntese isolada de subunidades é mais eficiente do que aumentos de tamanho da cadeia polipeptídica única.

- Em complexos supramoleculares como as fibrilas do colágeno, a reposição de pequenos componentes defeituosos é um processo mais eficiente.

- As interações complexas de múltiplas subunidades ajudam a regular as funções proteicas.

Um exemplo de estrutura quaternária é a hemoglobina formada por quatro subunidades, ligadas entre si em uma configuração específica (oligômero). Cada uma das subunidades é caracterizada por suas próprias estruturas secundária e terciária. As interações dos peptídeos ocorrem entre os grupos desprotegidos que não participam do enovelamento da cadeia (estrutura terciária). Por outro lado, a enzima α-quimotripsina não possui estrutura quaternária, apesar de ser formada por três cadeias polipeptídicas, já que essas subunidades estão unidas entre si por ligações covalentes.

E. Proteínas chaperones

Consistem em uma família de proteínas que impedem a agregação de proteínas recém-sintetizadas antes que o enovelamento se complete e impedem também a formação de proteínas não funcionais. As *proteínas de choque térmico* (hsp – *heat shock protein*), cuja síntese aumenta em temperaturas elevadas, são um exemplo de chaperones que se ligam a peptídeos à medida que são sintetizados nos ribossomos, protegendo a proteína até que a cadeia inteira seja sintetizada e o enovelamento ocorra de maneira correta. Existem duas classes principais de chaperones: a família hsp70, de proteínas de peso molecular 70kD, e as *chaperoninas.*

F. Dinâmica proteica

Apesar da importância das forças que estabilizam as estruturas, deve-se reconhecer que as funções das proteínas exigem um certo grau de flexibilidade. O significado da flexibilidade conformacional (flutuações contínuas e rápidas na orientação dos átomos na proteína) foi demonstrado nas interações proteínas-ligantes. A função proteica muitas vezes envolve a rápida abertura e o fechamento de cavidades na superfície da molécula. A velocidade com que as enzimas catalisam reações está limitada, em parte, pela rapidez com que o produto é liberado do sítio de reação. A transferência de informações entre biomoléculas é acompanhada por modificações na estrutura tridimensional. Por exemplo, a conformação das subunidades das moléculas de hemoglobina sofre alterações estruturais específicas com a ligação e a liberação do oxigênio da molécula.

Tabela 3.2 ● Valores de pI de algumas proteínas

Proteína	pI
Pepsina	1,0
Haptoglobina	4,1
Lipoproteína α_1	5,5
Globulina γ_1	5,8
Fibrinogênio	5,8
Hemoglobina	7,2
Citocromo C	10,0

3.7 DESNATURAÇÃO E RENATURAÇÃO DE PROTEÍNAS

A desnaturação consiste na modificação da estrutura tridimensional nativa da proteína com a perda da função biológica (Figura 3.10). Em condições fisiológicas, muitas proteínas recuperam a conformação nativa e restauram a atividade biológica quando o agente desnaturante é removido em processo denominado *renaturação*. A desnaturação ocorre nas seguintes condições:

- **Ácidos e bases fortes:** modificações no pH resultam em alterações no estado iônico de cadeias laterais dos aminoácidos em proteínas, que modificam as pontes de hidrogênio e as pontes salinas.

- **Solventes orgânicos e detergentes:** são moléculas que interferem nas interações hidrofóbicas e podem desenrolar as cadeias polipeptídicas.

- **Agentes redutores:** em presença de reagentes, como a ureia e o β-mercaptoetanol, ocorre a conversão das pontes dissulfeto em grupos sulfidrílicos. A ureia rompe pontes de hidrogênio e interações hidrofóbicas.

- **Concentração de sais:** a ligação de íons salinos a grupos ionizáveis das proteínas enfraquece as interações entre grupos de cargas opostas da molécula proteica. As moléculas de água solvatam os grupos proteicos.

- **Íons de metais pesados:** o mercúrio (Hg^{2+}) e o chumbo (Pb^{2+}) afetam a estrutura proteica de várias maneiras. Podem romper as pontes salinas pela formação de ligações iônicas com grupos carregados negativamente. Também se ligam a grupos sulfidrílicos, processo que pode resultar em profundas alterações estruturais e nas funções proteicas. Por exemplo, o chumbo liga-se aos grupos sulfidrílicos de enzimas da via sintética da hemoglobina, causando anemia (teores de hemoglobina reduzidos no sangue).

- **Temperatura:** a temperatura aumenta as energias vibracional e rotacional nas ligações. Por exemplo, as pontes de hidrogênio são rompidas com alterações na conformação tridimensional das proteínas.

- **Estresse mecânico:** agitação e trituração rompem o delicado equilíbrio de forças que mantém a estrutura proteica. Por exemplo, a espuma formada quando a clara do ovo é batida vigorosamente contém proteína desnaturada.

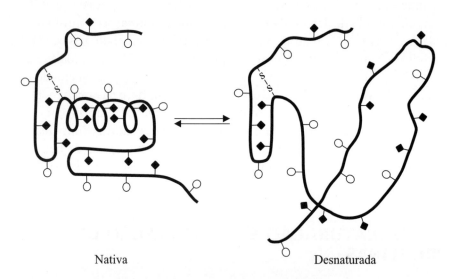

Figura 3.10 • Desnaturação de proteínas.

3.8 PEPTÍDEOS COMO ELETRÓLITOS

Os peptídeos apresentam características ácido-base semelhantes às dos aminoácidos. Com exceção dos aminoácidos N-terminal e C-terminal, os grupos α-aminos e α-carboxílicos estão comprometidos nas ligações peptídicas. Nos peptídeos carregados, as cargas elétricas presentes são dos grupos ionizáveis das cadeias laterais (R) dos resíduos de aminoácidos. Os valores de pK de seus grupos dissociáveis nos peptídeos diferem daqueles apresentados para os aminoácidos livres, pois são influenciados pelo ambiente e a natureza dos outros resíduos presentes na vizinhança.

Os grupos ionizáveis dos resíduos de aminoácidos em uma cadeia polipeptídica são mostrados na Figura 3.11.

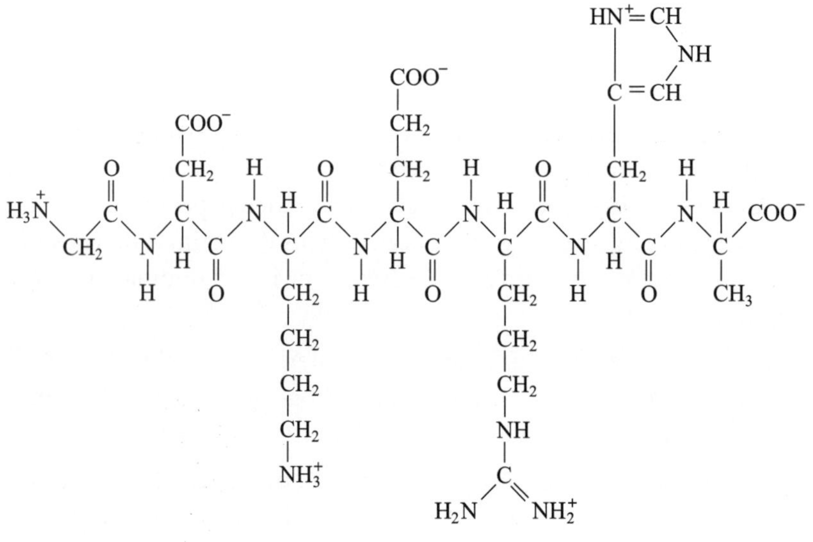

Figura 3.11 • Cadeia polipeptídica hipotética contendo alguns grupos que contribuem com cargas elétricas nas proteínas.

AMINOÁCIDOS E PROTEÍNAS

51

A carga final de um peptídeo depende dos valores de pK_a de seus grupos dissociáveis e do pH do ambiente. O pH cuja soma das cargas negativas é igual à das cargas positivas é denominado *ponto isoelétrico* (pI) do peptídeo. Os valores de p*I* de algumas proteínas são mostrados na Tabela 3.2.

Quadro 3.1 ● Eletroforese das proteínas

As proteínas nos líquidos biológicos são moléculas anfóteras que podem ser separadas em frações quando aplicadas sobre um suporte poroso e submetidas a um campo elétrico em processo denominado eletroforese. A migração ocorre de acordo com o grau de ionização, o tamanho e a forma da molécula proteica, assim como também com as características da solução-tampão onde se realiza o processo, a força do campo elétrico, a porosidade, a viscosidade e a temperatura do suporte.

Nas frações em que predominam as cargas negativas, a proteína se dirige para o ânodo (polo positivo), e naquelas em que predominam as positivas, migram para o cátodo (polo negativo). Como a carga da proteína depende da concentração do íon hidrogênio da solução, o pH deve ser especificado e mantido constante durante o procedimento.

A eletroforese é empregada em laboratório clínico para a separação das frações proteicas do soro sanguíneo (ou urina, líquido cefalorraquidiano ou outros líquidos biológicos). O soro é aplicado em um suporte (papel de filtro, acetato de celulose, poliacrilamida, gel de agarose etc.), cujas extremidades estão mergulhadas em uma solução-tampão com pH 8,6 (neste pH predominam cargas negativas nas proteínas) que estão sob diferença de potencial elétrico. As proteínas migram e são separadas em frações.

Após a migração, o suporte é corado e tornam-se visíveis seis frações: a albumina e as globulinas α_1, α_2, β_1, β_2 e γ. A albumina plasmática humana contém 585 resíduos de aminoácidos e tem p*I* de 4,9 (pH onde a carga líquida é zero). Em pH 8,6 a carga líquida é de −20.

O suporte corado é submetido à leitura densitométrica e é representado na forma de gráfico.

RESUMO

1. As proteínas apresentam uma elevada gama de funções nos seres vivos. Além de servirem como material estrutural, as proteínas estão envolvidas na regulação metabólica, no transporte, na defesa e na catálise. Os peptídeos são polímeros de aminoácidos. As proteínas consistem em uma ou mais cadeias polipeptídicas.

2. Cada aminoácido contém um átomo de carbono central (o carbono α), ao qual estão ligados um grupo amino, um grupo carboxílico, um átomo de hidrogênio e um grupo R. Além de formarem proteínas, os aminoácidos cumprem outros papéis biológicos. De acordo com sua capacidade de interagir com a água, os aminoácidos são separados em quatro classes: (1) não polar ou neutra; (2) polar e neutra; (3) ácida; e (4) básica.

3. A titulação de aminoácidos e peptídeos ilustra o efeito do pH sobre suas estruturas. O pH em que a molécula não apresenta carga elétrica líquida é chamado *ponto isoelétrico*.

4. Os aminoácidos sofrem duas reações de particular importância: a formação da ligação peptídica e a oxidação da cisteína.

5. Existem quatro níveis estruturais nas proteínas. A estrutura primária é a sequência de aminoácidos determinada por informação genética. Os arranjos regulares e recorrentes da cadeia polipeptídica constituem a estrutura secundária das proteínas. O pregueamento não periódico da cadeia polipeptídica forma a estrutura tridimensional das proteínas. As proteínas que consistem em dois ou mais peptídeos formam complexos tridimensionais denominados *estruturas quaternárias*.

6. Várias condições físicas e químicas podem romper a estrutura das proteínas. Agentes desnaturantes incluem ácidos ou bases fortes, agentes redutores, metais pesados, mudanças de temperatura e estresse mecânico.

BIBLIOGRAFIA

Blackstock JC. Biochemistry. Oxford: Butterworth, 1998: 47-75.

Campos LS. Entender a bioquímica. 5. ed. Lisboa: Escolar, 2009: 75-127.

McKee T, McKee JR. Biochemistry: the molecular basis of live. 4. ed. New York: McGraw-Hill, 2008: 108-60.

Motta VT. Bioquímica clínica para o laboratório: princípios e interpretações. 5. ed. Rio de Janeiro: Medbook, 2009: 63-87.

Nelson DL, Cox MM. Lehninger: principles of biochemistry. 4. ed. New York: Freeman, 2004: 75-156.

Pratt CW, Cornely K. Essential biochemistry. Danvers: John Wiley, 2004: 90-135.

4

Proteínas Fibrosas e Globulares

O estudo das relações de estrutura-função das proteínas é em parte caracterizado pela análise de proteínas fibrosas da matriz extracelular e proteínas globulares.

4.1 PROTEÍNAS DA MATRIZ EXTRACELULAR

As proteínas da matriz extracelular são majoritariamente *proteínas fibrosas* formadas por cadeias peptídicas em arranjos em folhas ou feixes, têm baixa solubilidade em água e função estrutural. Todas as células são imersas ou banhadas por elas. Entre os tecidos há espaços preenchidos pelo tecido conjuntivo, que conecta tecidos e órgãos. O principal constituinte do tecido conjuntivo é a matriz. As matrizes extracelulares consistem em diferentes combinações de proteínas fibrosas e de substância fundamental. *Substância fundamental* é um complexo viscoso e altamente hidrofílico de macromoléculas aniônicas (glicosaminoglicanos e proteoglicanos) e glicoproteínas multiadesivas (lamina, fribonectina, entre outras) que se ligam a proteínas receptoras (integrinas) presentes na superfície das células, bem como a outros componentes da matriz, fornecendo, desse modo, força tênsil e rigidez à matriz.

A unidade estrutural fundamental das proteínas fibrosas é um elemento repetitivo da estrutura secundária (α-hélices ou folhas β pregueadas). Compõem os materiais estruturais de órgãos e tecidos, dando a eles elasticidade e resistência. Em geral, são insolúveis em água em virtude da presença de teores elevados de aminoácidos hidrófobos, tanto no interior como na superfície das proteínas.

A. Colágenos

Os *colágenos* presentes na matriz extracelular constituem a família de proteínas mais abundantes do organismo. Compõem o tecido conjuntivo e se distribuem pela matriz orgânica dos ossos, pele, tendões, cartilagens, córnea, vasos sanguíneos, dentes e outros tecidos. São sintetizados pelas células do tecido conjuntivo e secretados para a matriz extracelular. Os diferentes tipos de colágeno são classificados como tipos I, II, III, IV etc.

O colágeno é uma proteína pouco solúvel em água e organizada em fibras de grande resistência. Cada molécula de colágeno é constituída de três cadeias peptídicas (*estrutura em tripla hélice*) enroladas uma em torno da outra e orientadas para a direita (Figura 4.1).

Quadro 4.1 • *Osteogenesis imperfecta*

A *osteogenesis imperfecta*, também conhecida como *doença dos ossos quebradiços*, é um grupo de doenças clínica, genética e bioquimicamente distintas com prevalência de 1:10.000. A gravidade da doença varia de moderada a letal e depende da natureza e da posição da mutação. Nas formas mais graves, mais de cem fraturas *in utero* foram relatadas com o resultante parto de natimorto.

O defeito fundamental consiste em mutações nos genes do procolágeno tipo I. Na maioria das mutações ocorre a substituição de uma única base no códon para a glicina, resultando na distorção da tripla hélice do colágeno.

A estabilidade da estrutura do colágeno é reduzida pelo rompimento da ponte de hidrogênio N–H do esqueleto de cada alanina (normalmente glicina) ao grupo carbonila da prolina adjacente da cadeia vizinha.

A posição da aberração está relacionada com a gravidade da doença. Mutações próximas ao C-terminal são mais graves do que as mais próximas ao N-terminal, porque a formação da tripla hélice se inicia a partir do C-terminal e progride em direção ao N-terminal. A gravidade da doença também está relacionada com as propriedades do aminoácido que substitui a glicina.

A estrutura primária do colágeno é constituída de glicina (~33% do total), de prolina (~10%) e de 4-hidroxiprolina (~10%), constituindo tripletes da sequência repetida (Gly–X–Y)$_n$, em que X e Y são, frequentemente, prolina e hidroxiprolina. A 5-hidroxilisina e a 3-hidroxiprolina também estão presentes em pequenas quantidades. Alguns resíduos de hidroxilisina estão ligados a carboidratos simples por meio da hidroxila, formando *glicoproteínas*. Os carboidratos do colágeno são necessários para a *fibrilogênese*, associação de fibras de colágeno como em tendões e ossos.

As três cadeias peptídicas entrelaçam-se para formar uma tripla hélice à direita, estabilizada por pontes de hidrogênio (entre o NH da glicina de uma cadeia e a C=O da prolina ou de outro aminoácido em outra cadeia), constituindo o módulo estrutural básico do colágeno, chamado *tropocolágeno*.

A síntese do colágeno ocorre inicialmente no retículo endoplasmático e depois no aparelho de Golgi, onde é armazenado em vesículas secretoras e, finalmente, excretado para o espaço extracelular por exocitose. No espaço extracelular, a cadeia nascente peptídica, chamada pré-procolágeno, sofre modificação pós-transducional, fornecendo o procolágeno. Modificações adicionais envolvem a adição do grupo hidroxila, oxidação, condensação aldólica, redução e glicolisação. Pela ação de hidrolases (*prolil hidroxilase* e *lisil hidroxilase*) são adicionados grupos hidroxila aos resíduos de prolina e lisina da cadeia em reações que requerem *ácido ascórbico* (vitamina C). O ácido ascórbico mantém um átomo de ferro na forma reduzida (Fe^{2+}) na enzima prolil hidroxilase.

Na deficiência de vitamina C, o tropocolágeno não forma as ligações cruzadas covalentes. O resultado é o *escorbuto*, uma doença nutricional cujos sintomas são: descoloração da pele, fragilidade dos vasos sanguíneos, hemorragia gengival e, em casos extremos, a morte.

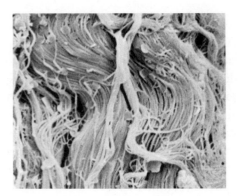

Figura 4.1 • **Microfotografia de fibras do colágeno.**

PROTEÍNAS FIBROSAS E GLOBULARES

Quadro 4.2 ● Príon-proteína

A *encefalopatia espongiforme bovina* ("doença da vaca louca"), escrapie em carneiros, a *síndrome de Creutzfeldt-Jacob* e a *kuru* em humanos são doenças causadas por uma proteína conhecida como *príon-proteína celular* (PrPC). A príon-proteína (agentes infecciosos proteináceos) é componente das células cerebrais normais, onde se encontra fundamentalmente na conformação da α-hélice. Em tecidos doentes, a forma infecciosa da proteína príon apresenta-se como uma mistura de α-hélice e folhas β pregueadas (PrPSc), produzindo agregados fibrosos que danificam as células cerebrais. As doenças por príons derivados de PrPSc podem ser de origem genética ou infecciosa. São enfermidades neurodegenerativas fatais caracterizadas por alterações espongiformes.

A proteína é encontrada, principalmente, na superfície externa de neurônios, mas sua função ainda é desconhecida.
Mutações nos genes humanos PrPc parecem ser responsáveis por doenças inerentes da príon-proteína (p. ex., doença de Gerstmann-Sträussler-Scheinker e insônia familiar fatal). Dezoito diferentes mutações já foram identificadas.
O príon foi descoberto pelo Dr. Stanley B. Prusiner, que recebeu o Prêmio Nobel de Fisiologia em 1997.

As ligações cruzadas covalentes, presentes no interior e entre as hélices do tropocolágeno, aumentam a resistência tensional das estruturas. As ligações cruzadas são obtidas a partir da lisina em duas fases:

- O grupo ε-amino da lisina ou da hidroxilisina é oxidado pela *lisil oxidase* para formar *alisina,* um aminoácido que contém cadeia lateral aldeído.

- O grupo aldeído recém-formado da alisina reage com o grupo ε-amino de outro resíduo de lisina de um filamento adjacente para produzir uma ligação cruzada estável. Alternativamente, dois resíduos de alisina reagem por condensação aldólica para formar outra ligação cruzada.

A biossíntese do tropocolágeno e sua associação em microfibrilas do colágeno ocorrem a partir de moléculas precursoras, chamadas pró-colágenos, que são processadas pela remoção dos amino-terminais e carboxi-terminais por meio de proteólise seletiva:

A tripla hélice é organizada depois de as três cadeias peptídicas estarem completas. As cadeias são combinadas para formar os vários tipos de colágeno presentes em diferentes tecidos. O colágeno tipo I, o mais abundante (90% do colágeno total), é formado por cadeias peptídicas α_1 e uma cadeia α_2. Alguns tipos de colágeno são mostrados na Tabela 4.1. O pró-colágeno completo é, então, liberado para o espaço extracelular.

Tabela 4.1 ● **Alguns tipos de colágeno mais abundantes**

Tipo	Composição	Distribuição nos tecidos
I	$(\alpha_1)_2\,\alpha_2$	Tendões, pele, ossos, córnea, vasos sanguíneos
II	$(\alpha_1)_3$	Cartilagem, disco intervertebral, humor vítreo
III	$(\alpha_1)_3$	Pele fetal, vasos sanguíneos, órgãos internos
IV	$(\alpha_1)_2\,\alpha_2$	Membrana basal
V	$(\alpha_1)_2\,\alpha_2$	Pele, placenta, vários tecidos

B. Elastina

A elastina está presente em ligamentos elásticos, pele, pulmões e paredes de artérias calibrosas. É uma proteína não colagenosa insolúvel em água que forma uma rede tridimensional responsável pela elasticidade e retração dos tecidos. A rede de fibras elásticas formada pela elastina é fundamental para o funcionamento dos vasos sanguíneos, pulmões, ligamentos e pele. A elastina é rica em resíduos de glicina, prolina e valina (um em cada sete de seus aminoácidos), o que a torna mais hidrofóbica do que os colágenos. Apresenta estrutura secundária irregular estabilizada por ligações cruzadas intermoleculares na alisina (como no colágeno). Três alisinas e uma lisina não modificada em diferentes regiões da cadeia polipeptídica se condensam para formar heterocíclicas conhecidas como *desmosina*, que constituem ligações cruzadas na rede de elastina (Figura 4.2).

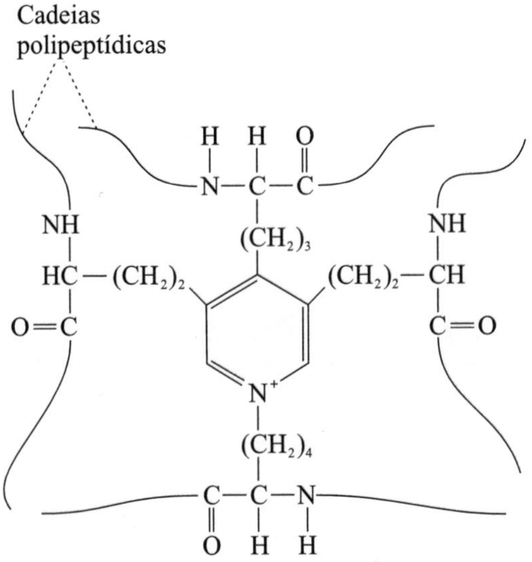

Figura 4.2 ● **Ligação covalente cruzada desmosina entre quatro cadeias polipeptídicas.** A estrutura é formada a partir de lisina e alisina.

C. Proteínas de adesão da matriz extracelular

A mais conhecida das proteínas envolvidas na adesão, migração e morfologia celular presente na matriz extracelular é a *fibronectina*. É uma glicoproteína formada por duas subunidades idênticas reunidas por duas pontes dissulfeto. Apresenta diferentes sítios que se ligam a proteoglicanos, colágeno e integrinas (receptores) transmembrânicos nas células.

D. Integrinas

As integrinas são proteínas transmembrânicas que realizam interações adesivas com a matriz extracelular. Ligam-se ao citoesqueleto intracelular e participam da transdução de sinal através da membrana. Existe uma grande família de diferentes integrinas. São homodímeros e heterodímeros presentes na superfície das células. Diferentes células têm diferentes integrinas específicas pelas quais proteínas específicas da matriz ou outras células podem seletivamente acoplar-se aos domínios extracelulares das integrinas. Os domínios intracelulares estão ligados a fibras de actina do citoesqueleto e, assim, ligam o citoplasma com a matriz extracelular.

E. Proteínas de adesão celular (CAMS)

Proteínas de adesão celular, conhecidas como CAMS, estão presentes em todas as células de tecidos dos vertebrados. São responsáveis pelo acoplamento célula-célula necessário para a formação de tecidos. Uma importante classe é conhecida como *caderinas*. Existe uma grande família destas para diferentes tipos de tecidos. As caderinas são proteínas transmembrânicas cuja superfície externa interage com caderinas de células adjacentes por ligações não covalentes. No interior das células, as caderinas se conectam indiretamente, via intermediários proteicos, com filamentos de actina do citoesqueleto. A *fibronectina* é um importante exemplo.

4.2 PROTEÍNAS GLOBULARES

As *proteínas globulares* contêm cadeias peptídicas enoveladas firmemente em estruturas tridimensionais compactas com forma esférica ou elipsoide. Suas massas moleculares são variáveis, enquanto a solubilidade em água é relativamente elevada, pois as cadeias laterais hidrofóbicas (insolúveis em água) dos aminoácidos (fenilalanina, leucina, isoleucina, metionina e valina) estão orientadas para o interior das estruturas, ao passo que os grupos polares hidrófilos (arginina, histidina, lisina, ácido aspártico e ácido glutâmico) estão situados na área externa. Os aminoácidos com grupos polares não carregados (serina, treonina, asparagina, glutamina e tirosina) estão tanto na superfície externa da proteína como no interior da molécula. As proteínas globulares atuam como enzimas e transportadores e moduladores fisiológicos e genéticos. Os exemplos típicos são a mioglobina, a hemoglobina e os anticorpos.

A. Mioglobina

A mioglobina – presente no sarcoplasma de células musculares – é uma proteína transportadora e armazenadora de oxigênio nos músculos esqueléticos e cardíacos de vertebrados. A mioglobina liga o oxigênio liberado pela hemoglobina em capilares teciduais e posteriormente difundido por meio das membranas celulares. O componente proteico da mioglobina, a *globina*, consiste em uma cadeia peptídica única com 153 resíduos de aminoácidos que formam oito regiões α-hélices de sete a vinte resíduos de aminoácidos cada. Não possui resíduos de cisteína e, portanto, não apresenta ligações dissulfeto. O grupo prostético *heme* (anel heterocíclico porfirínico contendo quatro anéis pirrólicos e um átomo de ferro ferroso, Fe^{2+}, no centro do tetrapirrol planar) é o sítio de ligação para O_2 (Figura 4.4). As características fundamentais da estrutura da mioglobina são:

- As oito regiões α-hélice (designadas A a H) são conectadas por dobras formadas por aminoácidos desestabilizadores. Cada aminoácido da cadeia é codificado; por exemplo, His F8 refere-se ao oitavo resíduo da hélice F (Figura 4.3).

- O interior da molécula é compacto e consiste quase que inteiramente em resíduos de aminoácidos não polares (leucina, valina, metionina e fenilalanina), sendo desprovido de resíduos de aminoácidos com carga, como aspartato, glutamato, lisina e arginina. Os únicos resíduos polares no interior são dois resíduos de histidina (F8 e E7), que atuam na ligação do ferro.

- A cadeia contém um total de sete segmentos não helicoidais: cinco deles no interior das regiões helicoidais e designados de acordo com as hélices que eles interrompem.

- A ocorrência de prolina interrompe as α-hélice. Existem quatro resíduos de prolina na mioglobina.

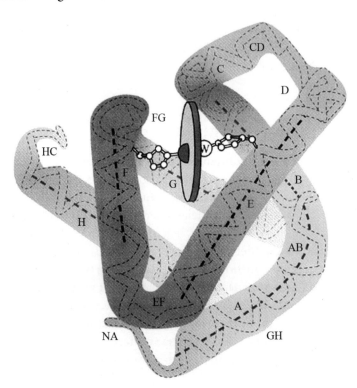

Figura 4.3 • Estrutura da molécula de mioglobina. O esqueleto peptídico é constituído por oito α-hélices marcadas por letras, de A a H.

B. Hemoglobina

A hemoglobina é uma proteína formada por quatro cadeias peptídicas presentes nas hemácias, cuja função é o transporte do oxigênio dos pulmões aos tecidos. A hemoglobina também facilita o transporte de CO_2 e prótons gerados pelo metabolismo celular, dos tecidos aos pulmões, para subsequente excreção. O vasodilatador NO (óxido nítrico) também se liga à hemoglobina, que o entrega para as paredes vasculares dos tecidos.

A hemoglobina normal de adulto, a HbA, consiste em duas subunidades α (cada uma com 141 resíduos de aminoácidos) e duas subunidades β (cada uma com 146 resíduos de aminoácidos), representadas por $\alpha_2\beta_2$ e estabilizadas por pontes de hidrogênio e interações eletrostáticas.

Cada uma das cadeias de hemoglobina contém um grupo prostético, o *heme* (molécula de *protoporfirina IX* contendo um átomo de ferro ferroso, Fe^{2+}), que é sítio de ligação de O_2. Nas cadeias α, o heme está encaixado entre a His-58 e a His-87, enquanto nas cadeias β o encaixe ocorre entre a His-63 e a His-92 (Figura 4.5).

Quanto à estrutura secundária, cada cadeia de hemoglobina consiste em várias regiões α-hélice separadas umas das outras por segmentos não helicoidais. A estrutura terciária envolve várias voltas e espirais, tendo cada cadeia uma forma esferoide. Apesar de as estruturas primárias das cadeias α e β da hemoglobina diferirem significativamente daquela da mioglobina, as conformações secundária e terciária são bastante semelhantes.

As principais características da molécula de hemoglobina são:

- Não existem ligações covalentes entre as quatro cadeias peptídicas, apesar da presença de dois resíduos de cisteína em cada subunidade α e um resíduo por subunidade β.

- Entre as subunidades idênticas (αα ou ββ) existem poucas interações eletrostáticas e algumas pontes de hidrogênio.

- Entre as subunidades α e β existem extensas regiões de interações eletrostáticas que produzem dois dímeros idênticos, $\alpha_1\beta_1$ e $\alpha_2\beta_2$, os quais se movimentam juntos.

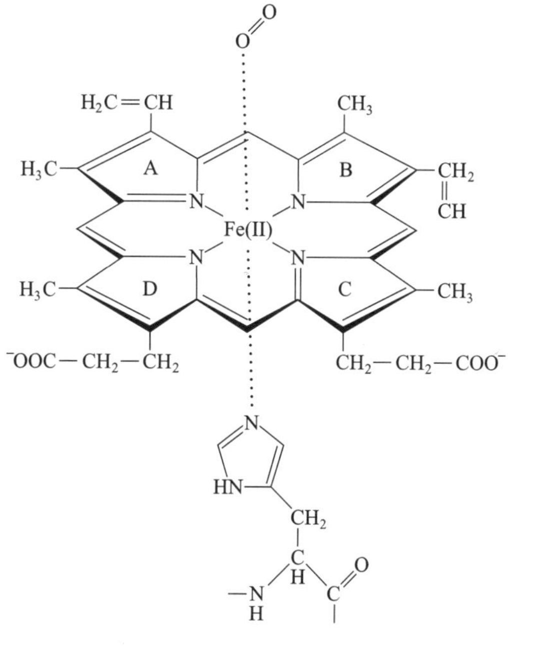

Figura 4.4 ● Grupo heme. O heme é a molécula ligante de O_2 e está presente na mioglobina, na hemoglobina e em hemoproteínas.

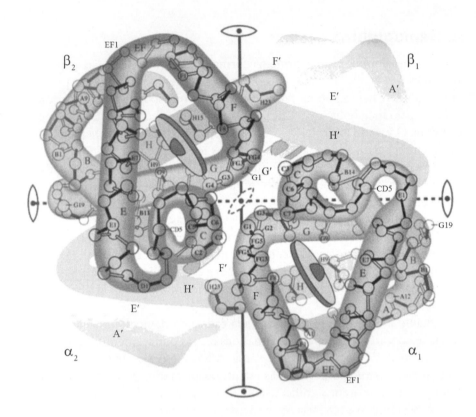

Figura 4.5 ● **Estrutura da hemoglobina.**

Em presença de oxigênio, os átomos de ferro da desoxi-hemoglobina se dirigem ao plano do anel heme. O movimento é transmitido à histidina proximal (F8), que se move em direção ao plano do anel e aos resíduos ligados (Figura 4.6).

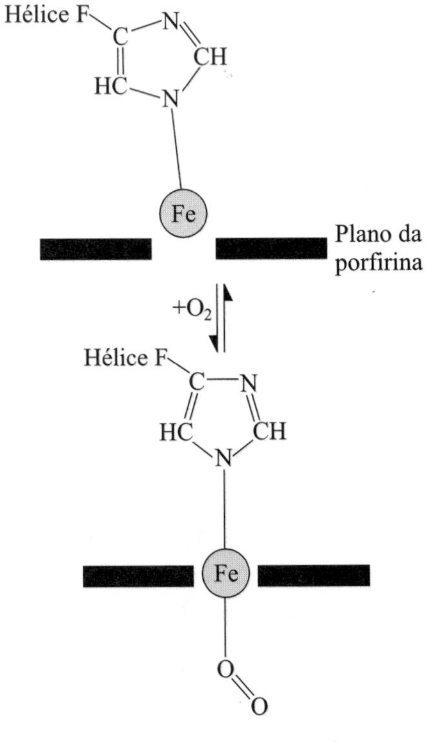

Figura 4.6 ● **O átomo de ferro se dirige para o plano do heme oxigenado.** A histidina F8 é atraída junto com o átomo de ferro.

PROTEÍNAS FIBROSAS E GLOBULARES

Enquanto a mioglobina apresenta grande afinidade pelo oxigênio, a *hemoglobina* demonstra uma afinidade inicial lenta que se torna progressivamente mais rápida. Esse fenômeno é conhecido como *interação cooperativa*, uma vez que a ligação do primeiro O_2 à desoxi-hemoglobina facilita a ligação de O_2 às outras subunidades na molécula. De modo inverso, a dissociação do primeiro O_2 da hemoglobina completamente oxigenada, $Hb(O_2)_4$, tornará mais fácil a dissociação de O_2 das outras subunidades da molécula. A oxigenação da hemoglobina é acompanhada por mudanças conformacionais nas proximidades do grupo heme. A estrutura quaternária da hemoglobina desoxigenada (desoxi-Hb) é descrita como *estado conformacional T* (tenso) e da hemoglobina oxigenada (oxi-Hb), como *estado conformacional R* (relaxada). A afinidade do O_2 é mais baixa no estado T e mais alta no estado R.

Em função da cooperatividade em associação e dissociação do oxigênio, a curva de saturação de oxigênio para a hemoglobina difere da observada para a mioglobina (Figura 4.7).

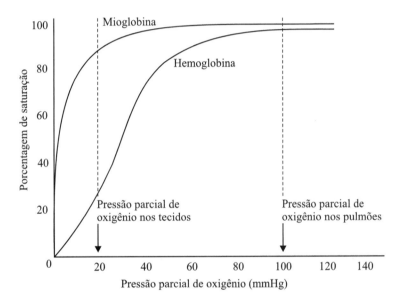

Figura 4.7 • Curva de ligação do oxigênio com a mioglobina e hemoglobina. A forma hiperbólica da curva de ligação da mioglobina representa a ligação simples de uma molécula pequena a uma proteína. A ligação de oxigênio à hemoglobina segue uma curva sigmoide característica de uma interação cooperativa entre os sítios de ligação.

Além das modificações estruturais de proteínas causadas pela oxigenação/desoxigenação, a ligação do O_2 à hemoglobina é afetada por substâncias chamadas efetores alostéricos: CO_2, H^+ e 2,3-bisfosfoglicerato (2,3-BPG).

1. Efeito do 2,3-bisfosfoglicerato (2,3-BPG)

O 2,3-BPG, sintetizado a partir do 1,3-bisfosfoglicerato (intermediário da via glicolítica), é um importante modulador da ligação do oxigênio à hemoglobina. Nos tecidos periféricos, a deficiência de oxigênio determina acúmulo de 2,3-BPG. Nos eritrócitos, o 2,3-BPG liga-se fortemente à desoxi-hemoglobina e fracamente à oxi-hemoglobina, atuando como efetor alostérico negativo. Assim, o 2,3-BPG reduz a afinidade da hemoglobina pelo oxigênio por ligação com a desoxi-hemoglobina, mas não à oxi-hemoglobina.

Os níveis de 2,3-BPG estão elevados na privação crônica de O_2 nos tecidos, como acontece em algumas anemias, insuficiências cardíacas e na adaptação a altitudes elevadas. Desse modo, ocorre a estabilização da estrutura T desoxigenada, provocando a liberação de mais oxigênio para os tecidos hipóxicos (Figura 4.8).

2,3-bisfosfoglicerato

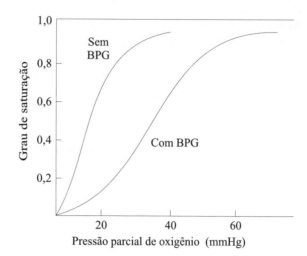

Figura 4.8 • Efeito do BPG sobre a ligação do oxigênio à hemoglobina. A hemoglobina sem BPG tem maior afinidade pelo O_2 do que a hemoglobina com BPG.

2. Efeito Bohr

A combinação da hemoglobina com O_2 depende do pH, um fenômeno chamado *efeito Bohr*. Teores elevados de íon hidrogênio (pH reduzido) favorecem a liberação de O_2; o inverso também é verdadeiro. O efeito Bohr tem considerável importância fisiológica no transporte de O_2 dos pulmões para os tecidos e de CO_2 dos tecidos periféricos para os pulmões. CO_2 produzido pelos tecidos difunde-se para os eritrócitos, reduzindo o pH e a afinidade da hemoglobina pelo O_2, realizando a reação $H^+ + HbO_2 \rightarrow O_2 + HHb^+$. Nos pulmões, a perda de CO_2 eleva o pH e aumenta a afinidade da hemoglobina pelo O_2 (Figura 4.9).

Quadro 4.3 • Anemia falciforme

A anemia falciforme é uma *síndrome falcêmica* caracterizada pela presença de hemoglobina S nos eritrócitos. A hemoglobina S (de *Silckle*) é uma forma variante da hemoglobina adulta normal (HbA_1) em que ocorre a substituição do glutamato, na posição 6 da cadeia β de HbA_1, pela valina, ou seja, o glutamato de cadeia lateral polar é substituído pela valina apolar. O novo arranjo permite a interação hidrofóbica com a fenilalanina $β^{85}$ e a leucina $β^{88}$ de uma desoxi-HbS adjacente. As moléculas se agregam com a formação de polímeros com outras moléculas de conformação desoxi da HbS, produzindo longos precipitados fibrosos (280 milhões em cada eritrócito) que, por sua vez, deformam os eritrócitos (forma de foice), resultando em alta velocidade de hemólise. Apenas indivíduos homozigóticos para HbS apresentam a doença. Em indivíduos com duas cópias do gene mutante (homozigóticos), os drepanócitos interagem para formar agregados que podem obstruir os vasos capilares, reduzindo o fluxo normal de sangue. O bloqueio da microcirculação ocorre em qualquer parte do organismo; nos glomérulos, causam glomerulite focal e hematúria. A remoção aumentada de eritrócitos falciformes promove anemia. A expectativa de vida de um homozigótico é menor do que 30 anos de idade.

A mutação, entretanto, confere maior resistência dos eritrócitos com HbS ao *Plasmodium falciparum* (protozoário transmitido por mosquito e responsável pela malária), que necessita dos eritrócitos do hospedeiro durante parte de seu ciclo de vida. Células falciformes, devido à sua fragilidade, são removidas da circulação sanguínea mais rapidamente do que as hemácias normais, e o parasito não completa esse estágio de seu desenvolvimento. Parasitas existentes nessas células são também destruídos pela atividade esplênica.

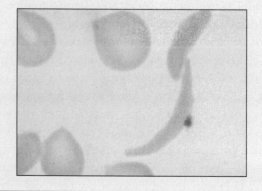

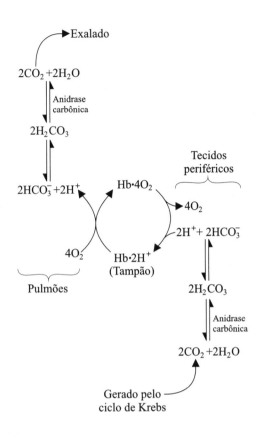

Figura 4.9 • Efeito Bohr. O CO_2 produzido nos tecidos periféricos se combina com a água para a formação de ácido carbônico, que se dissocia nos íons bicarbonato e hidrogênio. A hemoglobina desoxigenada funciona como tampão, ligando-se a prótons e os liberando nos pulmões. Nos pulmões, o oxigênio ligado à hemoglobina provoca a saída dos prótons da hemoglobina. Os prótons se combinam com o íon bicarbonato, produzindo ácido carbônico que, em presença de anidrase carbônica, produz o dióxido de carbono, posteriormente exalado pelos pulmões. A afinidade da hemoglobina pelo oxigênio aumenta com o aumento do pH.

3. Efeito do CO_2

Células metabolicamente ativas produzem CO_2. Teores elevados de CO_2 reduzem a afinidade da hemoglobina pelo O_2. O CO_2 reage com grupos α-amino N-terminais das cadeias peptídicas da hemoglobina para formar carbamino-hemoglobina, que transporta o CO_2 para os pulmões.

4. Hemoglobina glicada

O termo genérico *hemoglobina glicada* (hemoglobina glicosilada, glico-hemoglobina, HbA_{1c} ou A_{1c}) refere-se a um conjunto de substâncias formadas com base em reações entre a hemoglobina A (HbA) e alguns açúcares. Em termos de avaliação do controle do diabetes, a fração HbA_{1c} é a mais importante. A hemoglobina glicada é formada por uma reação irreversível entre a glicose sanguínea e o grupo amino livre (resíduo da valina) da hemoglobina por reações não enzimáticas. A quantidade de glicose ligada à hemoglobina é diretamente proporcional à concentração média de glicose no sangue nas 6 a 8 semanas precedentes. Níveis de HbA_{1c} acima de 6,5% estão associados a risco progressivamente maior de complicações crônicas.

C. Anticorpos

Os anticorpos ou imunoglobulinas compõem uma família de glicoproteínas produzidas e secretadas pelos *linfócitos B* em resposta à presença de moléculas estranhas, conhecidas como antígenos (resposta imunitária humoral). As características estruturais fundamentais das imunoglobulinas são:

- As moléculas de anticorpo são glicoproteínas com quatro cadeias peptídicas. Cada cadeia tem estrutura em Y contendo duas unidades idênticas, chamadas *cadeias pesadas* (H), e duas unidades idênticas entre si, porém de menor tamanho, denominadas *cadeias leves* (L).

- A estrutura primária das cadeias pesadas, denominadas cadeias γ, μ, α, δ e ε, é a base da classificação das imunoglobulinas em cinco classes: IgG, IgM, IgA, IgD e IgE, respectivamente. A IgG humana pode ser subdividida em quatro subclasses: IgG_1, IgG_2, IgG_3 e IgG_4, enquanto a IgA se divide em duas classes.

- As cadeias leves de cada molécula de imunoglobulina são formadas por apenas dois tipos, κ e λ.

- As quatro cadeias são covalentemente interconectadas por pontes dissulfeto. No interior de cada cadeia da molécula, ligações dissulfeto intercadeias dobram a molécula em uma estrutura mais compacta.

- Cada cadeia peptídica consiste em duas regiões, *região variáveis* (V) e *região constantes* (C), quanto à sequência de aminoácidos (estrutura primária). A região variável da cadeia leve (V_L) tem, aproximadamente, 50% do comprimento da cadeia, enquanto a região variável da cadeia pesada (V_H) apresenta, aproximadamente, 25% do comprimento da cadeia (Figura 4.10).

A digestão pela papaína fornece dois fragmentos principais, chamados *fragmento F_{ab}*, que retêm a capacidade de ligar o antígeno da molécula intacta, e o *fragmento F_c*, que é cristalizável.

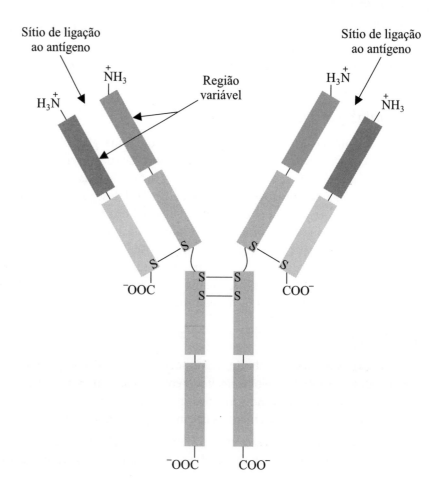

Figura 4.10 • Estrutura de anticorpo. Uma imunoglobulina G formada por quatro cadeias, duas pesadas e duas leves, ligadas por pontes dissulfeto.

PROTEÍNAS FIBROSAS E GLOBULARES

RESUMO

1. As proteínas também são classificadas de acordo com sua conformação e composição. As proteínas fibrosas (p. ex., o colágeno) são moléculas longas e enoveladas insolúveis em água e fisicamente rígidas. As proteínas globulares (p. ex., a hemoglobina) são moléculas compactas e esféricas, quase sempre solúveis em água.

2. A mioglobina contém um grupo prostético heme que reversivelmente se liga ao oxigênio. A quantidade de O_2 ligado depende da concentração de O_2 e da afinidade da mioglobina pelo oxigênio.

3. A ligação do oxigênio à hemoglobina é cooperativa. A ligação do primeiro O_2 à molécula de hemoglobina afeta a ligação dos outros oxigênios.

4. A hemoglobina é uma proteína alostérica na qual as quatro subunidades alternam a conformação entre os estados T (tenso) e R (relaxado).

5. Existem cinco classes de anticorpos (imunoglobulinas), cada uma das quais cumpre funções biológicas diferentes.

BIBLIOGRAFIA

Campbell MK, Farrell SO. Bioquímica. 5. ed. São Paulo: Thomson, 2007: 87-120.

Hymes RD. Integrins: bidirectional, alosteric signalling machines. Cell 2002; 20:673-87.

McKee T, McKee JR. Biochemistry: the molecular basis of live. 4. ed. New York: McGraw-Hill, 2008: 108-60.

Motta VT. Bioquímica clínica para o laboratório: princípios e interpretações. 5. ed. Rio de Janeiro: Medbook, 2009: 73-87.

Nelson DL, Cox MM. Lehninger: principles of biochemistry. 4. ed. New York: Freeman, 2004: 157-89.

Pratt CW, Cornely K. Essential biochemistry. Danvers: John Wiley, 2004: 580-610.

Smith C, Marks AD, Lieberman M. Marks' basic medical biochemistry: a clinical approach. 2. ed. Baltimore: Lippincott, 2005: 237-57.

5

Enzimas:
Estrutura e Função

A vida depende de uma bem orquestrada série de reações químicas. Muitas delas, entretanto, ocorrem muito lentamente para manter os processos vitais. Para resolver esse problema, a natureza planejou um modo de acelerar a velocidade das reações químicas por meio da catálise. As ações catalíticas nos seres vivos são executadas por enzimas.

As *enzimas* são proteínas com a função específica de acelerar reações químicas que ocorrem sob condições termodinâmicas não favoráveis. Elas aceleram consideravelmente a velocidade das reações em sistemas biológicos, quando comparadas com reações correspondentes não catalisadas (Tabela 5.1). Para ser classificada como enzima, uma proteína deve:

- Apresentar eficiência catalítica.

- Demonstrar especificidade em relação a seus substratos (reagentes) ou substratos estruturalmente muito similares.

- Ser capaz de catalisar um tipo específico de reação química.

- Acelerar a velocidade das reações em pelo menos 10^6 vezes, quando comparadas às reações correspondentes não catalisadas.

- Não ser consumida ou alterada ao participar da reação.

- Não alterar o equilíbrio químico das reações.

- Ter atividade regulada geneticamente ou pelas condições metabólicas.

As proteínas não são as únicas substâncias com propriedades catalíticas nos sistemas biológicos. Algumas moléculas de RNA, denominadas *ribozimas*, também executam essa função.

O composto sobre o qual a enzima atua é o *substrato* (S) que se transforma em *produto* (P) da reação:

$$\text{Substrato (S)} \xrightarrow{\text{Enzima}} \text{Produto (P)}$$

Para a compreensão da atividade catalítica, duas questões devem ser respondidas: (1) quais são os mecanismos que explicam a enorme atividade catalítica das enzimas? (2) quais são as propriedades das enzimas que permitem que sua atividade seja controlada? Respostas a essas questões proporcionam o entendimento dos princípios básicos da enzimologia aplicada à célula.

Quadro 5.1 ● Natureza química das enzimas

A palavra *enzima* foi introduzida por Kuhne em 1878 para designar a ocorrência, no levedo, de algo responsável por sua atividade fermentativa. Berzelius, 50 anos antes, havia reconhecido a presença de fermentos de ocorrência natural que aceleravam reações químicas e antecipado o conceito de catalisadores biológicos. Berzelius classificou os fermentos em "organizados" e "não organizados" com base na presença ou ausência de micro-organismos intactos. Kuhne aplicou a palavra enzima aos fermentos derivados de extratos de levedos, isto é, "fermentos não organizados".

Em 1897, Büchner preparou um filtrado de extratos de levedo, o qual foi o primeiro extrato enzimático removido de células vivas que pôde catalisar a fermentação.

A natureza química das enzimas permaneceu controversa. Em 1926, Sumner cristalizou a *urease* a partir de extratos de feijão; no entanto, a preparação apresentava pequena atividade catalítica e outros investigadores atribuíram o efeito catalítico a contaminantes, e não à proteína. Willstätter, por outro lado, purificou a *peroxidase*, com elevada capacidade catalítica e ausência de outras proteínas. No início dos anos 1930, Northrop e cols. cristalizaram a pepsina e a tripsina, demonstrando definitivamente que as enzimas eram proteínas.

Na maioria das reações biológicas, na ausência de enzima, pouco (ou nenhum) produto é formado, mas em presença da enzima a reação se processa em alta velocidade. Como a maioria das reações é reversível, os produtos da reação em uma direção tornam-se substratos para a reação inversa.

As enzimas são os catalisadores mais específicos que se conhece, tanto para o substrato como para o tipo de reação efetuada sobre o substrato. A especificidade inerente à enzima reside em uma cavidade ou fenda de ligação do substrato, que está situada na superfície da proteína enzimática. A cavidade, denominada *sítio ativo*, é um arranjo de grupos presentes em cadeias laterais de certos aminoácidos que ligam o substrato por ligações não covalentes. Muitas vezes, os resíduos de aminoácidos que formam o sítio ativo ficam em regiões distantes, na sequência primária, mas próximos no sítio ativo, pelo enovelamento da cadeia polipeptídica (estrutura terciária).

Algumas enzimas possuem sítios adicionais, denominados *sítios alostéricos*. Nos sítios alostéricos, moléculas específicas se ligam e causam alterações na conformação proteica que afetam o sítio ativo, aumentando ou reduzindo a

Tabela 5.1 ● Velocidade de reações não catalisadas e catalisadas por enzimas

Enzima	Não catalisada (s^{-1})	Catalisada (s^{-1})	Aumento da velocidade
Anidrase carbônica	$1,3 \times 10^{-1}$	1.000.000	$7,7 \times 10^{6}$
Adenosina deaminase	$1,8 \times 10^{-10}$	370	$2,1 \times 10^{12}$
Nuclease estafilocócica	$1,7 \times 10^{-13}$	95	$5,6 \times 10^{14}$
Triose-fosfato isomerase	$4,3 \times 10^{-6}$	4.300	$1,0 \times 10^{9}$
Quimotripsina	$1,0 \times 10^{-9}$	190	$1,7 \times 10^{11}$
Orotidina descarboxilase	$2,8 \times 10^{-16}$	39	$1,4 \times 10^{17}$

s^{-1}: unidade da constante de velocidade de reação de primeira ordem.

ENZIMAS: ESTRUTURA E FUNÇÃO

Quadro 5.2 ● **Uso industrial das enzimas**

A indústria biotecnológica produz várias enzimas para diferentes usos.

O uso de *proteases* em detergentes melhora a remoção de manchas de origem biológica, como o sangue, e de molhos. O termo *biológico* empregado nas embalagens de sabão em pó reflete a presença de proteases. As proteases são também utilizadas em restaurantes, para amaciar a carne, por cervejeiros, para eliminar a turvação nas cervejas, por padeiros, para melhorar a textura do pão, e em indústrias de luvas, para amaciar o couro.

Outras enzimas também apresentam uso industrial. Por exemplo, a *lipase* é adicionada a líquidos detergentes, para degradar graxas (lipídeos), e a alguns queijos, para desenvolver aroma. A *pectinase* é usada na indústria de geleias para promover a máxima extração de líquido das frutas. As *amilases* são empregadas para degradar o amido em certos removedores de papel de parede de modo a facilitar sua retirada.

atividade enzimática. Muitas enzimas alostéricas são constituídas de múltiplas subunidades e múltiplos sítios ativos.

Muitas enzimas necessitam de pequenas moléculas não proteicas essenciais a sua atividade e denominadas *coenzimas* e *cofatores*.

5.1 CLASSIFICAÇÃO DAS ENZIMAS

Com a descoberta de grande número de enzimas, tornou-se necessária a sistematização da nomenclatura. A *União Internacional de Bioquímica e Biologia Molecular* (IUBMB) adotou um sistema racional e prático de nomenclatura que agrupa as enzimas em seis classes, de acordo com a natureza da reação química que catalisam (Tabela 5.2). A cada enzima são atribuídos nome e código numérico de quatro dígitos que identificam o tipo de reação catalisada e os substratos envolvidos.

Por exemplo, a enzima glicose-6-fosfatase (nome trivial) tem como nome sistemático D-*glicose-6-fosfato fosfo-hidrolase* e *número de classificação* EC 3.1.3.9. Os números representam a classe (3, hidrolase), subclasse (1, atua so-

Tabela 5.2 ● **Classificação das enzimas**

Classe da enzima	Tipo de reação catalisada
1. Oxidorredutases	Reações de oxidação-redução Lactato + NAD$^+$ ⇆ piruvato + NADH + H$^+$
2. Transferases	Transferência de grupos químicos de uma molécula para outra Aspartato + α-cetoglutarato ⇆ oxaloacetato + glutamato
3. Hidrolases	Reações de hidrólise (adição de água a uma ligação química) Maltose + H$_2$O → 2 glicose
4. Liases	Clivagem principalmente de ligação carbono-carbono Frutose-1,6-bisfosfato ⇆ gliceraldeído-3-P + di-hidroxiacetona-P
5. Isomerases	Rearranjos de grupos funcionais dentro da mesma molécula Glicose-6-fosfato ⇆ frutose-6-fosfato
6. Ligases	Biossíntese com formação de ligação covalente entre dois substratos Piruvato + bicarbonato + ATP → oxaloacetato + ADP + Pi

bre ligações éster), subsubclasse (3, fosforil monoéster hidrolase) e seu número de série dentro da subsubclasse (9). A sigla "EC" é a abreviatura de *Enzyme Comission*).

Muitas enzimas de uso rotineiro são designadas pelo nome alternativo ou trivial. Por exemplo, algumas são denominadas pela incorporação do sufixo *-ase* ao nome do substrato sobre o qual elas atuam (p. ex., a enzima que hidrolisa a *ureia* é denominada ure*ase*; o amido, a amil*ase*; os ésteres do fosfato, as fosfa*tases*). Outras são designadas pelo tipo de ação catalítica que realizam, como *anidrase* carbônica, D-amino *oxidase* e lactato *desidrogenase*. Algumas levam nomes vulgares, como tripsina, pepsina, emulsina etc.

5.2 COFATORES METÁLICOS E COENZIMAS

Algumas enzimas são proteínas simples, consistindo inteiramente em cadeias polipeptídicas, como pepsina, tripsina, lisozima e ribonuclease. Entretanto, muitas enzimas somente exercem sua atividade catalítica com a participação de *cofatores íons metálicos* e *coenzimas* (Tabela 5.3).

A. Cofatores íons metálicos

Os íons metálicos (p. ex., Fe^{2+}, Zn^{2+}, Mg^{2+}, Cu^{2+}) estão frequentemente envolvidos na catálise. Apresentam cargas positivas especialmente úteis na ligação de pequenas moléculas. Os metais de transição atuam como ácidos de Lewis (aceptores de pares eletrônicos). Como interagem com dois ou mais ligantes, os íons metálicos participam na orientação apropriada do substrato para a reação. Como consequência, o complexo substrato-íon metálico polariza o substrato e promove a catálise. Por exemplo, quando o Zn^{2+}, cofator da anidrase carbônica, polariza uma molécula de água, forma-se um grupo OH ligado ao Zn^{2+} (função de ácido de Lewis do zinco). O grupo OH ataca nucleofilicamente o CO_2, convertendo-o em HCO_3^-.

Como os metais de transição têm dois ou mais estados de oxidação, eles podem mediar reações de oxidação-redução. Por exemplo, a oxidação reversível do Fe^{2+} para formar Fe^{3+} é importante na função do citocromo P450, uma enzima microssomal que processa substâncias tóxicas.

Tabela 5.3 ⬡ **Alguns cofatores íons metálicos e enzimas**

Cofatores íons metálicos	Enzima
Zn^{2+}	Álcool desidrogenase, carboxipeptidase
Mg^{2+}	Reações dependentes de ATP, como a hexocinase
Ni^{2+}	Urease
Fe^{3+} e Cu^{2+}	Componentes do complexo citocromo oxidase
Mo	Nitrato redutase
Se^{2+}	Glutationa peroxidase
Mn^{2+}	Superóxido dismutase
K^+	Propionil-CoA carboxilase

B. Coenzimas

São moléculas orgânicas pequenas, frequentemente derivadas de vitaminas, que se ligam de modo forte ou fraco à enzima. Certas coenzimas, como a biotina e a tiamina pirofosfato, atuam somente quando ligadas covalentemente às suas respectivas enzimas. Nesses casos, o complexo enzima-coenzima é chamado *holoenzima*, enquanto o termo *apoenzima* refere-se ao componente proteico:

$$\text{Holoenzima (ativa)} \leftrightarrows \text{cofator} + \text{apoenzima (inativa)}$$

Em outros casos, as coenzimas se associam fracamente à enzima e atuam mais como um segundo substrato (cossubstrato). Um bom exemplo é o NAD^+, convertido a $NADH + H^+$ quando recebe dois átomos de hidrogênio (ou dois elétrons mais dois prótons) durante o curso de reação de oxidação/redução catalisada pela lactato desidrogenase. A molécula de NADH subsequentemente transfere os átomos de hidrogênio para outro aceptor (p. ex., o FAD na cadeia mitocondrial transportadora de elétrons) e permanece disponível para participar da desidrogenação catalítica de outra molécula de lactato.

Vitaminas são pequenas moléculas orgânicas não sintetizadas no organismo e são, portanto, nutrientes essenciais da dieta. Muitas das vitaminas são coenzimas ou componentes de coenzimas (Tabela 5.4). Deve-se enfatizar, no entanto, que nem todas as coenzimas são obtidas a partir de vitaminas. Por exemplo, a tetra-hidrobiopterina (BH_4) é sintetizada no organismo a partir da guanosina trifosfato (GTP), que não é uma vitamina. Do mesmo modo, o ácido lipoico também não é uma vitamina. Deve-se notar também que nem todas as vitaminas são precursoras de coenzimas. Por exemplo, a vitamina K é a única vitamina lipossolúvel que tem papel em reação catalisada por enzima no organismo. Duas outras vitaminas lipossolúveis, o retinol (vitamina A) e o colecalciferol (vitamina D), são pre-

Tabela 5.4 ● **Algumas coenzimas, reações que promovem e vitaminas precursoras**

Coenzima	Reação	Fonte vitamínica
Biocitina	Carboxilação	Biotina
Coenzima A	Transferência de grupos acila	Ácido pantotênico
Cobalamina	Alquilação	Cobalamina (B_{12})
Flavina	Oxidação-redução	Riboflavina (B_2)
Ácido lipoico	Transferência de grupos acila	–
Nicotinamida	Oxidação-redução	Nicotinamida (niacina)
Piridoxal fosfato	Transferência de grupos amino	Piridoxina (B_6)
Tetra-hidrofolato	Transferência de grupos de 1-carbono	Ácido fólico
Pirofosfato de tiamina	Transferência de grupos aldeído	Tiamina (B_1)
Retinal	Visão, crescimento e reprodução	Vitamina A
1,25-di-hidroxicolecalciferol	Metabolismo do cálcio e fósforo	Vitamina D

cursoras de hormônios que regulam a transcrição de DNA e sua expressão gênica. O retinol também é precursor de 11-*cis*-retinal, importante constituinte da rodopsina, o pigmento visual do olho. O α-tocoferol (vitamina E) é um antioxidante.

5.3 REAÇÕES CATALISADAS POR ENZIMAS

Para reagirem, as moléculas presentes em uma solução devem colidir com orientação apropriada e com a quantidade de energia que lhes permitam formar o complexo ativado, denominado *estado de transição*. Para que seja atingido o estado de transição, é necessária uma quantidade de energia definida como *energia de ativação* (E_a) ou, mais comum em bioquímica, *energia livre de ativação*, $\Delta G^{\ddagger}$ (o símbolo $\ddagger$ indica o processo de ativação).

A comparação do perfil energético das reações catalisadas e não catalisadas é mostrada na Figura 5.1. No gráfico, o estado de transição corresponde ao ponto de mais alta energia da reação não catalisada e é a medida da *energia livre de ativação*, $\Delta G^{\ddagger}$. Ou ainda, $\Delta G^{\ddagger}$ é a energia livre do estado de transição subtraída da energia livre dos reagentes. No complexo ativado (estado de transição do sistema), os reagentes estão em forma intermediária de alta energia e não podem ser identificados nem como reagentes nem como produtos. O complexo do estado de transição pode ser decomposto a produtos ou voltar a reagentes (Figura 5.1).

A velocidade de uma reação é inversamente proporcional ao valor de sua energia livre de ativação. Quanto maior for o valor de $\Delta G^{\ddagger}$, menor será a velocidade da reação. *Os catalisadores aumentam a velocidade da reação ao reduzirem a energia livre de ativação*. A velocidade de uma reação pode aumentar pelo menos 10^6 vezes mais do que a reação correspondente não catalisada.

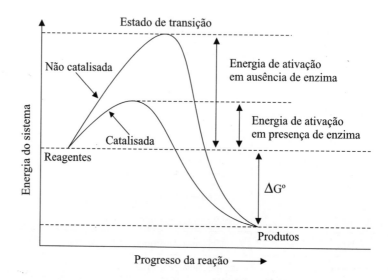

Figura 5.1 • **Diagrama energético de reação catalisada e de reação não catalisada.**
A diferença entre os valores da energia de ativação de uma reação catalisada e de uma reação não catalisada indica a eficiência do catalisador. ($\Delta G°$ = variação de energia livre.)

5.4 ESPECIFICIDADE ENZIMÁTICA: SÍTIO ATIVO

Sítio ativo (ou centro ativo) consiste em uma fenda tridimensional na enzima onde o substrato ou substratos são ligados. O substrato liga-se ao sítio ativo por ligações não covalentes (pontes de hidrogênio, interações eletrostáticas, interações de van der Waals e interações hidrofóbicas) para formar um *complexo enzima-substrato* (ES). A ligação de substrato ao sítio ativo da enzima estabiliza o intermediário da reação ou estado de transição, reduzindo a quantidade de energia necessária para a ocorrência da reação. Por exemplo, no sítio ativo da quimotripsina e outras enzimas hidrolíticas os grupos que participam do sítio ativo são a carboxila do ácido aspártico, o imidazol da histidina e a hidroxila da serina, sendo conhecidos como *tríade catalítica* (Figura 5.2).

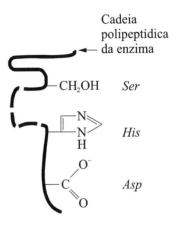

Figura 5.2 • Tríade catalítica do sítio ativo da quimotripsina. O dobramento da cadeia polipeptídica aproxima os três resíduos de aminoácidos: serina, histidina e aspartato (forma ionizada do ácido aspártico).

Somente uma pequena porção do substrato onde ocorre transformação está ligada à enzima. Em consequência das dobras e do enovelamento da enzima (estruturas secundária e terciária), certos resíduos de aminoácidos podem estar distantes uns dos outros na estrutura primária, ainda que estejam juntos no sítio ativo da proteína completa.

A especificidade da ligação enzima-substrato depende do arranjo dos átomos no sítio ativo e das estruturas tridimensionais que permitem um perfeito encaixe com o substrato. Dois modelos foram propostos para explicar a especificidade enzimática, o modelo chave-fechadura e o modelo do encaixe induzido:

- **Modelo chave-fechadura:** O modelo baseia-se em que as fendas tridimensionais possuem dimensões rígidas que só permitem a inserção de compostos com configuração específica. O substrato se ajusta a esse sítio de ligação como uma chave se ajusta à sua fechadura. Substâncias que não se encaixam na fenda para formar o complexo enzima-substrato (ES) não reagem, mesmo possuindo grupos funcionais idênticos ao do substrato verdadeiro (Figura 5.3). O modelo chave-fechadura, proposto por Fisher em 1890, está sendo abandonado em favor do modelo do encaixe induzido.

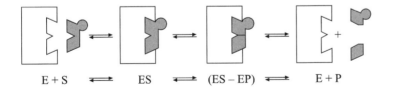

E + S ⇌ ES ⇌ (ES – EP) ⇌ E + P

Figura 5.3 • Modelo chave-fechadura: a interação entre a enzima (com estrutura rígida) e seu substrato.

- **Modelo do encaixe induzido:** Um modelo mais flexível de interação enzima-substrato é o *encaixe induzido* (em inglês, *induced-fit*), proposto por Koshland em 1958. Os sítios ativos não estão completamente pré-formados, e a interação inicial do substrato com a enzima induz uma alteração conformacional da proteína. Isso promove o reposicionamento dos aminoácidos catalíticos para formar o sítio ativo e a estrutura correta para interagir com os grupos funcionais do substrato (Figura 5.4). Esse modelo é mais aceito atualmente.

Figura 5.4 ● **Modelo do encaixe induzido.** A ligação inicial do substrato à enzima induz uma mudança conformacional na enzima, produzindo um melhor encaixe.

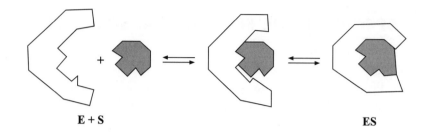

E + S   ES

5.5 MECANISMOS BÁSICOS DE CATÁLISE

A ligação com o substrato exige a formação de um grande número de interações fracas que variam com os mecanismos de ação das enzimas. Os principais mecanismos catalíticos pelos quais uma enzima aumenta a velocidade de uma reação são: catálise por aproximação, catálise por íons metálicos, catálise ácido-básica geral e catálise covalente:

- **Catálise por aproximação:** Substratos distintos se aproximam dos grupos funcionais catalíticos da enzima em uma orientação espacial apropriada para ocorrer a reação. Após o correto posicionamento do substrato, uma modificação conformacional da enzima resulta em um complexo enzima-substrato orientado. Essa orientação leva o complexo enzima-substrato ao estado de transição.

Quadro 5.3 ● **Enzimas usadas como agentes terapêuticos**

Algumas enzimas são empregadas como agentes terapêuticos no tratamento de diferentes doenças. As *proteases, amilases* e *lipases* são usadas para auxiliar a digestão. A *asparaginase* é usada no tratamento da *leucemia linfocítica aguda*. As células normais são capazes de sintetizar asparagina, enquanto certas células tumorais, inclusive as leucêmicas, não produzem o derivado do aminoácido. A administração intravenosa de asparaginase reduz o nível plasmático de asparagina e, assim, diminui o desenvolvimento de células leucêmicas. A *desoxirribonuclease* (DNase) é útil no tratamento da *fibrose cística*.	A principal característica da fibrose cística são as infecções respiratórias recorrentes, particularmente devido à *Pseudomonas aeruginosa*, o que resulta em grandes quantidades de DNA provenientes das bactérias destruídas e morte das células fagocíticas do sistema imune. O DNA contribui para a viscosidade do muco, o que provoca sintomas aflitivos. A DNase é usada para degradar o DNA e diluir o muco. A *estreptocinase* é empregada na remoção de coágulos sanguíneos no infarto do miocárdio e nas extremidades dos membros inferiores. Ativa a transformação da pró-enzima fibrinolítica *plasminogênio* em *plasmina*, enzima que quebra a fibrina insolúvel do coágulo sanguíneo.

- **Catálise por íons metálicos:** a força das interações eletrostáticas está relacionada com a capacidade de as moléculas solventes vizinhas reduzirem os efeitos de atração entre os grupos químicos. Como a água é excluída do sítio ativo quando o substrato se liga, a constante dielétrica local é muitas vezes baixa. A distribuição de cargas nos sítios ativos das enzimas pode influenciar a reatividade química do substrato. Uma ligação mais eficiente do substrato reduz a energia livre do estado de transição, que acelera a reação. Por exemplo, na conversão do acetaldeído a etanol catalisada pela álcool desidroge-

ENZIMAS: ESTRUTURA E FUNÇÃO

nase hepática, o íon zinco estabiliza a carga negativa no átomo de oxigênio durante a formação do estado de transição.

- **Catálise ácido-básica geral:** os grupos químicos diferentes da água podem tornar-se mais reativos pela adição ou remoção de prótons. Os sítios ativos das enzimas contêm cadeias laterais de aminoácidos que atuam como doadores ou receptores de prótons. Esses grupos são denominados ácidos gerais ou bases gerais. Por exemplo, a cadeia lateral da histidina (grupo imidazol) muitas vezes atua como catalisador ácido ou básico porque tem pK_a na faixa de pH fisiológico.

- **Catálise covalente:** acelera a velocidade da reação pela formação de uma ligação covalente transitória entre a enzima e o substrato. Um grupo nucleofílico da cadeia lateral do catalisador forma uma ligação covalente instável com um grupo eletrofílico do substrato. O complexo enzima-substrato forma então o produto. Muitos dos grupos que atuam na catálise ácido-básica também realizam a catálise covalente por conter pares de elétrons não emparelhados.

A. Mecanismo de ação das serino proteases

As enzimas serino proteases empregam a catálise ácido-básica geral e a catálise covalente. Constituem um grupo de enzimas proteolíticas que inclui *quimotripsina, tripsina, elastase, trombina* e *plasmina*, e são assim chamadas por utilizar um resíduo serina ativada no sítio ativo. As serino proteases utilizam o grupo $-CH_2-OH$ da serina como um nucleofílico para hidrolisar cataliticamente ligações peptídicas. Formam um intermediário covalente acil-enzima, no qual o grupo carboxila do substrato é esterificado com a hidroxila da serina 195 (catálise covalente). O caráter nucleófilico da $-OH$ é bastante acentuado pela histidina 57, que recebe um próton da serina (catálise ácido-básica geral). A histidina resultante com carga positiva é estabilizada pela interação eletrostática com a carga negativa do aspartato 102. Na segunda etapa, o intermediário acil-enzima é deacilado pelo reverso das etapas anteriores.

Muitas serino proteases existem na forma precursora inativa, denominadas *zimogênios*, sendo ativadas por clivagem catalítica de uma ligação polipeptídica específica por outras serino proteases.

O precursor inativo da quimotripsina é o quimiotripsinogênio, o qual é sintetizado no pâncreas juntamente com outros zimogênios da tripsina (tripsinogênio), elastase (pró-elastase) e outras enzimas hidrolíticas. Todos esses zimogênios são ativados por proteólise após secreção no intestino delgado. Uma protease intestinal denominada *enteropeptidase* ativa o tripsinogênio para formar tripsina por hidrólise da ligação Lys 6-Ile 7.

$$H_3\overset{+}{N} - Val - Asp - Asp - Asp - Asp - Lys - Ile -\!-\!-\!-$$

$$H_2O \searrow \downarrow$$

$$H_3\overset{+}{N} - Val - Asp - Asp - Asp - Asp - Lys - COO^- \ + \ H_3\overset{+}{N} - Ile -\!-\!-\!-$$

A tripsina ativa cliva os peptídeos N-terminais de outros zimogênios pancreáticos, incluindo o tripsinogênio. A ativação do tripsinogênio pela tripsina é um exemplo de *autoativação*.

A ligação Arg 15-Ile 16 do quimotripsinogênio é suscetível à hidrólise catalisada pela tripsina. A clivagem da ligação gera uma espécie de quimotripsina ativa (π-quimotripsina), que sofre duas autocatálises para gerar a quimotripsina totalmente ativa (α-quimotripsina) (Figura 5.5).

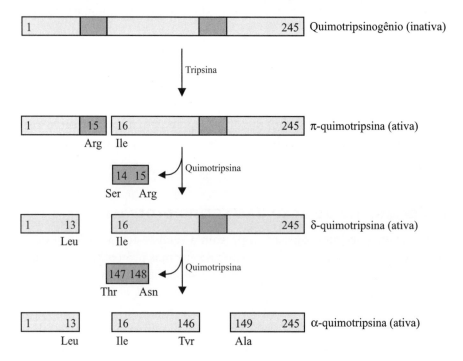

Figura 5.5 ● **Ativação do quimotripsinogênio por clivagem proteolítica.** A tripsina ativa o quimotripsinogênio por hidrólise da ligação Arg 15-Ile 16. A quimotripsina ativa resultante excisa, então, o dipeptídeo Ser 14-Arg 15 (por clivagem da ligação Leu 13-Ser 14) e o dipeptídeo Tyr 147-Asn 148 (pela clivagem das ligações Tyr 146-Thr 147 e Asn 148-Ala 149). Todas as três espécies de quimotripsina (π, δ e α) têm atividade proteolítica.

Inibidores das proteases

A atividade das proteases é limitada por inibidores sintetizados pelo pâncreas e o fígado. Por exemplo, se enzimas pancreáticas forem prematuramente ativadas ou liberadas do pâncreas (p. ex., trauma), elas são rapidamente inativadas por inibidores da protease. *Os inibidores se passam por substratos da protease, mas não são completamente hidrolisados.* O desequilíbrio entre a atividade das proteases e a atividade de inibidores da protease pode provocar doenças, como o enfisema.

5.6 FATORES QUE INFLUENCIAM A ATIVIDADE ENZIMÁTICA

Vários fatores podem modificar a atividade catalítica de uma enzima. Os aqui descritos são: temperatura, concentração do íon hidrogênio (pH), concentração da enzima e inibidores (estes últimos descritos no Capítulo 6).

A. Efeitos da temperatura sobre as enzimas

As reações químicas são afetadas pela temperatura. O aumento da temperatura eleva a velocidade das reações enzimáticas, aumentando a energia cinética e a frequência das colisões entre as moléculas da reação para atingir o estado de transição. Ao atingir a "temperatura ótima", a enzima opera com a eficiência máxima. Acima da "temperatura ótima" (p. ex., 60 a 70°C), a atividade catalítica declina abruptamente por quebra de ligações envolvidas na manutenção da estrutura tridimensional da proteína, o que ocasiona a desnaturação da enzima. Como consequência desses efeitos opostos de aumento da temperatura, o gráfico da atividade enzimática exibe um máximo (Figura 5.6). Como a desnaturação térmica é um processo dependente do tempo de exposição, a forma do gráfico e a posição da "temperatura ótima" dependerão do tempo em que a enzima permanece em alta temperatura. Todas as enzimas são moderadamente estáveis *in vivo* nas temperaturas em que normalmente o organismo vive; no entanto, a desnaturação varia de enzima para enzima. Algumas bactérias vivem em ambientes quentes, onde a temperatura normal é maior do que 90°C: são conhecidas como bactérias termofílicas. Na hipotermia, a atividade enzimática é deprimida.

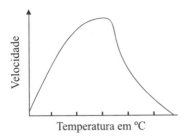

Figura 5.6 ● **Efeito da temperatura sobre a velocidade de uma reação catalisada por enzima.** A atividade depende do tempo de incubação em determinada temperatura.

B. Efeitos do pH sobre as enzimas

A concentração de íons hidrogênio afeta as enzimas de vários modos:

1. A atividade catalítica das enzimas está relacionada com a ionização de aminoácidos no sítio ativo. Por exemplo, certas enzimas necessitam a forma protonada do grupo amino. Se o pH é suficientemente alcalino, o grupo perde seu próton e reduz a atividade da enzima. Além disso, os substratos também são afetados. Se um substrato contém um grupo ionizável, as mudanças no pH afetam a capacidade de ligação ao sítio ativo.

2. Alterações nos grupos dissociáveis podem modificar a estrutura terciária das enzimas (p. ex., grupos carboxilatos carregados negativamente e grupos aminas protonadas carregados positivamente). Mudanças drásticas no pH promovem a desnaturação enzimática.

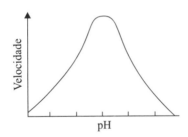

Figura 5.7 ● **Efeitos do pH sobre a atividade enzimática (considerando-se os outros fatores que afetam a atividade enzimática constante).**

Apesar de algumas enzimas tolerarem alterações na concentração de íon hidrogênio, a maioria delas é ativa somente em intervalos muito estreitos de pH. A maioria das enzimas intracelulares exibe atividade ótima em valores de pH entre 5 e 9. Por essa razão, os organismos vivos empregam tampões que regulam o pH. O valor do pH no qual a atividade da enzima é máxima é chamado *pH ótimo*. O efeito do pH sobre a atividade das enzimas é esquematizado na Figura 5.7. Valores de pH acima ou abaixo do intervalo 5 e 9 desnaturam a maioria das enzimas intracelulares.

C. Concentração da enzima

Em reações enzimáticas com um único substrato e um único produto, a velocidade inicial é diretamente proporcional à concentração de enzima (existindo substrato em excesso) (Figura 5.8). A análise mais detalhada da concentração do substrato é descrita no Capítulo 6.

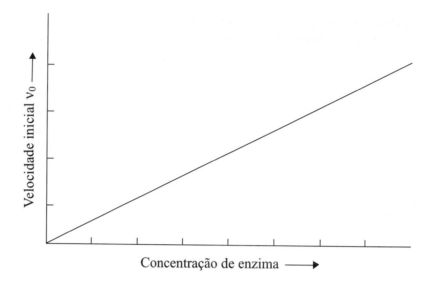

Figura 5.8 ● **Efeito da concentração da enzima sobre a velocidade inicial (v_0).** A concentração do substrato está acima da necessária para atingir a velocidade máxima.

5.7 DOENÇAS ASSOCIADAS AO FUNCIONAMENTO ANORMAL DAS ENZIMAS

A. Deficiências vitamínicas

Como as vitaminas são componentes necessários para muitas enzimas, teores inadequados de uma ou mais dessas substâncias essenciais resultam em prejuízos na atividade enzimática. Deficiências vitamínicas derivam da ingestão inadequada na dieta, dificuldades de absorção ou reciclagem.

De modo diferente de outras coenzimas derivadas de vitaminas que estão associadas às suas respectivas enzimas por ligações não covalentes, a biotina está covalentemente ligada aos resíduos lisina de enzimas que dela necessitam. A deficiência de biotina é provocada pela atividade inadequada da enzima biotinidase (hidrolisa a ligação biotinil-lisil e libera a biotina livre), reduzindo a reciclagem da biotina quando as enzimas que contêm a vitamina são degradadas. A deficiência de biotina também é induzida pelo consumo de clara de ovo crua, que contém avidina, uma proteína que liga a biotina e impede a absorção. A deficiência de biotina reduz a atividade de quatro enzimas dependentes da vitamina: piruvato carboxilase, acetil-CoA carboxilase, propionil-CoA carboxilase e β-metilcrotonil-CoA carboxilase.

Deficiências de algumas vitaminas geralmente resultam de dietas pobres. Em cada caso, ocorre bloqueio da atividade de enzimas que utilizam a coenzima derivada daquela vitamina e no final desenvolvem uma doença específica para cada deficiência. Desse modo, a deficiência de ácido fólico implica anemia megaloblástica e está associada a defeitos congênitos do tubo neural (espinha bífida), enquanto a neuropatia periférica e as manifestações cardíacas do beribéri são causadas pela deficiência de tiamina:

- **Escorbuto:** é o resultado de deficiência da vitamina C (ácido ascórbico), vitamina obtida a partir de frutas cítricas frescas (p. ex., laranja, limão) e vegetais (repolho, tomates).

  O ácido ascórbico é coenzima de várias enzimas que catalisam reações de hidroxilação, incluindo os resíduos de aminoácidos prolina e lisina presentes no procolágeno e a hidroxilação da dopamina para formar noradrenalina (norepinefrina). O escorbuto é fundamentalmente uma doença de defeito na síntese do colágeno e é caracterizado por sangramento da gengiva, hemorragia, anormalidades cutâneas e cicatrização deficiente. O ácido ascórbico exerce também importante papel antioxidante: regenera as formas reduzidas de outros antioxidantes, como a vitamina E e a glutationa, assim como inativa as potencialmente prejudiciais *espécies reativas de oxigênio* (ROS) e radicais nitrogênio.

- **Pelagra:** a pelagra é decorrente da deficiência de niacina e caracteriza-se por dermatite fotossensível, diarreia, demência e finalmente – se não tratada – a morte. A niacina é a vitamina componente de NAD^+ e $NADP^+$ que atua como cofator em numerosas reações de oxidorredução. Está envolvida com as principais vias metabólicas, incluindo glicólise, β-oxidação de ácidos graxos, ciclo do ácido cítrico, transporte mitocondrial de elétrons, fosforilação oxidativa e síntese de ácidos graxos e colesterol. A niacina é a única entre as vitaminas B que é parcialmente sintetizada endogenamente a partir do aminoácido essencial triptofano.

B. Erros hereditários do metabolismo

Erros hereditários do metabolismo são desordens genéticas resultantes da perda parcial da função ou de mutações nulas (ausência completa de atividade) de genes codificadores de determinada enzima. Exemplos de erros hereditários do metabolismo incluem fenilcetonúria (ausência ou deficiência de fenilalanina hidroxilase), deficiência de acil-CoA de cadeia média hidrogenase e glicose-6-fosfato desidrogenase. Outros exemplos são as doenças de armazenamento lisossômico em consequência da perda de função das ácido hidrolases necessárias para a degradação dos glicosaminoglicanos, glicolipídeos, esfingomielinas e glicogênio.

C. Doenças vitamino-dependentes

Erros hereditários do metabolismo muitas vezes resultam de síntese de enzimas modificadas com afinidade reduzida (K_m alta) pela sua coenzima ou cofator. Nesses casos, o paciente é muitas vezes tratado com ingestões excepcionalmente elevadas – ou megadoses – de precursores vitamínicos. Por exemplo, a cistationina sintase é uma enzima piridoxal fosfato dependente que sintetiza cistationina a partir de homocisteína e serina. Algumas formas de deficiência de cistationina β-sintetase respondem ao tratamento com piridoxina (vitamina B_6). De modo semelhante, algumas pessoas com deficiência de piruvato desidrogenase melhoram com a terapia com tiamina.

D. Deficiência de α_1-antitripsina

A α_1-antitripsina é uma glicoproteína plasmática que protege os tecidos contra a digestão pela enzima elastase. Sintetizada pelo fígado, a α_1-antitripsina tem como principal função fisiológica inibir a elastase liberada por neutrófilos (glóbulos brancos do sangue que engolfam bactérias) no pulmão. Em caso de deficiência do inibidor, ocorre digestão da elastina das paredes do alvéolo nos pulmões, resultando em enfisema. A doença acontece mais cedo e de maneira mais intensa em fumantes. Algumas pessoas com deficiência de α_1-antitripsina também desenvolvem cirrose hepática.

E. Pancreatite

Pancreatite é uma inflamação do pâncreas decorrente de várias condições, incluindo cálculos, alcoolismo crônico e bloqueio de ducto pancreático na fibrose cística. Danos em células pancreáticas promovem a ativação prematura de proteases digestivas no interior do pâncreas e autodigestão do órgão. Níveis elevados de enzimas pancreáticas no soro, particularmente amilase e lipase, são critérios laboratoriais para o diagnóstico de pancreatite aguda.

F. Marcadores e enzimas na clínica médica

Muitas enzimas presentes no plasma, no líquido cefalorraquidiano, na urina e nos exsudatos, são provenientes, principalmente, do processo normal de destruição e reposição celulares. Atividades elevadas são encontradas após lesão tecidual provocada por processos patológicos com o aumento da permeabilidade celular ou morte prematura da célula.

Certas enzimas têm função fisiológica no sangue (p. ex., as enzimas associadas à coagulação sanguínea [trombina], dissolução de fibrina [plasmina] e clareamento de lipoproteínas [lipoproteína lipase]).

No diagnóstico clínico é útil a medida de algumas enzimas liberadas como resultado de lesões teciduais. Por exemplo, no infarto do miocárdio a atividade da creatino cinase (CK-MB) e a da aspartato aminotransferase (AST) se elevam cerca de 6 horas após o episódio agudo, enquanto a atividade da lactato desidrogenase (LDH) aumenta após 24 a 48 h.

Enzimas de interesse diagnóstico são listadas na Tabela 5.5.

Tabela 5.5 ⬤ **Marcadores plasmáticos e enzimas utilizadas no diagnóstico**

Órgão	Marcador no soro (ou urina quando especificado)
Cérebro	Proteína S100 (possível)
Coração	Creatino cinase (isoforma MB), aspartato aminotransferase, lactato desidrogenase, troponinas
Rim	Soro: produtos nitrogenados de excreção (creatinina, ureia) Urina: fosfatase alcalina, N-acetil β-glicosaminidase, lisozima, albumina
Fígado	Alanina aminotransferase, aspartato aminotransferase, fosfatase alcalina, γ-glutamiltransferase Testes clássicos de função hepática (bilirrubina, albumina e fatores de coagulação)
Pâncreas	Amilase (isoforma P), lipase
Músculo esquelético	Creatino cinase (forma MM), aspartato aminotransferase, mioglobina, aldolase

ENZIMAS: ESTRUTURA E FUNÇÃO

RESUMO

1. As enzimas são catalisadores biológicos. Elas aumentam a velocidade da reação, pois seguem uma via alternativa de menor energia que a reação não catalisada. As enzimas são específicas para o tipo de reação que catalisam.

2. Cada enzima é classificada de acordo com o tipo de reação que catalisa. Existem seis categorias enzimáticas: oxidorredutases, transferases, hidrolases, liases, isomerases e ligases.

3. As cadeias laterais de aminoácidos presentes nos sítios ativos são os principais responsáveis pela transferência de prótons e substituições nucleófilas. Cofatores não proteicos (metais e coenzimas) são usados pelas enzimas para catalisar vários tipos de reações.

4. Cada enzima possui um local específico em sua superfície, denominado *sítio ativo*, pequena fenda onde se liga o substrato.

5. No modelo chave-fechadura, a fenda do sítio ativo e o substrato são complementares. No modelo do encaixe induzido, a proteína é mais flexível e se adapta ao substrato.

6. As enzimas empregam os mesmos mecanismos dos catalisadores não enzimáticos. Vários fatores contribuem para a catálise enzimática: efeitos de proximidade e orientação; efeitos eletrostáticos; catálise ácido-básica; e catálise covalente. A combinação desses fatores afeta os mecanismos enzimáticos.

7. As enzimas são sensíveis aos fatores ambientais, como a temperatura e o pH. Cada enzima tem uma temperatura ótima e um pH ótimo.

8. Existem várias doenças associadas ao funcionamento anormal das enzimas: deficiências vitamínicas, erros inatos do metabolismo, doenças vitamino-dependentes, deficiência da α_1-antitripsina e pancreatite.

BIBLIOGRAFIA

Blackstock JC. Biochemistry. Oxford: Butterworth, 1998:76-105.

Campbell MK. Bioquímica. 3. ed. Porto Alegre: ArtMed, 1999:156-201.

Kraut J. How do enzymes work? *Science* 1998; 242:533-40.

Nelson DL, Cox MM. Lehninger: principles of biochemistry. 4. ed. New York: Freeman, 2004:190-237.

McKee T, McKee JR. Biochemistry: the molecular basis of live. 3. ed. New York: McGraw-Hill, 2003:108-60.

Reed S. Essential physiological biochemistry. Chichester: Wiley-Blackwell, 2009:29-54.

Rosenthal MD, Glew RH. Medical biochemistry. Danvers: Wiley, 2009:11-37.

INFORMAÇÕES ADICIONAIS

Enzyme nomenclature database. Disponível em: http://bo.expasy.org/enzyme/

6

Enzimas: Cinética, Inibição e Controle

Cinética é o estudo dos fatores que afetam a velocidade das reações. As reações catalisadas por enzimas estão submetidas aos mesmos princípios de regulação da velocidade de qualquer outra reação química. Por exemplo, pH, temperatura, pressão (se gases estiverem envolvidos) e concentração dos reagentes têm impacto sobre a velocidade da reação. Apesar da diversidade das reações que catalisam, as enzimas podem ser analisadas cineticamente de modo geral para quantificação de suas eficiências. A cinética enzimática tem papel fundamental na medicina e no desenvolvimento de fármacos.

6.1 VELOCIDADE DE FORMAÇÃO DO PRODUTO E CONSUMO DO SUBSTRATO

As reações bioquímicas devem ocorrer em velocidade compatível para atender às necessidades do organismo. A velocidade de uma reação bioquímica é expressa em termos de formação de produto ou pelo consumo do substrato por unidade de tempo. Ao ser considerada uma *reação unimolecular* (que envolve um único reagente), tem-se que:

$$A \text{ (reagente)} \rightarrow P \text{ (produto)}$$

O progresso da reação é descrito pela *equação da velocidade*, na qual a velocidade é expressa em termos da constante de velocidade (k) e concentração do reagente [A]:

$$\text{Velocidade} = \upsilon = \frac{-\Delta[A]}{\Delta t} = k[A]$$

onde [A] = concentração do substrato, t = tempo e k = constante de proporcionalidade, designada *constante de velocidade* (sua unidade é o recíproco do tempo, s^{-1}), que depende das condições da reação (temperatura, pH e força iônica). O sinal negativo para as variações da [A] indica que o substrato A está sendo consumido na reação. A equação mostra que a velocidade da reação é diretamente proporcional à concentração do reagente A. O processo exibe *cinética de primeira ordem* (Figura 6.1).

Quando a adição de mais reagente não aumenta a velocidade, a reação exibe cinética de *ordem zero* (Figura 6.1) e é expressa pela equação:

$$\text{Velocidade} = k[A]^0 = k$$

Nessa etapa, a velocidade é constante por não depender da concentração dos reagentes, mas de outros fatores. A quantidade de reagente é suficiente para saturar todos os sítios catalíticos das moléculas de enzima. Assim, o reagente só existe na forma de complexo enzima-substrato (ES). Como a curva velocidade-substrato é hiperbólica, a etapa de ordem zero é atingida quando alcança um valor máximo, $V_{máx}$.

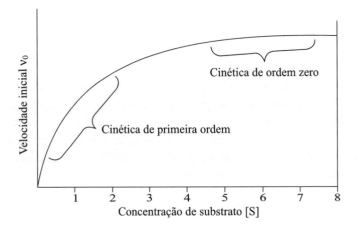

Figura 6.1 ● **Efeito da concentração do substrato sobre a velocidade inicial (v_0) em reações catalisadas por enzimas.**

Uma reação *bimolecular* ou de *segunda ordem* pode ser assim escrita:

$$A + B \rightarrow C$$

A equação de velocidade é:

$$\text{Velocidade} = -\frac{\Delta[A]}{\Delta t} = -\frac{\Delta[B]}{\Delta t} = k[A][B]$$

O k é a constante de velocidade de segunda ordem e tem como unidade $M^{-1} \cdot s^{-1}$. A velocidade de uma reação de segunda ordem é proporcional ao produto da concentração dos dois reagentes ($[A][B]$).

6.2 EQUAÇÃO DE MICHAELIS-MENTEN

A velocidade da reação enzimática é influenciada por vários fatores: concentração do substrato [S], concentração da enzima [E], presença de ativadores ou inibidores e concentração de coenzimas. Quando a velocidade de reação é medida para uma [E] fixa enquanto a concentração do substrato [S] aumenta, a v_0 se eleva até alcançar um valor máximo ($V_{máx}$). Ao combinar o *substrato* (S) com a *enzima* (E), um *complexo enzima-substrato* (ES) é formado em processo rápido e reversível (constante de velocidade k_1) (Figura 6.2). O complexo ES tem dois destinos possíveis: ele pode se dissociar a E e S (constante de ve-

ENZIMAS: CINÉTICA, INIBIÇÃO E CONTROLE

locidade k_{-1}) ou pode continuar para formar o *produto* P (constante de velocidade k_2):

$$E + S \underset{k_{-1}}{\overset{k_1}{\rightleftharpoons}} ES \overset{k_2}{\rightleftharpoons} E + P$$

A velocidade relativa de formação e dissociação de [ES] é designada K_m, constante de *Michaelis-Menten*. A equação de Michaelis-Menten ilustra, em termos matemáticos, as relações entre a velocidade inicial (v_0) da reação e a concentração do substrato [S]:

$$v_0 = \frac{V_{máx} \cdot [S]}{K_m + [S]}$$

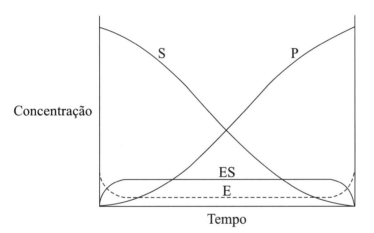

Figura 6.2 ● **Variação na concentração dos componentes de uma reação catalisada por enzima.** Durante a maior parte da reação, [ES] permanece constante, enquanto S é convertido em P. Nessa reação hipotética, todo o substrato é convertido em produto. E designa a enzima.

A *velocidade máxima* ($V_{máx}$, velocidade atingida sob condições de saturação da enzima em condições específicas de temperatura, pH e força iônica) e o K_m são específicos para cada enzima sob condições especificadas de pH e temperatura. Para $k_{-1} \ll k_2$, o K_m torna-se a recíproca da constante de ligação enzima-substrato:

$$K_m = \frac{1}{K_a}$$

e a $V_{máx}$ reflete a fase catalítica do mecanismo enzimático. Distinguem-se duas fases: a ligação do substrato e a modificação química deste.

Se for permitido que a velocidade inicial de reação, v_0, seja igual à metade da velocidade máxima ($v_0 = ½ V_{máx}$), o K_m será igual a [S]:

$$½ V_{máx} = \frac{V_{máx} \cdot [S]}{K_m + [S]}$$

Dividindo por $V_{máx}$, obtém-se:

$$\frac{1}{2} = \frac{[S]}{K_m + [S]}$$

Reorganizando a equação, tem-se que:

$$K_m + [S] = 2[S]$$
$$K_m = [S]$$

Cada combinação enzima/substrato tem um valor K_m sob condições específicas de pH e temperatura.

A. Significado de K_m

O valor de K_m (constante de Michaelis) é *numericamente igual à concentração do substrato (mol/L) na qual a velocidade inicial da reação corresponde à metade da velocidade máxima*. Ou seja, na concentração de substrato em que $[S] = K_m$, a equação de Michaelis-Menten torna-se $v_0 = V_{máx}/2$. A concentração da enzima não afeta o K_m (Figura 6.3).

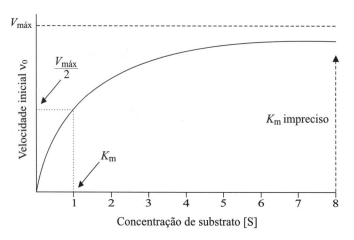

Figura 6.3 • **Determinação do K_m pelo gráfico de velocidade inicial (v_0) *versus* concentração do substrato [S]**. O K_m é a concentração do substrato (mol por litro) na qual a velocidade inicial da reação é metade da velocidade máxima.

Comumente, o K_m é usado para avaliar a afinidade entre a enzima e o substrato. Valores baixos de K_m refletem *afinidade elevada* da enzima pelo substrato e, portanto, esta atingirá a máxima eficiência catalítica em baixas concentrações de substrato. Valores elevados de K_m refletem *baixa afinidade* da enzima pelo substrato (Tabela 6.1).

Tabela 6.1 • Valores do K_m para algumas enzimas

Enzima	Substrato	K_m (μM)
Anidrase carbônica	CO_2	8.000
Arginina-tRNA-sintetase	Arginina tRNA ATP	3 0,4 300
β-galactotidase	Lactose	4.000
Lisozima	Hexa-*N*-acetilglicosamina	6
Penicilase	Benzilpenicilina	50
Piruvato-carboxilase	Piruvato HCO_3^- ATP	400 1.000 60
Quimotripsina	Acetil-1-triptofanamida	5.000
Treonina-desaminase	Treonina	5.000

B. Constante catalítica (k_{cat})

As enzimas, em células e em fluidos do corpo, normalmente não atuam em concentrações saturadas de substrato. Para avaliação da eficiência catalítica de uma enzima, define-se a *constante catalítica*, k_{cat}, também conhecida como *número de reciclagem* (*turnover number*):

$$k_{cat} = \frac{V_{máx}}{[E]_{total}}$$

k_{cat} representa o número de moléculas de substrato convertidas em produto por segundo por molécula de enzima (ou por mol de sítio ativo nas enzimas oligoméricas) sob condições de saturação (Tabela 6.2). Dito de outra maneira, a k_{cat} indica o número máximo de moléculas convertidas em produto por segundo por sítio ativo.

$$[E]_{total} = \text{concentração total da enzima}$$

C. Constante de especificidade (k_{cat}/K_m)

A razão k_{cat}/K_m é chamada *constante de especificidade* e relaciona a eficiência catalítica da enzima com sua afinidade pelo substrato. A velocidade da reação varia conforme a frequência de colisões entre as moléculas de enzima e as de substrato na solução. A decomposição do complexo ES em E + P não pode ocorrer mais velozmente que o encontro de E e S para formar ES.

A razão k_{cat}/K_m é, em geral, o melhor parâmetro cinético para a comparação de eficiência catalítica entre diferentes enzimas. Valores baixos da razão indicam pouca afinidade da enzima pelo substrato. Por exemplo, a *acetilcolinesterase* tem valor de k_{cat}/K_m de $1,5 \times 10^8$ s^{-1}M^{-1}, mostrando alta eficiência, enquanto na *urease* o valor 4×10^5 s^{-1}M^{-1} descreve menor eficiência (Tabela 6.3).

D. Gráfico de Lineweaver-Burk

Pela construção do gráfico de Michaelis-Menten (Figura 6.2) só é possível calcular valores aproximados de K_m e $V_{máx}$. A determinação mais acurada é possível pela modificação algébrica da equação de Michaelis-Menten:

$$v_o = \frac{V_{máx} \cdot [S]}{K_m + [S]}$$

Utilizando o inverso da equação, tem-se:

$$\frac{1}{v_0} = \frac{K_m}{V_{máx}} \times \frac{1}{[S]} + \frac{1}{V_{máx}}$$

A representação gráfica da recíproca de velocidade inicial, $1/v_0$, *versus* a recíproca da concentração do substrato, $1/[S]$, fornece uma forma linear da equação de Michaelis-Menten com inclinação $K_m/V_{máx}$ em um gráfico *duplo-recíproco* ou *Lineweaver-Burk*. O ponto onde a linha intercepta a ordenada é igual a $1/V_{máx}$, e o ponto de interseção na abscissa é igual a $-1/K_m$

Tabela 6.2 ● **Constantes catalíticas de algumas enzimas**

Enzima	k_{cat} (s^{-1})
Nuclease estafilocócica	95
Citidina-deaminase	299
Triose-fosfato-isomerase	4.300
Ciclofilina	13.000
Cetoesteroide-isomerase	66.000
Anidrase carbônica	1.000.000

Tabela 6.3 ● **Constante de especificidade, k_{cat}/K_m, de algumas enzimas**

Enzima	k_{cat}/K_m (s^{-1}M^{-1})
Acetilcolinesterase	$1,6 \times 10^8$
Anidrase carbônica	$8,3 \times 10^7$
Catalase	4×10^7
Crotonase	$2,8 \times 10^8$
Fumarase	$1,6 \times 10^8$
Triose-fosfato-isomerase	$2,4 \times 10^8$
β-Lactamase	1×10^8
Superóxido-dismutase	7×10^9

(Figura 6.4). A utilização do gráfico torna possível calcular com precisão $V_{máx}$ e K_m pela medida da inclinação e do intercepto.

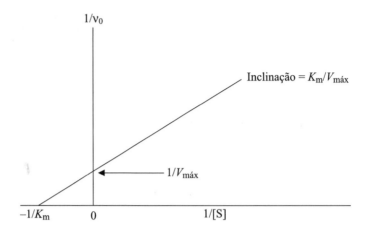

Figura 6.4 ● **Determinação de $V_{máx}$ e K_m a partir do gráfico duplo-recíproco de Lineweaver-Burk.** O gráfico $1/v_0$ *versus* 1/[S] é derivado de medidas das velocidades iniciais em várias concentrações diferentes de substratos. A linha reta obtida pela ligação de pontos individuais é ampliada para interceptar a ordenada e a abscissa. Os valores de K_m e $V_{máx}$ são determinados pela medida das inclinações e interseções.

E. Reações com multissubstratos

Mais da metade das reações bioquímicas envolvem dois ou mais substratos, em lugar de reações com um único substrato e que obedecem ao modelo de Michaelis-Menten. As reações com multissubstratos podem proceder por diferentes mecanismos:

- **Mecanismo ordenado:** os substratos (S_1 e S_2) devem associar-se à enzima com uma ordem obrigatória antes da ocorrência da reação. A ligação do primeiro substrato é necessária para que a enzima forme o sítio de ligação para o segundo substrato. Muitas desidrogenases nas quais o segundo substrato é uma coenzima (NAD⁺, FAD etc.) são exemplos desse mecanismo.

- **Mecanismo aleatório:** os dois substratos (S_1 e S_2) podem se ligar à enzima em qualquer ordem. A hexocinase transfere um grupo fosfato do ATP para a glicose por esse mecanismo, apesar de a glicose tender a ligar inicialmente a molécula de ATP.

- **Reações de dupla-troca (pingue-pongue):** um ou mais produtos são liberados antes que os outros substratos se liguem à enzima. As reações catalisadas pela UDP-glicose-1-fosfato uridiltransferase, piruvato-carboxilase e acetil-CoA-carboxilase são exemplos desse mecanismo.

6.3 INIBIÇÃO ENZIMÁTICA

Inibidores são compostos que reduzem a atividade das enzimas. São geralmente pequenas moléculas, mas alguns são peptídeos ou proteínas. Muitos fármacos, antibióticos, venenos e conservantes de alimentos atuam como inibidores enzimáticos. Os inibidores são importantes por vários motivos: (1) regulam as vias metabólicas; (2) são empregados como medicamentos (p. ex., o tratamento da AIDS inclui inibidores das proteases, moléculas que inibem a enzima necessária para produzir novos vírus); (3) são usados para demonstrar a composição e as propriedades das enzimas.

Distinguem-se dois tipos de inibição – *reversível* e *irreversível* – segundo a estabilidade da ligação entre o inibidor e a molécula de enzima. Na inibi-

ENZIMAS: CINÉTICA, INIBIÇÃO E CONTROLE

ção reversível, ocorrem interações não covalentes entre o inibidor e a enzima, enquanto a inibição irreversível envolve modificações químicas da molécula enzimática, promovendo a inativação definitiva. Na inibição reversível, a enzima retoma sua atividade após dissociação do inibidor. A inibição é classificada como *competitiva, não competitiva, incompetitiva* e *mista*.

A. Inibição competitiva

Inibidores competitivos são substâncias que competem diretamente com o substrato por ligação com o sítio ativo das enzimas. São moléculas estruturalmente semelhantes ao substrato. O inibidor (I) competitivo reage reversivelmente com a enzima para formar um complexo enzima-inibidor (EI) análogo ao complexo enzima-substrato, mas cataliticamente inativo:

$$E + I \rightleftarrows EI + S \rightarrow \text{Não há reação}$$

O aumento da concentração de substrato desloca o inibidor reversivelmente ligado pela lei de ação das massas. Em altas [S], todos os sítios ativos estão preenchidos com substrato e a velocidade da reação atinge o mesmo valor observado sem o inibidor.

Em presença do inibidor competitivo, o K_m para o substrato mostra um *aumento* aparente. Ou seja, mais substrato é necessário para atingir a metade da $V_{máx}$. Não há alteração na $V_{máx}$ quando a concentração do substrato é suficientemente elevada.

Os gráficos do mecanismo da inibição competitiva são mostrados na Figura 6.5.

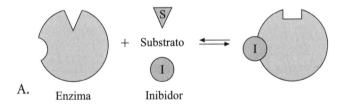

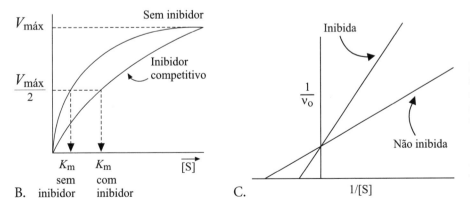

Figura 6.5 • Inibição competitiva. A. ilustração do mecanismo de inibição competitiva. **B.** Gráficos de v_0 *versus* concentração de substrato para uma reação de Michaelis-Menten na presença de um inibidor competitivo. **C.** Mostra o mesmo tipo de inibição em um gráfico de Lineweaver-Burk.

Muitos fármacos são inibidores competitivos de enzimas específicas. Por exemplo, o dicumarol, um análogo da vitamina K, inibe a catálise que envolve a vitamina K (reações de γ-carboxilação). Como muitas enzimas da cascata de coagulação sanguínea são ativadas por reação de γ-carboxilação, o dicumarol atua como um anticoagulante que reduz o risco de formação de trombos.

Em alguns casos, duas diferentes moléculas podem ser substratos para a mesma enzima, com cada uma atuando como inibidor competitivo do metabolismo da outra, como, por exemplo, a álcool desidrogenase, que catalisa a oxidação do etanol e do metanol:

$$Etanol + NAD^+ \rightarrow acetaldeído + NADH + H^+$$
$$Metanol + NAD^+ \rightarrow formaldeído + NADH + H^+$$

O metanol por si é tóxico, mas não seus metabólitos (formaldeído e ácido fórmico). O metanol é responsável pela cegueira e morte. Um dos tratamentos em casos de envenenamento agudo pelo metanol consiste na administração intravenosa de etanol (mais glicose). O etanol age como inibidor competitivo da conversão do metanol em formaldeído, além de previnir o acúmulo de metabólitos tóxicos até que todo o metanol seja depurado pelos rins. A glicose é administrada para corrigir a hipoglicemia causada pelo etanol.

B. Inibição não competitiva

O inibidor não competitivo se liga tanto à enzima como ao complexo ES em um sítio diferente do sítio de ligação do substrato. A ligação do inibidor não afeta a ligação do substrato, mas provoca uma modificação da conformação da enzima que evita a formação de produto:

$$E + I \leftrightarrows EI + S \leftrightarrows EIS \rightarrow \text{Não há reação}$$
$$E + S \leftrightarrows ES + I \leftrightarrows EIS \rightarrow \text{Não há reação}$$

A inibição não se reverte pelo aumento na concentração do substrato. O inibidor reduz a concentração da enzima ativa e, assim, diminui a $V_{máx}$ aparente. Nesses casos, o inibidor não afeta o K_m para o substrato. O inibidor não competitivo não apresenta nenhuma semelhança estrutural com o substrato. Os metais pesados, Hg^{2+} e Pb^{2+}, que se ligam aos grupos sulfidrílicos e modulam a conformação da enzima, são exemplos de inibidores não competitivos (Figura 6.6).

A ação do ácido acetilsalicílico (AAS) como um inibidor não competitivo é a principal razão para sua escolha como terapia a longo prazo para redução do risco de crises cardiovasculares. O AAS é membro de uma classe de medicamentos chamados agentes *anti-inflamatórios não esteroides* (AINE), que inibem as ciclo-oxigenases (Capítulo 16) e reduzem a produção de tromboxano e a agregação de plaquetas. O AAS é um inibidor irreversível, pois a molécula covalentemente acetila um resíduo de serina no sítio ativo da enzima, inativando permanentemente a ciclo-oxigenase. Ao contrário, as ações de outros AINE, como o ibuprofeno, são atribuíveis às interações não covalentes reversíveis entre o medicamento e a enzima. A reação do AAS com as ciclo-oxigenases é particularmente efetiva em plaquetas, pois estas são incapazes de sintetizar novas enzimas.

ENZIMAS: CINÉTICA, INIBIÇÃO E CONTROLE

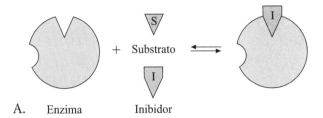

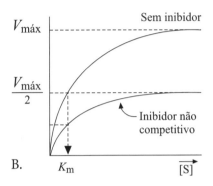

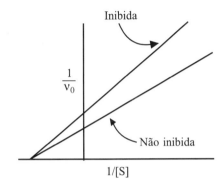

Figura 6.6 • Inibição não competitiva. A. Ilustração do mecanismo de inibição não competitiva. **B.** Gráficos de Michaelis-Menten e Lineweaver-Burk para a inibição não competitiva.

C. Inibição incompetitiva

O inibidor incompetitivo liga-se somente ao complexo ES, formando o complexo ESI:

$$E + S \leftrightarrows ES + I \leftrightarrows EIS \rightarrow \text{Não há reação}$$

Como a concentração de ES diminui, por formar ESI, o inibidor diminui o valor aparente de K_m. O aumento da concentração de substrato não anula o efeito do inibidor incompetitivo que está ligado ao complexo ES, e não à enzima livre.

Quadro 6.1 • Inibidores de enzimas do HIV

O vírus da imunodeficiência humana (HIV) causa a síndrome da imunodeficiência adquirida (AIDS) infectando as células do sistema imune. Nas primeiras etapas da infecção, o HIV fixa-se à célula-alvo e injeta seu material genético (RNA em vez de DNA) na célula hospedeira. O RNA viral é transcrito em DNA por uma enzima viral conhecida como *transcriptase reversa*. A seguir, o DNA é integrado ao genoma do hospedeiro, e a célula pode produzir mais RNA viral e proteínas para empacotá-los em novas partículas virais.	Vários inibidores da transcriptase reversa foram desenvolvidos. O arquétipo é o AZT (3'-azido-3'-desoxitimidina – zidovudina), o qual é absorvido pelas células, fosforilado e incorporado às cadeias de DNA sintetizadas pela transcriptase reversa a partir do molde do HIV. Uma vez que o AZT não possui o grupo 3'-OH, ele funciona como um terminador de cadeia, da mesma maneira que os didesoxinucleotídeos utilizados no sequenciamento do DNA. A maioria das DNA polimerases celulares tem baixa afinidade pelo AZT fosforilado, mas a transcriptase reversa tem alta afinidade por esse fármaco, o que torna o AZT efetivo contra a replicação.

D. Inibição mista

Alguns inibidores reversíveis diminuem a atividade da enzima por afetar diretamente a k_{cat} (constante catalítica). Essa situação ocorre quando o inibidor se liga a outro sítio e não ao sítio ativo da enzima e provoca uma modificação conformacional que afeta a estrutura ou as propriedades químicas do sítio ativo. O resultado é a modificação aparente de K_m e $V_{máx}$ (Figura 6.7). O fenômeno é conhecido como *inibição mista* (Figura 6.7).

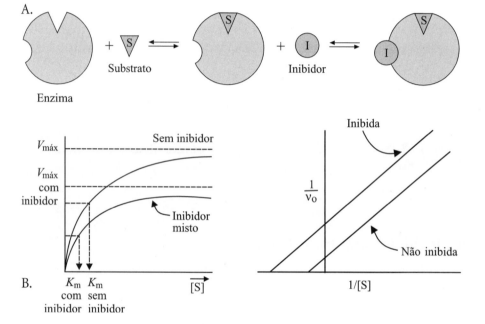

Figura 6.7 • Inibição mista. A. Ilustração do mecanismo de inibição mista. **B.** Gráficos de Michaelis-Menten e Lineweaver-Burk para a inibição mista.

E. Muitos fármacos atuam como inibidores enzimáticos

Muitos fármacos modernos atuam como inibidores da atividade enzimática. São utilizados principalmente como antivirais, antitumorais e antibacterianos. Os compostos – com diferentes estruturas em relação ao substrato natural – são conhecidos como *antimetabólitos*. Entre os quais citam-se: *sulfas* (a sulfanilamida compete com o ácido *p*-aminobenzoico necessário para o crescimento bacteriano); *metotrexato* (compete com o di-hidrofolato e é usado no tratamento da leucemia infantil); *substratos suicidas* (geram uma espécie altamente reativa que permanece ligada covalentemente ao sítio ativo – p. ex., o omeprazol, usado no tratamento de excessiva acidez estomacal), *fluorouracil* (inibidor irreversível da timidilato-sintetase); *6-mercaptopurina* (compete com a adenina e a guanina e é efetiva no tratamento de leucemias infantis); e *sildenafil* (Viagra®) (um medicamento para a disfunção erétil, que inibe a fosfodiesterase).

6.4. REGULAÇÃO DA ATIVIDADE ENZIMÁTICA

A regulação da atividade de enzimas em vias metabólicas é realizada pelo controle da quantidade de enzima que catalisa a *reação limitante da velocidade* (geralmente uma reação irreversível e de maior energia de ativação da via).

ENZIMAS: CINÉTICA, INIBIÇÃO E CONTROLE

Comumente, a enzima-chave que catalisa a etapa limitante serve como válvula (gargalo) de controle do fluxo de moléculas no percurso metabólico.

A regulação das vias bioquímicas envolve mecanismos sofisticados e complexos. É conseguida, principalmente, pelo ajuste das concentrações e atividades de certas enzimas. O controle é atingido por: (1) controle genético; (2) modificação covalente; (3) regulação por efetores alostéricos; e (4) isoenzimas.

A. Controle genético

A quantidade de enzimas disponíveis nas células depende da velocidade de síntese e degradação. Um mecanismo fundamental para a regulação da atividade de uma enzima em particular é a regulação da expressão gênica; se uma enzima não é sintetizada na célula específica ou em momento apropriado, a reação que ela catalisa não ocorre. A síntese de enzimas em resposta às mudanças das necessidades metabólicas é um processo conhecido como *indução enzimática*, que permite a resposta celular de maneira ordenada às alterações no meio. A síntese de certas enzimas pode ser especificamente inibida mediante *repressão*.

A regulação hormonal da atividade enzimática pode também ocorrer por estímulo ou inibição da transcrição de genes que codificam enzimas-chave do metabolismo (Capítulo 19). A hidrocortisona, um hormônio glicocorticoide sintetizado pelo córtex da adrenal, atua entrando na célula e ligando-se a certas proteínas no citoplasma que servem como receptores de glicocorticoides. O complexo hidrocortisona-receptor glicocorticoide transloca-se para o núcleo e liga-se a *elementos de resposta ao hormônio* no DNA. As ações da hidrocortisona incluem indução de enzimas envolvidas com a gliconeogênese, mobilização de triacilgliceróis do tecido adiposo e a degradação de proteínas musculares. Assim, a hidrocortisona exerce papel fundamental na adaptação das vias metabólicas em resposta à fome, às infecções e ao estresse.

B. Modificação covalente

A atividade de muitas enzimas que regulam o fluxo das vias metabólicas é alterada por ligações covalentes reversíveis de um ligante modificador. Isso resulta no aumento ou na redução da atividade enzimática.

1. Fosforilação/desfosforilação

Muitos exemplos envolvem a *fosforilação/desfosforilação* da enzima-alvo por adição ou remoção de grupos fosfato. Na reação de fosforilação, uma *cinase* transfere um grupo fosfato do ATP para uma –OH presente em resíduo de aminoácido da enzima-alvo. O grupo fosfato adicionado pode ser removido por uma *fosfatase* e a enzima-alvo retorna ao estado original de atividade.

Somente três aminoácidos possuem grupos funcionais hidroxila em suas cadeias laterais: tirosina, serina e treonina. Algumas cinases atuam somente em resíduos tirosina (tirosina cinases), enquanto outras podem fosforilar serina e treonina (Ser/Thr cinases). As proteínas enzimáticas (substratos para cinases) apresentam vários resíduos de tirosina, serina ou treonina em suas estruturas primárias, mas somente alguns desses aminoácidos são alvos para a fosforilação por cinases.

A modificação conformacional da enzima produzida por fosforilação/desfosforilação altera a atividade da enzima reguladora e, assim, controla o fluxo de substratos naquela etapa. Esse fato reforça a importância da estrutura tridimensional de uma enzima. A inclusão de fosfato altera levemente a arquitetura da estrutura proteica, mas o suficiente para afetar a ligação do substrato ao sítio ativo da enzima.

O ciclo fosforilação/desfosforilação de regulação é geralmente iniciado pela ação hormonal em receptores na superfície celular. Como exemplo do processo regulador tem-se a enzima glicogênio fosforilase, que catalisa o desdobramento do glicogênio. A enzima apresenta-se nas formas fosforilada (ativa) e desfosforilada (inativa) em processo de interconversão cíclica entre as duas formas. O glucagon e a adrenalina (epinefrina) estimulam a atividade da *proteína cinase A* (PKA) via AMP-cíclico e fosforilam a glicogênio fosforilase. A fosforilação catalisada pela PKA é revertida pela *proteína fosfatase* estimulada pela insulina (Capítulo 19).

Outros exemplos de modificações covalentes reversíveis incluem: acetilação/desacetilação; adenilação/desadenilação; uridinilação/desuridinilação; e metilação/desmetilação.

Quadro 6.2 ● **Inibidores irreversíveis**

Inibidores enzimáticos irreversíveis são geralmente substâncias tóxicas. Podem ser substâncias naturais ou sintéticas.

Os compostos *organofosforados,* como o di-isopropilfosfofluoridrato (DIFP), formam ligações covalentes com o grupo OH de resíduos de serina 195 da acetilcolinesterase (enzima que catalisa a hidrólise da acetilcolina), inativando-a. A *iodoacetamida* reage com o grupo SH de resíduos de cisteína. Esses inibidores são bastante tóxicos para os organismos, não só em virtude da irreversibilidade de sua ligação às enzimas, mas também em razão de sua inespecificidade.

Outro exemplo de inibidor irreversível é *ácido acetilsalicílico*, porém com propriedades farmacológicas (anti-inflamatória, antipirética e analgésica). O ácido acetilsalicílico transfere irreversivelmente seu grupo acetil para o grupo OH de um resíduo de serina da molécula de ciclo-oxigenase, inativando-a. Essa enzima é responsável pela catálise da primeira reação da síntese de *prostaglandinas* (substâncias reguladoras de muitos processos fisiológicos). A *penicilina* liga-se especificamente às enzimas da via de síntese da parede bacteriana, inibindo-as irreversivelmente.

2. Ativação por proteólise parcial

Muitas enzimas são sintetizadas como precursores inativos e, subsequentemente, ativadas pela clivagem irreversível de uma ou mais ligações peptídicas específicas. O precursor inativo é chamado *zimogênio* (ou *pró-enzima*). Não é necessária uma fonte de energia (ATP) para a clivagem.

As formas zimogênios são geralmente designadas pelo sufixo *-ogênio* depois do nome da enzima; a forma zimogênio da quimotripsina é denominada quimotripsin*ogênio*. Algumas vezes, a forma zimogênio é referida como pró-enzima; a forma zimogênio da elastase é a pró-elastase.

A proteólise específica é um meio comum de ativação de enzimas e outras proteínas nos sistemas biológicos. Exemplos:

• As enzimas digestivas são sintetizadas como zimogênios no estômago e no pâncreas.

ENZIMAS: CINÉTICA, INIBIÇÃO E CONTROLE

- A coagulação sanguínea é mediada por uma cascata de ativação de zimogênios que asseguram uma rápida e amplificada resposta à lesão celular. Os zimogênios são sintetizados nas células do fígado e secretados no sangue para subsequente ativação por serinoproteases.

- Alguns hormônios proteicos são sintetizados como precursores inativos. Por exemplo: a *insulina* é derivada da *pró-insulina* pela remoção proteolítica de um peptídeo.

- Muitos processos de desenvolvimento são controlados pela ativação de zimogênios. Por exemplo, parte do colágeno é desdobrada no útero dos mamíferos após o parto. A conversão das *pró-colagenases* em *colagenases* (proteases ativas) é realizada no momento apropriado dentro do processo.

- A *apoptose* ou a *morte celular programada* é mediada por enzimas proteolíticas denominadas *captases*, sintetizadas na forma de precursor *pró-caspases*. Quando ativadas, as caspases atuam na morte celular. A apoptose promove um meio de esculpir as formas de parte do corpo no curso do desenvolvimento e um meio de eliminar células produtoras de autoanticorpos ou infectadas com patógenos, como também por células contendo uma grande quantidade de DNA lesado.

Tabela 6.4 ● **Zimogênios gástricos e pancreáticos**

Local de síntese	Zimogênio	Enzima ativa
Estômago	Pepsinogênio	Pepsina
Pâncreas	Quimotripsinogênio	Quimotripsina
Pâncreas	Tripsinogênio	Tripsina
Pâncreas	Pró-carboxipeptidase	Carboxipeptidase
Pâncreas	Pró-elastase	Elastase

C. Regulação por efetores alostéricos

Muitas enzimas contêm sítios distintos (sítio alostérico) do sítio ativo onde se liga o substrato. A ligação de pequenas moléculas aos sítios alostéricos induz na enzima uma alteração conformacional que compreende o sítio ativo. Essas alterações aumentam ou diminuem a atividade catalítica. *Regulação alostérica*, como esse fenômeno é conhecido, provê um mecanismo pelo qual a atividade enzimática pode ser modulada por compostos com pouca ou nenhuma semelhança com o substrato, mas que refletem o estado metabólico ou as necessidades da célula. As enzimas alostéricas exibem uma *curva cinética sigmoide* (pois lembra um S), em lugar da curva hiperbólica para uma enzima que segue cinética de Michaelis-Menten (Figura 6.8).

Ativadores de enzimas alostéricas desviam a curva *V versus S* para a esquerda, enquanto inibidores alostéricos desviam a curva para a direita (Figura 6.9).

Em geral, as enzimas alostéricas são compostas de várias subunidades que existem em conformações ativas e inativas. Em algumas, o sítio alostérico e o sítio ativo estão localizados na mesma subunidade (p. ex., piruvato carboxilase); em outras, estão localizados em subunidades diferentes (p. ex., aspartato-carbamoil transferase). Os efetores alostéricos ativam ou retardam a conversão de uma conformação em outra (Figura 6.10).

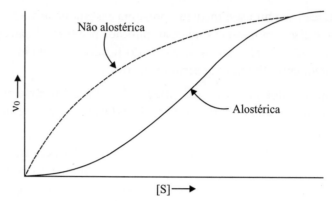

Figura 6.8 ● **Velocidade inicial da reação *versus* a concentração de substrato (S) para enzimas alostéricas comparadas com enzimas não alostéricas.**

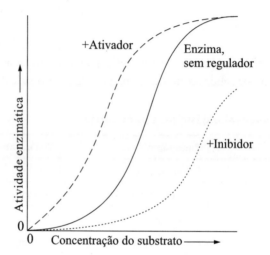

Figura 6.9 ● **Cinética sigmoidal de uma enzima alostérica e os efeitos de um ativador e um inibidor sobre a cinética enzimática.**

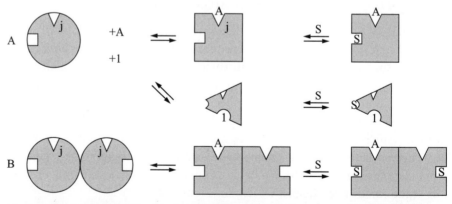

Figura 6.10 ● **Modelos de sistemas de enzimas alostéricas. A.** *Modelo de uma enzima monomérica.* A ligação de um efetor alostérico positivo (A) ao sítio ativador (j) induz uma nova conformação da enzima, com maior afinidade pelo substrato. A ligação de um efetor alostérico negativo ao sítio inibidor (i) resulta em uma conformação da enzima com afinidade diminuída pelo substrato (S). **B.** *Modelo de uma enzima alostérica polimérica.* A ligação de um efetor alostérico positivo (A) no sítio (j) causa uma mudança alostérica na conformação do protômero ao qual o efetor se liga, e essa mudança é transmitida a um segundo protômero por meio de interações cooperativas protômero-protômero. A afinidade pelo substrato aumenta nos dois protômeros. Um efetor negativo diminui a afinidade pelo substrato nos dois protômeros (Devlin, 2007, p. 395).

ENZIMAS: CINÉTICA, INIBIÇÃO E CONTROLE

1. Inibição alostérica pelo produto final da via

Há muitos exemplos em que o produto final de uma via metabólica multienzimática é o inibidor alostérico de uma enzima que catalisa uma das etapas irreversíveis do processo. Essa forma de regulação metabólica previne o acúmulo de produto final e de intermediários metabólicos. Exemplos do mecanismo são encontrados nas vias que geram heme, ácidos graxos de cadeia longa e colesterol, cujos produtos finais inibem a ácido δ-aminolevulínico sintase, a acetil-CoA carboxilase e a HMG-CoA redutase, respectivamente.

2. Regulação alostérica por moléculas que sinalizam a disponibilidade de precursores

Um mecanismo de regulação alostérica pelo fluxo através de uma via particular pode ser responsivo ao estado nutricional geral e às necessidades da célula. Um importante metabólito regulador é o citrato, um intermediário do ciclo do ácido cítrico. O citrato estimula alostericamente as células hepáticas para sintetizar ácidos graxos e glicose (gliconeogênese), enquanto inibe a quebra da glicose pela glicólise.

3. Regulação alostérica pela carga energética da célula

Os mecanismos alostéricos também regulam muitas vias metabólicas em resposta à alta concentração de ATP, que é indicativa de suprimento adequado de energia. Por outro lado, teores elevados de ADP e/ou AMP indicam baixos níveis de ATP. Uma enzima regulada pela carga energética da célula é a isoenzima muscular glicogênio fosforilase, que libera glicose (como glicose-1-fosfato) dos depósitos de glicogênio. O AMP é um ativador alostérico de glicogênio fosforilase e o ATP é um inibidor alostérico.

Cooperatividade

Várias enzimas multissubunidades apresentam cooperatividade. *Cooperatividade* é a influência que a ligação de um substrato a um centro ativo de uma subunidade exerce para que o substrato se ligue a outros sítios ativos de outras subunidades. A enzima pode apresentar *cooperatividade positiva* (diminuir K_m), em que a ligação do substrato à segunda subunidade torna-se mais fácil, análoga à hemoglobina ligando o oxigênio (ver Capítulo 4), ou *cooperatividade negativa* (aumentar K_m), quando é mais difícil a ligação do substrato à segunda subunidade.

Dois modelos explicam o comportamento de enzimas alostéricas multissubunidades que refletem interações cooperativas entre as subunidades oligoméricas:

* **Modelo concertado (ou de simetria):** proposto por Monod, Wyman e Changeux. As subunidades estão todas na forma inativa (T, tenso) ou todas na forma ativa (R, relaxado). Os estados T e R estão em equilíbrio. Ativadores e substratos favorecem o estado R. Inibidores favorecem o estado T. Uma mudança conformacional em um protômero causa uma mudança correspondente em todos os protômeros (Figura 6.11).

* **Modelo sequencial:** proposto por Koshland, Némethy e Filmer. As subunidades podem sofrer mudanças conformacionais separadamente. A liga-

ção do substrato aumenta a probabilidade da mudança conformacional. A mudança em uma subunidade faz ocorrer uma mudança similar na subunidade adjacente, vizinha ao protômero contendo o ligante unido, assim como torna mais provável a ligação de uma segunda molécula de substrato (Figura 6.11).

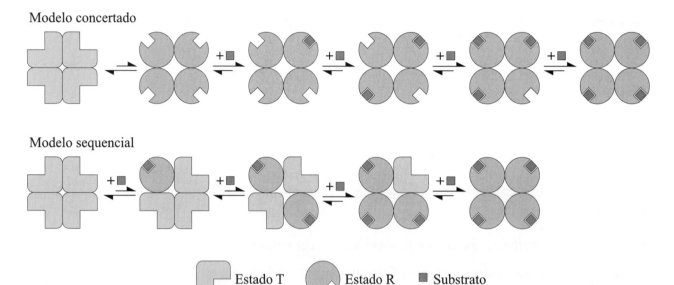

Figura 6.11 ● **Comportamento das enzimas alostéricas.** No modelo concertado, todas as unidades são convertidas do estado T (baixa afinidade) para o estado R (alta afinidade) simultaneamente. No modelo sequencial, as subunidades sofrem mudanças conformacionais progressivamente com as ligações do substrato (Baynes, Dominoczak, 2000).

D. Isoenzimas

As isoenzimas ou isozimas são formas moleculares múltiplas de uma enzima que realizam a mesma ação catalítica e ocorrem na mesma espécie animal. O exemplo clássico é a *lactato desidrogenase* (LDH), um tetrâmero formado por duas espécies diferentes de cadeias polipeptídicas, denominadas M (músculo) e H (coração). As subunidades são codificadas por genes diferentes. A combinação das duas cadeias produz cinco isoenzimas que podem ser separadas eletroforeticamente (Tabela 6.5).

Tabela 6.5 ● **Composição das subunidades da lactato desidrogenase e suas principais localizações**

Tipo	Composição	Localização
LDH-1	HHHH	Miocárdio e eritrócitos
LDH-2	HHHM	Miocárdio e eritrócitos
LDH-3	HHMM	Cérebro e fígado
LDH-4	HMMM	–
LDH-5	MMMM	Músculo esquelético e fígado

A lactato desidrogenase catalisa a redução reversível do piruvato em lactato. Desse modo, no músculo esquelético, a isoenzima LDH-5 apresenta $V_{máx}$

ENZIMAS: CINÉTICA, INIBIÇÃO E CONTROLE

elevada para o piruvato e, portanto, converte rapidamente o piruvato em lactato. No caso da LDH-1, encontrada no coração, a $V_{máx}$ é relativamente baixa para o piruvato, não favorecendo a formação do lactato. O excesso de piruvato inibe a isoenzima LDH-1. O músculo cardíaco, tecido essencialmente aeróbico, metaboliza a glicose em piruvato e, a seguir, em CO_2 e H_2O, produzindo pouco lactato. Entretanto, em situações de déficit de oxigênio, o piruvato pode ser convertido em lactato como medida de emergência. Assim, as características cinéticas distintas das duas enzimas determinam o tipo de metabolismo em cada tecido.

RESUMO

1. A cinética enzimática é o estudo quantitativo da catálise por enzimas. De acordo com o modelo de Michaelis-Menten, quando o substrato S liga-se ao sítio ativo de uma enzima E, um complexo de estado de transição é formado. Durante o estado de transição, o substrato é convertido em produto. Após algum tempo, o produto se dissocia da enzima.

2. O número de renovação (K_{cat}) é a medida do número de moléculas de substrato convertidas em produto por unidade de enzima quando ela está saturada de substrato. A expressão k_{cat}/K_m descreve a eficiência da enzima.

3. A inibição enzimática pode ser reversível ou irreversível. Os inibidores irreversíveis geralmente ligam-se covalentemente às enzimas. Na inibição reversível, o inibidor pode dissociar-se da enzima. Os tipos mais comuns de inibição reversível são a competitiva, a não competitiva e a incompetitiva.

4. As propriedades cinéticas das enzimas alostéricas não são explicadas pelo modelo de Michaelis-Menten. A maioria das enzimas alostéricas são proteínas multissubunidades. A ligação do substrato ou efetor a uma subunidade afeta as propriedades de ligação dos outros protômeros.

5. As reações químicas nas células vivas são organizadas em uma série de vias bioquímicas. As vias são controladas, principalmente, pelo ajuste das concentrações e atividades das enzimas por meio do controle genético, modificação covalente e regulação alostérica.

BIBLIOGRAFIA

Baynes J, Dominoczak MH. Bioquímica médica. São Paulo: Manole, 2000:43-54.

Blackstock JC. Biochemistry. Oxford: Butterworth, 1998:76-105.

Campbell MK, Farrell SO. Bioquímica. 5. ed. São Paulo: Thomson, 2007:141-96.

Devlin TM. Manual de bioquímica: com correlações clínicas. 6. ed. São Paulo: Blucher, 2007:358-406.

Kraut J. How do enzymes work? Science 1998; 242:533-40.

Mellert HS, McMahon B. Biochemical pathways that regulate acetyltransferase and deacetylase activity in mammalian cells. J TIBS 2009; 34:571-8.

McKee T, McKee JR. Biochemistry: the molecular basis of live. 3. ed. New York: McGraw-Hill, 2003:161-99.

NELSON DL, Cox MM. Lehninger: principles of biochemistry. 4. ed. New York: Freeman, 2004:190-237.

Pratt CW, Cornely K. Essential biochemistry. Danvers: Wiley, 2004:198-231.

Rosenthal MD, Glew RH. Medical biochemistry: human metabolism in health and disease. Wiley, 2009:11-37.

7

Carboidratos

Os carboidratos (glicídeos ou sacarídeos) são as principais fontes nutrientes para obtenção de energia, além de exercerem inúmeras funções estruturais e metabólicas nos organismos vivos. São substâncias que contêm carbono, hidrogênio e oxigênio; alguns também contêm nitrogênio, fósforo e enxofre. São poli-hidroxialdeídos ou poli-hidroxicetonas, ou ainda, substâncias que, por hidrólise, formam aqueles compostos. São classificados como *monossacarídeos, dissacarídeos, oligossacarídeos* e *polissacarídeos* de acordo com o número de unidades de açúcares simples que contêm. Os carboidratos ligados covalentemente a proteínas ou lipídeos são denominados *glicoconjugados* e estão distribuídos em todos os seres vivos. Alguns carboidratos, como a ribose desoxirribose, fazem parte da estrutura dos nucleotídeos e dos ácidos nucleicos.

Os carboidratos também participam de transdução de sinal, interações célula-célula e endocitose, que envolvem glicoconjugados, glicoproteínas, glicolipídeos ou moléculas de carboidratos livres.

7.1 MONOSSACARÍDEOS

Os monossacarídeos (*oses* ou açúcares simples) são as unidades básicas dos carboidratos. São constituídos por uma unidade de poli-hidroxialdeído ou de poli-hidroxicetona contendo de três a nove átomos de carbono, sendo o principal combustível para a maioria dos seres vivos. Os monossacarídeos mais simples são as *trioses* (três átomos de carbono): *gliceraldeído* e *di-hidroxiacetona*.

Os monossacarídeos são classificados de acordo com a natureza química do grupo carbonila e pelo número de seus átomos de carbono. Os que têm grupos aldeídos são *aldoses*, e os que têm grupos cetônicos formam *cetoses*. Os monossacarídeos com quatro átomos de carbono são denominados *tetroses*; com cinco, *pentoses*; com seis, *hexoses* etc. Por exemplo, o gliceraldeído é uma aldotriose e a di-hidroxiacetona, uma cetotriose. Diferenciam-se os nomes das cetoses pela inserção de *ul* nos nomes das aldoses correspondentes como, por exemplo, tetr*ul*ose, pent*ul*ose, hex*ul*ose etc.

A. Configuração dos monossacarídeos

Com exceção da di-hidroxiacetona, todos os monossacarídeos possuem átomos de carbono assimétricos (quirais). Para o gliceraldeído, o C2 é o centro assimétrico que origina dois estereoisômeros: o D-gliceraldeído e o L-gliceraldeído. São *enatiômeros* (imagens especulares) um do outro (Figura 7.1).

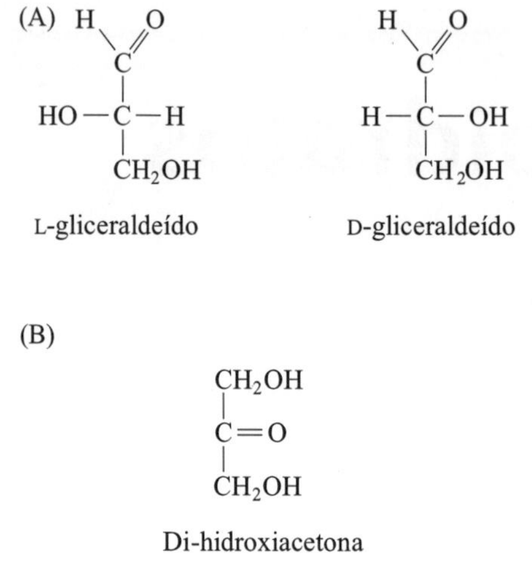

(A)

L-gliceraldeído   D-gliceraldeído

(B)

Di-hidroxiacetona

Figura 7.1 • **Configuração de trioses.** Projeção de Fisher de (**A**) gliceraldeído e (**B**) di-hidroxiacetona. A designação L (para esquerda) e D (para a direita) no gliceraldeído refere-se ao grupo hidroxila do carbono quiral (C2). A di-hidroxiacetona é aquiral.

As outras aldoses são das séries D e L com respeito ao D-gliceraldeído e ao L-gliceraldeído, respectivamente. Todos os açúcares com a mesma configuração do D-gliceraldeído e, portanto, com a mesma configuração no *centro assimétrico* mais afastado do grupo carbonila, são da série D. As aldoses que representam a configuração do L-gliceraldeído são da série L. O mesmo ocorre com as cetoses com mais de quatro átomos de carbono. Em geral, as moléculas com *n* centros assimétricos podem ter 2^n estereoisômeros. As aldoses com seis carbonos têm quatro centros de assimetria e, assim, há $2^4 = 16$ estereoisômeros possíveis (oito na série D e oito na série L). As Figuras 7.3 e 7.4 mostram as relações estereoquímicas das D-aldoses e D-cetoses, conhecidas como projeções de Fisher. Nessas estruturas, o esqueleto dos carboidratos está orientado verticalmente com o carbono mais oxidado geralmente no topo.

As aldoses e cetoses da série L são imagens especulares de seus correspondentes da série D (Figura 7.2).

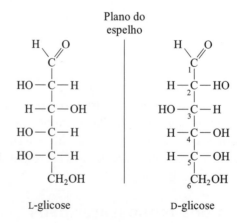

Figura 7.2 • **Projeções de Fisher.** L- e D-glicose.

As propriedades ópticas dos monossacarídeos são designadas pelos sinais (+), dextrorrotatória, e (−), levorrotatória.

CARBOIDRATOS

Estereoisômeros que não são enantiômeros são chamados *diastereoisômeros*. Os açúcares D-ribose e D-arabinose são diastereoisômeros por serem isômeros, e não imagens especulares. Os diastereoisômeros que diferem na configuração ao redor de um único C são denominados *epímeros*. A D-glicose e a D-galactose são epímeros porque diferem somente na configuração do grupo OH no C4. A D-manose e a D-galactose não são epímeros, pois suas configurações diferem em mais de um carbono.

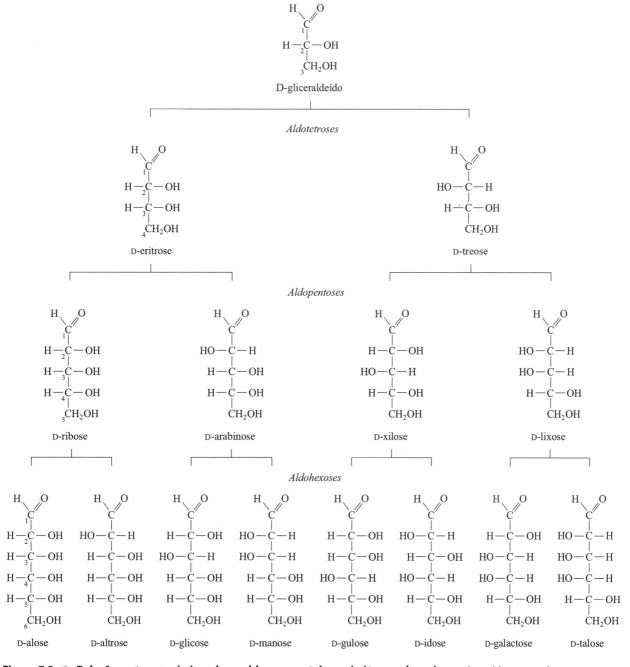

Figura 7.3 ● **Relações estereoquímicas das D-aldoses com três a seis átomos de carbono.** As D-aldoses contêm grupamentos aldeído no C1 e têm a configuração do D-gliceraldeído em seu centro assimétrico mais afastado do grupo carbonila. A configuração em torno do C2 distingue os membros de cada par.

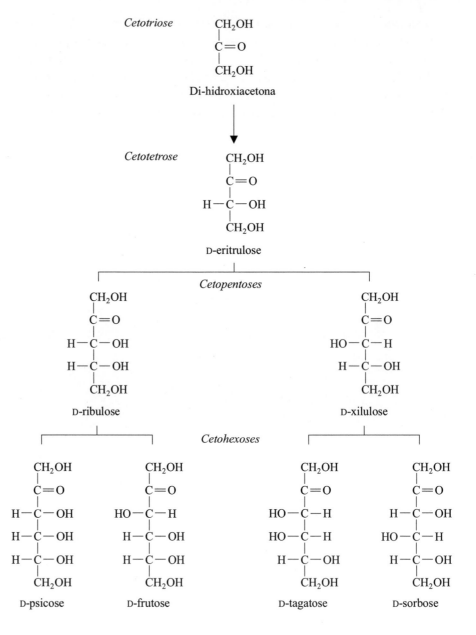

Figura 7.4 • Relações estereoquímicas das D-cetoses com três a seis átomos de carbono. As D-cetoses contêm grupamentos cetônicos no C2 e têm a configuração do D-gliceraldeído em seu centro assimétrico mais afastado do grupo carbonila. A configuração em torno do C3 distingue os membros de cada par.

B. Ciclização de monossacarídeos

Os monossacarídeos com cinco ou mais átomos de carbono ciclizam-se, formando anéis pela reação de grupos alcoólicos com os grupos carbonila dos aldeídos e das cetonas para formar *hemiacetais* e *hemicetais*, respectivamente. A reação de ciclização intramolecular torna os monossacarídeos espécies mais estáveis.

Por ciclização, os monossacarídeos com mais de cinco átomos de carbono não apresentam o grupo carbonila livre, mas ligado covalentemente a uma das hidroxilas presentes ao longo de sua cadeia. O aldeído em C1 da glicose de cadeia aberta reage com a hidroxila em C5, produzindo um anel com seis átomos (cinco carbonos e um oxigênio), denominado *piranose* em razão de sua analogia com o *pirano*. As aldopentoses (ribose) e cetohexoses (frutose) formam anéis pentagonais (quatro carbonos e um oxigênio) chamados *furanose* em analogia com o *furano* (Figuras 7.5 e 7.6).

CARBOIDRATOS

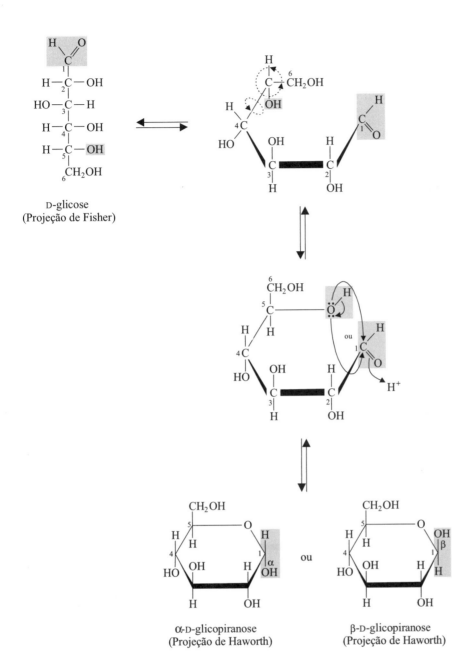

Figura 7.5 • Ciclização da D-glicose com formação de duas estruturas cíclicas de glicopiranose. A projeção de Fisher (no alto, à esquerda) é rearranjada em uma representação tridimensional (no alto, à direita). A rotação da ligação entre C4 e C5 aproxima o grupo hidroxila em C5 do grupo aldeído em C1 para formar uma ligação hemiacetal, produzindo dois estereoisômeros, os anômeros α e β, que diferem na posição da hidroxila do C1 (no anômero α o grupo OH é representado para baixo e no anômero β o grupo OH é representado para cima). As formas glicopiranosídicas são mostradas como projeção de Haworth, nas quais as ligações mais escuras do anel são projetadas para a frente do plano do papel, e as ligações mais claras do anel são projetadas para trás.

As estruturas piranose e furanose são hexágonos e pentágonos regulares, conhecidas como *fórmulas em perspectiva de Haworth*. O anel heterocíclico é representado perpendicular ao plano do papel, enquanto os grupos presentes nas fórmulas lineares à direita estão projetados *abaixo* do plano do anel, e os que estão à esquerda ficam *acima*. Ocorrem exceções, como a observada com o H do C5, que está abaixo do plano do anel devido à torção necessária para fechá-lo.

O carbono carbonila (o C1 das aldoses ou o C2 das cetoses) do monossacarídeo cíclico é designado *carbono anomérico* e constitui um centro de assimetria adicional com duas configurações possíveis. No caso da glicose, as duas formas resultantes são α-D-glicose e β-D-glicose (Figura 7.3). No anômero α, o grupo OH ligado ao carbono anomérico (C1) está abaixo do plano do anel; no anômero β está projetado acima do plano do anel. As formas α e β são *anômeras*.

A interconversão das formas α-D-glicose e β-D-glicose é detectada por alterações na rotação óptica e é chamada *mutarrotação*. Esse fenômeno também é observado em outras pentoses e hexoses.

Nas estruturas cíclicas dos monossacarídeos, os átomos de carbono anoméricos (C1 nas aldoses e C2 nas cetoses) são suscetíveis de oxidação por vários agentes oxidantes contendo íons cúpricos (Cu^{2+}). Assim, os monossacarídeos com átomos de carbonos anoméricos livres são designados *açúcares redutores*; os envolvidos por ligações glicosídicas são chamados *açúcares não redutores*.

Os monossacarídeos, como a frutose e a ribose, ciclizam-se para formar estruturas furanósicas.

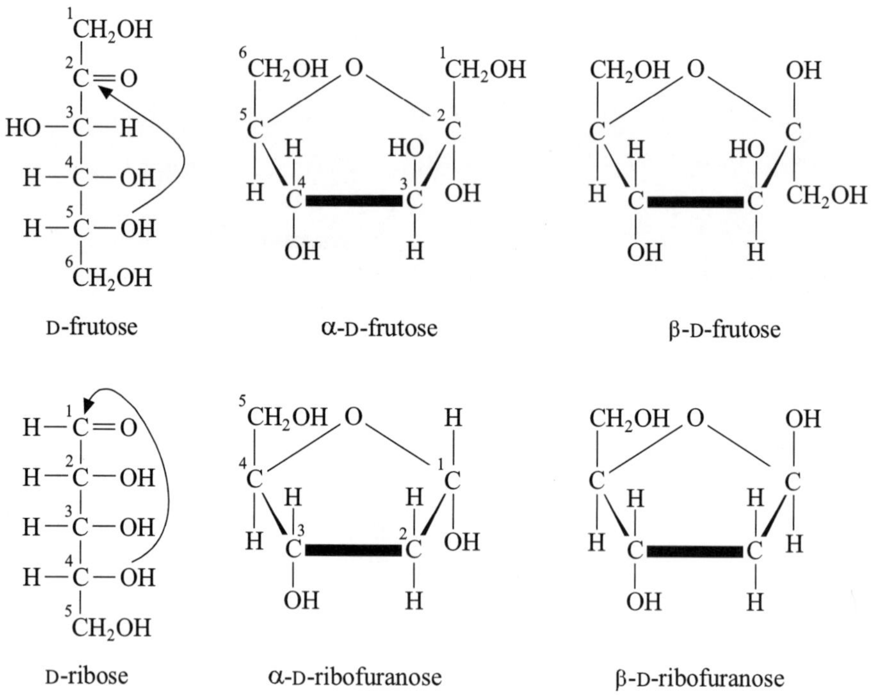

Figura 7.6 ● **Ciclização da frutose e da ribose.**

Tanto as hexoses como as pentoses podem assumir a forma de piranose ou de furanose nas fórmulas em perpectiva de Haworth. No entanto, o anel da piranose pode assumir uma conformação de cadeira ou de barco:

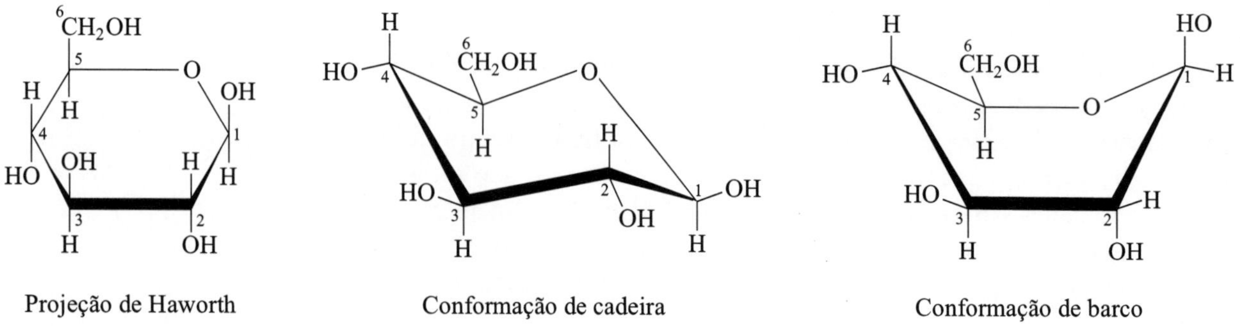

C. Derivados de monossacarídeos

Os açúcares simples podem ser convertidos em compostos químicos derivados. Muitos deles são componentes metabólicos e estruturais dos seres vivos.

1. Ácidos urônicos

Os ácidos urônicos são formados pela oxidação do grupo terminal CH$_2$OH dos monossacarídeos. Os mais importantes nos mamíferos são: o ácido α-D-glicurônico (glicuronato) e seu epímero, o ácido β-L-idurônico (iduronato). Nos hepatócitos, o ácido glicurônico combina-se com esteroides, fármacos e bilirrubina (produto de degradação do grupo heme) para aumentar a solubilidade em água e facilitar a excreção. O D-glicuronato e o L-iduronato são carboidratos abundantes no tecido conjuntivo.

2. Aminoaçúcares

Nos aminoaçúcares, um grupo hidroxila (mais comumente C2) é substituído por um grupo amino. Esses compostos são constituintes comuns dos carboidratos complexos encontrados associados a lipídeos e proteínas celulares. Os mais frequentes são a D-glicosamina e a D-galactosamina. Os aminoaçúcares muitas vezes estão acetilados. O ácido *N*-acetilneuramínico (a forma mais comum de ácido siálico) é um produto de condensação da *N*-acetilmanosamina e do ácido pirúvico. Os ácidos siálicos são cetoses contendo nove átomos de carbono, que podem ser amidados com ácido acético ou glicolítico (ácido hidroxiacético). São componentes das glicoproteínas e dos glicolipídeos.

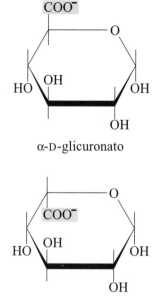

α-D-glicuronato

β-L-iduronato

α-D-glicosamina

α-D-galactosamina

N-acetil-α-D-glicosamina

Ácido-*N*-acetilneuramínico

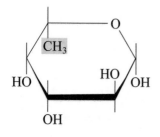
β-L-fucose

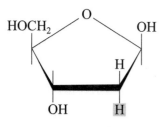
2-desoxi-β-D-ribose

3. Desoxiaçúcares

Nos desoxiaçúcares, um grupo –OH é substituído por H. Dois importantes desoxiaçúcares são: a L-fucose (formada a partir da D-manose por reações de redução) e a 2-desoxi-D-ribose. A fucose é encontrada nas glicoproteínas que determinam os antígenos do sistema ABO de grupos sanguíneos na superfície dos eritrócitos. A desoxirribose é componente do DNA.

7.2 DISSACARÍDEOS E OLIGOSSACARÍDEOS

Quando unidos entre si por *ligação O-glicosídica* (formada por um grupo hidroxila de uma molécula de açúcar com o átomo de carbono anomérico de outra molécula de açúcar), os monossacarídeos formam grande variedade de moléculas. Os dissacarídeos são glicosídeos compostos por dois monossacarídeos para formar maltose, lactose e sacarose. Os oligossacarídeos são polímeros relativamente pequenos que consistem em dois a dez monossacarídeos.

A. Dissacarídeos

1. Maltose

A maltose é obtida pela hidrólise do amido e consiste em duas unidades de glicose unidas por ligação glicosídica entre o C1 de uma glicose e o C4 de outra α(1→4). O segundo resíduo de glicose da maltose contém um átomo de carbono anomérico livre (C1), ou seja, é um dissacarídeo redutor.

α-maltose

2. Sacarose

A sacarose (açúcar comum extraído da cana) contém uma unidade de glicose e uma unidade de frutose unidas pela ligação glicosídica α,β(1→2), indicando que a ligação ocorre entre os carbonos anoméricos de cada açúcar (C1 na glicose e C2 na frutose). Por não conter carbono anomérico livre, a sacarose é um açúcar não redutor. Não apresenta, também, atividade óptica.

Glicose   Frutose

Sacarose

CARBOIDRATOS

3. Lactose

A lactose encontrada no leite é um dissacarídeo formado pela união do C1 da β-D-galactose com o C4 da D-glicose, em uma ligação glicosídica β(1→4). É um dissacarídeo redutor por possuir carbono anomérico livre na unidade de glicose.

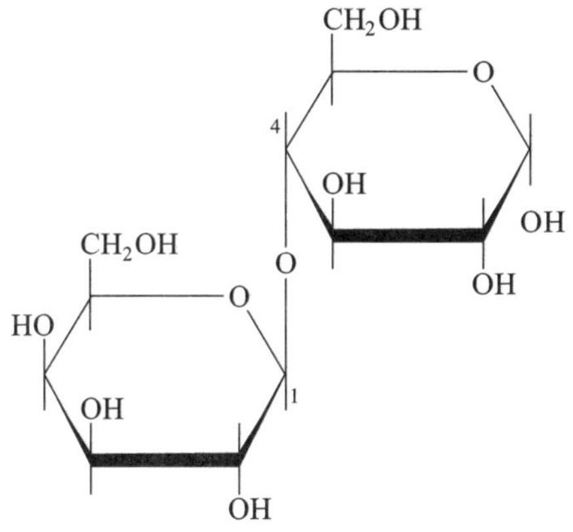

α-lactose

B. Oligossacarídeos

Os oligossacarídeos são pequenos polímeros muitas vezes encontrados ligados a polipeptídeos e glicolipídeos. Existem duas classes de oligossacarídeos: os *N*-ligados e os *O*-ligados. Os oligossacarídeos *N*-ligados estão unidos a polipeptídeos por uma ligação *N*-glicosídica com o grupo amino da cadeia lateral do aminoácido asparagina. Os oligossacarídeos *O*-ligados estão unidos pelo grupo hidroxila da cadeia lateral do aminoácido serina ou treonina nas cadeias polipeptídicas ou pelo grupo hidroxila dos lipídeos de membrana.

7.3 POLISSACARÍDEOS

Os *polissacarídeos* (ou *glicanos*) são formados por longas cadeias de unidades de monossacarídeos unidas entre si por ligações glicosídicas. São insolúveis em água e não têm sabor nem poder redutor. São classificados como homopolissacarídeos e heteropolissacarídeos.

A. Homopolissacarídeos (homoglicanos)

São polímeros de carboidratos formados apenas por um único tipo de monossacarídeo.

1. Amido

O *amido* é um homopolissacarídeo depositado nos cloroplastos das células vegetais como grânulos insolúveis. Consiste na forma de armazenamento de glicose nas plantas e é empregado como combustível pelas células. É constituído por dois tipos de polímeros da glicose:

- **Amilose:** caracteriza-se como polímeros de cadeias longas não ramificadas de unidades de α-D-glicose unidas por ligações glicosídicas α(1→4).

α-amilose

- **Amilopectina:** é uma estrutura altamente ramificada formada por unidades de α-D-glicose unidas por ligações glicosídicas α(1→4) e por várias ligações α(1→6) nos pontos de ramificação, que ocorrem cerca de 1 a cada 24 a 30 unidades.

Amilopectina

2. Glicogênio

É o mais importante polissacarídeo de reserva da glicose das células animais. A estrutura do glicogênio assemelha-se à da amilopectina, exceto pelo maior número de ramificações, que ocorrem em intervalos de 1 a cada 8-12 unidades de glicose. A estrutura altamente ramificada torna as unidades de glicose facilmente mobilizáveis em períodos de necessidade metabólica. O glicogênio no músculo esquelético e no fígado está presente na forma de grânulos citoplasmáticos (Tabela 7.1).

3. Celulose

Consiste em uma sequência linear de unidades de D-glicose conectadas por ligações glicosídicas β(1→4). É o principal componente das paredes celulares nos vegetais e um dos compostos orgânicos mais abundantes na biosfera.

CARBOIDRATOS

111

Glicose — Glicose

Celulose

Os vertebrados não têm *celulases* e não hidrolisam as ligações $\beta(1\rightarrow4)$ da celulose presentes na madeira e em fibras vegetais. Entretanto, alguns herbívoros contêm micro-organismos produtores de celulases, razão pela qual podem digerir celulose.

Tabela 7.1 ● **Comparação entre amilose, amilopectina e glicogênio**

	Amilose	Amilopectina	Glicogênio
Unidades monoméricas	D-glicose	D-glicose	D-glicose
Peso molecular	$4.000 \rightarrow 500.000$	$50.000 \rightarrow 16 \times 10^6$	$50.000 \rightarrow n \times 10^6$
Tipo de polímero	Linear	Ramificado	Ramificado
Pontos de ramificação	–	24 a 30 resíduos de glicose	8 a 12 resíduos de glicose
Ligações glicosídicas	$\alpha(1\rightarrow4)$	$\alpha(1\rightarrow4)$, $\alpha(1\rightarrow6)$	$\alpha(1\rightarrow4)$, $\alpha(1\rightarrow6)$

4. Quitina

Principal componente estrutural do exoesqueleto de invertebrados, como insetos e crustáceos, a quitina é constituída de resíduos de *N*-acetilglicosamina em ligações $\beta(1\rightarrow4)$ e forma longas cadeias lineares que exercem papel estrutural. Diferencia-se quimicamente da celulose quanto ao substituinte em C2, que é um grupamento amina acetilado em lugar de uma hidroxila.

N-acetilglicosamina — N-acetilglicosamina

Quitina

B. Heteropolissacarídeos (heteroglicanos)

São polímeros de carboidratos formados por dois ou mais tipos diferentes de monossacarídeos. Os principais exemplos são os glicosaminoglicanos e os peptideoglicanos.

1. Glicosaminoglicanos (aminoglicanos)

São polissacarídeos lineares constituídos por resíduos repetitivos de dissacarídeos de *ácido urônico* (geralmente o ácido D-glicurônico ou o ácido L-idurônico) e de *N-acetilglicosamina* ou *N-acetilgalactosamina* (Tabela 7.2). Em alguns glicosaminoglicanos, uma ou mais hidroxilas do açúcar aminado estão esterificadas com sulfatos. Os grupos carboxilato e os grupos sulfato contribuem para a alta densidade de cargas negativas dos glicosaminoglicanos. Tanto a carga elétrica como a estrutura macromolecular colaboram para seu papel biológico de lubrificar e manter o tecido conjuntivo. Esses compostos formam soluções de altas viscosidade e elasticidade pela absorção de grandes quantidades de água. Atuam na estabilização e no suporte dos elementos fibrosos e celulares dos tecidos e contribuem para o equilíbrio da água e do sal do organismo.

N-acetil-D-glicosamina   *N*-acetil-D-galactosamina

Na síntese dos glicosaminoglicanos, os grupos sulfato são introduzidos em posições específicas da cadeia polissacarídica por um doador de sulfato ativo, o *3′-fosfoadenosilfosfosulfato* (PAPS) em reação catalisada por *sulfotransferases*.

Os glicosaminoglicanos são componentes da matriz extracelular como um material geleificado, os quais embebem o colágeno e outras proteínas. O glicosaminoglicano *heparina* ocorre como grânulos nas células das paredes arteriais e tem função anticoagulante – inibe a coagulação, evitando a formação de coágulos.

Tabela 7.2 ● **Estrutura dos principais dissacarídeos repetidos de alguns glicosaminoglicanos da matriz extracelular**

Glicosaminoglicanos	Principais dissacarídeos repetidos			Ligação glicosídica
	Componente 1	Ligação glicosídica	Componente 2	
Hialuronato	D-glicuronato	β(1→3)	*N*-acetilglicosamina	β(1→4)
Condroitina sulfato	D-glicuronato	β(1→3)	*N*-acetilgalactosamina	β(1→4)
Dermatana sulfato	L-iduronato	α(1→3)	*N*-acetilgalactosamina	β(1→4)
Queratona sulfato	D-galactose	β(1→4)	*N*-acetilglicosamina	β(1→3)

Várias doenças genéticas, denominadas mucopolissacaridoses, são causadas por defeitos no metabolismo dos glicosaminoglicanos. As desordens são caracterizadas pelo acúmulo nos tecidos e a excreção na urina de produtos oligossacarídicos derivados do desdobramento incompleto pela deficiência de hidrolases lisossomais (Tabela 7.3).

CARBOIDRATOS

113

Tabela 7.3 ● **Enfermidades genéticas envolvendo o metabolismo dos glicosaminoglicanos (mucopolissacaridoses)**

Síndrome	Enzima deficiente	Produtos acumulados
Hurler-Scheie (MPS I)	α-L-iduronidase	Dermatam-sulfato Heparam-sulfato
Hunter (MPS II)	Iduronato sulfatase	Heparam-sulfato Dermatam-sulfato
Sanfilippo A (MPS IIIA)	Heparam N-sulfatase	Heparam-sulfato
Sanfilippo B (MPS B)	N-acetilglicosaminidase	Heparam-sulfato
Maroteaux-Lamy (MPS VI)	N-acetilgalactosamina sulfatase (arilsulfatase)	Dermatam-sulfato
Morquio A (MPS IVA)	Galactose 6-sulfatase	Queratam-sulfato Condroitina-sulfato
Sly	β-D-glicuronidase	Dermatam-sulfato Heparam-sulfato Condroitina-4-sulfato

MPS: mucopolissacaridose.

2. Peptideoglicanos (mureínas)

As paredes celulares bacterianas são formadas por *peptideoglicanos,* constituídos por heteroglicanos ligados a peptídeos. São macromoléculas de cadeias polissacarídicas e polipeptídicas unidas por ligações cruzadas covalentes e são componentes da parede celular de bactérias. A virulência e os antígenos característicos das bactérias são propriedades do revestimento de suas paredes celulares. As bactérias são classificadas de acordo com a coloração, ou não, pelo corante de Gram:

* **Bactérias gram-positivas** (p. ex., *Staphylococcus aureus*): possuem parede celular espessa (~25nm), formada por várias camadas de peptideoglicanos que envolvem sua membrana plasmática (Figura 7.8).

* **Bactérias gram-negativas** (p. ex., *Escherichia coli*): possuem parede celular fina (~2 a 3nm), consistindo em uma camada de peptideoglicano inserida entre membranas lipídicas interna e externa. Essa estrutura é responsável pela maior resistência das bactérias gram-negativas aos antibióticos.

A estrutura polimérica dos peptideoglicanos é composta de cadeias lineares *N-acetil-D-glicosamina* (GlcNAc) e de *ácido N-acetilmurâmico* (MurNAc) alternadas, unida por ligações β(1→4). As cadeias polissacarídicas são interligadas por cadeias laterais de seus tetrapeptídeos constituídas alternativamente por resíduos de D e L-aminoácidos (Figura 7.7).

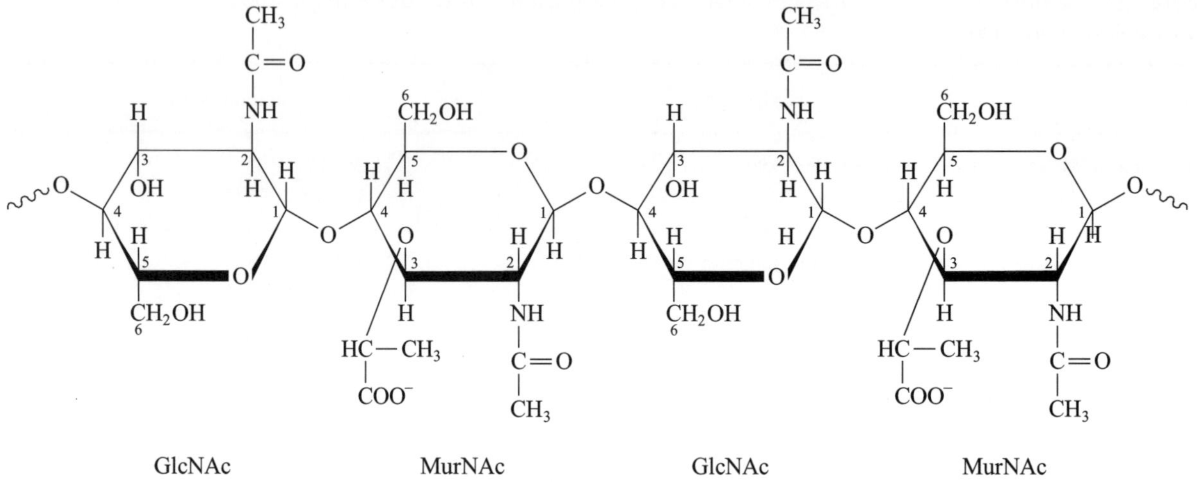

BIOQUÍMICA

Figura 7.7 ● **Estrutura do núcleo glicano do peptideoglicano.** O glicano é um heteropolímero constituído por unidades alternantes de N-acetilglicosamina (GlcNAc) e ácido N-acetilmurâmico (MurNAc).

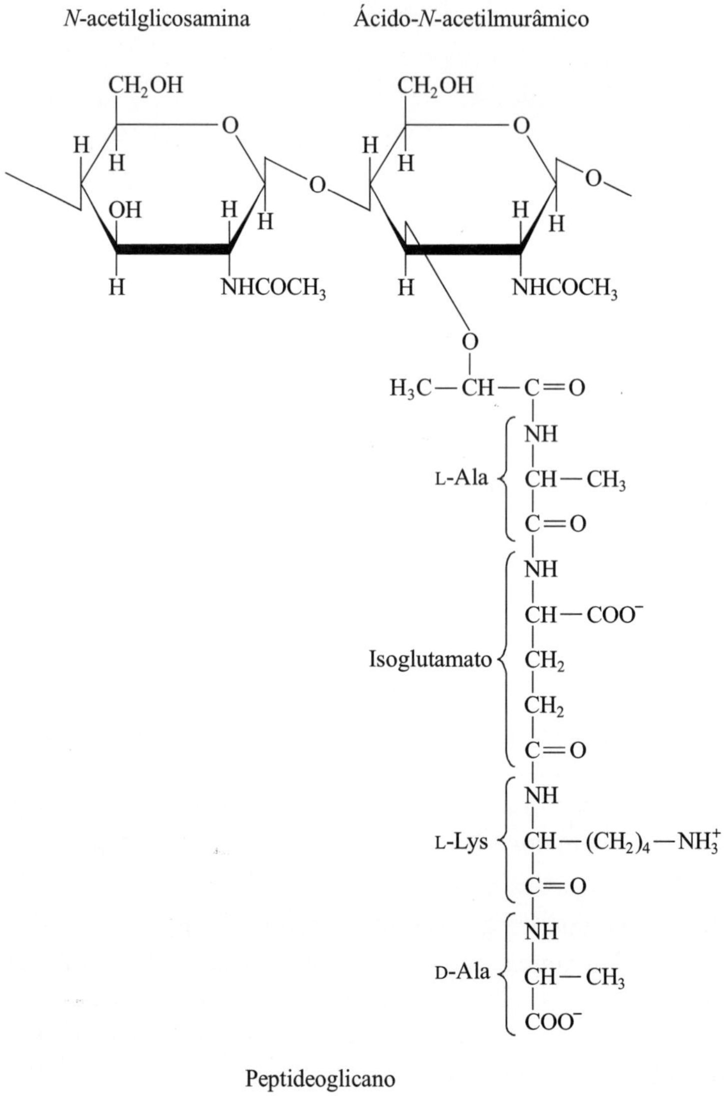

Figura 7.8 ● **Estrutura do peptideoglicano do *Staphylococcus aureus.***

CARBOIDRATOS

7.4 GLICOCONJUGADOS

Glicoconjugados são moléculas diversificadas que contêm um ou mais açúcares covalentemente ligados às proteínas ou aos lipídeos. Os domínios carboidratos de glicoconjugados muitas vezes contêm derivados amino ou açúcares ácidos, que contribuem para a natureza altamente hidrofílica. Os glicoconjugados são agrupados em três classes principais: *glicoproteínas, proteoglicanos* e *glicolipídeos*. Os glicolipídeos são analisados no Capítulo 8.

A. Glicoproteínas

As glicoproteínas (mucoproteínas) são proteínas ligadas covalentemente a uma ou mais cadeias olissacarídicas. São encontradas na superfície externa das membranas plasmáticas das células, como parte da matriz extracelular, e no sangue; à exceção da albumina, quase todas as proteínas no plasma são glicoproteínas. Muitos receptores celulares (p. ex., receptor de LDL) e transportadores de íons nas membranas (canais de íons cloreto/bicarbonato) também são glicoproteínas. Importantes papéis no crescimento e desenvolvimento celular e na comunicação entre as células são exercidos pelas glicoproteínas.

Uma glicoproteína pode ter de 1 a 30 cadeias oligossacarídicas, dependendo de como se liga à proteína; os carboidratos compõem de 1% a 70% da massa da glicoproteína. As cadeias oligossacarídicas de uma glicoproteína em particular desempenham funções, incluindo transporte intracelular, solubilidade, viscosidade, suscetibilidade para inativação (pelo calor, pH extremos e proteólise) e a tendência de se agregar.

As cadeias de carboidratos das glicoproteínas são agrupadas em duas classes, dependendo de como se ligam às proteínas: (1) a classe predominante apresenta ligação *N-glicosídica*, a qual liga oligossacarídeos pela *N*-acetilglicosamina (GlcNAc) ao nitrogênio amida da asparagina (GlcNAcAsn); (2) glicoproteínas que contêm ligação *O-glicosídica*, as quais interligam oligossacarídeos à *N*-acetilgalactosamina e ao grupo OH da serina (GalNAcSer) ou treonina (GalNAcThr). Muitas proteínas, incluindo o receptor de LDL, contêm domínios ligados por ligações N-glicosídicas e O-glicosídicas aos oligossacarídeos (Figura 7.9).

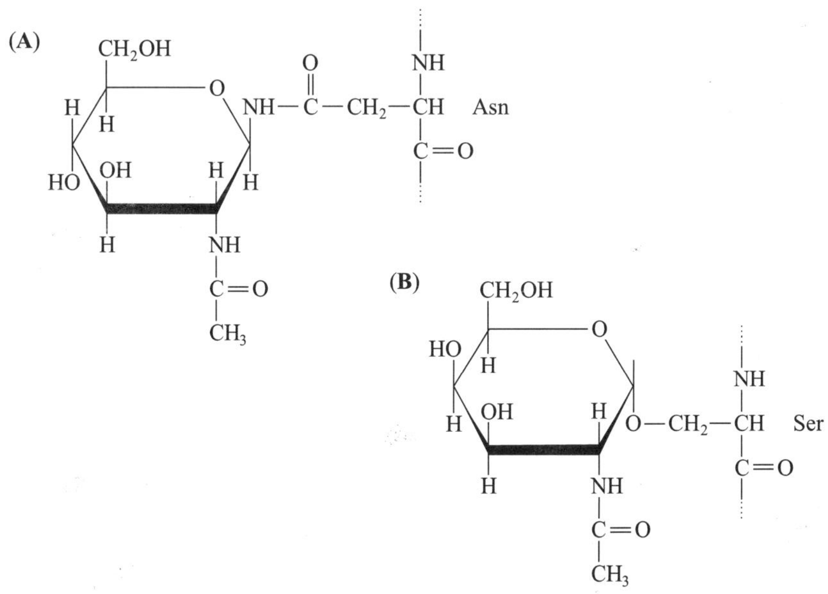

Figura 7.9 ● **Ligações *O*-glicosídicas e *N*-glicosídicas.** **(A)** A *N*-acetilglicosamina está ligada por ligação glicosídica à proteína via o N da amida de resíduos de Asn (asparagina). **(B)** A *N*-acetilgalactosamina está covalentemente ligada a átomos de O de cadeias laterais de resíduos de Ser (serina) ou Thr (treonina).

As glicoproteínas ocorrem na superfície externa da membrana plasmática, na matriz extracelular e no sangue. Os vertebrados são particularmente ricos em glicoproteínas. Exemplos incluem a proteína *transferrina* (transportadora de ferro), a *ceruloplasmina* (transportadora de cobre), fatores da coagulação sanguínea e muitos componentes do complemento (proteínas envolvidas em reações do sistema imune). Vários hormônios são glicoproteínas; por exemplo, o *hormônio folículo-estimulante* (FSH), produzido pela hipófise anterior, estimula o desenvolvimento dos ovários na mulher e a espermatogênese no homem. Além disso, muitas enzimas são glicoproteínas. A ribonuclease (RNase) é a enzima que degrada o ácido ribonucleico. Outras glicoproteínas são proteínas integrantes de membrana. Entre elas, a *ATPase para Na$^+$ e K$^+$* (proteína que catalisa o bombeamento de Na$^+$ para fora e K$^+$ para o interior da célula) e o *complexo de histocompatibilidade principal* (MHC) (marcador da superfície celular externa que reconhece os antígenos proteicos dos hospedeiros) são exemplos especialmente interessantes.

As glicoproteínas são mediadores para os eventos célula-molécula, célula-vírus e célula-célula. Um dos exemplos do envolvimento glicoproteico nas interações célula-molécula inclui o receptor de insulina, que liga a insulina para facilitar o transporte de glicose para o interior das células. Em parte, isso é realizado pelo recrutamento de transportadores de glicose para a membrana plasmática. Além disso, o transportador de glicose para o interior da célula também é uma glicoproteína. A interação entre gp120, a glicoproteína ligadora na célula-alvo do vírus da imunodeficiência humana (HIV, o agente causador da AIDS), e as células hospedeiras é um exemplo da interação célula-vírus. O acoplamento do gp120 ao receptor CD4 (glicoproteína transmembrana) encontrado na superfície de células hospedeiras é considerado a primeira etapa do processo infeccioso.

1. Mucinas

São subclasses de glicoproteínas abundantemente glicosiladas. Apresentam elevado peso molecular (200 a 10.000kDa) e contêm centenas de oligossacarídeos O-ligados aos resíduos serina ou treonina em proteínas. Oligossacarídeos compõem 50% a 90% da massa total da molécula de mucina. Os açúcares que constituem a cadeia de uma mucina podem incluir *N*-acetilgalactosamina (GalNAc), galactose (Gal), *N*-acetilglicosamina (GlcNAc), fucose e ácido siálico.

Mucinas secretórias (como a mucina salivar) geralmente possuem estruturas oligoméricas encontradas no muco presente nos tratos digestivo, respiratório e reprodutivo. Ajudam a lubrificar e formar uma barreira física protetora nas superfícies das células para proteger de patógenos e toxinas. Outras mucinas estão acopladas à membrana como proteínas integrantes (Capítulo 8). Células cancerígenas muitas vezes sintetizam mucinas anormais, cujas estruturas podem alterar o funcionamento normal de uma célula, incluindo suas propriedades imunológicas e adesivas, e seu potencial de invadir e metastatizar.

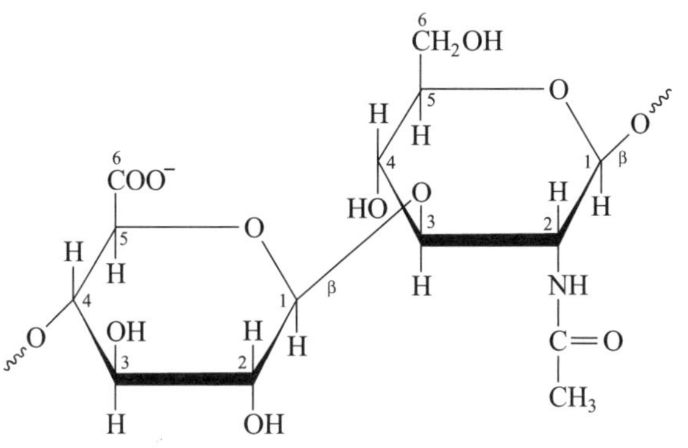

CARBOIDRATOS

Figura 7.10 • **Estrutura da unidade dissacarídica repetitiva do ácido hialurônico.** A unidade contém D-glicuronato (GlcUA) e N-acetil-D-glicosamina (GlcNAc). Cada resíduo de GlcUA liga-se ao GlcNAc por meio de ligação β–(1→3). Cada resíduo GlcNAc, por sua vez, liga-se ao próximo resíduo de GlcUA por ligação β–(1→4).

B. Proteoglicanos

Os proteoglicanos (antigamente denominados mucopolissacarídeos) são moléculas altamente complexas que funcionam como lubrificantes das articulações e componentes estruturais do tecido conjuntivo. Também participam da adesão das células à matriz extracelular. Os proteoglicanos estão presentes em todos os tecidos do corpo, principalmente na matriz extracelular, onde conferem propriedades químicas e físicas específicas. Por exemplo, os condrócitos (células da cartilagem) secretam vários proteoglicanos, cujo principal componente é uma condroitina sulfato chamada *agregam*. Após secreção, as moléculas de agregam se agregam espontaneamente para formar uma estrutura supramolecular conhecida como *hialuram*, componente da cartilagem.

Os proteoglicanos são macromoléculas da matriz extracelular, ou da superfície celular, constituídas pela união covalente e não covalente de proteínas e longos glicosaminoglicanos (GAG). As cadeias GAG estão unidas às proteínas por ligações *N* e *O*-glicosídicas. São poliânions formados por cadeias de unidades repetitivas de dissacarídeos. Por exemplo, no heparam sulfato a unidade dissacarídica repetitiva é formada por ácido glicurônico e *N*-acetilglicosamina. Em geral, um dos dois açúcares dos dissacarídeos repetidos de um GAG é um aminoaçúcar (*N*-acetilglicosamina e *N*-acetilgalactosamina); o outro é açúcar ácido (ácido glicurônico ou ácido idurônico). Muitos dos açúcares do GAG contêm ligação O ou N-sulfato.

As proteínas ligadas covalentemente aos glicosaminoglicanos são conhecidas como *proteínas centrais*. A proteína central de um proteoglicano pode conter várias centenas de cadeias GAG por molécula. A alta densidade de cargas negativas devido aos açúcares contendo carboxila (p. ex., ácido glicurônico ou ácido idurônico) e grupo sulfato na cadeia GAG resulta em proteoglicanos na forma linear estendida, que lembram escovas usadas para limpar garrafas (Figura 7.11).

O *ácido hialurônico* é um copolímero não ramificado formado por unidades alternadas de ácido glicurônico (GlcUA) e *N*-acetilglicosamina (GlcNAc) (Figura 7.10). É um glicosaminoglicano e não um proteoglicano. É uma cadeia extremamente longa de GAG de ácido hialurônico secretada na matriz extracelular como um polissacarídeo que não é ligado covalentemente à proteína central. Diferentemente dos proteoglicanos, os resíduos de açúcar do ácido hialurônico não são sulfatados. O ácido hialurônico é componente da matriz extracelular da pele e do tecido conjuntivo, onde sua natureza viscosa e elástica atua como lubrificante e amortecedor de choques no líquido sinovial das juntas. Está presente também no humor vítreo, nas cartilagens e nos tecidos conjuntivos frouxos.

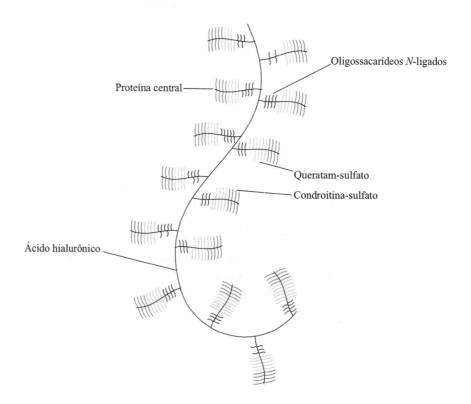

Figura 7.11 • Agregado de proteoglicano da cartilagem.
Existem várias proteínas centrais ligadas de modo não covalente ao filamento central muito longo do ácido hialurônico. Cada proteína central contém muitas cadeias de condroitina-sulfato e queratam-sulfato ligadas covalentemente.

RESUMO

1. Os carboidratos, moléculas mais abundantes na Natureza, são classificados como monossacarídeos, dissacarídeos, oligossacarídeos e polissacarídeos de acordo com o número de unidades de açúcar que contêm. Os carboidratos também ocorrem como componentes de outras biomoléculas. Glicoconjugados são moléculas de proteínas e lipídeos covalentemente ligados a grupos carboidratos. Incluem proteoglicanos, glicoproteínas e glicolipídeos.

2. Os monossacarídeos com grupos funcionais aldeído são aldoses; aqueles com grupos cetona são cetoses. Açúcares simples pertencem às famílias D e L, de acordo com a configuração do carbono assimétrico mais distante dos grupos funcionais aldeído e cetona semelhantes ao D e L isômero do gliceraldeído. A família D contém os açúcares biologicamente mais importantes.

3. Açúcares que contêm cinco ou seis carbonos existem nas formas cíclicas que resultam da reação entre grupos hidroxila e aldeído (produto hemiacetal) ou grupos cetonas (produto hemicetal). Tanto nos anéis com cinco membros (furanoses) como nos anéis com seis membros (piranoses), o grupo hidroxila ligado ao carbono anomérico está abaixo (α) ou acima (β) do plano do anel. A interconversão espontânea entre as formas α e β é chamada *mutarrotação*.

4. Os açúcares simples sofrem vários tipos de reações químicas. Derivados dessas moléculas, os ácidos urônicos, aminoaçúcares, desoxiaçúcares e açúcares fosforilados exercem importantes papéis no metabolismo celular.

CARBOIDRATOS

5. Hemiacetais e hemicetais reagem com álcoois para formar acetais e cetais, respectivamente. Quando a forma cíclica hemiacetal ou hemicetal de um monossacarídeo reage com um álcool, a nova ligação é denominada ligação glicosídica e o composto é chamado glicosídeo.

6. As ligações glicosídicas são formadas entre o carbono anomérico de um monossacarídeo e um dos grupos hidroxila livre de outro monossacarídeo. Dissacarídeos são carboidratos compostos de dois monossacarídeos. Os oligossacarídeos, carboidratos que contêm até dez unidades de monossacarídeos, estão muitas vezes ligados a proteínas e lipídeos. As moléculas de polissacarídeos são compostas de grande número de unidades de monossacarídeos, têm estrutura linear, como a celulose e a amilose, ou estrutura ramificada, como o glicogênio e a amilopectina. Os polissacarídeos podem ser formados por um único tipo de açúcar (homopolissacarídeos) ou por tipos múltiplos (heteropolissacarídeos).

7. Os três homopolissacarídeos mais comuns encontrados na Natureza (amido, glicogênio e celulose) fornecem D-glicose quando são hidrolisados. A celulose é um material estrutural das plantas; amido e glicogênio são formas de armazenamento de glicose nos vegetais e células animais, respectivamente. A quitina, principal composto estrutural dos exoesqueletos dos insetos, é composta de resíduos de *N*-acetil-glicosamina ligados a carbonos não ramificados. Os glicosaminoglicanos, os principais componentes dos proteoglicanos, e a mureína, um constituinte fundamental das paredes das células bacterianas, são exemplos de heteropolissacarídeos, polímeros de carboidratos que contêm mais de um tipo de monossacarídeo.

8. A enorme heterogeneidade dos proteoglicanos, que são encontrados predominantemente na matriz extracelular dos tecidos, exerce diversos papéis nos organismos vivos, embora ainda não totalmente entendidos. As glicoproteínas ocorrem nas células, tanto na forma solúvel como na forma ligada à membrana, e em líquidos extracelulares. Em virtude de sua estrutura diversificada, os glicoconjugados, que incluem proteoglicanos, glicoproteínas e glicolipídeos, exercem importantes funções na transferência de informações nos seres vivos.

BIBLIOGRAFIA

Berg JM, Tymoczko JL, Stryer L. Bioquímica. 6. ed. Rio de Janeiro: Guanabara-Koogan, 2008:307-29.

Blackstock JC. Biochemistry. Oxford: Butterworth, 1998:106-22.

Campbell PN, Smith AD, Peters TJ. Biochemistry illustrated: biochemistry and molecular biology in the post-genomic era. 5. ed. Edinburgh: Elsevier, 2005:109-15.

Campos LS. Entender a bioquímica. 5. ed. Lisboa: Escolar, 2009:241-66.

McKee T, McKee JR. Biochemistry: the molecular basis of live. 4. ed. New York: McGraw-Hill, 2008:200-33.

Nelson DL, Cox MM. Lehninger: principles of biochemistry. 4. ed. New York: Freeman, 2004:238-72.

8

Lipídeos

Lipídeos são biomoléculas que exibem uma grande variedade estrutural. Moléculas como gorduras e óleos, fosfolipídeos, esteroides e carotenoides, que diferem significativamente, tanto em suas estruturas como em suas funções, são consideradas lipídeos. São compostos orgânicos heterogêneos pouco solúveis em água, mas solúveis em solventes não polares. Alguns lipídeos estão combinados com outras classes de compostos, como proteínas (lipoproteínas) e carboidratos (glicolipídeos).

Os lipídeos participam como componentes não proteicos das membranas biológicas, precursores de compostos essenciais, agentes emulsificantes, isolantes, vitaminas (A, D, E, K), fonte e transporte de combustível metabólico, além de componentes de biossinalização intra e intercelulares.

8.1 CLASSIFICAÇÃO DOS LIPÍDEOS

Os lipídeos são frequentemente classificados nos seguintes grupos:

- Ácidos graxos.
- Triacilgliceróis.
- Ceras.
- Fosfolipídeos (fosfoglicerídeos e esfingosinas).
- Esfingolipídeos (contêm moléculas do aminoálcool esfingosina).
- Isoprenoides (moléculas formadas por unidades repetidas de isopreno) constituem os esteroides, vitaminas lipídicas e terpenos.

A. Ácidos graxos

Os ácidos graxos são ácidos monocarboxílicos de longas cadeias de hidrocarbonetos acíclicas, não polares, sem ramificações e, em geral, em número par de átomos de carbono (Figura 8.1). Podem ser *saturados*, *monoinsaturados* (contêm uma dupla ligação) ou *poli-insaturados* (contêm duas ou mais duplas ligações). Os mais abundantes contêm 16 e 18 átomos de carbono. Em geral, as duplas ligações nos ácidos graxos poli-insaturados estão separadas por um grupo metileno, $-CH=CH-CH_2-CH=CH-$, para evitar a oxidação quando expostos em meio contendo oxigênio. Como as duplas ligações são estruturas rígidas, as moléculas que as contêm podem ocorrer sob duas formas isoméricas:

121

cis e *trans*. Os isômeros *cis* ocorrem na maioria dos ácidos graxos naturais. Os ácidos graxos são componentes importantes de vários tipos de moléculas lipídicas. As estruturas e os nomes de alguns ácidos graxos estão listados na Tabela 8.1. Em geral, são representados por um símbolo numérico, que designa o comprimento da cadeia. Os átomos são numerados a partir do carbono da carboxila. A numeração 16:0 designa um ácido graxo com 16 átomos de carbono sem ligações duplas, enquanto $16:1^{\Delta 9}$ representa um ácido graxo com 16 átomos de carbono e ligação dupla em C9. Os átomos C2 e C3 dos ácidos graxos são designados α e β, respectivamente.

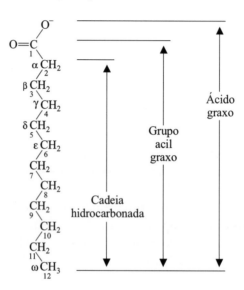

Figura 8.1 • Estrutura e nomenclatura dos ácidos graxos. Os ácidos graxos consistem em uma longa cauda hidrocarbonada e um terminal com um grupo carboxílico. Na nomenclatura IUPAC, os carbonos são numerados a partir do carbono carboxílico. Na nomenclatura comum, o átomo de carbono adjacente ao carbono carboxílico é designado α e os carbonos seguintes são denominados β, γ, δ etc. O átomo de carbono mais distante do carbono carboxílico é chamado carbono ω, independentemente do tamanho da cadeia. O ácido graxo mostrado, laureato (ou dodecanoato), tem 12 carbonos e não contém duplas ligações.

Em outro sistema de numeração utilizado na nomenclatura dos ácidos graxos, o C1 é o mais distante do grupo carboxila – sistema de numeração ω (*ômega*) (Tabela 8.1 e Figura 8.2).

Tabela 8.1 • Alguns ácidos graxos de ocorrência natural

Símbolo numérico	Estrutura	Nome comum
Ácidos graxos saturados		
12:0	$CH_3(CH_2)_{10}COOH$	Ácido láurico
14:0	$CH_3(CH_2)_{12}COOH$	Ácido mirístico
16:0	$CH_3(CH_2)_{14}COOH$	Ácido palmítico
18:0	$CH_3(CH_2)_{16}COOH$	Ácido esteárico
20:0	$CH_3(CH_2)_{18}COOH$	Ácido araquídico
22:0	$CH_3(CH_2)_{20}COOH$	Ácido beênico
24:0	$CH_3(CH_2)_{22}COOH$	Ácido lignocérico
Ácidos graxos insaturados		
$16:1^{\Delta 9}$	$CH_3(CH_2)_5CH=CH(CH_2)_7COOH$	Ácido palmitoleico
$18:1^{\Delta 9}$	$CH_3(CH_2)_7CH=CH(CH_2)_7COOH$	Ácido oleico
$18:2^{\Delta 9, 12}$	$CH_3(CH_2)_4CH=CHCH_2CH=CH(CH_2)_7COOH$	Ácido linoleico
$18:3^{\Delta 9, 12, 15}$	$CH_3(CH_2-CH=CH)_3(CH_2)_7COOH$	Ácido α-linolênico
$20:4^{\Delta 5, 8, 11, 14}$	$CH_3(CH_2)_3-(CH_2-CH=CH)_4-(CH_2)_3COOH$	Ácido araquidônico

LIPÍDEOS

Figura 8.2 ● Estrutura de ácidos graxos saturados e insaturados. O ácido esteárico é mostrado com todos os seus átomos. Um modo mais conveniente é mostrado (abaixo) para o ácido esteárico e outros ácidos graxos.

O homem sintetiza os ácidos graxos de que necessita, com exceção do ácido linoleico e do ácido linolênico (denominados *ácidos graxos essenciais*) obtidos da dieta. Os ácidos graxos essenciais são precursores para a biossíntese de vários metabólitos importantes. A dermatite é um sintoma precoce em indivíduos com dietas pobres em ácidos graxos essenciais. Outros sinais da deficiência incluem demora na cura de ferimentos, reduzida resistência a infecções, alopecia (perda de cabelo) e trombocitopenia (redução do número de plaquetas).

Os pontos de fusão dos ácidos graxos se elevam de acordo com o comprimento da cadeia hidrocarbonada. Os ácidos graxos saturados com dez ou mais átomos de carbono são sólidos em temperatura ambiente. Os insaturados são líquidos nessa temperatura.

B. Triacilgliceróis

Os triacilgliceróis (triglicerídeos) são ésteres de ácidos graxos com o glicerol. São os lipídeos mais abundantes no transporte e no armazenamento de ácidos graxos. O ácido graxo presente nos ésteres lipídicos é designado grupo *acila*. Dependendo do número de grupos hidroxila do glicerol esterificados com ácidos graxos, os acilgliceróis são denominados *monoacilgliceróis, diacilgliceróis* e *triacilgliceróis* (também conhecidos como mono, di e triglicerídeos). Os ácidos graxos presentes nos triacilgliceróis naturais podem ser iguais (triacilgliceróis *simples*) ou diferentes (triacilgliceróis *mistos*).

A maioria dos ácidos graxos presentes nos triacilgliceróis é mono ou poli-insaturada em configuração *cis*. O ponto de fusão desses compostos é determinado, fundamentalmente, pela natureza dos ácidos graxos presentes na molécula.

Em humanos, os triacilgliceróis (também chamados de *gorduras*) têm vários papéis: primeiro, são os principais combustíveis de reserva do corpo e a mais importante forma de transporte de ácidos graxos. As moléculas de triacilgliceróis armazenam energia mais eficientemente que o glicogênio por vários motivos:

- Os triacilgliceróis hidrofóbicos são armazenados na forma de glóbulos de gordura não hidratados em células do tecido adiposo. O glicogênio (outra molécula de armazenamento de energia) liga-se à substancial quantidade de água da hidratação (2 gramas de água por grama de glicogênio). Assim, os triacilgliceróis armazenam uma quantidade muito maior de energia que o glicogênio hidratado.

- As moléculas de ácidos graxos dos triacilgliceróis são mais reduzidas que as dos carboidratos e, desse modo, sua oxidação completa libera o dobro de energia da oxidação dos açúcares, ou seja, 38,9 $kJ \cdot g^{-1}$ (gordura) e 17,2 $kJ \cdot g^{-1}$ (açúcares), respectivamente.

A segunda importante função dos triacilgliceróis é o isolamento térmico contra baixas temperaturas, pois é um pobre condutor de calor. O tecido adiposo, com seu elevado conteúdo de triacilgliceróis, é encontrado na camada subcutânea e reduz a perda de calor.

Nas plantas, os triacilgliceróis constituem uma importante reserva de energia em frutas e sementes. Como essas moléculas contêm consideráveis quantidades de ácidos graxos insaturados (p. ex., oleico e linoleico), são chamadas *óleos vegetais*. Sementes ricas em óleos incluem: amendoim, milho, açafrão e feijão de soja. Abacate e azeitonas são frutas com alto conteúdo de gordura.

C. Ceras

As ceras são misturas complexas de lipídeos não polares. Funcionam como um revestimento de proteção em folhas, caules, frutos e na pele de animais. Os ésteres são compostos de ácidos graxos de cadeia longa e álcoois de cadeia longa como constituintes proeminentes da maioria das ceras. Exemplos bem conhecidos de ceras incluem a cera de carnaúba e a cera de abelha. O constituinte principal da cera de carnaúba é o éster de melissil ceronato. O triacontanoil palmitato é o principal componente da cera de abelha. As ceras também contêm hidrocarbonetos, álcoois, ácidos graxos, aldeídos e esteróis (álcoois esteroides).

D. Fosfolipídeos

Os fosfolipídeos são componentes das membranas biológicas. Além disso, vários fosfolipídeos são agentes emulsificantes (composto que promove a dispersão coloidal de um líquido em outro) e agentes surfactantes (composto que reduz a tensão superficial de uma solução, como detergentes). Os fosfolipídeos exercem essas funções por serem moléculas anfifílicas. Apesar das diferenças

LIPÍDEOS

estruturais, todos os fosfolipídeos são constituídos de "caudas" apolares alifáticas de ácidos graxos e "cabeças" polares que contêm fosfato e outros grupos carregados ou polares.

Quando em concentrações apropriadas, os fosfolipídeos suspensos em água se organizam em estruturas ordenadas na forma de micelas ou bicamadas lipídicas (ver Capítulo 19).

Os fosfolipídeos são de dois tipos, fosfoglicerídeos e esfingomielinas.

1. Glicerofosfolipídeos ou fosfoglicerídeos

São moléculas que contêm glicerol, dois ácidos graxos de cadeia longa, um fosfato e um aminoálcool (colina, etanolamina, serina ou inositol). São os principais componentes lipídicos das membranas celulares. O ácido fosfatídico (1,2-diacilglicerol-3-fosfato) é o precursor de outras moléculas de fosfoglicerídeos e consiste em glicerol-3-fosfato, cujas posições C1 e C2 são esterificadas com ácidos graxos (Figura 8.3).

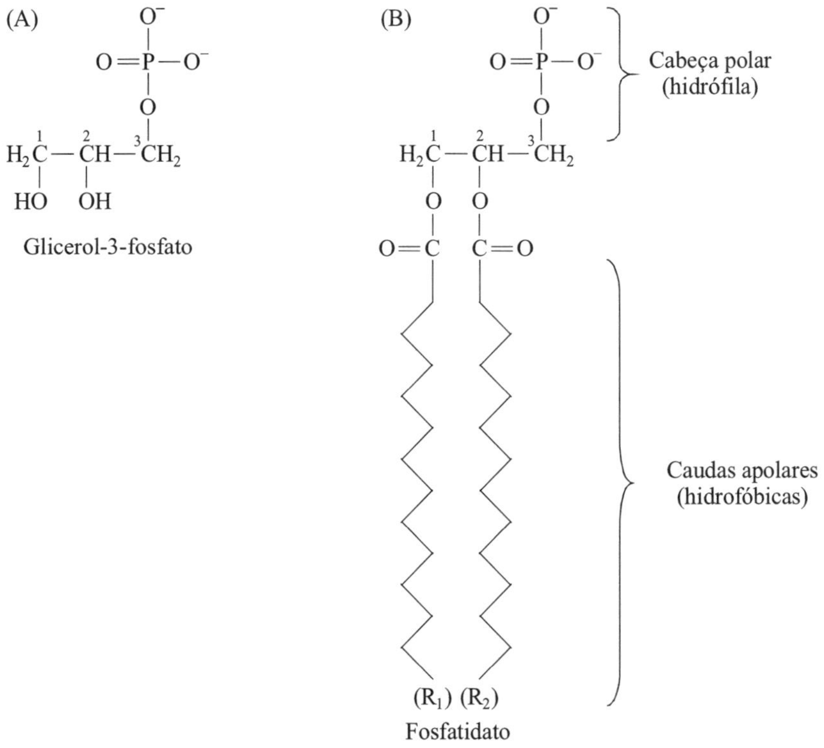

Figura 8.3 ● **Glicerofosfolipídeos.**
(A) Glicerol-3-fosfato. **(B)** Fosfatidato. O fosfatidato consiste em glicerol-3-fosfato com dois grupos acil graxos (R_1 e R_2) esterificados nos grupos hidroxila em C1 e C2.

Os fosfoglicerídeos são classificados de acordo com o álcool esterificado ao grupo fosfato. Alguns dos mais importantes são: *fosfatidilcolina* (lecitina), *fosfatidiletanolamina* (cefalina), *fosfatidilglicerol* e *fosfatidilserina* (Figura 8.4).

Os ácidos graxos frequentemente encontrados nos fosfoglicerídeos têm entre 16 e 20 átomos de carbono. Os ácidos graxos saturados ocorrem geralmente no C1 do glicerol. A posição C2 do glicerol é frequentemente ocupada por ácidos graxos insaturados. Um derivado do fosfoinositol denominado *fosfatidil-4,5-bisfosfato* (PIP_2) é encontrado em pequenas quantidades nas membranas e é um importante componente na transdução de sinal. O *sistema do fosfoinositídeo,* iniciado quando certos hormônios ligam-se aos receptores específicos na superfície externa das membranas plasmáticas, é descrito no Capítulo 19.

2. Esfingomielinas

As esfingomielinas diferem dos fosfoglicerídeos por conter *esfingosina,* um aminoálcool que contém uma longa cadeia hidrocarbonada insaturada, em lugar de diacilglicerol. Como as esfingomielinas também são classificadas como esfingolipídeos, suas estruturas e propriedades serão descritas mais adiante.

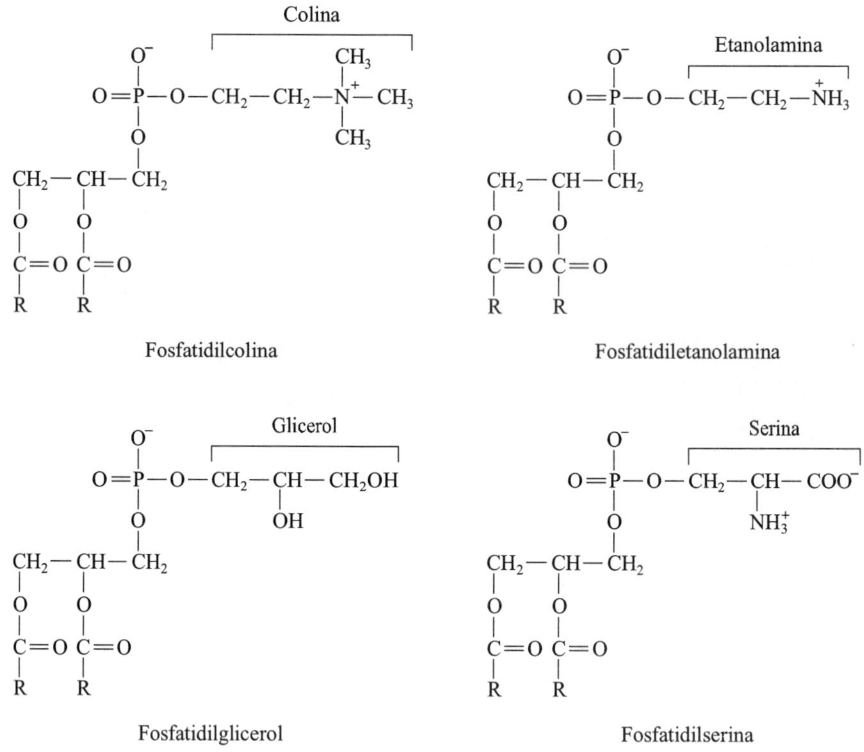

Figura 8.4 ● Fosfoglicerídeos comuns encontrados em membranas. Estruturas de quatro fosfoglicerídeos mais comuns: fosfatidilcolina (lecitina), fosfatidiletanolamina, fosfatidilglicerol e fosfatidilserina.

E. Esfingolipídeos

Os esfingolipídeos constituem o segundo maior componente lipídico das membranas celulares. As moléculas de esfingolipídeos contêm um aminoálcool de cadeia longa. Em animais, o aminoálcool é a *esfingosina* e em vegetais é a *fitoesfingosina*. As moléculas mais simples desse grupo são as *ceramidas,* derivadas de ácidos graxos ligados ao grupo amino ($-NH_2$) no C2 da esfingosina. As ceramidas são precursoras das esfingomielinas e dos glicoesfingolipídeos.

1. Esfingomielinas

O grupo álcool primário da ceramida é esterificado ao grupo fosfórico da fosfocolina ou da fosfoetanolamina. A esfingomielina é encontrada na maioria das membranas plasmáticas das células animais. Como o nome sugere, a esfingomielina está presente em grande quantidade na bainha de mielina que reveste e isola os axônios em neurônios. Suas propriedades isolantes facilitam a rápida transmissão dos impulsos nervosos (Figura 8.5).

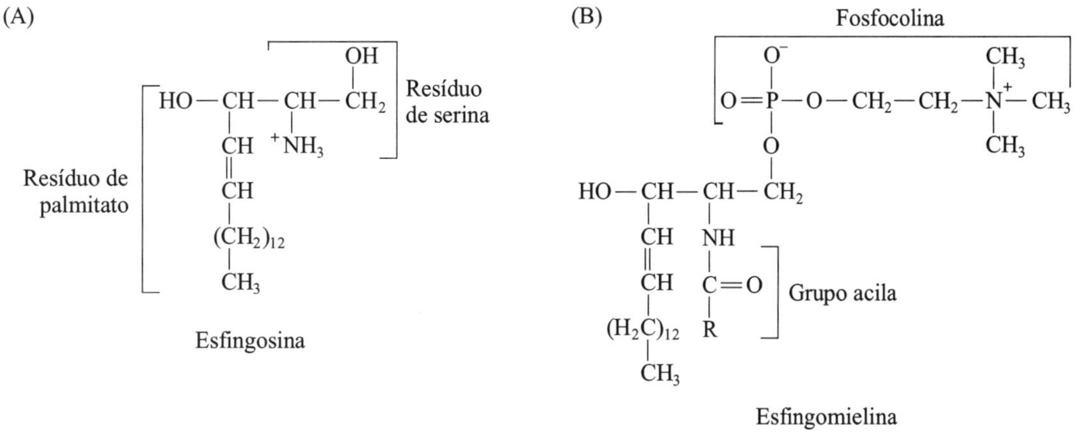

LIPÍDEOS   127

(A)   (B)   Fosfocolina

Esfingosina

Esfingomielina

Figura 8.5 ● **Estrutura da esfingosina e da esfingomielina. A.** A estrutura da esfingosina é derivada da serina e do palmitato.
B. A ligação de um segundo grupo acila e uma fosfatidilcolina (ou fosfoetanolamina) produz uma esfingomielina.

2. Glicoesfingolipídeos (glicolipídeos)

São esfingolipídeos de membrana que contêm um ou mais açúcares ligados à porção hidrofóbica da ceramida. Nesses compostos, os glicídeos (monossacarídeos, dissacarídeos ou oligossacarídeos) estão ligados por ligação *O-glicosídica*. Os glicoesfingolipídeos não contêm grupos fosfato e são eletricamente neutros. Nas membranas plasmáticas, os glicoesfingolipídeos tendem a se associar com esfingomielina, colesterol e proteínas ancorados ao fosfatidilinositol em estruturas conhecidas como *balsas lipídicas* (*rafts*), que estão envolvidas na transdução de sinal mediado por receptores de membrana e na adesão célula-célula. As classes mais importantes dos glicoesfingolipídeos são os cerebrosídeos, os sulfatídeos, os globosídeos e os gangliosídeos:

- **Cerebrosídeos:** são esfingolipídeos cujas cabeças polares contêm ou glicose (glicocerebrosídeos) ou galactose (galactocerebrosídeos). Os *galactocerebrosídeos,* o exemplo mais comum dessa classe, são encontrados predominantemente no cérebro, onde constituem o principal componente da bainha de mielina. Os *glicocerebrosídeos* não são normalmente componentes de membranas; ocorrem em tecidos não neurais e estão aumentados no fígado e no baço em caso de doença de Gaucher.

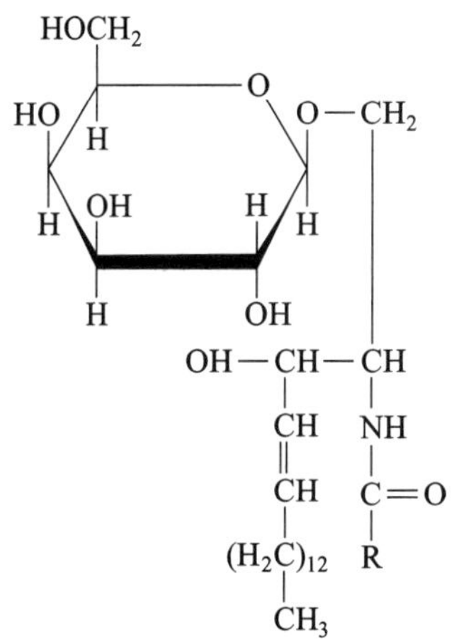

- **Sulfatídeos:** são galactocerebrosídeos que contêm um grupo sulfato esterificado na posição 3 do açúcar (sulfogalactosilceramida) e estão presentes em altas concentrações na mielina. Os sulfatídeos são os principais componentes do cérebro, compondo 15% dos lipídeos da matéria branca.

- **Globosídeos:** são esfingolipídeos que contêm dois ou mais resíduos de açúcares, geralmente uma combinação de galactose, glicose e *N*-acetilgalactosamina. Os oligossacarídeos não possuem cargas elétricas e não contêm grupos amino livres. Os globosídeos proeminentes incluem a lactosilceramida (ceramida-β-glc[4-1]-β-gal), presente nas membranas dos eritrócitos, e a ceramida galactosilactosídeo (ceramida-β-glc[4-1]-β-gal-[4-1]-α-gal), em destaque em membranas do sistema nervoso. Outros globosídeos contêm porções de carboidratos que determinam a capacidade antigênica do siste-

Um cerebrosídeo

ma ABO na superfície de células, particularmente nos eritrócitos. Antígenos de carboidratos do sistema ABO também são encontrados nos glicolipídeos de membrana.

- **Gangliosídeos:** são os glicoesfingolipídeos que possuem oligossacarídeos com um ou mais resíduos de ácido siálico (ácido *N*-acetilneuamínico). São encontrados altamente concentrados em células de gânglios. Os nomes dos gangliosídeos incluem letras e números subscritos. As letras M, D e T indicam que a molécula contém um, dois ou três resíduos de ácido siálico, respectivamente. Os números designam a sequência de açúcares ligados à ceramida. Os gangliosídeos G_{M1}, G_{M2} e G_{M3} são os mais conhecidos. Os gangliosídeos são componentes das membranas da superfície celular.

Um gangliosídeo

Os glicoesfingolipídeos atuam como receptores de certas toxinas proteicas bacterianas, como as que causam cólera, tétano e botulismo. Algumas bactérias também se ligam aos receptores glicolipídicos, como *E. coli, Streptococcus pneumoniae* e *Neisseria gonorrhoeae,* agentes causadores de infecções urinárias, pneumonia e gonorreia, respectivamente.

As principais classes de lipídios estão esquematizadas na Figura 8.6.

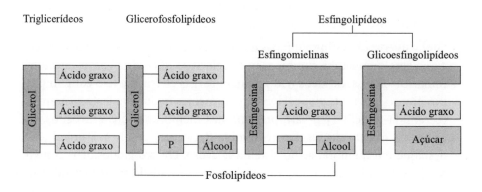

Figura 8.6 • **Representação das principais classes de lipídeos.** Açúcar = mono ou oligossacarídeo, P = grupo fosfato.

LIPÍDEOS

F. Doenças do armazenamento de esfingolipídeos (esfingolipidoses)

Caracterizam-se por defeitos hereditários de enzimas necessárias à degradação dos esfingolipídeos nos lisossomas e provocam o acúmulo desses compostos nas células. A mais comum é a doença de Tay-Sachs, causada pela deficiência da β-hexoaminidase A, enzima que degrada o gangliosídeo G_{M2}. Como a célula acumula essa molécula, ocorre uma deterioração neurológica. Os sintomas da doença (cegueira, fraqueza muscular e retardo mental) geralmente aparecem alguns meses após o nascimento. Não existe terapia para as doenças de armazenamento dos esfingolipídeos e, portanto, são fatais. Exemplos de esfingolipídeos são descritos na Tabela 8.2.

Tabela 8.2 ● Compostos acumulados e enzimas deficientes em esfingolipidoses

Doença	Esfingolipídeo acumulado	Enzima deficiente
Doença de Tay-Sachs	Gangliosídeo G_{M2}	β-hexoaminidase A
Doença de Gaucher	Glicocerebrosídeo	β-glicosídeo
Doença de Krabbe	Galactocerebrosídeo	β-galactosidase
Doença de Niemann-Pick	Esfingomielina	Esfingomielinase

G. Isoprenoides

Os isoprenoides constituem um vasto grupo de biomoléculas que contêm unidades estruturais repetidas de cinco carbonos, conhecidas como *unidades de isoprenos.* Os isoprenoides são sintetizados a partir do isopentenil pirofosfato formado do acetil-CoA.

Os isoprenoides consistem em terpenos e esteroides. Os *terpenos* constituem um enorme grupo de substâncias encontradas em óleos essenciais das plantas. Os *esteroides* são derivados do anel hidrocarbonado do colesterol.

1. Terpenos

Os terpenos são classificados de acordo com o número de resíduos de isopreno que contêm. Os *monoterpenos* são compostos de duas unidades de isopreno. O geraniol é um monoterpeno encontrado no óleo de gerânio. Terpenos que contêm três isoprenoides (15 carbonos) são denominados *sesquiterpenos.* O farnesene, importante constituinte do óleo de citronela (substância usada em sabões e perfumes), é um *sesquiterpeno.* O fitol, álcool vegetal, é um exemplo de diterpenos, moléculas compostas de quatro unidades de isoprenos. O esqualeno, encontrado em grande quantidade no óleo de fígado de tubarões, azeite de oliva e levedura, é um exemplo de *triterpenos* (o esqualeno é um intermediário da síntese do esteroide). Os *carotenoides,* pigmento laranja encontrado em muitas plantas, são *tetraterpenos* (moléculas compostas de oito unidades de isopreno). Os carotenos são membros hidrocarbonados desse grupo. Os *politerpenos* são moléculas de elevado peso molecular, compostos de centenas ou milhares de unidades de isopreno. A borracha natural é um politerpeno composto de 3 mil a 6 mil unidades de isopreno.

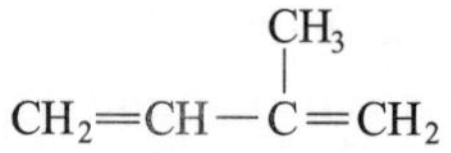

$$CH_2{=}CH-\overset{\overset{\displaystyle CH_3}{|}}{C}{=}CH_2$$

Isopreno

Várias biomoléculas importantes são formadas por componentes não terpenos ligados a grupos isoprenoides. Exemplos incluem a vitamina E (α-tocoferol), a ubiquinona, a vitamina K e algumas citocinas.

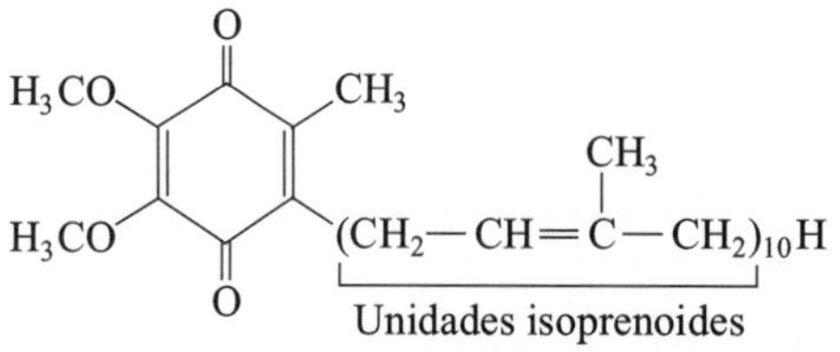

Ubiquinona

2. Esteroides

São complexos derivados dos triterpenos encontrados em células eucari-óticas e em algumas bactérias. Cada esteroide é composto de quatro anéis não planares fusionados, três com seis carbonos e um com cinco. Distinguem-se os esteroides pela localização de ligações duplas carbono-carbono e diferentes substituintes (p. ex., grupos hidroxil, carbonil e alquila).

O *colesterol* – importante molécula dos tecidos animais – é um exemplo de esteroide. Além de ser um componente essencial das membranas biológicas, o colesterol é um precursor na biossíntese de todos os hormônios esteroides, da vitamina D e de sais biliares. O colesterol é geralmente armazenado nas células como éster de ácido graxo.

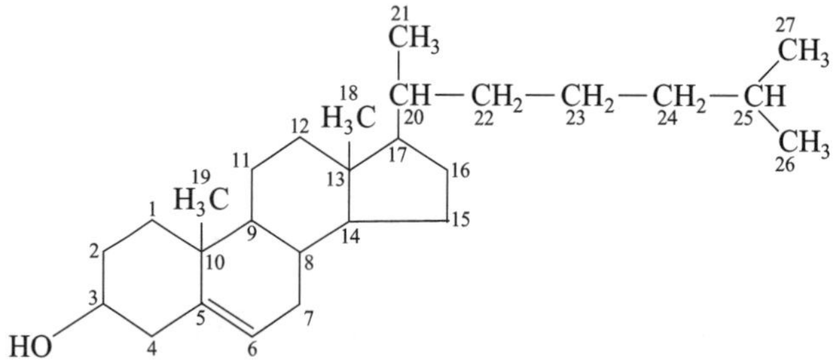

Colesterol

Os glicosídeos cardíacos, moléculas que aumentam a intensidade da con-tração do músculo cardíaco, estão entre os mais interessantes derivados dos esteroides. Os glicosídeos são acetais contendo carboidrato. Muitos glico-sídeos cardíacos são tóxicos (p. ex., *ouabaína,* obtida de sementes da planta *Strophantus gratus*), enquanto outros apresentam propriedades medicinais (p. ex., *digitalis,* extraído de folhas secas da *Digitalis purpurea* [planta ornamental dedaleira], que é um estimulador da contração do músculo cardíaco). A *digi-*

LIPÍDEOS

toxina, principal glicosídeo *cardiotônico* no *digitalis*, é usado no tratamento da insuficiência cardíaca por obstrução dos vasos. Em concentrações acima das terapêuticas, a digitoxina é extremamente tóxica. Tanto a ouabaína como a digitoxina inibem a (Na^+-K^+)-ATPase.

8.2 LIPOPROTEÍNAS

Triacilgliceróis, colesterol e ésteres de colesterol são insolúveis em água e não são transportados pela circulação como moléculas livres. Em vez disso, essas moléculas se agregam aos fosfolipídeos e às proteínas anfipáticas para formar partículas esféricas macromoleculares, conhecidas como *lipoproteínas*. As lipoproteínas têm núcleo hidrofóbico contendo triacilgliceróis e ésteres de colesterol e uma capa externa hidrofílica que consiste em moléculas anfipáticas: colesterol livre, fosfolipídeos e proteínas (apoproteínas ou apolipoproteínas) (Tabela 8.3). As lipoproteínas também contêm várias moléculas antioxidantes solúveis em lipídeos (p. ex., α-tocoferol e vários carotenoides). (Os antioxidantes destroem os radicais livres, como o radical superóxido e o radical hidroxila.) As lipoproteínas são classificadas de acordo com sua densidade:

- **Quilomícrons:** transportam os lipídeos da alimentação por meio da linfa e do sangue, desde o intestino até o tecido muscular (para obtenção de energia por oxidação) e o adiposo (para armazenamento). Os quilomícrons estão presentes no sangue somente após a refeição. Os quilomícrons remanescentes ricos em colesterol – que já perderam a maioria de seus triacilgliceróis pela ação da lipoproteína lipase capilar – são captados pelo fígado por endocitose.

- **Lipoproteínas de densidade muito baixa (VLDL):** são sintetizadas no fígado. Transportam triacilgliceróis e colesterol endógenos até os tecidos extrahepáticos. No transporte das VLDL pelo sangue, os triacilgliceróis são hidrolisados progressivamente pela lipoproteína lipase a ácidos graxos livres e glicerol. Alguns ácidos graxos livres retornam à circulação ligados à albumina, porém a maior parte é transportada para o interior das células. Eventualmente, os remanescentes de VLDL (triacilglicerol-exauridos) são captados pelo fígado ou convertidos em lipoproteínas de densidade baixa (LDL). A VLDL é precursora da IDL (lipoproteína de densidade intermediária), que, por sua vez, é precursora da LDL.

- **Lipoproteínas de densidade baixa (LDL):** as partículas de LDL são formadas a partir das VLDL. As LDL, enriquecidas de colesterol e ésteres de colesterol, transportam lipídeos para os tecidos periféricos. A remoção de LDL da circulação é mediada por receptores de LDL (sítios específicos de ligação), encontrados tanto no fígado como em tecidos extra-hepáticos. Um complexo formado entre a LDL e o receptor celular entra na célula por endocitose (engolfamento). As lipases dos lisossomos e proteases degradam as LDL. O colesterol liberado é incorporado nas membranas celulares ou armazenado como éster de colesterol. A deficiência de receptores celulares para as LDL leva ao desenvolvimento de *hipercolesterolemia familiar*, isto é, o colesterol acumula-se no sangue e é depositado na pele e nas artérias por deficiência na captação.

- **Lipoproteínas de densidade alta (HDL):** as HDL removem o colesterol do plasma e dos tecidos extra-hepáticos, transportando-o para o fígado. Na superfície hepática, a HDL se liga ao receptor SR-B1 e transfere o colesterol e os ésteres de colesterol para o interior do hepatócito. A partícula de HDL com menor conteúdo de lipídeos retorna ao plasma. No fígado, o colesterol é convertido em sais biliares, os quais são excretados na vesícula. O risco de aterosclerose (depósito de colesterol nas artérias) diminui com a elevação dos níveis de HDL e aumenta com a elevação da concentração das LDL (Figura 8.7).

Tabela 8.3 • Classificação, propriedades e composição das lipoproteínas humanas

Parâmetro	Quilomícrons	VLDL	LDL	HDL
Densidade (g/mL)	<0,95	0,95 a 1,006	1,019 a 1,063	1,063 a 1,21
Diâmetro (nm)	>70	30 a 80	18 a 28	5 a 12
Mobilidade eletroforética	Origem	Pré-β	β	α
Composição (%)				
Colesterol livre	2	5 a 8	13	6
Colesterol esterificado	5	11 a 14	39	13
Fosfolipídeos	7	20 a 23	17	28
Triglicerídeos	84	44 a 60	11	3
Proteínas	2	4 a 11	20	50
Local de síntese	Intestino	Intestino, fígado	Intravascular	Intestino, fígado

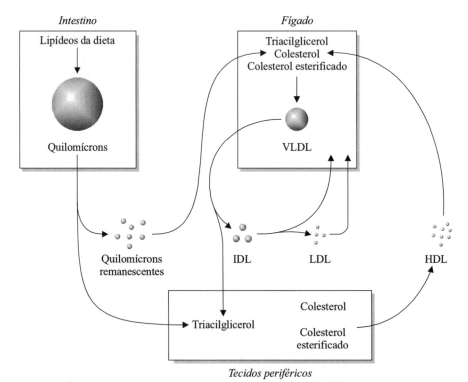

Figura 8.7 • **Visão global do metabolismo das lipoproteínas.** Os quilomícrons formados nas células intestinais transportam os triacilgliceróis para os tecidos periféricos, incluindo o músculo e o tecido adiposo. Os quilomícrons remanescentes entregam os ésteres de colesterol para o fígado. As VLDL são formadas no fígado e transportam os lipídeos endógenos para os tecidos periféricos. Quando as VLDL são degradadas (via IDL), o colesterol é esterificado com ácidos graxos provenientes do HDL para tornar-se LDL, que transporta o colesterol para os tecidos extra-hepáticos. A HDL envia o colesterol dos tecidos periféricos para o fígado.

LIPÍDEOS

RESUMO

1. Os lipídeos são biomoléculas com grande variedade estrutural. São solúveis em solventes não polares. São ácidos graxos e seus derivados, triacilgliceróis, ésteres graxos, fosfolipídeos, lipoproteínas, esfingolipídeos e isoprenoides.

2. Os ácidos graxos são ácidos monocarboxílicos que ocorrem principalmente como triacilgliceróis, fosfolipídeos e esfingolipídeos. Os eicosanoides constituem um grupo de moléculas hormônio-*like* derivadas de ácidos graxos de cadeias longas. Os eicosanoides incluem as prostaglandinas, os tromboxanos e os leucotrienos.

3. Os triacilgliceróis são ésteres de glicerol com três moléculas de ácidos graxos. Os triacilgliceróis (chamados gorduras) são sólidos à temperatura ambiente (possuem principalmente ácidos graxos saturados). Os líquidos à temperatura ambiente (ricos em ácidos graxos insaturados) são denominados óleos. Os triacilgliceróis, principal forma de transporte e armazenamento de ácidos graxos, são uma importante forma de armazenamento de energia em animais. Nas plantas, são armazenados nas frutas e sementes.

4. Os fosfolipídeos são componentes estruturais das membranas. Existem dois tipos de fosfolipídeos: fosfoglicerídeos e esfingomielinas.

5. Os esfingolipídeos são também componentes importantes das membranas celulares de animais e vegetais. Contêm um aminoálcool de cadeia longa. Nos animais, esse álcool é a esfingosina. A fitoesfingosina é encontrada nos esfingolipídeos vegetais. Os glicolipídeos são esfingolipídeos que possuem grupos carboidratos e nenhum fosfato.

6. Os isoprenoides são moléculas que contêm unidades isoprênicas de cinco carbonos repetidas. Os isoprenoides consistem em terpenos e esteroides.

7. As lipoproteínas plasmáticas transportam moléculas de lipídeos pela corrente sanguínea de um órgão para outro. Elas são classificadas de acordo com a densidade. Os quilomícrons são lipoproteínas volumosas de densidade extremamente baixa que transportam os triacilgliceróis e ésteres de colesterol da dieta do intestino para o tecido adiposo e músculo esquelético. As VLDL são sintetizadas no fígado e transportam lipídeos para os tecidos. No transporte pela corrente sanguínea, elas são convertidas em LDL. As LDL são captadas pelas células por endocitose após ligação a receptores específicos localizados na membrana plasmática. As HDL, também produzidas pelo fígado, captam o colesterol das membranas celulares e de outras partículas lipoproteicas. As LDL têm importante papel no desenvolvimento da aterosclerose.

BIBLIOGRAFIA

Berg JM, Tymoczko JL, Stryer L. Bioquímica. 6. ed. Rio de Janeiro: Guanabara-Koogan, 2008:331-55.

Devlin TM. Manual de bioquímica com correlações clínicas. 6. ed. São Paulo: Edgard Blucher, 2007:436-582.

Horton HR, Moran LA, Ochs RS, Rawn JD, Scrimgeour KG. Principles of biochemistry. 3. ed. Upper Saddle River: Prentice Hall, 2002:264-303.

Nelson DL, Cox MM. Lehninger: principles of biochemistry. 4. ed. New York: Freeman, 2005:369-420.

Pratt CW, Cornely K. Essential biochemistry. Danvers: John Wiley, 2004:232-74.

9

Bioenergética

O metabolismo é constituído de reações químicas acopladas e reguladas que se interconectam para gerar e utilizar energia. Os seres vivos são essencialmente *isotérmicos* e usam energia química para impulsionar os processos vitais. A relação energética entre geração (catabolismo) e utilização (anabolismo) de energia é dada por vários eventos biológicos, como:

- Liberar energia geralmente captada na formação de adenosina trifosfato (ATP), pela oxidação dos alimentos ingeridos ou de combustíveis armazenados, como carboidratos, lipídeos e proteínas.

- Transferir equivalentes de redução para as coenzimas NAD^+ (nicotinamida adenina dinucleotídeo) e $NADP^+$ (nicotinamida adenina dinucleotídeo fosfato) para formar NADH e NADPH, respectivamente, a partir de reações oxidativas do catabolismo. O NADH é utilizado principalmente para a síntese de ATP, enquanto o NADPH é usado quase exclusivamente para biossínteses redutoras.

- Sintetizar macromoléculas e outras biomoléculas a partir de precursores simples com a utilização de energia química armazenada na forma de ATP ou equivalentes de redução de NADPH (Figura 9.1).

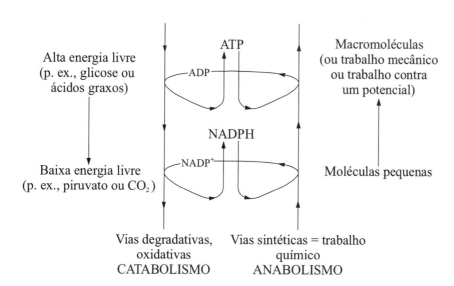

Figura 9.1 ATP e NADPH em vias catabólicas e anabólicas.

135

- Contrair músculos, amplificar sinais e propiciar o transporte de moléculas e íons através de membranas.

Quadro 9.1 ● Sistema e meio circundante

Os *princípios de termodinâmica* estão baseados no conceito de um *sistema* e de seu *meio circundante*. O sistema pode ser uma reação química, uma célula ou um organismo para os quais os meios circundantes são o solvente da reação, o líquido extracelular (ou matriz) ou o meio ambiente no qual o organismo sobrevive, respectivamente. Trocas de energia e/ou de matéria entre o sistema e o meio circundante dependem de o sistema ser fechado, *isolado* ou *aberto*. Em um sistema fechado, não há troca de matéria ou energia entre o sistema e o meio circundante.

Em um sistema isolado, somente energia pode ser trocada entre o sistema e o meio circundante. No sistema aberto, ocorre troca de matéria e energia com o meio circundante, mas nunca é atingido o equilíbrio com este.
Os organismos vivos trocam matéria (p. ex., dióxido de carbono e oxigênio) e energia (derivada do metabolismo na forma de calor) com seu meio circundante. As células vivas e os organismos são exemplos de sistemas abertos.

- Excretar substâncias produzidas pela degradação ou modificação de moléculas.

- Gerar calor a partir da oxidação de alimentos para algumas células em bebês e animais que hibernam.

9.1 TERMODINÂMICA E METABOLISMO

O estudo dos efeitos da energia que acompanham as mudanças físicas e químicas sobre a matéria é conhecido como *termodinâmica*. As leis da termodinâmica são usadas para avaliar o fluxo e o intercâmbio de matéria e energia. A *bioenergética* estuda a geração e a utilização de energia que acompanham as reações bioquímicas. Três quantidades termodinâmicas que descrevem as variações de energia que ocorrem nas reações químicas são essenciais para a compreensão das relações energéticas nos sistemas biológicos: (1) *entalpia* é o conteúdo em calor total; (2) *entropia* é a medida da desordem de um sistema; (3) *energia livre* é a energia disponível para realizar trabalho útil.

As células dos organismos vivos operam como sistemas *isotérmicos* (funcionam à temperatura constante) e trocam energia e matéria com o ambiente. Em termodinâmica, um *sistema* é tudo que está dentro de uma região definida no espaço (p. ex., um organismo). O restante do universo é chamado *meio circundante, vizinhança* ou *ambiente*. Os organismos vivos são sistemas abertos que jamais estão em equilíbrio com o meio circundante.

As leis da termodinâmica descrevem as transformações de energia. As duas primeiras são especialmente úteis na investigação das mudanças nos sistemas vivos:

- **Primeira lei da termodinâmica:** *em qualquer mudança física ou química, a quantidade de energia total do sistema e seu meio circundante permanece constante.* A lei estipula que a energia pode ser convertida de uma forma para outra, mas não pode ser criada ou destruída. As células são capazes de interconverter energia química, eletromagnética, mecânica e osmótica com grande eficiência. Por exemplo, no músculo esquelético, a energia química do ATP é convertida em energia mecânica durante o processo de contração muscular. É importante reconhecer que a *troca de energia de um sistema depende somente dos estados inicial e final, e não do mecanismo da reação*.

- **Segunda lei da termodinâmica:** para formular a segunda lei é necessário definir o termo entropia (do grego *en,* dentro de, + *trope,* curva). A *entropia (S) é a medida ou indicador do grau de desordem ou casualidade de um sistema,* ou a energia de um sistema que não pode ser utilizada para realizar trabalho útil. De acordo com a segunda lei, *as reações espontâneas tendem a progredir em direção ao equilíbrio* (aumento da entropia do universo). Ao atingir o equilíbrio, a desordem (entropia) é a máxima possível sob as condições existentes. A menos que o processo receba energia adicional de uma fonte externa ao sistema, não ocorrerá nenhuma outra mudança espontaneamente.

A. Energia livre

Os organismos vivos necessitam de contínuo aporte de energia livre fundamentalmente para diferentes processos, como, por exemplo, realização de trabalho mecânico de contração muscular e outros movimentos celulares; transporte de moléculas e íons através de membranas; síntese de macromoléculas e outras biomoléculas a partir de precursores simples; transmissão e amplificação de sinais.

A energia livre de Gibbs (G) de um sistema é a parte da energia total do sistema que está disponível para realizar trabalho útil, sob temperatura e pressão constantes. A variação de energia livre de Gibbs (ΔG), nas condições existentes nos sistemas biológicos, está quantitativamente relacionada à entalpia e à entropia:

$$\Delta G = \Delta H - T\Delta S$$

na qual ΔG é a variação de energia livre de Gibbs que ocorre enquanto o sistema se desloca de seu estado inicial para o equilíbrio, sob temperatura e pressão constantes; ΔH é a variação em entalpia ou conteúdo de calor do sistema; T, a temperatura absoluta (Kelvin; °C + 273); e ΔS, a variação da entropia do sistema. As unidades de ΔG e ΔH são joules·mol^{-1} ou calorias mol^{-1} (uma caloria é igual a 4,184 J). As variações da energia livre são acompanhadas pelas concomitantes modificações da entalpia e da entropia.

Para a maioria dos casos, o valor de ΔG é obtido medindo-se a variação de energia livre dos estados inicial e final do processo:

$$\Delta G = G_{(produtos)} - G_{(reagentes)}$$

O mecanismo de reação não afeta a ΔG, isto é, a variação de energia independe da via pela qual ocorre a transformação. *A velocidade de uma reação depende do mecanismo da reação e está relacionada com a energia livre de ativação (ΔG^*), mas não com a variação de energia livre (ΔG). A magnitude de ΔG não fornece informações sobre a velocidade da reação.*

A variação de energia livre (ΔG) de uma reação química está relacionada com a constante de equilíbrio em um processo e pode ser *positiva, negativa* ou *zero,* e indica a direção ou a espontaneidade da reação:

- **Reações de equilíbrio:** nos processos que apresentam ΔG igual a 0 ($\Delta G = 0$, $K_{eq} = 1,0$), não há fluxo líquido em nenhuma direção de reação (as velocidades das reações são iguais nos dois sentidos).

- **Reações exergônicas:** são processos que apresentam ΔG negativo ($\Delta G < 0$, $K_{eq} > 1,0$), indicando que são termodinamicamente favoráveis e procederão *espontaneamente* em direção ao equilíbrio.

- **Reações endergônicas:** são processos que apresentam ΔG positivo ($\Delta G > 0$, $K_{eq} < 1,0$), o que significa que a reação requer energia e é *não espontânea* (termodinamicamente desfavorável). O processo ocorrerá espontaneamente na direção inversa à escrita. Energia de outra fonte deve ser empregada para permitir que a reação ocorra em direção ao equilíbrio.

B. Relação da ΔG com a constante de equilíbrio

No equilíbrio químico, a reação contém tanto produtos como reagentes. Assim, para a reação:

$$aA + bB \leftrightarrows cC + dD$$

onde *a, b, c* e *d* são os números de moléculas de A, B, C e D que participam da reação, o composto A reage com B até que as quantidades específicas de C e D sejam formadas. Assim, as concentrações de A, B, C e D não mais se modificam, pois as velocidades das reações em um ou em outro sentido são iguais. As concentrações dos reagentes e produtos nas reações em equilíbrio se relacionam pela *constante de equilíbrio, K_{eq}*:

$$K_{eq} = \frac{[C]^c \ [D]^d}{[A]^a \ [B]^b}$$

onde [A], [B], [C] e [D] são as concentrações dos componentes da reação no ponto de equilíbrio. A constante de equilíbrio é uma razão entre as constantes de velocidade da reação. A K_{eq} varia com a temperatura.

A variação na energia livre real, ΔG de uma reação, em temperatura e pressão constantes está relacionada com a constante de equilíbrio da reação e, portanto, depende da concentração de reagentes e produtos:

$$\Delta G = \Delta G^\circ + RT \ln \frac{[C]^c \ [D]^d}{[A]^a \ [B]^b}$$

A ΔG° é a *variação de energia livre padrão*, quando todos os reagentes e produtos da reação estão no estado padrão: concentração inicial de 1M, temperatura de 25°C e pressão de 1atm. O R é a constante dos gases ($0,0082$ kJ·mol⁻¹), T é a temperatura absoluta em graus Kelvin (°C + 273) e ln é o logaritmo natural, e ΔG° é uma constante com valor característico e invariável para cada reação.

Como o valor de ΔG é zero, não existe variação líquida de energia, e a expressão é reduzida:

$$0 = \Delta G^\circ + RT \ln \frac{[C]^c \ [D]^d}{[A]^a \ [B]^b}$$

BIOENERGÉTICA

A equação pode ser assim reescrita:

$$\Delta G° = -RT \ln K_{eq}$$

O ln pode ser convertido em log na base 10 pela multiplicação por 2,3. Então,

$$\Delta G° = -2,3RT \log K_{eq}$$

Como a maioria das reações bioquímicas ocorre *in vivo* em pH ao redor de 7,0, a variação de energia livre padrão é designada $\Delta G°'$ com a inclusão de apóstrofo e nomeada *linha*. A relação quantitativa entre $\Delta G°'$ e a constante de equilíbrio a 25°C é apresentada na Tabela 9.1.

Tabela 9.1 ● **Relação quantitativa entre os valores da constante de equilíbrio (K_{eq}) e as variações de energia livre padrão ($\Delta G°'$) em pH 7,0 e 25 °C**

K'_{eq}	$\Delta G°'$ (kJ·mol^{-1})	Direção da reação
1.000	−17,1	Ocorre de forma direta
100	−11,4	Ocorre de forma direta
10	−5,7	Ocorre de forma direta
1	0	Equilíbrio
0,1	+5,7	Ocorre de forma inversa
0,01	+11,4	Ocorre de forma inversa
0,001	+17,1	Ocorre de forma inversa

Quando os reagentes e produtos estão presentes em concentrações iniciais de 1,0M cada um e temperatura de 37°C, o cálculo da energia livre padrão é dado por

$$\Delta G°' = -0,0082 \times 310 \times 2,3 \log K'_{eq}$$
$$\Delta G°' = -5,846 \log K'_{eq}$$

A variação de energia livre real, ΔG é uma função das concentrações de reagentes e produtos. A 37°C tem-se:

$$\Delta G = \Delta G°' + 5,846 \log \frac{[\text{produtos}]}{[\text{reagentes}]}$$

Os produtos e reagentes referem-se às concentrações iniciais reais, que não devem ser confundidas com as encontradas no equilíbrio, ou em condições padrão. Em geral, os valores de energia livre real disponível para trabalho em uma célula são maiores que o indicado pelo valor de $\Delta G°'$. Exemplo de cálculo de ΔG: a *hexocinase* catalisa a reação,

$$\text{Glicose} + \text{ATP} \rightarrow \text{glicose-6-fosfato} + \text{ADP}$$

O valor de $\Delta G°$ da reação é −16,7 kJ · mol^{-1}, e para uma constante de equilíbrio de 0,08 tem-se que:

$$\Delta G = -16,7 + (2,3 \times 0,0082 \times 310 \times \log 0,08) = -23,1 \text{ kJ} \cdot \text{mol}^{-1}$$

Tabela 9.2 ● **Energia liberada pela oxidação de um grama de combustível**

Constituinte	ΔH (kJ · g⁻¹)
Proteína	16,7
Gordura	37,6
Amido ou glicogênio	16,7
Glicose	15,7
Carboidratos hidrolisados por bactérias	8,4
Etanol	29,0
Glutamina	13,2

Tabela 9.3 ● **Valores da energia livre padrão (ΔG°') de hidrólise de alguns compostos de *alta energia***

Composto	ΔG°' (kJ·mol⁻¹)
Fosfo*enol*piruvato	−61,9
Carbamoil-fosfato	−51,4
1,3-Bisfosfoglicerato	−49,3
Creatina-fosfato	−43,1
Acetil-fosfato	−42,2
Acetil-CoA	−31,4
ATP (→ADP + P$_i$)	−30,5
ATP (→AMP + PP$_i$)	−45,6
Glicose-1-fosfato	−20,9
Glicose-6-fosfato	−13,8

9.2 COMPOSTOS DE *ALTA ENERGIA*

As células obtêm a energia necessária para sua manutenção e crescimento pela oxidação de alimentos como glicose (carboidrato), aminoácidos (proteínas) e ácidos graxos (lipídeos não esteroides). Exemplos de calor liberado (ΔH) a partir de alguns alimentos são descritos na Tabela 9.2.

Parte da energia proveniente da reação é capturada na formação de ATP. O ATP é uma molécula cuja hidrólise libera grande quantidade de energia. Outros compostos fosforilados e tioésteres também têm quantidades elevadas de energia livre de hidrólise e, juntamente com o ATP, são denominados *compostos de "alta energia"* (ou *ricos em energia*) (Tabela 9.3). Basicamente, a energia liberada pela degradação de alimentos é conservada em compostos de *alta energia*, cuja hidrólise libera energia usada pelas células para exercer suas funções.

Os valores negativos de ΔG°' da hidrólise dos compostos apresentados na Tabela 9.2 são denominados *potencial de transferência de grupos fosforila* e são medidas da tendência dos grupos fosforilados em transferir seus grupos fosforila para a água. Por exemplo, o ATP tem um potencial de transferência de 30,5 kJ·mol⁻¹ comparado com 13,8 kJ·mol⁻¹ para a glicose-6-fosfato. Isso significa que a tendência do ATP em transferir um grupo fosforila é maior que a da glicose-6-fosfato.

A. Adenosina trifosfato (ATP)

A energia livre proveniente da oxidação dos alimentos é conservada pelo intermediário central de alta energia, *adenosina trifosfato* (ATP), produzido a partir de ADP e P$_i$. As formas ativas do ATP e ADP estão complexadas com o Mg^{2+} ou com outros íons. O ATP é o elo entre vias de geração e gasto de energia.

O ATP é um nucleotídeo formado por uma unidade de adenina, uma de ribose e três grupos fosforila sequencialmente ligados por meio de uma ligação *fosfoéster* seguida de duas ligações de *anidrido fosfórico*. As ligações anidrido fosfórico são denominadas *ligações de alta energia* (ou *ricas em energia*) no sentido em que uma grande quantidade de energia é liberada quando elas são hidrolisadas (Figura 9.2).

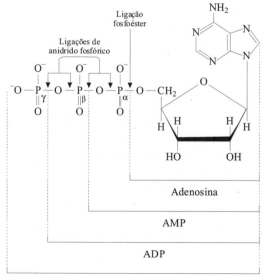

Figura 9.2 ● **Estrutura do ATP.**
Os locais assinalados mostram as ligações facilmente hidrolisadas.

BIOENERGÉTICA

A hidrólise de ATP fornece, direta e imediatamente, uma grande quantidade de energia livre. O ATP é hidrolisado para formar ADP (adenosina difosfato) e P_i (ortofosfato) ou AMP (adenosina monofosfato) e PP_i (pirofosfato). O pirofosfato pode ser subsequentemente hidrolisado a ortofosfato, liberando energia adicional:

$$ATP + H_2O \xrightarrow{\Delta G° =-30,5 \text{ kJ·mol}^{-1}} ADP + P_i$$

$$ATP + H_2O \xrightarrow{\Delta G° =-45,6 \text{ kJ·mol}^{-1}} AMP + PP_i$$

$$PP_i + H_2O \xrightarrow{\Delta G° =-33,5 \text{ kJ·mol}^{-1}} 2P_i$$

A energia de hidrólise do ATP impulsiona uma imensa variedade de reações que necessitam de aporte de energia, como, por exemplo, biossíntese de biomoléculas, contração muscular, transporte de moléculas e íons através de membranas e transmissão e amplificação de sinais.

O elevado potencial de transferência de grupos fosforila do ATP é explicado por várias razões:

- **Repulsões eletrostáticas mútuas:** na faixa de pH fisiológico, o ATP tem 4 cargas negativas (o ADP tem 3) que se repelem vigorosamente. Por hidrólise, o ATP produz ADP e P_i, que é mais estável pela redução da repulsão eletrostática em relação ao ATP. Os íons Mg^{2+} neutralizam parcialmente as cargas negativas do ATP, tornando sua hidrólise menos exergônica.

- **Estabilização por ressonância:** os produtos de hidrólise do ATP – o ADP ou o AMP – são mais estáveis que o ATP em virtude da capacidade de rapidamente oscilarem entre diferentes estruturas. O ADP tem maior estabilidade por ressonância da ligação fosfoanidro que o ATP.

- **Energia de solvatação do anidrido fosfórico:** a menor energia de solvatação do anidrido fosfórico, quando comparada a seus produtos de hidrólise, fornece a força termodinâmica que impulsiona sua hidrólise.

A variação de energia livre ($\Delta G°'$) de hidrólise do ATP a ADP e fosfato é $-30,5$ kJ·mol^{-1} em condições padrões (1,0M para ATP, ADP e P_i). Entretanto, intracelularmente, não são encontradas concentrações padrões, e sim quantidades reais. Nessas condições, a variação de energia livre de hidrólise do ATP depende (em parte) da concentração dos reagentes e de produtos na célula, como também do pH e da força iônica. No entanto, para simplificar os cálculos, será empregado o valor $-30,5$ kJ·mol^{-1} para a hidrólise do ATP, mesmo reconhecendo que esse é um valor mínimo.

O ATP é regenerado por dois mecanismos:

- **Fosforilação ao nível do substrato:** é a transferência direta do grupo fosfato (P_i) para o ADP (ou outro nucleosídeo 5'-difosfato) para formar ATP, empregando a energia livre proveniente da oxidação de compostos carbonados.

- **Fosforilação oxidativa:** o processo no qual os elétrons liberados durante a oxidação de substratos (reações de degradação) são transferidos para a *cadeia mitocondrial transportadora de elétrons* por meio de coenzimas reduzidas (NADH e $FADH_2$) para o oxigênio molecular. A energia livre liberada promove a síntese de ATP a partir de ADP e P_i.

B. Outros nucleotídeos 5'-trifosfatos

Outros nucleosídeos trifosfatos (NTP) apresentam energia livre de hidrólise, análogos ao do ATP, p. ex., guanosina trifosfato [GTP], citidina trifosfato [CTP] e uridina trifosfato [UTP]. Suas concentrações intracelulares são baixas, o que restringe sua função. Vários processos biossintéticos, como a síntese de glicogênio, de proteínas e de ácidos nucleicos, necessitam também de outros nucleosídeos trifosfatos além de ATP. A enzima da família *nucleosídeo-difosfato cinase* catalisa a síntese (fosforilação) de NTP (GTP, CTP, UTP) a partir do ATP e dos NDP (nucleosídeos difosfatos) correspondentes:

$$ATP + NDP \rightleftharpoons ADP + NTP$$

C. Reações acopladas

Reações termodinamicamente desfavoráveis (p. ex., reações de síntese de biomoléculas) são impulsionadas por reações exergônicas às quais estão acopladas. As reações exergônicas fornecem energia que dirige as reações endergônicas. A interconexão entre reações endergônicas e exergônicas é chamada *acoplamento*.

Quadro 9.2 • Creatina-fosfato

A creatina-fosfato tem energia livre padrão de hidrólise −43,1kJ·mol⁻¹, portanto, mais negativa que o ATP. O músculo esquelético dos vertebrados emprega a creatina-fosfato como um veículo para o transporte de energia da mitocôndria para as miofibrilas. Quando a concentração mitocondrial de ATP está elevada (célula em repouso), a enzima *creatino cinase* catalisa a fosforilação reversível da creatina pelo ATP. A creatina-fosfato resultante se difunde da mitocôndria para as miofibrilas, onde a enzima creatino cinase opera na direção termodinamicamente favorável para gerar ATP. Durante o exercício muscular, quando o teor de ATP é baixo, ocorre a síntese de ATP a partir de creatina-fosfato e de ADP:

Creatina-fosfato + ADP + H⁺ ⇌ ATP + creatina

O músculo esquelético em repouso possui creatina-fosfato suficiente para suprir as necessidades de energia por alguns minutos. No entanto, sob condições de máximo esforço, esse período é reduzido para apenas alguns segundos.
Fontes de ATP durante o exercício: nos segundos iniciais, o exercício é mantido pelos compostos fosforilados de *alta energia* (ATP e creatina-fosfato). Subsequentemente, o ATP é regenerado pelas vias metabólicas.

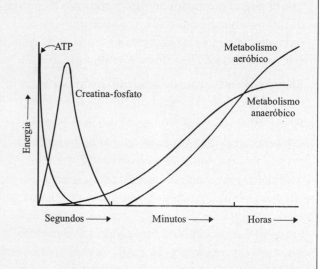

Por exemplo, uma reação química termodinamicamente desfavorável não pode ser realizada sem um aporte de energia livre. Na formação de X-Y a partir de dois reagentes, X-OH + Y-H, a variação de $\Delta G°'$ da conversão é +11 kJ·mol⁻¹ e, desse modo, a reação direta XOH + YH → XY + H₂O não pode ocorrer, pois o equilíbrio está voltado para a esquerda. Nessas condições, a reação só ocorrerá se for acoplada à hidrólise de ATP. Reações acopladas

BIOENERGÉTICA

143

consistem em duas ou mais reações em que o produto de uma torna-se o reagente da seguinte.

Reação 1: XOH + ATP → X-P + ADP
Reação 2: X-P + YH → X-Y + P_i
Soma de 1 + 2: XOH + YH + ATP → X-Y + ADP + P_i

Na reação 1, um grupo fosforila é transferido do ATP para X-OH, formando X-P. Na segunda reação, o grupo fosforila é substituído por Y, liberando o fosfato inorgânico e formando X-Y. A $\Delta G^{\circ\prime}$ total para as reações acopladas é a soma aritmética dos valores de $\Delta G^{\circ\prime}$ das reações componentes. A $\Delta G^{\circ\prime}$ para a reação XOH + YH → X-Y + H_2O é +11 kJ·mol^{-1}, enquanto a $\Delta G^{\circ\prime}$ da reação ATP + H_2O → ADP + P_i é –30,5 kJ·mol^{-1}. Assim, a $\Delta G^{\circ\prime}$ líquida das reações é –19,5 kJ·mol^{-1}, um processo fortemente exergônico. No modo acoplado, as reações procederão na direção da formação de X-Y.

D. Componentes do gasto de energia

A necessidade de energia de um indivíduo é o nível de ingestão de energia a partir do alimento que irá equilibrar o gasto de energia quando o indivíduo possui tamanho e composição corporais e nível de atividade física consistentes com boa saúde a longo prazo. O gasto energético total (GTE) por um indivíduo depende de três principais componentes:

- **Gasto de energia em repouso (GER)**. O GER também é conhecido como taxa de metabolismo basal (TMB). Quantidade mínima de energia gasta que é compatível com a vida, despendida para manter os processos corpóreos vitais do organismo, como: respiração, circulação, metabolismo celular, atividade glandular e conservação da temperatura corpórea. Representa 60% a 75% do GTE.

  É medido sob condições que minimizem os efeitos de outros componentes, geralmente após uma noite em jejum antes de qualquer atividade física ou após um período de 10-12 horas após a ingestão de qualquer alimento. A pessoa saudável deve estar em completo repouso físico e mental e em ambiente termoneutro.

- **Efeito termogênico do alimento (ETA)**. A energia correspondente ao efeito térmico dos alimentos refere-se ao gasto provocado pela digestão, absorção, transporte, transformação, assimilação e/ou armazenamento dos nutrientes, que variam de acordo com o substrato consumido. Correspondem a 10% do gasto total de energia da pessoa.

- **Energia gasta na atividade física (EGAF)**. É o dispêndio de energia referente à realização do trabalho mecânico externo; este representa 15% a 30% do dispêndio energético diário, e varia com o nível de atividade física, levando-se em conta a intensidade e a duração do esforço físico realizado (Tabela 9.4).

Em algumas condições clínicas o gasto de energia aumenta, como no trauma, queimaduras ou grandes cirurgias (Tabela 9.5). O gasto pode ser elevado mesmo em pacientes confinados no leito. As citocinas são, em parte, responsáveis pelo estímulo da termogênese que pode resultar em febre. Ao contrário, pessoas desnutridas têm uma baixa taxa de gasto energético em relação à sua massa corporal.

Tabela 9.4 ● Gasto aproximado de energia durante várias atividades físicas

Intensidade de trabalho	Gasto aproximado de energia em kJ · min^{-1}
Repouso completo	4 a 7
Sentado	6 a 8
Em pé, atividades leves	9 a 13
Trabalho leve em casa	13 a 30
Trabalho intenso	42 a 50
Corrida	
7km/h	30 a 50
11km/h	50 a 90
36km/h (corrida intensa)	200

Tabela 9.5 ● Percentagem de aumento do gasto de energia em repouso (GER) em algumas condições clínicas

Condição	Percentagem de aumento no gasto de energia em repouso (GER)
Queimaduras severas	25-60
Queimaduras moderadas	10-15
Trauma múltiplo	20-50
Fraturas múltiplas	10-25
Fratura simples	0-10
Sepse severa	20-50
Febre (aumento de 2 °C)	10-25

RESUMO

1. Todos os organismos vivos necessitam de energia. Por meio da termodinâmica – estudo das transformações de energia – podem ser determinadas a direção e a extensão pelas quais as reações bioquímicas são realizadas. A entalpia (uma medida do conteúdo calórico) e a entropia (uma medida de desordem) estão relacionadas com a primeira e a segunda leis da termodinâmica, respectivamente. A energia livre (a fração da energia total disponível para a realização de trabalho) está relacionada matematicamente com a entalpia e a entropia.

2. As transformações de energia e calor ocorrem em um *universo* composto de um sistema e de seu meio circundante. Em um sistema aberto, matéria e energia são intercambiáveis entre o sistema e seu meio circundante. O sistema é denominado *fechado* quando a energia, mas não a matéria, é trocada com o meio circundante. Os organismos vivos são sistemas *abertos*.

3. A energia livre representa o máximo de trabalho útil obtido em um processo. Processos exergônicos, em que a energia livre diminui ($\Delta G < 0$), são espontâneos. Se a variação de energia livre é positiva ($\Delta G < 0$), o processo é chamado *endergônico*. Um sistema está em equilíbrio quando a variação de energia livre é zero. A energia livre padrão (ΔG°) é definida para reações a 25°C, pressão de 1atm e concentrações de 1M. O pH padrão na bioenergética é 7. A variação de energia livre padrão $\Delta G^{\circ\prime}$ em pH 7 é normalmente empregada em textos bioquímicos.

4. A hidrólise do ATP fornece a maioria da energia livre necessária para os processos da vida.

BIBLIOGRAFIA

Berg JM, Tymoczko JL, Stryer L. Bioquímica. 6. ed. Rio de Janeiro: Guanabara-Koogan, 2008:413-36.

Blackstock JC. Biochemistry. Oxford: Butterworth, 1998:164-91.

Devlin TM. Manual de bioquímica com correlações clínicas. 6. ed. São Paulo: Edgard Blucher, 2007:521-71.

Nelson DL, Cox MM. Lehninger: principles of biochemistry. 4. ed. New York: Freeman, 2004:489-520.

Newsholme E, Leech T. Functional biochemistry in health and disease. Chichester: Wiley-Blackwell, 2010:35-67.

Pratt CW, Cornely K. Essential biochemistry. Danvers: John Wiley, 2004:276-301.

Smith C, Marks AD, Lieberman M. Marks' basic medical biochemistry: a clinical approach. 2. ed. Baltimore: Lippincott, 2005:341-59.

10

Digestão e Absorção

10.1 FUNÇÕES DA DIGESTÃO E ABSORÇÃO

A principal função da digestão dos alimentos ingeridos é transformá-los em unidades menores para serem absorvidos e utilizados. As macromoléculas encontradas nos alimentos consistem em carboidratos, proteínas e gorduras, que são degradados em glicose, aminoácidos e ácidos graxos, respectivamente, antes de serem absorvidos. Substâncias relativamente pequenas, como os dissacarídeos lactose e sacarose, são também hidrolisadas em seus componentes, açúcares simples. Além disso, a digestão libera vitaminas, como a biotina e a vitamina B_{12}, de suas formas ligadas às proteínas.

O bem orquestrado funcionamento dos órgãos do sistema gastrointestinal, incluindo estômago, fígado, vesícula, pâncreas, intestino delgado e cólon, é necessário para as eficientes digestão e absorção dos nutrientes presentes nos alimentos.

A digestão e a absorção serão analisadas em detalhes sob quatro aspectos:

- Hidrólise de macromoléculas (digestão).

- Transporte dos produtos de digestão do lúmen para o enterócito.

- Metabolismo de alguns dos compostos absorvidos no interior dos enterócito.

- Transporte de compostos através da membrana basolateral para o espaço intersticial e, a seguir, para o sangue ou a linfa.

Os processos de digestão com reações de hidrólise de proteínas a aminoácidos, de dissacarídeos e polissacarídeos a monossacarídeos e de gorduras a ácidos graxos e monoacilgliceróis são exergônicos – apresentam valores de ΔG negativos suficientemente grandes para deslocar o equilíbrio inteiramente para hidrólise. A absorção, muitas vezes, é um processo ativo em que moléculas são absorvidas contra gradiente de concentração, sendo necessária a geração de ATP para manutenção desses processos.

A. Órgãos que contribuem para digestão e absorção de alimentos

Vários órgãos do trato gastrointestinal estão envolvidos no processo de digestão e absorção:

- **Boca:** contém saliva produzida pelas glândulas parótidas, submandibulares e sublinguais, várias enzimas (p. ex., α-amilase, que hidrolisa ligações α-1,4 dos carboidratos), e mucina, que atua como lubrificante. O alimento é mastigado, homogeneizado, digerido e lubrificado para ser engolido. O processo mais importante que ocorre na boca consiste na quebra mecânica de alimentos e sua hidratação com a saliva.

- **Estômago:** secreta ácido clorídrico (HCl) e enzimas digestivas no lúmen gástrico (p. ex., pepsinogênio). É o órgão responsável pelo processo inicial de mistura e digestão. A digestão gástrica libera pequena quantidade de peptídeos, aminoácidos e ácidos graxos que estimulam a liberação do suco pancreático e da bile no lúmen do intestino delgado.

- **Fígado e vesícula biliar:** produzem, armazenam e secretam ácidos biliares no lúmen do intestino delgado para emulsificar lipídeos e facilitar sua digestão e absorção.

- **Pâncreas:** secreta no lúmen do duodeno bicarbonato e enzimas para a digestão intraluminal. O bicarbonato neutraliza o conteúdo estomacal ácido.

- **Intestino delgado:** é o principal sítio de digestão e absorção de todas as classes de alimentos. É o local onde são excretadas as enzimas pancreáticas e a bile elaborada pelo fígado. No intestino delgado estão presentes microvilosidades que se assemelham a uma escova e são denominadas *bordas em escova*. As bordas fornecem uma ampla área recoberta por muitas enzimas, como di e oligossacaridases, esterases, amino e dipeptidases, que permitem a digestão intraluminal final dos alimentos para geração de moléculas mais simples absorvidas pelos enterócitos. O íleo participa da circulação êntero-hepática, que contribui para a reciclagem dos sais biliares e a absorção de nutrientes essenciais como a vitamina B_{12}. Além disso, o intestino delgado é o maior órgão endócrino do organismo e produz uma variedade de hormônios que regulam a digestão e o balanço energético. É o principal local de absorção de água e íons sódio e cloro.

- **Intestino grosso:** está envolvido na reabsorção de água, íons sódio e cloretos e na secreção de potássio e bicarbonato. É também o local de absorção de alguns metabólitos produzidos por bactérias, particularmente lactato, ácidos graxos de cadeia curta, como propionato e butirato, além de amônia, gerada por hidrólise da ureia pela urease bacteriana.

B. Enzimas digestivas

A maioria das enzimas digestivas sintetizadas pelas glândulas salivares, mucosa gástrica e pâncreas é produzida e armazenada como *pró-enzimas* (ou *zimogênios*), formas precursoras inativas. As pró-enzimas são armazenadas em vesículas conhecidas como *grânulos de zimogênio* intracelulares e liberadas e ativadas mediante um estímulo apropriado. A enzima amilase não é secretada como pró-enzima por não ameaçar os tecidos do trato gastrointestinal. As enzimas digestivas hidrolisam macromoléculas complexas em unidades menores para facilitar a absorção.

C. Proteção das células epiteliais pelo muco

As células que revestem o trato gastrointestinal são protegidas da ação das enzimas digestivas ativas por um biofilme de muco que cobre a superfície lumi-

DIGESTÃO E ABSORÇÃO

147

nal. Os componentes essenciais do muco são as *mucinas* – glicoproteínas que contêm uma mistura de açúcares semelhantes às encontradas nas membranas celulares: glicosamina, fucose, ácido siálico e outras. As mucinas formam uma rede de fibras que interagem, por ligações não covalentes, para produzir um gel com carboidratos hidrofílicos que protegem as células intestinais. Os carboidratos impedem a digestão das proteínas. O gel de mucina é bastante permeável a produtos de digestão de baixo peso molecular, mas forma uma barreira às enzimas digestivas e aos micro-organismos. As mucinas são sintetizadas e secretadas por células superficiais da parede intestinal.

10.2 DIGESTÃO E ABSORÇÃO DE PROTEÍNAS

Nas proteínas nativas, as cadeias polipeptídicas são dobradas em arranjo espacial estabilizado por ligações não covalentes. Nessa forma compactada, muitas ligações peptídicas ficam ocultas no interior da molécula, dificultando o ataque dessas ligações pelas enzimas hidrolíticas. Uma importante etapa inicial na digestão das proteínas é sua desnaturação realizada pelo ácido clorídrico no estômago em pH <2. A desnaturação rompe parte das ligações que estabilizam as dobras das cadeias polipeptídicas, tornando-as mais suscetíveis à proteólise.

A. Produção de HCl pelo estômago

O revestimento epitelial do estômago contém *células parietais* ou *oxínticas* que secretam HCl no lúmen gástrico. Em essência, o processo consiste na secreção de H^+ contra um gradiente de concentração. A *ATPase para H^+/K^+* encontrada nas células parietais acopla a energia de hidrólise do ATP, secreta H^+ e capta K^+ para dentro das células. Os prótons são provenientes da conversão de CO_2 do interior das células parietais em ácido carbônico em reação catalisada pela *anidrase carbônica*, que se dissocia como segue:

$$CO_2 + H_2O \xrightarrow{\text{Anidrase carbônica}} H_2CO_3^- \xrightarrow{\text{Anidrase carbônica}} H^+ + HCO_3^-$$

Os prótons resultantes são bombeados para o lúmen do estômago e os íons bicarbonato são trocados por Cl^- do sangue via proteína transportadora de ânions. A secreção de HCl no lúmen gástrico é acoplada ao movimento de bicarbonato para o plasma.

A secreção de HCl é estimulada por três fatores que atuam em receptores específicos na membrana basolateral (oposta à superfície secretora): *acetilcolina, histamina* e *gastrina*.

As células parietais também secretam o *fator intrínseco* necessário para a absorção da vitamina B_{12}.

B. Enzimas que contribuem para a digestão das proteínas

As proteases do trato digestivo hidrolisam tanto proteínas da dieta (ou exógenas) como proteínas endógenas. As proteínas endógenas incluem as próprias proteases secretadas no intestino ou resultantes da renovação das células epiteliais do intestino. De fato, os aminoácidos absorvidos por uma pessoa de porte médio são derivadas de maneira quase equitativa da proteína endógena (70 g/dia) e da proteína da dieta (60 a 90 g/dia). Somente uma pequena fração de proteínas é perdida pelas fezes.

1. Enzimas proteolíticas (proteases)

A digestão das proteínas ocorre em dois estágios: (1) endopeptidases catalisam a hidrólise de ligações peptídicas no interior da molécula de proteína para formar peptídeos que (2) são hidrolisados para formar aminoácidos pelas exopeptidases e dipeptidases.

A *pepsina*, secretada pelas células epiteliais do estômago (como a pró-enzima pepsinogênio) por estímulo do hormônio *secretina* liberado no sangue em resposta ao alimento, é uma protease relativamente não específica que reconhece os grupos R aromáticos (tirosina, fenilalanina, triptofano) ou contendo cadeias laterais volumosas (leucina, metionina). A pepsina digere 10% a 20% da proteína de uma refeição, formando grandes peptídeos, pequenos peptídeos e aminoácidos livres. A pepsina hidrolisa ligações peptídicas no interior de moléculas de proteínas e, por isso, é denominada *endopeptidase*, por não atacar as extremidades das cadeias.

O quimo, conteúdo do estômago parcialmente digerido, atinge o duodeno e desencadeia a digestão no intestino delgado. O ácido induz o duodeno a liberar hormônios (secretina e colecistocinina) no sangue, o que estimula o pâncreas a liberar o suco pancreático alcalino. O suco contém proteases que mostram diferentes especificidades em suas ações; cada uma hidrolisa somente as ligações peptídicas adjacentes a certos aminoácidos. A *tripsina* cliva ligações peptídicas da extremidade C-terminal de aminoácidos básicos arginina e lisina, enquanto a *quimotripsina* rompe ligações peptídicas no C-terminal da leucina, metionina, asparagina e de aminoácidos aromáticos fenilalanina, tirosina e triptofano. A *elastase* rompe o C-terminal de aminoácidos hidrofóbicos pequenos: alanina, glicina e serina.

A pepsina é ativada pelo HCl por remoção de 44 aminoácidos da extremidade N-terminal da pró-enzima *pepsinogênio*. Esse segmento adicional cobre e bloqueia o centro ativo da enzima. Uma vez ativada, a pepsina hidrolisa outras moléculas de pepsinogênio para gerar moléculas adicionais de pepsina (autocatálise).

O tripsinogênio pancreático no lúmen do intestino delgado é transformado em tripsina pela ação hidrolítica da *enteropeptidase*, uma protease sintetizada pelas células da borda em escova intestinais. Uma vez ativada, a tripsina é capaz de ativar moléculas adicionais de tripsinogênio e de outros zimogênios pancreáticos.

$$\text{Tripsinogênio} \xrightarrow{\text{Enteropeptidase}} \text{tripsina + peptídeo}$$

$$\text{Quimotripsinogênio} \xrightarrow{\text{Tripsina}} \text{quimotripsina + peptídeo}$$

$$\text{Pró-elastase} \xrightarrow{\text{Tripsina}} \text{elastase + peptídeo}$$

$$\text{Pró-carboxipeptidase A e B} \xrightarrow{\text{Tripsina}} \text{carboxipeptidase A e B + peptídeo}$$

DIGESTÃO E ABSORÇÃO

A ativação das pró-enzimas envolve a hidrólise de uma ou mais ligações peptídicas, a qual resulta na liberação de um segmento da cadeia polipeptídica e permite que a enzima assuma a conformação tridimensional com a correta configuração do sítio ativo.

O pâncreas também secreta um peptídeo de baixo peso molecular, chamado *inibidor de tripsina pancreática*, que se liga fortemente ao sítio ativo da tripsina. O inibidor evita que algumas moléculas de tripsina desencadeiem a ativação prematura das enzimas proteolíticas e danifiquem o pâncreas.

2. Carboxipeptidases

O suco pancreático também contém carboxipeptidases A e B, exopeptidases zinco-dependentes (metaloproteases), que clivam ligações peptídicas e liberam aminoácidos um a um da extremidade C-terminal de peptídeos. As duas enzimas são secretadas como pró-enzimas e ativadas pela tripsina. A carboxipeptidase A é específica para aminoácidos com cadeias laterais hidrofóbicas (alanina, valina, leucina, isoleucina), enquanto a carboxipeptidase B é específica para aminoácidos básicos (lisina, arginina).

3. Aminopeptidases

Células da mucosa intestinal produzem várias aminopeptidases intra e extracelulares que liberam aminoácidos sequencialmente da extremidade N-terminal de pequenos peptídeos.

Os aminoácidos absorvidos são os mais abundantes produtos da digestão proteica. No entanto, alguns dipeptídeos e tripeptídeos são produzidos e absorvidos sem digestão.

C. Absorção de aminoácidos e pequenos peptídeos

Aminoácidos e alguns pequenos peptídeos são absorvidos nos enterócitos do jejuno, particularmente dipeptídeos e tripeptídeos. Existem vários sistemas transportadores específicos para aminoácidos e peptídeos na superfície apical dos enterócitos. Alguns desses sistemas de transporte para o interior do enterócito são acoplados ao transporte de íons Na^+ a favor do gradiente de concentração. Há no mínimo seis sistemas carreadores com diferentes especificidades. Uma vez no interior do enterócito, os peptídeos são hidrolisados em aminoácidos livres por *aminopeptidases* intracelulares. Aminoácidos livres são então transportados através da membrana basolateral para o espaço intersticial e a seguir para o sangue.

Alguns aminoácidos são oxidados para fornecer energia para as células intestinais, em particular a glutamina, o glutamato e o aspartato.

D. Metabolismo de aminoácidos nos enterócitos

Alguns aminoácidos são metabolizados nos enterócitos:

- Vários peptídeos são sintetizados, como, por exemplo, glutationa (tripeptídeo constituído de glutamato, glicina e cisteína) e peptídeos que controlam a atividade no interior do intestino.

- Arginina é convertida em citrulina, que é liberada no sangue. O processo protege a arginina da captação e degradação no ciclo da ureia no fígado. Citrulina é liberada no sangue e transportada ao rim, onde é reconvertida a arginina.

- Parte da glutamina absorvida é metabolizada nos enterócitos. É usada, juntamente com a glicose, como combustível para gerar ATP. A amônia e a alanina produzidas entram no sangue e são captadas pelo fígado (Capítulo 17).

- Glutamato e aspartato são transaminados em seus respectivos cetoácidos (cetoglutarato e oxaloacetato), que são oxidados para gerar ATP. Como não entram na corrente circulatória, suas concentrações no sangue são muito baixas. Isso é importante porque esses aminoácidos atuam como neurotransmissores no cérebro, onde seus teores são rigidamente controlados. As enzimas transaminases (aminotransferases) no intestino podem, portanto, ser consideradas enzimas desintoxicadoras. Um problema de saúde poderá surgir se grande quantidade de glutamato for ingerida em uma refeição.

A maioria dos aminoácidos que entram no sistema porta é captada e metabolizada no fígado.

10.3 DIGESTÃO E ABSORÇÃO DE CARBOIDRATOS

Os principais carboidratos da dieta são: amido, sacarose e lactose. O glicogênio, a maltose, a glicose e a frutose livre constituem frações relativamente menores de carboidratos ingeridos.

A. Digestão

A digestão de amido inicia na boca, continua no estômago e é completada no lúmen do duodeno. A amilase está presente na saliva e nas secreções pancreáticas e catalisa a hidrólise de amido. No duodeno, as oligossacaridases e dissacaridases complementam a digestão:

- **α-amilase salivar:** a digestão do amido inicia durante a mastigação na boca pela ação da α-*amilase salivar*, que hidrolisa as ligações glicosídicas $\alpha(1\rightarrow4)$, com a liberação de maltose e oligossacarídeos. A α-amilase salivar não contribui significativamente para a hidrólise dos polissacarídeos. Ao atingir o estômago, a enzima é inativada pelo baixo pH do conteúdo gástrico.

- **α-amilase pancreática:** o amido e o glicogênio são hidrolisados no duodeno em presença da α-*amilase pancreática*, que produz maltose como produto principal e oligossacarídeos, chamados *dextrinas limites* – contendo, em média, oito unidades de glicose com uma ou mais ligações glicosídicas $\alpha(1\rightarrow6)$. Certa quantidade de isomaltose (dissacarídeo) também é formada.

$$\text{Amido (ou glicogênio)} \xrightarrow{\alpha\text{-amilase}} \text{maltose + dextrina}$$

- **Enzimas da superfície intestinal:** a hidrólise final da maltose e da dextrina é realizada pela *maltase* e pela *dextrinase,* presentes na superfície das células

DIGESTÃO E ABSORÇÃO

epiteliais do intestino delgado. Outras enzimas também atuam na superfície das células intestinais: a *isomaltase,* que hidrolisa as ligações $\alpha(1\rightarrow6)$ da isomaltose; a *sacarase,* que hidrolisa as ligações $\alpha,\beta(1\rightarrow2)$ da sacarose em glicose e frutose; a *lactase,* que fornece glicose e galactose pela hidrólise das ligações $\beta(1\rightarrow4)$ da lactose.

$$\text{Maltose} + H_2O \xrightarrow{\text{Maltase}} 2 \text{ glicose}$$

$$\text{Dextrina} + H_2O \xrightarrow{\text{Dextrinase}} n \text{ glicose}$$

$$\text{Isomaltose} + H_2O \xrightarrow{\text{Isomaltase}} 2 \text{ glicose}$$

$$\text{Sacarose} + H_2O \xrightarrow{\text{Sacarase}} \text{frutose} + \text{glicose}$$

$$\text{Lactose} + H_2O \xrightarrow{\text{Lactase}} \text{galactose} + \text{glicose}$$

Quadro 10.1 ● **Deficiência de lactase**

A deficiência da enzima lactase (dissacaridase) provoca intolerância à lactose (desenvolvimento de diarreia e distensão do intestino e flatulência após ingestão de lactose ou açúcar do leite). A deficiência de lactase congênita é uma condição rara, caracterizada pela falta total de atividade da lactase. Mais comumente, a incapacidade de adultos tolerarem lactose decorre do declínio com a idade na produção de enzima suficiente para digerir o açúcar do leite. Nesse caso, a pessoa ao nascer produz quantidade suficiente de lactase, mas durante a primeira década de vida gradualmente perde a capacidade de produzir a enzima.

A perda da atividade da lactase também pode ser secundária a desordens que lesionam a estrutura e a função normal da mucosa intestinal (p. ex., enterite), parasitos gastrointestinais (p. ex., giardíase), enteropatias (p. ex., doença celíaca), doença inflamatória crônica do intestino (p. ex., doença de Crohn).

B. Transporte de monossacarídeos para os enterócitos

Os monossacarídeos resultantes da digestão dos carboidratos da dieta (glicose, frutose, galactose) são transportados do lúmen para o enterócito e deste para os capilares sanguíneos por dois sistemas:

- **Cotransportador Na⁺/monossacarídeos (SGLT1):** a glicose e a galactose são captadas no lúmen pela SGLT1. É um processo ativo indireto pelo qual a *ATPase para Na⁺/K⁺* remove íons Na⁺ da célula em troca por íons K⁺, com a hidrólise concomitante de ATP. O mecanismo tem alta especificidade por glicose e galactose. Uma molécula de glicose (ou galactose) é transportada contra gradiente de concentração e a energia necessária é obtida pelo transporte de íon Na⁺ a favor do gradiente de concentração (Figura 10.1). Defeitos em SGLT1 ocorrem por expressão de um gene autossômico recessivo, causando diarreia, desidratação e glicosúria.

- **Transportador facilitador de monossacarídeos, Na⁺-independente (GLUT):** o GLUT5 é transportador específico de frutose para o interior do enterócito, enquanto o GLUT2 transporta glicose, frutose e galactose através da membrana do lado oposto do lúmen (contraluminal) para o espaço intersticial e o capilar. A absorção de glicose e galactose do lú-

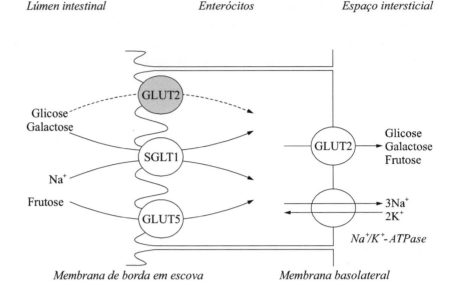

Figura 10.1 ● **Absorção de monossacarídeos pelo intestino.** Os monossacarídeos entram no enterócito através da borda em escova ou membrana apical e deixam a célula pela membrana basolateral, usando proteínas transportadoras específicas.

men intestinal via GLUT2 (seta tracejada na Figura 10.1) ocorre somente durante períodos de absorção máxima. Os transportadores GLUT não necessitam de íons Na⁺.

Outro modo de transporte através do intestino é a rota paracelular que ocorre entre enterócitos adjacentes. A água entra no espaço intestinal por meio dessa rota e arrasta moléculas de glicose, aminoácidos e pequenos peptídeos. Esse processo é denominado "arrasto por solvente". Não é conhecida a importância quantitativa dessa rota.

C. Metabolismo de monossacarídeos nos enterócitos

Nem todas as glicoses e frutoses absorvidas pelos enterócitos passam diretamente para o sangue. Enzimas glicolíticas estão presentes nessas células e parte da glicose e da frutose é convertida em ácido láctico (Capítulo 11). Não é conhecida a quantidade de glicose metabolizada nessa via (estima-se em 50% da glicose absorvida), já que o ácido láctico é captado pelo fígado e convertido novamente em glicose.

O ATP gerado pela glicólise fornece a energia para manter o gradiente de íon Na⁺ para o transporte de glicose e aminoácidos e para a formação de quilomícrons no enterócito.

10.4 DIGESTÃO E ABSORÇÃO DE LIPÍDEOS

As gorduras ingeridas na dieta são constituídas principalmente por triacilgliceróis (90% do total) e, em menor grau, por glicerofosfolipídeos, colesterol, ésteres de colesterol e ácidos graxos livres. A digestão e a absorção de gorduras são consideravelmente mais complexas que as dos carboidratos ou proteínas porque as gorduras são insolúveis em água e quase todas as enzimas catalisam reações no meio aquoso. Em presença de detergentes (sais biliares e fosfolipídeos) ocorre a emulsificação que permite a associação da gordura com a fase

DIGESTÃO E ABSORÇÃO

aquosa, possibilitando a digestão. Assim, os lipídeos são emulsificados pelos sais biliares, digeridos por enzimas hidrolíticas e absorvidos pelas células da mucosa intestinal.

A. Digestão de lipídeos

Como os lipídeos são relativamente insolúveis na água, devem ser emulsificados no duodeno pela ação detergente dos *sais biliares*. Os sais biliares são moléculas anfipáticas sintetizadas pelo fígado a partir do colesterol e temporariamente armazenadas na vesícula biliar e liberadas no intestino delgado após a ingestão de gordura. Os principais são *glicocolato de sódio* e *taurocolato de sódio*, derivados dos ácidos glicocólico e taurocólico, respectivamente (ver Seção 16.6).

Ácido glicocólico

Ácido taurocólico

A emulsificação é possível pela natureza anfipática dos sais biliares. A porção polar das moléculas interage com a água, enquanto o grupo não polar interage com os lipídeos hidrofóbicos. Desse modo, os lipídeos são finamente dispersos na fase aquosa (Figura 10.2). A atividade das enzimas lipolíticas é restrita à superfície das gotículas lipídicas formadas.

1. Hidrólise de triacilgliceróis

A hidrólise de triacilgliceróis é catalisada por lipases, duas das quais estão presentes no estômago. São a *lipase lingual*, sintetizada no palato mole, e a *lipase gástrica*, secretada pelas glândulas gástricas do estômago. A lipase gástrica é particularmente importante no recém-nascido, pois nesse estágio da vida as secreções pancreáticas contêm pouca lipase.

As lipases lingual e gástrica catalisam de modo parcial a lipólise dos triacilgliceróis para produzir ácidos graxo e diacilglicerol.

$$\text{Triacilglicerol} \xrightarrow{\text{Lipase lingual ou gástrica}} \text{ácido graxo + diacilglicerol}$$

Essa lipólise é importante pelos seguintes motivos:

- Ácidos graxos de cadeia longa estimulam a secreção de colecistocinina, que aumenta a secreção de lipase gástrica.
- Ácidos graxos de cadeia longa (contendo principalmente 16 ou 18 átomos de carbono) têm atividades antibacterianas.
- Diacilglicerol é um substrato mais apropriado que o triacilglicerol para as enzimas lipolíticas secretadas pelo pâncreas.

$$\text{Diacilglicerol} \xrightarrow{\text{Lipase pancreática}} \text{monoacilglicerol + ácido graxo}$$

$$\text{Monoacilglicerol} \xrightarrow{\text{Esterase pancreática}} \text{ácido graxo + glicerol}$$

- A formação de monoacilglicerol contribui para a absorção de gorduras.

A *lipase pancreática* hidrolisa uma ligação do diacilglicerol (ver acima) e as ligações 1 e 3 dos triacilgliceróis com a formação de 2-monoacilglicerol e ácidos graxos livres:

A *colipase,* um cofator proteico também produzido pelo pâncreas, é essencial na estabilização da lipase, não permitindo sua desnaturação ou inibição pelos sais biliares.

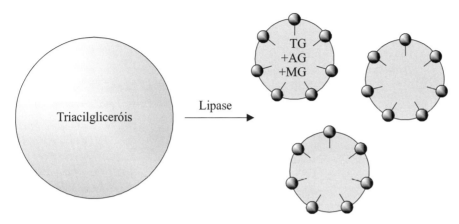

Figura 10.2 • **Alterações no estado físico durante a digestão dos triacilgliceróis.**
(TG: triacilgliceróis; AG: ácidos graxos; MG: monoacilgliceróis.)

2. Hidrólise de ésteres de colesterol

A absorção do colesterol é um ponto de regulação do metabolismo esteroide. Após emulsificação pelos sais biliares, os ésteres de colesterol ingeridos na dieta são hidrolisados pela *colesterol esterase* a colesterol e ácidos graxos livres.

$$\text{Colesterol esterificado} + H_2O \xrightarrow{\text{Colesterol esterase}} \text{colesterol} + \text{ácido graxo}$$

O colesterol livre e outros esteroides da dieta são incorporados em micelas mistas, absorvidas pelos enterócitos via transportador não específico NPC1L1, absorvidos pelas células da mucosa intestinal e incorporados na superfície de *quilomícrons* (ver adiante). O colesterol em excesso, além do necessário para compor a superfície de quilomícrons, é esterificado (pela ação da enzima ACAT – Capítulo 16) e é incorporado ao núcleo da partícula, rica em triacilgliceróis. Tanto o colesterol livre como o esterificado são remetidos ao fígado como componentes de *quilomícrons remanescentes*.

O colesterol não secretado pela mucosa intestinal na partícula de quilomícrons retorna ao lúmen intestinal como componente de células rugosas da mucosa intestinal e é excretado. Os esteróis fecais são uma mistura de colesterol e metabólitos de colesterol, como o colestanol e o coproestanol, gerados por bactérias intestinais (Figura 10.3).

Existe outro processo que remove o excesso de colesterol e esteróis vegetais do enterócito. O transporte de esteróis do enterócito para o lúmen está relacionado com os produtos de genes que codificam *transportadoras com cassete de ligação a ATP* (ABC), ABC1, ABCG5 e ABCG8. Quando modificados esses transportadores, a reexportação não ocorre e os esteroides de plantas entram no plasma.

Alguns compostos vegetais similares ao colesterol, como os *fitoesteroides* e *fitoestanóis*, inibem a absorção do colesterol; são usados como margarinas, competem com o colesterol pela incorporação nas micelas e apresentam propriedades redutoras do colesterol no organismo. O fármaco *ezetimiba* interfere na captação pelo transportador NPC1L1.

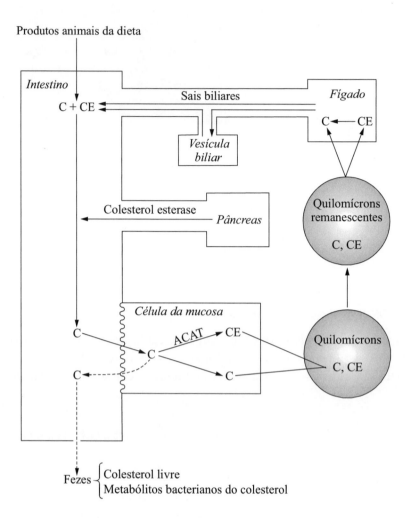

Figura 10.3 • Absorção e excreção intestinal do colesterol.
(ACAT acil-CoA: colesterol aciltransferase; C: colesterol; CE: colesterol esterificado.)

3. Hidrólise de fosfolipídeos

A *fosfolipase A₂*, secretada na forma de pró-enzima e ativada pela tripsina, catalisa a hidrólise dos resíduos de ácidos graxos presentes na posição 2 dos fosfoglicerídeos, formando 1-acil lisofosfoglicerídeo.

Parte dos fosfolipídeos é hidrolisada pela lipase pancreática com a remoção do ácido graxo na posição 1. O produto é um lisofosfolipídeo como a lisolecitina, que também atua como um detergente e contribui para a estabilidade das micelas mistas.

B. Absorção de lipídeos

No ambiente aquoso do intestino, os produtos da lipólise (ácidos graxos, monoacilgliceróis, fosfolipídeos etc.) em emulsão são incorporados a estruturas micelares com sais biliares. As *micelas mistas* são os principais veículos no movimento dos ácidos graxos, monoacilgliceróis e gliceróis do lúmen para a superfície das células da mucosa intestinal, onde ocorre o transporte para o interior do enterócito. Os sais biliares permanecem no lúmen para continuar a atividade de absorção de gorduras e, eventualmente, são absorvidos no íleo (ver adiante). O colesterol da dieta pouco solúvel é fracamente absorvido (cerca de 40% do ingerido). Na Figura 10.4 mostra-se o corte transversal de uma micela com uma face hidrofóbica e outra hidrófila na bicamada (os grupos hidroxilas dos sais biliares são representados por esferas). Na ausência de sais biliares, a absorção dos lipídeos é drasticamente reduzida com a presença excessiva de gorduras nas fezes (esteatorreia).

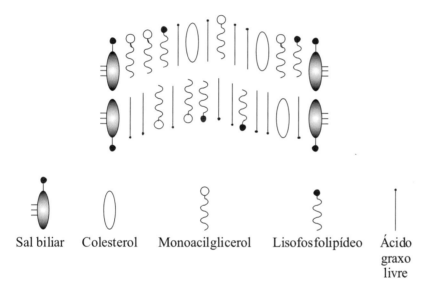

Figura 10.4 • **Corte transversal de uma micela discoidal mista.** As faces externas da bicamada são hidrófilas, enquanto as faces internas são hidrofóbicas.

A absorção dos ácidos graxos é mediada em grande parte por transporte facilitado por *proteína ligadora de ácidos graxos* (FABP). A FABP é uma pequena proteína com alta afinidade por ácidos graxos de cadeia longa que promove a difusão destes no interior das células. A concentração de FABP aumenta nos enterócitos em resposta a dietas ricas em gorduras.

C. Formação de quilomícrons

Na célula da mucosa intestinal, o destino dos ácidos graxos absorvidos é determinado pelo tamanho de suas cadeias de átomos de carbono. Ácidos graxos de cadeia menor que 12 a 14 carbonos não são esterificados (falta a enzima acil-CoA sintase de cadeia média) e são transportados ao sangue portal como ácidos graxos livres e levados diretamente ao fígado unidos à albumina. Diferentemente, os ácidos graxos de cadeia longa (>14 átomos de carbono) são convertidos novamente em triacilgliceróis e agrupados ao colesterol esterificado, aos fosfolipídeos e a proteínas específicas (apolipoproteína B48), que os tornam parcialmente hidrossolúveis. Esses agregados lipoproteicos, denominados *quilomícrons,* são sintetizados no retículo endoplasmático rugoso dos enterócito e liberados para os vasos linfáticos intestinais por exocitose e, a seguir, para o sangue do ducto torácico (Figura 10.5).

O núcleo hidrofóbico dos quilomícrons consiste fundamentalmente em moléculas de triacilgliceróis. Também contém ésteres de colesterol e outras moléculas lipofílicas absorvidas, como vitaminas lipossolúveis. As partículas de quilomícrons estão circundadas por capa externa formada por outros lipídeos da dieta, como fosfolipídeos e colesterol livre, e proteínas, principalmente apoproteína B48 (apo-B48) e apoproteína A1 (apo-A1). Após associação, os quilomícrons são secretados dos enterócitos para a circulação linfática, de onde entram no sangue via ducto torácico.

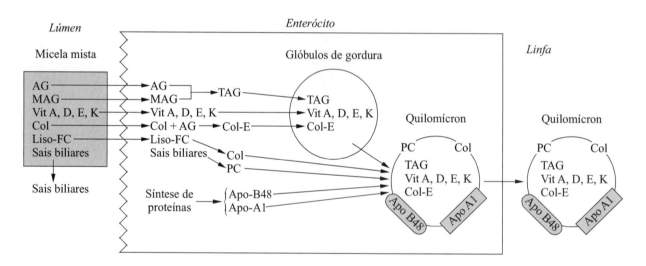

Figura 10.5 • **Absorção de lipídeos da dieta pelo enterócito e formação de quilomícrons.** (Apo-A1: apoproteína A1; Apo-B48: apoproteína B48; Col: colesterol; Col-E: ésteres de colesterol; AG: ácido graxo livre; Liso-PC: 2-lisofosfatidilcolina; MAG: 2-monoaminoglicerol; PC: fosfatidilcolina; TAG: triacilglicerol.)

D. Absorção de ácidos biliares

Os sais biliares não são incorporados aos quilomícrons. Em vez disso, os sais biliares permanecem no lúmen intestinal até atingirem o íleo distal, onde grande parte é absorvida por um mecanismo de transporte ativo que utiliza um sistema de cotransporte de Na^+-sal biliar. Os sais biliares são transportados pela circulação portal hepática, de onde são extraídos da circulação pelos hepatócitos e, então, secretados novamente na bile. Essa circulação êntero-hepática resulta na secreção e reabsorção dos sais biliares em cerca de 4 a 10 vezes ao dia (Figura 10.6).

DIGESTÃO E ABSORÇÃO   159

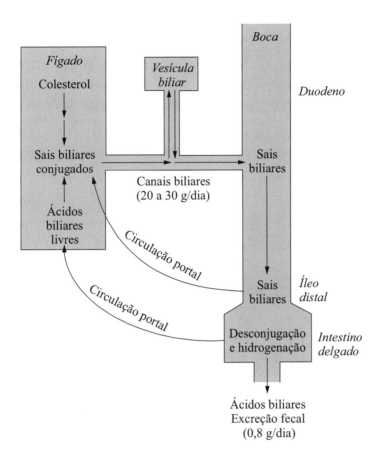

Figura 10.6 Circulação êntero-hepática de sais biliares.

E. Hidrólise de quilomícrons

A *lipoproteína lipase* (sintetizada por músculos esquelético e cardíaco, glândula mamária de lactantes e tecido adiposo), ligada à superfície endotelial dos capilares sanguíneos, converte os triacilgliceróis dos quilomícrons em ácidos graxos e glicerol. Esses compostos são captados por vários tecidos, principalmente pelos adiposo e muscular. A lipoproteína lipase é ativada pela *apoproteína C2* (apo-C2).

Após entrarem nas células, os ácidos graxos são: (1) armazenados como triacilgliceróis (Figura 10.7); (2) oxidados para gerar energia; ou (3) usados para a síntese de componentes das membranas celulares.

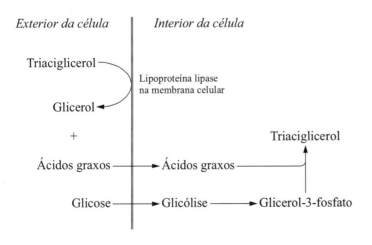

Figura 10.7 Captação de ácidos graxos pelos tecidos periféricos e formação de triacilglicerol.

10.5 DIGESTÃO E ABSORÇÃO DE MICRONUTRIENTES

O organismo absorve várias vitaminas e minerais necessários em pequenas quantidades. Muitos desses micronutrientes necessitam de mecanismos específicos para a absorção. Por exemplo, processos digestivos são também necessários para liberar a vitamina B_{12} da proteína à qual está ligada.

A. Vitaminas lipossolúveis

As vitaminas A (retinol), D (colecalciferol), E (α-tocoferol) e K (filoquinona e menaquinona) são lipídeos com limitada solubilidade em água. No trato gastrointestinal são emulsificadas pelos sais biliares, incorporadas a micelas mistas junto a outros produtos da digestão lipídica e internalizadas pela mucosa intestinal. No enterócito, as vitaminas lipossolúveis são incorporadas aos quilomícrons para transporte pelos vasos linfáticos até o sangue e eventualmente ao fígado. Assim, as condições que impedem a digestão e absorção dos lipídeos da dieta, particularmente a ausência de sais biliares, também comprometem a absorção de vitaminas lipossolúveis em tal extensão que podem levar a deficiências dessas vitaminas.

O β-caroteno e outros retinoides relacionados são também lipídeos e exigem sais biliares e a formação de micelas mistas para sua absorção. Uma vez no enterócito, o β-caroteno é clivado pela *15,15'-caroteno dioxigenase* em duas moléculas de *retinal (retinaldeído)* que são reduzidas a *retinol* pela *retinol desidrogenase dependente de NADH*. Grande parte do retinol é esterificada com ácidos graxos saturados e incorporada aos quilomícrons que atingem a corrente circulatória.

B. Absorção dos íons zinco e cobre

Teores de zinco (Zn^{2+}) e cobre (Cu^{2+}) no organismo são regulados fundamentalmente pela extensão de suas absorções no lúmen intestinal. A digestão é necessária para liberar os dois cátions divalentes de fontes dietéticas ligadas às proteínas.

Quadro 10.2 ◉ **Esteatorreia**

Qualquer prejuízo de qualquer dos componentes da digestão e absorção dos lipídeos pode resultar em esteatorreia ou excreção de gorduras malcheirosas nas fezes, além de reduzida absorção de vitaminas lipossolúveis:

- **Redução da hidrólise de triacilgliceróis:** são muitas as condições que reduzem a hidrólise de triacilgliceróis da dieta. Uma das mais comuns é a pancreatite crônica, resultante da redução da secreção de lipase pancreática. A diminuição da atividade lipásica no intestino é também observada em pacientes com gastrinomas ou outras condições que resultam em excesso de produção de HCl. A esteatorreia é um efeito colateral comum do medicamento Xenical® (orlistat), que inibe a atividade da lipase pancreática.

- **Secreção biliar insuficiente:** se a produção de sais biliares for inadequada por doença hepática, grandes quantidades de gorduras serão excretadas nas fezes. Bloqueios do ducto biliar também reduzem a secreção de sais biliares no intestino delgado. A falta de sais biliares resulta em esteatorreia com excreção de ácidos graxos livres em lugar de triacilgliceróis nas fezes. Isso ocorre porque os sais biliares são necessários fundamentalmente para a absorção, enquanto significativa hidrólise de triacilgliceróis é possível mesmo em sua ausência. A insuficiente presença de sais biliares também prejudica a absorção de outros lipídeos da dieta, incluindo vitaminas lipossolúveis.

- **Redução da absorção pela mucosa intestinal:** a doença celíaca ou enteropatia glúten-induzida resulta em má absorção de gorduras e de outros nutrientes da dieta. A redução da digestão e absorção de lipídeos ocorre como resultado de inflamação da mucosa, fibrose cística, síndrome do supercrescimento bacteriano e ressecção cirúrgica do intestino delgado.

DIGESTÃO E ABSORÇÃO

Uma vez no enterócito, o Zn^{2+} é inicialmente ligado a proteínas intestinais ricas em cisteína (CRIP), que atuam como proteínas intracelulares ligadoras para cátions divalentes. Concentrações plasmáticas aumentadas de zinco promovem o aumento da síntese de *tioneína*, uma proteína de baixo peso molecular rica em cisteína que liga o zinco e outros cátions divalentes. O complexo Zn^{2+}-tioneína resultante (metalotioneína) sequestra o Zn^{2+} no enterócito e limita seu transporte através da membrana contraluminal para o plasma. No final de suas vidas, os enterócitos se desprendem com o retorno do Zn^{2+} para o lúmen intestinal, onde é eventualmente excretado nas fezes. Esse processo previne a absorção do excesso de zinco.

A tioneína também liga o cobre e previne o excesso de absorção deste cátion. Como os íons zinco induzem a síntese de tioneína, a ingestão excessiva de zinco na dieta ou na forma de medicamento interfere na absorção de cobre pelos enterócitos (zinco e cobre competem para absorção), fato este que pode levar à deficiência de cobre.

10.6 REGULAÇÃO DA DIGESTÃO E DA ABSORÇÃO

O trato gastrointestinal é o maior órgão endócrino do corpo. A função global dos hormônios no lúmen intestinal consiste em otimizar a digestão e absorção de nutrientes e regular a mobilidade do trato gastrointestinal e de processos secretórios. As *células epiteliais endócrinas* produzem peptídeos que atuam predominantemente como hormônios. Os peptídeos gastrina, colecistocinina (pancreozimina) e secretina liberados na corrente sanguínea são de particular importância para a secreção de enzimas digestivas:

- **Gastrina:** regula a secreção de HCl e pepsina pelo estômago e atua na promoção do crescimento da mucosa gástrica. A histamina e a acetilcolina também promovem a secreção de HCl por mecanismos dependentes de ligação ao receptor.

- **Colecistocinina (pancreozimina) (CCK):** é secretada em resposta à ingestão de alimentos, estimula a secreção de enzimas pancreáticas como também a contração da vesícula, o que aumenta o fluxo biliar.

- **Secretina:** pequeno polipeptídeo secretado em resposta ao pH luminal inferior a 5, estimula a secreção de suco pancreático rico em bicarbonato de sódio ($NaHCO_3$) que neutraliza o HCl gástrico no duodeno. A secretina também estimula a liberação de enzimas pancreáticas.

A secreção de várias enzimas digestivas também é regulada por substâncias que interagem com receptores na superfície das células exócrinas (secretagogos), como neurotransmissores, hormônios e medicamentos.

10.7 REGULAÇÃO DA INGESTÃO DOS ALIMENTOS: CONTROLE DO APETITE

A obesidade é uma patologia multicausal, considerada, atualmente, um dos principais problemas de saúde pública. Independente de fatores associados com predisposição genética, essa patologia está sempre acompanhada de distúrbios na ingestão de alimentos, excesso de calorias consumidas e sedentarismo. A obesidade está presente quando ocorre o desequilíbrio entre a ingestão alimentar e o gasto energético. Assim, é de grande importância o estudo dos determinantes dietéticos que influenciam o processo de ingestão de alimentos e que atuam no processo de saciação e saciedade.

Quando a ingestão de energia em humanos excede o gasto, o excesso é armazenado como gordura. Mesmo um pequeno desequilíbrio entre a ingestão de alimentos e gasto de energia, por longos períodos, causa aumento de peso. A chance de atingir o correto equilíbrio entre os dois, sem controle específico para isso, é remota. Sabe-se que os controles existentes para atingir esse balanço são complexos e envolvem a integração de sinais cerebrais, assim como efeitos diretos sobre o metabolismo nos tecidos periféricos. No entanto, parece que os sistemas de controle existentes não são suficientes para prevenir a epidemia de obesidade. Isso pode ser decorrente das tentações provocadas pela grande quantidade de alimentos prontos e rápidos disponíveis na vida moderna. Entretanto, uma das possibilidades é que o controle do apetite e do peso não seja o principal objetivo do organismo, mas sim evitar a morte por inanição.

Apesar dos consideráveis avanços realizados nos últimos anos para a compreensão dos mecanismos de ganho de peso, não existe ainda um medicamento para a obesidade que seja aplicável à população obesa em geral.

A. Hormônios que controlam o apetite

Existem vários hormônios que controlam o apetite e são produzidos pelo estômago e o intestino em resposta à presença ou à ausência de alimentos:

- A *grelina* aumenta o apetite; é um hormônio peptídeo produzido pelo estômago sem alimento; seu nível no sangue aumenta rapidamente e cai logo após encerrada a refeição. Tem atuação curta e age para estimular o apetite.

- A *colecistonina* é secretada no sangue por células epiteliais endócrinas do tubo digestivo durante a alimentação e liga-se a receptores no cérebro, promovendo a sensação de saciedade. Seu papel é reduzir a frequência da ingestão e a quantidade ingerida nas refeições. Existem outros sinais neurais do trato gastrointestinal para o cérebro que também exercem papel de sinalizadores de saciedade.

- O *PYY-3-36* é produzido em resposta à ingestão de alimentos pelas células epiteliais endócrinas do intestino delgado e do início do cólon. É liberado na corrente circulatória, que o conduz até o cérebro. O hormônio suprime o apetite.

O controle do apetite também é controlado por hormônios do tecido adiposo e pancreáticos:

- A *leptina* é um hormônio produzido em adipócitos (células adiposas) em proporção direta à massa de gordura. Diante de grandes reservas de gordura nos adipócitos, a produção de leptina aumenta e, de modo contrário, em longos períodos de jejum, diminui. Isso indica que a leptina suprime o apetite e está envolvida no controle da ingestão de alimentos a longo prazo e, assim, mantém a constância do peso corporal. Pela corrente sanguínea a leptina é conduzida ao cérebro, onde se associa a receptores. A leptina também exerce efeitos diretos sobre o metabolismo dos ácidos graxos nos músculos. No entanto, muitos indivíduos obesos têm níveis normais ou elevados de leptina, sugerindo resistência ao hormônio ou falta de receptores.

- A *adiponectina* é produzida pelos adipócitos. Baixos níveis estão associados à obesidade. Tem efeitos semelhantes aos da leptina sobre a oxidação dos ácidos graxos no músculo. A adiponectina e a leptina fazem parte das muitas *adipocinas* ou *adipocitocinas* secretadas pelo tecido adiposo.

- A *insulina* é produzida pelas células β do pâncreas em resposta ao aumento da glicose sanguínea que ocorre após as refeições. O efeito mais conhecido da insulina é a manutenção da homeostase da glicose; no entanto, o hormônio também afeta o apetite, semelhante à ação da leptina, porém de maneira menos pronunciada.

- A *amilina* é produzida pelas células β do pâncreas, junto com a insulina, em resposta à ingestão de alimentos. O hormônio é um peptídeo com 37 aminoácidos. Um efeito rápido de saciedade é exercido pela amilina via receptores presentes na parte posterior do cérebro. A administração da amilina a ratos causa a redução da ingestão de alimentos com alguma perda de peso.

B. Papel do hipotálamo no controle hormonal do apetite

Um importante centro de controle do apetite está localizado no *núcleo arqueado* do hipotálamo. O apetite é controlado por alguns dos hormônios descritos anteriormente. Um desses grupos (o conjunto produtor NPY/AgRP) produz dois neuropeptídeos, o *NeuroPeptídeo Y* e o *peptídeo Agouti* relacionado (o último descoberto em rato agouti), que *aumentam* o apetite. O outro grupo, conhecido como *pró-ópio-melanocortina* (POMC), produz neuropeptídeos que *inibem* o apetite. O neuropeptídeo AgRP bloqueia a ação dos neuropeptídeos POMC:

- Quando o estômago está vazio, a *grelina* é secretada e o conjunto NPY/AgRP produz seus peptídeos para estimular a ingestão de alimentos.

- Após a ingestão de alimentos, a secreção de grelina é interrompida e o hormônio inibidor do apetite, PYY-3-36, é produzido em presença de alimento no intestino. Isso inibe o grupo NPY/AgRP no cérebro.

- A leptina, produzida quando as reservas de gordura estão aumentadas, inibe a produção do estimulante de apetite NPY/AgRP e impulsiona a produção dos neuropeptídeos POMC, inibidores do apetite.

- A insulina exerce, provavelmente de modo menos pronunciado, efeitos iguais aos da leptina.

- Em caso de jejum ou fome, as reservas combustíveis são acionadas. A grelina é produzida pelo estômago, estimulando o apetite. Na ausência de alimentos no intestino, a PYY-3-36 não é produzida e, assim, sua influência inibidora não é exercida. A produção de leptina é reduzida e sua influência inibidora é reduzida ou ausente. A insulina está em concentração mínima.

Existem outros mecanismos de controle sobre a ingestão de alimentos ainda não totalmente esclarecidos. A manutenção do peso corporal depende do equilíbrio entre a ingestão de alimentos e o gasto de energia e de mecanismos altamente complexos. A velocidade do metabolismo e, portanto, o gasto de energia são afetados pelo hormônio da tireoide e pela atividade física. A leptina aumenta o gasto de energia e há evidências de que acelera o metabolismo das gorduras em vez de deixá-las depositadas nas células. Sabe-se que inibe uma enzima no músculo necessária para a síntese de gordura.

BIOQUÍMICA

Quadro 10.3 ● **Doença celíaca**

A doença celíaca (também chamada *celiac sprue*, *sprue não tropical* ou enteropatia glúten-induzida) é uma enteropatia autoimune caracterizada por inflamação intestinal e má absorção após a ingestão de gliadina, um componente de uma família de proteínas do trigo denominada *glútens*. Na doença celíaca há uma atrofia vilosa (*flattening*), hiperplasia *crypt* e acúmulo de linfócitos no tecido conjuntivo imediatamente abaixo do epitélio intestinal. Pacientes com doença celíaca produzem anticorpos não somente contra a gliadina, mas também contra proteínas presentes no tecido conjuntivo que circunda as células do músculo liso na parede intestinal.

A perda do *villus* intestinal e de enzimas associadas com ele priva o trato gastrointestinal de importantes enzimas digestivas (p. ex., lactase). O funcionamento danificado dos enterócitos também resulta na má absorção de produtos da digestão, especialmente aminoácidos, ácidos graxos e vitaminas lipossolúveis, assim como de minerais (p. ex., cobre, cálcio). A doença pode ser tratada com dieta livre de glúten.

RESUMO

1. O sistema gastrointestinal é protegido do autoataque das proteases liberadas pelo estômago e o pâncreas. Glicoproteínas secretadas pelas células epiteliais do intestino formam mucinas que revestem e protegem as células. As enzimas proteolíticas são secretadas na forma inativa (zimogênio) e somente são ativadas quando atingem o lúmen do intestino.

2. No estômago, a pepsina digere parcialmente as proteínas, mas a digestão e absorção principais ocorrem no intestino delgado. A pepsina atua otimamente em pH 2. Este pH é mantido pela secreção de HCl pelas células parietais por um sistema ATP-dependente.

3. Na digestão, os polissacarídeos e as proteínas dos alimentos são hidrolisados em suas subunidades monoméricas (açúcares simples e aminoácidos). O processo é necessário para que esses componentes sejam absorvidos pelas células epiteliais intestinais e transferidos para a corrente sanguínea.

4. Os triacilgliceróis são hidrolisados em ácidos graxos e monoacilglicerol em presença de sais biliares que emulsificam as gorduras para aumentar a área de ação da enzima lipase pancreática. Os produtos da digestão das gorduras (monoacilglicerol e ácidos graxos) são transformados em triacilgliceróis nas células epiteliais e enviados ao sistema linfático na forma de partículas de quilomícrons até atingir o sangue, que as distribui pelo corpo. Quilomícrons são lipoproteínas formadas por fosfolipídeos, colesterol, triacilgliceróis e um grupo de proteínas específicas.

5. Vários hormônios estão envolvidos na regulação da ingestão de alimentos. A grelina está envolvida na estimulação do apetite quando o estômago está vazio. Vários outros hormônios inibem o apetite: os hormônios peptídicos PYY-3-36 (produzidos pelas células epiteliais intestinais em presença de alimentos), leptina e adiponectina (produzidas pelos adipócitos).

BIBLIOGRAFIA

Devlin TM. Manual de bioquímica com correlações clínicas. 6 ed. São Paulo: Blucher, 2007:1009-42.

Dufresne M, Seva C, Foumry D. Cholecystokinin and gastrin receptors. Physiol Rev 2006; 86:805-47.

Elliott WH, Elliott D. Biochemistry and molecular biology. New York: Oxford, 2009:145-61.

Iqbal J, Hussain M. Intestinal lipid absorption. Am J Physiol Endocrinol Metab 2009; 296:E1183-E94.

Newsholme E, Leech T. Functional biochemistry in health and disease. Chichester: Wiley-Blackwell, 2010:69-83.

Rosenthal MD, Glew RH. Medical biochemistry. Danvers: Wiley, 2009:38-57.

Roth JD et al. Leptin responsiveness restored by amylin agonism in diet-induced obesity: evidence from nonclinical and clinical studies. Proc Natl Acad Sci USA 2008; 105:7257-62.

11

Metabolismo da Glicose

A glicose é a fonte de nutrientes mais importante para o organismo humano. Nas células, a glicose é degradada e armazenada por diferentes vias. A via da *glicólise* transforma a glicose em duas moléculas de piruvato ou lactato. O piruvato é convertido em acetil-CoA, que é degradado no *ciclo do ácido cítrico*. O glicogênio, a forma de armazenamento da glicose nos mamíferos, é sintetizado pela *glicogênese.* As reações da *glicogenólise* desdobram o glicogênio em glicose. É também possível sintetizar glicose a partir de precursores não carboidratos pela *gliconeogênese.* A via das *pentoses-fosfato* converte a glicose em ribose-5-fosfato (açúcar utilizado para a síntese de nucleotídeos e ácidos nucleicos) e NADPH.

Neste capítulo serão tratadas as reações da glicólise, a via das pentoses-fosfato e o metabolismo da frutose e galactose.

11.1 GLICÓLISE

A glicólise (do grego *glykos,* doce, e *lysis,* romper), também chamada via de Embden-Meyerhof, é a via metabólica central do catabolismo da glicose em uma sequência de dez reações enzimáticas que ocorrem no citoplasma de todas as células de mamíferos. Apesar de a glicólise ser um processo único, o termo é usado para descrever dois subprocessos:

- Quebra da glicose ou glicogênio para formar um composto de três carbonos, o lactato (*glicólise anaeróbica*).

- A primeira etapa de um processo total que produz piruvato e a seguir acetil-CoA, para a completa oxidação na mitocôndria (*glicólise aeróbica*).

Uma vez na célula, a glicose na forma de glicose-6-fosfato tem vários destinos diferentes. No hepatócito, por exemplo, a glicose pode ser: (1) oxidada via glicólise para produção de ATP, (2) armazenada na forma de glicogênio, (3) oxidada na via das pentoses-fosfato para gerar NADPH e ribose para a síntese de ácidos nucleicos, (4) usada para formação de carboidratos complexos (p. ex., glicoproteínas, glicanos, glicosaminoglicanos) ou (5) para a síntese de ácidos urônicos, associados à excreção de substâncias (Figura 11.1). Além dos destinos citados, o piruvato pode formar acetil-CoA para a geração de energia no ciclo do ácido cítrico e ser precursor de vários compostos (p. ex., ácidos graxos específicos, colesterol, dolicol).

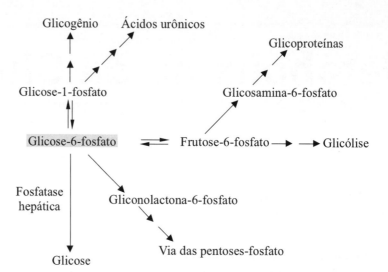

Figura 11.1 ● Alguns destinos metabólicos da glicose-6-fosfato.

A. Captação de glicose pelas células

Antes de iniciar a glicólise, a glicose deve ser transportada para o interior das células. O transporte através de membranas citoplasmáticas (à exceção da célula intestinal e do túbulo renal) é mediado por uma família de *proteínas transportadoras de glicose* denominadas GLUT1 a GLUT5 (do inglês, *glucose transporter*) presentes nas membranas plasmáticas (Capítulo 20). A glicose penetra em células dos músculos esquelético e cardíaco e do tecido adiposo pela GLUT4, cujo número aumenta rapidamente em presença de insulina. Em caso de ausência de sinal insulínico forte (razão [insulina]/[glucagon] baixa), a GLUT4 liga-se a vesículas intracelulares. Após estímulo por insulina, as ve-

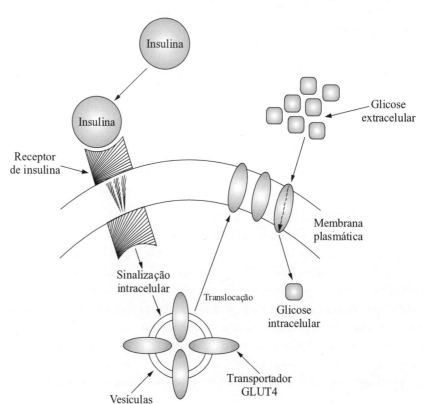

Figura 11.2 ● A insulina promove a translocação de GLUT4 (transportadores de glicose 4) de vesículas intracelulares para a membrana plasmática dos adipócitos e células do músculo.

METABOLISMO DA GLICOSE

sículas contendo GLUT4 no músculo e adipócitos translocam-se e fundem-se com a membrana plasmática, proporcionando assim o mecanismo pelo qual a insulina estimula a captação da glicose do sangue, tornando-se também a principal etapa regulatória do metabolismo de glicose nesses tecidos (Figura 11.2).

A GLUT2 presente nas membranas citoplasmáticas hepáticas e células β do pâncreas tem menor afinidade pela glicose que a GLUT4 e atua quando há abundância de glicose no sangue. Como resultado, o fluxo hepático de glicose é proporcional à concentração da glicose na circulação, enquanto o pâncreas ajusta a velocidade de secreção da insulina pelo nível de glicose sanguínea.

Eritrócitos, rins e cérebro contêm transportadores GLUT1 e GLUT3 independentes da influência da insulina e que transportam a glicose em velocidade praticamente constante. GLUT1, GLUT2 e GLUT3 têm alta afinidade pela glicose e promovem sua captação em estado de jejum. A GLUT5 encontra-se em níveis elevados no intestino delgado, onde atua principalmente como transportadora de frutose.

B. Reações da glicólise

A glicólise é empregada por todos os tecidos para degradação de glicose com geração de energia (na forma de ATP) e formação de intermediários para outras vias metabólicas (Figura 11.3). A conversão de uma molécula de glicose em piruvato ou lactato está relacionada com a produção líquida de duas moléculas de ATP. A geração de energia via glicólise é oxigênio-independente. Na presença de oxigênio em tecidos como o músculo e o fígado que contêm mitocôndrias, por exemplo, o produto final é o piruvato. Ao contrário, nos eritrócitos desprovidos de mitocôndrias ou em tecidos com mitocôndrias, mas insuficientemente oxigenados, o lactato é o produto final da glicólise.

1. Síntese de glicose-6-fosfato (G6P)

A glicose é ativada por fosforilação da hidroxila em C6 para formar glicose-6-fosfato. A transferência do grupo fosfato do ATP em reação irreversível é catalisada pela *hexocinase*, que requer íons magnésio em forma de complexo com o ATP ($MgATP^{2-}$). A hexocinase é inibida alostericamente pelo produto da reação, a glicose-6-fosfato.

A *glicocinase* é outra enzima que fosforila a glicose, mas, ao contrário da hexocinase, não é inibida pela glicose-6-fosfato. A enzima está presente nas células hepáticas (hepatócitos) e células β secretoras de insulina do pâncreas. A atividade da glicocinase aumenta proporcionalmente ao aumento da concentração de glicose no plasma. A deficiência de glicocinase nas β células do pâncreas leva ao desenvolvimento de um tipo de diabetes conhecido como *defeito genético na função das células β-MOBY2*.

A glicose é eletricamente neutra, mas, quando fosforilada, torna-se um composto carregado negativamente e hidrofílico, que impede a difusão através da membrana celular, confinando-a à célula. (Os transportadores que medeiam o movimento de glicose através das membranas não reconhecem os derivados fosforilados da glicose.) A hexocinase também catalisa a fosforilação de outras hexoses.

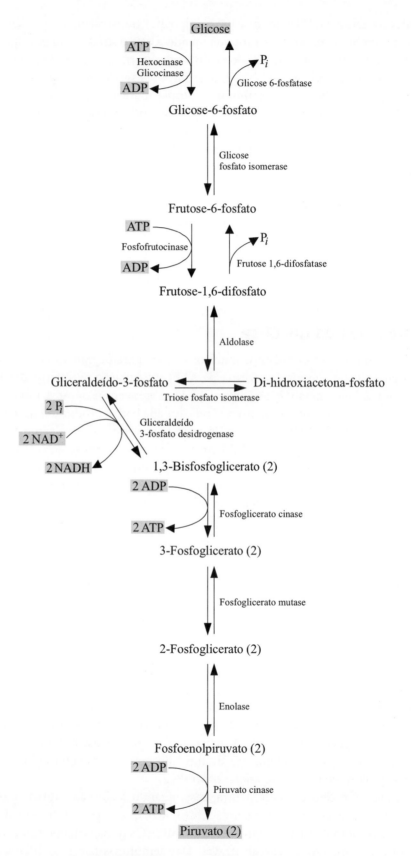

Figura 11.3 ● **Reações da glicólise.** Os substratos, os produtos e as enzimas correspondem aos dez passos da via. Os termos sombreados indicam a glicose, o piruvato, o gasto e o rendimento de energia da glicólise.

METABOLISMO DA GLICOSE

Quadro 11.1 ● **Diabetes melito**

O diabetes melito (DM) é uma síndrome de etiologia múltipla, decorrente da falta de insulina e/ou da incapacidade da insulina de exercer adequadamente seus efeitos. Caracteriza-se por hiperglicemia crônica com distúrbios do metabolismo dos carboidratos, lipídeos e proteínas:

- **Diabetes melito tipo 1 (imuno-mediado):** resulta primariamente da destruição das células β pancreáticas e tem tendência à cetoacidose. Inclui casos decorrentes de doença autoimune e aqueles nos quais a causa da destruição das células β não é conhecida. O tipo 1 compreende de 5% a 10% de todos os casos de diabetes melito.

- **Diabetes melito tipo 2:** resulta, em geral, de graus variáveis de resistência à insulina e deficiência relativa de secreção de insulina. A maioria dos pacientes tem excesso de peso, e a cetoacidose ocorre apenas em situações especiais, como durante infecções graves. Cerca de 80% a 90% de todos os casos de diabetes correspondem a esse tipo. Ocorre, em geral, em indivíduos obesos com mais de 40 anos, de maneira lenta e com história familiar de diabetes. Os pacientes apresentam sintomas moderados e *não* são dependentes de insulina para prevenir cetonúria. Nesses casos, os níveis de insulina podem ser normais, diminuídos e/ou aumentados.

Pacientes portadores de episódios hiperglicêmicos, quando não tratados, desenvolvem cetoacidose ou coma hiperosmolar. Com a progressão da doença, aumenta o risco de desenvolvimento de complicações crônicas, como retinopatia, angiopatia, doença renal, neuropatia, proteinúria, infecção, hiperlipemia e doença aterosclerótica.

Acredita-se que os pacientes com DM tipo 1 tenham suscetibilidade genética para o desenvolvimento do diabetes. A exposição a um desencadeador (viral, ambiental, toxina) estimula a destruição imunologicamente mediada das células β. A hiperglicemia está presente quando 80% a 90% das células β encontram-se destruídas.

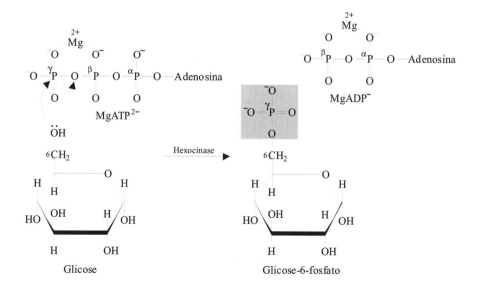

Quadro 11.2 • Hexocinase e glicocinase

A enzima *hexocinase* catalisa a fosforilação de diferentes monossacarídeos de seis carbonos, como glicose, manose, frutose e glicosamina.
Diferentes isoenzimas da hexocinase estão presentes em vários tecidos de mamíferos. Cada isoenzima exibe propriedades cinéticas diferentes. As células hepáticas (hepatócitos) e as células secretoras de insulina no pâncreas (células β) também fosforilam a glicose pela ação da *glicocinase*. A ação catalítica da glicocinase está restrita à glicose e tem um K_m de 10 mmol/L. A enzima exige, portanto, níveis 100 vezes maiores de glicose no plasma para sua atividade máxima (o K_m da hexocinase é 0,1 mmol/L). A glicocinase não é inibida pela glicose-6-fosfato (Figura 11.4).

Em caso de concentrações elevadas de glicose no plasma após uma refeição, a atividade da glicocinase hepática aumenta a velocidade de conversão de glicose a glicose-6-fosfato, subsequentemente transformada em glicogênio. Esse processo sintético é, de fato, estimulado pelo aumento na concentração de glicose e glicose-6-fosfato na célula hepática, já que elas impulsionam a atividade da glicogênio sintase (Capítulo 12). Consequentemente, a glicocinase assegura que, após uma refeição, parte da glicose no plasma seja convertida em glicogênio. Além de aumentar a quantidade de glicogênio hepático, a glicocinase restringe a elevação da glicose plasmática. Por outro lado, o papel da hexocinase no fígado é o de fosforilar, além da glicose, outras hexoses, sem se envolver na síntese de glicogênio.

Nas células β do pâncreas, a atividade da glicocinase sinaliza o aumento de glicose no plasma e provoca alterações metabólicas na célula que resultam na secreção de insulina. O papel fundamental da glicocinase no fígado e nas células β do pâncreas é restringir o aumento da glicose plasmática periférica após uma refeição e também evitar sua redução durante períodos curtos de jejum.

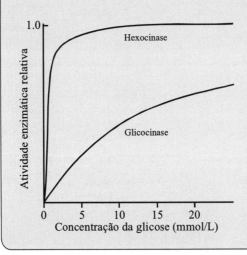

Figura 11.4 • Diferenças na velocidade de fosforilação das enzimas hexocinase e glicocinase em relação à concentração de glicose. Hexocinase está presente em todas as células. Glicocinase está presente somente nos hepatócitos e nas células β das ilhotas de Langerhans no pâncreas.

A glicose livre é obtida por hidrólise da glicose-6-fosfato em presença da *glicose 6-fosfatase* hepática e renal:

$$\text{Glicose-6-fosfato} + H_2O \xrightarrow{\text{Glicose 6-fosfatase}} \text{glicose} + P_i$$

A glicose livre formada é de grande importância para a manutenção dos níveis de glicose no sangue (Capítulo 12). A reação não regenera o ATP.

METABOLISMO DA GLICOSE

2. Isomerização da glicose-6-fosfato a frutose-6-fosfato (F6P)

A interconversão aldose-cetose da glicose-6-fosfato a frutose-6-fosfato é catalisada pela *glicose-6-fosfato isomerase*. É uma reação de equilíbrio reversível.

Glicose-6-fosfato
(α-D-glicopiranose)

Glicose-6-fosfato
(cadeia aberta)

Frutose-6-fosfato
(cadeia aberta)

Frutose-6-fosfato
(α-D-frutofuranose)

3. Fosforilação da frutose-6-fosfato a frutose-1,6-bisfosfato (FBP)

A *fosfofrutocinase-1* (PFK1) catalisa irreversivelmente a transferência do grupo fosfato do ATP para o C1 da frutose-6-fosfato com a formação de frutose-1,6-bisfosfato:

Frutose-6-fosfato

Frutose-1,6-bisfosfato

A fosfofrutocinase-1, uma enzima alostérica, é a principal enzima reguladora da glicólise. A atividade da enzima é modulada em presença de ativadores (p. ex., frutose-2,6-bisfosfato) ou inibidores (p. ex., ATP) alostéricos.

Como a fosforilação catalisada pela fosfofrutocinase-1 é irreversível, a reação inversa, a hidrólise da frutose-1,6-bisfosfato a frutose-6-fosfato e P_i, é catalisada por uma enzima distinta, a *frutose 1,6-bisfosfatase:*

$$\text{Frutose-1,6-bisfosfato} + H_2O \xrightarrow{\text{Frutose 1,6-bisfosfatase}} \text{frutose-6-fosfato} + P_i$$

A frutose 1,6-bisfosfatase é inibida alostericamente pelo AMP e frutose-2,6-bisfosfato (Seção 11.2.1).

4. Clivagem da frutose-1,6-bisfosfato

A frutose-1,6-bisfosfato é clivada em reação de equilíbrio reversível entre os carbonos 3 e 4 para produzir dois fragmentos de três carbonos (trioses): o *gliceraldeído-3-fosfato* (GAP) e a *di-hidroxiacetona-fosfato* (DHAP) pela ação da enzima *aldolase*. O substrato é mostrado em cadeia aberta para melhor visualização da reação:

$$\text{Frutose-1,6-bisfosfato} \xrightarrow{\text{Aldolase}} \text{Di-hidroxiacetona-fosfato} + \text{Gliceraldeído-3-fosfato}$$

Frutose-1,6-bisfosfato

Di-hidroxiacetona-
fosfato

Gliceraldeído-
3-fosfato

A reação é não favorável ($\Delta G^{\circ\prime} = +23,8 \text{kJ·mol}^{-1}$), mas procede porque os produtos são rapidamente removidos.

5. Interconversão do gliceraldeído-3-fosfato e da di-hidroxiacetona-fosfato (DHAP)

A *triose-fosfato isomerase* catalisa a transferência de um hidrogênio do carbono 1 para o carbono 2 ao transformar a di-hidroxiacetona-fosfato em gliceraldeído-3-fosfato. A reação dirige a di-hidroxiacetona-fosfato para o gliceraldeído-3-fosfato, pois é a única triose diretamente degradada na glicólise:

Di-hidroxiacetona-
fosfato

Gliceraldeído-
3-fosfato

A di-hidroxiacetona-fosfato pode também ser transformada no composto intermediário glicerol-3-fosfato, produto essencial para a biossíntese dos triacilgliceróis e fosfolipídeos.

6. Oxidação do gliceraldeído-3-fosfato a 1,3-bisfosfoglicerato (1,3-BPG)

O gliceraldeído-3-fosfato é oxidado a 1,3-bisfosfoglicerato com a concomitante redução do NAD^+ a NADH pela *gliceraldeído-3-fosfato desidrogenase*:

Gliceraldeído-
3-fosfato

1,3-bisfosfoglicerato

METABOLISMO DA GLICOSE

173

A reação oxida o aldeído e incorpora o fosfato inorgânico com a produção do primeiro composto de *alta energia* da via, o *1,3-bisfosfoglicerato* (1,3-BPG).

O NADH é reoxidado por: (1) oxidação pela cadeia mitocondrial transportadora de elétrons ou (2) transformação do piruvato em lactato.

O 1,3-bisfosfoglicerato é precursor do 2,3-bisfosfoglicerato (2,3-BPG). O 2,3-BPG é um efetor alostérico negativo da afinidade do oxigênio pela hemoglobina.

7. Formação de ATP a partir do 1,3-bisfosfoglicerato

A *fosfoglicerato cinase* catalisa a transferência do grupo fosfato de *alta energia* do 1,3-bisfosfoglicerato para o ADP, gerando ATP e 3-fosfoglicerato:

1,3-bisfosfoglicerato   3-fosfoglicerato

A produção de ATP pela transferência direta de fosfato do substrato (1,3-bisfosfoglicerato) para o ADP em ausência de oxigênio é denominada *fosforilação no nível do substrato*. Nessa etapa são gerados dois ATP por molécula de glicose.

8. Conversão do 3-fosfoglicerato em 2-fosfoglicerato (2PG)

O 3-fosfoglicerato é convertido reversivelmente em 2-fosfoglicerato pela *fosfoglicerato mutase*, que exige a presença de 2,3-bisfosfoglicerato para sua ação:

3-Fosfoglicerato   2-Fosfoglicerato

9. Desidratação do 2-fosfoglicerato a fosfoenolpiruvato (PEP)

A *enolase* catalisa a remoção reversível de uma molécula de água do 2-fosfoglicerato para formar um composto com ligação dupla e de *alta energia*, o fosfoenolpiruvato:

$$3\text{-fosfoglicerato} \xrightarrow{\text{Enolase}} \text{Fosfoenolpiruvato}$$

3-fosfoglicerato   Fosfoenolpiruvato

A reação é reversível, apesar do elevado conteúdo energético do fosfoenolpiruvato.

10. Formação do piruvato

A transferência do grupo fosfato do fosfoenolpiruvato para o ADP, formando piruvato e ATP, é catalisada pela enzima *piruvato cinase* (PK) em presença de Mg^{2+}, ou Mn^{2+} e K^+:

$$\text{Fosfoenolpiruvato} + \text{ADP} \xrightarrow{\text{Piruvato cinase}} \text{Piruvato} + \text{ATP}$$

Fosfoenolpiruvato   Piruvato

Essa é a segunda reação da glicólise que fosforila o ATP no nível do substrato. Nesse estágio são gerados dois ATP por molécula de glicose.

A piruvato cinase é uma enzima alostérica ativada por níveis elevados de frutose-1,6-bisfosfato e inibida pelo ATP (ver adiante).

C. Rendimento energético da glicólise

O número de moléculas de ATP gerado pela glicólise depende do substrato para o processo e do eventual destino do piruvato. Glicólise aeróbica a partir da glicose gera duas moléculas de ATP (Tabela 11.1):

$$\text{Glicose} + 2NAD^+ + 2ADP + 2P_i \rightarrow 2\text{piruvato} + 2NADH + 2H^+ + 2ATP + 2H_2O$$

Tabela 11.1 ● **Rendimento energético da glicólise (em ATP)**

Reações	ATP/mol de glicose
Glicose + ATP → glicose-6-fosfato + ADP + H$^+$	−1
Frutose-6-fosfato → frutose-1,6-bisfosfato + ADP + H$^+$	−1
2 (1,3-bisfosfoglicerato + ADP → 3-fosfoglicerato + ATP)	+2
2 (fosfoenolpiruvato + ADP + H$^+$ → piruvato + ATP)	+2
Total líquido	+2

O NADH produzido na glicólise é oxidado na mitocôndria, mas não diretamente. Os átomos de hidrogênio são transportados via lançadeiras em me-

METABOLISMO DA GLICOSE

175

canismo descrito no Capítulo 14. Nessas condições, o piruvato produzido é transportado para a mitocôndria para a completa oxidação pelo ciclo do ácido cítrico (Capítulo 13). Desse modo, a glicólise é a primeira etapa do processo pelo qual a glicose é completamente oxidada (glicólise aeróbica).

Em células desprovidas de mitocôndria ou durante hipóxia em tecidos aeróbicos, o NADH é oxidado a NAD^+ em reação em que o piruvato é reduzido a lactato, catalisada pela lactato desidrogenase (ver adiante):

$$Piruvato + NADH \rightarrow lactato + NAD^+$$

Quando o glicogênio é utilizado, três moléculas de ATP são geradas para cada molécula de glicose convertida em ácido láctico. Em músculo humano fisicamente ativo, a conversão do glicogênio em lactato gera todo o ATP necessário para manter a atividade. As fibras musculares usam esse processo quando a demanda de ATP excede a quantidade gerada pelo metabolismo aeróbico.

Uma condição em que todos os tecidos ou órgãos podem usar glicogênio na glicólise ocorre com o feto de mamíferos durante o nascimento. Esse é o caso do descolamento da placenta, quando o parto é demorado. Nessa situação, antes do nascimento e da primeira respiração, os tecidos do feto geram ATP pela conversão de glicogênio em ácido láctico. Com essa finalidade, o teor de glicogênio nos tecidos do feto aumenta pouco antes do nascimento.

D. Destinos do piruvato

Em termos de energia, o resultado da glicólise é a formação de dois ATP e dois NADH por molécula de glicose. O piruvato ainda pode produzir substancial quantidade de ATP. Para isso, o piruvato é oxidado completamente em reações do ciclo do ácido cítrico (Capítulo 13).

Os destinos do piruvato dependem do tipo de célula, da necessidade de energia e de precursores para a síntese de macromoléculas.

1. Redução do piruvato a lactato

Tecidos como o músculo esquelético, durante atividades físicas intensas, quando a quantidade de oxigênio é limitante, reduzem o piruvato a lactato para regenerar o NAD^+ e continuar a glicólise em condições anaeróbicas. A redução do piruvato a lactato é catalisada pela *lactato desidrogenase* com o emprego de NADH como agente redutor:

O NADH utilizado na redução é gerado durante a glicólise na oxidação do gliceraldeído-3-fosfato a 1,3-bisfosfoglicerato (Figura 11.5).

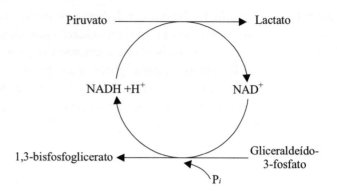

Figura 11.5 • Reciclagem do NADH na glicólise anaeróbica. O NADH produzido na conversão do gliceraldeído-3-fosfato em gliceraldeído-1,3-bisfosfato é oxidado quando o piruvato é convertido em lactato.

O lactato formado no músculo ativo se difunde para o sangue e é transportado até o fígado, onde é convertido em glicose via gliconeogênese (*ciclo de Cori*). Alguns tecidos, como eritrócitos, células do olho, medula renal, células epiteliais da pele, enterócito no intestino delgado, células imunes e células durante a proliferação, mesmo sob condições aeróbicas, produzem lactato como produto final da glicólise.

O ácido láctico (lactato + H^+) pode ser removido pelos tecidos e oxidado para gerar ATP. No coração, essa via é especialmente importante, pois o lactato e os prótons são transportados aos cardiomiócitos e totalmente oxidados a CO_2:

$$\text{Lactato} + H^+ + 3\, O_3 \rightarrow 3\, CO_2 + 3\, H_2O$$

2. Formação de acetil-CoA

O piruvato pode sofrer descarboxilação oxidativa para formar acetil-CoA em reação catalisada pelo complexo piruvato desidrogenase (Capítulo 13):

$$\text{Piruvato} + \text{HS-CoA} \xrightarrow{\text{Complexo piruvato desidrogenase}} \text{acetil-CoA} + CO_2$$

A acetil-CoA é metabolizada no ciclo do ácido cítrico ou utilizada na síntese de ácidos graxos específicos. A reação é uma etapa importante para a produção de gorduras a partir do excesso de carboidratos.

3. Formação de oxaloacetato

O piruvato é precursor de oxaloacetato, molécula com quatro átomos de carbono utilizada para a síntese de glicose (gliconeogênese) e de alguns aminoácidos. É também intermediário no ciclo do ácido cítrico. O oxaloacetato é sintetizado pela ação da piruvato carboxilase:

$$\text{Piruvato} + CO2 + \text{ATP} \xrightarrow{\text{Piruvato carboxilase}} \text{oxaloacetato} + \text{ADP} + P_i$$

O resumo dos destinos do piruvato é mostrado na Figura 11.6. A formação de alanina será tratada no Capítulo 17.

METABOLISMO DA GLICOSE

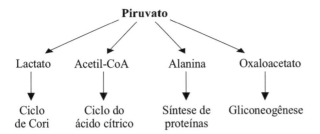

Figura 11.6 ● Principais destinos do piruvato.

11.2 REGULAÇÃO DA GLICÓLISE

A regulação da glicólise é complexa e de grande importância na geração de ATP e na produção de intermediários para as reações de síntese, como a de ácidos graxos. O principal fator regulador da glicólise são as necessidades energéticas das células. Quando a razão [ATP]/[ADP] intracelular está elevada, a glicólise é inibida; de modo inverso, em baixas concentrações de ATP e crescentes de ADP e AMP, a glicólise é estimulada. De modo semelhante, quando se eleva a razão [ATP]/[ADP], a enzima isocitrato desidrogenase do ciclo do ácido cítrico é inibida, resultando em aumento nos teores de citrato no citosol nas células (Figura 11.7).

Três enzimas estão envolvidas na regulação da glicólise: *fosfofrutocinase-1 (PFK-1)*, *hexocinase* e *piruvato cinase*. As reações catalisadas por essas enzimas são irreversíveis e podem ser *estimuladas* ou *inibidas* por efetores alostéricos. Além disso, a translocação do transportador GLUT4 de vesículas intracelulares para a membrana plasmática participa da regulação do metabolismo da glicose nos músculos e adipócitos.

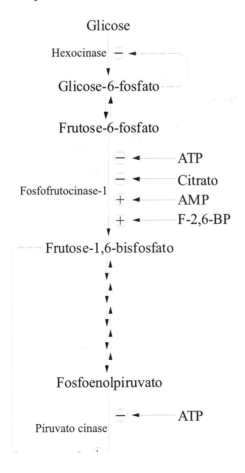

Figura 11.7 ● Regulação da glicólise hepática por metabólitos.

1. Fosfofrutocinase-1 (PFK-1)

Exerce o principal controle na glicólise. A regulação alostérica da PFK-1 promove a resposta da enzima às necessidades energéticas da célula, além da resposta à sinalização hormonal pela insulina e o glucagon. A PFK-1 é inibida pelo *ATP* e o *citrato* e ativada pelo *AMP* (indicador de baixa geração de energia) (Figura 11.8). O citrato é um intermediário do ciclo do ácido cítrico mitocondrial. Quando a carga energética da célula é alta, o ATP inibe a enzima mitocondrial *isocitrato desidrogenase*, etapa-chave na regulação do ciclo do ácido cítrico, provocando o acúmulo de citrato.

A frutose-2,6-bisfosfato (F-2,6-BP) é um potente ativador alostérico da PFK-1 hepática. A concentração intracelular da F-2,6-BP é regulada e correlacionada diretamente com a razão [insulina]/[glucagon]. Em níveis aumentados de glicose sanguínea, a insulina eleva os teores de frutose-2,6-bisfosfato, que ativam a PFK-1 e, assim, a glicólise. Ao mesmo tempo, reduz a atividade da enzima *frutose 1,6-bisfosfatase*, que catalisa a reação reversa (inibição da gliconeogênese).

As duas enzimas que determinam diretamente os níveis de F-2,6-BP são a *fosfofrutocinase-2* (PFK-2), que catalisa sua formação por fosforilação da frutose-6-fosfato na posição 2, e a *frutose 2,6-bisfosfatase-2* (FBPase-2), que catalisa sua degradação. As atividades das duas enzimas são reguladas de tal modo que, quando a PFK-2 está ativa, a FBPase-2 está inativa e vice-versa. As duas enzimas estão presentes em uma única cadeia polipeptídica. As atividades desse sistema enzimático são reguladas de modo diverso em diferentes tecidos.

Frutose-6-fosfato

Frutose-2,6-bisfosfato

A formação e a degradação da enzima bifuncional são reciprocamente controladas por um mecanismo de fosforilação/desfosforilação em uma única serina. Quando a *proteína PFK-2/FBPase-2 hepática* é fosforilada pela *proteína cinase A dependente de cAMP* (PKA), a PFK-2 é inativada e a FBPase-2 é ativada, causando o declínio no nível da F-2,6-BP. O glucagon, que dispara a cascata sinalizadora de AMP cíclico pela ativação da adenilato ciclase, reduz o nível de F-2,6-BP, diminuindo a atividade da PFK-1 e reduzindo o fluxo de glicose através da glicólise. Por outro lado, a ligação da insulina a seu receptor resulta na ativação de uma *fosfoproteína fosfatase* que desfosforila a PFK-2/FBPase-2, promovendo a elevação da concentração da F-2,6-BP e o aumento do fluxo de glicose pela via glicolítica.

A PFK-2/FBPase-2, quando fosforilada, promove o aumento da atividade fosfatase em resposta ao glucagon e, como cinase, quando desfosforilada, em resposta à insulina. O efeito inibidor da frutose-2,6-bisfosfato sobre a FBPase-2 é consideravelmente aumentado pela presença do inibidor alostérico AMP.

Em contraste com o mecanismo hepático, a proteína PFK-2/FBPase-2 no músculo esquelético é fosforilada em um resíduo alanina em lugar do resíduo serina no fígado. A fosforilação é catalisada pela proteína cinase A ativada pelo cAMP (PKA). Como resultado, a proteína sintetiza constitutivamente a F-2,6-BP e a glicólise não é inibida pela sinalização intracelular induzida pela adrenalina (epinefrina).

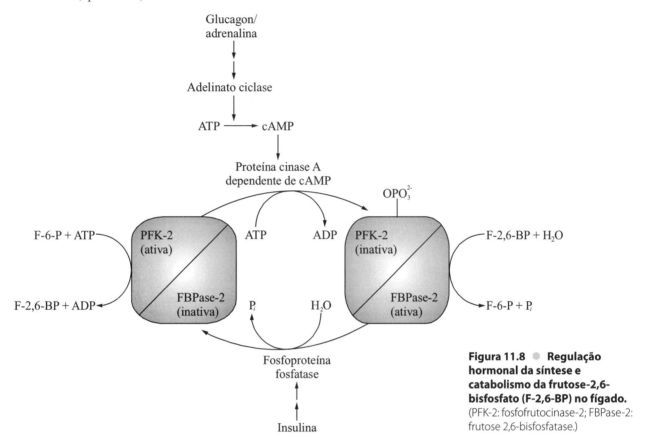

Figura 11.8 ● **Regulação hormonal da síntese e catabolismo da frutose-2,6-bisfosfato (F-2,6-BP) no fígado.** (PFK-2: fosfofrutocinase-2; FBPase-2: frutose 2,6-bisfosfatase.)

Uma terceira isoenzima da PFK-2/FBPase-2, presente no músculo cardíaco, tem múltiplos locais para fosforilação, incluindo um fosforilado pela *proteína cinase dependente de AMP* (AMPK). A depleção energética no músculo cardíaco resulta na elevação da razão [AMP]/[ATP], que promove a ativação da AMPK. A AMPK ativada fosforila a PFK-2, que aumenta a concentração intracelular da FBF-2,6-BP, estimulando a glicólise e a geração de energia (Figura 11.8).

2. Hexocinase

A hexocinase, enzima que catalisa a primeira etapa da glicólise, é inibida pelo seu produto, a glicose-6-fosfato. Teores elevados dessa molécula indicam que a célula não mais necessita de glicose para fins energéticos ou para a síntese de glicogênio.

3. Piruvato cinase

Catalisa a última etapa da glicólise e é inibida alostericamente pelo ATP e ativada pela *frutose-1,6-bisfosfato*. A atividade da isoenzima *piruvato cinase hepática* é também regulada por um mecanismo de fosforilação/desfosforilação. Em teores baixos de glicemia, o glucagon estimula a síntese de cAMP nos hepatócitos, produzindo a enzima *proteína cinase A dependente de cAMP*

(PKA), que leva à fosforilação da piruvato cinase. A forma fosforilada da proteína cinase é inativa (forma *b*). Desse modo, a glicólise é interrompida e o piruvato é desviado para a síntese da glicose pela gliconeogênese. A forma *a* desfosforilada é ativa (Figura 11.9).

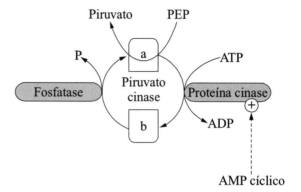

Figura 11.9 ● **Piruvato cinase é regulada por proteína cinase A dependente de cAMP (PKA).** A forma *a* desfosforilada é ativa. A forma *b* fosforilada é inativa. PEP: fosfoenolpiruvato.

11.3 VIA DAS PENTOSES-FOSFATO

A *via das pentoses-fosfato* (*desvio hexose-monofosfato* ou *via oxidativa do fosfogliconato*) é uma via metabólica alternativa à glicólise para a oxidação da glicose. Não exige e não sintetiza ATP. A via pentose-fosfato:

• Gera *NADPH* (nicotinamida adenina dinucleotídeo fosfato reduzido), um agente redutor empregado na biossíntese de ácidos graxos (fígado, tecido adiposo), colesterol, hormônios esteroides (testículos, ovários, córtex adrenal), ácidos biliares (fígado), neurotransmissores e nucleotídeos; reações de desintoxicação e excreção de fármacos pelas monoxigenases com citocromo P450; redução da glutationa oxidada (eritrócitos) e produção de radicais livres para destruir patógenos (macrófagos, neutrófilos).

• Sintetiza *ribose-5-fosfato*, componente estrutural de RNA, DNA, ATP, NADH, FAD e coenzima A.

• Estabelece uma rota para o excesso de pentoses na dieta e, portanto, desnecessárias para as reações biossintéticas, e que se converte em intermediários da via glicolítica.

As reações da via das pentoses-fosfato têm lugar no citoplasma de todas as células. As enzimas da via são mais abundantes em tecidos com alta demanda por NADPH usado para sínteses redutoras e em células que se dividem rapidamente e necessitam de grandes quantidades de ribose-5-fosfato para síntese de ácidos nucleicos (p. ex., enterócitos).

A via ocorre em duas etapas: (1) *reações oxidativas*, em que a glicose-6-fosfato é convertida em ribulose-5-fosfato (Ru5P) com formação de duas moléculas de NADPH; e (2) *reações não oxidativas*, que envolvem a isomerização e a condensação de outros açúcares. Três intermediários do processo são utilizados em outras vias: ribose-5-fosfato, frutose-6-fosfato e gliceraldeído-3-fosfato.

A. Reações oxidativas

A etapa oxidativa da via das pentoses-fosfato consiste em três reações. Na primeira, a *glicose-6-fosfato desidrogenase* (G-6-PD) catalisa a oxidação

METABOLISMO DA GLICOSE

do carbono 1 da glicose-6-fosfato para formar *6-fosfoglicono-δ-lactona* e NADPH:

Glicose-6-fosfato → 6-fosfoglicono-δ-lactona (Glicose-6-fosfato desidrogenase, NADP⁺ → NADPH + H⁺)

A reação é a etapa limitante da via e controla a velocidade de produção de NADPH.

A 6-fosfoglicono-δ-lactona é então hidrolisada para produzir o 6-fosfogliconato por meio da *6-fosfoglicono lactonase*:

6-fosfoglicono-δ-lactona → 6-fosfogliconato (6-fosfoglicono lactonase, H₂O, H⁺)

O 6-fosfogliconato sofre descarboxilação oxidativa em presença de NADP⁺ e da *6-fosfogliconato desidrogenase*, em *ribose-5-fosfato*. São também produzidos CO₂ (proveniente do C1 da hexose) e uma segunda molécula de NADPH:

6-fosfogliconato → Ribulose-5-fosfato (6-fosfogliconato desidrogenase, NADP⁺ → NADPH, CO₂)

Na etapa oxidativa são geradas duas moléculas de NADPH para cada molécula de glicose-6-fosfato que entra na via e é transformada em ribulose-5-fosfato (Figura 11.10).

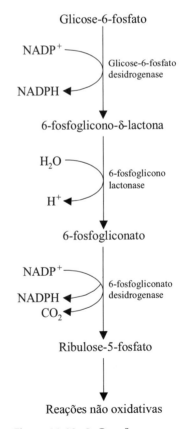

Figura 11.10 • Reações oxidativas da via das pentoses-fosfato. Geração oxidativa de NADPH com a transformação da glicose-6-fosfato em ribulose-5-fosfato.

B. Reações não oxidativas

A etapa não oxidativa da via inicia-se com a isomerização da ribulose-5-fosfato à *ribose-5-fosfato*, um açúcar com um grupo aldeído em vez de uma cetona em reação catalisada pela *ribulose-5-fosfato isomerase*:

Ribulose-5-fosfato · Ribose-5-fosfato

A ribose-5-fosfato e seus derivados são componentes estruturais de RNA, DNA, ATP, NADH, FAD e coenzima A.

A ribulose-5-fosfato pode também ser convertida em *xilulose-5-fosfato* por reação em que ocorre uma inversão da configuração ao redor do átomo de carbono 3 catalisada pela *ribulose-5-fosfato epimerase*:

Ribulose-5-fosfato · Xilulose-5-fosfato

As interconversões fornecem uma mistura de três pentoses-fosfato (ribulose-5-fosfato, xilulose-5-fosfato e ribose-5-fosfato), cujas concentrações dependem das necessidades da célula.

A xilulose-5-fosfato reage com a ribose-5-fosfato para formar *sedoeptulose-7-fosfato* e *gliceraldeído-3-fosfato* pela enzima *transcetolase*:

Xilulose-5-fosfato · Ribose-5-fosfato · Glicerldeído-3-fosfato · Sedoeptulose-7-fosfato

A *transcetolase* contém a tiamina pirofosfato (TPP) como seu grupo prostético. A enzima envolve a transferência de uma unidade de dois carbonos da D-xilulose-5-fosfato para o carbono 1 da ribose-5-fosfato. Note-se que o doador do grupo (xilulose-5-fosfato) e o produto (sedoeptulose-7-fosfato) são cetoses com C3 em configuração "L".

Na reação seguinte, a sedoeptulose-7-fosfato transfere uma unidade de três carbonos para o gliceraldeído-3-fosfato em reação reversível catalisada pela *transaldolase*, com a formação de *eritrose-4-fosfato* e *frutose-6-fosfato*:

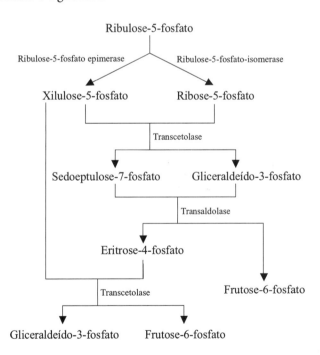

A transcetolase e a transaldolase interconvertem açúcares de acordo com as necessidades metabólicas das células e ligam de modo reversível a via das pentoses-fosfato e a glicólise.

Figura 11.11 • Reações não oxidativas da via pentoses-fosfato. Envolvem a transferência de unidades de dois e três carbonos.

O resultado líquido da via das pentoses-fosfato é a conversão da glicose-6-fosfato em frutose-6-fosfato e gliceraldeído-3-fosfato por um modo diferente da via glicolítica. A equação geral da via das pentoses-fosfato é:

$$6 \text{ Glicose-6-P} + 12 \text{ NADP}^+ + 7 \text{ H}_2\text{O} \rightarrow$$
$$5 \text{ Glicose-6-P} + 6 \text{ CO}_2 + 12 \text{ NADPH} + 12 \text{ H}^+ + \text{P}_i$$

A reação líquida é:

$$\text{Glicose-6-P} + 12\ NADP^+ + 7\ H_2O \rightarrow 6\ CO_2 + 12\ NADPH + 12\ H^+ + P_i$$

De acordo com as considerações acima, seis glicose-6-fosfato são convertidas em seis CO_2 e cinco glicose-6-fosfato. Esta última, pela adição de outra glicose-6-fosfato, pode ser reciclada pelas mesmas etapas. Na Figura 11.11 é mostrado o processo não oxidativo da via das pentoses-fosfato.

Alternativamente, a via das pentoses-fosfato pode ser concebida como um *desvio* para a produção de frutose-6-fosfato a partir da glicose-6-fosfato. Tanto a glicose-6-fosfato como o gliceraldeído-3-fosfato produzidos pela via das pentoses-fosfato podem formar piruvato.

C. Via das pentoses-fosfato em células com maior necessidade de NADPH que de ribose-5-fosfato

Quando a necessidade de NADPH na célula é maior que a de ribose-5-fosfato, a glicose-6-fosfato é oxidada a CO_2. Por exemplo, os adipócitos necessitam de altos teores de NADPH para a síntese de ácidos graxos. A etapa oxidativa da via forma duas moléculas de NADPH e uma de ribose-5-fosfato. Os intermediários da etapa não oxidativa são utilizados pela glicólise com a cooperação de quatro enzimas da via glicolítica: (1) *triose-fosfato isomerase* converte o gliceraldeído-3-fosfato em di-hidroxiacetona fosfato; (2) *aldolase* produz frutose-1,6-bisfosfato a partir do gliceraldeído-3-fosfato e di-hidroxiacetona-fosfato; (3) *frutose 1,6-bisfosfatase* hidrolisa a frutose-1,6-bisfosfato a frutose-6-fosfato; (4) *glicose-fosfato isomerase* forma glicose-6-fosfato a partir da frutose-6-fosfato. A glicose-6-fosfato pode reentrar na via e repetir o processo. Esquematicamente:

$$2\text{Gliceraldeído-3-P} \xrightarrow{\text{Reações da gliconeogênese}} \text{frutose-6-P} + P_i$$

A frutose-6-fosfato é convertida em glicose-6-fosfato pela glicose-fosfato isomerase. O efeito líquido dessas reações é:

$$6\ \text{Ribose-5-P} \rightarrow 5\ \text{glicose-6-P} + P_i$$

1. Células fagocíticas

Elevados níveis de *glicose-6-fosfato desidrogenase* são encontrados em neutrófilos e macrófagos. Nessas células fagocíticas, o NADPH é usado para gerar radicais ânions superóxido ($O_2^{\bullet}$) a partir do oxigênio molecular em reação catalisada pela *NADPH oxidase*:

$$2\ O_2 + NADPH \rightarrow 2\ O_2^{\bullet} + NADP^+ + H^+$$

O ânion superóxido, por sua vez, atua na geração de outras formas químicas reativas de oxigênio (ROS), como o peróxido de hidrogênio (H_2O_2), o ácido hidrocloroso (HOCl) e o radical hidroxila ($OH^{\bullet}$), que destroem os microorganismos fagocitados. O radical ânion superóxido pode também reagir com

METABOLISMO DA GLICOSE

o óxido nítrico (NO) para gerar peroxinitrito ($ONOO^-$), que pode formar outros radicais contendo nitrogênio. O aumento na velocidade de consumo de O_2 pelas células fagocíticas após exposição a bactérias e outros estímulos é muitas vezes chamado *oxygen burst*.

2. Eritrócitos

As formas químicas reativas de oxigênio (ROS) continuamente formadas nas hemácias podem oxidar o ferro do heme e os lipídeos de membrana. Os eritrócitos dependem do NADPH para proteção contra hemólise causada pela exposição às ROS (peróxido de hidrogênio, radical ânion superóxido e peróxidos orgânicos). O principal antioxidante intracelular nas células vermelhas, como em muitas outras células, é a *glutationa reduzida* (GSH), um tripeptídeo contendo uma sulfidrila livre (γ-glutamilcisteinilglicina) que protege as hemácias de dano oxidativo. A *vitamina E* também exerce papel importante na eliminação de radicais livres. Como é lipídeo solúvel, a vitamina E tende a impregnar-se nas membranas, onde exerce função antioxidante.

Os peróxidos são normalmente eliminados pela *glutationa peroxidase*, uma enzima citoplasmática contendo selênio, que emprega a glutationa como agente redutor. A destruição enzimática do peróxido de hidrogênio gera um dímero de glutationa oxidada (GSSG), na qual dois triptídeos estão ligados por uma ponte dissulfeto (Figura 11.12):

Quadro 11.3 ● Anemia hemolítica por deficiência de glicose-6-fosfato desidrogenase

A deficiência de glicose-6-fosfato desidrogenase é o mais comum dos erros inatos do metabolismo e afeta milhões de pessoas em todo o mundo. A principal manifestação clínica da deficiência é a anemia hemolítica aguda sensível à lesão oxidativa, pois o eritrócito gera menos NADPH, necessário para restaurar o antioxidante glutationa reduzida. Como a via das pentoses-fosfato é a única fonte de NADPH nos eritrócitos, a deficiência de G6PD pode produzir *anemia hemolítica*. A deficiência de G6PD pode também estar presente como icterícia neonatal durante os primeiros dias de vida. O defeito é herdado no cromossomo X. Muitas pessoas com deficiência de G6PD são assintomáticas. Infecções virais e bacterianas são as mais comuns desencadeadoras de episódios hemolíticos agudos. A hemólise também resulta de reações a medicamentos específicos, como antimaláricos (pamaquina) e antibióticos sulfonamidas, ou a certos alimentos, como favas (*Vicia faba*), que contêm glicosídeo purínico que reage não enzimaticamente com o O_2 para produzir ROS.

Os eritrócitos contam com o NADPH para restaurar a glutationa reduzida e, desse modo, proteger as células do estresse oxidativo. Outras células, como os neutrófilos e hepatócitos, também necessitam de níveis elevados de NADPH; entretanto, elas têm vias alternativas para gerar NADPH. A principal fonte alternativa de NADPH nessas células, particularmente para a síntese de ácidos graxos e colesterol, é a enzima málica que catalisa a reação:

$$\text{Malato} + NADP^+ \rightarrow \text{piruvato} + CO_2 + NADPH + H^+$$

O malato utilizado nessa reação é um componente da lançadeira de acetil-CoA para fora da mitocôndria na forma de citrato. Como os eritrócitos não contêm mitocôndrias, não existe uma via alternativa para a produção de NADPH.

Raros pacientes com atividade da G6PD muito baixa apresentam anemia hemolítica crônica (mesmo sem estresse oxidativo adicional) e são mais suscetíveis a infecções, pois o suprimento de NADPH dos neutrófilos é inadequado para gerar H_2O_2 suficiente durante a fagocitose.

A deficiência de G6PD tem prevalência de 5% a 25% em áreas onde a malária é endêmica. Essa condição, assim como a anemia falciforme, confere maior resistência à malária. O *Plasmodium falciparum*, causador da doença, necessita de glutationa reduzida e dos produtos da via das pentoses-fosfato para o crescimento normal. Os eritrócitos de pessoas com deficiência de G6PD são mais sensíveis ao peróxido de hidrogênio gerado pelo parasito da malária. Os radicais livres lesam os lipídeos das membranas dos eritrócitos, causando hemólise e morte do parasito intracelular antes que alcance a maturidade.

$$H_2O_2 + 2\ GSH \rightarrow 2\ H_2O + GSSG$$

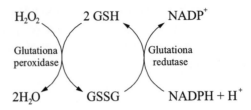

Figura 11.12 ● **Papel do NADPH na produção de glutationa reduzida.** (GSH: glutationa reduzida; GSSG: glutationa oxidada.)

O NADPH nas hemácias é usado pela *glutationa redutase* como fonte de elétrons para regenerar a glutationa reduzida, ou seja, reduzir a forma dissulfeto da glutationa para a forma sulfidrílica:

$$GSSG + NADPH + H^+ \rightarrow 2\ GSH + NADP^+$$

O fluxo de glicose para a via das pentoses-fosfato aumenta em presença de infecção ou exposição a certos fármacos (p. ex., pamaquina) que aumentam o estresse oxidativo. Em caso de ausência de NADPH suficiente, o sistema de defesa da glutationa fica comprometido e o risco de hemólise aumenta.

D. Via das pentoses-fosfato em células com maior necessidade de ribose-5-fosfato que de NADPH

Em situações em que as células se dividem rapidamente (p. ex., enterócitos) é importante produzir mais ribose-5-fosfato para síntese de nucleotídeos precursores de DNA, mas sem a correspondente necessidade por NADPH. As reações consistem na conversão de maior parte da glicose-6-fosfato em frutose-6-fosfato e, a seguir, em gliceraldeído-3-fosfato pela via glicolítica. Então, as enzimas transaldolase e transcetolase revertem às reações antes descritas com a produção de ribose-5-fosfato (Figura 11.13).

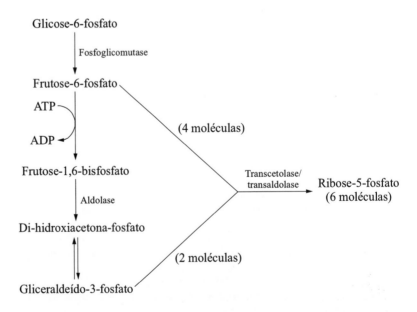

Figura 11.13 ● **Transformação da glicose-6-fosfato em ribose-5-fosfato sem a produção de NADPH.** A etapa oxidativa da via das pentoses-fosfato não está envolvida.

11.4 REGULAÇÃO DA VIA DAS PENTOSES-FOSFATO

A reação limitante da etapa oxidativa da via das pentoses-fosfato é a desidrogenação da glicose-6-fosfato catalisada pela *glicose-6-fosfato desidrogena-*

METABOLISMO DA GLICOSE

se (primeira reação). A atividade da enzima é regulada pela disponibilidade de $NADP^+$. O NADPH compete com o $NADP^+$ pela ligação à enzima e, assim, inibe a desidrogenação. Sob condições fisiológicas normais, a maior parte do $NADP^+$ está na forma reduzida (NADPH) e a atividade da glicose-6-fosfato desidrogenase é baixa. A ativação da síntese de ácidos graxos e colesterol resulta em consumo de NADPH e aumento da desidrogenação da glicose-6-fosfato.

A etapa oxidativa é também regulada pela expressão gênica. No fígado, tanto a glicose-6-fosfato desidrogenase como a 6-fosfogliconato desidrogenase são induzidas pela ingestão de alimentos. A disponibilidade de glicose exógena promove a síntese de ácidos graxos e aumenta a necessidade de NADPH.

Como descrito anteriormente, a etapa oxidativa e a não oxidativa da via das pentoses-fosfato atuam de maneira independente. O fluxo na etapa não oxidativa da via é regulado pelo suprimento ou demanda por ribose-5-fosfato. A etapa não oxidativa está inativa quando as pentoses-fosfato produzidas pela etapa oxidativa são convertidas em ribose-5-fosfato para a síntese de RNA e DNA. Por outro lado, quando a etapa oxidativa produz pentose-fosfato em excesso para as necessidades celulares, a etapa não oxidativa torna-se ativa e converte o excesso de pentoses-fosfato em frutose-6-fosfato mais gliceraldeído-3-fosfato. Como a via das pentoses-fosfato normalmente atua durante o estado bem alimentado, a frutose-6-fosfato e o gliceraldeído-3-fosfato gerados na etapa não oxidativa são utilizados fundamentalmente pela glicólise na produção de ATP para os processos sintéticos.

Quando a demanda por ribose-5-fosfato excede a de NADPH que é produzida simultaneamente pela etapa oxidativa da via, a etapa não oxidativa opera na direção inversa; ou seja, converte a frutose-6-fosfato e o gliceraldeído-3-fosfato em ribose-5-fosfato. Como as reações da etapa não oxidativa são reversíveis, uma redução na concentração da ribose-5-fosfato estimula a síntese de pentose-fosfato sem o concomitante aumento no fluxo da via de glicose para a etapa oxidativa.

11.5 METABOLISMO DA FRUTOSE

A frutose e a glicose são monossacarídeos componentes da sacarose, o açúcar de mesa. A frutose, segundo açúcar mais comum da dieta do adulto, também está presente no mel e em muitas frutas. As vesículas seminais secretam frutose no líquido seminal, onde atua como o principal combustível para as células espermáticas.

Grande parte da frutose ingerida é captada pelo fígado e metabolizada na glicólise. Em circunstâncias normais, a frutose é fosforilada no carbono 1 pela *frutocinase*:

$$\text{Frutose} + \text{ATP} \xrightarrow{Mg^{2+}} \text{frutose-1-fosfato} + \text{ADP}$$

Pela ação da enzima *frutose-1-fosfato aldolase* específica, a frutose-1-fosfato é clivada a gliceraldeído e di-hidroxiacetona-fosfato. O gliceraldeído é a seguir fosforilado a gliceraldeído-3-fosfato pela *gliceraldeído cinase*. A di-hidroxiacetona-fosfato transforma-se em gliceraldeído-3-fosfato pela ação da

Quadro 11.4 • **Defeitos no metabolismo da frutose**

São conhecidos três defeitos hereditários do metabolismo da frutose: frutosúria essencial, intolerância hereditária à frutose e deficiência da frutose 1,6-bisfosfatase. A *frutosúria essencial* é uma desordem metabólica benigna causada pela deficiência de *frutocinase*, que está normalmente presente no fígado, em ilhotas do pâncreas e no córtex renal. Os sintomas são: aumento transitório do teor de frutose no sangue e aparecimento de frutosúria (frutose na urina) após ingestão de frutose ou sacarose; mesmo assim, de 80% a 90% da frutose são metabolizados. A frutose pode ser fosforilada pela hexocinase, produzindo frutose-6-fosfato, que é metabolizada na via glicolítica. A frutose é rapidamente excretada pelos rins.

Outro defeito mais sério é a *intolerância hereditária à frutose*, que consiste na deficiência de *frutose-1-fosfato aldolase* (também chamada aldolase do tipo B), provocando hipoglicemia grave após a ingestão de frutose. Em crianças, o consumo prolongado de frutose pode levar a uma condição crônica ou à morte.

Nessa desordem, a frutose-1-fosfato acumula-se intracelularmente no fígado e nos rins, resultando em lesão renal com distúrbios funcionais. Outros sintomas são dor abdominal e vômitos. O tratamento consiste na remoção de frutose e de sacarose da dieta. A hipoglicemia presente nesse distúrbio é provocada pela inibição da glicogenólise por interferência da frutose-1-fosfato na ação da glicogênio fosforilase. O acúmulo de frutose-1-fosfato nos hepatócitos reduz a quantidade de fosfato inorgânico necessária para a glicólise e a fosforilação oxidativa. Assim, ocorre redução na síntese de ATP composto de alta energia indispensável para a execução das funções celulares.

A *deficiência hereditária da frutose 1,6-bisfosfatase* resulta em grave redução da gliconeogênese hepática, provocando episódios de hipoglicemia, apneia, hiperventilação, cetose e acidose láctica. Em neonatos, a deficiência pode ser letal. Em outras idades, os episódios são desencadeados pelo jejum e por infecções febris.

triose-fosfato isomerase (Figura 11.14). Convém destacar que no fígado a frutose participa da glicólise a partir das trioses fosfato, contornando, assim, as enzimas reguladoras hexocinase e fosfofrutocinase-1 (PFK-1). Desse modo, a frutose é uma fonte rápida de energia nas células.

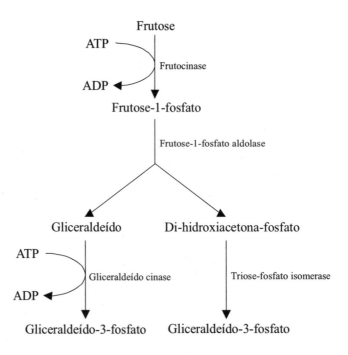

Figura 11.14 • **Metabolismo da frutose.**

O gliceraldeído-3-fosfato é um intermediário da via glicolítica.

Em tecidos não hepáticos, a frutose pode ser fosforilada a frutose-6-fosfato pela hexocinase. Como o Km da hexocinase para a frutose é muito elevado, a enzima só atua sobre a frutose quando ela se encontra anormalmente aumentada.

Quadro 11.5 ● Galactosemia

A deficiência hereditária de qualquer das enzimas do metabolismo da galactose – galactocinase, galactose-1-fosfato uridiltransferase e UDP-galactose epimerase – impede o metabolismo da galactose e resulta em *galactosemia*, que afeta crianças que ingerem lactose.

A forma mais grave de galactosemia é causada pela deficiência da *galactose-1-fosfato uridiltransferase*. Os indivíduos portadores desse defeito acumulam galactose-1-fosfato e, muitas vezes, desenvolvem catarata, hepatomegalia e retardo mental. O tratamento consiste em dieta isenta de lactose desde os primeiros dias de vida para evitar sérias lesões irreversíveis.

Outra forma de galactosemia mais moderada envolve a ausência da enzima *galactocinase*, que leva ao acúmulo de galactose nos tecidos e à excreção urinária desse açúcar. O tratamento é o mesmo descrito anteriormente. A enzima aldolase redutase exerce importante papel na formação da catarata associada à galactosemia pela redução do excesso de galactose em galactitol (dulcitol) e aprisionamento desse poliol nas células das lentes. Altas concentrações intracelulares de galactitol direcionam água para o interior dos tecidos e, assim, promovem lesão osmótica das lentes.

Deficiências da *UDP-galactose epimerase* impedem tanto a utilização da galactose exógena como a síntese endógena de galactose. Por esse motivo, para o tratamento é indicada dieta com restrição de galactose em lugar de dieta livre de galactose. Pacientes podem também se beneficiar com suplementos contendo N-acetilgalactosamina, a qual é necessária para a síntese de glicolipídeos e outros glicoconjugados.

11.6 METABOLISMO DA GALACTOSE

A galactose e a glicose são epímeros que diferem na configuração de C4. Mesmo assim, várias reações são necessárias para que a galactose entre na via glicolítica. A galactose é convertida em galactose-1-fosfato pela *galactocinase*. A seguir, é ativada a UDP-galactose. Durante o desenvolvimento fetal e na infância, a UDP-galactose é produzida pela *galactose-1-fosfato uridiltransferase*. Na adolescência, a UDP-galactose é produzida pela ação da *UDP-galactose pirofosforilase*.

A UDP-galactose é transformada por isomerização em UDP-glicose pela ação da *UDP-glicose 4-epimerase*. Dependendo das necessidades metabólicas da célula, a UDP-glicose é usada diretamente na síntese do glicogênio ou é convertida em glicose-1-fosfato pela *UDP-glicose pirofosforilase*. A glicose-1-fosfato entra na via glicolítica após sua conversão em glicose-6-fosfato pela ação da *fosfoglicomutase* (Figura 11.15).

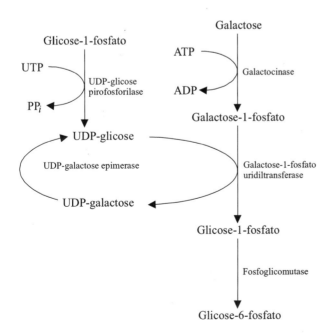

Figura 11.15 ● Metabolismo da galactose.

RESUMO

1. O metabolismo dos carboidratos está centrado na glicose, porque é a molécula combustível mais importante para a maioria dos organismos. Se as reservas de energia são baixas, a glicose é degradada pela via glicolítica. As moléculas de glicose não utilizadas para a produção imediata de energia são armazenadas como glicogênio (em animais) ou amido (em vegetais).

2. Durante a glicólise (sequência de dez reações), a glicose é fosforilada e clivada para formar duas moléculas de gliceraldeído-3-fosfato. Cada gliceraldeído-3-fosfato é então convertido em uma molécula de piruvato. Uma parte da energia é armazenada em moléculas de ATP e NADH. Em organismos anaeróbicos, o piruvato é reduzido a lactato. Durante esse processo, o NAD^+ é regenerado para a continuação da glicólise.

3. Em presença de O_2, os organismos aeróbicos convertem o piruvato em acetil-CoA e, então, em CO_2 e H_2O. A glicólise é controlada principalmente por regulação alostérica de três enzimas – hexocinase, fosfofrutocinase 1 (PFK-1) e piruvato cinase – e pelos hormônios insulina e glucagon.

4. A via das pentoses-fosfato, na qual a glicose-6-fosfato é oxidada, ocorre em duas etapas: na etapa oxidativa, duas moléculas de NADPH são produzidas enquanto a glicose-6-fosfato é convertida em ribulose-5-fosfato. Na etapa não oxidativa, a ribose-5-fosfato e outros açúcares são sintetizados. Se a célula necessita mais de NADPH do que de ribose-5-fosfato (componente dos nucleotídeos e ácidos nucleicos), então os metabólitos da etapa não oxidativa são convertidos em intermediários glicolíticos.

5. Vários açúcares diferentes da glicose são importantes no metabolismo dos vertebrados. Entre eles estão frutose, galactose e manose.

BIBLIOGRAFIA

Agnus L. Glucokinase and molecular aspects of liver glycogen metabolism. Biochem 2008; 414:1-18.

Berg JM, Tymoczko JL, Stryer L. Bioquímica. 6. ed. Rio de Janeiro: Guanabara-Koogan, 2008:437-77.

Bolaños JB, Almeida A, Moncada S. Glycolysis: a bioenergetic or a survival pathway. TIBS 2010; 35:145-9.

Elliott WH, Elliott D. Biochemistry and molecular biology. New York: Oxford, 2009:188-222.

Nelson DL, Cox MM. Lehninger: principles of biochemistry. 4. ed. New York: Freeman, 2004:521-59.

Sheetz MJ, King GL. Molecular understanding of hyperglycemic adverse effects for diabetic complications. JAMA 2002:2579-88.

Smith C, Marks AD, Lieberman M. Marks' basic medical biochemistry: a clinical approach. 2. ed. Baltimore: Lippincott, 2005:527-41.

12

Metabolismo do Glicogênio e Gliconeogênese

O glicogênio é um polímero altamente ramificado que opera como a principal forma de armazenamento de glicose em animais. A glicose acumulada dessa forma é prontamente disponibilizada em caso de demanda, como, por exemplo, entre as refeições. O glicogênio é armazenado na forma de grânulos no citoplasma de células, onde também se encontram enzimas que catalisam as reações para sua síntese (glicogênese) e degradação (glicogenólise) (Figura 12.1.)

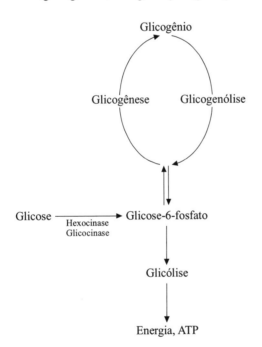

Figura 12.1 ● Relação do glicogênio e a geração de energia.

O fígado e o músculo esquelético são os dois principais locais de armazenamento de glicogênio, mas não são os únicos. Existem diferenças fundamentais no metabolismo do glicogênio em diferentes tecidos:

- **Glicogênio hepático:** a síntese do glicogênio no fígado ocorre no estado alimentado (durante e logo após uma refeição) e é estimulada pela insulina e pelo aumento da disponibilidade de glicose. A degradação tem lugar no período de jejum e é ativada pelo glucagon em resposta ao baixo nível glicêmico. A glicose livre é secretada pelos hepatócitos para manter a concentração da glicose no sangue mais ou menos constante. A quantidade de glicogênio hepático varia amplamente em resposta à ingestão de alimentos. Acumula-se após as refeições e é degradado no período pós-absortivo e, em maior extensão, durante o jejum noturno (de 8 a 16 horas).

- **Glicogênio muscular:** a glicose proveniente da degradação do glicogênio no músculo esquelético e cardíaco é usada para gerar energia no próprio músculo. O glicogênio é formado durante o repouso, após as refeições, quando a concentração de glicose está elevada e a insulina está disponível para estimular a atividade dos transportadores GLUT4, que facilitam a entrada de glicose nas células musculares. A quantidade de glicogênio muscular apresenta menor variabilidade que os teores hepáticos em resposta à ingestão de carboidratos.

- **Glicogênio no SNC:** o cérebro também contém uma pequena mas significativa quantidade de glicogênio localizada, principalmente, nos astrócitos. O glicogênio no cérebro acumula-se durante o sono e é mobilizado no estado desperto, sugerindo um papel funcional para o glicogênio no cérebro consciente. As reservas de glicogênio no sistema nervoso central também contribuem, no mínimo em grau moderado, em estados hipoglicêmicos.

- **Glicogênio no pulmão fetal:** outro órgão com uma função especializada para o armazenamento de glicogênio é o pulmão fetal. As células pulmonares tipo II acumulam glicogênio a partir da 26ª semana de gestação. Posteriormente, essas células desviam seu metabolismo para a síntese de surfactantes pulmonares usando o glicogênio intracelular como substrato para a síntese, entre outros, da dipalmitil fosfatidil colina.

12.1 GLICOGÊNESE

A glicogênese é a formação intracelular do glicogênio a partir da glicose. O glicogênio é um polissacarídeo composto de unidades repetidas de D-glicose unidas por ligações glicosídicas $\alpha(1\rightarrow4)$ com ramificações formadas por ligações glicosídicas $\alpha(1\rightarrow6)$ espaçadas a cada 8 a 10 resíduos. Por ser um processo endergônico, a síntese de glicogênio exige energia fornecida pela hidrólise de UTP (uridina trifosfato).

A. Reações da glicogênese

No estado bem alimentado (saciado), quando os teores de glicose estão elevados, ocorre a síntese do glicogênio a partir da glicose-6-fosfato formada pela ação da glicocinase (no fígado) ou da hexocinase (no músculo).

1. Síntese da glicose-1-fosfato

A glicose-6-fosfato é convertida reversivelmente em glicose-1-fosfato pela *fosfoglicomutase,* enzima que contém um grupo fosfato ligado a um resíduo serina reativo:

Glicose-6-fosfato Glicose-1-fosfato

METABOLISMO DO GLICOGÊNIO E GLICONEOGÊNESE

O grupo fosfato da enzima é transferido para a glicose-6-fosfato com a formação de *glicose-1,6-bisfosfato* (G1,6P) como intermediário. A seguir, o grupo fosfato ligado ao átomo de carbono C6 retorna ao resíduo serina da enzima.

2. Síntese de uridina difosfato glicose (UDP-glicose ou UDPG)

Em presença da *UDP-glicose pirofosforilase*, a glicose-1-fosfato reage com a uridina trifosfato (UTP) para produzir *UDP-glicose*, uma forma *ativada* de glicose. A UDP-glicose é um composto doador de glicose para a biossíntese de glicogênio. A UDP está ligada ao átomo de carbono C1 da glicose:

α-D-glicose-1-fosfato

UDP-glicose

O pirofosfato inorgânico (PP_i) derivado da UTP sofre hidrólise exergônica a ortofosfato ($PP_i + H_2O \rightarrow 2\ P_i$) pela ação de uma *pirofosfatase inorgânica*. A variação de energia livre padrão da hidrólise do PP_i é suficiente para impulsionar a síntese de UDPG.

3. Síntese do glicogênio a partir de UDP-glicose

A glicose da UDP-glicose é transferida para o grupo hidroxila de um C4 terminal do glicogênio já existente, formando uma nova ligação $\alpha(1\rightarrow4)$ pela ação da *glicogênio sintase:*

A UDP é reconvertida em UTP à custa de ATP pela ação da *nucleosídeo-difosfato cinase:*

$$UDP + ATP \xrightarrow{\text{Nucleosídeo-difosfato cinase}} UTP + ADP$$

Desse modo, o custo total em ATP para a incorporação de um resíduo de glicose ao glicogênio é dado pela equação:

$$(Glicose)_n + glicose + 2\ ATP \rightarrow (glicose)_{n+1} + 2\ ADP + 2\ P_i$$

4. Formação de ramificação

A glicogênio sintase catalisa somente a formação de ligações $\alpha(1\rightarrow4)$, produzindo um polímero linear. Como o glicogênio é um polissacarídeo com pontos de ramificações a cada oito a dez resíduos de glicose, outra enzima é necessária para formar as ligações glicosídicas $\alpha(1\rightarrow6)$. A ramificação é resultante da ação *amilo (α-1,4$\rightarrow\alpha$-1,6)-transglicosilase (enzima ramificadora).* Essa enzima catalisa a transferência de fragmentos de seis ou sete resíduos de glicose da extremidade não redutora de uma cadeia para o grupo –OH do átomo de carbono C6 do resíduo de glicose na mesma ou em outra cadeia de glicogênio, de modo a formar um enlace $\alpha(1\rightarrow6)$, onde é estabelecido um ponto de ramificação. Esquematicamente, tem-se que (cada esfera representa uma unidade de glicose):

METABOLISMO DO GLICOGÊNIO E GLICONEOGÊNESE

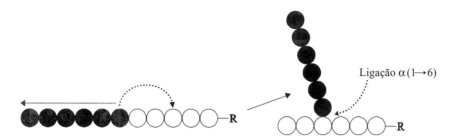

Após a ocorrência de ramificações, unidades adicionais de glicose são acrescentadas aos terminais não redutores da cadeia original, ou das ramificações, pela glicogênio sintase. Com o aumento da cadeia ocorrem novas ramificações.

A síntese do glicogênio necessita de moléculas de glicogênio já constituídas, onde são adicionadas novas moléculas de glicose. Na primeira etapa da síntese, uma *glicosil transferase* liga o primeiro resíduo da glicose a um iniciador proteico chamado *glicogenina*, que atua como molde inicial. Essa, por autocatálise, incorpora novos resíduos de glicose até formar uma pequena cadeia de até sete resíduos doados pela UDP-glicose, produzindo uma molécula nascente de glicogênio. A seguir, a glicogênio sintase torna-se responsável pela síntese do glicogênio, enquanto a glicogenina desliga-se do polímero.

12.2 GLICOGENÓLISE

A degradação do glicogênio consiste na remoção sequencial de resíduos de glicose a partir das extremidades não redutoras do glicogênio (existe uma extremidade não redutora para cada ramificação) e é denominada *glicogenólise*. A glicogenólise não é o reverso da glicogênese, mas uma via independente. O rompimento das ligações entre o C1 da ose terminal e o C4 da outra adjacente [ligação $\alpha(1\rightarrow4)$] ocorre por adição de ortofosfato (P_i) à glicose para gerar *glicose-1-fosfato* sob a ação da enzima *glicogênio fosforilase*.

A glicogênio fosforilase catalisa a clivagem de ligações glicosídicas α(1→4), mas não as α(1→6). Desse modo, a enzima remove unidades sucessivas de glicose das extremidades não redutoras até restarem quatro oses de distância de um ponto de ramificação α(1→6). A continuação da degradação ocorre após transferência de um segmento de três glicoses de um ramo para a extremidade não redutora de outro ramo. A reação é catalisada pela *amilo (α-1,4→α-1,4)-glicano transferase* e rompe uma ligação α(1→4) com a formação de uma nova ligação α(1→4). Em suas novas posições, as glicoses são liberadas pela ação da glicogênio fosforilase.

A remoção da molécula de glicose remanescente ligada à cadeia principal por ligação glicosídica α(1→6) é realizada por hidrólise (e não por fosforólise) pela enzima *α-1,6-glicosidase* (enzima desramificadora). Desse modo, é explicado o aparecimento de pequenas quantidades de glicose livre (de 8% a 10%) em lugar de glicose-1-fosfato na degradação do glicogênio.

O produto final das reações de degradação do glicogênio é a glicose-1-fosfato, que no músculo esquelético é convertida em glicose-6-fosfato pela *fosfoglicomutase* para ser utilizada pela glicólise como fonte de energia para a contração muscular:

$$\text{Glicose-1-fosfato} \xrightarrow{\text{Fosfoglicomutase}} \text{glicose-6-fosfato}$$

A. Manutenção dos níveis de glicose no sangue

A glicose no sangue deriva da dieta, da gliconeogênese e da glicogenólise. No fígado e no córtex adrenal, essas fontes produzem glicose-6-fosfato transformada em glicose livre em presença da *glicose 6-fosfatase*.

$$\text{Glicose-6-fosfato} + H_2O \xrightarrow{\text{Glicose 6-fosfatase}} \text{glicose} + P_i$$

A glicose 6-fosfatase é uma enzima localizada na membrana do retículo endoplasmático liso que hidrolisa a glicose-6-fosfato (Figura 12.2).

A glicose livre e o ortofosfato originados da hidrólise de glicose-6-fosfato são exportados para o citoplasma pelo transportador *glicose-6-fosfato translocase* e um transportador específico para o P_i (Figura 12.3).

A glicose 6-fosfatase exerce importante papel na manutenção do nível relativamente constante da glicose sanguínea (Figura 12.4). O cérebro e o músculo esquelético são os principais captadores da glicose liberada no sangue e transformam o açúcar captado em glicose-6-fosfato, que entra na via glicolítica para gerar energia (Figura 12.4).

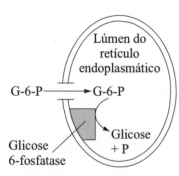

Figura 12.2 ● **Glicose 6-fosfatase está localizada no lúmen do retículo endoplasmático.**

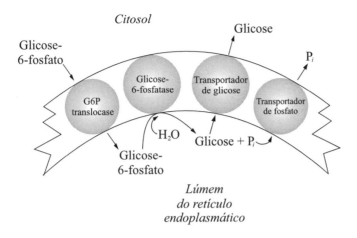

Figura 12.3 ● **Papel dos transportadores na atuação da glicose 6-fosfatase.**

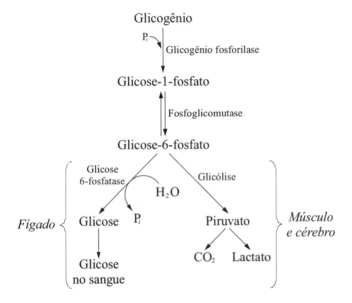

Figura 12.4 ● **Destinos da glicose-6-fosfato no fígado, músculo e cérebro.**

12.3 REGULAÇÃO DO METABOLISMO DO GLICOGÊNIO

A síntese do glicogênio ocorre durante e logo após as refeições, enquanto a glicogenólise tem lugar no estado de jejum (pós-absortivo) ou em resposta a exercícios intensos. A síntese e a degradação do glicogênio são reguladas de modo recíproco e não estão ativas simultaneamente.

As principais etapas de regulação da glicogênese e da glicogenólise são as reações catalisadas pela *glicogênio sintase* e pela *glicogênio fosforilase*, respectivamente. As enzimas nas formas *a* (ativa) e *b* (inativa ou pouco ativa) são reguladas por *efetores alostéricos* e *fosforilação/desfosforilação de enzimas moduladas por hormônios*. Existem diferenças do controle do metabolismo do glicogênio no músculo esquelético e no fígado. A glicogenólise hepática atua na manutenção dos teores de glicose sanguínea, enquanto o músculo esquelético usa a glicose para gerar energia para a contração muscular. Os mecanismos que desencadeiam o desdobramento do glicogênio empregam os hormônios adrenalina no músculo e no fígado e glucagon no fígado (Figura 12.5) (Capítulo 19).

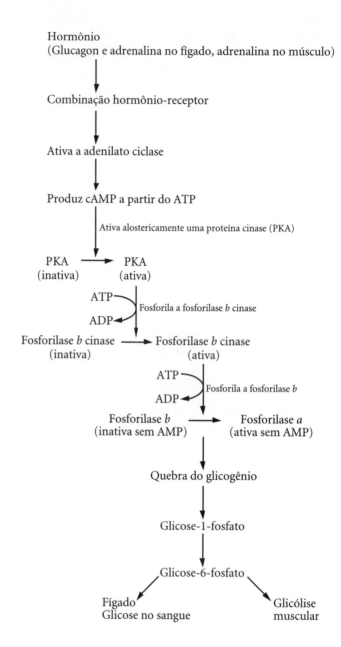

Figura 12.5 ● **Mecanismo de amplificação iniciada por hormônios que ativam a glicogênio fosforilase.** A transformação da fosforilase *b* em fosforilase *a* no músculo é controlada pela carga energética da célula muscular. A degradação do glicogênio no fígado é ativada por teores baixos de glicose sanguínea.

A interconversão das formas *a* e *b* da *glicogênio sintase* e da *glicogênio fosforilase* é regulada por fosforilação/desfosforilação catalisada por enzimas que respondem a hormônios, como insulina, glucagon e adrenalina (epinefrina), ou estímulos nervosos (íons Ca^{2+}). A fosforilação da enzima é catalisada pela *fosforilase cinase*; a desfosforilação é catalisada pela *proteína fosfatase 1*. A fosforilação *ativa* a glicogênio fosforilase e *inativa* a glicogênio sintase, e assim estimula a glicogenólise e, simultaneamente, inibe a síntese do glicogênio (Figura 12.6).

1. Regulação da glicogênio fosforilase

A glicogênio fosforilase é uma enzima dimérica que pode assumir um dos dois estados, R (relaxada) ativa e T (tensa) inativa, que estão em equilíbrio uma com a outra. No estado R, o sítio ativo da glicogênio fosforilase está aces-

METABOLISMO DO GLICOGÊNIO E GLICONEOGÊNESE

sível ao substrato (glicogênio) e a enzima é ativa; ao contrário, no estado T, o sítio ativo é inacessível e a enzima está inativa. A forma não fosforilada da glicogênio fosforilase (denominada *fosforilase b*) existe principalmente na forma T inativa. A fosforilação da fosforilase *b* (que produz fosforilase *a*) desloca o equilíbrio em favor da forma R, aumentando, assim, a atividade da glicogênio fosforilase (Figura 12.6).

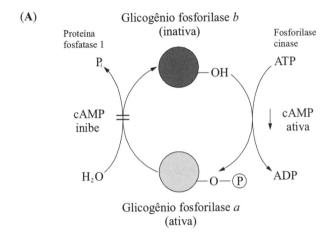

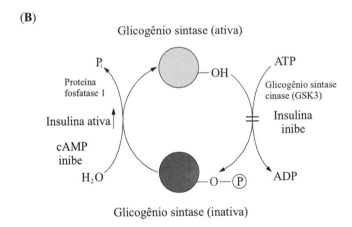

Figura 12.6 • Controle recíproco da glicogênio fosforilase e da glicogênio sintase. A. O cAMP (AMP cíclico) ativa a fosforilase cinase que ativa a glicogênio fosforilase, fosforilando-a. **B.** Em presença de insulina, a glicogênio sintase cinase 3 (GSK3) é inativada. A insulina também ativa a fosfatase, causando assim a ativação da sintase.

O equilíbrio entre as formas R e T da glicogênio fosforilase é também afetado por efetores alostéricos. O músculo e o fígado contêm diferentes isoenzimas da glicogênio fosforilase, permitindo assim a modulação tecido-específica da atividade enzimática:

- **Fosforilase muscular:** a fosforilase *b* (forma não fosforilada da enzima) é inativa em condições fisiológicas normais. Em presença de ATP abundante ou acúmulo de glicose-6-fosfato, essas moléculas atuam como inibidores alostéricos e mantêm a glicogênio fosforilase fundamentalmente na forma inativa (estado T). O exercício modifica essa situação por esgotar os suprimentos de ATP e glicose-6-fosfato. A redução da carga energética intracelular pelo exercício muscular resulta em aumento das concentrações de AMP, que desvia o equilíbrio em direção à forma R, ativando alostericamente a fosforilase *b* inativa.

- **Fosforilase hepática:** a glicose é um inibidor alostérico da glicogênio fosforilase hepática que atua para inibir a fosforilase *a* ativa. Esse mecanismo serve para restringir a glicogenólise quando não há necessidade de mobilização do glicogênio, pois a glicose livre está presente a partir de outras fontes (Figura 12.7.)

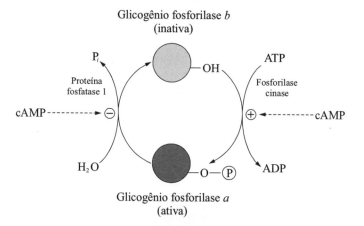

Figura 12.7 • Conversão da glicogênio fosforilase *b* em glicogênio fosforilase *a* pela fosforilase cinase e a reversão pela proteína fosfatase. O grupo –OH pertence ao resíduo serina da proteína.

2. Regulação da fosforilase cinase

A fosforilase cinase é uma proteína cinase serina-treonina que ativa a glicogênio fosforilase *b*. É uma proteína constituída por quatro subunidades diferentes, denominadas α, β, γ e δ. A atividade catalítica reside na subunidade γ, enquanto as outras subunidades têm funções reguladoras da atividade da enzima. De modo semelhante à glicogênio fosforilase, existem isoenzimas hepáticas e musculares da fosforilase cinase. A fosforilase cinase muscular é ativada de dois modos: por fosforilação e por aumento na concentração intracelular de íons cálcio que se ligam à calmodulina. Cada molécula de fosforilase cinase contém uma molécula de calmodulina como sua subunidade δ. Impulsos nervosos e a contração muscular aumentam o [Ca^{2+}], elevando assim a ativação da fosforilase cinase estimulada por hormônios com a subsequente mobilização do glicogênio intramuscular. A ativação completa da fosforilase cinase exige tanto a fosforilação catalisada pela PKA como a ligação de Ca^{2+} à subunidade calmodulina (δ). O mesmo sinal (aumento intracelular de Ca^{2+}) desencadeia o início da contração e da glicogenólise.

A degradação do glicogênio ocorre quando a *fosforilase b* menos ativa é convertida na forma mais ativa, a *fosforilase a*, pela forma ativa da enzima *fosforilase cinase* e *ATP*.

A fosforilase *a* pode ser reconvertida à fosforilase *b* pela enzima hepática *proteína fosfatase 1*:

$$\text{Fosforilase } a + H_2O \xrightarrow{\text{Fosfoproteína fosfatase 1}} 2 \text{ fosforilase } b + 2\, P_i$$

3. Regulação da proteína cinase dependente de cAMP (PKA)

No músculo em repouso, a atividade da proteína cinase dependente de cAMP (proteína cinase A ou PKA) está sob controle hormonal. Os hormônios *adrenalina* (epinefrina) e *glucagon* ativam a enzima pelo estímulo da *adenilato ciclase*, que catalisa a conversão do ATP em AMP cíclico (cAMP).

METABOLISMO DO GLICOGÊNIO E GLICONEOGÊNESE

O cAMP ativa a proteína cinase dependente de cAMP (PKA), que, por sua vez, catalisa a fosforilação da fosforilase cinase, dando origem à forma da *fosforilase cinase ativa*, que desencadeia a geração da fosforilase *a*.

A adrenalina estimula a degradação do glicogênio no músculo e, em menor grau, no fígado. O fígado responde melhor ao glucagon.

Quadro 12.1 ● Doenças de armazenamento de glicogênio (glicogenoses)

Existem vários distúrbios hereditários que afetam o metabolismo do glicogênio. São causados por deficiências de enzimas envolvidas na síntese e degradação do glicogênio, produzindo glicogênio anormal em quantidade ou qualidade.

As doenças hereditárias do metabolismo do glicogênio são coletivamente chamadas *doenças de armazenamento de glicogênio* (glicogenose). Essas condições são divididas em tipos distintos:

Tipo	Epônimo	Enzima deficiente	Características
I	Doença de von Gierke	Glicose 6-fosfatase	Pobre mobilização do glicogênio hepático. Hipoglicemia em jejum
II	Doença de Pompe	α-1,4-glicosidase (lisossomal)	Acúmulo generalizado de glicogênio lisossomal
III	Doença de Cori (dextrinose limite)	Amilo α-1,6-glicosidase (enzima de desramificação)	Acúmulo de glicogênio com ramos externos curtos
IV	Doença de Hendersen (amilopectinose)	Amilo (1,4→1,6)-transglicosilase (enzima de ramificação)	Acúmulo de glicogênio hepático com ramos externos longos. Hipoglicemia em jejum
V	Doença de McArdle	Glicogênio fosforilase muscular	Cãibras musculares durante exercícios
VI	Doença de Hers	Glicogênio fosforilase hepática	Acúmulo de glicogênio hepático
VII	Doença de Tarui	Fosfofrutocinase (muscular)	Acúmulo de glicogênio muscular
VIII	–	Fosforilase cinase (hepática)	Acúmulo de glicogênio hepático
IX	Doença de Fanconi-Bickel	Fosforilase cinase de todos os órgãos	Todos os órgãos
0		Glicogênio sintase hepática	Deficiência da quantidade de glicogênio

4. Regulação da proteína fosfatase 1 (PP1)

A ligação da insulina a seus receptores nos hepatócitos e células musculares promove diversos efeitos intracelulares, um dos quais é a ativação da *proteína fosfatase 1*. Essa enzima *remove* as fosforilas da glicogênio fosforilase *a* e da fosforilase cinase, diminuindo a velocidade de degradação do glicogênio. Por desfosforilação, a enzima também converte a glicogênio sintase *b* em uma forma muito mais ativa. Desse modo, a insulina atua na reversão dos efeitos do glucagon ou adrenalina (epinefrina) sobre essas enzimas, ativando a síntese do glicogênio enquanto inativa a degradação do glicogênio. A atividade da PP1 é reduzida por adrenalina ou glucagon, que estimulam a cascata de cAMP e a proteína cinase A.

5. Regulação da glicogênio sintase

A glicogênio sintase tem vários sítios de fosforilação. Os hormônios glucagon e adrenalina estimulam a fosforilação da glicogênio sintase pela ação da PKA, tornando-a inativa (o oposto da glicogênio fosforilase). A forma ativa é a não fosforilada. Outras proteínas cinases, incluindo a *glicogênio sintase cinase 3* (*GSK3*), fosforilam e inativam a glicogênio sintase. A insulina estimula a síntese do glicogênio por inativar a GSK3 por outra proteína cinase, a *PKB* (Figura 12.8). Ao contrário, altas concentrações de glicose-6-fosfato aumentam a atividade da glicogênio sintase fosforilada inativa no músculo e no fígado. Esta regulação alostérica explica como a concentração de glicose sanguínea modula a síntese de glicogênio hepático. Nessa situação, a insulina estimula a síntese do glicogênio por inativar a glicogênio sintase cinase 3 e outras proteínas cinases. A *proteína fosfatase I* desfosforila a glicogênio sintase, ativando-a e restaurando as reservas de glicogênio.

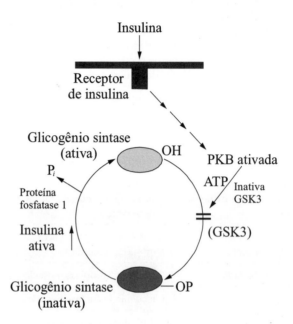

Figura 12.8 • Mecanismo de controle da glicogênio sintase pela insulina. A fosforilação inativa a sintase, enquanto a desfosforilação a ativa. Tanto a PKA como a glicogênio sintase cinase 3 (GSK3) fosforilam a enzima em diferentes locais; no entanto, a fosforilação catalisada pela GSK3 é revertida pela insulina. Essa ação é ativada pela PKB, uma proteína cinase que inativa a GSK3 por fosforilação. Uma proteína fosfatase remove os grupos fosfato e ativa a sintase. O mecanismo pelo qual a insulina ativa a PKB é descrito no Capítulo 19.

12.4 GLICONEOGÊNESE

A *gliconeogênese* consiste na síntese de glicose ou glicogênio a partir de precursores não carboidratos endógenos, principalmente lactato, glicerol, alanina e glutamina. Essa via é essencial para manter o nível de glicose no sangue em períodos de jejum (principalmente quando por mais de 24 horas). Entre as refeições, os teores adequados de glicose sanguínea são mantidos pela hidrólise do glicogênio hepático. Quando o fígado esgota seu suprimento de glicogênio (p. ex., no período de jejum prolongado ou exercício vigoroso), a gliconeogênese fornece a glicose para o organismo. O cérebro e os eritrócitos utilizam a glicose como fonte primária e contínua de energia. Sob circunstâncias especiais, as células do cérebro também usam corpos cetônicos (derivados dos ácidos graxos) para gerar energia. O músculo esquelético em exercício emprega a glicose do glicogênio em combinação com ácidos graxos e corpos cetônicos para obter energia.

O fígado tem sido considerado ao longo do tempo o principal órgão da gliconeogênese. Entretanto, recentes estudos indicam que o córtex renal, com base no peso seco, produz mais glicose que o fígado, principalmente para suprir a medula renal. Certamente, a gliconeogênese renal também protege o organismo de hipoglicemia severa em presença de insuficiência hepática.

A gliconeogênese é especialmente ativa nos períodos em jejum, quando os carboidratos foram utilizados ou armazenados como glicogênio e a glicose plasmática está declinando. O fígado inicia a síntese de glicose em resposta à redução da razão [insulina]/[glucagon] que ocorre após o processamento dos alimentos absorvidos e a redução dos estoques de glicogênio por falta de aporte alimentar.

METABOLISMO DO GLICOGÊNIO E GLICONEOGÊNESE

Durante exercícios físicos prolongados, a gliconeogênese também aumenta e fornece glicose para o coração e o músculo esquelético ativo. Após exercícios, a velocidade da gliconeogênese permanece elevada e contribui moderadamente para a reposição dos estoques de glicogênio muscular antes mesmo do aporte de glicose da dieta. Durante o jejum e a recuperação após exercícios prolongados, o substancial custo energético da gliconeogênese é compensado pela β-oxidação dos ácidos graxos no fígado.

A gliconeogênese é particularmente importante no período neonatal. Nas primeiras horas após parto, o recém-nascido experimenta um período de hipoglicemia transitória resultante da perda de glicose fornecida pela mãe através do cordão umbilical. Como as reservas de glicogênio no neonato são insuficientes para atingir as necessidades de glicose sanguínea, o neonato saudável responde com aumento da atividade gliconeogênica.

A. Reações da gliconeogênese

Considerando o piruvato como ponto inicial da gliconeogênese, as reações envolvem a glicólise, mas no sentido inverso, em via ligeiramente diferente. São sete as reações comuns e reversíveis para as duas vias. Três são irreversíveis: *piruvato cinase* $(\Delta G^{\circ\prime} = -31{,}4 \text{ kJ·mol}^{-1})$, *fosfofrutocinase-1* $(\Delta G^{\circ\prime} = -14{,}2 \text{ kJ·mol}^{-1})$ e *hexocinase* $(\Delta G^{\circ\prime} = -16{,}7 \text{ kJ·mol}^{-1})$, pois apresentam barreiras termodinâmicas que impedem a simples reversão da glicólise e devem ser contornadas por reações catalisadas por enzimas diferentes.

Na gliconeogênese, as reações irreversíveis são contornadas nas seguintes etapas (Figura 12.9):

1. Piruvato carboxilase

Na mitocôndria, o piruvato é carboxilado a oxaloacetato (um composto de quatro carbonos intermediário do ciclo do ácido cítrico) com gasto de ATP em reação catalisada pela *piruvato carboxilase*.

A coenzima *biotina*, que funciona como transportador de bicarbonato, está covalentemente ligada à enzima por meio do grupo amino da lisina.

Biotina ligada à enzima

O oxaloacetato é tanto um precursor para a gliconeogênese como um intermediário do ciclo do ácido cítrico. Níveis elevados de acetil-CoA sinalizam a necessidade de mais oxaloacetato. Se houver excesso de ATP, o oxaloacetato será utilizado na gliconeogênese; se houver falta de ATP, o oxaloacetato entrará no ciclo do ácido cítrico.

Como a membrana mitocondrial interna é impermeável ao oxaloacetato, este deve ser transportado para o citoplasma na forma de *malato*. O oxaloacetato é reduzido a malato na mitocôndria pela *malato desidrogenase*.

$$\text{Oxaloacetato} + \text{NADH} + \text{H}^+ \xrightarrow{\text{Malato desidrogenase}} \text{L-malato} + \text{NAD}^+$$

Após a transferência do malato para o citoplasma pelo transportador malato-α-cetoglutarato, ocorre reação reversa catalisada por uma *malato desidrogenase* citoplasmática.

2. Fosfoenolpiruvato carboxicinase

A etapa seguinte na gliconeogênese envolve a descarboxilação do oxaloacetato a fosfoenolpiruvato em reação catalisada pela *fosfoenolpiruvato carboxicinase* presente no citoplasma, em reação que emprega o GTP como doador do fosfato.

METABOLISMO DO GLICOGÊNIO E GLICONEOGÊNESE

A equação global de contorno da irreversibilidade das três reações cinase é:

Piruvato + ATP + GTP + HCO$_3^-$ → fosfoenolpiruvato + ADP + GDP + P$_i$ + CO$_2$

Para produzir uma molécula de fosfoenolpiruvato a partir do piruvato, são consumidos *dois fosfatos de alta energia:* um do ATP e outro do GTP.

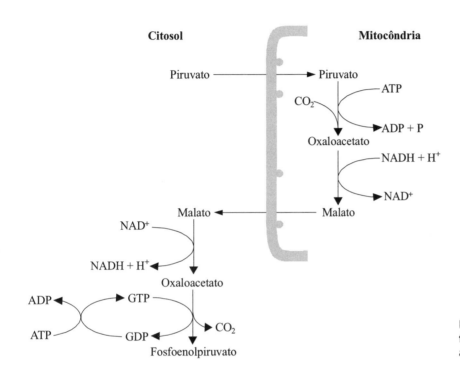

Figura 12.9 • Visão global da formação de fosfoenolpiruvato a partir do piruvato.

3. Frutose 1,6-bisfosfatase (FBPase)

A reação irreversível catalisada pela *fosfofrutocinase* na glicólise é contornada pela *frutose 1,6-bisfosfatase*, que catalisa a hidrólise do éster fosfórico no carbono 1 da frutose-1,6-bisfosfato:

Frutose-1,6-bisfosfato + H$_2$O $\xrightarrow{\text{Frutose 1,6-bisfosfatase}}$ Frutose-6-fosfato + P$_i$

A reação é exergônica ($\Delta G^{o\prime} = -16,3$ kJ·mol^{-1}) e irreversível em condições celulares. O ATP não é regenerado. A frutose 1,6-bisfosfatase é uma enzima alostérica estimulada pelo citrato e inibida pelo AMP e pela frutose-2,6-bisfosfato. A frutose-6-fosfato é, então, transformada em glicose-6-fosfato pela enzima *glicose-fosfato isomerase*.

4. Glicose 6-fosfatase

A *glicose 6-fosfatase*, encontrada somente no fígado e nos rins, catalisa a hidrólise reversível da glicose-6-fosfato para formar glicose e P$_i$ ($\Delta G^{o\prime} = -13,8$ kJ·mol^{-1}). A glicose é subsequentemente liberada para o sangue (ver Seção 12.2.A).

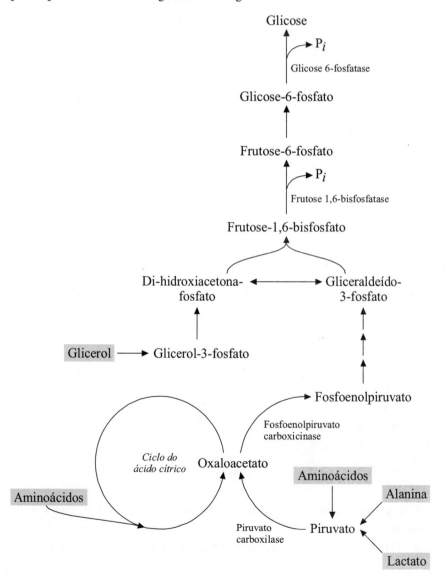

A sequência de fases da gliconeogênese está resumida na Figura 12.10.

A síntese de glicose a partir de duas moléculas de piruvato requer, no mínimo, seis ATP (nas reações catalisadas por piruvato carboxilase, fosfoenolpiruvato carboxicinase e fosfoglicerato cinase). Portanto, a gliconeogênese é um processo bastante dispendioso em termos de consumo de energia. Quando a gliconeogênese se processa em altas velocidades, consome mais de 60% do ATP gerado no fígado, principalmente em função da oxidação de ácidos graxos. As condições fisiológicas que sintetizam glicose geralmente são as mesmas que disponibilizam ácidos graxos no sangue.

Figura 12.10 ● Reações-chave da gliconeogênese.

B. Precursores para a gliconeogênese

As fontes de carbono para a gliconeogênese são o piruvato ou intermediários do ciclo do ácido cítrico, ou intermediários comuns para a glicólise e a gliconeogênese.

1. Lactato

O fígado e o córtex renal podem sintetizar glicose a partir de lactato liberado pelas hemácias e pelo músculo esquelético em exercício vigoroso, quando as demandas por oxigênio não são supridas. O lactato, produto final da glicólise anaeróbica, é conduzido pela corrente circulatória ao fígado, onde é reconvertido a piruvato pela *lactato desidrogenase* e, então, em glicose pela gliconeogênese.

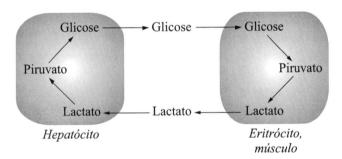

A glicose resultante difunde-se para a circulação e é captada pelas células do músculo esquelético para restaurar os teores de glicose para a atividade muscular. Essas reações constituem o *ciclo de Cori*:

- **Gasto de energia no ciclo de Cori:** mais energia é necessária para gerar glicose a partir do lactato no fígado que a obtida pela oxidação da glicose nas hemácias. A via glicolítica até lactato tem rendimento líquido de duas moléculas de ATP por molécula de glicose oxidada. Por comparação, a gliconeogênese a partir do lactato necessita de 6 ATP equivalentes (4 ATP, 2 GTP) para produzir uma molécula de glicose. As etapas catalisadas pela piruvato carboxilase e a piruvato carboxicinase necessitam de um ATP e um GTP por molécula de piruvato. Um ATP adicional é necessário para a conversão da 3-fosfoglicerato em 1,3-bisfosfoglicerato catalisada pela *fosfoglicerato cinase*. Como são utilizadas duas moléculas de lactato para a síntese de cada molécula de glicose, o custo total é 2 × 3, ou 6 ligações de alta energia.

- **O ciclo de Cori dissipa energia?** Pode parecer que o contínuo desdobramento e ressíntese de glicose seja um desperdício de energia. Representa, entretanto, um custo energético baixo pago pelo fígado e o córtex renal para permitir o efetivo funcionamento de outros órgãos. Por exemplo, os eritrócitos não possuem mitocôndria e núcleo e são completamente dependentes da glicólise para obter ATP. A conversão de lactato em glicose ocorre no fígado, onde grande quantidade de ATP pode ser gerada pela β-oxidação de ácidos graxos.

A glicólise até lactato é também vantajosa durante o exercício vigoroso. O rendimento de ATP pela via glicolítica por molécula de glicose é *menor* que a degradação total até CO_2 e água. No entanto, a velocidade com a qual os ATP podem ser gerados pela glicólise é maior que a produção de ATP pela fosforilação oxidativa. Grande parte do lactato gerado no músculo difunde-se para a circulação e é levada ao fígado, onde é convertida novamente em glicose pela gliconeogênese.

2. Alanina

A alanina é o mais importante aminoácido para a gliconeogênese hepática. Durante jejum prolongado ou inanição, a alanina e outros aminoácidos são liberados a partir de proteínas presentes nos músculos esqueléticos. A alanina é transportada para o fígado, onde sofre transaminação para gerar piruvato.

$$H-\underset{COO^-}{\overset{CH_3}{\underset{|}{\overset{|}{C}}}}-NH_3^+ \quad \underset{\text{aminotransferase}}{\overset{\text{Alanina}}{\rightleftharpoons}} \quad \underset{COO^-}{\overset{CH_3}{\underset{|}{\overset{|}{C}}}}=O$$

Alanina   Piruvato

O piruvato, por meio da gliconeogênese, forma glicose, utilizada, principalmente, para a manutenção dos níveis de glicose no sangue, mas pode também retornar aos músculos ou ser degradada pela via glicolítica. O mecanismo é chamado *ciclo da glicose-alanina* e também transporta o NH_4^+ ao fígado para a síntese da ureia.

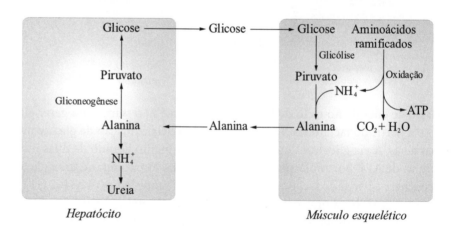

Hepatócito   *Músculo esquelético*

Na síntese de alanina no músculo, o piruvato proveniente da glicólise serve como aceptor de grupos amino; a reação inversa ocorre no fígado. Isso significa que as células musculares necessitam de constante suprimento de glicose para exportar os precursores para a gliconeogênese. O suprimento de glicose é fornecido principalmente pela gliconeogênese hepática a partir da alanina.

3. Glutamina

No córtex renal, a glutamina é o substrato preferido para a gliconeogênese. A glutamina é sintetizada pelo músculo esquelético no período de jejum como um modo de exportar grupos amino de aminoácidos. No rim, os dois grupos

METABOLISMO DO GLICOGÊNIO E GLICONEOGÊNESE

amina da glutamina são removidos pela *glutaminase* e pela *glutamato desidrogenase*, produzindo íons amônio livres e α-cetoglutarato (Capítulo 17). Os íons amônio atuam no tamponamento de ácidos excretados na urina, enquanto o α-cetoglutarato é substrato para a gliconeogênese. Como resultado da associação entre a geração de íons amônio livres e α-cetoglutarato, a gliconeogênese no rim aumenta significativamente durante a acidose, assim como no jejum. A oxidação do α-cetoglutarato pelo ciclo do ácido cítrico produz oxaloacetato, que entra na mesma via utilizada para sintetizar glicose a partir do lactato.

4. Cetoácidos derivados de aminoácidos

Após uma refeição contendo proteína, os aminoácidos absorvidos no sangue são metabolizados no fígado (>70%) e no músculo. Muitos são convertidos a cetoácidos e podem seguir duas vias:

- Oxidação completa a CO_2.
- Conversão a glicose ou glicogênio via gliconeogênese.

Na realidade, os dois processos estão relacionados. Vários aminoácidos podem contribuir em parte ou totalmente com seus esqueletos carbonados para a gliconeogênese. Os esqueletos de carbonos desses aminoácidos glicogênicos são metabolizados a piruvato ou como intermediários do ciclo do ácido cítrico, como oxaloacetato, succinil-CoA ou α-cetoglutarato.

Nem todos os aminoácidos podem utilizar seus esqueletos carbonados para a gliconeogênese, pois o catabolismo de alguns deles gera acetil-CoA e os seres humanos não podem converter a acetil-CoA em glicose. A reação catalisada pela piruvato desidrogenase é irreversível e as células animais não possuem uma via alternativa para utilizar a acetil-CoA para a síntese de intermediários do ciclo do ácido cítrico. Alguns aminoácidos são tanto glicogênicos como cetogênicos. Por exemplo, o catabolismo do triptofano produz piruvato e acetil-CoA. O piruvato pode ser utilizado na gliconeogênese, enquanto a acetil-CoA não.

5. Glicerol

No período de jejum, a mobilização de triacilgliceróis do tecido adiposo produz ácidos graxos livres e glicerol (Capítulo 15). O glicerol liberado durante a lipólise é uma fonte significativa de substrato para a síntese de glicose. No fígado, o glicerol é fosforilado a glicerol-3-fosfato pela *glicerol cinase*. O glicerol-3-fosfato participa da gliconeogênese (ou da glicólise) utilizando esse intermediário comum. Pela ação do *complexo glicerol-3-fosfato desidrogenase*, o glicerol-3-fosfato é transformado em di-hidroxiacetona-fosfato (DHAP) em presença de NAD^+ citoplasmático.

Glicerol   Glicerol-3-fosfato   Di-hidroxiacetona-fosfato

C. REGULAÇÃO DA GLICONEOGÊNESE

A glicólise e a gliconeogênese nos hepatócitos são reciprocamente reguladas, de modo que as condições fisiológicas que ativam uma via inativam simultaneamente a outra. As principais etapas reguladoras da glicólise são as reações catalisadas pela *fosfofrutose cinase 1* (PFK-1) e a *piruvato cinase*. As enzimas-chave da gliconeogênese são: *piruvato carboxilase, fosfoenolpiruvato carboxicinase, frutose 1,6-bisfosfatase* e *glicose 6-fosfatase* (Figura 12.11).

A velocidade da gliconeogênese é afetada principalmente pela disponibilidade de substratos, efetores alostéricos e hormônios reguladores. Dietas ricas em gordura, inanição e jejum prolongado elevam as concentrações de lactato, glicerol e aminoácidos, o que estimula a gliconeogênese.

1. Piruvato carboxilase e fosfoenolpiruvato carboxicinase

As duas enzimas são inibidas quando a carga energética da célula é baixa; nos dois casos, o inibidor alostérico é o ADP, e não o AMP. Por outro lado, a piruvato carboxilase é estimulada por altos teores de acetil-CoA nas mitocôndrias. A concentração da acetil-CoA, produto da degradação dos ácidos graxos, está elevada durante a inanição.

2. Frutose 1,6-bisfosfatase

Essa enzima é ativada pelo citrato e inibida pelo AMP. Os dois mecanismos reguladores asseguram que a gliconeogênese ocorra somente quando estiver disponível a quantidade de energia necessária para a síntese de glicose. O citrato é exportado da mitocôndria durante o processo de transferência de acetila do acetil-CoA para o citoplasma, onde é usada na síntese de colesterol e ácidos graxos. Assim, a concentração do citrato citoplasmático aumenta quando os teores de acetil-CoA excedem as necessidades requeridas para a produção de ATP pela combinação de ações do ciclo do ácido cítrico e do transporte mitocondrial de elétrons. Por outro lado, altos níveis de AMP e baixas concentrações de citrato no citoplasma, que ocorrem quando a carga energética da célula é baixa, atuam inibindo a gliconeogênese. Como a fosfofrutocinase-1 é inibida pelo citrato e estimulada pelo AMP, a baixa carga energética da célula também estimula a glicólise. A elevação do nível de frutose-2,6-bisfosfato inibe a frutose 1,6-bisfosfatase.

3. Regulação hormonal

A gliconeogênese é inibida pela insulina, mas estimulada por outros hormônios, como glucagon, cortisol e adrenalina:

- Insulina e glucagon regulam a gliconeogênese via mudanças na concentração do AMP cíclico (cAMP).

- Cortisol regula a gliconeogênese pala ativação de genes que expressam algumas enzimas gliconeogênicas, aumentando sua concentração.

- Adrenalina regula a gliconeogênese via mudanças na concentração do íon Ca^{2+}.

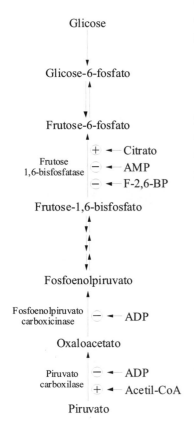

Figura 12.11 • Regulação da gliconeogênese. (F-2,6-BP: frutose-2,6-bisfosfato.)

METABOLISMO DO GLICOGÊNIO E GLICONEOGÊNESE

- *Glucagon* estimula a atividade da adenilato ciclase e aumenta a concentração de AMP cíclico. Insulina antagoniza esse efeito via aumento na atividade da AMP cíclico fosfodiesterase, que hidrolisa o AMP cíclico a AMP, o que resulta na redução da concentração de AMP cíclico.

- Aumento na concentração de AMP cíclico estimulada pelo glucagon ativa a *proteína dependente de cAMP* (PKA). Esta última fosforila as enzimas seguintes e aumenta a velocidade de gliconeogênese.

- Fosforilação inibe a *fosfofrutocinase-2* (PFK-2) e ativa a *frutose 2,6-bisfosfatase*, enzimas que fazem parte da mesma proteína bifuncional. A ação resulta em redução da concentração de frutose-2,6-bisfosfato (inibidor alostérico da frutose 1,6-bisfosfatase e ativador da fosfofrutocinase-1) com a consequente inibição da glicólise hepática. A disponibilidade de frutose-1,6-bisfosfato estimula a gliconeogênese. Esses efeitos do glucagon são antagonizados pela insulina, que inibe a frutose 1,6-bisfosfatase e estimula a PFK-1.

- A fosforilação da piruvato cinase resulta na conversão da forma ativa da enzima (piruvato cinase *a*) para a forma inativa (piruvato cinase *b*). A inibição dessa enzima glicolítica provoca o aumento do fluxo em direção da gliconeogênese.

O papel do glucagon e da insulina na regulação da gliconeogênese, além de outros fatores, é manter a concentração de glicose no sangue durante os períodos de jejum.

A *adrenalina* eleva a velocidade da gliconeogênese: liga-se ao receptor α da superfície da célula hepática, o que resulta em aumento na concentração citoplasmática de íons Ca^+. Isso aumenta a atividade da *proteína cinase dependente de Ca^{2+}-calmodulina*, que fosforila e causa modificações similares nas atividades das enzimas PFK-2 e piruvato cinase resultantes da ativação pela proteína cinase A (PKA). Desse modo, os íons Ca^{2+} aumentam a velocidade da gliconeogênese.

Hormônios podem modificar a concentração de precursores, particularmente os hormônios "lipolíticos" (hormônio de crescimento, glucagon, adrenalina) e cortisol. Os hormônios lipolíticos estimulam a lipólise no tecido adiposo e liberam glicerol para a gliconeogênese. O cortisol aumenta a degradação proteica no músculo, o que aumenta a liberação de aminoácidos (especialmente glutamina e alanina).

4. Regulação transcricional da expressão gênica

Os hormônios glucagon, cortisol e insulina regulam algumas enzimas e suas atividades. Isso inclui a glicocinase, a piruvato cinase e fosfoenolpiruvato carboxicinase. O glucagon e o cortisol aumentam a concentração, principalmente, da carboxicinase, enquanto a insulina a reduz. Essas modificações afetam a transcrição por modificações da atividade de fatores de transcrição. Hormônios atuam rapidamente na transcrição: as modificações nas concentrações da fosfoenolpiruvato carboxicinase ocorrem após 1 hora, em resposta às alterações nos níveis desses hormônios.

D. Inibição da gliconeogênese pelo etanol

O consumo de álcool (etanol), especialmente por indivíduos em jejum, pode causar hipoglicemia. Essa condição resulta dos efeitos inibidores do etanol sobre a gliconeogênese (inibe a oxidação do lactato em piruvato) causados pelo NADH e produzidos durante o metabolismo do álcool.

O etanol é oxidado a acetaldeído em presença da álcool desidrogenase no citosol hepático. Fundamentalmente, na mitocôndria, o acetaldeído é oxidado a acetato pela acetaldeído desidrogenase:

O NADH gerado nas reações é usado para produzir ATP na fosforilação oxidativa. A maior parte do acetato é conduzida pelo sangue aos músculos esqueléticos e a outros tecidos, onde é ativado a acetil-CoA e oxidado no ciclo do ácido cítrico (Capítulo 19).

Os efeitos agudos da ingestão de álcool são ocasionados pelo excesso de NADH, que inverte o equilíbrio da reação lactato-desidrogenase, inibindo a gliconeogênese do piruvato derivado do lactato, e pode causar acidemia láctica por acúmulo de lactato no sangue. Limita, também, a oxidação de ácidos graxos e de outras reações da gliconeogênese.

RESUMO

1. O substrato para a síntese de glicogênio é a UDP-glicose, uma forma ativada do açúcar. A UDP-glicose-pirofosforilase catalisa a formação de UDP-glicose a partir da glicose-1-fosfato e UTP. A glicose-6-fosfato é convertida em glicose-1-fosfato pela fosfoglicomutase.

2. Para formação do glicogênio são necessárias duas enzimas: a glicogênio sintase e a enzima de ramificação.

3. A degradação do glicogênio requer a glicogênio fosforilase e a enzima de desramificação. O equilíbrio entre glicogênese (síntese do glicogênio) e glicogenólise (clivagem do glicogênio) é regulado por vários hormônios (insulina, glucagon e adrenalina).

4. A glicogênio fosforilase, em ausência de sinais hormonais, existe no músculo e no fígado como fosforilase *b*, que é alostericamente ativada pelo AMP e inibida pelo ATP. A liberação de Ca^{2+} durante a contração muscular também ativa a enzima.

5. Adrenalina (e glucagon no fígado) promove a formação de cAMP no músculo e no fígado. Isso desencadeia a conversão de fosforilase *b* em fosforilase *a*, que é totalmente ativa sem AMP. A conversão ocorre pela cascata de cinases, que amplifica a resposta. Ao mesmo tempo, o cAMP causa a inativação da glicogênio sintase. A glicogênio sintase é ativa somente quando desfosforilada.

6. Durante a gliconeogênese, moléculas de glicose são sintetizadas a partir de precursores não carboidratos (lactato, piruvato, glicerol e certos aminoácidos). A sequência de reações na gliconeogênese corresponde a reações da via glicolítica, mas no sentido inverso.

7. As três reações irreversíveis da glicólise (síntese do piruvato, conversão da frutose-1,6-bisfosfato em frutose-6-fosfato e a formação de glicose a partir da glicose-6-fosfato) são substituídas na gliconeogênese por reações energeticamente favoráveis.

BIBLIOGRAFIA

Berg JM, Tymoczko JL, Stryer L. Bioquímica. 6. ed. Rio de Janeiro: Guanabara-Koogan, 2008:595-618.

Jitrapakdee E, St. Maurice M, Rayment I et al. Structure, mechanism and regulation of pyruvate carboxylase. Biochem J 2008; 413:369-87.

Nelson DL, Cox MM. Lehninger: principles of biochemistry. 4. ed. New York: Freeman, 2004:560-600.

Rosenthal MD, Glew RH. Medical biochemistry. Danvers: Wiley, 2009:126-25.

Smith C, Marks AD, Lieberman M. Marks' basic medical biochemistry: a clinical approach. 2. ed. Baltimore: Lippincott, 2005:556-78.

Witters LA, Kemp BE, Means AR. Chutes and ladders: the search for protein kinases that act on AMPK. Trends Biochem Sci 2006; 31:13-6.

13
Ciclo do Ácido Cítrico

O ciclo do ácido cítrico (também chamado *ciclo de Krebs* ou *ciclo dos ácidos tricarboxílicos*) é o estágio final comum para a oxidação de moléculas energéticas. Os átomos de carbono entram no ciclo na forma de grupos acetila derivados da glicose, ácidos graxos, aminoácidos, corpos cetônicos e acetato. O grupo acetila ligado à coenzima A (acetil-CoA) é oxidado em oito reações mitocondriais para formar duas moléculas de CO_2. Os elétrons de alta energia obtidos nessa oxidação são utilizados para gerar equivalentes redutores na forma de NADH e $FADH_2$. O NADH (nicotinamida adenina dinucleotídeo – forma reduzida) e o $FADH_2$ (flavina adenina dinucleotídeo – forma reduzida) são oxidados, e os elétrons são conduzidos pela *cadeia mitocondrial transportadora de elétrons* com a liberação de energia conservada na forma de ATP, sintetizado a partir de ADP e de fosfato inorgânico por meio de um processo denominado *fosforilação oxidativa* (Capítulo 14). O ciclo também gera diretamente compostos de alta energia (GTP ou ATP) (Figura 13.1).

Além da geração de energia, o ciclo do ácido cítrico também é fonte de precursores para a biossíntese de carboidratos, lipídeos e aminoácidos.

Como fonte geradora de energia, o ciclo do ácido cítrico é estimulado no músculo esquelético e nas células cardíacas durante exercício aeróbico. Ao contrário, durante o jejum, o ciclo no fígado permanece relativamente inativo. No período de jejum, intermediários do ciclo do ácido cítrico são convertidos em malato e transportados para fora da mitocôndria para servir de substrato para a gliconeogênese. Sob essas condições, a acetil-CoA gerada pela β-oxidação dos ácidos graxos no fígado é utilizada para produzir corpos cetônicos exportados para o sangue. As cetonas são metabolizadas a CO_2 e água em outros tecidos, principalmente no músculo.

A atividade do complexo piruvato desidrogenase (enzimas que catalisam as reações de conversão do piruvato em acetil-CoA) está aumentada no estado alimentado quando diferentes tipos de células empregam principalmente a glicose como fonte energética, oposto do que ocorre no período de jejum, quando o músculo, o fígado e outros órgãos empregam principalmente a oxidação dos ácidos graxos para gerar ATP. Além disso, a atividade do complexo da piruvato desidrogenase no músculo eleva-se com o aumento de exercício aeróbico, resultando em maior utilização da glicose como fonte combustível.

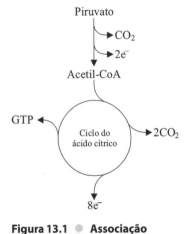

Figura 13.1 ● Associação da glicólise e o ciclo do ácido cítrico. O piruvato produzido na glicólise é convertido em acetil-CoA, combustível do ciclo do ácido cítrico. Os elétrons removidos são transportados por NADH e $FADH_2$ para a cadeia mitocondrial transportadora de elétrons no interior das mitocôndrias, que fornece energia para a síntese de ATP.

13.1 FUNÇÕES DO CICLO DO ÁCIDO CÍTRICO

A acetil-CoA é o ponto de convergência das principais vias de oxidação dos combustíveis metabólicos. É gerada diretamente a partir da β-oxidação de ácidos graxos e do acetato (dieta ou oxidação do etanol). A glicose e outros carboidratos entram na glicólise e são oxidados em piruvato. Os aminoácidos alanina e serina são também convertidos em piruvato. O piruvato é oxidado a acetil-CoA pelo complexo da piruvato desidrogenase (Figura 13.1). Vários aminoácidos, como a leucina e a isoleucina, são também oxidados a acetil-CoA. O catabolismo dos corpos cetônicos (acetoacetato, β-hidroxibutirato) também gera acetil-CoA. Assim, a oxidação da acetil-CoA em CO_2 no ciclo do ácido cítrico é a última etapa das principais vias de oxidação das moléculas metabólicas. As principais funções do ciclo são:

- **Geração de energia:** o ciclo é a principal fonte de energia em seres humanos. É responsável pela total oxidação de moléculas de acetil-CoA provenientes da reação catalisada pelo complexo da piruvato desidrogenase, β-oxidação de ácidos graxos, oxidação dos aminoácidos e do etanol, catabolismo dos corpos cetônicos e oxidação de qualquer substância que possa ser metabolizada em componentes do ciclo do ácido cítrico. Para cada volta do ciclo somente uma molécula de nucleotídeo trifosfato (GTP) de alta energia é produzida. A maior parte da energia gerada no ciclo é obtida pela remoção de elétrons da acetil-CoA que são capturados pelo NAD^+ e FAD para formar NADH e $FADH_2$. Quando os dois carreadores de elétrons são oxidados pelo O_2 na *cadeia mitocondrial transportadora de elétrons*, a energia se materializa na forma de ATP pela *fosforilação oxidativa* (Capítulo 14).

- **Produção de precursores biossintéticos:** alguns intermediários são removidos do ciclo e usados na síntese de outras substâncias celulares. Por exemplo, a succinil-CoA é um precursor para a síntese do grupo heme. Do mesmo modo, o α-cetoglutarato – gerado quando certos aminoácidos são desdobrados – pode entrar no ciclo e ser transformado em malato e exportado para o citoplasma. O malato, pela ação da malato desidrogenase, é oxidado a oxaloacetato e usado para sintetizar glicose pela gliconeogênese.

- **Fonte de acetil-CoA para a síntese de ácidos graxos e colesterol:** os dois tipos de células com maior capacidade de síntese de ácidos graxos são os hepatócitos e adipócitos. Quase toda a acetil-CoA utilizada para a síntese de ácidos graxos é gerada na mitocôndria pela reação do complexo da piruvato desidrogenase. Os grupos acetila são transportados para fora das mitocôndrias na forma do intermediário do ciclo do ácido cítrico, o citrato. A acetil-CoA regenerada a partir do citrato no citoplasma é substrato para a síntese de ácidos graxos e colesterol.

- **Produção de citrato que regula outras vias metabólicas:** a concentração do citrato na célula é fortemente dependente da carga energética celular. Quando a carga energética é alta, o ATP inibe a atividade do ciclo do ácido cítrico e os teores de citrato aumentam. Em concentrações elevadas de ATP mitocondrial, o citrato é transportado ao citoplasma, onde regula a glicólise, a gliconeogênese e a síntese de ácidos graxos. O citrato citoplasmático inibe a fosfofrutocinase-1 (PFK-1) na glicólise, estimula a gliconeogênese por ativar a frutose 1,6-bisfosfatase (Capítulo 12) e promove a síntese de ácidos graxos pela ativação da enzima acetil-CoA carboxilase (Capítulo 15).

- **Enzimas do ciclo do ácido cítrico participam de mecanismos que lançam equivalentes redutores para a mitocôndria:** a glicólise gera NADH no citoplasma que não pode entrar na mitocôndria. Os sistemas de lançadeiras que carreiam os elétrons do NADH citoplasmático para a *cadeia mitocondrial transportadora de elétrons* e a *fosforilação oxidativa* utilizam enzimas do ciclo do ácido cítrico.

13.2 OXIDAÇÃO DO PIRUVATO A ACETIL-COA E CO$_2$

Em condições aeróbicas, o piruvato formado no citoplasma (p. ex., glicólise) se desloca para o interior das mitocôndrias por meio da *piruvato translocase*, proteína da membrana mitocondrial interna, que transporta o piruvato para a matriz mitocondrial em simporte com o H$^+$.

Na matriz mitocondrial, o piruvato é convertido em acetil-CoA por descarboxilação oxidativa. A reação é catalisada pelo *complexo piruvato desidrogenase*, constituído por três subunidades catalíticas: a *piruvato desidrogenase* (E$_1$), a *di-hidrolipoil transacetilase* (E$_2$) e a *di-hidrolipoil desidrogenase* (E$_3$), associadas de modo não covalente, e por cinco diferentes coenzimas. O complexo está localizado exclusivamente na mitocôndria das células eucarióticas. *A conversão do piruvato em acetil-CoA é o elo entre a glicólise e o ciclo do ácido cítrico.* Devido à expressiva quantidade de energia liberada na reação sob condições fisiológicas ($\Delta G^{\circ\prime} = -33,5$ kJ·mol^{-1}), o processo é irreversível.

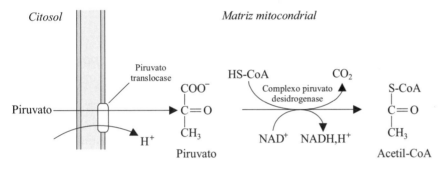

A operação do complexo piruvato desidrogenase requer cinco coenzimas: tiamina pirofosfato (TPP), lipoamida, coenzima A, flavina adenina dinuclotídeo (FAD) e nicotinamida adenina dinucleotídeo (NAD$^+$).

A representação esquemática da operação do complexo da piruvato desidrogenase está resumida na Figura 13.2.

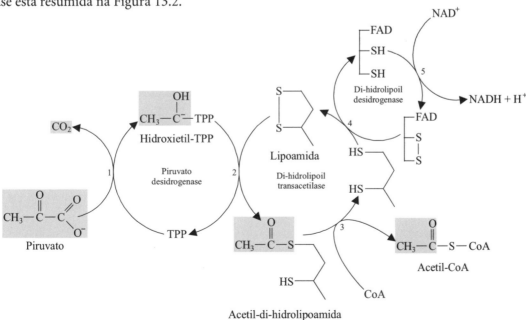

Figura 13.2 • **Operação do complexo piruvato desidrogenase.** TTP = tiamina pirofosfato. O lipoato tem dois grupos –SH que formam uma ligação dissulfeto (–S–S–) por oxidação.

A. Regulação do complexo piruvato desidrogenase

A atividade do complexo piruvato desidrogenase é regulada de dois modos: fosforilação/desfosforilação e retroalimentação (Figura 13.3).

1. Regulação por fosforilação/desfosforilação

A piruvato desidrogenase é ativa na forma desfosforilada e inativa na forma fosforilada. A enzima é fosforilada por uma cinase específica, denominada *piruvato desidrogenase cinase* (PDH cinase). A PDH cinase é regulada não pelo cAMP, mas por moléculas que sinalizam alterações na carga energética celular. Em concentrações mitocondriais elevadas de NADH, ATP e acetil-CoA, a atividade da PDH cinase é estimulada e, como consequência, a piruvato desidrogenase é inibida. Ao contrário, altas concentrações de piruvato evitam a fosforilação e a inativação da piruvato desidrogenase. Uma enzima específica, denominada *proteína fosfatase*, estimulada pelo íon Ca^{2+} (PDH fosfatase), remove o grupo fosfato da piruvato desidrogenase, ativando-a. A elevação do Ca^{2+} potencializa a atividade da enzima.

2. Regulação direta da piruvato desidrogenase por metabólitos

A atividade da piruvato desidrogenase desfosforilada ativa é regulada diretamente pelo NADH e a acetil-CoA, que inibem o complexo de maneira competitiva (retroalimentação). Altos níveis de ATP também estimulam a PDH cinase, inibindo a PDH. A PDH cinase é inibida por altas concentrações de cálcio livre; isso explica os mecanismos pelos quais a adrenalina (epinefrina) potencializa a atividade da PDH no músculo cardíaco.

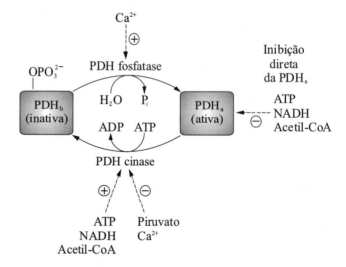

Figura 13.3 ● **Regulação do complexo piruvato desidrogenase (PDH).** A PDH é inibida por seus produtos acetil-CoA e NADH. O complexo é também inativado por fosforilação e ativado por desfosforilação.

B. Destinos metabólicos da acetil-CoA

Os principais destinos metabólicos da acetil-CoA produzida na mitocôndria incluem: (1) completa oxidação do grupo acetila no ciclo do ácido cítrico para a geração de energia; (2) conversão do excesso de acetil-CoA em corpos cetônicos (acetoacetato, β-hidroxibutirato e acetona) no fígado; (3) transferência de unidades acetila para o citosol com a subsequente biossínte-

CICLO DO ÁCIDO CÍTRICO

se de moléculas complexas, como os esteróis, e ácidos graxos de cadeia longa (Figura 13.4).

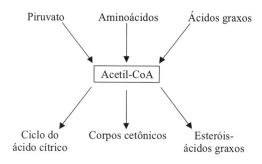

Figura 13.4 ● **Precursores e destinos da acetil-CoA.**

A fórmula da coenzima A (CoA) é:

Acetil-CoA

13.3 REAÇÕES DO CICLO DO ÁCIDO CÍTRICO

A oxidação de acetil-CoA é realizada pelo ciclo do ácido cítrico em oito reações sucessivas, em que entra o grupo acetila (dois carbonos) e saem duas moléculas de CO_2 (Figura 13.5).

1. Condensação da acetil-CoA com o oxaloacetato

A etapa inicial do ciclo do ácido cítrico consiste na condensação do acetil-CoA com o oxalacetato e H_2O para formar *citrato* e *CoA*, em reação irreversível catalisada pela *citrato sintase*. A condensação aldólica ocorre entre o grupo metílico da acetil-CoA e o grupo carboxílico do oxaloacetato, com hidrólise da ligação tioéster e a produção de coenzima A livre. A reação é altamente exergônica ($\Delta G^{o\prime} = -31,5$ kJ·mol^{-1}).

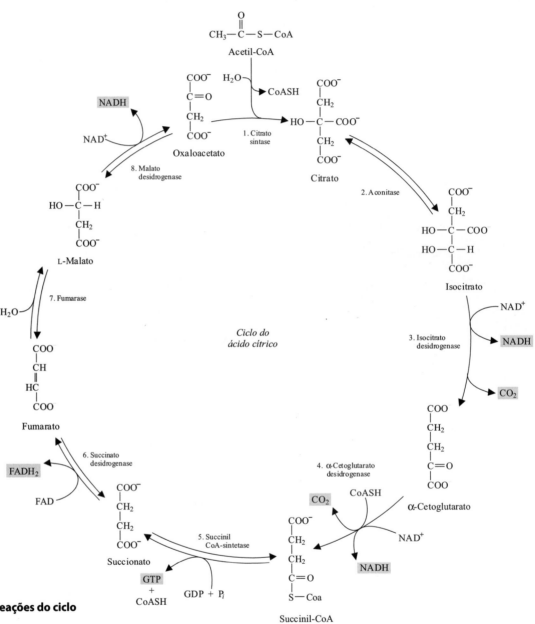

Figura 13.5 Reações do ciclo do ácido cítrico.

CICLO DO ÁCIDO CÍTRICO

A citrato sintase é inibida por ATP, NADH, succinil-CoA e ésteres acil-CoA. A velocidade de reação é determinada pela disponibilidade de acetil-CoA e oxaloacetato. O citrato também está envolvido na regulação de outras vias metabólicas (inibe a *fosfofrutocinase* na glicólise e ativa a *acetil-CoA carboxilase* na síntese dos ácidos graxos) e como fonte de carbono e equivalentes redutores para vários processos de síntese.

Além da condensação com a acetil-CoA para formar citrato, o oxaloacetato pode ser transformado em piruvato, glicose (gliconeogênese) e aspartato.

2. Isomerização do citrato a isocitrato via cis-aconitato

A *aconitase* catalisa a isomerização reversível do citrato e do isocitrato por meio do intermediário *cis*-aconitato. A mistura em equilíbrio contém 90% de citrato, 4% de *cis*-aconitato e 6% de isocitrato. No meio celular, a reação é deslocada para a direita, porque o isocitrato é rapidamente removido na etapa seguinte do ciclo. A aconitase contém um centro ferro-enxofre que atua tanto na ligação do substrato como na catálise da reação.

Citrato   *Cis*-aconitato   Isocitrato

3. Descarboxilação oxidativa do isocitrato para formar α-cetoglutarato, CO_2 e o primeiro NADH

O isocitrato é oxidado a α-cetoglutarato pela enzima alostérica *isocitrato desidrogenase NAD+-dependente*. Com a oxidação ocorre a perda simultânea de CO_2 (remoção do grupo β-carboxílico). A enzima necessita de Mg^{2+} ou Mn^{2+} e é ativada pelo ADP e inibida por ATP e NADH.

Isocitrato   α-cetoglutarato

4. Oxidação e descarboxilação do α-cetoglutarato para formar succinil-CoA, CO_2 e o segundo NADH

A conversão do α-cetoglutarato em um composto de *alta energia*, a succinil-CoA, é catalisada pelo complexo enzimático α-*cetoglutarato desidrogenase*. A reação é semelhante à do complexo piruvato desidrogenase utilizada na transformação do piruvato em acetil-CoA. Participam da reação a *tiamina pirofosfato*, o *lipoato*, a *coenzima A*, a *FAD* e a *NAD+*. O complexo multienzimático consiste em α-*cetoglutarato desidrogenase, di-hidrolipoil transuccinilase* e *di-hidrolipoil desidrogenase* como três unidades catalíticas. A reação produz a segunda molécula de CO_2 e o segundo NADH do ciclo. O complexo é inibido por ATP, GTP, NADH, succinil-CoA e Ca^{2+}.

5. Clivagem da succinil-CoA para formar succinato e GTP

A *succinil-CoA sintetase* (succinato-tiocinase) hidrolisa a ligação tioéster de *alta energia* da succinil-CoA ($\Delta G^{\circ\prime} = -32,6$ kJ·mol^{-1}) para formar succinato. A energia liberada é conservada no composto de "alta energia" *guanosina trifosfato* (GTP), produzido a partir de GDP + P$_i$ ($\Delta G^{\circ\prime} = -30,5$ kJ·mol^{-1}), em uma fosforilação no nível do substrato. O teor energético do GTP é equivalente ao do ATP.

Em presença da *nucleosídeo-difosfato cinase* e Mg^{2+}, o GTP é convertido reversivelmente em ATP:

$$GTP + ADP \leftrightarrows GDP + ATP$$

CICLO DO ÁCIDO CÍTRICO

6. Oxidação do succinato para formar fumarato e FADH$_2$

O succinato é oxidado em fumarato pela *succinato desidrogenase*. A enzima necessita de FAD ligada covalentemente. Nas células dos mamíferos, a enzima está firmemente ligada à membrana mitocondrial interna como componente da succinato-ubiquinona, um complexo multiproteico que participa da cadeia mitocondrial transportadora de elétrons. A succinato desidrogenase é fortemente inibida competitivamente pelo malonato e ativada por ATP, fósforo inorgânico e succinato.

Os cofatores participam da transferência de elétrons do succinato para a ubiquinona:

7. Hidratação da liga dupla do fumarato para formar malato e o terceiro NADH

O fumarato é hidratado a L-malato pela *fumarase*. A enzima é estereoespecífica e catalisa a hidratação da dupla ligação *trans* do fumarato:

8. Oxidação do malato a oxaloacetato

A reação final do ciclo é catalisada pela *malato desidrogenase*, com a formação de oxaloacetato e NADH. A posição de equilíbrio dessa reação está deslocada quase totalmente para a síntese do L-malato ($\Delta G^{\circ\prime}=$ +29,7 kJ·mol^{-1}). Entretanto, a rápida remoção do oxaloacetato pela reação catalisada pela citrato sintase, para a formação de citrato, possibilita a oxidação do malato:

$$\text{Malato} \quad \xrightarrow[\text{Malato desidrogenase}]{\text{NAD}^+ \quad \text{NADH} + \boxed{\text{H}^+}} \quad \text{Oxaloacetato}$$

Além da condensação com a acetil-CoA para formar citrato, o oxaloaceta-to pode ser transformado em piruvato, glicose (gliconeogênese) e aspartato.

A. Energia no ciclo do ácido cítrico

O ciclo do ácido cítrico é a via oxidativa terminal para a maioria dos combustíveis metabólicos (carboidratos, aminoácidos e ácidos graxos). Os dois carbonos do grupo acetila que participam do ciclo são oxidados completamente a CO_2 e H_2O. A energia liberada por essas oxidações é conservada na forma de três NADH, de um $FADH_2$ e de uma molécula de GTP (ou ATP). A reação global do ciclo do ácido cítrico é:

$$\text{Acetil-CoA} + 3\ \text{NAD}^+ + \text{FAD} + \text{GDP} + \text{P}_i + 2\ \text{H}_2\text{O} \rightarrow$$
$$2\ \text{CO}_2 + 3\ \text{NADH} + \text{FADH}_2 + \text{GTP} + 2\ \text{H}^+ + \text{CoA}$$

Para cada NADH que transfere seus elétrons para a cadeia mitocondrial transportadora de elétrons, aproximadamente 2,5 ATP são produzidos a partir de ADP + P_i. Para cada $FADH_2$ é produzido cerca de 1,5 ATP. Assim, a completa oxidação do grupo acetila do acetil-CoA no ciclo do ácido cítrico produz 10 ATP.

13.4 REGULAÇÃO DO CICLO DO ÁCIDO CÍTRICO

O ciclo do ácido cítrico possui vários níveis de regulação para assegurar que as necessidades energéticas e biossintéticas das células sejam constantemente atingidas. A disponibilidade de substratos (acetil-CoA, NAD^+, FAD e ADP), a demanda por precursores biossintéticos provenientes do ciclo do ácido cítrico e a necessidade de ATP determinam a velocidade de operação do ciclo (Figura 13.6).

Citrato sintase, isocitrato desidrogenase e cetoglutarato desidrogenase são enzimas-chave na regulação do fluxo através do ciclo; as três enzimas catalisam reações de não equilíbrio.

O primeiro local importante de regulação do ciclo do ácido cítrico é a reação catalisada pela isocitrato desidrogenase. Altos níveis de ATP indicam que a carga energética está alta e que são abundantes os precursores para vias biossintéticas. Nessas condições, o ATP inibe a atividade da isocitrato desidrogenase, enquanto o ADP estimula a enzima.

O ciclo também é inibido pela relação $NADH/NAD^+$ alta, com o NADH atuando como um produto inibidor da isocitrato desidrogenase, da α-cetoglutarato desidrogenase e da malato desidrogenase.

Os intermediários do ciclo podem afetar a atividade de algumas enzimas. A succinil-CoA inibe o complexo α-cetoglutarato desidrogenase e a citrato

CICLO DO ÁCIDO CÍTRICO

sintase. O oxaloacetato inibe a succinato desidrogenase. Teores de Ca^{2+} intramitocondrial também são importantes na regulação do ciclo do ácido cítrico. A isocitrato desidrogenase e a α-cetoglutarato desidrogenase são estimuladas diretamente pelos íons Ca^{2+}.

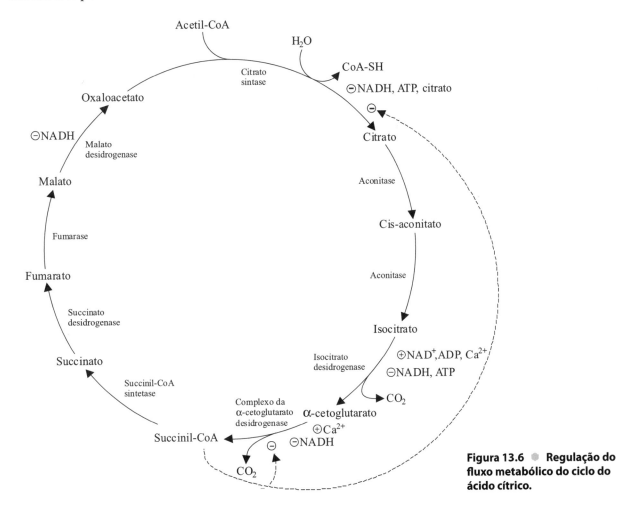

Figura 13.6 ● Regulação do fluxo metabólico do ciclo do ácido cítrico.

13.5 INTERMEDIÁRIOS DO CICLO DO ÁCIDO CÍTRICO E REAÇÕES ANAPLERÓTICAS

O ciclo do ácido cítrico tem papel central no catabolismo de carboidratos, ácidos graxos, aminoácidos, corpos cetônicos e acetato, com liberação e conservação de energia. Entretanto, o ciclo também está envolvido no fornecimento de precursores para muitas vias biossintéticas. O ciclo do ácido cítrico é, portanto, *anfibólico* (anabólico e catabólico). Os intermediários do ciclo (exceto o isocitrato e o succinato) são precursores ou produtos de várias moléculas biológicas. Por exemplo, a succinil-CoA é precursora da maioria dos átomos de carbono das porfirinas. Os aminoácidos aspartato e glutamato podem ser provenientes do oxaloacetato e do α-cetoglutarato, respectivamente, via reações de transaminação. A síntese de ácidos graxos e colesterol no citoplasma necessita de acetil-CoA gerada a partir do citrato que atravessa a membrana mitocondrial.

Os intermediários do ciclo do ácido cítrico desviados para a biossíntese de novos compostos são repostos por reações que permitam restabelecer seus níveis apropriados. Além disso, as flutuações nas condições celulares podem necessitar de aumento da atividade do ciclo, o que exige a suplementação de intermediários. O processo de reposição de intermediários do ciclo é chamado *anaplerose* (do grego, preencher completamente). A produção de oxaloacetato permite a entrada do grupo acetila no ciclo do ácido cítrico (oxaloacetato + acetil-CoA → citrato) e é a mais importante reação anaplerótica.

Em deficiências de qualquer dos intermediários do ciclo, o oxaloacetato é formado pela carboxilação reversível do piruvato por CO_2, em reação catalisada pela *piruvato carboxilase* (encontrada no fígado, no cérebro, em adipócitos e fibroblastos) que contém *biotina* como coenzima. O excesso de acetil-CoA ativa a enzima:

$$\text{Piruvato} + CO_2 + ATP + H_2O \leftrightarrows \text{oxaloacetato} + ADP + P_i$$

As reações do ciclo convertem o oxaloacetato nos intermediários deficientes para que se restabeleça sua concentração apropriada.

A síntese do oxaloacetato ocorre também a partir do fosfoenolpiruvato e é catalisada pela *fosfoenolpiruvato carboxicinase*, presente tanto no citosol como na matriz mitocondrial. A enzima é ativada pelo intermediário glicolítico frutose-1,6-bisfosfato, cuja concentração aumenta quando o ciclo do ácido cítrico atua de maneira lenta:

$$\text{Fosfoenolpiruvato} + CO_2 + GDP \leftrightarrows \text{oxaloacetato} + GTP$$

No fígado, quando da ação conjunta das duas enzimas (piruvato carboxilase e fosfoenolpiruvato carboxicinase) e da malato desidrogenase (*enzima málica*), o malato (e o oxaloacetato) é produzido a partir do piruvato:

$$\text{Piruvato} + CO_2 + NAD(P)H \leftrightarrows \text{malato} + NAD(P)^+$$

Durante o jejum, o malato deixa a mitocôndria para a gliconeogênese citoplasmática.

Outras reações que abastecem o ciclo do ácido cítrico incluem a succinil-CoA, produto do catabolismo de ácidos graxos de cadeia ímpar, e os α-cetoácidos a partir do α-cetoglutarato e oxaloacetato, provenientes dos aminoácidos glutamato e aspartato, respectivamente, via reações de transaminação (Figura 13.7).

Quadro 13.1 ● Ciclo do glioxilato

Nos vegetais, em certos micro-organismos e em levedura, é possível sintetizar carboidratos a partir de *substratos de dois carbonos*, como o acetato e o etanol, por meio de uma via alternativa, chamada *ciclo do glioxilato*. A via emprega as enzimas do ciclo do ácido cítrico, além de duas enzimas ausentes nos tecidos animais: a *isocitrato liase* e a *malato sintase*. Pela ação da isocitrato liase, o isocitrato é clivado em succinato e glioxilato. O glioxilato condensa-se com uma segunda molécula de acetil-CoA sob a ação da malato sintase (em reação análoga àquela catalisada pela citrato sintase no ciclo do ácido cítrico) para formar malato.

O malato passa para o citosol, onde é oxidado a oxaloacetato, que pode ser transformado em glicose pelas reações da gliconeogênese, ou se condensar com outra molécula de acetil-CoA e iniciar outra volta do ciclo.

Nas plantas, o ciclo do glioxilato está localizado em organelas chamadas *glioxissomos*.

Os animais vertebrados não apresentam o ciclo do glioxilato e não podem sintetizar glicose a partir de acetil-CoA. Nas sementes em germinação, as enzimas do ciclo do glioxilato degradam os ácidos graxos, que são convertidos em glicose, precursora da celulose.

Por reversão de reações anapleróticas, os intermediários do ciclo do ácido cítrico servem como precursores de glicose. Essa função é demonstrada em certas espécies de micro-organismos e plantas que utilizam o *ciclo do glioxilato* na síntese de carboidratos a partir da acetil-CoA.

CICLO DO ÁCIDO CÍTRICO

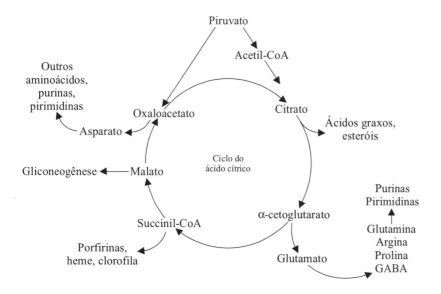

Figura 13.7 • Papel biossintético do ciclo do ácido cítrico. No fígado, os intermediários do ciclo do ácido cítrico são continuamente empregados para a síntese de ácidos graxos, aminoácidos, heme e gliconeogênese. No cérebro, o α-cetoglutarato é convertido em glutamato e GABA (ácido γ-aminobutírico), ambos neurotransmissores. No músculo esquelético, o α-cetoglutarato é convertido em glutamina, que é transportada pelo sangue para outros tecidos.

Quadro 13.2 • Descoberta do ciclo do ácido cítrico

A operação do ciclo do ácido cítrico foi deduzida por *Hans Krebs* em 1937 a partir de observações sobre a velocidade de consumo de oxigênio durante a oxidação do piruvato por suspensões de músculos peitorais de pombos. Esses músculos ativos, no voo, exibem uma velocidade de respiração muito alta e são apropriados para investigações metabólicas. O consumo de oxigênio foi monitorado com o auxílio de um manômetro, aparelho que promove a medida das alterações no volume de um sistema fechado a pressão e temperatura constantes. Estudos anteriores, principalmente os realizados por *Albert Szent-Györgyi* (1935), mostraram que o succinato, o fumarato, o malato e o oxaloacetato estimulavam o consumo de oxigênio por esses músculos. Krebs mostrou que o piruvato também aumentava o consumo de oxigênio.

Além disso, ele também observou que a oxidação do piruvato podia ser em grande parte estimulada por oxaloacetato, *cis*-aconitato, isocitrato e α-cetoglutarato. Os efeitos dessas substâncias eram completamente suprimidos pela adição de *malonato,* inibidor competitivo da succinato desidrogenase. A adição do malonato também acumulava citrato, α-cetoglutarato e succinato. Em virtude de a adição do piruvato e oxaloacetato à suspensão ter resultado no acúmulo de citrato, Krebs concluiu que a via operava como um ciclo. Somente em 1951 foi demonstrado que a acetil-CoA é o intermediário que se condensa com o oxaloacetato para formar citrato.
Krebs publicou sua descoberta no periódico *Enzimologia,* já que a revista *Nature* recusou o artigo original.

RESUMO

1. Os organismos aeróbicos empregam o oxigênio para gerar energia a partir de combustíveis metabólicos por vias bioquímicas: ciclo do ácido cítrico, cadeia mitocondrial transportadora de elétrons e fosforilação oxidativa.

2. O ciclo do ácido cítrico consiste em uma série de oito reações sucessivas, que oxidam completamente substratos orgânicos, como carboidratos, ácidos graxos e aminoácidos, para formar CO_2, H_2O, GTP e equivalentes redutores NADH e $FADH_2$. Nas mitocôndrias, o piruvato, produto da via glicolítica, é convertido em acetil-CoA, substrato para o ciclo do ácido cítrico.

3. Os grupos acetila entram no ciclo do ácido cítrico como acetil-CoA produzida a partir do piruvato por meio do complexo multienzimático da piruvato desidrogenase, que contém três enzimas e cinco coenzimas.

4. Além do papel gerador de energia, o ciclo do ácido cítrico também exerce importantes papéis: biossíntese de glicose (gliconeogênese), de aminoácidos, de bases nucleotídicas e de grupos heme.

5. O ciclo do glioxilato, encontrado em alguns vegetais e em alguns fungos, é uma versão modificada do ácido cítrico na qual as moléculas de dois carbonos, como o acetato, são convertidas em precursores da glicose.

BIBLIOGRAFIA

Berg JM, Tymoczko JL, Stryer L. Bioquímica. 6. ed. Rio de Janeiro: Guanabara-Koogan, 2008:479-504.

Campbell MK, Farrell SO. Bioquímica. 5. ed. São Paulo: Thomson, 2007:619-48.

Krebs HA. Some aspects of the regulation of fuel supply in omnivorous animals. Adv Enz Reg 1972; 10:397-420.

Motta VT. Bioquímica clínica para o laboratório: princípios e interpretações. 5. ed. Rio de Janeiro: Medbook, 2009:75-103.

Pratt CW, Cornely K. Essential biochemistry. Danvers: John Wiley, 2004:343-69.

Smith C, Marks AD, Lieberman M. Marks' basic medical biochemistry: a clinical approach. 2. ed. Baltimore: Lippincott, 2005:360-79.

Toy EC, Seifert Jr WE, Strobel HW, Harns KP. Case files: biochemistry. New York: Lange, 2005:121-36.

14

Fosforilação Oxidativa

A degradação de moléculas nutrientes gera um número reduzido de moléculas de ATP diretamente pela fosforilação no nível do substrato. No entanto, as etapas oxidativas da glicólise, ciclo do ácido cítrico, β-oxidação dos ácidos graxos e degradação de alguns aminoácidos produzem ATP indiretamente. Isso ocorre em virtude da reoxidação das coenzimas NADH e $FADH_2$ formadas pela oxidação de macromoléculas, que transferem elétrons para o oxigênio molecular via *cadeia mitocondrial transportadora de elétrons*. A cadeia é constituída por quatro complexos macromoleculares localizados na membrana mitocondrial interna e ligada firmemente a grupos prostéticos capazes de conduzir elétrons de um complexo para outro até se combinarem com o O_2 e produzirem H_2O. A energia liberada bombeia prótons da matriz para o espaço intermembranas, gerando um gradiente eletroquímico de H^+. O retorno dos prótons para o interior da matriz mitocondrial libera energia livre para dirigir a síntese de adenosina trifosfato (ATP) a partir de ADP e P_i, mediante *fosforilação oxidativa*. Essa é a maior fonte de ATP em organismos aeróbicos. O ATP é um transdutor energético universal dos sistemas vivos utilizado na condução da maioria das reações dependentes de energia.

14.1 ESTRUTURA MITOCONDRIAL

Os processos de liberação e conservação da maior parte da energia livre nas células aeróbicas são realizados nas mitocôndrias. O número de mitocôndrias, em diferentes tecidos, reflete a função fisiológica do tecido e determina a capacidade de realizar funções metabólicas aeróbicas. O eritrócito, por exemplo, não contêm mitocôndrias e, portanto, não apresenta a capacidade de liberar energia usando o oxigênio como aceptor terminal de elétrons. Por outro lado, a célula cardíaca apresenta metade de seu volume citosólico composto de mitocôndrias e é altamente dependente dos processos aeróbicos.

A mitocôndria é formada por duas membranas com diferentes propriedades e funções biológicas. A membrana externa lisa é composta de lipídeos (fosfolipídeos e colesterol) e proteínas, com poucas funções enzimáticas e de transporte. Contém unidades da proteína *porina*, que formam canais transmembrana onde ocorre a livre difusão de vários íons e de moléculas pequenas (Figura 14.1).

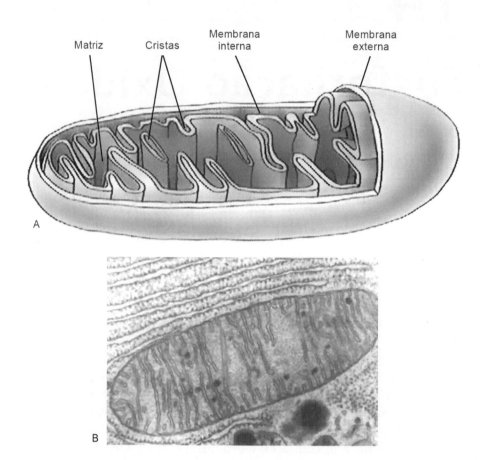

Figura 14.1 ● **Mitocôndria.**
A. Diagrama de um corte de uma mitocôndria. **B.** Microfotografia eletrônica.

A membrana mitocondrial interna é composta de 75% de proteínas que contêm as enzimas envolvidas no transporte de elétrons e na fosforilação oxidativa. A membrana contém, também, enzimas e sistemas de transporte que controlam a transferência de metabólitos entre o citosol e a matriz mitocondrial. Ao contrário da membrana externa, a interna é virtualmente impermeável à maioria das moléculas polares pequenas e íons. A impermeabilidade da membrana mitocondrial interna promove a compartimentalização das funções metabólicas entre o citosol e a mitocôndria. Os compostos se movem através da membrana mitocondrial mediados por proteínas específicas, denominadas *carreadoras* ou *translocases*. A membrana mitocondrial interna apresenta pregas voltadas para o interior (circunvoluções), chamadas *cristas*, que aumentam a superfície da membrana e cujo número reflete a atividade respiratória da célula.

O espaço entre a membrana externa e a membrana interna é conhecido como *espaço intermembranas* e é equivalente ao citosol quanto às suas concentrações em metabólitos e íons. A região delimitada pela membrana interna é denominada *matriz mitocondrial*.

As principais características bioquímicas das mitocôndrias são:

- **Membrana externa:** livremente permeável a moléculas pequenas e íons.

- **Membrana interna:** impermeável à maioria das moléculas pequenas e íons, incluindo H^+, Na^+, K^+, ATP, ADP, Ca^{2+}, P, piruvato etc. Estão associados à

FOSFORILAÇÃO OXIDATIVA

membrana: componentes da cadeia mitocondrial transportadora de elétrons, ATP sintase, ADP-ATP-translocases e outros transportadores de membrana.

- **Espaço intermembranas:** é o espaço entre as membranas interna e externa.

- **Matriz mitocondrial:** espaço delimitado pela membrana mitocondrial interna. Contém: complexo piruvato desidrogenase, enzimas do ciclo do ácido cítrico, enzimas da β-oxidação dos ácidos graxos, enzimas da oxidação dos aminoácidos, várias outras enzimas, ribossomos, DNA, ATP, ADP, P_i, Mg^{2+}, Ca^{2+}, K^+ e outros substratos solúveis.

14.2 REAÇÕES DE OXIDAÇÃO-REDUÇÃO

As reações de oxidação-redução (reações redox) envolvem a transferência de elétrons que passam de um *doador de elétrons* (redutor) para um *aceptor de elétrons* (oxidante). Portanto, a oxidação consiste na perda de elétrons, enquanto a redução representa o ganho de elétrons. Nenhuma substância pode doar elétrons sem que outra os receba. Assim, uma reação de oxidação-redução total é composta de *duas meias-reações* acopladas (uma reação de oxidação e uma reação de redução) e que constituem um *par redox*:

$$Fe^{2+} \leftrightarrows Fe^{3+} + e^- \text{ (oxidação)}$$
$$Cu^{2+} + e^- \leftrightarrows Cu^+ \text{ (redução)}$$

Em algumas reações de oxidação-redução são transferidos tanto elétrons como prótons (átomos de hidrogênio):

$$Substrato\text{-}H_2 \rightarrow Substrato + 2\,H \rightarrow 2\,H^+ + 2\,e^-$$

A tendência com a qual um doador de elétrons (redutor) perde seus elétrons para um aceptor eletrônico (oxidante) é expressa quantitativamente pelo potencial de redução do sistema. O *potencial padrão de redução* ($E°'$) é definido como a *força eletromotiva* (fem), em volts (V), gerada por uma meia-célula onde os dois membros do par redox conjugado são comparados a uma meia-célula padrão de referência de hidrogênio ($2\,H^+ + 2\,e^- \leftrightarrows H_2$) a 25°C e 1 atm sob condições padronizadas (Tabela 14.1).

Quanto maior for o potencial padrão de redução, maior será a afinidade da forma oxidada do par para aceitar elétrons e, assim, tornar-se reduzida.

O potencial de redução depende da concentração das espécies oxidadas e reduzidas. O potencial de redução (E) está relacionado com o potencial padrão de redução ($E°'$) pela equação de Nernst:

$$E = E^{o'} + \frac{RT}{nF} \ln \frac{[\text{receptor de elétrons}]}{[\text{doador de elétrons}]}$$

onde $E' =$ potencial de redução para as concentrações reais em pH 7,0, $E°' =$ potencial padrão de redução, $R =$ constante dos gases (8,31 JK^{-1} mol^{-1}), $T =$ temperatura absoluta em graus K (Kelvin)(298 K a 25°C), $n =$ número de elétrons transferidos, $F =$ constante de Faraday (96.485 J·V^{-1}·mol^{-1}, é a carga

Tabela 14.1 ● Potenciais padrões de redução ($E°'$) de algumas reações parciais bioquímicas

Par redox	$E°'$ (V)
Succinato + CO_2 + 2 e^- $\leftrightarrows$ α-cetoglutarato	−0,67
2 H^+ + 2 e^- $\leftrightarrows$ H_2	−0,42
α-cetoglutarato + CO_2 + H^+ + 2 e^- $\leftrightarrows$ isocitrato	−0,38
Acetoacetato + 2 H^+ 2 e^- $\leftrightarrows$ β-hidroxibutirato	−0,35
NAD^+ + 2 H^+ + 2 e^- $\leftrightarrows$ NADH + H^+	−0,32
Lipoato + 2 H^+ + 2 e^- $\leftrightarrows$ di-hidrolipoato	−0,29
Acetaldeído + 2 H^+ + 2 e^- $\leftrightarrows$ etanol	−0,20
Piruvato + 2 H^+ + 2 e^- $\leftrightarrows$ lactato	−0,19
Oxaloacetato + 2 H^+ + 2 e^- $\leftrightarrows$ malato	−0,17
Coenzima Q (oxid + 2 H^+ + 2 e^- $\leftrightarrows$ coenzima Q (red)	0,10
Citocromo b (Fe^{3+}) + e^- $\leftrightarrows$ citocromo b (Fe^{2+})	0,12
Citocromo c (Fe^{3+}) + e^- $\leftrightarrows$ citocromo c (Fe^{2+})	0,22
Citocromo a (Fe^{3+}) + e^- $\leftrightarrows$ citocromo a (Fe^{2+})	0,29
Citocromo a_3 (Fe^{3+}) + e^- $\leftrightarrows$ citocromo a_3 (Fe^{2+})	0,39
$\frac{1}{2}$ O_2 + 2 H^+ + 2 e^- $\leftrightarrows$ H_2O	0,82

elétrica de 1 mol de elétrons) e ln = logaritmo natural. A 25°C, essa equação se reduz a

$$E = E^{o'} + \frac{59}{n} \log \frac{\left[\text{receptor de elétrons}\right]}{\left[\text{doador de elétrons}\right]}$$

onde E e $E^{o'}$ são expressos em V (volts).

A energia disponível para a realização de trabalho é proporcional a ΔE (diferença nos potenciais de redução). Quando o valor de ΔE for positivo, a ΔG será negativa, indicando um processo espontâneo e podendo produzir trabalho.

14.3 CADEIA MITOCONDRIAL TRANSPORTADORA DE ELÉTRONS

Nas células eucarióticas, o estágio final da oxidação de nutrientes ocorre na mitocôndria. A organela promove a rápida oxidação do NADH e $FADH_2$ produzidos nas reações de glicólise, ciclo do ácido cítrico, β-oxidação dos ácidos graxos e oxidação de alguns aminoácidos. O transporte de elétrons do NADH e $FADH_2$ para O_2, o aceptor final de elétrons, realiza-se em uma sequência de reações de oxidorredução em processo denominado *cadeia mitocondrial transportadora de elétrons* (CMTE), também conhecida como cadeia respiratória. A cadeia consiste em quatro complexos que operam sequencialmente, formados por proteínas integrantes de membrana (proteínas integrais) associadas a grupos prostéticos capazes de aceitar ou doar elétrons. Os elétrons passam por esses complexos do menor para o maior potencial padrão de redução. À medida que os elétrons são transferidos ao longo da cadeia, ocorre a captura de energia livre suficiente para sintetizar ATP pela *fosforilação oxidativa*.

A. Energia livre da transferência de elétrons do NADH para o O_2

A medida de variação da energia livre em reações de oxidorredução é dependente da diferença de voltagem entre potenciais padrões de redução, $\Delta E^{o'}$, de um par redox:

$$\Delta E^{o'} = E^{o'} \text{ (aceptor de elétrons)} - E^{o'} \text{ (doador de elétrons)}$$

Na CMTE, dois elétrons são transferidos do NADH por meio de uma série de aceptores de elétrons com potenciais de redução crescentes até o O_2 (aceptor final de elétrons). As reações para a oxidação do NADH pelo O_2 são:

$$NAD^+ + 2 \text{ H}^+ + 2 \text{ e}^- \leftrightarrows NADH + \text{H}^+ \quad E^{o'} = -0,32 \text{ V}$$

$$\tfrac{1}{2} O_2 + 2 \text{ H}^+ + 2 \text{ e}^- \leftrightarrows H_2O \quad E^{o'} = +0,82 \text{ V}$$

$$\Delta E^{o'} = +0,82 - (-0,32) \text{ V} = +1,14 \text{ V}$$

FOSFORILAÇÃO OXIDATIVA

A diferença de potencial de 1,14 volt impulsiona o transporte de elétrons pela CMTE desde o NADH até o oxigênio molecular.

O cálculo da variação de energia livre para a reação é dado pela equação

$$\Delta G^{\circ\prime} = -nF\Delta E^{\circ\prime}$$

onde $\Delta G^{\circ\prime}$ é a variação de energia livre padrão, n é o número de elétrons transferidos por mol de reagente convertido, F é a constante de proporcionalidade *faraday* ($1F = 96,5$ kJ·V^{-1}·mol^{-1}) (um fator que converte volt/equivalente a joule/equivalente) e $\Delta E^{\circ\prime}$ é a diferença entre os potenciais padrões de redução do par redox.

A variação de energia livre para o processo pode ser calculada:

$$\Delta G^{\circ\prime} = -nF\Delta E^{\circ\prime} = -2 \times 96,5 \times 1,14 \text{ V}$$
$$\Delta G^{\circ\prime} = -220 \text{ kJ·mol}^{-1}$$

A energia livre disponível (-220 kJ·mol^{-1}) pela transferência de dois elétrons entre NADH e O_2 é direcionada para síntese de ATP pela *fosforilação oxidativa* (Figura 14.2).

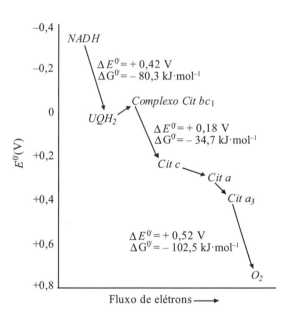

Figura 14.2 • Relações energéticas na cadeia mitocondrial transportadora de elétrons. A redução na energia livre ocorre em três etapas. Em cada etapa, a energia liberada é suficiente para a síntese de ATP.

B. Complexo I: NADH-ubiquinona oxidorredutase

A transferência de elétrons pela CMTE inicia-se com o *NADH-ubiquinona oxidorredutase* (ou *complexo I* ou *NADH desidrogenase*), que catalisa a transferência de dois elétrons do NADH para a ubiquinona (coenzima Q) (Figura 14.3). Composto por 46 cadeias polipeptídicas diferentes, o complexo I é a maior proteína transportadora de elétrons. Além de uma molécula de FMN (flavina mononucleotídeo), o complexo contém centros ferro-enxofre (FeS). Os centros FeS podem consistir em dois ou quatro átomos de ferro complexado com igual número de íons sulfeto para mediar a transferência de elétrons, um de cada vez.

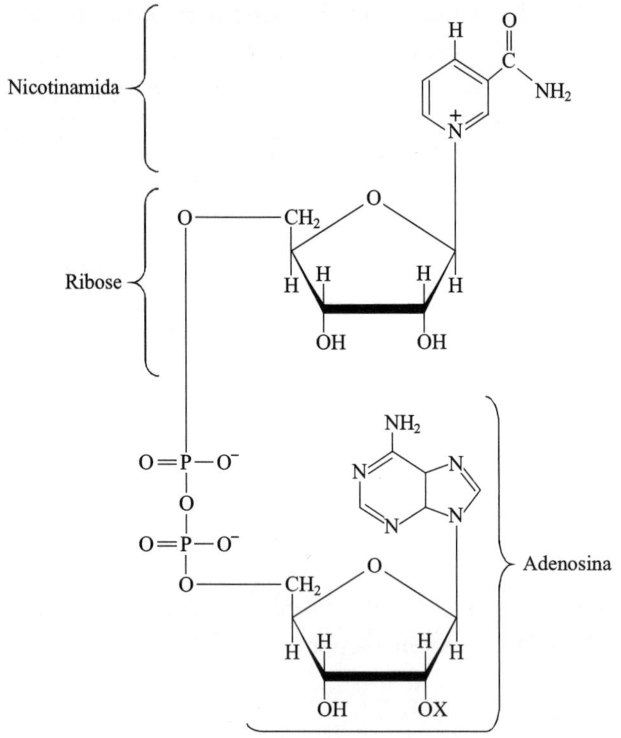

Figura 14.3 ● Estrutura do NAD⁺ e do NADP⁺.

$X = H$ Nicotinamida-adenina-dinucleotídeo (NAD^+)
$X = PO_3^{2-}$ Nicotinamida-adenina-dinucleotídeo-fosfato ($NADP^+$)

As reações catalisadas pelas desidrogenases são exemplificadas esquematicamente nas equações:

$$\text{Substrato reduzido} \rightleftarrows \text{Substrato oxidado} + 2\ H^+ + 2\ e^-$$
$$NAD^+ + 2\ H^+ + 2\ e^- \rightleftarrows NADH + H^+$$

A reação envolve a transferência reversível de *dois prótons + dois elétrons* do substrato para o NAD^+. Um próton (H^+) é liberado para o meio e o *íon hidreto* $H\text{:}^-$ (um próton + dois elétrons) é incorporado na posição 4 do anel de nicotimanida do NAD^+:

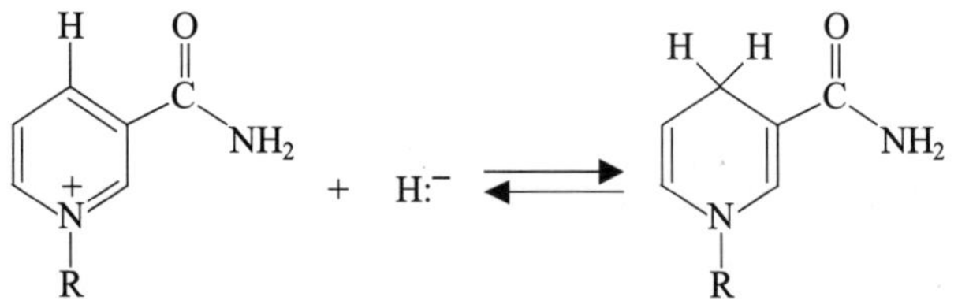

NAD(P)⁺
(oxidado)

NAD(P)H
(reduzido)

O NADH é oxidado a NAD^+ pela ação do *complexo I* com a transferência de dois prótons e dois elétrons ($2\ H^+ + 2\ e^-$) para a ubiquinona (*coenzima Q* ou somente *Q*):

$$NADH + H^+ + Q\ (\text{oxidada}) \rightleftarrows NAD^+ + QH_2\ (\text{reduzida})$$

FOSFORILAÇÃO OXIDATIVA

A transferência envolve várias etapas intermediárias ainda não completamente elucidadas. Os elétrons são transferidos inicialmente do NADH para a FMN, para produzir a forma reduzida $FMNH_2$ (Figuras 14.4 e 14.5).

$$NADH + H^+ + FMN \leftrightarrows NAD^+ + FMNH_2$$

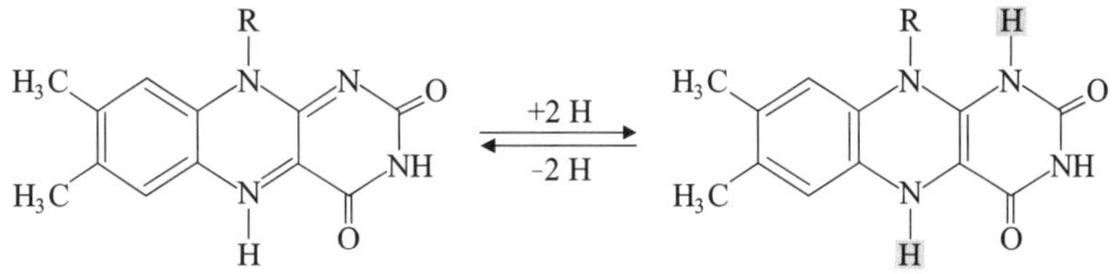

Figura 14.4 ● **Forma oxidada e reduzida do anel isoaloxazina da FMN ou FAD.**

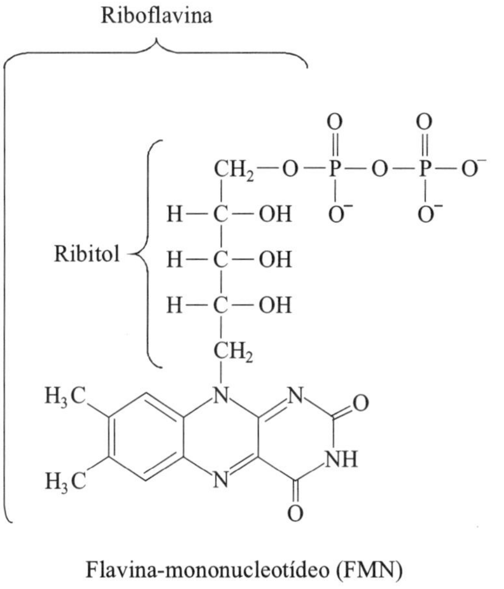

Flavina-mononucleotídeo (FMN)

Figura 14.5 ● **Estrutura da flavina-mononucleotídeo.**

A seguir, os elétrons são transferidos da $FMNH_2$ para *proteínas ferro-enxofre* (FeS), cujos grupos mais comuns são 2Fe–2S e 4Fe–4S. O estado oxidado férrico (Fe^{3+}) dos grupos capta os elétrons da $FMNH_2$ com a liberação de prótons:

$$FMNH_2 + 2\ Proteína–Fe^{3+}S \leftrightarrows FMN + 2\ H^+ + 2\ Proteína–Fe^{2+}S$$

As proteínas ferro-enxofre reduzidas são reoxidadas pela *ubiquinona* (Q), um pequeno composto lipossolúvel presente, virtualmente, em todos os sistemas vivos.

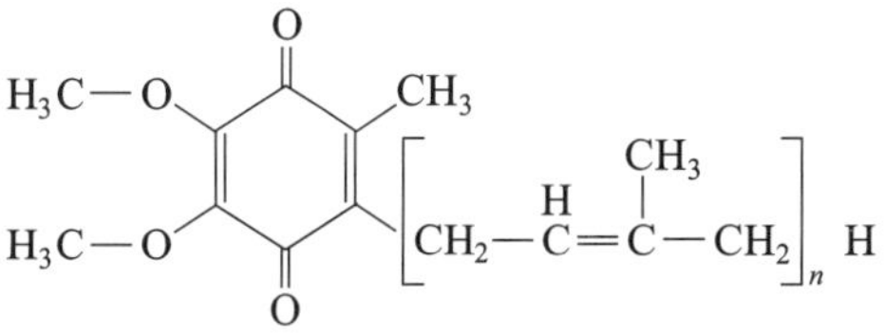

Ubiquinona

A ubiquinona aceita dois elétrons, capta dois prótons da matriz mitocondrial e se reduz a ubiquinol (QH_2):

$$\text{Ubiquinona (Q)}$$

$$\updownarrow \; 2H^+ \; 2e^-$$

$$\text{Ubiquinol (QH}_2\text{)}$$

O fluxo de dois elétrons do NADH para ubiquinona (coenzima Q) via NADH-ubiquinona oxidorredutase promove o bombeamento de quatro prótons (íons hidrogênio) da matriz mitocondrial para o espaço intermembranas (Figura 14.6).

Figura 14.6 • **Fluxo de elétrons e prótons via complexo I.** Os elétrons são transferidos de NADH para ubiquinona (Q) via centros FeS. A redução do Q a QH_2 também necessita de dois prótons da matriz. Quatro prótons (íons hidrogênio) são bombeados da matriz para o espaço intermembranas. O fluxo de prótons gera um potencial eletroquímico através da membrana mitocondrial interna, que conserva parte da energia liberada pelas reações de transferência de prótons para a síntese de ATP.

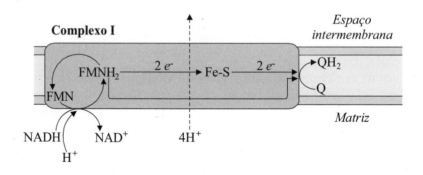

C. Complexo II: succinato-ubiquinona oxidorredutase

Uma via independente do complexo I permite a entrada de elétrons do $FADH_2$ por meio do *complexo de succinato-ubiquinona oxidorredutase* (*complexo II*), que também catalisa a redução da coenzima Q à coenzima QH_2. Os grupos redox incluem o FAD (*flavina-adenina-dinucleotídeo*) (Figura 14.7), proteínas Fe–S e o citocromo b_{560}: o $FADH_2$ é formado no ciclo do ácido cítrico pela oxidação do succinato em fumarato em presença da enzima *succinato desidrogenase*, pertencente ao complexo II.

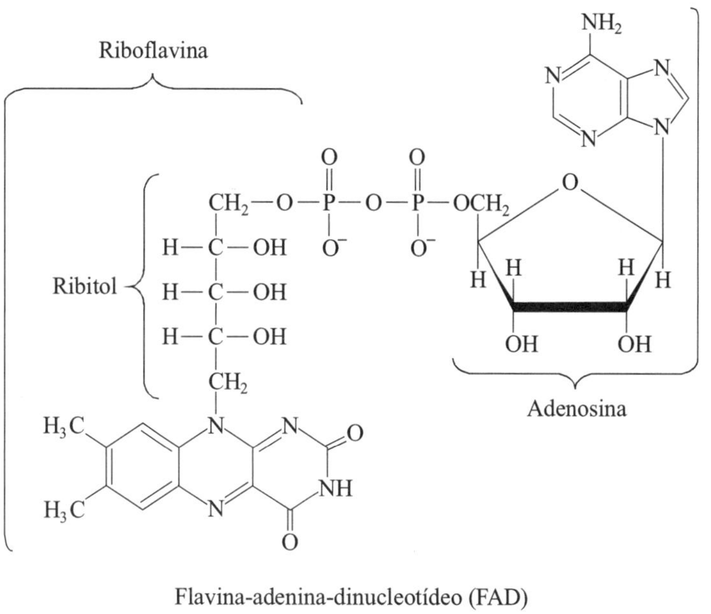

FOSFORILAÇÃO OXIDATIVA

Figura 14.7 • Estrutura da flavina-adenina-dinucleotídeo.

Flavina-adenina-dinucleotídeo (FAD)

O FADH$_2$ produzido não deixa o complexo, mas seus elétrons são transferidos para centros FeS e, a seguir, para a ubiquinona (Q), a fim de entrar na cadeia mitocondrial transportadora de elétrons. Do mesmo modo, o FADH$_2$ da *glicerol-fosfato desidrogenase* e o da *acil-CoA desidrogenase* (catalisa a primeira etapa da β-oxidação de ácidos graxos) transferem seus elétrons de alto potencial para a ubiquinona para formar ubiquinol (QH$_2$). *O complexo II, ao contrário do complexo I, não bombeia prótons através da membrana mitocondrial, pois a quantidade de energia livre liberada nessas reações é insuficiente.* Assim, é gerado menos ATP pela oxidação do FADH$_2$ (ver adiante) do que do NADH. Apesar dos nomes, os complexos I e II não operam em série (Figura 14.8).

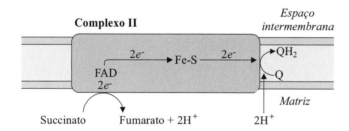

Figura 14.8 • **Fluxo de elétrons via complexo II.** Os elétrons do succinato fluem de FAD para ubiquinona (Q) via centros FeS. O complexo II não contribui diretamente para o gradiente de concentração, mas serve para suprir de elétrons a cadeia mitocondrial de transporte.

D. Complexo III: ubiquinol-citocromo c oxidorredutase

A *ubiquinol-citocromo c oxidorredutase* (também chamada de *complexo III* ou *citocromo bc$_1$*) catalisa a transferência de elétrons de ubiquinol (QH$_2$) para citocromo *c* com o bombeamento de prótons da matriz para o espaço intermembranas:

$$QH_2 + \text{citocromo } c\ (Fe^{3+}) \leftrightarrows Q + \text{citocromo } c\ (Fe^{2+}) + H^+$$

O complexo enzimático é formado por subunidades proteicas diferentes e grupos prostéticos que funcionam como grupos redox, incluindo dois *citocro-*

mos b (b_{562} e b_{566}), que apresentam potenciais de oxidorredução diferentes, um *citocromo c_1* e uma proteína ferro-enxofre Rieske, que contém um grupo 2Fe2S.

Os citocromos são proteínas transportadoras de elétrons caracterizadas pela presença de um grupo *heme* (ferro-protoporfirina) como grupo prostético. Os citocromos são classificados, segundo a natureza das cadeias laterais do grupo heme, em três classes principais: *a, b* e *c*. No decorrer dos ciclos catalíticos, os átomos de ferro dos citocromos oscilam entre o estado oxidado férrico (Fe^{3+}) e o estado reduzido ferroso (Fe^{2+}) (Figura 14.9).

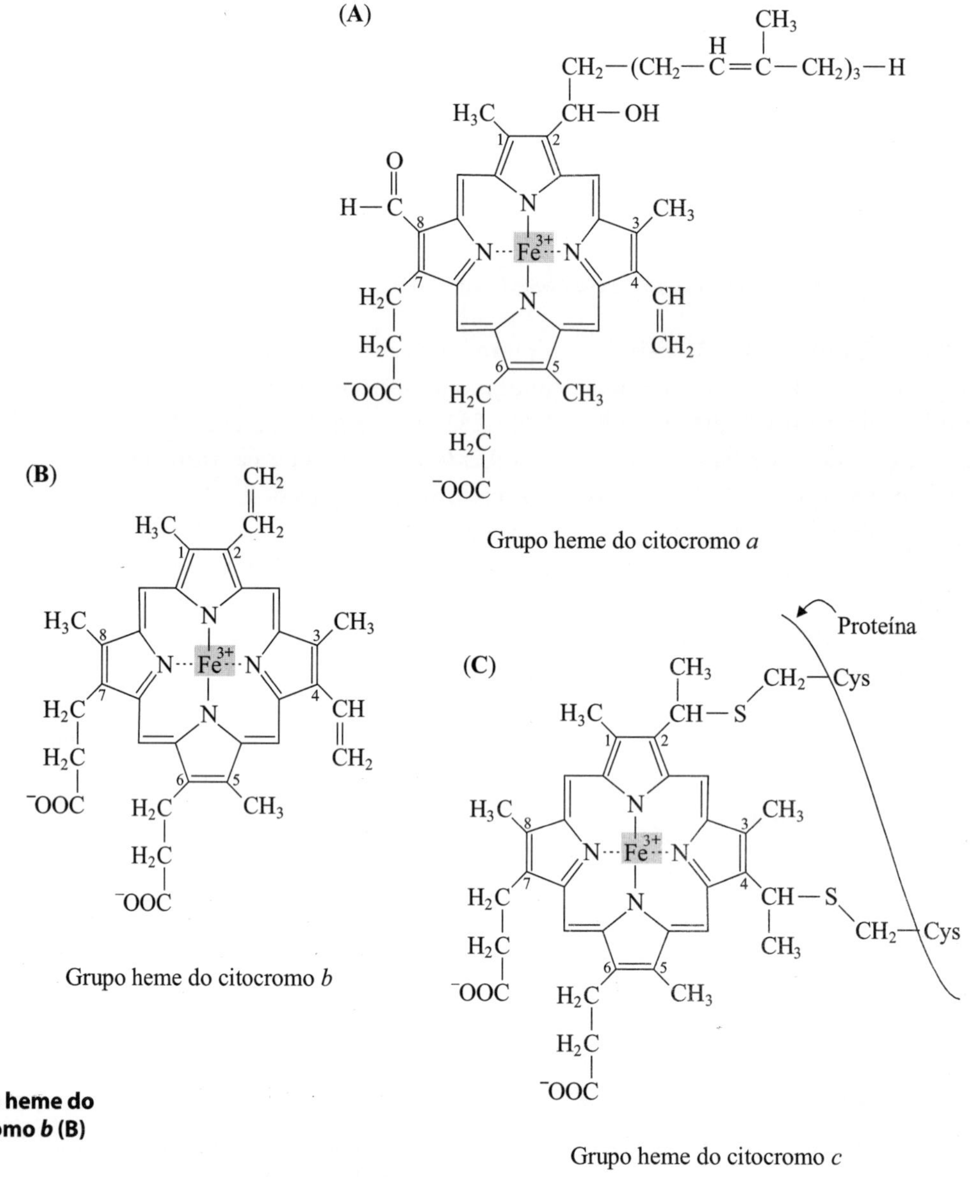

(A) Grupo heme do citocromo *a*

(B) Grupo heme do citocromo *b*

(C) Grupo heme do citocromo *c*

Figura 14.9 ⬤ **Grupos heme do citocromo *a* (A), citocromo *b* (B) e citocromo *c* (C).**

A Q é reoxidada pelo *citocromo b*, cujo Fe^{3+} (férrico) é convertido em Fe^{2+} (ferroso). Como a oxidação da QH_2 envolve a remoção de dois elétrons (e dois prótons), são necessárias *duas* moléculas de citocromo *b*. Os prótons são liberados para o meio:

$$QH_2 + 2 \text{ citocromos } b \text{ (Fe}^{3+}) \leftrightarrows Q + 2 \text{ citocromos } b \text{ (Fe}^{2+}) + 2 \text{ H}^+$$

O citocromo *b* é, subsequentemente, oxidado pelo *citocromo c_1*:

2 citocromos *b* (Fe^{2+}) + 2 citocromos c_1 (Fe^{3+}) ⇌ 2 citocromos *b* (Fe^{3+}) + 2 citocromos c_1 (Fe^{2+})

O citocromo c_1 reduzido transfere os elétrons para o *citocromo c*:

2 citocromos c_1 (Fe^{2+}) + 2 citocromos *c* (Fe^{3+}) ⇌ 2 citocromos c_1 (Fe^{3+}) + 2 citocromos *c* (Fe^{2+})

A oxidação de uma molécula de QH_2 é acompanhada pela translocação de *quatro prótons*, através da membrana mitocondrial interna, para o espaço intermembranas (dois prótons da matriz e outros dois da QH_2) (Figura 14.10).

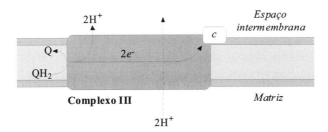

Figura 14.10 ● **Fluxo de elétrons e prótons via complexo III.** Os elétrons fluem da QH_2 para o citocromo *c*. Quatro prótons são translocados através da membrana: dois da matriz e dois da QH_2.

E. Complexo IV: citocromo *c* oxidase

A *citocromo c oxidase* (ou *complexo IV*) catalisa a transferência de quatro elétrons da forma reduzida do citocromo *c* ao O_2, aceptor final de elétrons, para formar água:

4 citocromos c^{2+} + O_2 + 4 H^+ → 4 citocromos c^{3+} + 2 H_2O

O complexo IV nos mamíferos é formado por 13 subunidades, dois citocromos, *a* e a_3, e dois centros de cobre (Cu_A e Cu_B).

Os elétrons são transferidos do citocromo *c* para o centro redox Cu_A, que contém dois íons cobre, e então para o grupo heme *a*. A seguir, os elétrons fluem para um centro binuclear que consiste em um átomo de ferro do heme a_3 e um íon cobre (Cu_B), onde ocorre a transferência final de elétrons para o O_2. A redução do O_2 a H_2O consome quatro prótons da matriz mitocondrial.

A citocromo *c* oxidase também *bombeia dois prótons* da matriz para o espaço intermembranas (Figura 14.11).

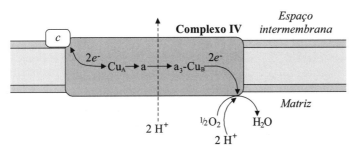

Figura 14.11 ● **Fluxo de elétrons e prótons via complexo IV.** Elétrons do citocromo *c* são transferidos para Cu_A e a seguir para o heme a. Posteriormente, atingem o centro binuclear (heme a_3 e Cu_B), onde o oxigênio é reduzido à água. O complexo IV contribui para a concentração de prótons de dois modos: a translocação de prótons da matriz para o espaço intermembranas, que ocorre em associação com a transferência de elétrons, e a formação de água, que remove prótons da matriz.

14.4. SÍNTESE DE ATP

A fosforilação oxidativa é o processo pelo qual a energia gerada pela CMTE é conservada na forma de ATP. O processo é responsável pela maior parte do ATP sintetizada em organismos aeróbicos:

$$ADP + P_i + H^+ \rightleftharpoons ATP + H_2O$$

O fluxo de elétrons ao longo da CMTE, desde o par NADH/NAD$^+$ até o par O$_2$/H$_2$O, cria um gradiente de prótons que dá impulso à síntese de ATP a partir de ADP e P$_i$.

A. Modelo quimiosmótico

Nas últimas décadas foram realizados significativos esforços para delinear o mecanismo da fosforilação oxidativa. Muitas hipóteses foram propostas, mas somente uma foi amplamente aceita e tem sido confirmada experimentalmente: o *modelo quimiosmótico* ou *propulsor de prótons* (proposto por Peter Mitchell em 1961), incorporado de elementos de outra proposta, a do *acoplamento conformacional* (1974).

O modelo postula que o transporte de elétrons e a síntese de ATP estão acoplados pelo gradiente eletroquímico através da membrana mitocondrial interna. Nesse modelo, *a energia livre do transporte de elétrons pela cadeia mitocondrial leva ao bombeamento de H⁺ (prótons) da matriz para o espaço intermembranas, estabelecendo um gradiente eletroquímico de H⁺ (força próton-motiva – pmf) através da membrana mitocondrial interna*. Os H$^+$ *retornam* para a matriz mitocondrial por meio de canais proteicos específicos formados pela enzima *ATP sintase* composta por duas unidades funcionais: F_o e F_1. A energia livre liberada pelo potencial eletroquímico desse gradiente é utilizada para a síntese de ATP a partir de ADP e P$_i$. Para cada NADH oxidado na matriz mitocondrial ~2,5 ATP são sintetizados, enquanto ~1,5 ATP é formado por FADH$_2$ oxidado, já que seus elétrons entram na cadeia em QH$_2$, depois do primeiro sítio de bombeamento de prótons (Figura 14.12).

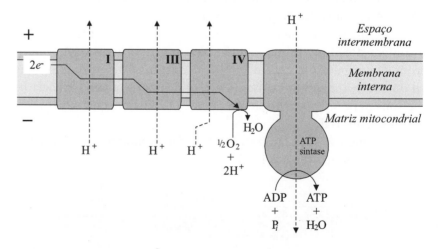

Figura 14.12 ● **Acoplamentos do transporte mitocondrial de elétrons e a síntese de ATP (modelo quimiosmótico).** O transporte de elétrons movimenta os prótons da matriz mitocondrial para o espaço intermembranas, estabelecendo um gradiente eletroquímico de prótons através da membrana mitocondrial interna. O retorno dos prótons para a matriz via F$_o$-F$_1$ (ATP-sintase) e a geração de ATP são mostrados à esquerda da figura.

B. ATP sintase

A síntese de ATP é impulsionada pelo gradiente de prótons gerado pelo transporte de elétrons do NADH ao O$_2$. O complexo enzimático *ATP sintase* (ou *ATP sintase bombeadora de prótons,* ou *ATPase F_oF_1,* ou *complexo V*) encontrado na membrana mitocondrial interna catalisa a síntese de ATP. É um complexo multiproteico composto por duas subunidades principais: o F_1 e o F_o. O componente F_1 (fator de acoplamento I) é uma proteína periférica de membrana solúvel em água formada por cinco diferentes subunidades polipeptídicas (α_3, β_3, γ, δ e ϵ). O componente F_o é um complexo proteico integral de membrana com oito diferentes tipos de subunidades e é insolúvel em água. O F_o é o canal transmembrana que conduz prótons para o sítio ativo da ATP sintase. A unidade F_1 catalisa a síntese de ATP em três sítios ativos. A porção F_o da ATP sintase é uma proteína integrante de membrana formada por três ou quatro subunidades (Figura 14.13).

Quando o componente F_1 está conectado ao componente F_o, a *ATP sintase* catalisa a síntese de ATP. No entanto, quando o componente F_1 é liberado para a matriz mitocondrial, ocorre uma ação contrária à sua função normal; ele catalisa a hidrólise do ATP (o reverso da síntese).

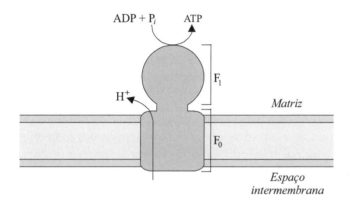

Figura 14.13 **Estruturas esquemáticas e função da ATP sintase.** Os prótons fluem através do canal transmembrana F_o do espaço intermembranas para a matriz; o componente F_1 catalisa a síntese de ATP a partir de ADP + P_i.

O mecanismo da síntese de ATP a partir de ADP e P_i catalisada pela ATP sintase foi proposto por Paul Boyer (1979) e consiste em *mecanismo de mudança da ligação* no qual os três sítios de F_1 giram para catalisar a síntese. O mecanismo sugere que a energia não é empregada para formar a ligação fosfoanidro, mas para liberar o ATP do sítio ativo. No sítio ativo, o K_{eq} para a reação ADP + P_i ⇌ ATP + H_2O está próximo de 1,0. Assim, a formação de ATP no sítio ativo é rapidamente completada. Um acoplamento conformacional impulsionado pelo influxo de prótons enfraquece a ligação do ATP com a enzima e, assim, o ATP recém-sintetizado deixa a superfície da enzima.

Cada subunidade β do componente F_1 da ATP sintase pode estar na conformação O (aberto), com baixa afinidade pelo substrato; na conformação L (frouxa), que não é cataliticamente ativa; e na conformação T (tensa), que é cataliticamente ativa.

A subunidade β executa as seguintes etapas da síntese de ATP:

- Uma molécula de ADP e uma molécula de P_i ligam-se ao sítio na conformação O.
- A passagem de prótons para a matriz através da membrana mitocondrial interna causa mudanças na conformação dos sítios catalíticos. A conformação na forma O – contendo ADP e P_i recentemente ligado – torna-se um sítio na conformação L. O sítio na conformação L, já preenchido com ADP e P_i,

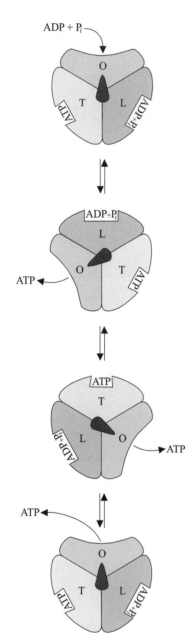

Figura 14.14 ● **Mecanismo de mudança de ligação para ATP sintase.** As diferentes conformações dos três sítios são indicadas por diferentes formatos. O ADP e o P_i ligam-se ao sítio O. Uma alteração conformacional dependente de energia liberada na translocação de prótons interconverte os três sítios. O sítio O para L, T para O e O para L. O ATP é sintetizado no sítio T e liberado no sítio O.

torna-se um sítio na conformação T. O sítio na conformação T contendo ATP converte-se em sítio na conformação O.

- O ATP é liberado do sítio na forma O; o ADP e o P_i condensam-se para formar ATP no sítio na forma T (Figura 14.14).

C. Número de ATP gerado via cadeia mitocondrial transportadora de elétrons

A relação precisa entre o número de prótons que retornam à matriz mitocondrial pela ATP sintase e o número de ATP gerado permanece incerta. Existe consenso de que três prótons voltam à matriz para cada ATP gerado. O par de elétrons entra na cadeia transportadora de dois modos:

- A transferência de dois elétrons ligados a *NADH* para O_2 através dos complexos I, III e IV resulta na translocação de dez prótons (as estimativas variam entre nove e doze prótons) para o espaço intermembranas. O retorno de prótons pela ATP sintase impulsiona a síntese de ~2,5 moléculas de ATP.

- A transferência de dois elétrons ligados a *FADH_2* para O_2, que utiliza o complexo II sem passar pelo complexo I, transloca seis prótons para o espaço intermembranas. O retorno dos prótons pela ATP sintase origina ~1,5 molécula de ATP.

A *razão P/O* é uma medida do número de ATP sintetizados por átomo de O_2 utilizado durante a transferência de dois elétrons por toda ou por parte da cadeia mitocondrial transportadora de elétrons. Estudos recentes confirmaram os valores (2,5 e 1,5) para a razão P/O e, portanto, não correspondem aos valores anteriormente usados (3 e 2, respectivamente). O transporte do fosfato para a matriz resulta em ganho líquido de um próton.

D. Transporte ativo de ATP, ADP e P_i através da membrana mitocondrial

É necessária a transferência do ATP recém-sintetizado através da membrana interna para o citosol, bem como o retorno do ADP para a produção de ATP na matriz mitocondrial. No entanto, a membrana mitocondrial interna é impermeável à entrada de ADP e à saída de ATP. Para que essas moléculas atravessem a membrana é necessária a presença da *ATP:ADP translocase* (*translocador de ADP:ATP*), que é impelida pelo potencial de membrana. A difusão dessas moléculas carregadas é realizada por um mecanismo de transporte acoplado, ou seja, a entrada de ADP na matriz está vinculada à saída de ATP, e vice-versa (sistema de *antiporte*). O segundo sistema de transporte de membrana é o *transportador de fosfato*, que promove a entrada de um P_i e de um H⁺ (próton) para o interior da matriz (sistema de *simporte P_i-H⁺*), que atua em conjunto com a ATP:ADP translocase. A ação combinada dos dois transportadores promove a troca do ADP e do P_i citosólico pelo ATP da matriz mitocondrial com o *ganho líquido de um H⁺* no espaço intermembranas. Ou seja, quatro prótons são transferidos para a matriz: três para dirigir o rotor ATP sintase e um para dirigir o transporte do fosfato (Figura 14.15).

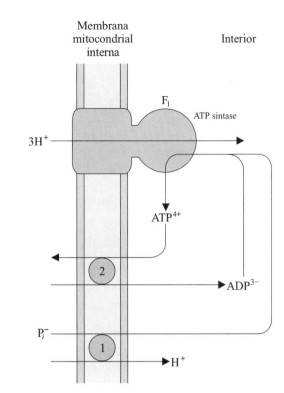

Figura 14.15 ● **Transportes de ATP, ADP e P$_i$ através da membrana mitocondrial interna.** A ATP:ADP translocase catalisa o transporte de ATP recém-sintetizado para o citosol em troca de ADP e P$_i$ para a matriz (antiporte). Note-se que a troca de P$_i$ e H⁺ é simporte: (1) fosfato translocase e (2) ATP:ADP translocase.

E. Regulação da transferência de elétrons e fosforilação oxidativa

Os processos de transferência de elétrons e geração de ATP são acoplados e a regulação da velocidade de ambos é interdependente. A velocidade de transferência de elétrons e da fosforilação oxidativa é rigidamente controlada pelas necessidades energéticas da célula. Em resumo, a velocidade de ambos os processos é controlada pela razão [ATP]/[ADP] na matriz mitocondrial; além disso, a transferência de elétrons é regulada pela razão [NAD⁺]/NADH.

O principal fator iniciador dessas alterações no músculo é o aumento na concentração citosólica de Ca^{2+} em virtude da elevação do estímulo nervoso no músculo. O aumento modifica dois fatores que são diretamente relevantes na regulação dos dois processos:

- Estimula a atividade da miosina ATPase, que promove a contração muscular. Isso aumenta a velocidade de utilização de ATP e eleva os teores de ADP.

- Aumentos da concentração de íons Ca^{2+} na matriz mitocondrial estimulam o fluxo através do ciclo do ácido cítrico e a transferência de elétrons com o aumento da velocidade de geração de ATP.

Esses dois efeitos fundamentam o mecanismo de regulação da transferência de elétrons e geração de ATP. Os mecanismos descritos para o tecido muscular também se aplicam a outros tecidos.

A regulação pelo ADP é ilustrada pelo fato de que a mitocôndria só oxida o NADH e o FADH$_2$ quando há disponibilidade de ADP e P$_i$ para a fosforilação oxidativa. Os elétrons não fluem pela CMTE até o oxigênio, a menos que o ADP seja simultaneamente fosforilado a ATP. A ATP sintase é inibida por altos níveis de ATP e ativada por teores de ADP e P_i elevados. A inibição do transporte de elétrons, por outro lado, aumenta a razão [NADH]/[NAD$^+$] e inibe tanto o ciclo do ácido cítrico como a oxidação de ácidos graxos.

A redução da razão [ATP]/[ADP] no citosol tem os seguintes efeitos:

- Eleva a velocidade da glicólise a partir da glicose ou glicogênio via ativação da glicogênio fosforilase, fosfofrutocinase e transporte de glicose.

- Aumento da atividade da isocitrato desidrogenase, da cetoglutarato desidrogenase e do fluxo através do ciclo do ácido cítrico.

- As alterações na concentração de ADP e ATP citosólico elevam a concentração da matriz mitocondrial de ADP e reduzem a de ATP, via adenina nucleotídeo translocase, que estimula o fluxo de elétrons ao longo da CMTE.

F. Inibidores da transferência de elétrons

Substâncias que inibem o transporte de elétrons, e, consequentemente, a geração de ATP, são altamente tóxicas. Entre elas estão o monóxido de carbono, a azida (N_3^-) e o cianeto, e todos inibem a atividade da citocromo *c* oxidase do complexo IV. Outros inibidores do transporte de elétrons incluem o raticida rotenona, que inibe o complexo I, e a antimicina A, que inibe o complexo III. O transporte de elétrons é também inibido pelo agente fungicida oligomicina, que inibe a ATP sintase.

Compostos conhecidos como *desacopladores* inibem a fosforilação do ADP sem afetar o transporte de elétrons, entre os quais se encontram o 2,4-dinitrofenol, a valinomicina e a gramicidina (Tabela 14.2).

G. Desacopladores da transferência de elétrons e termogênese

Recém-nascidos, animais que hibernam e mamíferos adaptados ao frio necessitam de maior produção de energia do que a normalmente produzida pelo metabolismo para manter a temperatura do corpo. Sob condições normais, o transporte de elétrons e a síntese de ATP estão intimamente acoplados, de modo que o calor produzido é mantido no mínimo. No *tecido adiposo marrom*, a maior parte da energia gerada pela CMTE não é empregada para sintetizar ATP. Em vez disso, ela é dissipada como calor. (Esse tecido tem cor marrom por ser rico em mitocôndrias e possuir intensa vascularização.) Ao redor de 10% da proteína na membrana mitocondrial interna é constituída de *termogenina* ou *proteína desacopladora 1* (UCP-1). A termogenina é uma proteína transmembrana presente na membrana mitocondrial interna que contém canais que permitem o retorno de prótons para a matriz mitocondrial sem passar pelo complexo F_o-F_1 da ATP sintase. Desse modo, quando a termogenina está ativa, a energia de oxidação não é conservada na forma de ATP, mas dissipada como calor. A via de dissipação de prótons é ativada quando a temperatura corporal interna começa a cair. Esse fato estimula a liberação de hormônios que ativam enzimas que hidrolisam ácidos graxos dos triacilgliceróis, os quais, por sua vez, ativam a termogenina. Em adultos,

Tabela 14.2 Alguns inibidores que interferem na fosforilação oxidativa

Sítio de inibição	Agente
Transporte de elétrons	Rotenona
	Amital
	Antimicina A
	Monóxido de carbono (CO)
	Cianeto
	Azida sódica
	Piercidina A
Membrana interna	2,4-dinitrofenol (DNP)
	Valinomicina
ATP sintase	Oligomicina
	Venturicidina
	Proteína desacopladora (termogenina)

o tecido marrom está virtualmente ausente, mas em neonatos responde por cerca de 5% do peso corporal.

O processo de geração de calor na gordura marrom, chamado *termogênese sem tremor de frio*, é regulado pela noradrenalina (na termogênese com tremor, o calor é produzido pela contração muscular involuntária). A noradrenalina, um neurotransmissor liberado por neurônios especializados com terminação no tecido adiposo marrom, inicia um mecanismo de cascata que hidrolisa moléculas de gordura. Os ácidos graxos produzidos por hidrólise de triacilgliceróis ativam a proteína desacopladora. A oxidação de ácidos graxos continua até cessar o sinal de noradrenalina ou até se esgotarem as reservas de gordura.

14.5 TRANSPORTE DE ELÉTRONS DO CITOSOL PARA A MITOCÔNDRIA

O NADH produzido na glicólise (oxidação do gliceraldeído-3-fosfato), não é utilizado diretamente pela cadeia mitocondrial transportadora de elétrons para a formação de ATP pela fosforilação oxidativa. Como a geração de NADH ocorre no citoplasma e a membrana mitocondrial interna é impermeável a essa substância, é possível carrear somente seus elétrons para a mitocôndria por um dos sistemas: *lançadeira do glicerol-3-fosfato* e *lançadeira de malato-aspartato*:

- **Lançadeira do glicerol-3-fosfato:** está presente nos músculos e no cérebro dos mamíferos e emprega a *glicerol-3-fosfato desidrogenase*, que catalisa a redução da di-hidroxiacetona fosfato pelo NADH para originar *glicerol-3-fosfato*. Este último difunde-se até a superfície externa da membrana mitocondrial interna, onde se localiza outra glicerol-3-fosfato desidrogenase que contém FAD. A di-hidroxiacetona fosfato é regenerada a partir do glicerol-3-fosfato formando $FADH_2$. O $FADH_2$ entrega seus elétrons à ubiquinona (coenzima Q) para seguir a sequência da cadeia mitocondrial transportadora de elétrons. Para cada NADH citosólico oxidado, resulta 1,5 ATP. A di-hidroxiacetona-fosfato é, então, transferida de volta para o citosol (Figura 14.16).

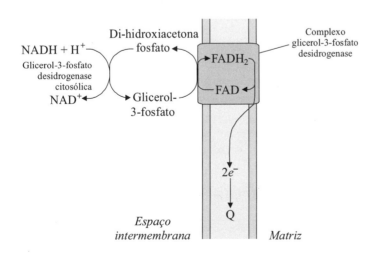

Figura 14.16 Lançadeira do glicerol-fosfato. O NADH citosólico reduz a di-hidroxiacetona-fosfato a glicerol-3-fosfato em reação catalisada pela glicerol-3-fosfato desidrogenase citosólica. A reação reversa emprega uma flavoproteína ligada à superfície externa da membrana interna que transfere os elétrons para a ubiquinona (coenzima Q).

- **Lançadeira de malato-aspartato:** está disponível em células hepáticas, cardíacas e renais e de outros tecidos. Os elétrons são transferidos do NADH para o oxaloacetato no citosol, produzindo malato pela *malato desidrogenase* extramitocondrial. O malato transpõe a membrana mitocondrial interna em troca da α-cetoglutarato. Na matriz, o malato é reoxidado a oxaloacetato pela malato desidrogenase, que transforma o NAD$^+$ em NADH. Assim, ocorre a transferência dos elétrons do citoplasma para a matriz mitocondrial. O oxaloacetato formado é transformado em aspartato, que pode atravessar a membrana. No citosol, o aspartato regenera o oxaloacetato para recomeçar o ciclo. Cada NADH produzido transfere seus elétrons para a cadeia mitocondrial transportadora de elétrons para formar 2,5 ATP pela fosforilação oxidativa (Figura 14.17).

Pode parecer estranha a existência de dois mecanismos de lançadeiras para carrear elétrons do citosol para a mitocôndria, mas isso se justifica porque cada mecanismo é adaptado para atingir necessidades específicas em diferentes condições metabólicas. Apesar de a lançadeira de malato-aspartato ser mais eficiente na produção de ATP (2,5 ATP contra 1,5 ATP da lançadeira do glicerol-3-fosfato), a via é rapidamente reversível e transfere equivalentes redutores para a mitocôndria somente quando a relação NADH/NAD$^+$ é menor no citosol que na mitocôndria. Por outro lado, a lançadeira de glicerol-3-fosfato é essencialmente irreversível e transfere equivalentes redutores para a mitocôndria mesmo quando a relação NADH/NAD$^+$ no citosol é menor que a mitocondrial.

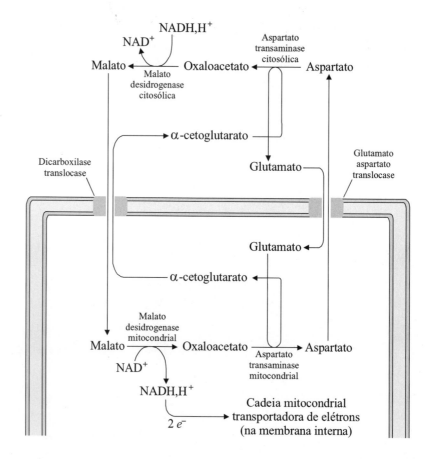

Figura 14.17 • Lançadeira de malato-aspartato. O NADH citosólico reduz o oxaloacetato a malato, o qual é transportado através da membrana interna para a matriz mitocondrial. A reoxidação do malato gera NADH, que transfere os elétrons para a cadeia mitocondrial transportadora de elétrons.

FOSFORILAÇÃO OXIDATIVA

Tabela 14.3 ● Balanço de ATP formados pela completa oxidação da glicose a CO_2 na glicólise e no ciclo do ácido cítrico

Reações	ATP formado por molécula de glicose
Fosforilação da glicose	−1
Fosforilação da frutose-6-fosfato	−1
2 (desfosforilação do 1,3-bisfosfoglicerato)	+2
2 (desfosforilação do fosfoenolpiruvato)	+2
2 × 1 NADH (oxidação do gliceraldeído-3-fosfato)	+5
2 × 1 NADH (conversão de piruvato a acetil-CoA na mitocôndria)	+5
2 × 3 NADH (ciclo do ácido cítrico)	+15
2 × 1 $FADH_2$ (ciclo do ácido cítrico)	+3
2 × 1 GTP (ciclo do ácido cítrico)	+2
Total	+32

14.6 RENDIMENTO DA OXIDAÇÃO COMPLETA DA GLICOSE

Cada molécula de glicose completamente oxidada a CO_2 e H_2O pela sequência: glicólise, ciclo do ácido cítrico e cadeia mitocondrial transportadora de elétrons/fosforilação oxidativa, utilizando a lançadeira malato/aspartato, gera 32 moléculas de ATP (Tabela 14.3).

O valor de 32 moléculas de ATP por molécula de glicose oxidada é obtido quando é utilizada a lançadeira de malato-aspartato. Cerca de duas moléculas de ATP são formadas a menos por molécula de glicose quando é utilizada a lançadeira da glicerol-fosfato.

14.7 TROCA DE LIGAÇÕES DE ALTA ENERGIA ENTRE NUCLEOTÍDEOS

A fosforilação oxidativa gera ATP para trabalho muscular, transporte através de membranas e numerosas reações biossintéticas, como a síntese de proteínas. Outros nucleotídeos trifosfatos também exercem papéis importantes no metabolismo. Por exemplo, UTP é utilizada para ativar açúcares para a síntese de glicogênio e glicoconjugados, CTP na síntese de fosfolipídeos e GTP tanto para a síntese de proteínas como para ativação das *proteínas G* envolvidas na transdução de sinal (Capítulo 21). Nucleosídeos trifosfatos e desoxirribonucleosídeos são também substratos para a síntese de DNA e RNA, respectivamente:

- **Nucleotídeo-cinases:** a ligação terminal de alta energia do ATP pode ser transferida para vários nucleosídeos difosfatos (p. ex., UDP, CDP, GDP) por nucleotídeo-cinases. Por exemplo, a UDP sintetizada a partir da UTP na via que incorpora a glicose-1-fosfato ao glicogênio é renegerada pelo ATP como doador de fosfato de alta energia:

$$UDP + ATP \leftrightarrows UTP + ADP$$

- **Miocinase:** miocinase ou adenilato-cinase é uma nucleotídeo-cinase que gera ATP a partir de duas moléculas de ADP:

$$ADP + ADP \leftrightarrows ATP + AMP$$

Elevados teores de miocinase são encontrados nas células musculares, onde ela serve para regenerar ATP durante os períodos de alta demanda de energia. O AMP produzido pela reação da miocinase é um ativador alostérico de enzimas-chave da glicólise, estimulando, assim, a síntese de ATP.

14.8 RESERVATÓRIO DE LIGAÇÕES FOSFATO DE ALTA ENERGIA

A creatina-fosfato é usada pelo músculo e outras células para armazenar energia do ATP na forma rapidamente utilizável. *Creatino cinase* (CK), também chamada *creatino fosfocinase* (CPK), é uma enzima que catalisa a transferência de fosfato do ATP para a creatina para formar creatina-fosfato:

$$Creatina + ATP \leftrightarrows creatina\text{-}fosfato + ADP$$

A CK está presente em diferentes células (cérebro, cólon), mas seu teor máximo no organismo é encontrado no citosol e na mitocôndria de células dos músculos esquelético e cardíaco. A CK mitocondrial está localizada na superfície externa da membrana mitocondrial interna, onde emprega o ATP gerado pela fosforilação oxidativa para produzir creatina-fosfato. A molécula de creatina-fosfato de alta energia difunde-se para o citosol, onde é armazenada até ser necessária para trabalho muscular (*lançadeira creatina-fosfato/creatina*). A CK citoplasmática está firmemente associada a miofibrilas e catalisa a transferência de fosfato da creatina-fosfato para ADP, fornecendo ATP para a contração muscular. A creatina resultante, e não o ADP, difunde-se para a mitocôndria para continuar a lançadeira.

14.9 ESPÉCIES REATIVAS DE OXIGÊNIO (ROS)

A mitocôndria é a principal fonte de *espécies reativas de oxigênio* (ROS) nos tecidos. No processo que consome grandes quantidades de oxigênio molecular enquanto produz ATP, um pequeno número de *radical oxigênio* é formado, produzindo derivados instáveis, que incluem *ânions superóxido* ($O_2^-\cdot$), *peróxido de hidrogênio* (H_2O_2) e *radical hidroxila livre* ($OH\cdot$), coletivamente denominados espécies reativas de oxigênio (ROS). Como as ROS reagem facilmente com vários componentes celulares, sua ação pode danificar células de modo significativo. Nos organismos vivos, a formação de ROS é geralmente mantida em quantidades mínimas por mecanismos antioxidantes (antioxidantes são substâncias que inibem a reação de moléculas com radical oxigênio).

A. Estresse oxidativo

Em certas ocasiões, os mecanismos antioxidantes são contornados com a ocorrência de dano oxidativo (*estresse oxidativo*). O dano ocorre principalmente por inativação enzimática, por oxidação de lipídeos, despolimerização polissacarídica, lesões oxidativas no DNA e rompimento das membranas biológicas. Exemplos de circunstâncias que podem causar sérios danos oxidativos incluem: certas anormalidades metabólicas, consumo exagerado de certos fármacos, exposição à radiação intensa e contato repetitivo com certos contaminantes ambientais (p. ex., fumaça de cigarro).

Além da contribuição aos processos de envelhecimento, o dano oxidativo está relacionado com um grande número de doenças, entre as quais estão o câncer, desordens cardiovasculares (aterosclerose, infarto do miocárdio, hipertensão) e desordens neurológicas, como esclerose amiotrófica lateral (ALS; doença de Lou Gehring), doença de Parkinson e doença de Alzheimer. Vários tipos de célula produzem deliberadamente grandes quantidades de ROS. Por exemplo, os macrófagos e neutrófilos atuam continuamente buscando microorganismos e células lesionadas.

As propriedades do oxigênio estão diretamente relacionadas com sua estrutura molecular. A molécula de oxigênio diatômica é um dirradical. Um radical é um átomo ou grupo de átomos que contêm um ou mais elétrons não emparelhados. Dioxigênio é um dirradical por possuir dois elétrons não emparelhados. Por esse e outros motivos, quando reage, o dioxigênio pode aceitar somente um elétron por vez.

Na sequência da cadeia mitocondrial transportadora de elétrons, a H_2O é gerada como resultado da transferência sequencial de quatro elétrons para o O_2. Durante o processo, são formadas algumas ROS. Os ânions superóxidos são produzidos na matriz mitocondrial pelo complexo I (NADH-ubiquinona oxidorredutase) e complexo III (ubiquinol-citocromo c oxidorredutase). Ao contrário, a citocromo *c* oxidase (complexo IV) tem elevada capacidade oxidativa, o que reduz o oxigênio completamente a H_2O e não produz ROS.

Quando gerado em meio aquoso, o $O_2^-\cdot$ reage consigo mesmo para formar O_2 e peróxido de hidrogênio (H_2O_2):

$$2\,H^+ + 2\,O_2^-\cdot \rightarrow O_2 + H_2O_2$$

O H_2O_2 não é um radical, pois não possui nenhum elétron desemparelhado. A limitada reatividade do H_2O_2 permite sua passagem através de membranas e o torna grandemente disperso. A reação subsequente do H_2O_2 com o Fe^{2+} (ou outro metal de transição) resulta na produção do radical hidroxila livre, uma espécie altamente reativa:

$$Fe^{2+} + H_2O_2 \rightarrow Fe^{3+} + OH\cdot + OH^-$$

Radicais, como o radical hidroxila livre, são especialmente danosos porque podem iniciar reações autocatalíticas.

ROS também são formadas durante processos não enzimáticos. Por exemplo, a exposição à luz ultravioleta e a radiação ionizante causam a formação de ROS.

B. Defesas celulares: enzimas antioxidantes

Há múltiplas formas de defesas contra espécies reativas de oxigênio. As principais defesas enzimáticas são: a superóxido dismutase, a glutationa peroxidase e a catalase. A ampla distribuição celular dessas enzimas previne a ação de espécies de oxigênio reativas:

- **Superóxido dismutase (SOD):** consiste em uma classe de enzimas que catalisa a formação de H_2O_2 e O_2 a partir de ânions superóxido:

$$2\ O_2^-\bullet + 2\ H^+ \rightarrow H_2O_2 + O_2$$

Existem três isoenzimas diferentes da SOD. Em humanos ocorre no citoplasma a isoenzima que contém Cu-Zn em seu sítio ativo. Uma isoenzima contendo Mn é encontrada na matriz mitocondrial. A doença de Lou Gehring (esclerose amiotrófica lateral), uma condição degenerativa fatal responsável pela degeneração neuromotora, é causada por mutação no gene que codifica a isoenzima Cu-Zn citosólica da SOD.

- **Glutationa peroxidase:** é uma enzima-chave no sistema responsável pelo controle dos níveis de peroxidase celular. A enzima contém selênio, catalisa a redução de várias substâncias e usa o agente redutor glutationa (GSH). Catalisa a redução do H_2O_2 e de peróxidos de lipídeos:

$$2\ GSH + R-O-O-H \rightarrow G-S-S-G + R-OH + H_2O$$

Várias enzimas auxiliares mantêm a função da glutationa peroxidase. A GSH é regenerada a partir do GSSG (glutationa-dissulfeto) pela *glutationa redutase*:

$$G-S-S-G + NADPH + H^+ \rightarrow 2\ GSH + NADP^+$$

O NADPH necessário para a reação é fornecido principalmente pela via das pentoses-fosfato (Capítulo 11). O NADPH também é produzido por reações catalisadas pela isocitrato desidrogenase e pela enzima málica.

- **Catalase:** é uma enzima que contém heme e emprega o H_2O_2 para oxidar outros substratos:

$$RH_2 + H_2O_2 \rightarrow R + 2H_2O$$

Quantidades abundantes de catalase são encontradas nos peroxissomos, ricos em H_2O_2 gerados em várias reações:

$$RH_2 + O_2 \rightarrow R\bullet + H_2O_2$$

O excesso de H_2O_2 é convertido em água pela catalase:

$$2\ H_2O_2 \rightarrow 2\ H_2O + O_2$$

FOSFORILAÇÃO OXIDATIVA

RESUMO

1. A maioria das reações que captam ou liberam energia consiste em reações de oxidação-redução. Os elétrons são transferidos entre o doador de elétrons (agente redutor) e o aceptor de elétrons (agente oxidante). Em algumas reações, somente os elétrons são transferidos; em outras, tanto os elétrons como os prótons são transferidos. A tendência de um par redox conjugado perder elétrons é chamada *potencial redox*. Os elétrons fluem espontaneamente do par redox eletronegativo para o mais positivo.

2. O oxigênio é empregado pelos organismos aeróbicos como aceptor terminal de elétrons na geração de energia. O oxigênio se difunde facilmente através das membranas celulares e rapidamente aceita elétrons.

3. As moléculas de NADH e $FADH_2$, produzidas na glicólise, β-oxidação dos ácidos graxos, oxidação de alguns aminoácidos e ciclo do ácido cítrico geram energia na cadeia mitocondrial transportadora de elétrons. A via consiste em uma série de carreadores redox que recebem elétrons do NADH e do $FADH_2$. No final do caminho, os elétrons, juntamente com os prótons, são doados ao oxigênio para formar H_2O.

4. A fosforilação oxidativa é o mecanismo pelo qual o fluxo de elétrons está acoplado à síntese de ATP. De acordo com o modelo quimiosmótico, a criação de um gradiente de prótons que acompanha o transporte de elétrons está acoplado à síntese de ATP.

5. A completa oxidação de uma molécula de glicose resulta na síntese de 30 a 32 moléculas de ATP, dependendo da lançadeira (circuito) de elétrons utilizada – a lançadeira glicerol-fosfato ou o circuito malato-aspartato – para transferir os elétrons do NADH citoplasmático para a cadeia mitocondrial transportadora de elétrons.

6. O uso de oxigênio pelos organismos aeróbicos está relacionado com a produção de ROS (espécies reativas de oxigênio). As ROS são formadas porque as moléculas de dirradical de oxigênio aceitam um elétron por vez. Exemplos de ROS incluem ânions superóxido, peróxido de hidrogênio e radical hidroxila. O risco da presença de elevado conteúdo de ROS é mantido ao mínimo por mecanismos de defesa celulares contra espécies reativas de oxigênio.

BIBLIOGRAFIA

Berg JM, Tymoczko JL, Stryer L. Bioquímica. 6. ed. Rio de Janeiro: Guanabara-Koogan, 2008:505-44.

Boyer PD. What makes ATPsynthase spin? Nature 1999; 402:247-9.

McKee T, McKee JR. Biochemistry: the molecular basis of life. 3. ed. Boston: McGraw-Hill, 2003:298-330.

Nelson DL, Cox MM. Lehninger: principles of biochemistry. 4. ed. New York: Freeman, 2004:690-750.

Rosenthal MD, Glew RH. Medical biochemistry. Danvers: Wiley, 2009:89-101.

Toy EC, Seifert Jr WE, Strobel HW, Harns KP. Case files: biochemistry. New York: Lange, 2005:137-64.

15

Metabolismo dos Ácidos Graxos

Os triacilgliceróis (TAG) constituem a principal reserva de energia para a geração de ATP do organismo e a maior fonte endógena de combustível durante o jejum. Fornecem cerca de metade das necessidades energéticas do coração e músculos esqueléticos em repouso ou em exercício moderado. Os triacilgliceróis são armazenados em glóbulos de gorduras no citoplasma de células do tecido adiposo (Figura 15.1). As células adiposas são especializadas para síntese, armazenamento e hidrólise de triacilglicerol.

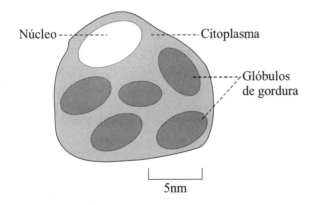

Figura 15.1 ● **Célula do tecido adiposo.**

Grande parte das necessidades energéticas do organismo é suprida pelos ácidos graxos mobilizados a partir dos triacilgliceróis armazenados no tecido adiposo. Os ácidos graxos são oxidados a acetil-CoA em mitocôndrias, com a produção de NADH e $FADH_2$. Os produtos formados são utilizados na mitocôndria para a geração de energia via ciclo do ácido cítrico e fosforilação oxidativa.

Na utilização de ácidos graxos para a geração de energia observa-se que:

- Durante jejum, triacilgliceróis do tecido adiposo são hidrolisados pela *lipase controlada por hormônios*, produzindo ácidos graxos livres. A hidrólise de TAG também libera glicerol, que é metabolizado separadamente.

- Ácidos graxos livres liberados do tecido adiposo são transportados associados de modo reversível com a albumina plasmática.

- Ácidos graxos livres presentes no sangue são captados pelo fígado, músculos e tecidos humanos em geral, exceto hemácias e cérebro. Também entram nas células os ácidos graxos livres liberados pela ação da *lipoproteína lipase* sobre as VLDL (lipoproteínas de densidade muito baixa) e quilomícrons.

- Para serem oxidados, os ácidos graxos são ativados para formar acil-CoA.

- Na mitocôndria e peroxissomos os carbonos são liberados, dois de cada vez, para formar acetil-CoA por um ciclo de reações conhecido como β-oxidação.
- Nos músculos e tecidos humanos em geral, a acetil-CoA é metabolizada pelo ciclo do ácido cítrico e fosforilação oxidativa para gerar ATP; no fígado, a acetil-CoA sintetiza principalmente corpos cetônicos.

15.1 MOBILIZAÇÃO DE ÁCIDOS GRAXOS A PARTIR DE TRIACILGLICERÓIS NOS ADIPÓCITOS

No estado pós-prandial (absortivo), os ácidos graxos de fontes alimentares e sintetizados no organismo são esterificados a triacilgliceróis e armazenados em glóbulos de gordura no citoplasma das células do tecido adiposo. Durante jejum, exercício vigoroso e em resposta ao estresse, os triacilgliceróis armazenados nos adipócitos são hidrolisados a ácidos graxos e glicerol pela ação da *lipase controlada por hormônios* (também conhecida como *lipase hormônio-sensível*).

Os hormônios *adrenalina* (epinefrina) e *glucagon*, secretados em resposta a baixos teores de glicose no sangue, ativam a enzima *adenilato ciclase* na membrana plasmática dos adipócitos para formar AMP-cíclico (cAMP) a partir de ATP (Capítulo 21). Teores elevados de cAMP estimulam a *proteína cinase A dependente de cAMP* (PKA), que fosforila a *lipase controlada por hormônios* e a *pirilipina A*, uma proteína que recobre as gotículas de gordura (Figura 15.2).

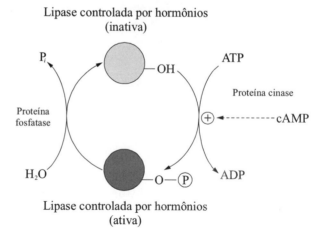

Figura 15.2 ● **Ativação da lipase controlada por hormônios nas células do tecido adiposo por fosforilação ativada pelo AMP cíclico.** A insulina antagoniza os efeitos da adrenalina e glucagon.

A hidrólise de triacilgliceróis no adipócito é um processo catalisado por três lipases que atuam, consecutivamente, sobre o triacilglicerol, diacilglicerol e monoacilglicerol, liberando um ácido graxo em cada estágio. Dessas lipases, a *lipase controlada por hormônios* catalisa a etapa limitante e, consequentemente, sua atividade no processo de lipólise e no suprimento de ácidos graxos para outros tecidos.

$$\text{Triacilglicerol} \xrightarrow{\text{Lipase controlada por hormônios}} \text{ácidos graxos + diacilglicerol}$$

$$\text{Diacilglicerol} \xrightarrow{\text{Diacilglicerol lipase}} \text{ácido graxo + monoacilglicerol}$$

$$\text{Monoacilglicerol} \xrightarrow{\text{Monoacilglicerol lipase}} \text{ácido graxo + glicerol}$$

METABOLISMO DOS ÁCIDOS GRAXOS

Elevados teores de glicose e insulina sanguínea exercem atividades opostas, acumulando triacilgliceróis no tecido adiposo.

Glicerol é conduzido ao fígado e fosforilado a glicerol-3-fosfato pela *glicerol cinase* (ver tópico 15.7.1). O glicerol-3-fosfato é oxidado pela via glicolítica ou usado na síntese de triacilgliceróis, fosfolipídeos ou glicose (gliconeogênese).

Os ácidos graxos de cadeia longa liberados dos adipócitos não são solúveis no plasma sanguíneo e são transportados pelo sangue ligados à *albumina* para serem distribuídos aos diferentes tecidos para os quais servirão como combustíveis. Os ácidos graxos de cadeia longa tornam-se mais hidrossolúveis e atingem as células na forma não ionizada ou como ânions de ácido graxo. Cerca de 10% dos ácidos graxos não se ligam à albumina, sendo denominados ácidos graxos livres (AGL).

Ácidos graxos de cadeia longa entram nas células por difusão simples e por transporte mediado por carreador. Existem três principais proteínas transportadoras de ácidos graxos nas membranas plasmáticas de células humanas: *transportador de ácidos graxos* (FAT/CD36), *proteína de membrana transportadora de ácidos graxos* (FABPpm) e *proteína transportadora de ácidos graxos* (FATP). Destas, a FAT/CD36 é a principal responsável pelo transporte de ácidos graxos nos músculos cardíaco e esquelético, nos adipócitos e no intestino. Intracelularmente, os ácidos graxos são ligados às proteínas transportadoras de ácidos graxos do citosol (FABP), que entregam os ácidos graxos aos locais onde serão metabolizados. Os ácidos graxos são utilizados para a obtenção de energia (oxidação) ou síntese de fosfolipídeos, triacilgliceróis, ésteres de colesterol e proteínas aciladas (Figura 15.3).

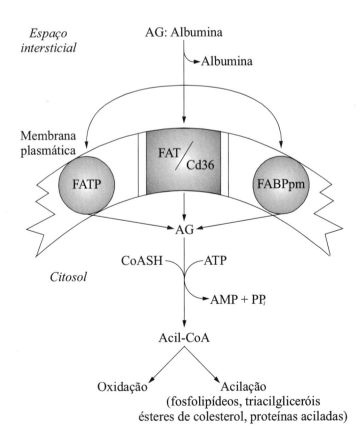

Figura 15.3 Transportadores de ácidos graxos na membrana plasmática. (AG: ácidos graxos; FAT/CD36: transportador de ácidos graxos; FABPpm: proteína de membrana transportadora de ácidos graxos; FATP: proteína transportadora de ácidos graxos.)

15.2 OXIDAÇÃO DOS ÁCIDOS GRAXOS

A maioria dos ácidos graxos oxidados no organismo é liberada de triacil-gliceróis do tecido adiposo. Os ácidos graxos são degradados por β-*oxidação* na matriz mitocondrial (existe também β-oxidação nos peroxissomos) em uma sequência repetitiva de reações que produzem moléculas de dois carbonos de cada vez (acetil-CoA). Os equivalentes redutores formados durante a oxidação são capturados para formar $FADH_2$ e NADH, utilizados para dirigir a fosforilação oxidativa. Na maioria das vezes, as unidades de acetil-CoA geradas na β-oxidação são posteriormente oxidadas no ciclo do ácido cítrico, gerando $FADH_2$ e NADH adicionais, que também serão usados para a produção de ATP.

O grau de utilização dos ácidos graxos varia de tecido para tecido e depende das necessidades energéticas e do estado metabólico do organismo: condição absortiva, pós-prandial (saciado), período de jejum, inanição, exercício, repouso etc. Durante o jejum prolongado, a maioria dos tecidos é capaz de utilizar os ácidos graxos como fonte de energia. O tecido nervoso e os eritrócitos não empregam os ácidos graxos como combustíveis.

A. Ativação de ácidos graxos

No citoplasma celular, os ácidos graxos são ativados pela ligação com a coenzima A para formar acil-CoA (forma ativada do ácido graxo). A reação é catalisada pela *acil-CoA sintetase*, que necessita de ATP para sua ação. Essa reação ocorre na membrana mitocondrial externa.

O processo envolve a clivagem do ATP em AMP e pirofosfato inorgânico (PP_i), em lugar de ADP e P_i. A formação de acil-CoA é favorecida pela hidrólise de duas ligações de *alta energia* do ATP, pois o pirofosfato inorgânico é hidrolisado subsequentemente pela *pirofosfatase inorgânica*:

$$\text{Pirofosfato (PP}_i\text{)} + H_2O \xrightarrow{\text{Pirofosfatase inorgânica}} 2 \text{ Fosfato (2P}_i\text{)}$$

Na reação total, duas ligações fosfato de *alta energia* são consumidas (hidrólise do ATP e do pirofosfato), enquanto somente uma é formada (acil-CoA), tornando o processo espontâneo e irreversível.

Há três acil-CoA sintetases específicas para ácidos graxos de cadeias de diferentes tamanhos: (1) a de cadeia curta (ácidos acético, butírico e propiônico) atua no citosol e na matriz mitocondrial de muitos tecidos, em especial no fígado e cólon; (2) a de cadeia média está presente na matriz mitocondrial do fígado e ativa ácidos graxos contendo quatro a dez átomos de carbono obtidos do leite e derivados; (3) a de cadeia longa ativa ácidos graxos contendo 10 a 18 átomos de carbono. Uma sintetase para ácidos graxos de cadeia muito longa (ácido araquidônico) está presente nos peroxissomos.

B. Transporte de ácidos graxos ativados para a matriz mitocondrial

Ácidos graxos de cadeias curtas e médias podem atravessar a membrana mitocondrial por difusão passiva e são ativados em seu derivado CoA na mitocôndria. Os derivados CoA de cadeias longas (C16-C20) são transportados para a mitocôndria via carreador. Os grupos acil penetram a mitocôndria por um sistema de lançadeira que emprega a *carnitina* como transportador. A carnitina é um composto dipolar derivado do aminoácido lisina.

A *carnitina aciltransferase I*, localizada na superfície externa da membrana mitocondrial interna, catalisa a transferência do grupo acil da CoA para o grupo hidroxila da carnitina, formando *acilcarnitina* (Figura 15.4).

A acilcarnitina é transportada para o interior da mitocôndria por uma proteína específica, chamada *carnitina:acilcarnitina translocase*. A carnitina retorna ao espaço intermembranas também pela translocase. O grupo acil é transferido da carnitina para a CoA presente na matriz mitocondrial em reação catalisada pela *carnitina aciltransferase II*, encontrada na superfície interna da membrana mitocondrial interna (reação inversa à que ocorre no citosol).

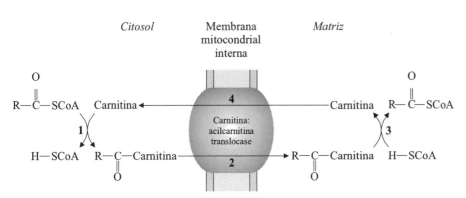

Figura 15.4 ● Transferência de grupos acil para a matriz mitocondrial. (1) O grupo acil da acil-CoA é transferido para a carnitina, liberando a CoA; **(2)** a acilcarnitina é transportada para a matriz mitocondrial; **(3)** o grupo acil é transferido de volta à CoA mitocondrial; **(4)** a carnitina retorna ao citosol.

C. Reações da β-oxidação mitocondrial

As reações da β-oxidação têm lugar no terceiro carbono da carboxila terminal, ou seja, o átomo de carbono β. Na β-oxidação, a acil-CoA saturada é oxidada em uma sequência repetitiva de quatro reações (Figura 15.5):

- **Oxidação da acil-CoA com formação de dupla ligação trans-α,β:** uma vez na matriz mitocondrial, a acil-CoA é oxidada no carbono β (remoção de átomos de hidrogênio dos carbonos α e β) por uma *acil-CoA desidrogenase* que contém FAD, formando dupla ligação entre os carbonos 2 e 3 em configuração *trans-α,β* (*trans-Δ^2-enoil-CoA*). Quando a dupla ligação é formada, os elétrons da acil-CoA são transferidos para o FAD para produzir o $FADH_2$, que doa o par de elétrons para a cadeia mitocondrial transportadora de elétrons, por meio da *flavoproteína de transferência de elétrons* (ETF), para a ubiquinona (Q), pela ação da *ETF:ubiquinona redutase*. Desse modo, é produzido 1,5 ATP para cada $FADH_2$ gerado nessa etapa.

- **Hidratação da dupla ligação da enoil-CoA:** a adição de uma molécula de água à dupla ligação da *trans-Δ^2-enoil-CoA* forma o L isômero da β-hidroacil-CoA em reação catalisada por *enoil-CoA hidratase*.

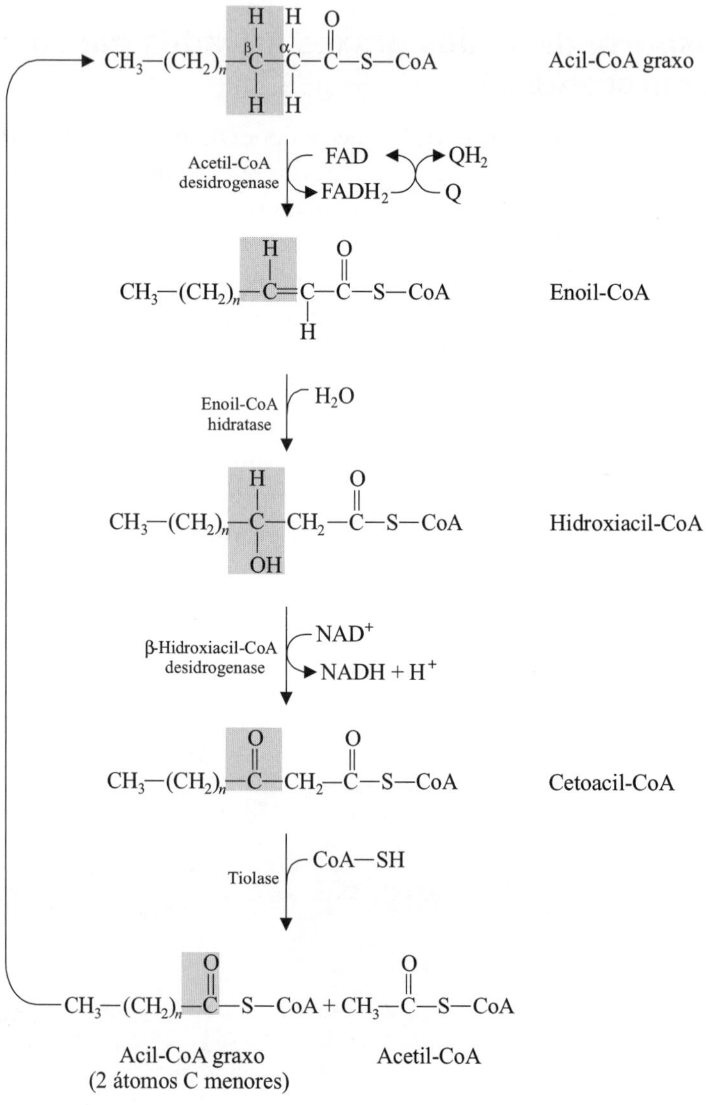

Figura 15.5 ● **Reações da via de β-oxidação de ácidos graxos.**

METABOLISMO DOS ÁCIDOS GRAXOS

- **Desidrogenação da L-β-hidroxiacil-CoA:** a enzima *L-β-hidroxiacil-CoA desidrogenase* é específica para os L-isômeros de substratos com diferentes comprimentos de cadeia, promovendo a produção de β-cetoacil-CoA. O NADH formado transfere o par de elétrons para a cadeia mitocondrial transportadora de elétrons com a subsequente geração de 2,5 ATP.

- **Formação de acetil-CoA:** a reação final catalisada pela *tiolase* (acil-CoA acetiltransferase) consiste na clivagem de um fragmento carboxiterminal de dois carbonos na forma de acetil-CoA da 3-cetoacil-CoA entre C_α e C_β. O outro produto é uma acil-CoA contendo dois carbonos a menos que a acil-CoA original.

A acil-CoA original encurtada em dois átomos de carbono sofre novo ciclo de quatro reações da β-oxidação. A repetição sucessiva das quatro reações do processo promove a degradação completa do ácido graxo com número par de átomos de carbono em moléculas de acetil-CoA.

D. Oxidação dos ácidos graxos nos peroxissomos

Nos *peroxissomos* (organelas subcelulares encontradas em células nucleadas) também ocorre, em menor grau, β-oxidação dos ácidos graxos. Em animais, a β-oxidação em peroxissomos encurta as cadeias de ácidos graxos muito longas (mais de vinte carbonos). Os ácidos graxos resultantes são degradados nas mitocôndrias pela β-oxidação. Em muitas células vegetais, a β-oxidação tem lugar, predominantemente, nos peroxissomos. (Os ácidos graxos não são fontes de energia importantes para os tecidos vegetais.)

A β-oxidação peroxissomal difere da via mitocondrial somente na primeira etapa, onde uma *acil-CoA oxidase* catalisa a reação.

A enoil-CoA é idêntica ao produto da reação mitocondrial catalisada pela acil-CoA desidrogenase. No entanto, os elétrons removidos são transferidos diretamente para o oxigênio molecular para formar peróxido de hidrogênio (H_2O_2), e não para a ubiquinona, e não geram diretamente ATP. As reações seguintes são iguais às que ocorrem na mitocôndria. Indivíduos com ausência de peroxissomos em todos os tecidos desenvolvem *síndrome de Zellweger*.

Em algumas sementes em germinação, a β-oxidação ocorre nos *glioxissomos*. Os glioxissomos são peroxissomos especializados que contêm enzimas do ciclo do glioxilato. A acetil-CoA derivada da β-oxidação glioxissomal é convertida em carboidratos pelo ciclo do glioxilato e pela gliconeogênese.

E. Rendimento energético na oxidação completa de ácidos graxos saturados

A cada ciclo de β-oxidação, uma acil-CoA é encurtada de dois carbonos e produz um NADH, um $FADH_2$ e uma acetil-CoA. A oxidação do NADH e do $FADH_2$ na *cadeia mitocondrial transportadora de elétrons* acoplada à *fosforilação oxidativa* produz 2,5 e 1,5 ATP, respectivamente. Cada molécula de acetil-CoA metabolizada no ciclo do ácido cítrico/fosforilação oxidativa gera dez ATP. No entanto, na ativação do ácido graxo são consumidos dois equivalentes de ATP (um ATP é transformado em AMP + $2P_i$). Portanto, em condições fisiológicas, a oxidação completa de uma molécula de ácido palmítico (16 átomos de carbono) é dada pela reação:

Palmitoil-CoA + 7 FAD + 7 NAD^+ + 7 CoA + 7 $H_2O \rightarrow$
$$8 \text{ Acetil-CoA} + 7 \text{ } FADH_2 + 7 \text{ NADH} + 7 \text{ } H^+$$

A β-oxidação completa do ácido palmítico gera 106 ATP (Tabela 15.1).

F. Oxidação dos ácidos graxos insaturados

As reações de oxidação dos ácidos graxos insaturados são as mesmas dos ácidos graxos saturados até atingir a dupla ligação. O ácido oleico, $18:1^{\Delta 9}$ (oleato) e o ácido linoleico $18:2^{\Delta 9,12}$ (linoleato) contêm duplas ligações *cis* que dificultam a ação das enzimas da β-oxidação.

Oleato

Linoleato

Para o linoleato, os primeiros três ciclos da β-oxidação procedem de maneira usual para liberar três moléculas de acetil-CoA. O acil-CoA que inicia o quarto ciclo tem dupla ligação entre C3 e C4 (originalmente a dupla ligação era C9 e C10). Além disso, a molécula é um *cis* enoil-CoA, que não permite a ação da enoil-CoA hidratase (enzima que catalisa a etapa 2 da β-oxidação), que reconhece somente a configuração *trans*. Esse obstáculo é contornado pela enzima *enoil-CoA isomerase*, que converte a dupla ligação *cis* 3,4 em uma dupla ligação *trans* 2,3 para que a β-oxidação continue.

Tabela 15.1 ● **Geração de ATP na oxidação completa de uma molécula de ácido palmítico**

	Moléculas de ATP
2 equivalentes de ATP (etapa de ativação do ácido palmítico)	−2
7 $FADH_2$ (QH_2) oxidados na CMTE* (7 × 1,5)	10,5
7 NADH oxidados na CMTE (7 × 2,5)	17,5
8 acetil-CoA oxidados no ciclo do ácido cítrico (10 × 8)	80
Total	106

*CMTE: cadeia mitocondrial transportadora de elétrons.

METABOLISMO DOS ÁCIDOS GRAXOS

Um segundo obstáculo ocorre após a primeira reação do quinto ciclo da β-oxidação. A *acil-CoA desidrogenase* introduz a dupla ligação entre C2 e C3; no entanto, a dupla ligação original entre C12 e C13 do linoato está agora na posição entre C4 e C5. O *dienoil-CoA* resultante não é um substrato apropriado para a enzima seguinte, a *enoil-CoA hidratase* da β-oxidação. A dienoil-CoA sofre então uma redução pela *2,4-dienoil redutase dependente de NADPH* para converter as suas duas duplas ligações em uma única dupla ligação *trans* 3,4, que é reconhecida pela enoil-CoA hidratase e permite a reentrada do intermediário na via normal de β-oxidação e sua degradação em seis moléculas de acetil-CoA. O resultado final é a transformação do linoleato em nove moléculas de acetil-CoA.

A oxidação de ácidos graxos insaturados produz menor número de ATP que os correspondentes ácidos graxos saturados. Quando a dupla ligação está presente, não ocorre a etapa catalisada pela acil-CoA desidrogenase ligada ao FAD. Além disso, a redutase NADPH-dependente consome 2,5 equivalentes de ATP na forma de NADPH (que é energeticamente equivalente ao NADH).

G. Oxidação de ácidos graxos de cadeia ímpar

Apesar de raros, os ácidos graxos com número ímpar de átomos de carbono também são oxidados na via da β-oxidação com formação de moléculas sucessivas de acetil-CoA e um fragmento ω-terminal de três carbonos, a *propionil-CoA*. Esse composto também é gerado na degradação oxidativa dos aminoácidos isoleucina, valina, metionina e treonina. A adição de um carbono ao propionil-CoA gera succinil-CoA, que entra no ciclo do ácido cítrico pela sua conversão em piruvato e, a seguir, em acetil-CoA.

H. Oxidação dos ácidos graxos de cadeia média

O leite materno contém quantidades relativamente grandes de ácidos graxos de cadeia média mais solúveis que os de cadeia longa. Esses ácidos graxos entram diretamente na mitocôndria a partir do citosol, sem a necessidade do sistema transportador de carnitina. Os ácidos graxos de cadeia média são ativados em seus derivados acil-CoA correspondentes no interior da mitocôndria e, então, sofrem β-oxidação. A reação inicial de oxidação é catalisada pela *acil-CoA desidrogenase de cadeia média* (MCAD). Como os ácidos graxos de cadeia média são desviados tanto do sistema de transporte da carnitina como de enzimas específicas da β-oxidação de acil-CoA de cadeias longas, os triacilgliceróis formados por esses ácidos graxos são usados como suplemento alimentar para indivíduos que não oxidam ácidos graxos de cadeia longa (deficiências genéticas de proteínas envolvidas no transporte ou na oxidação desses ácidos).

I. Vias secundárias de oxidação dos ácidos graxos

Nos microssomos de alguns tecidos, os ácidos graxos de cadeia ramificada (ácidos fitâmicos) sofrem α-*oxidação,* na qual somente um átomo de carbono é removido por vez a partir do terminal carboxílico, em processo que envolve o NAD^+ e o ascorbato. A *doença de Refsum* é um distúrbio neurológico raro que se caracteriza pelo acúmulo de ácido fitâmico (presente em laticínios) no tecido nervoso, como resultado de um defeito genético na α-oxidação.

Na ω-*oxidação,* o terminal ω (átomo de carbono mais distante do grupo carboxila) é oxidado em hidroxiácido graxo para formar um ácido graxo com duas carboxilas em reação catalisada por *oxidases de função mista*, que necessitam de citocromo P450, O_2 e NADPH como doadores de elétrons. As reações ocorrem no retículo endoplasmático do fígado e dos rins. O ácido dicarboxílico formado entra na mitocôndria e é degradado por β-oxidação nas duas extremidades da molécula. Sob condições normais, relativamente pouco ácido graxo é oxidado nessa via.

15.3 REGULAÇÃO DA OXIDAÇÃO MITOCONDRIAL DE ÁCIDOS GRAXOS

A. Regulação pela carga energética

O principal local de regulação da via da β-oxidação é a *carnitina aciltransferase-1* (CTP-1), que controla a entrada de ácidos graxos de cadeia longa (C16-C20) na mitocôndria. A atividade da CTP-1 é inibida pela malonil-CoA sintetizada pela ação da *acetil-CoA carboxilase* (enzima da síntese de ácidos graxos). No estado de saciedade, a inibição da CPT-1 pela malonil-CoA impede a entrada de acil-CoA na matriz mitocondrial e, consequentemente, a oxidação de ácidos graxos quando a glicose é abundante e a acetil-CoA está sendo orientada para a síntese de ácidos graxos. Durante a síntese de ácidos graxos *de novo*, aumenta a concentração de malonil-CoA no citosol.

Ao contrário, quando a carga energética celular é baixa, o aumento de AMP ativa a *proteína cinase dependente de AMP* (AMPK), que fosforila a acetil-CoA carboxilase e, assim, inibe a enzima, que deixa de produzir malonil-CoA. Em consequência, o efeito da AMP na ativação da AMPK torna possível o transporte de ácidos graxos para a matriz mitocondrial, aumentando a velocidade da β-oxidação.

A β-oxidação de ácidos graxos na mitocôndria é também regulada pela carga energética da célula. Alta razão [ATP]/[ADP] inibe a entrada de equivalentes redutores de NADH e $FADH_2$ na cadeia mitocondrial transportadora de elétrons. O aumento na concentração desses cofatores reduzidos, por sua

METABOLISMO DOS ÁCIDOS GRAXOS

263

vez, impede que as desidrogenases da β-oxidação atuem em presença de níveis suficientes de ATP.

B. Regulação da transcrição de genes

O *receptor ativado por proliferação de peroxissomo* (PPAR-α) é um fator de transcrição que estimula a oxidação de ácidos graxos no fígado e músculo. Ligantes para a PPAR-α incluem certas prostaglandinas, assim como alguns fármacos anti-inflamatórios não esteroides (p. ex., indometacina, ibuprofeno). A PPAR-α ligante-ativado induz a síntese de diferentes genes, incluindo membros da família de enzimas e proteínas envolvidas na β-oxidação.

15.4 METABOLISMO DE CORPOS CETÔNICOS

Os ácidos graxos liberados dos triacilgliceróis do tecido adiposo são as principais fontes de energia para o organismo durante os períodos de jejum e inanição. Quando há alta taxa de oxidação de ácidos graxos no fígado, ocorre a produção de consideráveis quantidades de *corpos cetônicos*. Os corpos cetônicos são metabólitos normais exportados pelo fígado que atuam como combustíveis em outros tecidos, especialmente durante os períodos de jejum moderado (12 a 24 horas) a intenso (>5 dias) em adultos ou jejum em períodos curtos em crianças. São hidrossolúveis em água e, portanto, não necessitam de transportadores no plasma.

A. Síntese de corpos cetônicos (cetogênese)

Sob condições normais, a acetil-CoA formada durante a β-oxidação é oxidada fundamentalmente no ciclo do ácido cítrico e utilizada na síntese de esteroides ou para formar corpos cetônicos. O metabolismo dos ácidos graxos é regulado de tal modo que somente pequenas quantidades de acetil-CoA são produzidas em excesso. Em certas condições metabólicas, como em jejum prolongado, inanição e diabetes não tratado, ocorre aumento na velocidade da β-oxidação, tornando necessário reciclar o excesso de acetil-CoA e liberar a CoA livre para novas β-oxidações. Nesses casos, o grupo acetil da acetil-CoA é transformado em *corpos cetônicos* no fígado, em processo chamado *cetogênese*. Os corpos cetônicos consistem em *acetoacetato,* β-*hidroxibutirato* e *acetona* e são utilizados como combustível hidrossolúvel nos tecidos extra-hepáticos. A cetogênese ocorre na mitocôndria em três etapas (Figura 15.6):

- **Produção de acetoacetil-CoA a partir de duas moléculas de acetil-CoA:** a síntese dos corpos cetônicos ocorre principalmente nas mitocôndrias do fígado, com pequena contribuição do córtex renal. No período de jejum, parte do acetil-CoA gerado no catabolismo de ácidos graxos e de aminoácidos cetogênicos não entra no ciclo do ácido cítrico por falta de oxaloacetato, desviado para a gliconeogênese. A primeira reação na formação do acetoacetato (fonte primária dos corpos cetônicos) é a condensação de duas moléculas de acetil-CoA mitocondrial para gerar acetoacetil-CoA, catalisada pela *acetil-CoA acetiltransferase.*

- **Formação de HMG-CoA pela condensação de acetoacetil-CoA com outra molécula de acetil-CoA:** a acetoacetil-CoA é convertida em 3-hidroxi-3-metilglutaril-CoA (HMG-CoA) por condensação com uma terceira molécula de acetil-CoA pela ação da *hidroxi-metilglutaril-CoA sintase.* Muitas células contêm uma segunda HMG-CoA sintase localizada no citosol, que está envolvida na formação de HMG-CoA precursora para a síntese do colesterol.

- **Formação de acetoacetato e acetil-CoA a partir de HMG-CoA:** a clivagem da HMG-CoA mitocondrial libera o acetoacetato livre e a acetil-CoA catalisada pela *hidroxi-metilglutaril-CoA liase.*

Figura 15.6 ● Síntese de corpos cetônicos nas mitocôndrias hepáticas. Em circunstâncias normais, somente pequena quantidade de corpos cetônicos é produzida. No jejum prolongado, na inanição e no diabetes melito, ocorre formação aumentada de corpos cetônicos.

Enquanto um terço do acetoacetato produzido pelo fígado difunde-se para o sangue, os outros dois terços são reduzidos a β-hidroxibutirato por uma β-*hidroxibutirato desidrogenase dependente de NAD*$^+$ ligada à membrana mitocondrial interna.

Certa quantidade de acetoacetato sofre contínua descarboxilação não enzimática espontânea à *acetona.* Em condições normais, a formação de acetona é negligenciável.

Apesar de a oxidação de ácidos graxos ser a principal fonte de corpos cetônicos, eles também são gerados no catabolismo de aminoácidos cetogênicos: leucina, isoleucina, lisina, triptofano, fenilalanina e tirosina. Suas cadeias carbonadas são transformadas em acetil-CoA ou acetoacetil-CoA, substratos para a síntese de corpos cetônicos.

A presença aumentada de corpos cetônicos no sangue e na urina, acompanhada de odor de acetona no ar expirado, é denominada *cetose.* Essa condição ocorre quando a velocidade de produção de corpos cetônicos pelo fígado excede a capacidade de sua utilização pelos tecidos, resultando em acúmulo no sangue (*cetonemia*). Ao ultrapassarem o limiar renal, essas substâncias aparecem na urina (*cetonúria*).

Em jejum prolongado e no diabetes (estado com insulina baixa e glucagon elevado), como consequência do direcionamento do oxaloacetato para a formação de glicose (gliconeogênese), ocorre limitação na operação do ciclo do ácido cítrico. Desse modo, a grande quantidade de acetil-CoA produzida pela β-oxidação dos ácidos graxos no fígado é canalizada para a síntese de corpos cetônicos. Quando a formação de corpos cetônicos atinge níveis acima da capacidade compensatória dos sistemas tampões fisiológicos, desenvolve-se *cetoacidose*.

B. Oxidação de corpos cetônicos

Tecidos extra-hepáticos, mais notadamente os músculos cardíaco e esquelético, rins, pulmões, intestino e cérebro, empregam corpos cetônicos para gerar energia. O cérebro e o intestino delgado aumentam consideravelmente a utilização de corpos cetônicos como fonte de energia durante períodos de jejum prolongado e inanição, economizando glicose e reduzindo a degradação da proteína muscular para a gliconeogênese. Os dois tecidos não utilizam ácidos graxos de cadeia longa para a geração de energia (Figura 15.7).

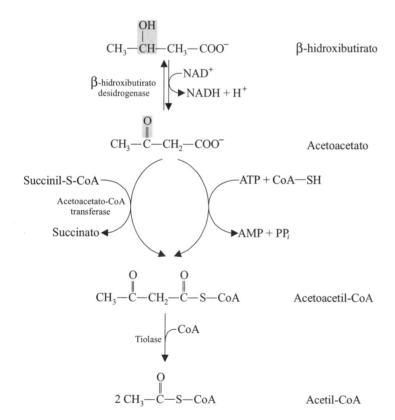

Figura 15.7 ● **Catabolismo dos corpos cetônicos.** Os corpos cetônicos são transformados em acetil-CoA em alguns órgãos, como, por exemplo, músculos cardíacos e esqueléticos. A acetil-CoA é utilizada no ciclo do ácido cítrico.

Nos tecidos extra-hepáticos, o β-hidroxibutirato (3-hidroxibutirato) é oxidado a acetoacetato que é, então, ativado pela ação de uma *tioforase* que emprega a succinil-CoA como fonte de CoA, formando acetoacetil-CoA. Esta última sofre clivagem pela *tiolase*, produzindo duas moléculas de acetil-CoA que entram no ciclo do ácido cítrico (Figura 15.7).

Na Figura 15.8 são mostradas as reações envolvidas na produção de corpos cetônicos no fígado, a circulação no sangue e a utilização pelos tecidos periféricos, como o músculo.

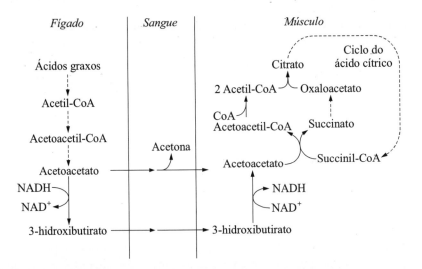

Figura 15.8 • **Visão global da via de produção e utilização de corpos cetônicos.**

15.5 BIOSSÍNTESE DE ÁCIDOS GRAXOS

A síntese de ácidos graxos serve a dois principais propósitos: (1) converter os carboidratos da dieta e esqueletos de carbono de alguns aminoácidos em ácidos graxos armazenados, como triacilgliceróis no tecido adiposo; (2) produzir ácidos graxos para formar lipídeos complexos das membranas biológicas e sintetizar precursores de eicosanoides.

A maioria dos ácidos graxos utilizados pelo homem é fornecida pela dieta. Todavia, é possível também sintetizar ácidos graxos saturados e insaturados, com exceção do *linolênico* e do *linoleico* (denominados *ácidos graxos essenciais*). Estes últimos são abundantes em peixes e óleos vegetais, e sua deficiência apresenta sintomas como retardo no crescimento e lentidão na cura de ferimentos.

Os ácidos graxos são formados a partir de acetil-CoA proveniente quase totalmente de glicose da dieta, ingerida além das necessidades imediatas de energia e da capacidade de armazenar glicogênio. A acetil-CoA também é gerada pela oxidação de esqueletos de carbono do excesso de aminoácidos da dieta e do etanol. A síntese ocorre principalmente no fígado, no tecido adiposo e em glândulas mamárias de animais em lactação. Consiste na adição sequencial de unidades de acetato à extremidade carboxila ativada de uma cadeia em crescimento (Figura 15.9).

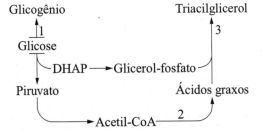

Figura 15.9 • **Visão geral da lipogênese. (1)** Formação de glicogênio a partir da glicose; **(2)** síntese de ácido graxo a partir de acetil-CoA; **(3)** síntese de triacilglicerol a partir de ácidos graxos e glicerolfosfato. (DHAP: di-hidroxiacetona fosfato.)

O ácido palmítico (C16 e cadeia linear saturada) é o primeiro a ser sintetizado, e todos os outros ácidos graxos são modificações dele.

A. Conversão da glicose em acetil-CoA citoplasmática

A síntese dos ácidos graxos ocorre exclusivamente no citoplasma. Os átomos de carbono dos ácidos graxos com número par de átomos de carbono são provenientes da acetil-CoA formada pela oxidação do piruvato no interior das mitocôndrias. Quando gerada nas mitocôndrias a partir do piruvato proveniente da glicólise, a acetil-CoA não se difunde espontaneamente para o citoplasma. Em vez disso, a acetila da acetil-CoA atravessa a membrana mitocondrial interna sob a forma de *citrato*, sintetizado pela condensação do oxaloacetato (que também não pode atravessar a membrana mitocondrial) com acetil-CoA.

$$H_2C-COOH$$
$$HO-C-COOH + HS-CoA \xrightarrow[\text{ATP-citrato liase}]{\text{ATP} \quad \text{ADP} + P_i} H_3C-\overset{O}{\underset{}{C}}-S-CoA + \overset{O}{\underset{}{C}}-COOH$$
$$H_2C-COOH \hspace{7cm} H_2C-COOH$$

A transferência de uma molécula de citrato para o citoplasma é seguida pela transferência de uma molécula de malato (na forma de piruvato) para a mitocôndria. O citrato no citoplasma é clivado pela *citrato liase* à custa da hidrólise de uma molécula de ATP, produzindo oxaloacetato e acetil-CoA. A NADPH formada fica disponível para a lipogênese (Figura 15.10).

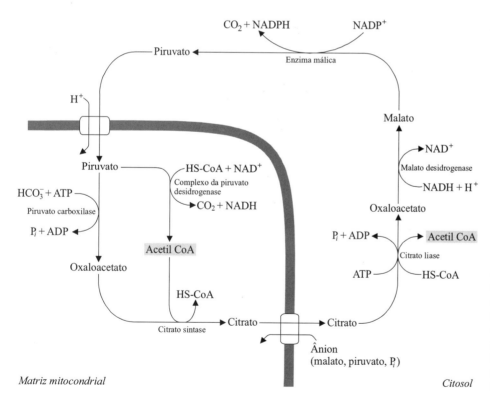

Figura 15.10 Mecanismo de transporte da acetil-CoA da mitocôndria para o citosol. O excesso de citrato na mitocôndria difunde-se para o citosol por meio do *carreador do tricarboxilato*. No citosol, a acetil-CoA é regenerada a partir do citrato pela ação da enzima *citrato-liase*.

B. Síntese do ácido palmítico a partir de acetil-CoA

Todos os átomos de carbono para a síntese do ácido palmítico são provenientes de acetil-CoA. A acetil-CoA citosólica é convertida em *malonil-CoA* pela carboxilação da acetil-CoA pelo CO_2 (HCO_3^-) em reação que necessita de Mg^{2+}, biotina e ATP e é catalisada pelo complexo *acetil-CoA carboxilase:*

$$\text{Biotina} + HCO_3^- + ATP \xrightarrow{\text{Biotina carboxilase}} \text{Biotina-COO} + ADP + P_i$$

A biotina-COO⁻ transfere o grupo carboxilato para a acetil-CoA para formar a malonil-CoA e regenerar a enzima.

Biotina-COO⁻ + CH₃—C(=O)—SCoA ⟶ ⁻OOC—CH₂—C(=O)—SCoA + Biotina

Acetil-CoA · Malonil-CoA

A malonil-CoA é a doadora de unidades acetila de dois carbonos para a construção de ácidos graxos. A formação de malonil-CoA pela acetil-CoA carboxilase é a etapa limitante da velocidade de síntese dos ácidos graxos nos mamíferos (ver adiante).

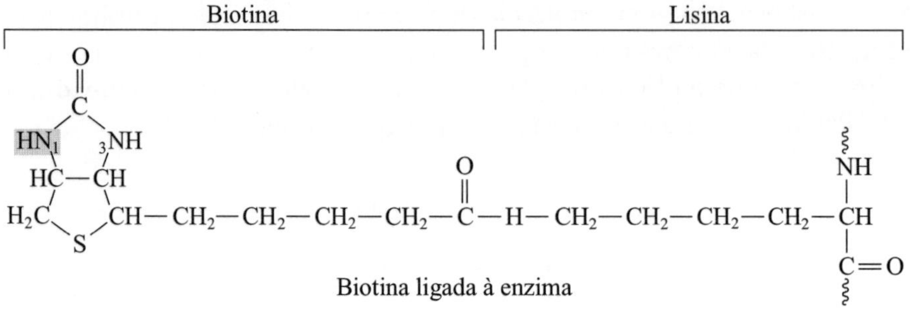

Biotina ligada à enzima

C. Reações do complexo ácido graxo sintase

A síntese de ácido palmítico (ácido graxo saturado C16) a partir de acetil-CoA, malonil-CoA e NADPH envolve o complexo *ácido graxo sintase,* um complexo multienzimático constituído por sete enzimas distintas que catalisam etapas sucessivas da síntese e uma proteína não enzimática, chamada *proteína carreadora de acilas* (ACP-SH), que substitui a CoA (Figura 15.11). As enzimas do complexo estão unidas entre si, operando a sequência de maneira eficiente e regulada.

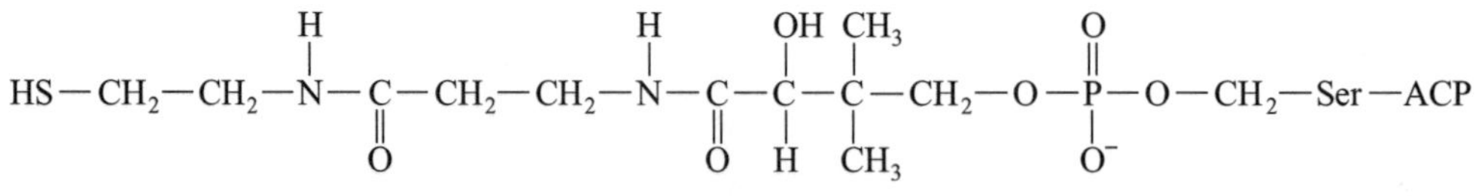

Proteína transportadora de acila (ACP)

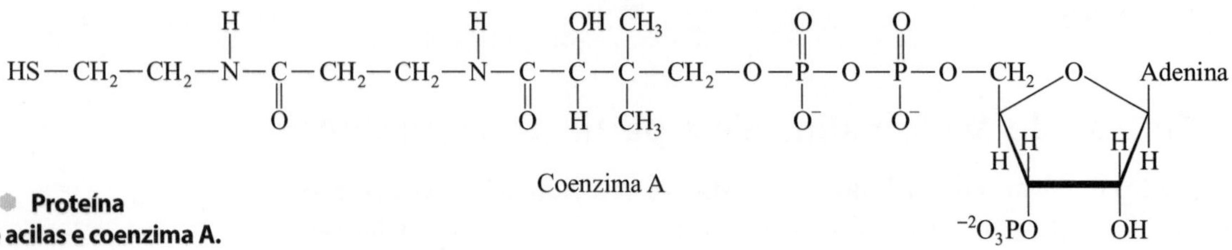

Coenzima A

Figura 15.11 ● Proteína carreadora de acilas e coenzima A.

METABOLISMO DOS ÁCIDOS GRAXOS

Na biossíntese dos ácidos graxos é necessário que os intermediários acílicos participantes do processo liguem-se ao resíduo 4'-fosfopanteteína da *proteína carreadora de acila*. Seis ciclos da atividade da sintase produzem o ácido palmítico:

- **Preparação do complexo ácido graxo sintase:** o ciclo de síntese inicia-se com a formação de acetil-ACP e malonil-ACP em reações catalisadas pela *acetil transacilase* e *malonil transacilase*.

$$\text{Acetil-CoA} + \text{ACP-SH} \xrightarrow{\text{Acetil transacilase}} \text{acetil-ACP} + \text{CoA}$$

$$\text{Malonil-CoA} + \text{ACP-SH} \xrightarrow{\text{Malonil transacilase}} \text{malonil-ACP} + \text{CoA}$$

O grupo acetila da acetil-ACP é transferido para a *3-cetoacil-S-ACP sintase* (HS-Kase) por meio de uma ligação tioéster com o grupo sulfidrílico cataliticamente ativo de uma cisteína:

$$\text{Acetil-ACP} + \text{HS-Kase} \rightarrow \text{Acetil-S-Kase} + \text{ACP-SH}$$

- **Reação de condensação:** a malonil-ACP condensa com o grupo acetil ligado à enzima *3-cetoacil-ACP sintase* para formar acetoacetil-ACP em reação irreversível catalisada pela *enzima de condensação acil-malonil-ACP*.

Malonil-ACP   Acetil-Enzima   Acetoacetil-ACP

No processo, o grupo carboxílico livre da malonil-ACP é liberado como CO_2. Desse modo, o dióxido de carbono adicionado durante a síntese da malonil-CoA não é incorporado à cadeia carbonada do ácido graxo.

- **Redução do grupo carbonila:** a fase seguinte envolve a redução do grupo carbonila em C3 da acetoacetil-ACP pela ação da *3-cetoacil-ACP redutase,* com a formação de D-β-hidroxibutiril-ACP (Figura 15.12). O doador de equivalentes redutores é o NADPH. O intermediário 3-hidroxil (envolvido na biossíntese) apresenta configuração D, em lugar da configuração L, encontrada na β-oxidação.

3-hidroxiacil-ACP intermediário
para a síntese de ácidos graxos
(configuração D)

3-hidroxiacil-CoA intermediário
da β-oxidação
(configuração L)

- **Desidratação:** a D-hidroxibutiril-ACP é desidratada, formando crotonil-ACP pela ação da *3-hidroxiacil-ACP desidratase*. O produto tem configuração *trans* na dupla ligação.

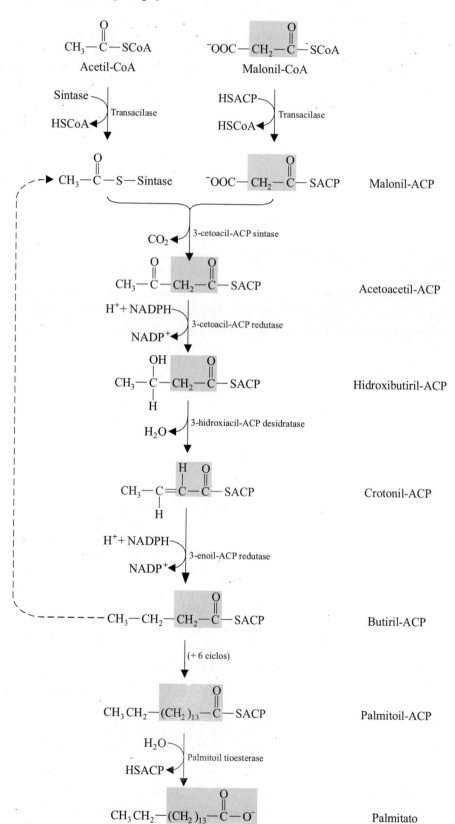

Figura 15.12 • Operação do complexo ácido graxo sintase. Biossíntese de butiril-ACP a partir de acetil-ACP e malonil-ACP. A parte cíclica da reação é completada seis vezes para formar uma molécula de ácido palmítico de 16 carbonos.

METABOLISMO DOS ÁCIDOS GRAXOS

- **Redução da dupla ligação:** a enzima *3-enoil-ACP redutase* catalisa a redução da dupla ligação da crotonil-ACP, tendo como agente redutor o NADPH. O produto formado é a butiril-ACP. A enzima 3-enoil-ACP redutase é inibida pelo *triclosan* (Quadro 15.1).

Com a formação de butiril-ACP completa-se o primeiro dos sete ciclos para a formação de palmitoil-ACP. A segunda volta do ciclo para a elongação da cadeia com mais dois carbonos inicia pela condensação da butiril-ACP com a malonil-ACP, formando uma C_4-3-cetoacil-ACP pela enzima *3-cetoacil-ACP sintase* (originalmente ocupada pelo grupo acetila).

São necessários sete ciclos completos para produzir palmitoil-ACP que, por hidrólise, origina palmitato e ACP pela ação da *palmitoil tioesterase*.

$$\text{Palmitoil-ACP} + H_2O \xrightarrow{\text{Palmitoil tioesterase}} \text{Palmitato} + \text{HS-ACP}$$

Uma exceção na geração de palmitato como produto da síntese de ácidos graxos em células humanas ocorre durante a produção de gordura do leite nas glândulas mamárias. Durante a lactação, parte dos ácidos graxos que formam os triacilgliceróis do leite materno é derivada da síntese de ácidos graxos nas células epiteliais mamárias. Essa síntese é especialmente ativa em mulheres cuja alimentação é baseada em cereais como o milho e o arroz. Sob essas circunstâncias, a glândula mamária sintetiza principalmente ácidos graxos de cadeia média (C8-C12). Essa ocorrência se deve à presença da enzima *decanoil-ACP tioestarase*, que termina a síntese de ácidos graxos quando o complexo ácido graxo sintase gerou cadeias acilas entre 8 e 12 carbonos.

A estequiometria global para a síntese do palmitato a partir da acetil-CoA é:

$$8 \text{ Acetil-CoA} + 7 \text{ ATP} + 14 \text{ NADPH} + 14 \text{ H}^+ \rightarrow$$
$$\text{palmitato} + 14 \text{ NADP}^+ + 8 \text{ CoA} + 6 \text{ H}_2\text{O} + 7 \text{ ADP} + 7 \text{ P}_i$$

D. Fontes de NADPH para a síntese de ácidos graxos

Via pentose fosfato. Parte do NADPH, que supre de equivalentes redutores para a síntese de ácidos graxos, é proveniente da via das pentoses-fosfato. A etapa oxidativa desta via utiliza duas desidrogenases sucessivas (glicose-6-fosfato desidrogenase e 6-fosfogliconato desidrogenase) para formar duas moléculas de NADPH para cada molécula de glicose-6-fosfato oxidada a ribulose-5-fosfato (Capítulo 11).

Via de transidrogenação. O efeito líquido da via de transidrogenação é a transferência de equivalentes redutores do NADH para o NADP$^+$ para gerar NADPH. A via também atua no reabastecimento de oxaloacetato mitocondrial necessário para o transporte de acetil-CoA para o citosol na forma de citrato (Figura 15.10).

A formação de NADPH pela enzima málica ocorre em duas etapas:

1. Inicialmente o oxaloacetato é reduzido a malato pelo NADH em reação catalisada pela *malato desidrogenase* citosólica:

$$\text{Oxaloacetato} + \text{NADH} + \text{H}^+ \xrightarrow{\text{Malato desidrogenase}} \text{malato} + \text{NAD}^+$$

O oxaloacetato da reação é proveniente da reação catalisada pela citrato liase mitocondrial descrita acima. O substrato NADH para a reação é derivado da etapa da glicólise catalisada pela gliceraldeído-3-fosfato desidrogenase. Como a glicólise e a síntese de ácidos graxos operam simultaneamente, o metabolismo da glicose fornece equivalentes redutores também como acetil-CoA para a síntese.

2. O malato é descarboxilado pela *enzima málica ligada a NADP⁺* (também chamada de *malato descarboxilase ligada a NADP⁺*) gerando NADPH e piruvato.

$$\text{Malato} + \text{NAD}^+ \xrightarrow{\text{Enzima málica ligada a NADP}^+} \text{piruvato} + CO_2 + \text{NADPH}$$

O piruvato entra na mitocôndria e é convertido a oxaloacetato pela *piruvato carboxilase:*

$$\text{Piruvato} + \text{ATP} + CO_2 \xrightarrow{\text{Piruvato carboxilase}} \text{oxaloacetato} + \text{ADP} + P_i$$

Assim, uma molécula de NADPH é produzida para cada acetil–CoA transferida da mitocôndria para o citosol. A síntese do palmitato requer 14 NADPH, oito são providos pela transferência de oito acetil–CoA necessários para a síntese, os outros seis NADPH são fornecidos pela via pentose-fosfato (Capítulo 11).

Quadro 15.1 ● Triclosan

Muitos cosméticos, pastas dentais, desodorantes, sabões antissépticos, brinquedos para bebês, alguns tapetes e utensílios domésticos contêm 5-cloro-2-(2,4-diclorofenoxi)fenol, mais conhecido como triclosan:

Esse composto é usado há mais de 30 anos como agente antibacteriano de largo espectro. O triclosan atua como um antibiótico com alvo bioquímico específico: uma das enzimas da síntese dos ácidos graxos (nas bactérias, as enzimas de síntese são proteínas separadas, e não parte de um complexo multienzimático).

O triclosan inibe a enoil-ACP-redutase (etapa 5 da síntese dos ácidos graxos). A síntese dos ácidos graxos é essencial para a sobrevivência das bactérias. No sítio ativo da enzima, um dos anéis fenil do triclosan, cuja estrutura imita o intermediário da reação, permanece no topo do anel do cofator NADPH. O triclosan também se liga por interações de van der Waals e pontes de hidrogênio a resíduos de aminoácidos no sítio ativo. Algumas variedades de *E. coli* resistentes ao triclosan apresentam mutações em alguns desses contatos.

A ação específica do triclosan como um inibidor da enzima da síntese de ácidos graxos e a existência de variedades de bactérias resistentes indicam que o triclosan está sujeito aos mesmos inconvenientes de outros antibióticos – à resistência por meio da mutação gênica. A ampla utilização do triclosan aumenta a possibilidade de resistência gênica e, portanto, seu emprego como agente antimicrobiano.

E. Reações que modificam os ácidos graxos

A maioria das células tem a capacidade de aumentar o tamanho da cadeia de carbonos e o grau de insaturação dos ácidos graxos de cadeia longa. Modificações tanto dos ácidos graxos provenientes da dieta como do palmitato sintetizado no organismo contribuem para a grande diversidade de ácidos graxos presentes nos lipídeos de membranas e daqueles envolvidos na sinalização (p. ex., eicosanoides).

O alongamento e a dessaturação (formação de duplas ligações) são especialmente importantes na regulação da fluidez das membranas biológicas e para a síntese de precursores derivados dos ácidos graxos, como os eicosanoides. Por exemplo, a mielinização (processo no qual a bainha da mielina é formada ao redor de nervos) depende das reações de síntese de ácidos graxos no sistema retículo endoplasmático. Ácidos graxos saturados e insaturados de cadeia longa são constituintes importantes dos cerebrosídeos e sulfatídeos encontrados na mielina.

1. Alongamento da cadeia de ácidos graxos

Mais de 50% dos ácidos graxos no tecido adiposo humano têm mais de 16 átomos de carbono (p. ex., ácido esteárico e ácido oleico com 18 átomos de

METABOLISMO DOS ÁCIDOS GRAXOS

carbono). O palmitato (C16) sintetizado pela ácido graxo sintase é o precursor de outros ácidos graxos de cadeia longa. Dois mecanismos estão disponíveis para o alongamento: um na mitocôndria e outro no retículo endoplasmático. Nos dois sistemas, a palmitoil-ACP é convertida em palmitoil-CoA.

O alongamento de ácidos graxos ocorre principalmente no retículo endoplasmático e envolve adições sucessivas de acetila (fragmentos de dois carbonos) derivados da malonil-CoA. A condensação fornece ácidos graxos de cadeia longa (C18-C24) necessários à mielinização de células nervosas. Existe um sistema de alongamento de menor importância na mitocôndria que utiliza acetil-CoA como doador de unidades de dois carbonos que sintetiza, fundamentalmente, o ácido lipoico, um cofator para a piruvato desidrogenase e para a α-cetoglutarato desidrogenase.

O sistema de alongamento compreende uma enzima de condensação que adiciona unidades de dois carbonos a uma molécula de acil-CoA, além de três enzimas adicionais, *3-cetoacil-CoA redutase, 3-hidroxiacil-CoA desidratase* e *enoil-CoA redutase*.

A reação total de alongamento da palmitoil-CoA que ocorre no retículo endoplasmático é:

Palmitoil-CoA + 2 NADPH + H$^+$ + malonil-CoA $\rightarrow$
$$\text{Estearil-CoA} + 2 \text{ NADP}^+ + CO_2 + \text{CoASH}$$

Múltiplos sistemas específicos de alongamento podem estar presentes no retículo endoplasmático para diferentes tamanhos da cadeia e para cada grau de insaturação do ácido graxo.

2. Dessaturação em Δ^9 de ácidos graxos sintetizados endogenamente

Os mamíferos superiores são capazes de inserir duplas ligações na configuração *cis* de ácidos graxos saturados de cadeia longa. A principal enzima de dessaturação em células humanas é a *estearil-CoA dessaturase*, que introduz uma dupla ligação no carbono 9 a partir do terminal carboxila do ácido graxo. No ácido esteárico (18:0), a ação da enzima forma ácido oleico (18:1$^{\Delta 9}$) e no ácido palmítico gera ácido palmitoleico (16:1$^{\Delta 9}$). A estearil-CoA dessaturase é uma oxidase de função mista que utiliza o oxigênio molecular para oxidar acil-CoA de cadeia longa e NADH:

$$\text{Estearil-CoA} + \text{NADH} + H^+ + O_2 \rightarrow \text{oleil-CoA} + \text{NAD}^+ + 2 H_2O$$

O complexo de dessaturação inclui a enzima dessaturase, o citocromo b_5, que atua como receptor de elétrons, e a *NADH:citocromo b_5 redutase*, que contém FAD como grupo prostético. Reação de transformação de estearil-CoA e oleil-CoA:

Aparentemente, as células regulam a fluidez das membranas ajustando os tipos de ácidos graxos incorporados na membrana biológica. Por exemplo, em climas frios, mais ácidos graxos insaturados são incorporados (os ácidos graxos insaturados têm pontos de congelamento mais baixos que os saturados).

3. Modificação de ácidos graxos essenciais

O sistema dessaturase humano é incapaz de inserir duplas ligações além do carbono 10 em ácidos graxos de cadeia longa. Por isso, o *linoleato* ($18:2^{\Delta9,12}$) e o *α-linolenato* ($18:3^{\Delta9,12,15}$) não podem ser sintetizados no organismo e devem ser supridos pela alimentação (ácidos graxos essenciais). No entanto, o linoleato e o α-linolenato são modificados para gerar ácidos graxos poli-insaturados de cadeia longa. Esses processos utilizam sistemas de alongamento e dessaturação específicos para os carbonos Δ^5 e Δ^6 dos ácidos graxos. A dessaturação em Δ^4 necessita de um processo mais complexo, envolvendo alongamento e uma subsequente etapa de β-oxidação.

Duas vias paralelas transformam o ácido linoleico (ω6) em *ácido araquidônico* ($20:4^{\Delta5,8,11,14}$) e o ácido α-linolênico (ω-3) em *ácido docosaexanoico* (DHA $22:6^{\Delta4,7,10,13,16,19}$).

15.6 REGULAÇÃO DA SÍNTESE DOS ÁCIDOS GRAXOS

A síntese de ácidos graxos está sujeita a mecanismos de controle de longa duração pela insulina e de curta duração por modificação alostérica e covalente de algumas enzimas lipogênicas.

1. Regulação da acetil-CoA carboxilase

A reação catalisada pela *acetil-CoA carboxilase* é a *etapa limitante* da velocidade de síntese dos ácidos graxos. Essa enzima encontra-se sob rígido controle por dois mecanismos independentes: (1) efetores alostéricos (citrato e palmitoil-CoA) e (2) fosforilação/desfosforilação (fosforilação inativa e desfosforilação ativa).

A ativação alostérica da acetil-CoA carboxilase pelo *citrato* reflete a carga energética da célula. No estado de saciedade, a isocitrato desidrogenase do ciclo do ácido cítrico é inibida pela alta concentração de ATP. O mecanismo acumula citrato transportado para o citoplasma, onde estimula a síntese de ácidos graxos a partir do excesso de acetil-CoA (Figura 15.10). No mesmo sítio alostérico, a palmitoil-CoA inibe a enzima.

A atividade da acetil-CoA carboxilase é também regulada por fosforilação/desfosforilação. Há duas enzimas que fosforilam a carboxilase e reduzem sua atividade. No período de jejum, o glucagon estimula a formação de cAMP intracelular e aumenta a atividade da *proteína cinase dependente de cAMP* (PKA), que fosforila e *inibe* a carboxilase. A acetil-CoA carboxilase é também inibida pela ação de uma segunda proteína cinase, a *proteína cinase dependente de AMP* (AMPK), cuja atividade reflete o aumento intracelular de AMP (ação também estimulada pelo glucagon). A AMPK atua como sensor energético; é ativada por AMP e inibida por ATP. Assim, a carboxilase é inativada quando é baixa a carga energética, resultando em redução da malonil-CoA e diminuindo a síntese de ácidos graxos. A baixa concentração de malonil-CoA também resulta em aumento da β-oxidação de ácidos graxos de cadeia longa. No estado de saciedade, a insulina estimula a *proteína fosfatase*, que desfosforila a acetil-CoA carboxilase, aumentando a atividade da enzima e a síntese de ácidos graxos. Os hormônios glucagon e adrenalina (epinefrina) inibem a síntese de ácidos graxos por manterem a carboxilase na forma fosforilada inativa (Figura 15.13).

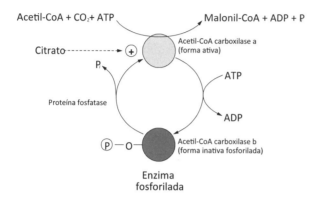

Figura 15.13 • Regulação da acetil-CoA carboxilase. A forma *a* é ativa e a forma *b* é inativa. A fosforilação pela ação da PKA e AMPK estimulada pelo glucagon inativa a enzima. A insulina estimula a proteína fosfatase, que desfosforila e ativa a carboxilase.

Outro mecanismo de controle da acetil-CoA carboxilase emprega a *proteína TRB3*, que medeia a destruição da carboxilase pelos proteossomos. A TRB3 é estimulada pelo estresse celular; bloqueia a ação da insulina que, juntamente com a destruição da carboxilase, aumenta a oxidação das gorduras. O mecanismo reduz a síntese e estimula a produção de energia com mais intensidade que a AMPK, mas por via diferente.

2. Regulação da síntese de enzimas

A insulina é um poderoso sinal anabólico, particularmente em hepatócitos e adipócitos, onde estimula a síntese de enzimas lipogênicas, entre as quais acetil-CoA carboxilase, citrato liase, enzima málica, glicose-6-fosfato desidrogenase, piruvato cinase e enzimas do complexo ácido graxo sintase. O mecanismo fundamental da ação da insulina envolve a ativação da *proteína 1 de ligação ao elemento de regulação de esterol* (SREB-1), um fator de transcrição ligado à membrana que induz a transcrição de genes que codificam enzimas críticas para a síntese de ácidos graxos. O glucagon, por outro lado, reprime a síntese dessas enzimas nos adipócitos e no fígado e estimula a degradação de enzimas da família lipogênica. A PKA também suprime a expressão de ácido graxo sintase, acetil-CoA carboxilase e citrato liase.

15.7 METABOLISMO E TRANSPORTE DE TRIACILGLICERÓIS

Os ácidos graxos provenientes da biossíntese ou da dieta são armazenados e transportados como triacilgliceróis. Os triacilgliceróis (TAG) são constituídos por três ácidos graxos de cadeia longa (geralmente C16–C20) esterificados ao glicerol. Em humanos, o principal local de acúmulo de triacilgliceróis é o citoplasma das células do tecido adiposo. Pequenas quantidades são também encontradas em outros tecidos, incluindo músculo, pâncreas e fígado. Os TAG estão também presentes no sangue na forma de lipoproteínas. Os três ácidos graxos mais abundantes em triacilgliceróis do tecido adiposo e lipoproteínas plasmáticas são o ácido palmítico, o ácido oleico e o ácido linoleico.

No fígado e no tecido adiposo, os triacilgliceróis são sintetizados a partir de ácidos graxos e glicerol-3-fosfato. A síntese envolve a formação de ácido fosfatídico, que também é precursor de glicerofosfolipídeos encontrados nas membranas celulares e em lipoproteínas sanguíneas (Figura 15.14).

1. Geração de glicerol-3-fosfato

Os triacilgliceróis são sintetizados a partir de dois precursores: ácidos graxos na forma acil-CoA (biossintetizados ou supridos pela dieta) e o glicerol-3-fosfato. As fontes de glicerol-3-fosfato diferem no fígado e no tecido adiposo. No fígado, o glicerol-3-fosfato é formado pela fosforilação do glicerol ou a partir da di-hidroxiacetona-fosfato gerada pela glicólise. Nos adipócitos, o glicerol-3-fosfato é obtido exclusivamente a partir da di-hidroxiacetona-fosfato.

A di-hidroxiacetona-fosfato é transformada em glicerol-3-fosfato no fígado e nos adipócitos em reação catalisada pela *glicerol-3-fosfato desidrogenase*:

No fígado, o glicerol livre é transformado em glicerol-3-fosfato na presença da *glicerol cinase*:

No estado de saciedade, a principal fonte de glicerol para a reação da glicerol cinase é liberada dos triacilgliceróis presentes nas lipoproteínas (quilomícrons e VLDL) pela ação da *lipoproteína lipase* (LpL) no sangue. Pequenas quantidades de glicerol podem também ser obtidas a partir da digestão de glicerolipídeos da dieta (p. ex., triacilgliceróis, fosfolipídeos).

2. Síntese do ácido fosfatídico

Os acil-CoA empregados na síntese dos triacilgliceróis são provenientes de ácidos graxos livres ativados pela ação das *acil-CoA sintetases*:

$$\text{Ácido graxo} + \text{CoA} + \text{ATP} \rightarrow \text{acil-CoA} + \text{AMP} + \text{PP}_i$$

A primeira etapa na biossíntese dos triacilgliceróis consiste na acilação dos dois grupos hidroxila livres do glicerol-3-fosfato por duas moléculas de acil-CoA graxo para formar *diacilglicerol-3-fosfato* (fosfatidato ou ácido fosfatídico) em presença da *glicerol-3-fosfato aciltransferase*.

METABOLISMO DOS ÁCIDOS GRAXOS

3. Geração de triacilgliceróis a partir do ácido fosfatídico

A enzima *fosfatidato fosfatase* converte o diacilglicerol-3-fosfato (fosfatidato) em 1,2-diacilglicerol. O fosfatidato e o 1,2-diacilglicerol são precursores de triacilgliceróis e de glicerofosfolipídeos.

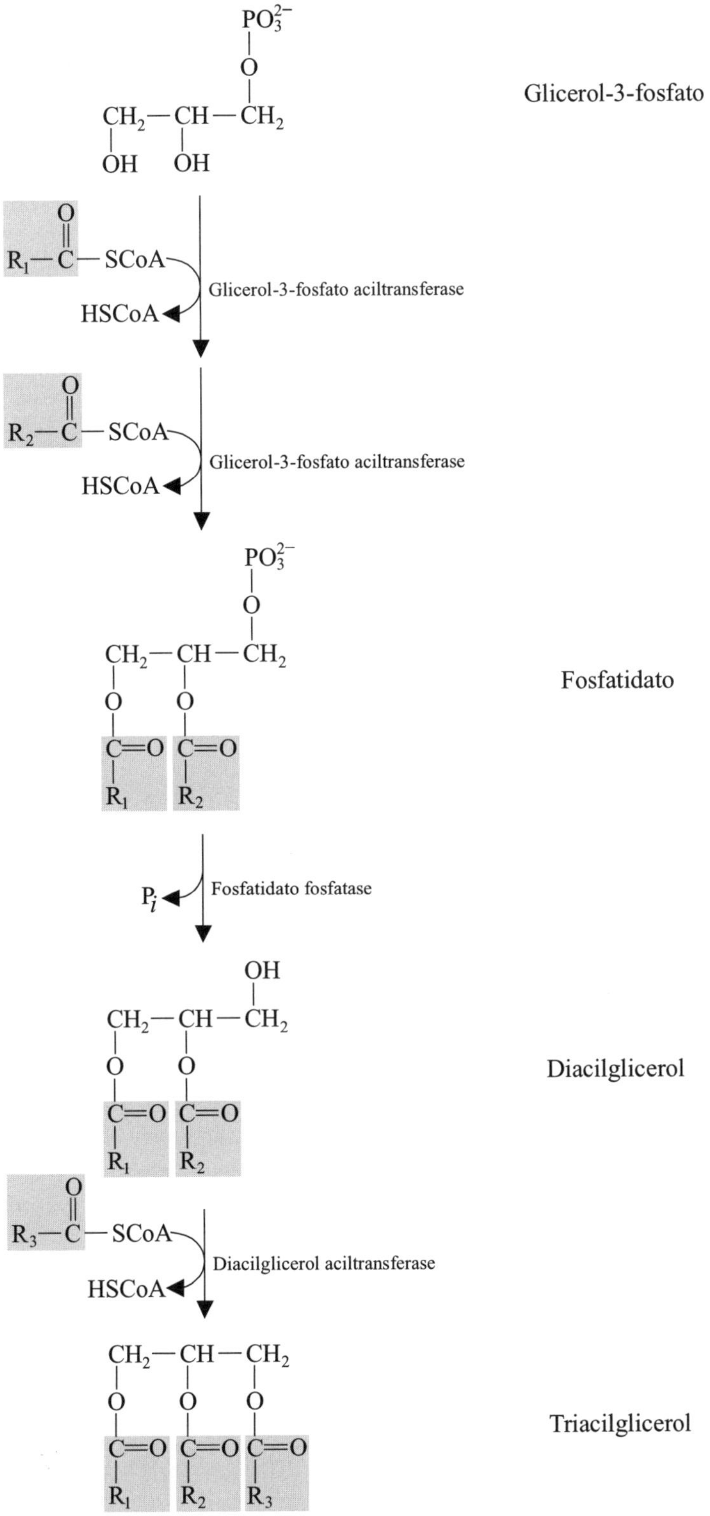

Figura 15.14 ⬤ **Síntese de triacilgliceróis no fígado e em tecido adiposo.**

Na etapa final da biossíntese de triacilgliceróis ocorre a acilação da posição sn-3 do 1,2-diacilglicerol por meio da *diacilglicerol aciltransferase*.

4. Síntese intestinal de triacilgliceróis

Produtos de digestão intestinal de gorduras, ácidos graxos livres e 2-monoacilglicerol, são captados pelos enterócitos. A reunião dos ácidos graxos e do 2-monoacilglicerol para formar triacilgliceróis envolve a sucessiva adição de dois grupos acila ao 2-monoacilglicerol em reações catalisadas por *acil transferases* localizadas no retículo endoplasmático.

Na Figura 15.15 tem-se uma visão geral esquematizada da síntese de ácidos graxos e triacilgliceróis.

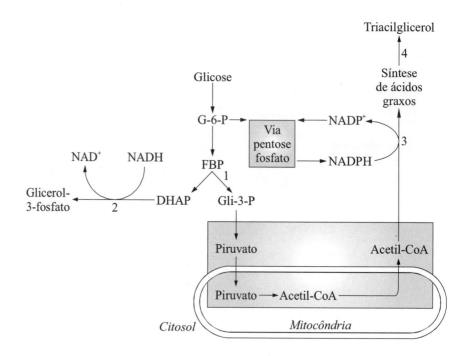

Figura 15.15 • Visão geral da síntese de ácidos graxos e triacilgliceróis. (1) Conversão de glicose em acetil-CoA pela via glicolítica e piruvato desidrogenase. **(2)** Formação de glicerol-3-fosfato a partir de di-hidroxiacetona-fosfato gerada na glicólise. **(3)** Biossíntese de ácidos graxos a partir de acetil-CoA. **(4)** Biossíntese de triacilglicerol a partir de acil-CoA e glicerol-3-fosfato.

15.8 TRANSPORTE DE LIPÍDEOS NO SANGUE: LIPOPROTEÍNAS

O plasma contém uma classe de agregados macromoleculares, denominados *lipoproteínas*, que transportam lipídeos – em particular triacilgliceróis e ésteres de colesterol – na circulação. As lipoproteínas também exercem papel importante no metabolismo desses lipídeos e facilitam a troca de TAG entre os tecidos e o sangue (Figura 15.16).

A Figura 15.17 ilustra a estrutura esquemática de uma lipoproteína plasmática. A capa externa da partícula é composta de proteínas (*apoproteínas*), fosfolipídeos e colesterol livre (não esterificado). As terminações polares dos lipídeos anfipáticos estão voltadas para a superfície externa, enquanto as porções hidrofóbicas estão orientadas para o centro da partícula. O núcleo das lipoproteínas é composto de lipídeos não polares, como os triacilgliceróis e ésteres de colesterol.

METABOLISMO DOS ÁCIDOS GRAXOS

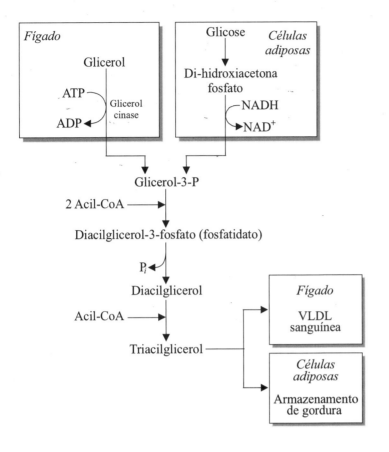

Figura 15.16 • Visão geral da biossíntese dos triacilgliceróis no fígado e nas células adiposas. O glicerol-3-fosfato é proveniente do glicerol no fígado e da di-hidroxiacetona-fosfato no tecido adiposo.

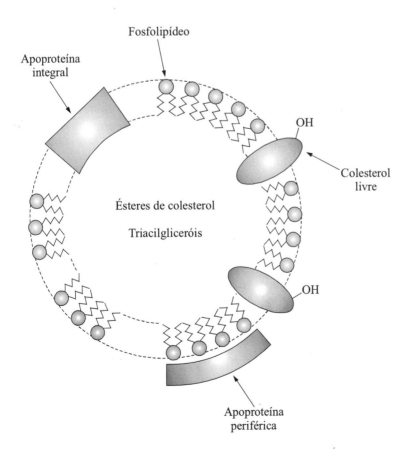

Figura 15.17 • Estrutura geral de uma lipoproteína.

Os componentes proteicos (apoproteínas) exercem várias funções, incluindo a estabilização da estrutura lipoproteica, o reconhecimento de receptores nas membranas celulares e a ativação ou inibição das enzimas envolvidas no metabolismo das partículas de lipoproteínas. Por exemplo, a apo-B100 é reconhecida pelo receptor da LDL (lipoproteína de densidade baixa), enquanto a apo-C2 ativa a enzima lipoproteína lipase, que hidrolisa os triacilgliceróis. As apoproteínas interagem com os receptores celulares e determinam o destino metabólico das lipoproteínas.

Por motivos históricos, as partículas de lipoproteínas são classificadas de acordo com sua densidade. A classe de lipoproteínas mais densas consiste nas *lipoproteínas de densidade alta* (HDL), seguidas das *lipoproteínas de densidade baixa* (LDL), das *lipoproteínas de densidade muito baixa* (VLDL) e dos *quilomícrons* (Tabela 15.2). As principais lipoproteínas transportadoras de triacilgliceróis são as VLDL e os quilomícrons. As LDL e as HDL transportam fundamentalmente ésteres de colesterol. As HDL também contêm algum triacilglicerol. Uma discussão mais aprofundada sobre o metabolismo das lipoproteínas será realizada no Capítulo 16.

1. VLDL transportam triacilgliceróis desde o fígado até os tecidos extra-hepáticos

As VLDL (lipoproteínas de densidade muito baixa) são sintetizadas e secretadas principalmente pelo fígado, com pequena contribuição do intestino delgado após ingestão de alimentos. Triacilgliceróis produzidos no fígado são empacotados com o colesterol, fosfolipídeos e proteínas para formar a partícula VLDL. A principal proteína da VLDL é a apo-B-100.

Na circulação, os triacilgliceróis das VLDL são hidrolisados pela LpL, uma enzima ligada às glicoproteínas da membrana basal das células endoteliais dos capilares, tornando disponíveis os ácidos graxos livres para armazenamento no tecido adiposo e para a geração de energia ou propósitos biossintéticos (p. ex., síntese de fosfolipídeos). Como os TAG são hidrolisados das lipoproteínas, as partículas remanescentes tornam-se menores e mais densas e são chamadas de *lipoproteínas de densidade intermediária* (IDL), que vão se transformar em lipoproteínas de densidade baixa (LDL).

2. Quilomícrons transportam triacilgliceróis exógenos

Os quilomícrons são partículas transitórias presentes na circulação somente por algumas horas após absorção intestinal de triacilgliceróis e outros lipídeos. O principal componente apoproteico dos quilomícrons é a apo-B48.

Os quilomícrons são sintetizados pelas células de borda em escova do intestino delgado e secretados no sistema linfático. Uma vez no sangue, os TAG dos quilomícrons são hidrolisados pela *lipoproteína lipase*. Com a perda de triacilgliceróis, os quilomícrons diminuem de tamanho e tornam-se *remanescentes de quilomícrons* que, eventualmente, são captados pelo fígado.

METABOLISMO DOS ÁCIDOS GRAXOS

Tabela 15.2 ● **Características das principais lipoproteínas**

Lipoproteína	Densidade (g/mL)	Diâmetro (nm)	Principal apoproteína	Principal lipídeo
Quilomícrons	<0,95	75 a 1.200	Apo-B48	TAG exógeno
VLDL	0,95 a 1,006	30 a 80	Apo-B100	TAG endógeno
LDL	1,019 a 1,063	12 a 25	Apo-B100	Éster de colesterol
HDL-2	1,063 a 1,12	10 a 20	Apo-A1	Éster de colesterol
HDL-3	1,12 a 1,21	7,5 a 10	Apo-A1	Éster de colesterol

HDL: lipoproteína de densidade alta; LDL: lipoproteína de densidade baixa; VLDL: lipoproteína de densidade muito baixa; TAG: triacilgliceróis.

A. Hidrólise extracelular de triacilgliceróis

As enzimas que hidrolisam os triacilgliceróis para originar ácidos graxos são classificadas como esterases e chamadas *lipases*. O corpo humano contém várias lipases com diferentes funções. O papel da lipase pancreática na digestão dos TAG da dieta foi descrito no Capítulo 10. As lipases são também necessárias para a hidrólise de TAG presentes nas lipoproteínas para que os ácidos graxos sejam utilizados pelas células. As lipases que atuam sobre as lipoproteínas incluem:

- **Lipoproteína lipase (LpL):** esta glicoproteína é a principal enzima de hidrólise dos TAG no sangue. A LpL é sintetizada principalmente nos adipócitos, no músculo cardíaco e nas glândulas mamárias de lactantes. A enzima está localizada no revestimento de vasos capilares ligada a células endoteliais por ligações não covalentes ao proteoglicano heparan-sulfato. A LpL catalisa a hidrólise de ligações éster nas posições 1 e 3 dos TAG em quilomícrons, VLDL e IDL:

$$\text{Triacilglicerol} + 2\ H_2O \rightarrow 2\ \text{ácidos graxos} + \text{2-monoacilglicerol}$$

Alguns dos monoacilgliceróis gerados na reação são internalizados pelas células vasculares. Os demais isomerizam espontaneamente a 1-monoacilglicerol e são hidrolisados por outra LpL ou por uma *monoacilglicerol lipase* no plasma:

$$\text{1-monoacilglicerol} + H_2O \rightarrow \text{ácido graxo} + \text{glicerol}$$

A ativação da lipoproteína lipase necessita de um cofator ou ativador proteico, a *apo-C2*, sintetizado pelo fígado. Quilomícrons e VLDL sintetizados contêm apo-B48 e apo-B100, respectivamente, mas não contêm apo-C2; em vez disso, eles adquirem a apo-C2 a partir das HDL. Como quilomícrons e VLDL perdem gradualmente grande parte de TAG, a apo-C2 retorna à HDL e, assim, é reciclada.

- **Lipase hepática (HL):** é sintetizada pelos hepatócitos e presa à superfície de capilares hepáticos pelo *proteoglicano heparan-sulfato*. A enzima hidrolisa fosfolipídeos e triacilglieróis contidos na lipoproteína de densidade alta (HDL). A lipase hepática também atua na internalização de lipídeos associados às lipoproteínas pelos hepatócitos.

- **Lipase endotelial:** a lipase endotelial é sintetizada por vários tipos de células, incluindo as células do endotélio vascular. Também libera ácidos graxos dos TAG associados à HDL. Como a lipoproteína lipase e a lipase hepática, a lipase endotelial tem alta afinidade para o proteoglicano heparan-sulfato na superfície celular.

B. Lipases intracelulares

1. Adipócito lipases

A maior parte das gorduras do corpo está armazenada nos adipócitos. Durante o jejum, ou quando há uma crítica e rápida necessidade de energia, os adipócitos hidrolisam parte de seus depósitos de triacilgliceróis e liberam ácidos graxos livres e glicerol para a circulação.

A *lipase controlada por hormônios* (lipase hormônio-sensível) é uma enzima-chave envolvida na hidrólise de triacilgliceróis presentes nos adipócitos; a enzima é ativada pela cascata de transdução de sinal envolvendo o *AMP cíclico* (cAMP) e a *proteína cinase dependente de cAMP* (PKA) (Capítulo 21). Nos adipócitos, a ativação da PKA é iniciada principalmente pela *adrenalina* (epinefrina) e, em menor extensão, pelo *glucagon* e *hormônio do crescimento*. A lipase controlada por hormônios catalisa a hidrólise de ácidos graxos nas posições 1 e 3 das moléculas de triacilgliceróis para produzir 2-monoacilglicerol (2-MAG).

Por muitos anos, a lipase controlada por hormônios foi considerada a enzima-chave na via da lipólise no tecido adiposo. Atualmente, acredita-se que a lipase chamada *desnutrina* ou *adipócito triacilglicerol lipase* (ATGL) catalisa a primeira etapa na hidrólise de triacilgliceróis. A desnutrina catalisa a hidrólise de TAG em diacilgliceróis (DAG) e é a etapa limitante da hidrólise dos triacilgliceróis. A lipase controlada por hormônios é mais ativa para a DAG do que para TAG. Assim, a hipótese atual referente à cascata lipolítica nos adipócitos envolve três esterases que atuam sequencialmente: (1) a desnutrina hidrolisa a primeira ligação éster no TAG, gerando DAG; (2) o DAG é hidrolisado pela lipase controlada por hormônios para produzir 2-monoacilglicerol; e (3) a monoacilglicerol lipase remove o terceiro ácido graxo para produzir glicerol.

2. Lipase muscular

A desnutrina e a lipase controlada por hormônios estão também presentes nas fibras musculares com elevada capacidade de oxidação aeróbica. As duas lipases hidrolisam os TAG dos modestos depósitos intramusculares para prover energia durante o exercício. A lipólise no músculo é ativada pela contração muscular e também por sinalização pela adrenalina (epinefrina).

3. Lipase ácida lisossômica

Essa lipase, cujo pH ótimo é cerca de 5, catalisa a hidrólise de triacilgliceróis e colesterol esterificado na LDL transportada aos lisossomos via vesícula endocítica/receptor de LDL. Os TAG são hidrolisados a ácidos graxos livres e monoacilgliceróis que deixam o lisossomo; esses produtos são usados para a geração de energia ou síntese de fosfolipídeos.

METABOLISMO DOS ÁCIDOS GRAXOS

15.9 REGULAÇÃO DO METABOLISMO DOS TRIACILGLICERÓIS

A *insulina* desempenha importante papel regulador no metabolismo dos triacilgliceróis. O aumento na liberação de ácidos graxos a partir dos TAG associados às lipoproteínas é estimulado pela insulina, que também ativa a síntese e a secreção da enzima lipoproteína lipase pelos adipócitos e miócitos. A insulina também promove a síntese e o armazenamento de triacilgliceróis nos adipócitos e a exportação de VLDL pelos hepatócitos. Simultaneamente, a insulina inibe o desdobramento dos TAG nas células dos adipócitos. Por outro lado, *cortisol*, *adrenalina* (epinefrina) e *hormônio do crescimento* têm ações opostas às da insulina, ou seja, inibem a síntese de ácidos graxos no fígado e adipócitos, promovendo, também, a lipólise nos adipócitos em momentos de escassez de energia no organismo, como no jejum e no exercício.

1. Regulação da síntese de triacilgliceróis

A insulina estimula a desfosforilação e a ativação da *acetil-CoA carboxilase*, a enzima que catalisa a etapa limitante da síntese de ácidos graxos. A insulina também estimula a síntese de ácidos graxos por indução das enzimas que constituem a família do complexo ácido graxo sintase. Além disso, a insulina estimula o catabolismo do excesso de carboidratos da dieta e, assim, aumenta o teor de acetil-CoA, que supre a síntese de ácidos graxos e, consequentemente, a síntese de triacilgliceróis.

2. Regulação da mobilização de triacilgliceróis dos adipócitos

A lipólise dos TAG, que originam ácidos graxos utilizados como fonte de energia, está sob rígido controle hormonal. Como descrito anteriormente, a *desnutrina/ATGL* é a enzima que catalisa a etapa inicial de mobilização dos triacilgliceróis nos adipócitos. A síntese da desnutrina é induzida pela hidrocortisona e inibida pela insulina. A lipase controlada por hormônios é ativada pela adrenalina (epinefrina) via mecanismo envolvendo o cAMP (AMP cíclico). Ao contrário, a insulina atua na desfosforilação da lipase controlada por hormônios e, com isso, inibe a lipólise.

Os adipócitos armazenam triacilgliceróis na forma de glóbulos circundados por uma proteína chamada *pirilipina*. Como a lipase controlada por hormônios, a pirilipina é fosforilada pela *proteína cinase A dependente de cAMP* (PKA). Na forma não fosforilada, a pirilipina atua como uma barreira que limita o acesso das lipases a seus substratos, mantendo, assim, a baixa velocidade de hidrólise dos triacilgliceróis. A fosforilação da pirilipina causa fragmentação e dispersão das gotículas de lipídeos, permitindo a hidrólise eficiente dos TAG nos adipócitos.

3. Regulação da atividade da lipoproteína lipase (LpL)

A lipoproteína lipase está ativa em períodos de jejum e alimentado. No período de jejum, ela exerce um importante papel na disponibilização de ácidos graxos a partir dos triacilgliceróis das VLDL para os músculos esquelético e cardíaco, onde os ácidos graxos servem como combustíveis. Ao contrário, no período alimentado, a LpL direciona os ácidos graxos dos quilomícrons e VLDL para os adipócitos para serem armazenados na forma de TAG. A expressão da LpL é reduzida durante o jejum, enquanto a expressão no músculo é rigidamente regulada. No estado alimentado, a expressão da LpL nos adipócitos é rigidamente regulada.

As formas específicas da LpL presentes no músculo e adipócitos têm diferentes propriedades cinéticas. A enzima muscular tem K_m para os triacilgliceróis menor que o da enzima presente no tecido adiposo. Em consequência, a LpL localizada nos capilares da superfície muscular tem seu sítio ativo saturado mesmo durante o período de jejum, quando os níveis de lipoproteínas contendo triacilgliceróis estão baixos. De modo diverso, a atividade da LpL associada aos capilares do tecido adiposo aumenta no estado alimentado, quando a concentração de lipoproteínas ricas em triacilgliceróis está relativamente alta.

RESUMO

1. A acetil-CoA exerce papel central na maioria dos processos metabólicos relacionados aos lipídeos. Por exemplo, a acetil-CoA é usada na síntese dos ácidos graxos. Quando os ácidos graxos são degradados para gerar energia, o produto é a acetil-CoA.

2. Dependendo das necessidades energéticas, as moléculas de gordura são empregadas para a geração de energia ou são armazenadas nos adipócitos. Quando as reservas de energia do organismo estão baixas, as gorduras armazenadas são mobilizadas em processo denominado *lipólise*. Na lipólise, os triacilgliceróis são hidrolisados em ácidos graxos e glicerol. O glicerol é transportado para o fígado, onde pode ser usado na síntese de lipídeos ou de glicose.

3. Os ácidos graxos mobilizados dos depósitos são degradados para formar acetil-CoA na mitocôndria, em processo denominado β-oxidação. A β-oxidação nos peroxissomos encurta os ácidos graxos muito longos. Outras reações degradam ácidos graxos de cadeia ímpar e insaturados. Quando o produto de degradação dos ácidos graxos (acetil-CoA)

está presente em excesso, são produzidos corpos cetônicos.

4. A síntese dos ácidos graxos ocorre no citosol e inicia com a carboxilação da acetil-CoA para formar malonil-CoA. As demais reações da síntese dos ácidos graxos são realizadas pelo complexo ácido graxo sintase. Várias enzimas estão disponíveis para o alongamento e o processo de dessaturação dos ácidos graxos da dieta e sintetizados no organismo.

5. A acetil-CoA para a síntese de ácidos graxos é produzida a partir do piruvato no interior da mitocôndria. Não é diretamente transportada para o citosol, mas por um mecanismo que envolve o citrato.

6. O doador de dois carbonos no processo não é a acetil-CoA, mas a molécula com três carbonos, a malonil-CoA. Ela é formada por carboxilação da acetil-CoA.

7. Os triacilgliceróis são reservas de energia altamente concentradas e são sintetizados a partir do glirerol-3-fosfato e ácidos graxos (acil-CoA).

8. A enzima acetil-CoA carboxilase exerce papel importante no controle do metabolismo dos ácidos graxos.

BIBLIOGRAFIA

Campbell PN, Smith AD, Peters TJ. Biochemistry illustrated: biochemistry and molecular biology in the post-genomic era. 5 ed. Elsevier: Edinburh, 2005:175-82.

Horton HR, Moran LA, Ochs RS, Rawn JD, Scrimgeour KG. Principles of biochemistry. 3. ed. Upper Saddle River: Prentice Hall, 2002:264-303.

McKee T, McKee JR. Biochemistry: the molecular basis of live. 3. ed. New York: McGraw-Hill, 2003:373-416.

Nelson DL, Cox MM. Lehninger: principles of biochemistry. 4. ed. New York: Freeman, 2004:631-55.

Neels JG, Olefsky JM. A new way to burn fat. Science 2006; 312:1756-8.

Rosenthal MD, Glew RH. Medical biochemistry. Danvers: Wiley, 2009:141-90.

Zechner R, Kienesberger E, Haemmerle G et al. Adipose triglyceride lipase and the lipolytic catabolism of cellular fat stores. J Lipid Res 2009; 50:3-21.

16

Fosfolipídeos, Eicosanoides e Esteroides

16.1 FOSFOLIPÍDEOS

Fosfolipídeos são lipídeos que contêm fósforo e são formados por ácidos graxos e ácidos fosfóricos esterificados a um álcool. Os fosfolipídeos são moléculas heterogêneas anfifílicas, contendo uma região hidrofóbica e uma região hidrófila na mesma molécula. São divididos em duas classes: *fosfoglicerídeos* (glicerofosfolipídeos), em que o álcool é o glicerol, e *esfingolipídeos*, cujo álcool é a esfingosina. Os lipídeos de membrana celular são compostos por fosfolipídeos (fosfoglicerídeos e esfingolipídeos), glicoesfingolipídeos e colesterol. A maioria dos fosfolipídeos é formada por *fosfoglicerídeos*, cuja porção hidrofóbica da molécula é a 1,2-diacilglicerol. A hidroxila do carbono 3 da 1,2-diacilglicerol é esterificada pelo ácido fosfórico. O grupo fosfato do 1,2-diacilglicerol-3-fosfato (ácido fosfatídico) está ligado a uma base: colina, etanolamina, serina ou inositol. A fosfatidilcolina é um exemplo de diacilglicerol fosfolipídeo. Outros fosfoglicerídeos são os éteres lipídeos, que possuem um hidrocarboneto de cadeia longa na posição 1 unida por éter ao glicerol em lugar da ligação éster. A *esfingomielina* é um fosfolipídeo que contém *esfingosina* em lugar do diacilglicerol. A amina da esfingosina liga-se a ácido graxo por uma ligação amídica, enquanto a hidroxila primária é esterificada com fosfatidilcolina (Capítulo 8). As principais funções dos fosfolipídeos são descritas a seguir:

- **Formação de membranas:** a maior parte dos fosfolipídeos em humanos ocorre como elementos estruturais das membranas que separam o citosol do espaço extracelular ou na compartimentalização celular (p. ex., membranas mitocondriais). Nas membranas, a fosfatidilcolina é o fosfoglicerídeo mais abundante, enquanto a esfingomielina é o mais comum derivado da ceramina. A membrana plasmática é assimétrica no que se refere à composição lipídica. Nela, a fosfatidilcolina e a esfingomielina tendem a se concentrar na lâmina externa da bicamada da membrana, enquanto a fosfatidiletanolamina, a fosfatidilserina e o fosfatidilinositol tendem a se concentrar na lâmina interna, voltada para o citosol. Membranas da mielina e matéria cinza do tecido nervoso são particularmente enriquecidas com esfingomielina (Capítulo 8).

- **Emulsificação:** os fosfolipídeos são moléculas anfifílicas que dispersam misturas insolúveis formadas por moléculas hidrofóbicas (p. ex., triacilgliceróis, colesterol esterificado) no processo de digestão e durante o transporte de lipídeos na circulação. No líquido biliar, os fosfolipídeos servem a duas funções: (1) no intestino, os fosfolipídeos auxiliam a dispersão de triacilgliceróis e colesterol esterificado da alimentação, colaborando com sua digestão e absorção; (2) os fosfolipídeos solubilizam o colesterol biliar (a maioria na forma não esterificada), minimizando a precipitação do colesterol e a formação de cálculos no trato biliar. Os fosfolipídeos compõem também a capa das partículas lipoproteicas no plasma sanguíneo (p. ex., quilomícrons, VLDL, LDL, HDL), que transportam lipídeos na circulação.

- **Surfactantes:** o surfactante pulmonar é formado por camada lipídica (90%) e proteica (10%) que cobre a superfície alveolar do pulmão. O surfactante, produzido pelos pneumócitos tipo II, reduz a tensão superficial da interface ar-água dos alvéolos pulmonares, prevenindo o colapso do pulmão no final da fase expiratória da respiração. Cerca de 75% do surfactante lipídico consiste em fosfatidilcolina, metade da qual é constituída de dipalmitoil fosfatidilcolina, que contém duas moléculas de ácido palmítico (ácido graxo saturado com 16 átomos de carbono). O fosfatidilinositol e o fosfatidilglicerol correspondem, juntos, a cerca de 15% do total de fosfolipídeos no surfactante.

- **Âncoras de proteínas:** o fosfatidilinositol (PI) pode ancorar certas proteínas na lâmina externa da membrana plasmática em diferentes tipos de células. A *glicosilfosfatidilinositol* (âncora GPI) consiste em um PI anfifílico ligado a um oligossacarídeo contendo etanolamida preso pelo terminal carboxílico do aminoácido de uma glicoproteína madura. Acetilcolinesterase, fosfatase alcalina e 5'-nucleotidase são exemplos de proteínas ancoradas às membranas pelo PI.

- **Ativação de enzimas:** existem muitas situações em que os fosfolipídeos atuam na ativação enzimática. Por exemplo, a glicocerebrosidase, uma enzima lisossomal ligada à membrana que hidrolisa a glicosilceramida a glicose e ceramida, é ativada pela fosfatidilserina. Do mesmo modo, a atividade da β-hidroxibutirato desidrogenase, que está envolvida na síntese de corpos cetônicos no fígado, e a utilização do β-hidroxibutirato nos tecidos periféricos (p. ex., músculos, cérebro) são dependentes da fosfatidilcolina. As atividades de várias proteases envolvidas na coagulação do sangue necessitam de fosfatidilserina e cálcio.

- **Precursores de moléculas sinalizadoras:** a hidrólise de fosfolipídeos de membrana gera várias moléculas envolvidas na sinalização célula-célula. Diacilglicerol, ceramida, ácido lisofosfatídico e ácido fosfatídico ativam várias proteínas cinases, enquanto a esfingosina-1-fosfato e o ácido lisofosfatídico são moléculas sinalizadoras extracelulares cujas funções incluem a promoção da angiogênese (crescimento de novos vasos sanguíneos a partir de vasos já existentes) e da mitogênese (desenvolvimento da mitose celular). O *fator de ativação de plaquetas* (PAF) é um fosfolipídeo derivado da fosfatidilcolina da membrana de plaquetas que opera como agente hipotensivo e inflamatório. Os fosfolipídeos de membrana também fornecem estoques de ácido araquidônico, que é o precursor de prostaglandinas e outros eicosanoides.

FOSFOLIPÍDEOS, EICOSANOIDES E ESTEROIDES

- **Remoção de radicais livres:** os plasmalogênios – uma subclasse de glicerofosfolipídeos éter-ligados que contém uma liga dupla éter vinil (–CH₂–O–CH=CH–) na posição 1 do glicerol – estão presentes em altas concentrações no coração. Mediante a remoção de radicais livres, os plasmalogênios podem proteger outros lipídeos de membrana de dano oxidativo.

A. Síntese de fosfoglicerídeos

Todas as células, com exceção de eritrócitos maduros, são capazes de sintetizar um ou mais fosfoglicerídeos. O fígado é o principal local de síntese. Além da produção para uso próprio, o fígado gera fosfolipídeos para a bile e para a capa de lipoproteínas plasmáticas (p. ex., VLDL). Dois outros tecidos com alta capacidade de síntese são: (1) enterócitos intestinais, que reesterificam os lisofosfolipídeos produzidos a partir de fosfolipídeos biliares e da alimentação durante a digestão, e (2) as células tipo II do pulmão, que sintetizam surfactantes pulmonares.

A biossíntese de fosfoglicerídeos ocorre primariamente na superfície citoplasmática do retículo endoplasmático liso e no complexo de Golgi. Como as enzimas estão associadas à membrana com seus sítios ativos direcionados para o citosol, a biossíntese dos fosfolipídeos acontece na interface da membrana do retículo plasmático e do citosol. A composição de ácidos graxos nos fosfolipídeos é alterada discretamente após a síntese. (Tipicamente, os ácidos graxos insaturados substituem os ácidos graxos saturados incorporados durante a síntese.) Parte do remodelamento é executada por fosfolipases e aciltransferases. Provavelmente, o processo possibilita à célula ajustar a fluidez de suas membranas.

1. Síntese da fosfatidilcolina e fosfatidiletanolamina

As primeiras reações para a formação do fosfatidato são compartilhadas com a via de formação dos triacilgliceróis (Capítulo 15). A *fosfatidiletanolamina* e a *fosfatidilcolina* são sintetizadas de modo similar. A síntese da fosfatidiletanolamina inicia-se no citoplasma, quando a etanolamina entra na célula e é, então, imediatamente fosforilada. Subsequentemente, a fosfoetanolamina reage com a CTP (citidina trifosfato) para formar o intermediário ativado CDP-etanolamina. Vários nucleotídeos atuam como carreadores de alta energia para moléculas específicas. Os derivados CDP têm importante papel na transferência de grupos cabeça polar na síntese de fosfoglicerídeos. A CDP-etanolamina é convertida em fosfatidiletanolamina quando reage com o diacilglicerol (DAG). A reação é catalisada por enzima no retículo endoplasmático (Figura 16.1)

A biossíntese de fosfatidilcolina é similar à da fosfatidiletanolamina. A colina necessária nessa via é obtida da alimentação. Entretanto, a fosfatidilcolina é também sintetizada no fígado a partir da fosfatidiletanolamina. A fosfatidiletanolamina é metilada em três etapas pela enzima fosfatidiletanolamina-*N*-metil transferase para formar o produto trimetilado, a fosfatidilcolina. O doador de metila é a *S-adenosilmetionina* (AdoMet) (ver tópico 17.8.A).

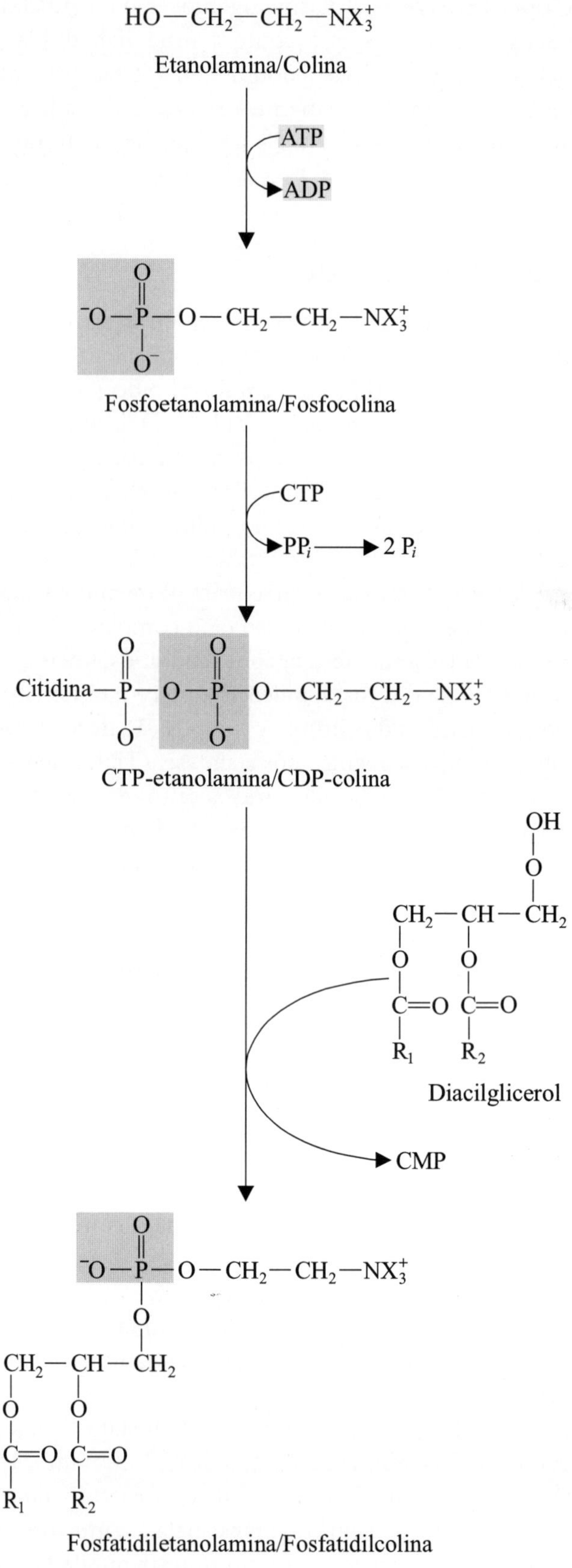

$$HO-CH_2-CH_2-NX_3^+$$

Etanolamina/Colina

ATP → ADP

$$^-O-\overset{\overset{O}{\parallel}}{\underset{\underset{O^-}{\mid}}{P}}-O-CH_2-CH_2-NX_3^+$$

Fosfoetanolamina/Fosfocolina

CTP → PP$_i$ ⟶ 2 P$_i$

$$Citidina-\overset{\overset{O}{\parallel}}{\underset{\underset{O^-}{\mid}}{P}}-O-\overset{\overset{O}{\parallel}}{\underset{\underset{O^-}{\mid}}{P}}-O-CH_2-CH_2-NX_3^+$$

CTP-etanolamina/CDP-colina

$$\begin{array}{c} OH \\ | \\ O \\ | \\ CH_2-CH-CH_2 \\ | \quad\quad | \\ O \quad\quad O \\ | \quad\quad | \\ C=O \quad C=O \\ | \quad\quad | \\ R_1 \quad\quad R_2 \end{array}$$

Diacilglicerol

CMP

$$^-O-\overset{\overset{O}{\parallel}}{\underset{\underset{O}{\mid}}{P}}-O-CH_2-CH_2-NX_3^+$$

$$\begin{array}{c} CH_2-CH-CH_2 \\ | \quad\quad | \\ O \quad\quad O \\ | \quad\quad | \\ C=O \quad C=O \\ | \quad\quad | \\ R_1 \quad\quad R_2 \end{array}$$

Fosfatidiletanolamina/Fosfatidilcolina

Figura 16.1 ● **Síntese da fosfatidiletanolamina e da fosfatidilserina.** O X é H na etanolalamina e é CH$_3$ na colina.

2. Síntese da fosfatidilserina

A fosfatidilserina é gerada em reação na qual a etanolamina da fosfatidiletanolamina é substituída pela serina. A reação, catalisada por uma enzima do retículo endoplasmático, é reversível. Na mitocôndria, a fosfatidilserina pode ser convertida em fosfatidiletanolamina por descarboxilação (Figura 16.2).

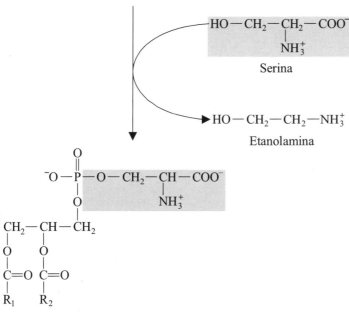

Figura 16.2 Síntese da fosfatidilserina.

3. Síntese de fosfoinositol

O fosfatidilinositol é sintetizado pela condensação de CDP-diacilglicerol com o inositol (Figura 16.3).

B. Síntese de esfingolipídeos

Os esfingolipídeos são fosfolipídeos de membrana que possuem ceramida, um derivado do aminoálcool *esfingosina* em lugar do glicerol. A síntese da ceramina inicia-se pela condensação de palmitoil-CoA com a serina para formar 3-cetoesfinganina. A reação é catalisada pela *3-cetoesfinganina sintase*,

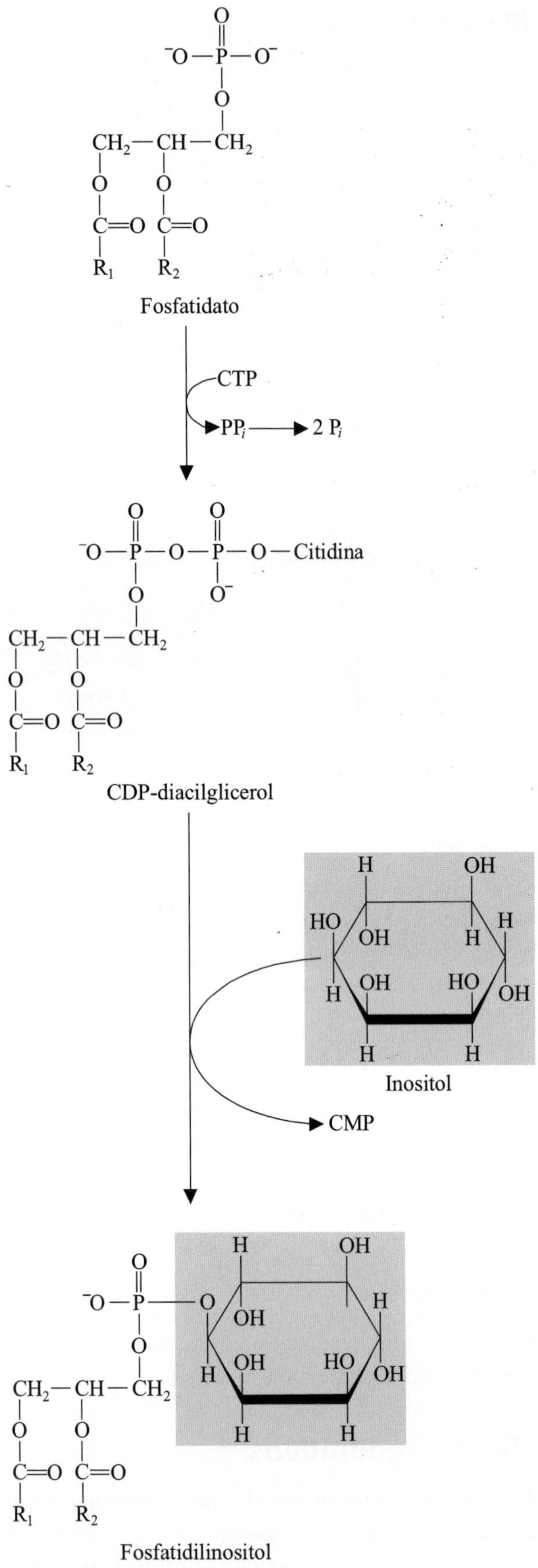

Figura 16.3 ● **Síntese do fosfatidilinositol.**

uma enzima piridoxal-fosfato-dependente. O grupo carbonila da 3-cetoesfinganina é subsequentemente reduzido pelo NADPH para formar *esfinganina*. Em processo de duas etapas envolvendo a acil-CoA e a FADH$_2$, a esfinganina é convertida em *ceramida*. A esfingomielina é formada quando a ceramida reage com a fosfatidilcolina. (Em reação alternativa, a CDP-colina é usada em lugar da fosfatidilcolina.)

Quando a ceramida reage com a UDP-glicose, a *glicosilceramida* (um cerebrosídeo comum, às vezes denominado glicosilcerebrosídeo) é produzida. O *galactocerebrosídeo*, precursor de outros glicolipídeos, é sintetizado pela reação da ceramida com a UDP-galactose. Os sulfatídeos são formados quando os galactocerebrosídeos reagem com a molécula doadora de sulfato a *3'-fosfoadenosina-5'-fosfossulfato* (PAPS). A transferência de grupos sulfato é catalisada por uma *sulfotransferase microssomal*. Os esfingolipídeos são degradados nos lisossomos. As doenças chamadas *esfingolipidoses* são provocadas pela falta ou defeito de enzimas necessárias à degradação dessas moléculas. A *síndrome de Niemann-Pick* resulta de deficiência na atividade da enzima *ácido esfingomielinase*, que cliva o esfingolipídeo para liberar a colina-fosfato e a ceramida. A ausência dessa enzima provoca um acúmulo da esfingomielina nos lisossomos.

C. Fosfolipases

Os fosfolipídeos de membrana são moléculas dinâmicas que sofrem rápidas renovações e modificações caracterizadas por reações de hidrólise e ressíntese. Por exemplo, em células animais, cerca de duas divisões celulares são necessárias para a substituição de metade do número total de moléculas de fosfolipídeos. Os fosfoglicerídeos são degradados pelas *fosfolipases*, que catalisam o rompimento de ligações específicas e são denominadas de acordo com a ligação clivada. As fosfolipases A$_1$, A$_2$ (PLA$_2$), B, C e D hidrolisam ligações em diferentes posições e contribuem para o remodelamento dos fosfoglicerídeos:

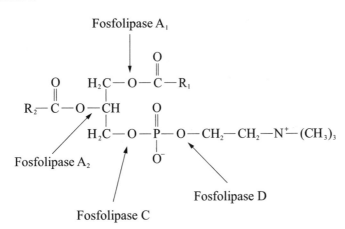

Fosfatidilcolina

- **Fosfolipase A$_1$**: catalisa a hidrólise de glicerofosfolipídeos na posição 1, liberando ácidos graxos livres. Algumas lipases que atuam na hidrólise de triacilgliceróis, como a lipase hepática e a lipoproteína lipase, também têm atividade de fosfolipase A$_1$.

- **Fosfolipase A$_2$ (PLA$_2$):** libera ácidos graxos da posição 2 de fosfolipídeos. Existem várias PLA$_2$, incluindo uma fosfolipase A$_2$ citoplasmática específica para o ácido araquidônico, ativada pelo Ca^{2+} e envolvida na regulação da biossíntese de prostaglandinas e leucotrienos. A PLA$_2$ extracelular inclui a fosfolipase A$_2$ pancreática, que hidrolisa fosfolipídeos no intestino delgado e uma PLA$_2$ que atua como esterase extracelular que participa na resposta inflamatória. A PLA$_2$ é também encontrada no veneno das serpentes.

- **Fosfolipase B:** tem atividade lisofosfolipase e fosfolipase e é capaz de remover ambos os ácidos graxos dos glicerofosfolipídeos.

- **Fosfolipase C:** é uma fosfodiesterase que cliva fosfolipídeos para separar o grupo da cabeça polar do diacilglicerol. Uma importante fosfolipase C é específica para a fosfatidilinositol bisfosfato (PIP$_2$), que exerce papel fundamental na transdução de sinal (Capítulo 21).

- **Fosfolipase D:** hidrolisa o grupo cabeça polar da ligação fosfodiéster de fosfolipídeos. Em algumas células (p. ex., neutrófilos) uma fosfolipase D gera ácido fosfatídico durante ativação celular mediada por agonistas.

- **Esfingomielinase:** é análoga à fosfolipase C e catalisa reações de clivagem de esfingomielina no lado lipídico da ponte fosfodiéster. As células em mamíferos contêm múltiplas esfingomielinases que geram ceramida por vários agentes, incluindo 1,25-di-hidroxivitamina D$_3$, citocinas e corticosteroides. A ceramida ativa algumas fosfoproteínas fosfatases também como uma proteína cinase; o aumento da concentração de ceramida pode inibir o crescimento, a diferenciação e, em alguns casos, a apoptose.

D. Reações de remodelamento de fosfolipídeos

Os fosfolipídeos de membrana sofrem consideráveis modificações. As reações servem para converter os fosfolipídeos gerados pelas vias biossintéticas já descritas em misturas de estruturas fosfolipídicas específicas requeridas pelas células.

1. Reações de acilação/desacilação

Em muitos casos, o fosfolipídeo inicialmente sintetizado não possui os ácidos graxos apropriados nas posições 1 e 2 no resíduo de glicerol. O ácido fosfatídico geralmente contém palmitato e estearato na posição 1 e linoleato ou oleato na posição 2. Reações de remodelamento são, portanto, necessárias para introduzir o ácido araquidônico na posição 2 da fosfatidilcolina, da fosfatidiletanolamina e do fosfatidilinositol, de onde serão mobilizados para iniciar a síntese de eicosanoides. Nos pulmões, os pneumócitos do tipo II utilizam reações de remodelamento para gerar dipalmitoil-fosfatidilcolina (DPPC), o principal componente fosfolipídico da camada lipídica extracelular que reveste os alvéolos dos pulmões normais. O DPPC reduz a superfície de tensão da camada superficial aquosa dos pulmões, facilitando a abertura dos alvéolos durante a inspiração. A deficiência do surfactante pulmonar em recém-nascidos prematuros dá origem à *síndrome do sofrimento respiratório do lactente* (IRDS).

O remodelamento inicia-se pela ação de uma fosfolipase A$_2$, que remove ácidos graxos da posição 2 do fosfolipídeo, gerando o correspondente lisofosfolipídeo. Existem dois mecanismos para reacilação do lisofosfolipídeo: (1)

FOSFOLIPÍDEOS, EICOSANOIDES E ESTEROIDES

acilação direta, que usa acil-CoA como doador de ácidos graxos, e (2) transacilação, na qual o ácido graxo que acila o lisofosfolipídeo é obtido a partir de outro fosfolipídeo em uma reação de transesterificação:

- **Síntese do fator de ativação de plaquetas (PAF):** um exemplo de reações de acilação/desacilação é a via da síntese de PAF. PAF é uma alquila com um grupo fosfatidilcolina. Contém um grupo acetil no carbono 2 do glicerol e um éter básico saturado com 18 carbonos ligado ao grupamento hidroxila no carbono 1 do glicerol, em vez dos ácidos graxos de cadeia longa usualmente encontrados na fosfatidilcolina. O PAF é sintetizado por células inflamatórias, como neutrófilos e macrófagos, e é um potente mediador das reações de hipersensibilidade, reações inflamatórias agudas e choque anafilático. A síntese de PAF envolve a fosfolipase A_2, que atua na remoção de ácidos graxos de cadeia longa da posição 2, seguida pela acilação pela acetil-CoA. Como o principal ácido graxo liberado é o araquidonato, a produção de PAF é muitas vezes acompanhada pela síntese de eicosanoides. A inativação de PAF envolve hidrólise, para remover o grupo acetila, seguida por reacilação, para regenerar um fosfolipídeo de membrana.

2. Síntese de novo de colina e etanolamina

Embora o inositol seja sintetizado a partir de glicose-6-fosfato, não existe uma via direta para a síntese de etanolamina ou colina. As sínteses de etanolamina e colina são realizadas a partir da serina presente na fosfatidilserina. A geração de fosfatidiletanolamina pela descarboxilação da fosfatidilserina ocorre na mitocôndria de muitas células:

$$\text{Fosfatidilserina} \rightarrow \text{fosfatidiletanolamina} + CO_2$$

Ao contrário, a conversão de fosfatidiletanolamina em fosfatidilcolina ocorre somente nos hepatócitos e é catalisada pela enzima fosfatidiletanolamina *N*-metiltransferase, exigindo três moléculas de *S*-adenosilmetionina (AdoMet) (Capítulo 17) para transferir sucessivamente três grupos metila ao nitrogênio da fosfatidiletanolamina:

$$\text{Fosfatidiletanolamina} + 3S\text{-adenosilmetionina} \rightarrow$$
$$\text{fosfatidilcolina} + 3S\text{-adenosil-homocisteína}$$

3. Fosforilação de fosfatidilinositol

Outro exemplo de síntese de fosfolipídeo ocorre por modificação de um fosfolipídeo preexistente: a fosforilação do grupo inositol do fosfatidilinositol. Os principais produtos dessa via são o fosfatidil-4,5-bisfosfato (PI-4,5-P_2), que é substrato para a fosfolipase C, e o fosfatidil-3-fosfato (PI-3-P), que está envolvido no trânsito endossômico.

16.2 EICOSANOIDES

Os eicosanoides constituem uma família complexa de importantes mediadores que apresentam uma ampla gama de funções. Com exceção dos eritrócitos, os eicosanoides são produzidos em quase todas as células e tecidos de mamíferos. São sintetizados e liberados imediatamente sem serem armazenados. Atuam principalmente como hormônios, afetando as próprias células que os produzem, ou células vizinhas. Fazem a intermediação dos processos de contração da musculatura intestinal e uterina, inflamação, dor, febre e regulação da pressão sanguínea. Os eicosanoides também estão relacionados com o infarto do miocárdio e a artrite reumatoide. Como agem em tecidos próximos às células que os produzem, os eicosanoides são chamados reguladores *autócrinos*. Em geral, os eicosanoides são ativos por curtos períodos (muitas vezes por segundos ou minutos).

A maioria dos eicosanoides é derivada do araquidonato ($20:4^{\Delta 5,8,11,14}$), sintetizado a partir do linoleato pela adição de uma unidade de três carbonos, seguida por descarboxilação e dessaturação (Figura 16.4).

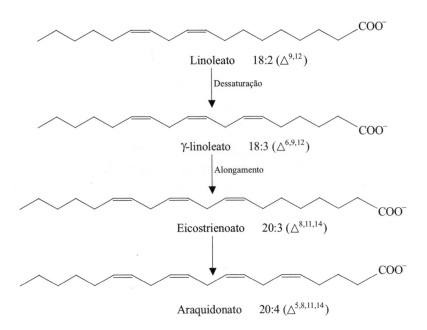

Figura 16.4 ● **Síntese do araquidonato.** O linoleato é alongado e dessaturado para produzir araquidonato, ácido graxo com C20 com quatro duplas ligações.

Quase todo o araquidonato é armazenado nas membranas celulares como ésteres no C2 do glicerol nos fosfoglicerídeos. A *fosfolipase A_2* libera o araquidonato dos fosfoglicerídeos:

Fosfoglicerídeo + H_2O → 1-acilfosfoglicerídeo + araquidonato

Como o araquidonato e a maioria de seus metabólitos contêm 20 carbonos, eles são chamados *eicosanoides* (do grego *eikosi*, vinte). Os eicosanoides são distribuídos em duas classes principais: (1) prostanoides, que possuem um anel e incluem prostaglandinas, tromboxanos e prostaciclinas; (2) eicosanoides lineares, que consistem em leucotrienos, lipoxinas e ácidos hidroxieicosatetraenoicos (HETE).

A. Prostaglandinas (PG)

As prostaglandinas são ácidos graxos com 20 carbonos sintetizados nas membranas a partir do araquidonato. Contêm um anel de cinco carbonos com grupos hidroxila em C11 e C15. As prostaglandinas são designadas PGA, PGD,

FOSFOLIPÍDEOS, EICOSANOIDES E ESTEROIDES

PGE ou PGF com base nos grupos funcionais no anel ciclopentano compostos por 8 a 12 carbonos.

Por exemplo, PGE$_2$ contém um grupo carbonila em C9 e um grupo hidroxi em C11, enquanto PGF$_{2\alpha}$ contém dois grupos OH; α designa a estereoquímica do grupo hidroxila em C9. O algarismo subescrito indica o número de ligações duplas na molécula (PGE$_2$, duas duplas ligações).

As prostaglandinas estão envolvidas em uma grande variedade de funções de controle. Por exemplo, promovem inflamação e processos que produzem dor e febre. Atuam nos processos de reprodução (p. ex., ovulação e contrações uterinas) e digestão (p. ex., inibição da secreção gástrica). Ações biológicas adicionais de algumas prostaglandinas são mostradas na Figura 16.5.

1. Prostaglandina G/H sintase

A chave da biossíntese de prostaglandinas é a reação catalisada pela *prostaglandina G/H sintase* (PGS) bifuncional. A PGS é uma enzima de cadeia polipeptídica única, mas que apresenta dois componentes: (1) *ciclo-oxigenase* (COX), que catalisa a ciclização e a introdução de duas moléculas de oxigênio molecular ao araquidonato para formar a prostaglandina G$_2$ (PGG$_2$); e (2) *peroxidase*, que converte o grupo hidroperóxido (–OOH) no carbono 15 da PGG$_2$ em grupo hidroxila para formar a PGH$_2$ (Figura 16.5). A PGH$_2$ é precursora das demais prostaglandinas e tromboxanos. A ciclo-oxigenase também catalisa a interrupção de síntese de prostaglandinas por destruir-se de modo autocatalítico ("enzima suicida").

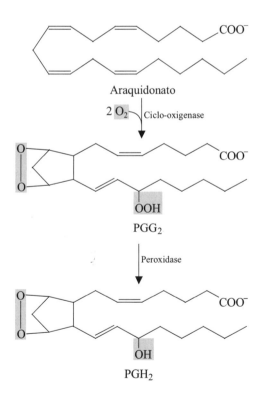

Figura 16.5 • **Síntese de PGH$_2$ a partir do araquidonato.**
PGH$_2$ é a precursora das demais prostaglandinas e dos tromboxanos.

Há duas formas distintas de ciclo-oxigenase, comumente designadas *COX1* e *COX2*. A COX1 é constitutivamente expressa e encontrada em mucosa gástrica, plaquetas, endotélio vascular e rins, enquanto a COX2 é produzida somente em resposta aos estímulos inflamatórios que medeiam a dor, como as citocinas. É expressa, principalmente, em macrófagos ativados e monócitos, assim como no músculo liso e nas células epiteliais. Estudos recentes identificaram uma terceira isoenzima da PGS, a COX3, que é expressa no córtex cerebral e é inibida por fármacos analgésicos e antipiréticos, como o paracetamol, que por sua vez não inibem a COX1 e a COX2. A transcrição da COX2, mas não da COX1, é inibida pelos *corticosteroides anti-inflamatórios.*

2. Síntese de prostaglandinas

Uma família de prostaglandinas sintases (p. ex., PGD sintase, PGE sintase, PGI sintase) converte a PGH_2 em várias prostaglandinas. A PGH_2 é também precursora de tromboxano A_2, no qual o anel ciclopentano é substituído por um anel com seis elementos contendo oxigênio. Uma prostaglandina que não é sintetizada diretamente da PGH_2 é a PGF_2, que é formada a partir da PGE_2 pela PGE 9-ceto redutase.

B. Tromboxanos (TX)

Os tromboxanos também são derivados do ácido araquidônico. Diferem das prostaglandinas por possuírem um anel de seis membros contendo oxigênio em lugar do anel ciclopentano. O *tromboxano A_2 sintase*, presente no retículo endoplasmático, catalisa a conversão de PGG_2 em *tromboxano A_2* (TXA_2). O TXA_2, o mais proeminente membro do grupo dos eicosanoides, é produzido principalmente pelas plaquetas e pelo pulmão. Uma vez liberado, o TXA_2 promove a agregação plaquetária e a vasoconstrição.

A coagulação sanguínea intravascular (trombose) que pode precipitar ataque cardíaco é prevenida pelo ácido acetilsalicílico, por bloquear a primeira etapa da geração de tromboxanos, que estimulam a agregação de plaquetas (um dos eventos da trombose). Entretanto, o ácido acetilsalicílico pode irritar a mucosa gástrica como efeito adverso. A úlcera gástrica desenvolve-se pela inibição de COX, que reduz a síntese de prostaglandinas, compostos que estimulam a mucosa gástrica a secretar sua capa protetora.

C. Leucotrienos (LT), ácidos hidroxieicosatetraenoicos (5-HETE) e lipoxinas (LX)

Leucotrienos (LT), ácidos hidroxieicosatetraenoicos (5-HETE) e lipoxinas (LX) são derivados lineares do ácido araquidônico, cuja síntese é iniciada por peroxidação. Os vários leucotrienos diferem na posição do peróxido e na natureza do grupo tioéter preso perto do local da peroxidação. O nome *leucotrienos* lembra que eles foram descobertos nos leucócitos (glóbulos brancos) e possuem um trieno (três duplas ligações conjugadas carbono-carbono) em suas estruturas. (O termo *conjugado* indica que as duplas ligações carbono-carbono são separadas por uma ligação carbono-carbono simples.) Atuam como mediadores da inflamação e nas reações alérgicas. Os leucotrienos mais importantes em humanos são o LTA_4 e o LTB_4 e seus derivados, LTC_4, LTD_4 e LTE_4, que contêm quatro duplas ligações, todos provenientes do ácido araquidônico. (O subscrito no nome do leucotrieno indica o número total de ligações duplas.) A SRS-A (*substância de reação lenta da anafilaxia*) é uma mistura de LTC_4, LTD_4 e LTE_4, que promove a contração dos músculos lisos, constrição de vias aéreas, traqueia e intestino, inflamação e aumento da permeabilidade capilar (edema) (Figura 16.6).

Os HETE estão relacionados com os leucotrienos, mas sem a série de duplas ligações conjugadas. O 5-HETE e o LTB$_4$ regulam a função de neutrófilos e eosinófilos; especialmente os que medeiam quimiotaxia, estimulam a adenilato ciclase e induzem os granulócitos polimorfonucleares a liberarem enzimas hidrolíticas lisossomais.

As *lipoxinas* constituem outra classe de eicosanoides lineares derivados do ácido araquidônico. Suas estruturas são distintas daquelas dos leucotrienos e HETE, contendo três grupos hidroxilas e um sistema tetraeno conjugado. A LXA$_4$ e o LTB$_4$ apresentam diferentes funções fisiológicas, incluindo propriedades antiangiogênicas, aumento da depuração de exsudatos dos edemas pulmonares e proteção contra a lesão de reperfusão.

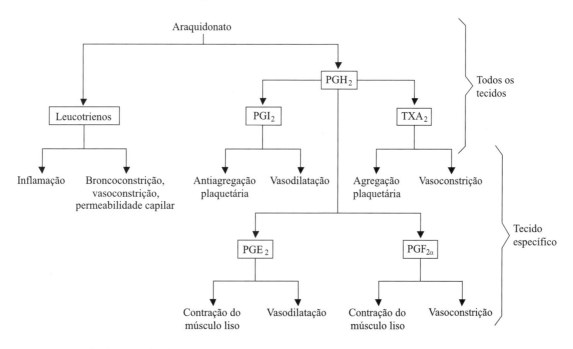

Figura 16.6 Ações biológicas de algumas moléculas de eicosanoides.

D. Receptores de eicosanoides

Os eicosanoides iniciam seus efeitos fisiológicos pela ligação aos *receptores acoplados à proteína G* na superfície das membranas plasmáticas de células-alvo (Capítulo 21). Os receptores são designados IP, EP, e assim por diante, para caracterizar o ligante específico que eles ligam: EP1 e EP2. Vários receptores da prostaglandina sinalizam pela interação da G$_s$ com a adenilato ciclase, estimulando a produção de cAMP, com a G$_q$ aumentando o cálcio livre intracelular ou com a G$_i$ reduzindo o cAMP (Capítulo 21).

Existem duas classes de receptores leucotrienos. A ligação de LTB$_4$ ou ácidos relacionados (p. ex., HETE) com os receptores B-LT promove respostas quimiotáticas nos leucócitos. Os leucotrienos LTC$_4$, LTD$_4$ e LTE$_4$ ligam-se aos receptores cys-LT e estimulam a contração de células dos músculos lisos. Os HETE podem também ser incorporados aos fosfolipídeos de membrana das células-alvo, onde a presença de grupos polares hidroxi de cadeias de acilas (ácidos graxos esterificados) modula a incorporação e, consequentemente, a estrutura e as funções normais da membrana.

E. Condições que aumentam a síntese de eicosanoides

A síntese de prostaglandinas e leucotrienos em células e tecidos é muitas vezes desencadeada por excitação hormonal, neuronal ou por atividade muscular. Por exemplo, a histamina aumenta a produção de prostaglandinas na mucosa gástrica. As prostaglandinas também são liberadas durante o parto e após lesão celular (p. ex., pulmões irritados por poeira, plaquetas expostas à trombina).

1. Inflamação

As prostaglandinas, em particular a PGE_2, são mediadoras de edema, eritema (vermelhão da pele), febre e dor associada à inflamação. As reações inflamatórias muitas vezes envolvem as juntas (p. ex., artrite reumatoide), a pele (p. ex., psoríase) e os olhos e são tratadas, frequentemente, com corticosteroides que inibem a síntese de prostaglandinas. A PGE_2 gerada em células do sistema imune (p. ex., macrófagos, mastócitos, células B) dá origem à quimiocinese de células T. Acredita-se que os pirogênios (agentes indutores da febre) ativem a síntese de prostaglandinas com a liberação de PGE_2 no hipotálamo, onde a temperatura do corpo é regulada.

2. Ativação dos neutrófilos, monócitos e macrófagos

A síntese de leucotrienos e HETE é ativada em casos de alergia e inflamação. A ligação de anticorpos IgE aos receptores de membranas estimula os mastócitos a liberarem HETE, que ativam outras células. Do mesmo modo, os HETE (especialmente o 5-HETE) e a LTB_4 produzidos pelos leucócitos ativados induzem a desgranulação de neutrófilos e eosinófilos.

F. Regulação da síntese e atividade dos eicosanoides

1. Regulação da mobilização do araquidonato

A ativação da fosfolipase A_2 é crucial para a liberação de araquidonato (ácido araquidônico) das membranas celulares para a síntese de eicosanoides. A fosfolipase A_2 citoplasmática ($cPLA_2$) é ativada por vários agentes (p. ex., trombina nas plaquetas). Fármacos anti-inflamatórios esteroides, como a prednisona e a betametasona, bloqueiam a liberação de prostaglandina, em parte por induzirem a síntese de proteínas inibidoras da fosfolipase A_2, denominadas *lipocortinas* ou *anexinas*. Os glicocorticoides podem também suprimir diretamente a transcrição de genes para a $cPLA_2$ e para a PLA_2 secretada.

2. Regulação da prostaglandina G/H sintase

A prostaglandina G/H sintase representa a etapa comprometida na síntese das prostaglandinas e dos tromboxanos. Enquanto a COX1 está presente em muitas células, a COX2 somente é sintetizada em resposta a estímulos por cito-

FOSFOLIPÍDEOS, EICOSANOIDES E ESTEROIDES

cinas e mediadores lipídicos (p. ex., esfingosina-1-fosfato). Os glicocorticoides bloqueiam a síntese das prostaglandinas no nível da fosfolipase A_2, e existem evidências de que também suprimem a indução da COX2 em vários tipos de células (p. ex., células do músculo liso das vias aéreas).

A prostaglandina sintase, um dos principais alvos de intervenção farmacológica, é inibida por *anti-inflamatórios não esteroides* (AINE), como ácido acetilsalicílico, ibuprofeno, indometacina e fenilbutazona. Muitos AINE inibem a ciclo-oxigenase de modo reversível por ligação não covalente. No caso do ácido acetilsalicílico, a inibição ocorre por acetilação do grupo hidroxila de uma serina localizada no sítio ativo da ciclo-oxigenase. Pequenas doses de ácido acetilsalicílico são muitas vezes usadas para reduzir o risco de trombose e doença arterial coronária em pessoas idosas. A terapia é efetiva porque as plaquetas circulantes são incapazes de sintetizar mais prostaglandina sintase em substituição à fração inativada.

A maioria dos AINE inibe mais COX1 que COX2. Nos últimos anos foram desenvolvidos fármacos inibidores da COX2, como celecoxib (Celebrex®), valdecoxib (Bextra®) e etoricoxib (Arcoxia®), mas que não inibem a COX1. Esses fármacos podem ser usados por longos períodos por não causarem os efeitos indesejados da inibição da COX1 (p. ex., irritação estomacal). No entanto, eles foram associados ao aumento de eventos cardiovasculares adversos, possivelmente relacionados com a produção do antitrombótico PGI_2, enquanto não inibem a COX1, envolvida na síntese de tromboxano A_2 nas plaquetas (Figura 16.7).

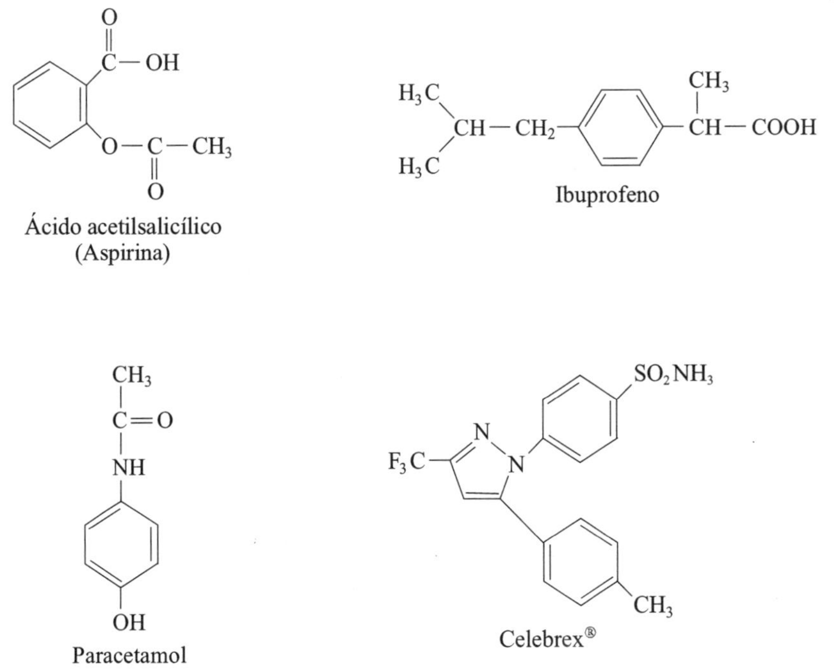

Figura 16.7 ● Estruturas de alguns inibidores das ciclo-oxigenases.

3. Regulação do metabolismo de leucotrieno

Atualmente, terapias para o tratamento da asma utilizam inibidores da 5-lipo-oxigenase (5-LO), como o Zileuton®, e antagonistas de receptores de cistenil-leucotrienos (cys-LT), como o Montelucaste®.

G. Doenças que envolvem eicosanoides

1. Asma induzida por ácido acetilsalicílico

Pessoas com intolerância ao ácido acetilsalicílico desenvolvem bronco-constrição induzida por ele e por outros AINE que, por inibirem a atividade da ciclo-oxigenase, liberam mais ácido araquidônico para as vias de síntese de eicosanoides lineares. Portadores de intolerância ao ácido acetilsalicílico parecem ter polimorfismos em um ou mais genes relacionados com a produção de cistenil-leucotrienos, como a própria LTC_4 sintase ou o receptor EP2, pelo qual a PGE_2 inibe a síntese de leucotrieno.

2. Úlceras

Como as prostaglandinas estão associadas à proteção de mucosa gástrica, a inibição da COX1 a longo prazo com o uso de AINE pode promover sangramento gastrointestinal.

3. Aumento de tendência ao sangramento

Enquanto ácidos graxos ômega-3, presentes em óleos de peixe, apresentam efeitos benéficos sobre o perfil lipídico, melhorando a saúde cardiovascular em virtude, principalmente, da modificação da relação entre a atividade antitrombótica e a protrombótica, altas doses (acima de 3 g/dia) estão associadas ao prolongamento do tempo de sangramento, doença cardiovascular e derrame.

4. Câncer

A expressão da COX2 é elevada em muitos tipos de câncer, incluindo os de próstata, mama e cólon. Altas concentrações de PGE_2 promovem a sobrevivência de células tumorais em razão da inibição da apoptose, estimulando a proliferação e a angiogênese.

5. Terapia por eicosanoides

As prostaglandinas sintéticas apresentam diversos usos terapêuticos. No feto, por exemplo, a PGE_2 mantém a desobstrução do *ductus arteriosus* (canal arterial) antes do nascimento. Em crianças nascidas com anomalias congênitas passíveis de correção cirúrgica, a infusão de PGE_2 mantém o fluxo sanguíneo pelo *ductus* até a correção ser realizada. Em outras situações, se o *ductus* permanecer aberto após o nascimento em criança normal, a oclusão poderá ser acelerada por administração de indometacina, um inibidor da ciclo-oxigenase. A PGE_2 também é usada para induzir o amadurecimento cervical e as contrações uterinas e induzir o parto.

O misoprostol é a versão sintética da PGE_1 empregada para prevenir úlceras induzidas por AINE. O misoprostol (Cytotec®) é usado também em combinação com o esteroide RU486 para bloquear a ação da progesterona e induzir o aborto.

16.3 SÍNTESE DO COLESTEROL

O colesterol é o principal esterol em humanos. É componente essencial das membranas celulares em mamíferos e, em pequenas quantidades, da mem-

FOSFOLIPÍDEOS, EICOSANOIDES E ESTEROIDES

brana externa da mitocôndria. O colesterol é especialmente abundante nas estruturas mielinizadas do sistema nervoso central; 25% de todo o colesterol no organismo está localizado no cérebro. Em contraste com o plasma sanguíneo, onde a maior parte do colesterol está presente na forma combinada a ácidos graxos (colesterol esterificado), o colesterol nas membranas celulares encontra-se, principalmente, em sua forma livre. A fluidez das membranas é modulada em parte por modificações de seu conteúdo de colesterol.

Colesterol sintetizado a partir de acetil-CoA é precursor de outros esteroides do corpo, incluindo sais biliares, hormônios esteroides, como progesterona, corticosteroides (cortisol, cortisona, corticosterona), aldosterona e os hormônios sexuais estrógenos e testosterona. O 7-di-hidrocolesterol, o precursor imediato do colesterol, é convertido em vitamina D_3 quando a pele é exposta à luz ultravioleta.

O colesterol é abundante na bile (cerca de 15 mg/dL, sendo somente 4% esterificados). Os sais biliares, produtos de degradação de colesterol, colaboram para a solubilização do colesterol na bile. Aumento da secreção biliar de colesterol ou redução da secreção de fosfolipídeos ou sais biliares na bile causa a deposição de cálculos biliares ricos em colesterol. O colesterol e os fosfolipídeos na bile protegem as membranas da vesícula biliar dos efeitos potencialmente irritantes ou nocivos dos sais biliares. Na ausência de ingestão de colesterol (p. ex., vegetarianos ou em dietas com pouca gordura), o colesterol da bile também abastece os enterócitos para a síntese de quilomícrons.

Unidades isoprênicas, geradas como intermediários na via de síntese do colesterol, são também precursores para a síntese de outros compostos, incluindo o dolicol pirofosfato e a ubiquinona (coenzima Q).

A. Átomos de carbono do colesterol provêm da acetil-CoA

O colesterol é um isoprenoide derivado de duas fontes: dieta e síntese *de novo*. Quando a dieta fornece colesterol suficiente, a síntese é inibida. Em dietas com pouco colesterol, a biossíntese é estimulada.

Apesar de quase todos os tecidos poderem produzir colesterol (p. ex., suprarrenais, ovários, testículos, placenta, pele, intestino), a maior parte da síntese ocorre no fígado. O cérebro é o órgão do corpo com maior quantidade de colesterol; no entanto, como as lipoproteínas plasmáticas que transportam colesterol não atravessam a barreira hematoencefálica, todo o colesterol do cérebro é sintetizado no próprio sistema nervoso central.

Os 27 átomos de carbono do colesterol são provenientes da acetil-CoA (Figura 16.8). A síntese do colesterol ocorre no citosol e no retículo endoplasmático em via que compreende as seguintes etapas:

- **Síntese do mevalonato a partir de acetil-CoA:** no citosol, duas moléculas de acetil-CoA se condensam para formar acetoacetil-CoA em reação catalisada pela *acetoacetil-CoA tiolase* (Figura 16.9).

Na reação seguinte, a acetoacetil-CoA se condensa com uma terceira molécula de acetil-CoA para produzir um composto ramificado, a β-hidroxi-β-metilglutaril-CoA (HMG-CoA). A reação é catalisada pela β-*hidroxi-β-metilglutaril-CoA sintase* (*HMG-CoA sintase*). Na mitocôndria, o HMG-CoA é um intermediário para a formação de "corpos cetônicos".

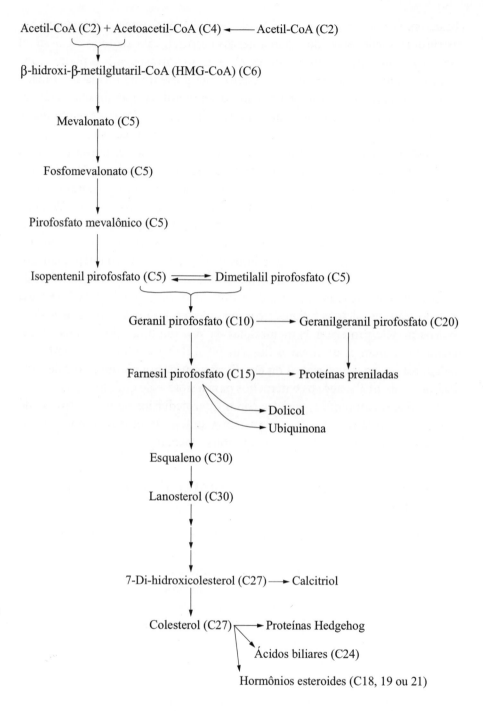

Figura 16.8 • Substratos e intermediários da via de síntese do colesterol. Os algarismos em parênteses indicam o número de átomos de carbono de cada molécula (ver texto e as reações individuais).

A HMG-CoA é reduzida para formar mevalonato (um intermediário-chave com seis átomos de carbono) pela ação da HMG-CoA redutase. A HMG-CoA redutase (uma enzima integrada à membrana do retículo endoplasmático liso) é a principal enzima limitante da velocidade de síntese do colesterol. Duas moléculas de NADPH fornecem os elétrons (Figura 16.9).

- **Conversão do mevalonato em duas unidades de isopreno ativado:** três grupos fosfatos de três moléculas de ATP são transferidos sucessivamente para o mevalonato. A transferência tem como propósito ativar o carbono 5 e o

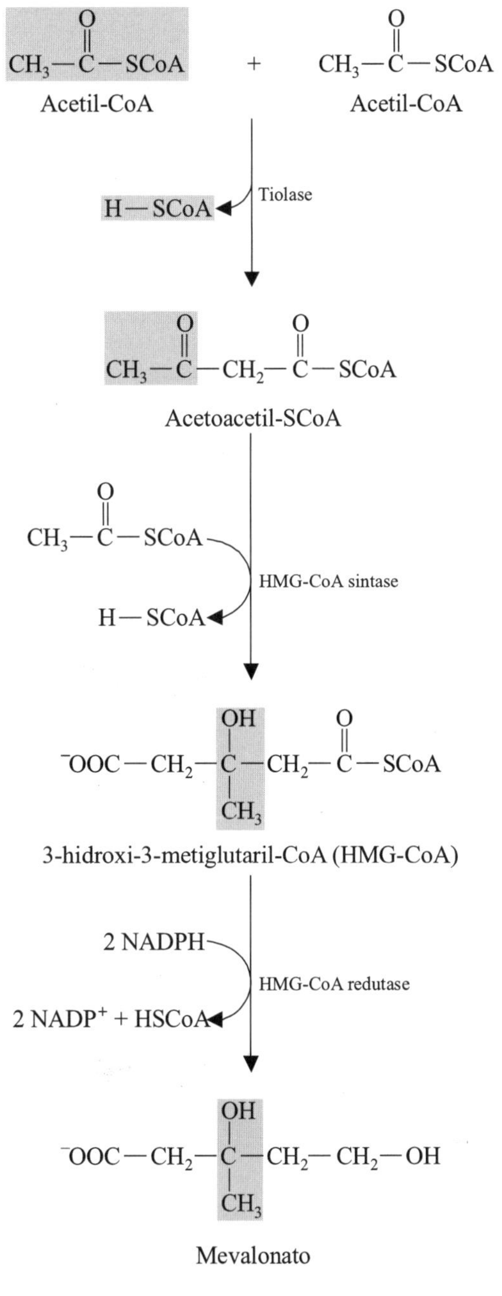

FOSFOLIPÍDEOS, EICOSANOIDES E ESTEROIDES

305

Figura 16.9 ● **Formação de mevalonato a partir de duas moléculas de acetil-CoA.**

grupo hidroxila no carbono 3 que, em reações seguintes, deixam a molécula. O fosfato ligado ao grupo hidroxila C3 do mevalonato no intermediário 3-fosfo-5-pirofosfomevalonato é removido juntamente com o grupo carboxila em C1 para formar uma dupla ligação no produto de cinco carbonos, o Δ^3-isopentenil-pirofosfato, o primeiro de dois isoprenos ativados necessários à formação de colesterol.

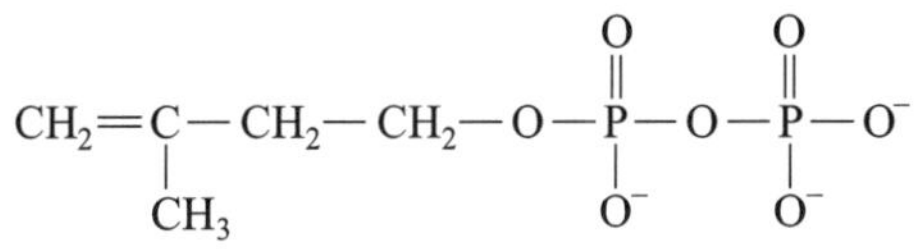

Isopentenil-pirofosfato

O segundo isopreno ativado é formado pela isomerização do Δ^3-isopentenil-pirofosfato a dimetilalil-pirofosfato pela *isopentenil-pirofosfato isomerase*.

- **Formação de esqualeno a partir de seis moléculas de isopentenil-pirofosfato:** o isopentenil esqualeno se condensa com a dimetilalil-pirofosfato para produzir o *geranil-pirofosfato* (cadeia de dez carbonos). Ocorrem mais duas reações de condensação que sintetizam a *farnesil-pirofosfato*, um composto de 15 carbonos. Duas moléculas de farnesil-pirofosfato condensam-se para produzir o *esqualeno* em reação catalisada pela *esqualeno sintase*. Em reação secundária, o farnesil-pirofosfato forma dolicol e ubiquinona.

- **Ciclização do esqualeno para formar colesterol:** a enzima *esqualeno monoxigenase* acrescenta um átomo de oxigênio do O_2 na extremidade da cadeia do esqualeno, produzindo um epóxido. O NADPH reduz o outro átomo de oxigênio do O_2 até H_2O. Os carbonos insaturados do produto, *esqualeno-2,3-epóxido*, são posicionados de modo a permitir a conversão do esqualeno linear em uma estrutura cíclica. A ciclização resulta na formação de *lanosterol* (que contém os quatro anéis característicos do núcleo esteroide). Em uma série de 20 reações complexas, o lanosterol é convertido em *colesterol* (Figura 16.10).

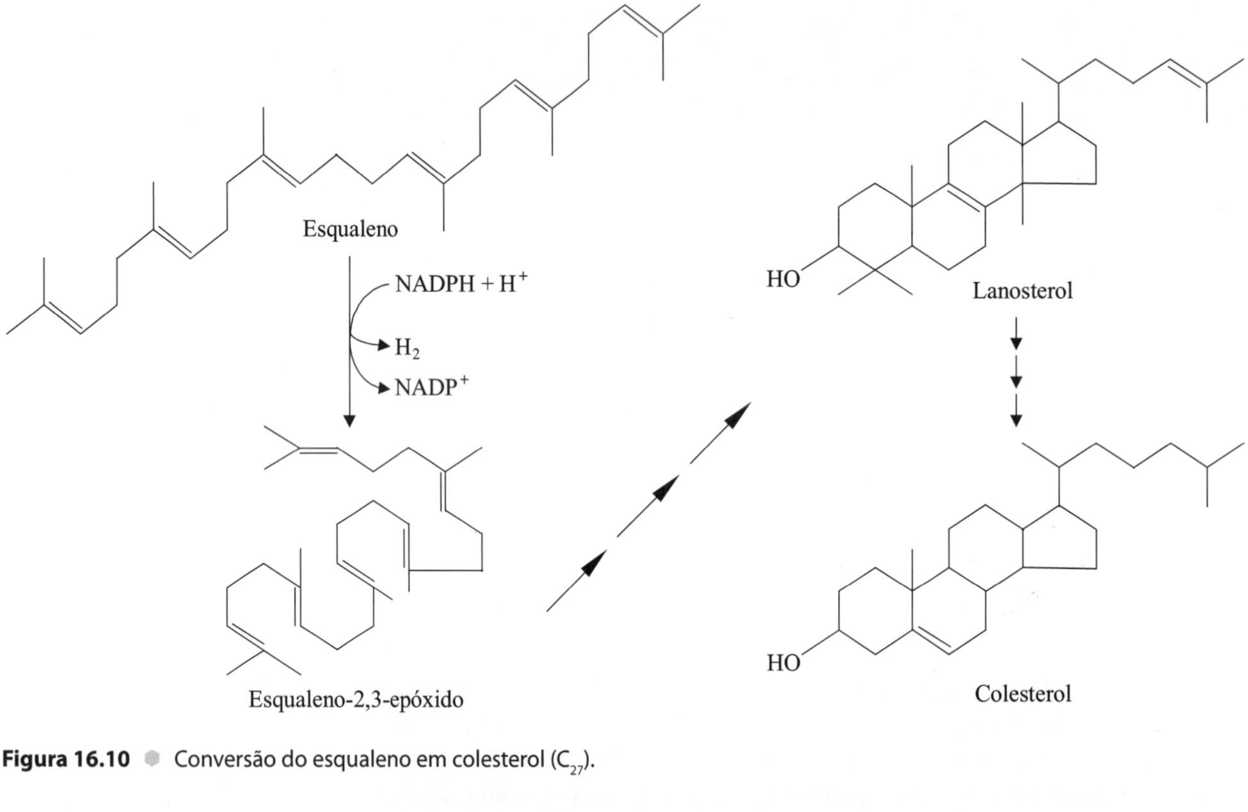

Figura 16.10 ● Conversão do esqualeno em colesterol (C_{27}).

B. Prenilação de farnesil e geranil-geranil

A via de síntese de colesterol proporciona um mecanismo para aumentar a hidrofobicidade das proteínas. Os grupos prenil de farnesil-pirofosfato (15 carbonos) (Figura 16.8) ou geranilgeranil-pirofosfato (20 carbonos) podem doar seus domínios hidrofóbicos a muitas proteínas envolvidas na sinalização celular, incluindo γ-subunidades das proteínas de ligação da GTP presentes na

FOSFOLIPÍDEOS, EICOSANOIDES E ESTEROIDES

membrana celular, como Ras e a lamininas A e B nuclear. A prenilação pós-transcricional dessas proteínas facilita a sua ancoragem às membranas para sua plena atividade. A ligação covalente do colesterol à proteína é imprescindível para a associação à membrana que é necessária para a ativação da família de proteínas Hedgehog, essenciais ao conjunto embriônico; o núcleo do colesterol está ligado via ligação éster ao C-terminal da glicina durante a clivagem autocatalítica e maturação da proteína primeiramente solúvel.

C. Esterificação do colesterol

O colesterol livre é esterificado por ácido graxo no grupo 3-OH em presença de *acil-CoA:colesterol aciltransferase* (ACAT).

Colesterol

Éster de colesterol

Há duas isoformas da enzima, ACAT1 e ACAT2. São enzimas intracelulares responsáveis pela esterificação do colesterol da dieta nos enterócitos (para constituir quilomícrons), formação de gotículas de ésteres de colesterol para armazenamento intracelular e fornecimento de ésteres de colesterol para secreção de VLDL (lipoproteína de densidade muito baixa) hepática. A ACAT1 é amplamente expressa, enquanto a ACAT2 é expressa principalmente nos enterócitos do intestino delgado e no fígado. Estudos de inibidores da ACAT2 por fármacos para reduzir a absorção do colesterol estão sendo conduzidos em diferentes centros.

No plasma, o colesterol é esterificado pela *lecitina:colesterol-aciltransferase* (LCAT) associada às HDL (lipoproteínas de densidade alta) que contêm apo-A1.

16.4 TRANSPORTE DO COLESTEROL ENTRE OS TECIDOS

Lipoproteínas transportam para tecidos e órgãos os lipídeos absorvidos a partir da dieta e os sintetizados endogenamente. O colesterol tem baixa solubilidade em água. A alta concentração de colesterol no plasma (em adultos saudáveis geralmente se situa entre 100 e 200 mg/dL) só é possível por meio de partículas de lipoproteínas que solubilizam e dispersam o colesterol. Somente 30% do colesterol total encontra-se na forma livre (não esterificada); o restante está esterificado com ácidos graxos de cadeia longa, geralmente o ácido linoleico, que aumenta a hidrofobicidade do colesterol. As partículas de lipoproteínas são constituídas de uma camada externa de lipídeos mais polares (fosfolipídeos e colesterol livre) e proteínas. O núcleo é composto principalmente por triacilgliceróis e ésteres de colesterol. As proteínas da camada externa são chamadas de apoproteínas e são sintetizadas no fígado e no intestino.

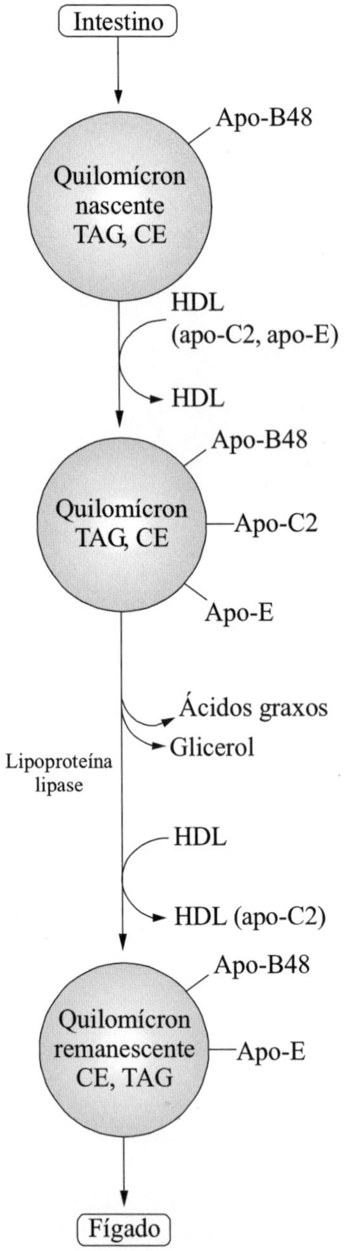

1. Quilomícrons

Os quilomícrons são os principais veículos de transporte dos lipídeos da alimentação, desde o intestino até os tecidos periféricos. Como outras lipoproteínas, o colesterol livre é parte da camada externa dos quilomícrons. O colesterol ingerido é também esterificado nas células da mucosa intestinal e incorporado ao núcleo dos quilomícrons em desenvolvimento. Os triacilgliceróis dos quilomícrons no plasma são liberados por hidrólise pela ação de *lipoproteína lipase* (LpL) (presente no endotélio de paredes de capilares sanguíneos) e tornam-se partículas menores, denominadas *quilomícrons remanescentes* (ricas em colesterol). A *apo-E* (apoproteína E) presente na camada superficial dos quilomícrons remanescentes facilita a ligação dessas partículas à *proteína relacionada com o receptor de LDL* (LRP) nos hepatócitos. Os quilomícrons remanescentes entram nas células hepáticas por endocitose mediada pelo receptor. O fígado capta o colesterol exógeno e outras moléculas lipofílicas (p. ex., vitaminas lipossolúveis) (Figura 16.11).

2. VLDL

As *lipoproteínas de densidade muito baixa* (VLDL) são sintetizadas no fígado e conduzem os triacilgliceróis até os tecidos extra-hepáticos. A principal função das VLDL é exportar triacilgliceróis endógenos produzidos no fígado, mas também transportam no plasma o colesterol proveniente da dieta ou sintetizado endogenamente. Assim como os quilomícrons, as VLDL modificam sua composição e tamanho enquanto circulam; perdem triacilgliceróis por hidrólise pela LpL e esterificam parte do colesterol por ácidos graxos provenientes de lecitinas das HDL. À medida que as VLDL perdem triacilgliceróis, elas se transformam em partículas remanescentes (remanescente de VLDL e IDL – lipoproteínas de densidade intermediária). As *VLDL remanescentes* contêm apo-E e são internalizadas pelo fígado ou transformadas em LDL. Aproximadamente dois terços das VLDL remanescentes são removidos da circulação pelo fígado; as VLDL restantes são convertidas em LDL na circulação como resultado da ação da LpL e da *lipase hepática* (Figura 16.12).

3. LDL

Em humanos, a *lipoproteína de densidade baixa* (LDL) é a principal transportadora de colesterol no sangue. Diferente dos quilomícrons e das VLDL, que são ricos em triacilgliceróis, o núcleo das LDL contém principalmente ésteres de colesterol. A camada superficial da partícula de LDL contém uma molécula de apo-B100. Como sua concentração no plasma está intimamente correlacionada com as doenças cardiovasculares (derrame, infarto do miocár-

Figura 16.11 ● **Via simplificada para o transporte de lipídeos exógenos no sangue.** (C: colesterol; CE: colesterol esterificado; TAG: triacilglicerol.)

FOSFOLIPÍDEOS, EICOSANOIDES E ESTEROIDES

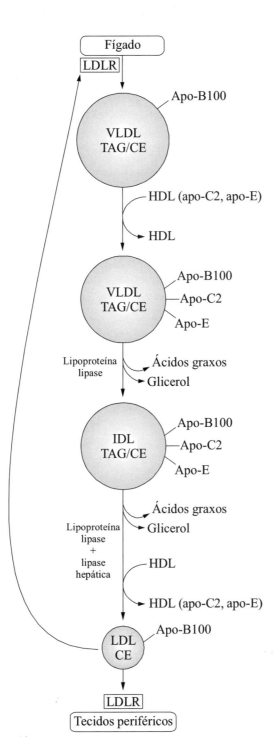

Figura 16.12 Via simplificada para o transporte de lipídeos endógenos. (C: colesterol; CE: colesterol esterificado; IDL: lipoproteína de densidade intermediária; LDLR: receptor de LDL.)

dio, coagulação sanguínea), o colesterol ligado à LDL é popularmente chamado de "mau colesterol".

A LDL atua fundamentalmente no transporte do colesterol e ésteres do colesterol para os tecidos periféricos, como glândulas suprarrenais, testículos e ovários. Como as LDL adquirem ésteres de colesterol das HDL, elas também contribuem para o *transporte reverso do colesterol*, por meio do qual os ésteres de colesterol são transportados dos tecidos periféricos para o fígado para posterior excreção como colesterol ou como sais biliares. A meia-vida da LDL plasmática é de, aproximadamente, 3 dias.

Tanto nos hepatócitos como nos tecidos periféricos, a captação das LDL baseia-se no reconhecimento da *apo-B100* pelo receptor LDL na membrana citoplasmática. Os receptores são reciclados e voltam para a membrana, enquanto a LDL é transportada para os lisossomos, onde os ésteres de colesterol são hidrolisados para gerar colesterol livre (Figura 16.12).

4. HDL

O principal papel das lipoproteínas de densidade alta (HDL) é o *transporte reverso do colesterol*, pelo qual as HDL captam colesterol dos tecidos periféricos e o transportam para o fígado para excreção. A HDL circulante pode também doar ésteres de colesterol para outras lipoproteínas, como VLDL e IDL. A HDL também tem papel central no metabolismo das lipoproteínas por doar apo-C2 e apo-E para os quilomícrons e as VLDL. Como a concentração de HDL está inversamente correlacionada com doenças cardiovasculares, o colesterol ligado à HDL é descrito como o "bom colesterol". Os níveis de HDL plasmático podem aumentar pela atividade física e por agentes terapêuticos como estatinas, niacina e colestiramina.

A proteína primária na HDL é a apoproteína A (apo-A). A apo-A1 tem grande importância metabólica e é sintetizada no fígado e no intestino. A apo-A1 tem meia-vida relativamente longa (aproximadamente 5 dias), é reciclada muitas vezes e adquire a maior parte de seus componentes lipídicos na circulação. Existem três formas estruturais da apo-A1 que circulam no plasma: (1) amorfa ou HDL livre de lipídeos (apo-A1), que contém algum fosfolipídeo; (2) nascente ou discoidal, HDL pobre em lipídeos; e (3) HDL madura, esférica (HDL2, HDL3), rica em ésteres de colesterol. A apo-A1 livre de lipídeos é secretada pelo fígado e capta colesterol livre e fosfolipídeos no plasma, tornando-se, desse modo, a *HDL nascente* ou discoidal. Como a HDL nascente adquire colesterol livre adicional, este é esterificado pela ação da *lecitina:colesterol aciltransferase* (LCAT) para gerar ésteres de colesterol, os quais compõem o núcleo da HDL madura, que é designada HDL2.

Dois são os mecanismos pelos quais a HDL circulante cede parte de seus ésteres de colesterol. Um deles é a troca de ésteres de colesterol do HDL por triacilgliceróis das VLDL ou, em menor quantidade, das LDL. O processo de troca é mediado pela *proteína de transferência de colesterol esterificado* (CEPT). Os ésteres de colesterol podem também ser removidos pela captação seletiva pelo fígado mediada por *receptor removedor de classe B1* (SR-B1), que ocorre sem a assimilação intracelular das proteínas (apo-A1) das HDL. As partículas HDL3 resultantes são menores e têm maior teor de TAG em relação aos ésteres de colesterol que a HDL2, e podem ser removidas pelo fígado ou pelos rins. No processo de formação da HDL3 a partir da HDL2, parte do excesso de apo-A1 e de fosfolipídeos é removida da camada superficial das partículas, regenerando, assim, a HDL pobre em lipídeos, que pode então adquirir e esterificar colesterol adicional, como descrito anteriormente. A HDL3 pode também ser convertida novamente em HDL2 pela ação da lipase hepática, que hidrolisa os TAG, liberando ácidos graxos livres e glicerol.

A. Remodelamento das lipoproteínas na circulação

As lipoproteínas plasmáticas são partículas dinâmicas cujas composições modificam enquanto se deslocam pelo sangue. Um exemplo de remo-

FOSFOLIPÍDEOS, EICOSANOIDES E ESTEROIDES

delamento de lipoproteínas é a maturação das HDL circulantes. Outro é a hidrólise gradual – pela lipoproteína lipase – dos triacilgliceróis presentes nos quilomícrons e VLDL circulantes. Outras proteínas também contribuem para o remodelamento das lipoproteínas plasmáticas, como as descritas a seguir:

- **Transportadores ABC (*ATP-binding* cassetes ou "cassetes" ligantes de ATP):** a membrana plasmática das células dos tecidos periféricos contém duas grandes proteínas, a ABCA-1 e a ABCG-1, que medeiam a liberação do colesterol nessas células. A ABCA-1 e ABCG-1 são membros da grande família ABC de transportadores "cassetes" que acoplam a hidrólise de ATP a substratos que são transportados através das membranas, como fármacos, peptídeos e lipídeos, incluindo o colesterol. A ABCA-1 converte a apo-A1 livre de lipídeo em HDL nascente. Quando a apo-A1 tem contato com a ABCA-1 nas membranas plasmáticas, várias moléculas de fosfolipídeos e de colesterol livre são transferidas para a apo-A1 em processo dependente de energia (ATP). A ABCA-1 e a ABCG-1 podem transferir colesterol livre adicional para a HDL nascente (Figura 16.13).

- **Lecitina:colesterol aciltransferase (LCAT):** a LCAT é uma enzima solúvel secretada pelo fígado e encontrada no plasma. Na circulação, a LCAT as-

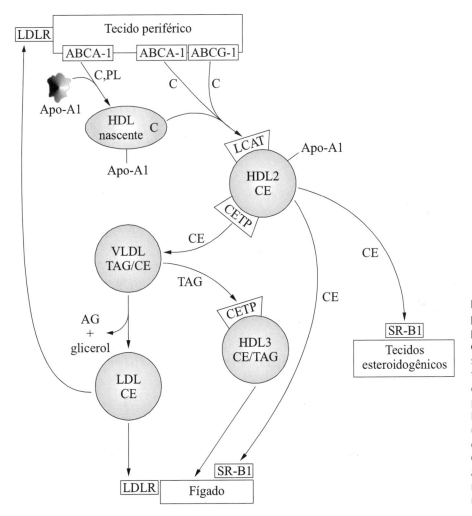

Figura 16.13 ● Via simplificada para a formação de HDL e seu papel no transporte reverso do colesterol. ABCA-1 e ABCG-1 são membros da família ABC de transportadores "cassetes". Apesar de não mostrado na figura, a HDL3 pode também ser reconvertida em HDL2 pela ação da lipase hepática. (CEPT: proteína de transferência de colesterol esterificado; C: colesterol; CE: colesterol esterificado; AG: ácidos graxos; G: glicerol; LDLR: receptor LDL; SR-B1: receptor removedor de classe B1.)

socia-se a partículas de HDL, onde é ativada pela apo-A1. Como as HDL captam colesterol livre da membrana plasmática das células periféricas, a LCAT transfere ácidos graxos da posição 2 da fosfatidilcolina (lecitina), presente nas partículas de HDL, para o colesterol livre, para formar ésteres de colesterol:

Fosfatidilcolina + colesterol → ésteres de colesterol + lisofosfatidilcolina

A LCAT prefere usar o ácido linoleico ($18:2^{\Delta9,12}$) presente na fosfatidilcolina em reação de *trans*esterificação. Por outro lado, a *acilCoA:colesterol aciltransferase* (ACAT), a enzima que gera ésteres de colesterol intracelular, utiliza preferencialmente a oleil-CoA. A resultante lisofosfatidilcolina é transferida para a albumina plasmática, de onde é removida e reacilada.

- **Proteína de transferência de colesterol esterificado (CEPT):** a transferência de ésteres de colesterol da HDL para outras lipoproteínas em troca pelo TAG é facilitada por uma proteína plasmática chamada CEPT, sintetizada e secretada pelos hepatócitos e adipócitos. A CEPT ocorre na circulação associada a várias subespécies de HDL. A função da CEPT é catalisar a transferência de colesterol esterificado das HDL para VLDL, IDL e LDL em troca pelo TAG (Figura 16.13).

- **Proteína de transferência de fosfolipídeos (PLTP):** a PLTP catalisa a transferência de lipídeos, particularmente fosfatidilcolina, entre as lipoproteínas. Como a hidrólise de triacilgliceróis ocorre nas partículas de quilomícrons e VLDL com redução de seus tamanhos, a PLTP atua na remoção do excesso de fosfolipídeos da capa dessas lipoproteínas, transferindo-os para as HDL e provendo substrato para a reação catalisada pela LCAT.

B. Troca de proteínas entre as lipoproteínas na circulação

Os principais componentes lipídicos das VLDL secretadas pelo fígado são os triacilgliceróis, enquanto os maiores constituintes proteicos são a apo-A1 e a apo-B100. A apo-A1 dissocia-se das VLDL, que, por sua vez, adquirem colesterol e fosfolipídeos provenientes das HDL. As VLDL circulantes captam apo-C2 e apo-E das HDL. Como os triacilgliceróis das VLDL tornam-se IDL e, posteriormente, LDL, as proteínas apo-C2 e apo-E retornam às HDL, já que as LDL maduras contêm somente apo-B100. As HDL servem, assim, como reservatório de apo-C e apo-E na circulação (Figuras 16.11 e 16.12).

C. Receptores de lipoproteínas

A endocitose das lipoproteínas mediada por receptores proporciona um mecanismo tanto para clarificar o plasma como para suprir de componentes lipídicos as células-alvo. A associação das lipoproteínas aos locais de metabolismo e sua remoção são mediadas fundamentalmente pelas apoproteinas presentes em suas camadas superficiais:

- **Receptor de LDL:** o receptor de LDL (LDLR) é uma glicoproteína receptora específica presente na membrana citoplasmática das células hepáticas e de tecidos

FOSFOLIPÍDEOS, EICOSANOIDES E ESTEROIDES

extra-hepáticos. O LDLR reconhece a apo-B100, mas não a apo-B48 presente em quilomícrons e quilomícrons remanescentes. Uma vez formado, o complexo LDL:LDLR invagina-se com a membrana citoplasmática e se funde, formando uma vesícula internalizada por endocitose. Intracelularmente, as vesículas perdem a proteína especializada *clatrina* e os receptores de LDL são reciclados e voltam para a superfície celular. Os endossomos contendo LDL fundem-se com os lisossomos para formar endolisossomos, cujo meio é relativamente ácido (aproximadamente pH = 5). No interior dos endolisossomos, o colesterol esterificado é hidrolisado pela "lipase ácida lisossômica" a colesterol não esterificado e ácido graxo, enquanto a apo-B100 é hidrolisada a aminoácidos livres.

- **Proteína relacionada com o receptor de LDL (LRP):** a LPR atua na superfície dos hepatócitos, mas não nas células do tecido periférico. Sua função é ligar e clarificar os quilomícrons remanescentes.

- **Receptores SR-A:** constituem uma família de moléculas que atuam nos macrófagos, nas células de Kupffer e que várias células endoteliais extra-hepáticas. Os SR-A resgatam partículas LDL oxidadas que não são mais reconhecidas pelo receptor de LDL. De modo diferente dos receptores de LDL, os receptores SR-A não estão sob controle do colesterol intracelular. A persistência de quantidades significativas de LDL oxidados na circulação pode provocar o acúmulo excessivo dessas partículas nos macrófagos, transformando-se posteriormente em "células espumosas", que eventualmente formarão placas ateroscleróticas.

- **Receptores SR-B1:** um receptor diferente, o SR-B1 (receptor removedor B1 de classe B), medeia a captação do colesterol esterificado das HDL pelo fígado. Ao contrário dos receptores descritos previamente, o SR-B1 não é internalizado por endocitose. Em vez disso, o SR-B1 permite a remoção e a captação seletiva do colesterol esterificado presente nas HDL pelos hepatócitos para excreção através da bile. Os tecidos que sintetizam esteroides usam o mesmo mecanismo para extrair seletivamente o colesterol esterificado das partículas de HDL circulantes para disponibilizar colesterol para a síntese de hormônios esteroides.

D. Transporte do colesterol no cérebro

O colesterol não atravessa a barreira hematoencefálica e é, portanto, sintetizado no sistema nervoso central (SNC), principalmente pelas células de Schwann e os oligodendrócitos. O SNC também tem um sistema de transporte específico para as lipoproteínas, no qual o colesterol é permutado entre as várias células via lipoproteínas semelhantes às HDL. A apoproteína mais abundante no SNC é a apo-E, sintetizada pelas células gliais. O principal mecanismo para a exportação do excesso de colesterol do cérebro é na forma de oxisterol, o 24S-hidroxicolesterol, em lugar do próprio colesterol.

16.5 REGULAÇÃO DO METABOLISMO DE COLESTEROL

A. Regulação da HMG-CoA redutase

A reação catalisada pela HMG-CoA redutase é a etapa limitante da síntese do colesterol e sua regulação está sob rígido controle metabólico. O papel central da HMG-CoA redutase é evidenciado pela eficácia de fármacos chamados *estatinas*, utilizados para a redução dos níveis de colesterol no plasma sanguíneo. As estatinas (p. ex., sinvastatina, lovastatina, pravastatina, fluvastatina, cerivastatina, atorvastatina) inibem a atividade da HMG-CoA redutase, particularmente no fígado, diminuindo a concentração do colesterol plasmático em cerca de 50%:

- **Regulação transcricional:** a *proteína de ligação ao elemento de regulação de esteroides* (SREBP) exerce papel central na regulação da transcrição de vários genes envolvidos na captação e no metabolismo celular do colesterol e de outros lipídeos, principalmente nos níveis de HMG-CoA redutase. A SCAP (*proteína ativadora de clivagem de SREBP*) transporta a SREBP ao interior do núcleo para se ligar ao *elemento de regulação de esterol* (SRE) do gene da HMG-CoA redutase, estimulando a transcrição. Em níveis elevados de colesterol, a liberação da SREBP é bloqueada e a presente no núcleo é degradada, interrompendo, assim, a transcrição dos genes da via de biossíntese do colesterol. Outras proteínas também estão envolvidas no processo de regulação, incluindo a COPII e a INSIG. O colesterol e os oxiesteróis (p. ex., 25-hidroxicolesterol) ligam-se à COPII e à INSIG, respectivamente, e bloqueiam a liberação proteolítica e o transporte de SREBP, bloqueando a transcrição de genes. A síntese dos mRNA que codificam no mínimo três outras enzimas da via de biossíntese do colesterol – HMG-CoA sintase, farnesil-pirofosfatase sintase e a esqualeno sintase – é regulada em paralelo à regulação da HMG-CoA redutase.

  A transcrição do receptor de LDL é também regulada pela concentração intracelular de colesterol. Cada um dos três genes tem um SER similar em sua sequência promotora que é reconhecida pela SREBP.

  Existem várias isoformas de SREBP. Uma delas, a SREBP-2, ativa seletivamente a transcrição dos genes da biossíntese do colesterol e o gene do receptor de LDL. Ao contrário, a SREBP-1 ativa a transcrição de enzimas e proteínas que controlam não somente a síntese do colesterol, mas também a síntese de ácidos graxos, triacilgliceróis e fosfolipídeos (Tabela 16.1).

- **Proteólise da HMG-CoA redutase:** em células com teores crescentes de esteróis, a HMG-CoA redutase é lentamente degradada (meia-vida acima de 12 horas). A INSIG, uma das proteínas envolvidas na regulação da transcrição da enzima, modula sua degradação proteolítica. A ligação de esteróis, particularmente lanosterol e oxiesteróis, à INSIG acelera a degradação da HMG-CoA redutase existente.

- **Fosforilação da HMG-CoA redutase:** a enzima é desativada por fosforilação pela *proteína cinase dependente de AMP* (AMPK). Esta cinase, que também atua na fosforilação da acetil-CoA carboxilase (etapa limitante na síntese dos ácidos graxos), exerce importante papel na inibição de múltiplas vias biossintéticas quando os estoques de energia (ATP) estão baixos.

B. Papel regulador do receptor de LDL

A LDL é o principal transportador de colesterol no plasma sanguíneo e a LDLR (proteínas receptoras de LDL situadas na superfície das células não he-

Tabela 16.1 ● Proteínas codificadas por genes responsivos à SREBP

Acetil-CoA carboxilase

Apoproteína B100

Ácido graxo sintase

HMG-CoA redutase

HMG-CoA sintase

Isopentilfarnesil difosfato sintase

Receptor LDL

Proteína de transferência de triacilglicerol microssomal

Esqueleno sintase

FOSFOLIPÍDEOS, EICOSANOIDES E ESTEROIDES

315

páticas) é o principal mecanismo de remoção de colesterol presente em LDL. Quando há abundância de colesterol livre intracelular, não são sintetizados novos LDLR, provocando, assim, a interrupção da captação de colesterol das LDL. Dois fármacos aumentam a expressão das LDLR nos hepatócitos e reduzem, assim, o colesterol circulante presente nas LDL: as *estatinas* (reduzem a síntese de colesterol) e os *sequestradores de sais biliares* (inibem a reabsorção de sais biliares).

C. Regulação da absorção do colesterol

Grande parte do colesterol presente no intestino delgado é absorvida. Os esteróis vegetais (p. ex., o sitosterol) e estanóis relacionados (derivados do sitosterol) não são absorvidos e são seletivamente secretados pelos enterócitos para retornarem ao lúmen intestinal. Os esteróis e estanóis das plantas interferem na absorção do colesterol da dieta. Por isso, aumentos na ingestão de verduras e doses terapêuticas de esteróis e estanóis de plantas são utilizados para baixar os níveis de colesterol. A absorção do colesterol também é reduzida pela ezetimiba, que inibe o transportador (NPC1L1) que move o colesterol do lúmen intestinal para os enterócitos.

16.6 SÍNTESE DE ÁCIDOS BILIARES

Diferentemente de outras biomoléculas, o colesterol e outros esteroides não são degradados em moléculas menores. Em lugar disso, o colesterol é excretado na bile sob a forma de colesterol ou sais biliares. O mais importante mecanismo para degradação e eliminação do colesterol é a síntese dos ácidos biliares e seus sais. Os ácidos biliares são derivados polares (mais hidrofílicos) do colesterol que atuam como detergentes. Eles são sintetizados no fígado, armazenados na vesícula biliar e excretados no intestino delgado, onde facilitam a digestão e a absorção dos lipídeos da alimentação.

Duas vias são utilizadas para a síntese dos ácidos biliares: (1) em humanos adultos, 75% a 95% dos ácidos biliares são sintetizados pela via clássica; (2) a via alternativa é mais prevalente no feto e no neonato.

O tráfego intracelular dos intermediários da síntese dos ácidos biliares é complexo, com reações da via que ocorrem na mitocôndria, nos peroxissomos, no retículo plasmático e no citoplasma.

1. Via clássica de síntese de ácidos biliares

Os ácidos biliares são sintetizados no fígado a partir do colesterol por reações de hidroxilação dos núcleos esteroides e clivagem da cadeia lateral. Na etapa inicial e limitante da velocidade da reação na via clássica de síntese dos ácidos biliares, um grupo α-hidroxila é adicionado ao C7 do colesterol (orientação α no anel B) em reação catalisada pela *colesterol 7α-hidroxilase* (CYP7A1) (*mono-oxigenase* ou oxigenase de função mista) uma enzima microssômica. As mono-oxigenases são enzimas que catalisam reações em que um átomo da molécula O_2 oxida um substrato orgânico, e o outro oxida o NADPH ou o NADH:

Colesterol

7α-hidroxilase

7α-hidroxicolesterol

As mono-oxigenases que modificam o colesterol são membros da família do citocromo P450 (CYP), que geralmente utilizam o NADPH como cofator ou segundo substrato. Essas enzimas estão ligadas à membrana do retículo endoplasmático e à membrana mitocondrial interna.

A etapa inicial de 7α-hidroxilação do colesterol é seguida por uma sequência de 14 reações que:

- Epimeriza o grupo 3β para formar o grupo 3α-hidroxila.

- Hidrogena a dupla ligação C5-C6 para formar uma ligação saturada.

- Introduz um grupo hidroxila no carbono C12.

- Cliva três carbonos da cadeia lateral hidrocarbonada.

- Oxida o carbono terminal da cadeia lateral para gerar coloil-CoA.

Colato

FOSFOLIPÍDEOS, EICOSANOIDES E ESTEROIDES

A coloil-CoA é convertida em sais biliares por enzimas microssomiais que catalisam reações de conjugação. Os ácidos biliares são conjugados com o aminoácido *glicina* (predominante em adultos) ou com o aminoácido contendo enxofre, a *taurina* (predominante em crianças), para formar *ácido glicocólico* ou *ácido taurocólico*, respectivamente (Figura 16.14). Os ácidos biliares na forma conjugada (sais) estão mais ionizados no pH do lúmen intestinal e, assim, são melhores agentes emulsificadores.

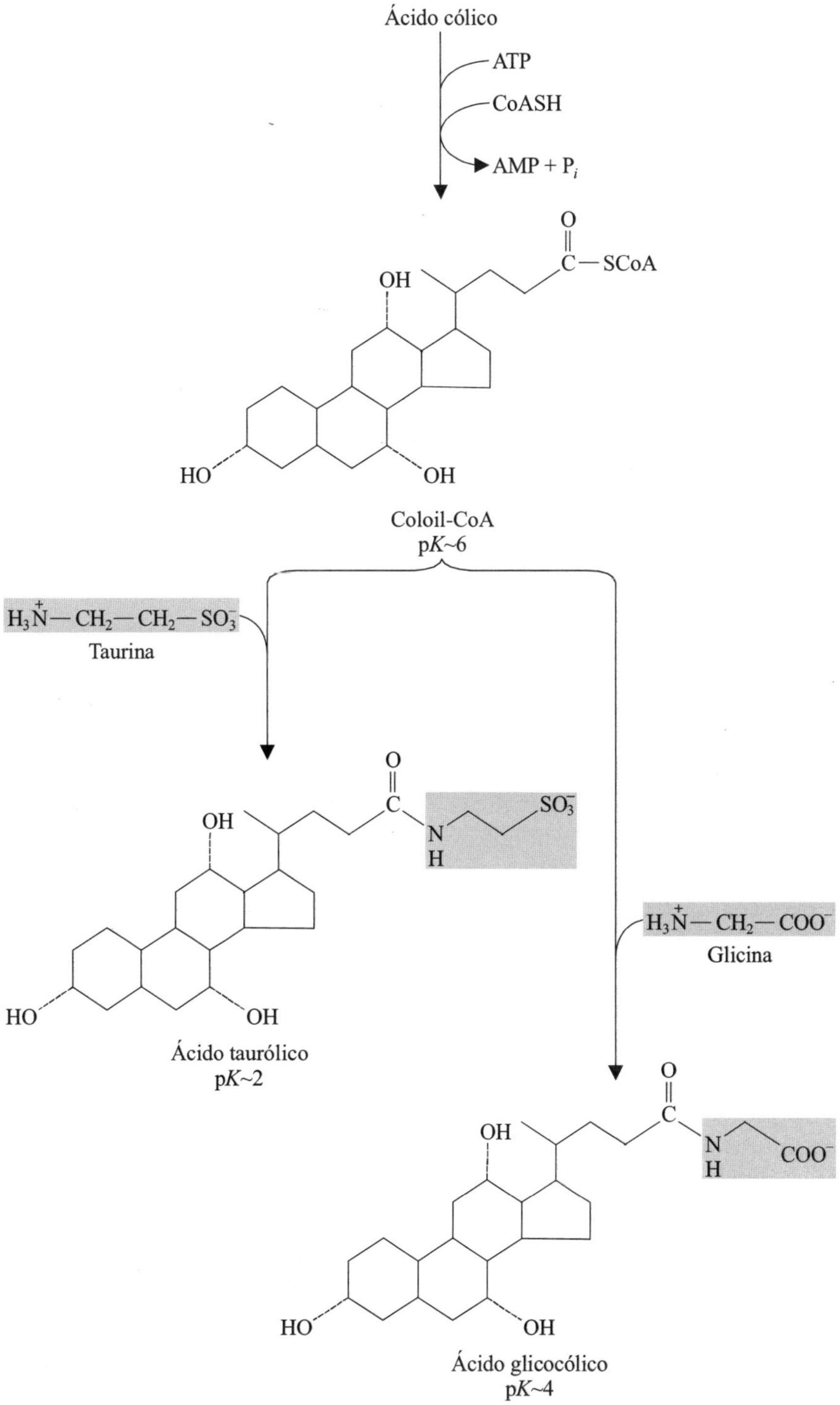

Figura 16.14 ● **Conjugação de sais biliares.** A conjugação reduz o pK dos sais biliares, tornando-os mais eficientes.

A síntese de quenodesoxicoloil-CoA segue a mesma via da coloil-CoA, mas omite a hidroxilação do C12. A atividade da enzima *esterol 12α-hidroxilase*, portanto, controla a relação de ácido cólico a ácido quenodesoxicólico e, assim, o poder detergente da mistura de ácido biliar.

2. Via alternativa de síntese de ácidos biliares

A primeira etapa da via alternativa de síntese de ácidos biliares é catalisada por diferentes esteróis hidroxilases que geram oxiesteróis pela hidroxilação dos carbonos 24, 25 e 27 do colesterol. Os oxiesteróis são então 7α-hidroxilados por *oxiesteróis hidroxilases* CYP7B1 ou CYP39A1 em lugar da CYP7A1. As etapas seguintes da via alternativa de síntese utilizam as mesmas reações da via clássica. O principal produto da via clássica é o ácido cólico, enquanto a via alternativa gera o *ácido quenodesoxicólico* (Figura 16.15).

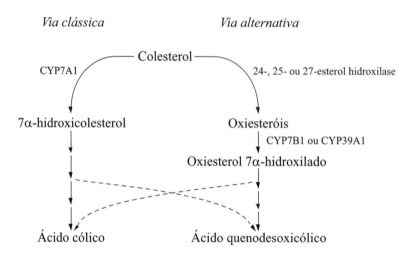

Figura 16.15 • Vias clássica e alternativa para a síntese de ácidos biliares. As linhas tracejadas indicam vias menores.

Apesar de a síntese dos ácidos biliares ocorrer somente no fígado, as etapas iniciais da via alternativa (geração e hidroxilação de oxiesteróis) podem ocorrer em vários tecidos extra-hepáticos. Por exemplo, o cérebro, que não exporta colesterol, utiliza a 24-esterol hidroxilase e libera o oxiesterol resultante para o sangue. A hidroxilação do colesterol no carbono 27 pelas células periféricas contribui para o *transporte reverso do colesterol* pela conversão do colesterol em produto mais solúvel em água.

A. Funções dos ácidos biliares

Os sais biliares são importantes componentes da *bile,* um líquido amarelo-esverdeado produzido pelos hepatócitos que auxiliam a digestão e a absorção de gorduras da dieta. Os sais biliares emulsificam lipídeos da alimentação no trato gastrointestinal e estabilizam as micelas mistas resultantes. Juntamente com a fosfatidilcolina, os sais biliares solubilizam o colesterol e os pigmentos biliares, prevenindo a formação de precipitados (cálculos) de colesterol ou de bilirrubina na vesícula biliar e nos ductos biliares.

Além dos sais biliares, a bile contém colesterol, fosfolipídeos e pigmentos biliares (bilirrubina e biliverdina). Os pigmentos biliares são produtos de degradação do grupo heme. Os ácidos biliares conjugados são reabsorvidos no

FOSFOLIPÍDEOS, EICOSANOIDES E ESTEROIDES

íleo distal e transportados pelo sangue até o fígado (circulação êntero-hepática) (Capítulo 10).

B. Regulação da síntese de ácidos biliares

Sob condições normais, somente 5% a 10% dos ácidos biliares que entram no intestino são efetivamente excretados nas fezes; eles retornam ao fígado pela circulação portal (circulação êntero-hepática). Certas fibras da dieta e os medicamentos sequestradores de ácidos biliares, como a colestiramina, reduzem a absorção e, como resultado, aumentam a síntese hepática de ácidos biliares a partir do colesterol. Em consequência, a colestetiramina é utilizada para baixar a concentração de colesterol no plasma.

A etapa reguladora na via clássica da síntese de sais biliares é a hidroxilação inicial do colesterol pela colesterol 7α-hidroxilase, uma enzima com meia-vida relativamente curta. A síntese de novas enzimas 7α-hidroxilase é inibida no nível transcricional principalmente pelos próprios ácidos biliares (controle por *retroalimentação*). A colestiramina e resinas relacionadas que ligam os sais biliares e reduzem a eficiência da reabsorção no íleo regulam a colesterol 7α-hidroxilase e, assim, aumentam o metabolismo hepático do colesterol a sais biliares.

16.7 SÍNTESE DE HORMÔNIOS ESTEROIDES

Todos os hormônios esteroides são derivados do colesterol. O colesterol utilizado pelas suprarrenais e gônadas para a síntese de hormônios esteroides é derivado principalmente do colesterol ligado à LDL do sangue. A LDL liga-se ao receptor de LDL nos tecidos e é internalizada por endocitose. O colesterol esterificado é hidrolisado pela *colesterol esterase* lisossomal:

$$Colesterol\ esterificado + H_2O \rightarrow colesterol + ácido\ graxo$$

O colesterol resultante é esterificado pela *acil-CoA aciltransferase* (ACAT) e armazenado como ésteres de colesterol em glóbulos de lipídeos no citosol. Em consequência, a síntese de hormônios esteroides necessita de uma segunda hidrólise de colesterol esterificado, realizada pela *colesterol esterase citoplasmática*. O colesterol pode ser sintetizado *de novo* pelas suprarrenais e gônadas.

1. Síntese de pregnenolona

A *pregnenolona* é o precursor comum para todos os hormônios esteroides. A reação inicial para a síntese de hormônios esteroides é a conversão do colesterol (27 átomos de carbono) em pregnenolona (21 átomos de carbono) pela *enzima mitocondrial de clivagem de cadeia lateral do citocromo P450 (colesterol desmolase, CYP11A)*. A remoção de seis átomos de carbono da cadeia lateral como caproato e a introdução de grupo ceto em C20 são acompanhadas por três reações sucessivas catalisadas por mono-oxigenases, que resultam na hidroxilação de C20 e C22, seguida da clivagem da ligação carbono-carbono em C20-C22. Três moléculas de O_2 e três moléculas de NADPH são consumidas no processo de conversão de colesterol em pregnenolona.

O complexo enzimático de clivagem da cadeia lateral está localizado na membrana mitocondrial interna. A síntese de pregnenolona inicia com o transporte do colesterol do citosol para a mitocôndria. Na maioria das células que sintetizam esteroides, à exceção da placenta, o transporte do colesterol para o interior da mitocôndria é mediado pelo transportador *proteína reguladora esteroidogênica aguda* (StAR); a placenta não possui a StAR, mas emprega outra proteína com propriedades funcionais semelhantes. A pregnenolona é transportada para o citoplasma, onde ocorrem as etapas subsequentes da síntese de esteroides.

2. Síntese de progesterona

A pregnenolona é convertida em progesterona pela *3β-hidroxiesteroide desidrogenase isomerase* (3β-HSD). A hidroxila 3 da pregnenolona é oxidada a um grupamento cetônico, e a dupla ligação em C5 é isomerizada para C4. A pregnenolona e a progesterona são precursoras de todos os hormônios esteroides. Além do papel de precursora, a progesterona também atua como hormônio na regulação de várias modificações fisiológicas no útero. Durante o ciclo menstrual, a progesterona é produzida por células especializadas no interior do ovário. Na gravidez, é produzida pela placenta para prevenir as contrações do músculo uterino liso.

3. Síntese de hidrocortisona (cortisol)

A pregnenolona é convertida pela *17α-hidroxilase* em 17-hidroxipregnenolona, que é transformada pela 3β-HSD em 17-hidroxiprogesterona. Esta última é então hidroxilada sequencialmente no C21 e, posteriormente, no C11 para formar a hidrocortisona. A cortisona administrada com fins terapêuticos é inativa, mas é ativada no fígado pela 11β-di-hidroxiesteroide desidrogenase, que gera hidrocortisona pela redução do grupo ceto no C11 da cortisona.

4. Síntese de aldosterona

A síntese de aldosterona é iniciada pela hidroxilação do carbono 21 da progesterona para formar 21-hidroxiprogesterona, também conhecida como desoxicorticosterona. As etapas subsequentes na síntese da aldosterona envolvem duas reações de hidroxilação em C11 e C18, respectivamente, seguidas pela oxidação do grupo hidroxila a grupo ceto em C18. Essas três etapas são todas catalisadas pela mesma enzima, a CYP11B2.

5. Síntese de androgênios

Na via de síntese da testosterona nos testículos, a pregnenolona é inicialmente hidroxilada pela CYP17 a 17-hidroxipregnenolona. A CYP17 também tem atividade de 17, 20-liase, permitindo, assim, a síntese da *de-hidroepiandrosterona* (DHEA). A síntese de testosterona a partir da DHEA envolve sucessivas hidroxilações pela 3β-hidroxiesteroide desidrogenase (geradora de androstenedoina) e então pela 17β-hidroxiesteroide desidrogenase. A androstenediona e o DHEA têm fraca atividade androgênica e são sintetizados tanto pelas suprarrenais como pelas gônadas.

6. Síntese de estrogênios

A aromatase (CYP19A1), complexo enzimático-chave para a síntese de estrogênios a partir de androgênios, catalisa uma série de reações que iniciam com duas hidroxilações do C19 da testosterona. A subsequente clivagem do

FOSFOLIPÍDEOS, EICOSANOIDES E ESTEROIDES

321

C19 como formato gera um esteroide de 18 carbonos com um anel aromático A. Em mulheres, a aromatase está presente nos ovários e em tecidos periféricos e atua sobre a testosterona e a androstenediona, produzindo estradiol e estrona, respectivamente. Inibidores da aromatase são utilizados no tratamento de mulheres com câncer de mama.

7. Síntese da 1,25-di-hidroxicolecalciferol

O colecalciferol (vitamina D_3) pode ser obtido da dieta ou formado na pele pela ação não enzimática da luz ultravioleta (UV) sobre a *7-di-hidrocolesterol.* Ergocalciferol (vitamina D_2) é gerado pela ação da luz UV sobre um esterol (ergosterol) vegetal de estrutura similar. A vitamina D_3 é a preferida para a suplementação de vitamina D.

A conversão de colecalciferol para a forma hormonal ativa é um processo que envolve vários órgãos. Primeiro, o colececalciferol é hidroxilado no fígado pela 25-hidroxilase para formar 25-hidroxicolecalciferol. Uma segunda hidroxilação, catalisada pela 1α-hidroxilase no rim, produz o hormônio ativo (1, 25-di-hidroxicolecalciferol). A 1α-hidroxilase é também ativa na placenta. Rins, ossos, cartilagem e intestino contêm uma 24-hidroxilase que converte o 25-di-hidroxicolecalciferol para a forma inativa 24,25-di-hidroxicolecalciferol, prevenindo assim o formação excessiva de 1,25- $(OH)_2D_3$.

A. Regulação da síntese de esteroides

A síntese de hormônios esteroides é estimulada pelo correspondente hormônio trófico sintetizado pela hipófise. Por exemplo, o hormônio adrenocorticotrófico (ACTH) estimula a síntese de esteroides pelas suprarrenais, enquanto as gonadotrofinas LH (hormônio luteinizante) e FSH (hormônio folículo-estimulante) regulam a síntese de hormônios esteroides nas gônadas.

A ligação dos hormônios tróficos a seus receptores correspondentes nas membranas plasmáticas inicia uma cascata de transdução de sinal que resulta em aumento da concentração de cAMP, o que estimula a proteína cinase dependente de cAMP (PKA). A PKA, por sua vez, fosforila e ativa a colesterol esterificado hidrolase, que disponibiliza o colesterol para a síntese de hormônios esteroides. A ação da PKA também induz a síntese *de novo* de StAR e, assim, estimula o transporte de colesterol até a membrana mitocondrial interna, onde está localizada a enzima colesterol P450 que cliva a cadeia lateral (Figura 16.16).

O que determina qual hormônio esteroide será produzido por uma célula em particular? A etapa inicial comum na síntese de hormônios esteroides é a produção de pregnenolona. O destino da pregnenolona é dependente, principalmente, de enzimas específicas presentes no interior de cada célula. Por exemplo, as células da zona fasciculata das suprarrenais contêm 17α-hidroxilase, que converte a pregnenolona em 17α-hidroxipregnenolona, a qual é subsequentemente metabolizada a hidrocortisona. Por outro lado, as células da zona glomerulosa nas suprarrenais convertem a pregnenolona em aldosterona. Desde que várias enzimas das vias dos hormônios esteroides contribuem na geração de múltiplos hormônios na mesma glândula, a redução da atividade de uma enzima resulta na diminuição da síntese de alguns esteroides e pode aumentar a disponibilidade de moléculas do precursor para outras vias de síntese.

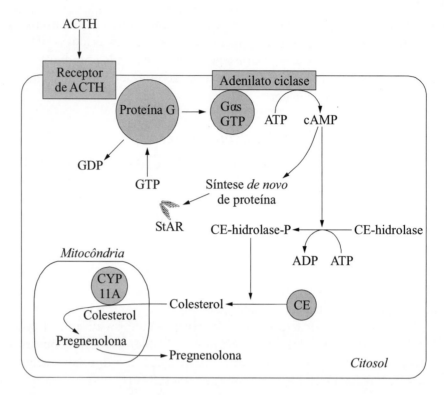

Figura 16.16 ● **ACTH estimula a hidrólise de colesterol esterificado e o transporte do colesterol livre para a mitocôndria.**
(CE: colesterol esterificado; CYP 11A, colesterol desmolase; PKA: proteína cinase dependente de cAMP; StAR: proteína reguladora esteroidogênica aguda.)

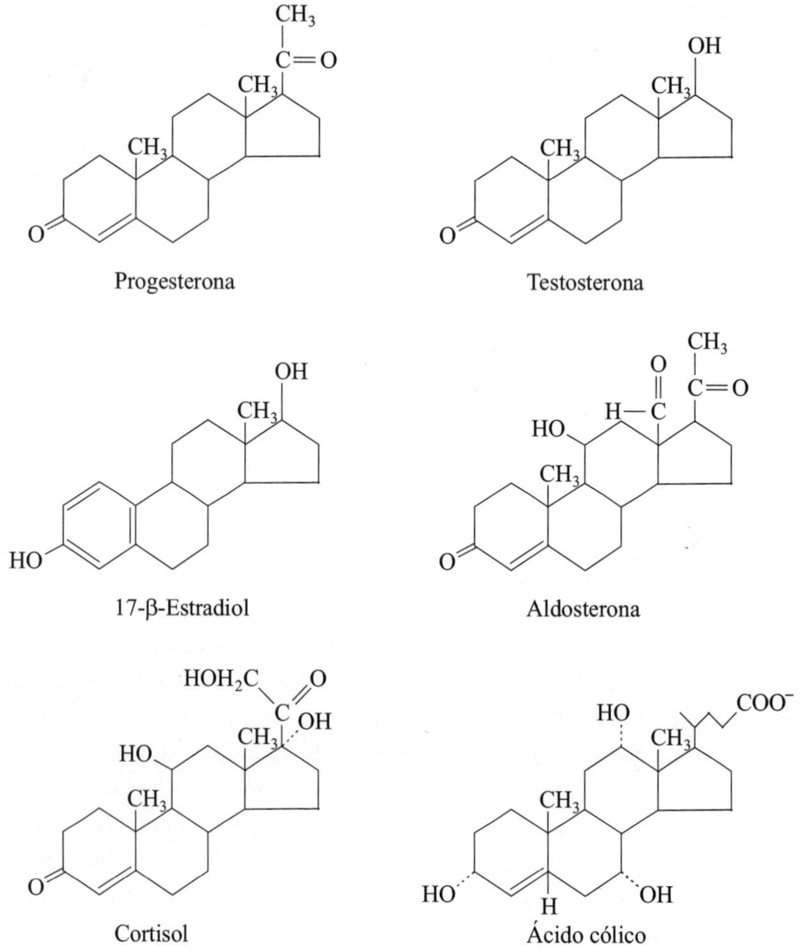

Figura 16.17 ● **Esteroides animais.** Progesterona, testosterona e 17β-estradiol são hormônios sexuais. Aldosterona é um mineralocorticoide. Cortisol é um glicocorticoide. Ácido cólico é um ácido biliar.

FOSFOLIPÍDEOS, EICOSANOIDES E ESTEROIDES

B. Regulação da síntese de 1,25-di-hidroxicolecalciferol

A formação de $1,25\text{-}(OH)_2D_3$ é regulada fundamentalmente pelo nível de 1α-hidroxilase. A síntese de 1α-hidroxilase no túbulo renal proximal é estimulada pelo paratormônio e é inibida pelo produto, $1,25\text{-}(OH)_2D_3$, e pela concentração de cálcio extracelular.

O processo enzimático pelo qual o colesterol é convertido em esteroides biologicamente ativos, assim como o modo pelo qual os esteroides são inativados e preparados para a excreção, compreende um elaborado mecanismo, conhecido como *biotransformação*. Durante a biotransformação, as mesmas enzimas (em alguns casos similares) são também usadas para solubilizar o xenobiótico hidrofóbico para torná-lo mais facilmente excretado.

RESUMO

1. Após a síntese dos fosfolipídeos na interface do sistema reticulo-endotelial e citoplasma, eles são muitas vezes "remodelados", ou seja, a composição de seus ácidos graxos é ajustada. O *turnover* (degradação e reposição) dos fosfolipídeos, mediado por fosfolipases, é rápido.

2. A síntese do componente ceramida dos esfingolipídeos inicia com a condensação do palmitoil-CoA com a serina para formar 3-cetoesfinganina. Em processo de duas etapas envolvendo a acil-CoA e a $FADH_2$, a esfinganina (formada quando a 3-cetoesfinganina é reduzida pelo NADPH) é convertida em ceramida. Os esfingolipídeos são degradados em lisossomos.

3. A primeira etapa na síntese dos eicosanoides é a liberação do ácido araquidônico do C2 do glicerol das moléculas de fosfoglicerídeos da membrana. A prostaglandina G/H sintase converte o ácido araquidônico em PGG_2, que é um precursor das prostaglandinas e tromboxanos. A lipo-oxigenase converte o ácido araquidônico em precursor dos leucotrienos.

4. A síntese de colesterol pode ser dividida em três etapas: formação de HMG-CoA a partir de acetil-CoA; conversão de HMG-CoA em esqualeno; e transformação do esqualeno em colesterol. O colesterol é o precursor de todos os hormônios esteroides e de sais biliares. Os sais biliares são usados para emulsificar a gordura da dieta.

BIBLIOGRAFIA

Babin PJ, Gibbons GF. The evolution of plasma cholesterol: direct utility or a "spandrel" of hepatic lipid metabolism? Prog Lipid Res 2009; 48:73-91.

Campbell PN, Smith AD, Peters TJ. Biochemistry illustrated: biochemistry and molecular biology in the post-genomic era. 5. ed. Elsevier: Edinburgh, 2005:175-82.

Murray RK, Granner DK, Rodwell VW. Harper bioquímica ilustrada. 27. ed. São Paulo: McGraw-Hill, 2007:207-28.

Nelson DL, Cox MM. Lehninger: principles of biochemistry. 4. ed. New York: Freeman, 2004:787-832.

Pratt CW, Cornely K. Essential biochemistry. Danvers: Wiley, 2004:424-61.

Rosenthal MD, Glew RH. Medical biochemistry. Danvers: Wiley, 2009:246-86.

Smith C, Marks AD, Lieberman M. Marks' basic medical biochemistry: a clinical approach. 2. ed. Baltimore: Lippincott, 2005:418-38.

17

Metabolismo dos Aminoácidos

As proteínas representam o segundo maior estoque de energia química no organismo, mas não são usadas para gerar ATP, exceto em algumas doenças e condições extremas (p. ex., jejum prolongado ou inanição, exercícios intensos e prolongados). O maior depósito de proteína no corpo é o músculo esquelético (cerca de 40% do peso corporal). A síntese de proteínas requer aminoácidos, enquanto sua degradação gera aminoácidos. Desse modo, há uma renovação contínua de proteína que necessita, no mínimo, de 20% de todo o gasto de energia do organismo em repouso.

São três os principais destinos dos aminoácidos:

- **Síntese de novas proteínas:** a velocidade de síntese proteica é o principal fator determinante da taxa de metabolismo dos aminoácidos: quanto maior a taxa de síntese, menor a quantidade de aminoácidos destinada ao catabolismo.

- **Síntese de pequenos compostos contendo nitrogênio:** os aminoácidos proveem nitrogênio para a síntese de purinas, pirimidinas, fosfolipídeos contendo nitrogênio (p. ex., fosfatidilcolina) e aminoaçúcares (p. ex., glicosamina). A tirosina é precursora de neurotransmissores catecolaminas (dopamina, adrenalina e noradrenalina), hormônios da tireoide (tiroxina e tri-iodotironina) e melanina. O triptofano é o precursor de serotonina, melatonina e niacina. Outros importantes produtos derivados de aminoácidos incluem ácido γ-aminobutírico, histamina, carnitina, taurina, creatina, glutationa, óxido nítrico e poliaminas.

- **Catabolismo:** o processo em geral resulta na formação de amônia e cadeia de carbonos. Os esqueletos carbonados são usados para a síntese de glicose e triacilglicerol ou para a oxidação completa a CO_2 e H_2O com a geração de ATP. A amônia é convertida em ureia.

17.1 FONTES DE AMINOÁCIDOS

Há quatro fontes de aminoácidos que entram no *pool* de aminoácidos livres no organismo:

- **Alimentos:** a ingestão média de proteínas é de 90 g/dia. Durante a digestão, a proteína é hidrolisada para liberar aminoácidos que são absorvidos pelos enterócitos do intestino delgado e entram no sangue, de onde são captados pelos tecidos para a síntese de peptídeos e proteínas ou para seguir as vias do metabolismo. Aminoácidos livres estão presentes nos alimentos, mas em pequenas quantidades.

- **Intestino delgado e pâncreas:** ao redor de 70 g de proteínas entram no lúmen do intestino a cada dia a partir de células secretoras na forma de enzimas digestivas, muco e células epiteliais da descamação.

- **Proteínas endógenas:** o processo de renovação proteica (*turnover*) envolve 250 a 350 g de proteínas hidrolisadas e ressintetizadas diariamente em tecidos de adultos.

- **Bactérias e outros micro-organismos no intestino:** estão presentes principalmente no cólon. A morte de micro-organismos é seguida por sua digestão e liberação de aminoácidos no lúmen. Os aminoácidos ficam então disponíveis para uso por outros micro-organismos, pelos colonócitos ou fígado, após sua captação a partir do lúmen. A utilização pelo fígado é quantitativamente importante em algumas condições.

17.2 REMOÇÃO DO NITROGÊNIO DE AMINOÁCIDOS

Fígado, intestino delgado, músculo e rim participam do catabolismo de aminoácidos. Há três processos gerais pelos quais os aminoácidos são catabolizados:

- Por vias catabólicas específicas (p. ex., glicina, lisina, metionina, serina, treonina e triptofano).

- Por conversão a outros aminoácidos, que são então catabolizados por vias específicas (p. ex., arginina, asparagina, glutamina, histidina, fenilalanina, prolina e serina).

- Pela remoção do nitrogênio pela combinação de transaminação/desaminação oxidativa que resulta na formação de amônia convertida em ureia (p. ex., alanina, aspartato, isoleucina, leucina, serina, tirosina e valina).

Duas condições fisiológicas promovem o aumento da remoção do nitrogênio por transaminação/desaminação oxidativa: (1) após ingestão de refeição rica em proteínas e (2) durante o jejum. No estado bem alimentado, ocorre síntese de proteínas pelo músculo, fígado e outros tecidos; o excesso de aminoácidos é degradado para gerar energia. No estado de jejum há aumento de degradação das proteínas musculares. A maioria dos esqueletos de carbono das cadeias laterais dos aminoácidos desaminados é utilizada como combustível. Os grupos amino são exportados pelo músculo como alanina e glutamina e transportados para o fígado e os rins para fornecer substratos para a gliconeogênese.

O fígado converte a amônia em *ureia*. A ureia contém um átomo de carbono e dois átomos de nitrogênio e é excretada na urina. A amônia é também gerada pela desaminação do AMP (adenosina monofosfato), que produz IMP (inosina monofosfato) em mecanismo denominado *ciclo purina nucleotídeo* (Capítulo 18). Outras fontes de amônia incluem células da medula óssea, células que empregam a glutamina como combustível (p. ex., células imune, enterócitos, colonócitos) e hidrólise da ureia por micro-organismos no cólon.

METABOLISMO DOS AMINOÁCIDOS

Em geral, o catabolismo dos aminoácidos envolve: (1) remoção do grupo α-amino na forma de ureia e (2) oxidação dos esqueletos carbonados a CO_2 e H_2O, gerando ATP no processo ou produzindo glicose no fígado pela gliconeogênese.

A. Remoção de grupo α-amino dos aminoácidos por transaminação

A primeira etapa da remoção de amônia de aminoácidos consiste na reação de transaminação que transfere reversivelmente o grupo α-amino de um aminoácido para um α-cetoácido (α-cetoglutarato), originando um novo aminoácido (glutamato) e um novo α-cetoácido pela ação de *aminotransferases* (*transaminases*). Para a alanina, a *alanina aminotransferase* catalisa a reação:

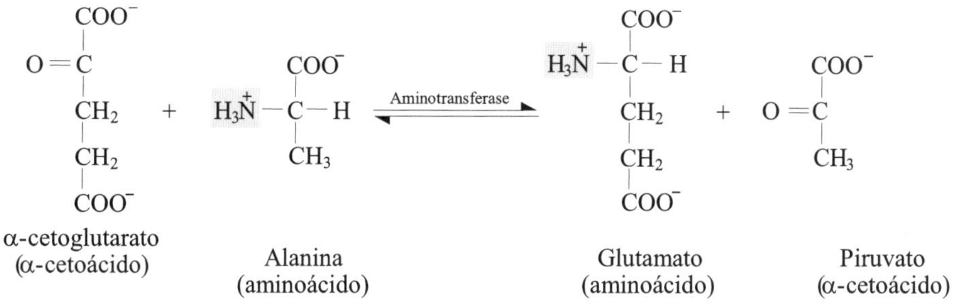

α-cetoglutarato (α-cetoácido) + Alanina (aminoácido) ⇌ Glutamato (aminoácido) + Piruvato (α-cetoácido)

As *aminotransferases* requerem *piridoxal-5'-fosfato* (PLP) como cofator. Esse composto é a forma fosforilada da piridoxina (vitamina B_6):

Piridoxal-5'-fosfato (PLP)

Piridoxina (vitamina B_6)

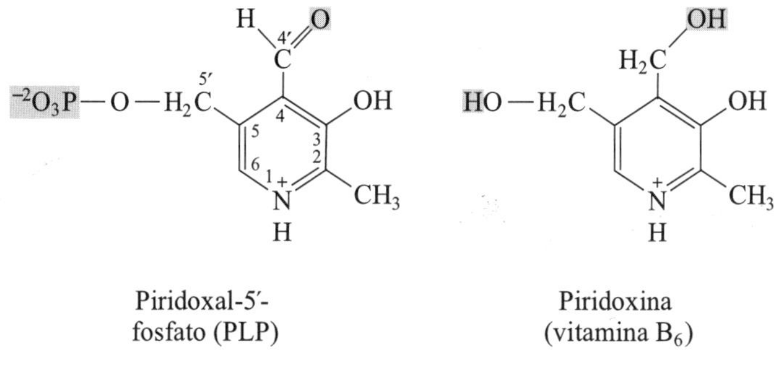

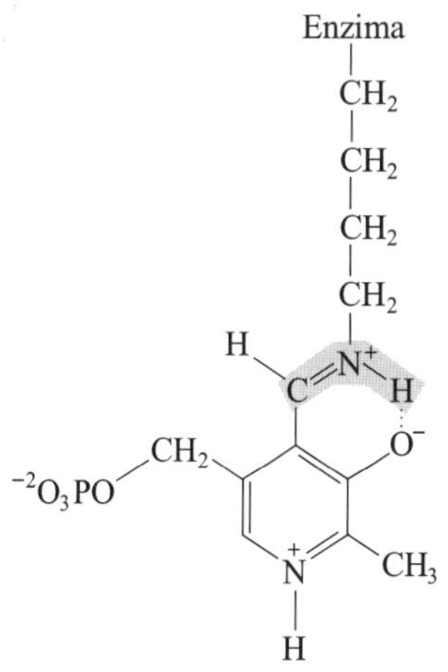

A PLP está covalentemente ligada ao sítio ativo da enzima via base de Schiff (R'–CH=N–R, uma aldimina) ligada ao grupo ε-amino do resíduo de lisina (Figura 17.1).

Forças estabilizadoras adicionais incluem interações iônicas entre as cadeias laterais de aminoácidos, o anel piridinium e o grupo fosfato.

As reações de transaminação exercem papéis centrais tanto na síntese como na degradação dos aminoácidos. Além disso, essas reações envolvem a interconversão de aminoácidos em piruvato, ou em ácidos dicarboxílicos, e atuam como ponte entre o metabolismo dos aminoácidos e carboidratos.

Enzima-PLP (base de Schiff)

B. Transformação de α-amino em íons amônio

A *glutamato desidrogenase* catalisa a remoção oxidativa do grupo amino como amônia livre a partir do glutamato proveniente, sobretudo, das reações de transaminação. No fígado, a enzima está localizada na matriz mitocondrial e emprega NAD^+ ou $NADP^+$ como aceptor de elétrons.

$$
\begin{array}{c}
COO^- \\
| \\
H_3\overset{+}{N}-\underset{\alpha}{C}-H \\
| \\
CH_2 \\
| \\
CH_2 \\
| \\
COO^-
\end{array}
+ H_2O
\quad
\underset{\text{Glutamato desidrogenase}}{\overset{\overset{NADP^+}{\underset{NAD(P)H,H^+}{}}}{\rightleftharpoons}}
\quad
\begin{array}{c}
COO^- \\
| \\
\underset{\alpha}{C}=O \\
| \\
CH_2 \\
| \\
CH_2 \\
| \\
COO^-
\end{array}
+ NH_4^+
$$

Glutamato   α-cetoglutarato

A reação catalisada pela glutamato desidrogenase é facilmente reversível e atua também na biossíntese de aminoácidos.

A atividade da glutamato desidrogenase hepática é inibida alostericamente por ATP, GTP e NADH e ativada pelo ADP.

C. Aminoácido oxidases

Pequena quantidade de amônia é formada pela ação das *L-aminoácido oxidases* encontradas nos peroxissomos do fígado e dos rins. O aceptor imediato de elétrons é a FMN (flavina mononucleotídeo). A $FMNH_2$ produzida reage com o O_2 para formar H_2O_2.

D. Desaminação de outros aminoácidos

A liberação de íons amônio de alguns aminoácidos ocorre por meio de reações específicas. Como exemplos encontram-se as reações catalisadas pela *serina desidratase* e pela *treonina desidratase*, que removem água da serina e da treonina e geram intermediários que contêm imino instável, o qual é hidrolisado para fornecer α-cetoácido e amônia.

A histidina é desaminada em uma etapa pela *histidina liase* ou *histidase*:

$$\text{Histidina} \rightarrow \text{urocanato} + NH_4^+$$

O subsequente metabolismo do uroconato produz glutamato e NH_4^+ e resulta na doação de um carbono do uroconato ao *pool* de tetra-hidrofolato na forma de N^5, N^{10}-metilenotetra-hidrofolato.

O nitrogênio da prolina faz parte de seu anel de cinco membros. O catabolismo da prolina envolve a oxidação e abertura do anel para gerar glutamato semialdeído então convertido em glutamato em presença da enzima *prolina oxidase*.

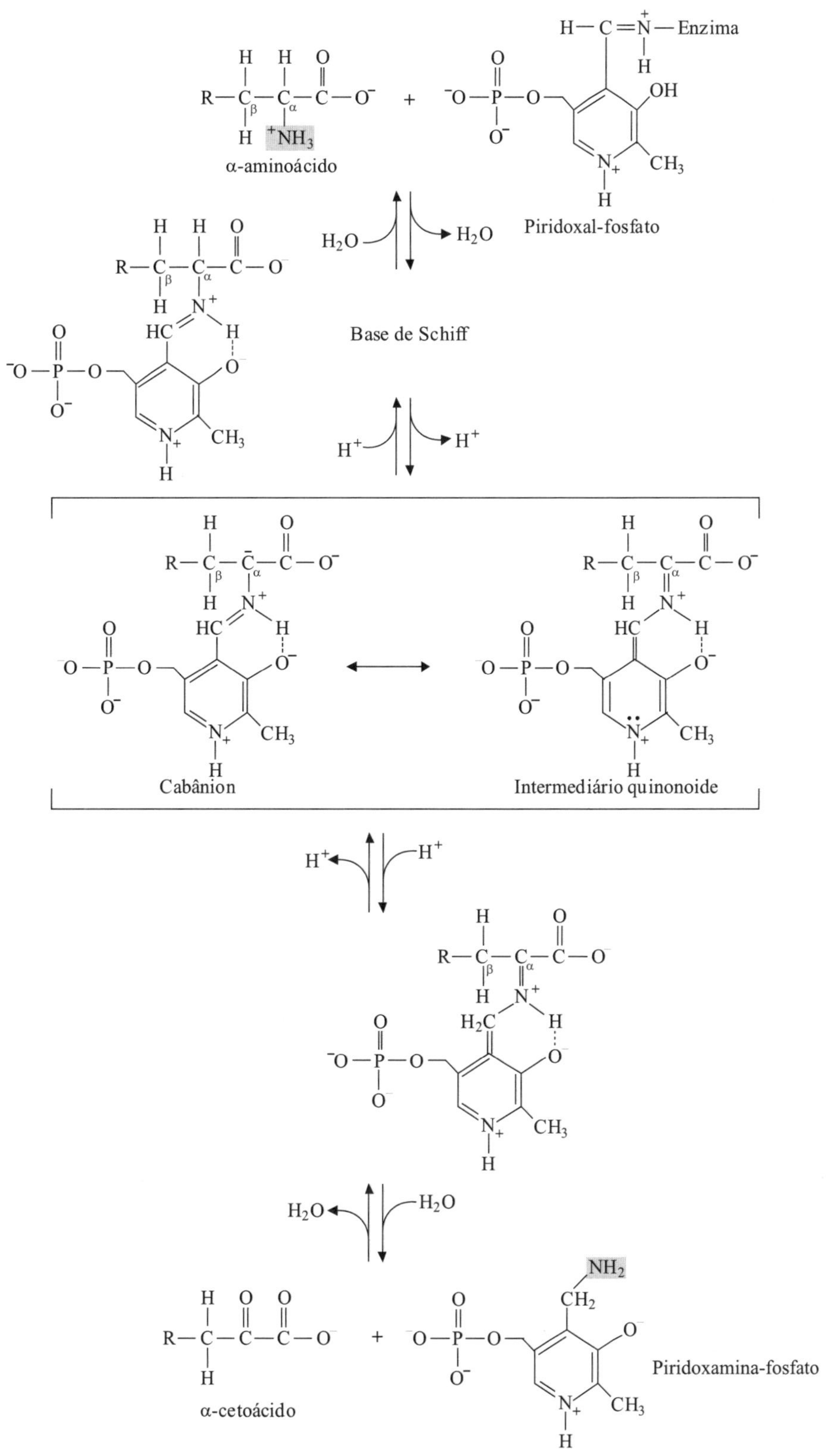

METABOLISMO DOS AMINOÁCIDOS

Figura 17.1 ● **Papel do piridoxal-fosfato na transaminação.**

E. Urease bacteriana

Cerca de 25% da amônia hepática é produzida pela ação de ureases bacterianas intestinais sobre a ureia. A amônia se difunde do sangue para o lúmen intestinal. A amônia liberada volta ao fígado pela circulação.

17.3 TRANSPORTE DE AMÔNIA PARA O FÍGADO E OS RINS

Os grupos α-amino são removidos dos aminoácidos no fígado e em outros tecidos (p. ex., músculo). Os íons amônio formados em tecidos extra-hepáticos são transportados para o fígado e os rins como *glutamina* ou *alanina* (ciclo glicose-alanina). Os íons amônio no fígado formam ureia, um composto de excreção e atóxico (fígado é o único órgão que contém todas as enzimas para a biossíntese da ureia). Nos rins, a amônia é protonada a íons amônio e excretada.

A. Incorporação da amônia ao glutamato para formar glutamina

A maioria dos tecidos sintetiza glutamina a partir do glutamato como forma de armazenamento temporário atóxico e transporte de amônia para o fígado ou os rins. A formação da glutamina é catalisada pela *glutamina sintase* mitocondrial.

Glutamato — γ-glutamil-fosfato — Glutamina

Pela ação da *glutaminase*, a glutamina é hidrolisada no fígado e nos rins a glutamato e amônia:

$$\text{Glutamina} + H_2O \xrightarrow{\text{Glutaminase}} \text{Glutamato} + NH_3$$

No fígado, o principal destino da glutamina, a amônia liberada pela hidrólise é utilizada na síntese de ureia. Nos rins, além da atividade da glutaminase para a produção de glutamato, ocorre desaminação oxidativa catalisada pela *glutamato desidrogenase*. Portanto, duas moléculas de amônia são excretadas na urina para cada glutamina transformada em α-cetoglutarato:

$$\text{Glutamina} \xrightarrow{\text{Glutaminase}} \text{glutamato} \xrightarrow[\text{desidrogenase}]{\text{Glutamato}} \alpha\text{-cetoglutarato} + 2\ NH_3$$

Nos túbulos renais, a amônia é protonada a íons amônio, que atuam na neutralização de ácidos metabólicos na urina.

A *asparaginase* catalisa uma reação semelhante.

A glutamina pode ser oxidada para gerar ATP em diferentes tecidos, como fígado, rins, intestinos delgado e grosso, células imunes, células da medula ós-

METABOLISMO DOS AMINOÁCIDOS

sea e células tumorais. Além disso, exerce importante papel na biossíntese de hexosaminas, aminoácidos, purinas e pirimidinas.

B. Ciclo glicose-alanina

Os íons amônio são também transportados ao fígado como alanina por meio do *ciclo da glicose-alanina*. Nos músculos, os íons amônio reagem com o α-cetoglutarato para formar glutamato pela ação da *glutamato desidrogenase* (ver tópico 17.1.B). O glutamato transfere seu grupo α-amino ao piruvato em presença da *alanina aminotransferase*:

$$\text{Glutamato} + \text{piruvato} \xleftrightarrow{\substack{\text{Alanina} \\ \text{aminotransferase}}} \alpha\text{-cetoglutarato} + \text{alanina}$$

A alanina produzida é liberada no sangue e captada pelo fígado, onde transfere seu grupo amino para o α-cetoglutarato por transaminação, formando glutamato e piruvato. O piruvato é usado na gliconeogênese. Pela ação da glutamato desidrogenase, o glutamato libera a amônia que será incorporada pela ureia.

17.4 BIOSSÍNTESE DE UREIA (CICLO DA UREIA)

A ureia – composto neutro, atóxico, altamente solúvel e excretado pela urina – é o principal produto de excreção do excesso de nitrogênio proveniente do catabolismo dos aminoácidos nos seres humanos. Com ingestão normal de proteínas, a ureia constitui 80% dos produtos nitrogenados da urina. São ainda encontrados na urina: ácido úrico, creatinina, íons amônio e outras formas menores de compostos nitrogenados. A síntese de ureia é realizada no fígado – o único tecido humano que contém arginase – por cinco reações (duas mitocondriais e três citoplasmáticas) do *ciclo da ureia* (ciclo de Krebs-Henseleit) (Figura 17.6). A ureia resultante é liberada no sangue e excretada na urina.

A principal fonte de nitrogênio de aminoácidos excretada é proveniente da reciclagem das proteínas do músculo esquelético. Grande parte do excesso de nitrogênio proveniente do catabolismo dos aminoácidos no músculo é transportada para o fígado e os rins como alanina e glutamina. Os esqueletos carbonados são usados para a produção de energia ou transportados para o fígado, para gliconeogênese.

A. Reações do ciclo da ureia

Cada molécula de ureia contém um átomo de carbono e dois átomos de nitrogênio. Os dois átomos de nitrogênio da ureia são originários diretamente do íon amônio e do aspartato, lembrando que são derivados de grupos amino dos aminoácidos. O átomo de carbono é proveniente do bicarbonato (Figura 17.2).

1. Carbamoil-fosfato sintetase I (CPSI)

O substrato inicial para o ciclo da ureia é uma molécula *ativada* produzida pela condensação do bicarbonato e do íon amônio, catalisada pela *carbamoil-fosfato sintetase I* na matriz mitocondrial. A reação consome dois ATP e produz *carbamoil-fosfato* (composto de *alta energia*) (Figura 17.3).

Tecnicamente, a reação não faz parte do ciclo da ureia. A enzima necessita de *N-acetilglutamato* como efetor alostérico positivo. Essa é a etapa limitante de síntese da ureia. A *carbamoil-fosfato sintase II* é citoplasmática, participa da biossíntese de pirimidinas, e não é afetada pela *N*-acetilglutamato.

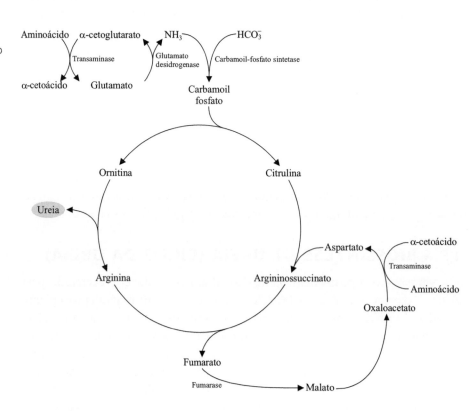

Figura 17.2 ● **Ciclo da ureia.** As enzimas que participam do ciclo são: (1) carbamoil-fosfato sintetase; (2) ornitina transcarbamoilase; (3) arginino-succinato sintetase; (4) argininossuccinase; e (5) arginase. As enzimas 1 e 2 são mitocondriais e as enzimas 3 e 5, citoplasmáticas.

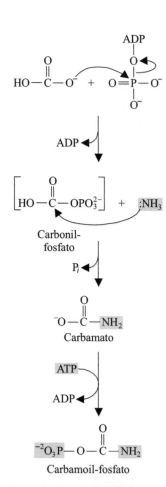

Figura 17.3 ● **Síntese da carbamoil-fosfato catalisada pela carbamoil-fosfato sintetase.** O ATP ativa o bicarbonato para formar a carbonil-fosfato. O NH_3 reage com a carbonil-fosfato para formar carbamato. A incorporação de um segundo grupo fosforil forma carbamoil-fosfato e ADP.

2. Ornitina transcarbamoilase

A reação seguinte do ciclo é a transferência do grupo carbamoil (NH_2–CO–), oriundo do carbamoil-fosfato, para a ornitina, para produzir *citrulina*. A reação ocorre na matriz mitocondrial pela ação da *ornitina transcarbamoilase*. A citrulina é transferida para o citoplasma por uma proteína transportadora específica. As reações do ciclo da ureia apresentadas na Figura 17.3 têm lugar no citosol.

METABOLISMO DOS AMINOÁCIDOS

3. Argininossuccinato sintetase

O segundo grupo amino da ureia é doado pelo aspartato. A condensação necessita de ATP e é catalisada pela *argininossuccinato sintetase*. Os produtos formados são: *argininossuccinato*, AMP e pirofosfato (PP_i), cuja hidrólise fornece dois ortofosfatos ($2P_i$). O pirofosfato (forte inibidor da reação) é clivado em ortofosfato ($2P_i$). A clivagem supre a energia adicional para as reações sintéticas, além de remover o efeito inibidor do pirofosfato.

Citrulina   Aspartato   Argininossuccinato

A principal fonte de aspartato é a transaminação do glutamato com o oxaloacetato:

$$\text{Oxaloacetato} + \text{glutamato} \leftrightarrows \text{aspartato} + \alpha\text{-cetoglutarato}$$

4. Argininosuccinase (argininossuccinato liase)

A *argininosuccinase* catalisa a clivagem do argininossuccinato para produzir *arginina* e *fumarato*. A síntese do fumarato *une* o ciclo da ureia ao ciclo do ácido cítrico. O fumarato também pode ser reconvertido em aspartato.

Argininossuccinato   Arginina   Fumarato

5. Arginase

Somente o fígado possui a enzima *arginase*, que catalisa a hidrólise da arginina, produzindo *ureia* e regenerando a *ornitina*. A ornitina retorna para a mitocôndria, onde se condensa novamente com a carbamoil-fosfato para reiniciar o ciclo. Através da corrente sanguínea, a ureia é transportada até os rins, onde é excretada pela urina.

A ureia é proveniente, portanto, de dois grupos amino – um da amônia e outro do aspartato – e de um carbono fornecido pelo bicarbonato.

A síntese de uma molécula de ureia exige energia correspondente a quatro ATP: dois para a síntese de carbamoil-fosfato e um para a formação de argininossuccinato; este último é clivado em AMP e pirofosfato (PP_i), o equivalente à hidrólise de duas moléculas de ATP. Em outras palavras, duas moléculas de ATP são consumidas para gerar o ATP a partir de AMP. Mesmo assim, o ciclo da ureia rende ATP por meio de reações auxiliares. A reação da glutamato desidrogenase produz NADH (ou NADPH), e a conversão de malato a oxaloacetato pela malato desidrogenase também gera NADH. Cada molécula de NADH forma até 2,5 ATP pela fosforilação oxidativa.

A urina contém outros compostos nitrogenados além da ureia, incluindo ácido úrico e creatinina, cuja excreção serve a outras funções ou representa produtos do desdobramento de certos metabólitos. O rim também excreta algum nitrogênio diretamente na forma de íons amônio, que tamponam produtos de excreção, como β-hidroxibutirato, acetoacetato e sulfato. A excreção aumentada de íons amônio ocorre durante a cetoacidose e outras condições metabólicas em que é produzido excesso de ácidos orgânicos. Perda de 1,6 g/dia de nitrogênio nas fezes (equivalente a 10 g de proteínas) é decorrente de descamação celular do intestino e de proteínas da dieta incompletamente absorvidas. Além disso, há perda de substâncias contendo nitrogênio pela pele (suor e descamação), perda de cabelo, secreções nasais e líquido menstrual.

B. Regulação do ciclo da ureia

A carbamoil-fosfato sintetase I (CPSI) mitocondrial é ativada alostericamente pelo *N-acetilglutamato*, produzido a partir do glutamato e do acetil-CoA em reação catalisada pela *N*-acetilglutamato sintase, que é estimulada por concentrações elevadas de arginina.

Glutamato   Acetil-CoA   *N*-acetilglutamato

Quando o desdobramento metabólico de aminoácidos aumenta, a concentração de glutamato se eleva e estimula a síntese do *N*-acetilglutamato que, por sua vez, aumenta a síntese de ureia.

As demais enzimas do ciclo da ureia são reguladas pela concentração de aminoácidos e amônia. São modificadas por variações no consumo de proteínas na dieta. As enzimas do ciclo da ureia são induzidas no jejum prolongado e estresse (p. ex., sepse, queimaduras, trauma), quando há desdobramento acelerado de proteínas para fornecer substratos para a gliconeogênese e a síntese de proteínas de fase aguda. As enzimas do ciclo da ureia são também induzidas por dietas ricas em proteínas, que disponibilizam excesso de aminoácidos para o fígado.

METABOLISMO DOS AMINOÁCIDOS

17.5 FUNÇÃO ANORMAL DAS VIAS DO METABOLISMO DO NITROGÊNIO

A. Hiperamonemia

A presença de níveis elevados de amônia no sangue é evidência de falhas na conversão de amônia em ureia. Hiperamonemia em adultos é geralmente consequência de insuficiência hepática, secundária a alguma doença (p. ex., cirrose), transplante de órgão ou quimioterapia. Hiperamonemia transitória é muitas vezes encontrada em neonatos prematuros com função hepática imatura ou fluxo hepático inadequado. Defeitos na síntese de ureia podem também resultar de defeito genético de uma ou mais enzimas do ciclo da ureia. Independente da etiologia, a hiperamonemia é geralmente acompanhada pelo aumento de glutamina plasmática, o aminoácido que o cérebro utiliza como veículo para exportar o excesso de íons amônio.

A amônia é tóxica ao sistema nervoso central, onde causa encefalopatia aguda e lesão permanente no cérebro; entretanto, os mecanismos fisiopatológicos ainda não estão totalmente esclarecidos. Uma possível causa é a síntese aumentada dos neurotransmissores glutamina e ácido γ-aminobutírico (GABA) e os subsequentes desarranjos na neurotransmissão. Outro possível mecanismo para a toxicidade no cérebro envolve a depleção de intermediários do ciclo do ácido cítrico, o que compromete a capacidade de as células neurais gerarem ATP.

B. Deficiência de ornitina transcarbamoilase

Muitos erros hereditários produzem deficiências de enzimas do ciclo da ureia. Todos compartilham os mesmos sinais bioquímicos, incluindo hiperamonemia, alcalose respiratória e ureia baixa. Pacientes neonatos apresentam letargia, irritabilidade e hipotonia. O pronto tratamento é crítico, pois a hiperamonemia pode resultar em dano cerebral irreversível, coma e mesmo a morte. Crianças maiores podem mostrar vários sintomas neurológicos, incluindo retardo psicomotor e ataxia cerebelar recorrente. O diagnóstico diferencial de erros hereditários do ciclo da ureia é geralmente realizado pela análise quantitativa de aminoácidos plasmáticos, que identifica níveis aumentados de intermediários do ciclo da ureia e bloqueio de enzimas específicas.

C. Acidose metabólica

Os corpos cetônicos β-hidroxibutirato e acetoacetato, acumulados durante a inanição e o diabetes melito tipo 1 insuficientemente controlado, são ácidos orgânicos. Além disso, muitos erros hereditários do metabolismo (p. ex., deficiência de acil-CoA desidrogenase de cadeia média) e medicamentos (p. ex., ácido acetilsalicílico) aumentam a excreção renal ácida. A excreção de ácidos orgânicos pelos rins é acompanhada de aumento na excreção de íons amônio, que tamponam a urina, resultando na elevação da quantidade de nitrogênio eliminado como amônia em relação à quantidade de excreção de ureia.

D. Ureia elevada

A ureia é sintetizada no fígado e excretada fundamentalmente pelos rins. Teores elevados de ureia no sangue indicam deficiências pós-hepáticas na excreção de nitrogênio. As causas mais frequentes são a redução da função renal e a deficiência na perfusão renal secundária a insuficiência cardíaca congestiva ou choque hipovolêmico. Desidratação grave, quando acompanhada de oligúria, pode também elevar a ureia sanguínea.

E. Estados hipercatabólicos

Trauma, queimaduras e sepse são caracterizados pelo aumento na utilização de energia e balanço negativo do nitrogênio, no qual a excreção do nitrogênio – principalmente como ureia – excede a quantidade ingerida na dieta. Essas alterações metabólicas são mediadas fundamentalmente pela hidrocortisona, com contribuições das citocinas inflamatórias. Nessas condições hipermetabólicas há aumento na degradação proteica, em especial no músculo esquelético, que fornece aminoácidos para manter as necessidades biossintéticas associadas à resposta imune e à cura de ferimentos. Ao mesmo tempo, ocorre aumento da síntese e excreção de ureia.

17.6 AMINOÁCIDOS ESSENCIAIS E NÃO ESSENCIAIS

Os aminoácidos diferem de outras classes de biomoléculas, pois cada membro é sintetizado por via única. Apesar da diversidade das vias sintéticas, os aminoácidos são formados a partir de intermediários metabólicos, por exemplo: piruvato, oxaloacetato, α-cetoglutarato e 3-fosfoglicerato. A tirosina, sintetizada a partir da fenilalanina, é uma exceção.

Os aminoácidos sintetizados em quantidades suficientes por seres humanos a partir da amônia e de esqueletos carbonados são denominados *nutricionalmente não essenciais*, ou seja, estão disponíveis para as células mesmo quando não estão incluídos na dieta. Por outro lado, os aminoácidos *nutricionalmente essenciais* são aqueles não sintetizados ou sintetizados em velocidade inadequada às necessidades metabólicas do organismo e, portanto, devem ser ingeridos na dieta. Os aminoácidos essenciais e não essenciais estão listados na Tabela 17.1.

Tabela 17.1 ● Aminoácidos nutricionalmente essenciais e não essenciais em seres humanos

Essenciais	Não essenciais
Arginina	Alanina
Histidina*	Asparagina
Isoleucina	Aspartato
Leucina	Cisteína
Lisina	Glutamato
Metionina	Glutamina
Fenilalanina	Glicina
Treonina	Hidroxiprolina
Triptofano	Prolina
Valina	Serina
	Tirosina

* É essencial no mínimo até os 12 anos de idade.

METABOLISMO DOS AMINOÁCIDOS

As fontes exógenas de proteínas diferem consideravelmente em suas proporções de aminoácidos nutricionalmente essenciais. Em geral, esses aminoácidos são encontrados em maior quantidade em proteínas de origem animal (p. ex., carne, leite e ovos). As proteínas vegetais muitas vezes são carentes de um ou mais desses aminoácidos. Por exemplo, a gliadina (proteína do trigo) tem quantidade insuficiente de lisina, enquanto a zeína (proteína do milho) tem baixo conteúdo de lisina e triptofano. Como as proteínas vegetais diferem em sua composição de aminoácidos, é possível obter aminoácidos essenciais em quantidades apropriadas a partir da combinação de diversos vegetais (p. ex., feijão [metionina baixa] associado a cereais [lisina baixa]).

As rotas biossintéticas para a produção de aminoácidos nutricionalmente não essenciais são descritas a seguir. Ao considerar esses processos, deve-se compreender que, se algum dos aminoácidos for excluído da dieta, pode ocorrer uma elevada demanda de aminoácidos essenciais, pois parte desses últimos é utilizada na síntese de não essenciais. Por exemplo, a tirosina é classificada como não essencial, pois é formada a partir da fenilalanina. Entretanto, na ausência de tirosina exógena, a quantidade de fenilalanina necessária aumenta significativamente.

A. Biossíntese de aminoácidos nutricionalmente não essenciais

Em mamíferos, os aminoácidos nutricionalmente não essenciais são sintetizados a partir de várias fontes, como aminoácidos essenciais (tirosina por hidroxilação da fenilalanina) ou de intermediários metabólicos comuns: o piruvato, o oxaloacetato, o α-cetoglutarato e o 3-fosfoglicerato.

1. Alanina, glutamato, aspartato, glutamina e asparagina

Três intermediários metabólicos (piruvato, oxaloacetato e α-cetoglutarato) formam cinco dos dez aminoácidos não essenciais em reações catalisadas por aminotransferases (transaminases). Pela via de transaminação, a *alanina* é produzida a partir do piruvato; o *glutamato,* a partir do α-cetoglutarato; e o *aspartato,* a partir do oxaloacetato proveniente do piruvato pela ação da *piruvato carboxilase*:

$$\text{Piruvato} + CO_2 + \text{ATP} \xleftrightarrow{\text{Piruvato carboxilase}} \text{oxaloacetato} + \text{ADP}$$

A transaminação do oxaloacetato pela *aspartato aminotransferase* (AST) gera aspartato:

$$\text{Oxaloacetato} + \text{glutamato} \xleftrightarrow[\text{aminotransferase}]{\text{Aspartato}} \text{aspartato} + \alpha\text{-cetoglutarato}$$

A *asparagina sintetase* emprega a glutamina como doador de amina e converte o aspartato em asparagina:

Aspartato → Asparagina

A *glutamina sintetase* catalisa a amidação do glutamato para produzir *glutamina* (ver acima).

2. Arginina e prolina

Vias mais complexas convertem glutamato em prolina e arginina:

Glutamato → Arginina

Glutamato → Prolina

Arginina é precursora de óxido nítrico. O óxido nítrico (NO) é um radical livre contendo oxigênio que atua como neurotransmissor, vasodilatador autacoide ou hormônio local. Em altas concentrações, o NO combina-se com oxigênio molecular ou superóxido para formar outras espécies reativas de oxigênio que contribuem para inflamação crônica ou doenças neurodegenerativas. O NO é sintetizado a partir da arginina em reação catalisada pela *NO sintase:*

$$Arginina + O_2 + NADPH + H^+ \rightarrow NO + citrulina + NADP^+$$

3. Serina

A serina tem como precursor o 3-fosfoglicerato, um intermediário da glicólise. A síntese ocorre em três reações:

METABOLISMO DOS AMINOÁCIDOS

As reações envolvem a oxidação do 3-fosfoglicerato a 3-fosfo-hidroxipiruvato e a trasaminação deste último a 3-fosfosserina, que é então hidrolisada a serina. A serina é precursora de glicina e cisteína.

4. Glicina

A serina, aminoácido com três carbonos, produz glicina, constituída por dois carbonos, em reação catalisada pela *serina-hidroximetil transferase* (a reação reversa converte glicina em serina). A enzima emprega um mecanismo dependente de piridoxal-5'-fosfato (PLP) para remover o grupo hidroximetil ($-CH_2OH$) ligado ao carbono α da serina; o fragmento de um carbono é então transferido para o cofator tetra-hidrofolato (THF) (ver tópico 17.8.B).

5. Cisteína

Por transulfuração, a homocisteína transfere o átomo de enxofre para a serina, gerando cisteína no processo. A via consiste em duas reações com a formação e, a seguir, a clivagem da cistationina, que produz cisteína, α-cetobutirato e amônia. A primeira reação é catalisada pela *cistationina β-sintetase* reutiliza o piridoxal-fosfato como cofator. A *cistationina β-liase*, outra enzima dependente de piridoxal-fosfato, catalisa a desaminação hidrolítica da cistationina:

A homocisteína é derivada da metionina pela formação do intermediário *S*-adenosilmetionina (doador do grupo metila, que será descrito mais adiante). A transferência do grupo metila deste último libera a *S*-adenosil-homocisteína, que é clivada à homocisteína. Enquanto os carbonos da cisteína são derivados da serina, o enxofre é obtido unicamente a partir da metionina (em processo denominado *transulfuração*). Restrição de cisteína na dieta deve ser compensada por aumento na ingestão de metionina.

A *homocistinúria* é uma doença genética autossômica recessiva resultante da deficiência de *cistationina β-sintetase* (CBS). Pacientes com homocistinúria apresentam aumentos significativos de metionina e homocisteína total (tHcy = homocisteína + homocistina) no sangue. Características clínicas da deficiência de CBS incluem deformidades ósseas, anormalidades nas lentes dos olhos e retardo mental. Quando não tratada, desenvolve, em 50% dos pacientes, infarto do miocárdio, derrame ou coágulos sanguíneos antes dos 30 anos de idade.

B. Biossíntese de aminoácidos nutricionalmente essenciais

Os aminoácidos nutricionalmente essenciais são sintetizados por vias que necessitam de várias etapas. Em algum ponto da evolução, os animais perderam a capacidade de sintetizar esses aminoácidos, provavelmente porque as vias consumiam muita energia, e os compostos já existiam em alimentos. Em resumo, os seres humanos não sintetizam aminoácidos ramificados ou aromáticos e, também, não incorporam enxofre em compostos como a metionina.

1. Metionina

Como descrito anteriormente, a síntese da cisteína em mamíferos necessita de um átomo de enxofre derivado da metionina. Em bactérias, para a síntese de metionina é necessário um átomo de enxofre derivado da cisteína. O enxofre proveniente do sulfeto inorgânico substitui o grupo acetila da *O*-acetilserina (obtida por acilação da serina) para produzir cisteína.

A cisteína doa, então, o átomo de enxofre para a homocisteína, cujo esqueleto de quatro carbonos é derivado do aspartato. A etapa final da síntese da metionina é catalisada pela *metionina sintase*, que adiciona à homocisteína um grupo metila transportado pelo tetra-hidrofolato:

METABOLISMO DOS AMINOÁCIDOS

Hiper-homocisteinemia é uma condição multifatorial associada a diferentes fatores nutricionais e genéticos, insuficiência renal ou ingestão excessiva de álcool. Independente da etiologia, a hiper-homocisteinemia está associada a eventos cardiovasculares adversos. Pessoas afetadas desenvolvem aterosclerose ainda quando crianças, provavelmente porque a homocisteína danifica diretamente as paredes dos vasos sanguíneos mesmo em ausência de teores elevados de LDL (lipoproteínas de baixa densidade). Aumentos na ingestão de folato (vitamina precursora do tetra-hidrofolato) reduzem o nível de homocisteína por sua conversão em metionina.

2. Treonina e lisina

O aspartato, precursor da metionina, é também o precursor dos aminoácidos essenciais treonina e lisina. Como esses aminoácidos são derivados de outros aminoácidos, já possuem o grupo amino.

3. Valina, leucina e triptofano

Os aminoácidos alifáticos (valina, leucina e isoleucina) são sintetizados por vias que empregam o piruvato como substrato inicial. Esses aminoácidos necessitam de uma etapa catalisada por transaminase (com glutamato como substrato) para introduzir o grupo amino.

4. Fenilalanina, tirosina e triptofano

Em plantas e bactérias, a via de síntese de aminoácidos aromáticos (fenilalanina, tirosina e triptofano) inicia com a condensação do fosfoenolpiruvato (um intermediário da via glicolítica com três carbonos) com a eritrose-4-fosfato (intermediário de quatro carbonos na via pentose-fosfato). O produto da reação com sete carbonos cicliza e sofre modificações adicionais, incluindo a adição de mais três carbonos do fosfoenolpiruvato, para formar o *corismato*, intermediário comum na síntese dos três aminoácidos aromáticos.

Como os animais não sintetizam o corismato, essa via é alvo de agentes inibidores do metabolismo de plantas sem afetar os animais. Por exemplo, o herbicida glifosato (Roundup) compete com o segundo fosfoenolpiruvato na via que produz corismato.

Fosfoenolpiruvato   Glifosato

As duas reações finais da via biossintética do triptofano (que tem 13 etapas) são catalisadas pela *triptofano sintase*, enzima bifuncional com estrutura quaternária $\alpha_2\beta_2$. A subunidade α cliva o indol-3-glicerol-fosfato, gerando indol e gliceraldeído-3-fosfato. A seguir, a subunidade β adiciona serina ao indol para produzir triptofano.

Indol-3-glicerol-fosfato   Indol   Triptofano

Indol, produto da reação da subunidade α e do substrato para a reação da subunidade β, nunca se separa da enzima. Em vez disso, o intermediário indol se difunde entre os dois sítios ativos, não escapando para o solvente circundante. Esse fenômeno, no qual o intermediário de duas reações é diretamente transferido de um sítio ativo a outro, é chamado *canalização* e aumenta a velocidade do processo ao evitar a perda de intermediários.

5. Histidina

Somente um dos aminoácidos primários não é sintetizado a partir das principais vias que metabolizam os carboidratos: a histidina, para a qual o ATP fornece um nitrogênio e um átomo de carbono. O glutamato e a glutamina doam os dois outros átomos de nitrogênio. Os restantes cinco carbonos são derivados do *5-fosforribosil-pirofosfato* (PRPP) (Capítulo 18).

O 5-fosforribosil-pirofosfato é também fonte de ribose para os nucleotídeos. Isso sugere que a histidina talvez tenha sido um dos primeiros aminoácidos sintetizados nos primórdios da vida, realizando a transição de um metabolismo todo-RNA para um RNA-e-proteína.

17.7 CATABOLISMO DE ESQUELETOS CARBONADOS DOS AMINOÁCIDOS

Após remoção de grupos α-amino, os esqueletos carbonados dos aminoácidos são degradados para atender 10% a 15% das necessidades energéticas do organismo. São convertidos a glicogênio ou gordura, dependendo de cada aminoácido, ou oxidados para liberar energia, ou usados para suprir de intermediários metabólitos, dependendo do estado fisiológico do momento (Figura 17.4).

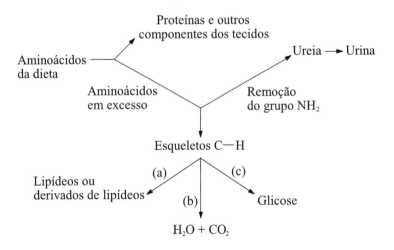

Figura 17.4 • Resumo do destino de aminoácidos da dieta. A via metabólica seguida (a), (b) ou (c) depende do aminoácido em particular, do estado fisiológico e dos mecanismos de controle bioquímico.

Segundo a natureza dos produtos de degradação, os aminoácidos podem ser classificados como *glicogênicos* (precursores da gliconeogênese) e/ou *cetogênicos* (produtores de corpos cetônicos ou ácidos graxos) (Tabela 17.2).

Tabela 17.2 ● **Aminoácidos glicogênicos e/ou cetogênicos**

Glicogênicos	Cetogênicos	Glicogênicos e cetogênicos
Alanina	Leucina	Fenilalanina
Arginina	Lisina	Isoleucina
Asparagina		Tirosina
Aspartato		Treonina
Glicina		Triptofano
Cisteína		
Glutamato		
Glutamina		
Histidina		
Metionina		
Prolina		
Serina		
Valina		

Ao examinar a Tabela 17.2, verifica-se que todos os aminoácidos, exceto leucina e lisina, no mínimo parcialmente, são glicogênicos. Todos os aminoácidos não essenciais são glicogênicos, enquanto os esqueletos dos aminoácidos aromáticos são tanto glicogênicos como cetogênicos.

Os aminoácidos glicogênicos são degradados a piruvato, α-cetoglutarato, succinil-CoA, fumarato ou oxaloacetato. Os aminoácidos que são degradados a acetil-CoA ou acetoacetil-CoA são denominados cetogênicos (Figura 17.5).

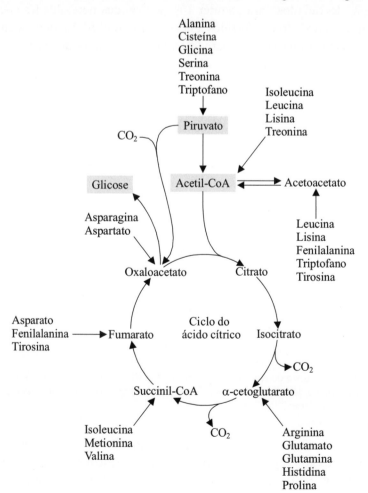

Figura 17.5 ● **Destino dos esqueletos carbonados dos aminoácidos.** Conversão dos esqueletos carbonados dos aminoácidos em piruvato, acetoacetato, acetil-CoA ou intermediários do ciclo do ácido cítrico para posterior catabolismo.

Piruvato, oxaloacetato e α-cetoglutarato derivados da alanina, aspartato, glutamato, serina e cisteína são precursores glicogênicos:

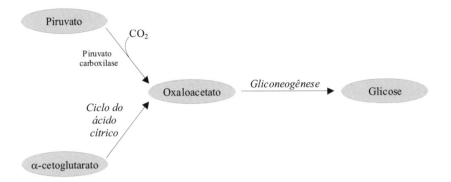

1. Alanina, aspartato e glutamato

Três aminoácidos são convertidos em substratos glicogênicos por transaminação (o reverso de suas reações biossintéticas): alanina em piruvato, aspartato em oxaloacetato e glutamato em α-cetoglutarato. O glutamato é também desaminado em reação de oxidação pela glutamato desidrogenase (ver tópico 17.2.B). A asparagina forma aspartato por desaminação, que produz, então, oxaloacetato por transaminação.

Do mesmo modo, a glutamina é desaminada a glutamato e, então, desaminada a α-cetoglutarato.

2. Serina e cisteína

O piruvato é também ponto de entrada no metabolismo para a serina e a cisteína. A serina é convertida em piruvato por desaminação pela *serina desidratase*:

Nota-se que, nessa reação e na conversão da asparagina e da glutamina em suas contrapartes ácidas, o grupo amino é liberado como NH_4^+ (íon amônio) em vez de ser transferido para outro composto.

A cisteína é convertida em piruvato por processo que libera amônia, assim como o enxofre.

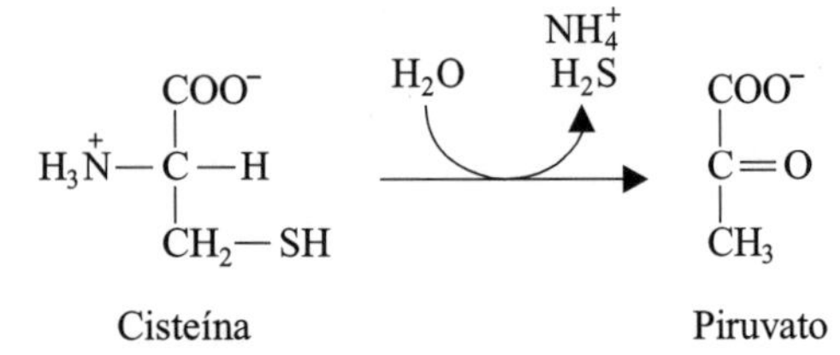

A liberação de íons sulfato livres fornece o enxofre para as reações de sulfonação necessárias para sintetizar proteoglicanos e esteroides sulfatados. Muitos hormônios, incluindo catecolaminas, esteroides e hormônios tireoidianos, podem ser sulfatados *in vivo*. A sulfonação da tiroxina (T_4) e da tri-iodotironina (T_3) inativa esses hormônios. Sulfotransferases também exercem importante papel no metabolismo e na desintoxicação de xenobióticos por formarem moléculas orgânicas mais solúveis para a excreção urinária.

A *cistinúria* é um defeito no transporte de cistina pelas células dos túbulos renais e do intestino, sendo transmitida como uma característica autossômica recessiva. A cistinúria favorece a formação de cálculos renais.

3. Prolina, arginina e histidina

A prolina e a arginina (sintetizadas a partir do glutamato) e a histidina são catabolizadas a glutamato e posteriormente convertidas em α-cetoglutarato por desaminação oxidativa. A "família" de aminoácidos do glutamato, que inclui glutamina, prolina, arginina e histidina, constitui ao redor de 25% dos aminoácidos da dieta. Assim, suas contribuições potenciais para o metabolismo energético são significativas. A síntese e o catabolismo da prolina são dados pelas reações:

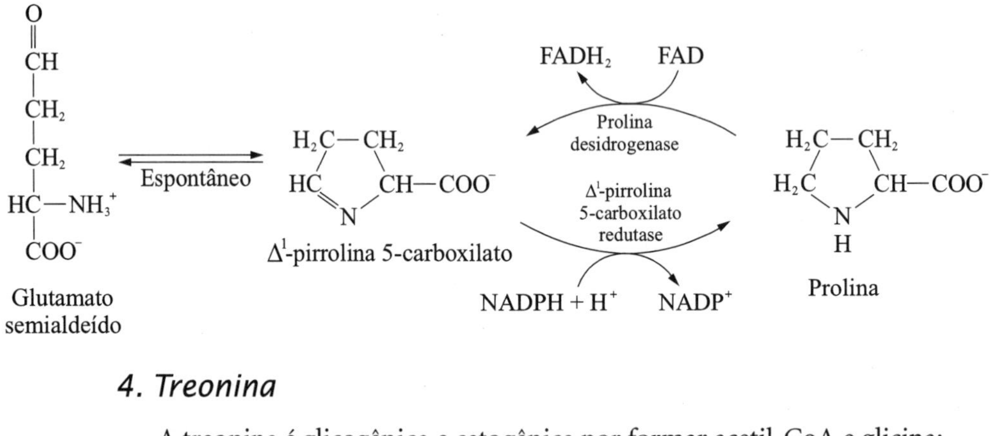

4. Treonina

A treonina é glicogênica e cetogênica por formar acetil-CoA e glicina:

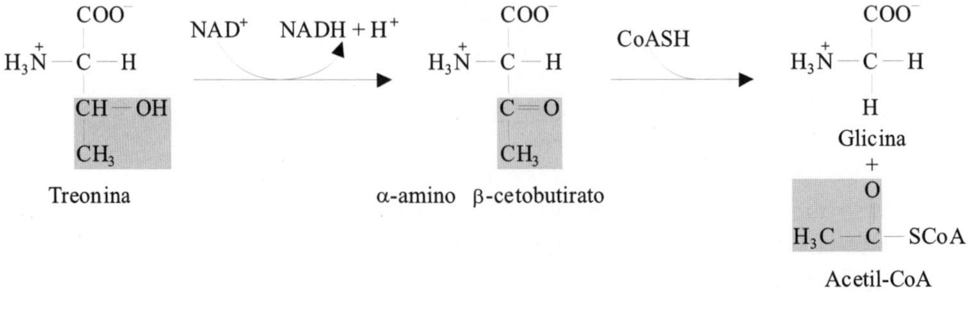

METABOLISMO DOS AMINOÁCIDOS

A acetil-CoA é precursora de corpos cetônicos, e a glicina é potencialmente glicogênica – se for inicialmente convertida em serina pela ação da serina hidroximetiltransferase. A principal rota de desdobramento da glicina, entretanto, é catalisada por um complexo multiproteína conhecido como *sistema de clivagem da glicina*.

$$H_3\overset{+}{N}-\underset{|}{\overset{\overset{\textstyle COO^-}{|}}{CH_2}} + \text{Tetra-hidrofolato} \xrightarrow[\substack{\text{Sistema de}\\\text{clivagem da}\\\text{glicina}}]{\substack{NAD^+ \quad NADH}} \text{Metileno-tetra-hidrofolato} + NH_4^+ + CO_2$$

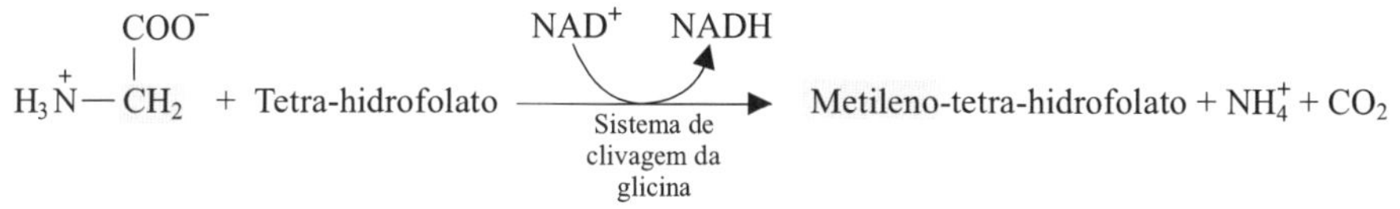

4. Leucina, isoleucina e valina

Os aminoácidos com cadeias laterais ramificadas (BCAA) – valina, leucina e isoleucina – sofrem transaminação para suas formas α-cetoácidos e são, então, ligados à coenzima A em reação de descarboxilação oxidativa. Essa etapa é catalisada pelo complexo da *desidrogenase do α-cetoácido de cadeia ramificada*, complexo multienzimático semelhante ao complexo da piruvato desidrogenase e que compartilha as mesmas subunidades. A deficiência genética da desidrogenase do α-cetoácido de cadeia ramificada causa a *doença do xarope de bordo* (cistinúria de cadeia ramificada), na qual altas concentrações de α-cetoácidos de cadeia ramificada são excretadas na urina, que apresenta um odor característico. A doença é fatal, se não tratada com dieta de baixo teor de aminoácidos de cadeia ramificada.

As reações iniciais do catabolismo da valina são mostradas na Figura 17.6. Etapas subsequentes fornecem o intermediário do ciclo do ácido cítrico, a succinil-CoA. A isoleucina é degradada por uma via similar que produz succinil-CoA e acetil-CoA. A degradação da leucina fornece acetil-CoA e acetoacetato (corpos cetônicos).

5. Lisina e metionina

A degradação da lisina segue uma via diferente, mas também forma acetil-CoA e acetoacetato. A degradação da metionina produz succinil-CoA em reação em que um dos intermediários é a *S*-adenosilmetionina (doador de metilas).

6. Tirosina e fenilalanina

A clivagem de aminoácidos aromáticos – fenilalanina, tirosina – gera acetoacetato (corpos cetônicos) e um composto glicogênico (alanina ou fumarato). A primeira reação na via de degradação da fenilalanina é sua hidroxilação a tirosina (por isso, a tirosina é não essencial). A reação usa a *tetrahidrobiopepterina* (BH$_4$) como cofator. A tetra-hidrobiopepterina é oxidada a *di-hidrobiopepterina* (BH$_2$) em reação da *fenilalanina hidroxilase*. A BH$_2$ é subsequentemente reduzida à forma BH$_4$ com a NADPH atuando como redutor.

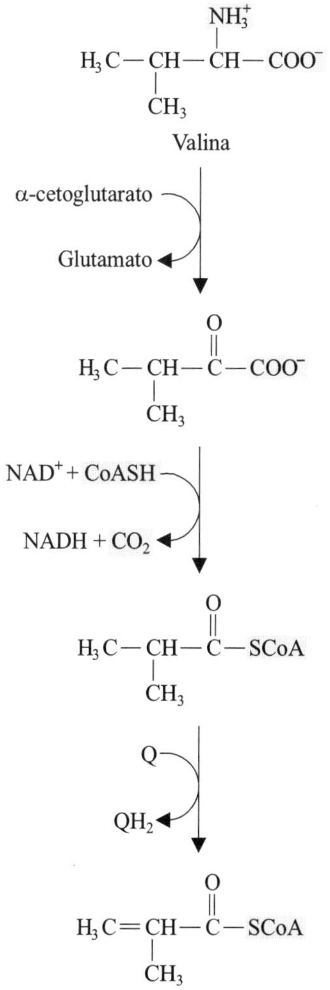

Figura 17.6 ● **Etapas iniciais da degradação da valina.**

Tetra-hidrobiopterina

Fenilalanina

Fenilalanina-hidroxilase

Di-hidrobiopterina

Tirosina

A via produz tirosina para a síntese de proteínas, catecolaminas, melanina e hormônios da tireoide. É também a via de catabolismo do excesso de fenilalanina:

- **Síntese de catecolaminas:** dopamina e noradrenalina são neurotransmissores sintetizados no cérebro. Dopamina, noradrenalina (norepinefrina) e adrenalina (epinefrina), coletivamente chamadas *catecolaminas*, contêm dois grupos hidroxila no anel aromático ou fenólico. As catecolaminas são sintetizadas por via que começa com a tirosina. A via completa que gera adrenalina ocorre principalmente na glândula suprarrenal.

- **Síntese de melanina:** a melanina é sintetizada por células especializadas, chamadas *melanócitos,* localizadas na pele, na raiz do cabelo e na íris e retina do olho. Os melanócitos contêm uma *tirosina hidroxilase* dependente de cobre que converte inicialmente a tirosina em DOPA quinona e, então, em uma família de moléculas bicíclicas denominadas *indóis.* As subsequentes oxidação e polimerização de indóis resultam na formação de melaninas, cujos múltiplos anéis aromáticos são usados para a pigmentação da pele e do cabelo. Síntese de tirosinase em melanócitos é induzida por exposição à luz ultravioleta. O *albinismo* é uma desordem genética que afeta o gene para tirosinase. Defeitos em algumas outras proteínas também causam albinismo por mecanismos ainda não esclarecidos. Pessoas afetadas desenvolvem danos visuais e risco aumentado para o câncer de pele.

- **Síntese de hormônios da tireoide:** a tirosina também é precursora de hormônios tireoidianos T_4 (tiroxina) e T_3 (tri-iodotironina). O iodo molecular (I_2) necessário para a reação é formado pela *tireoide peroxidase*, que catalisa a oxidação de íons iodetos (I^-) pelo peróxido de hidrogênio e promove a subsequente incorporação de átomos de iodo aos resíduos de tirosina da tireoglobulina para formar monoiodotirosina (MIT) e di-iodotirosina (DIT). A tireoide peroxidase também catalisa o acoplamento de duas di-iodotirosinas ou uma iodotirosina mais uma di-iodotirosina da tireoglobulina. Subsequente hidrólise lisossômica da tireoglobulina libera hormônios

METABOLISMO DOS AMINOÁCIDOS

ativos tiroxina e tri-iodotironina. O *hormônio estimulante da tireoide* (TSH) produzido pela hipófise atua na glândula tireoide e influencia a síntese e a secreção dos hormônios tireoidianos.

A deficiência de fenilalanina hidroxilase é um erro hereditário do metabolismo conhecido como *fenilcetonúria* (PKU). Se não tratado, esse defeito metabólico produz uma excreção urinária excessiva de fenilpiruvato, fenilactato, outros metabólitos aromáticos da fenilalanina e retardo mental grave progressivo, com outras manifestações neurológicas, incluindo convulsões, andar claudicante e regulação instável da temperatura. Em ausência de atividade adequada da fenilalanina hidroxilase, a tirosina torna-se um aminoácido essencial. Além disso, a hipopigmentação observada em pacientes com PKU é decorrente da redução da disponibilidade de tirosina para a síntese de melanina e da inibição competitiva de tirosinase em virtude dos elevados níveis de fenilalanina.

5. Triptofano

O triptofano é o precursor do neurotransmissor serotonina. A serotonina é utilizada pela glândula pineal para sintetizar *melatonina,* um composto indutor do sono e envolvido na regulação do ritmo circadiano:

- **Síntese de serotonina** (ver tópico 17.7): a via de síntese da serotonina é semelhante à que gera dopamina. A primeira etapa é catalisada pela *triptofano hidroxilase*, que, como a tirosina hidroxilase, é uma enzima dependente de tetra-hidrobiopterina (BH_4) e que catalisa a hidroxilação do triptofano:

$$\text{Triptofano} + O_2 + BH_4 \rightarrow \text{5-hidroxitriptofano} + BH_2 + H_2O$$

Por descarboxilação por uma enzima contendo piridoxal-fosfato tem-se a serotonina:

$$\text{5-hidroxitriptofano} \rightarrow \text{serotonina} + CO_2$$

A serotonina é inativada pela *monoamino oxidase* – que também inativa as catecolaminas – que catalisa a desaminação oxidativa da serotonina para produzir ácido 5-hidroxindol acético.

- **Síntese de melatonina:** a melatonina sintetizada a partir da serotonina é realizada em duas etapas:

$$\text{Serotonina} + \text{acetil-CoA} \rightarrow N\text{-acetilserotonina} + \text{CoASH}$$

$$N\text{-acetilserotonina} + S\text{-adenosilmetionina} \rightarrow$$
$$\text{melatonina} + S\text{-adenosil-homocisteína}$$

- **Síntese de niacina:** uma das vias alternativas do metabolismo do triptofano produz niacina, precursora da nicotinamida, componente do NAD^+ e $NADP^+$. A síntese da niacina, entretanto, representa uma via menor do catabolismo do triptofano. Parte da niacina necessária para o organismo é suprida pela dieta.

A *doença de Hartnup* é causada pela redução do transporte intestinal e renal do triptofano e outros aminoácidos neutros. Produz sinais semelhantes aos da pelagra.

17.8 METABOLISMO DE UNIDADES COM UM CARBONO

Muitas reações do metabolismo envolvem a transferência de *unidades com um carbono* de uma molécula doadora para uma molécula receptora. Muitas dessas reações atuam em vias catabólicas (p. ex., na degradação de serina e histidina), enquanto outras ocorrem em processos anabólicos, como na síntese de purinas (Capítulo 18). As unidades com um carbono são transferidas de um composto para outro por dois transportadores: a *S-adenosilmetionina* e o *tetra-hidrofolato*.

Unidades com um carbono podem existir em vários graus de oxidação (metila −CH$_3$, metileno −CH$_2$−; formila −CHO; formimino −CH=NH; metenila −CH=). Apesar de as reações envolvendo a transferência de unidades com um carbono ocorrerem em todas as células, elas são mais proeminentes no fígado, que é o principal local de síntese de purinas. Níveis relativamente altos de enzimas que usam o tetra-hidrofolato são também encontrados no cérebro, onde as unidades com um carbono são empregadas para fornecer grupos metila à S-adenosilmetionina para as reações de metilação envolvendo a biossíntese e a inativação de catecolaminas, assim como a geração de tetra-hidrobiopepterina, o cofator para as reações de hidroxilação na síntese de catecolaminas e serotonina.

A. S-adenosilmetionina (AdoMet)

A *S*-adenosilmetionina (AdoMet ou SAM) é o principal doador de grupo metila (−CH$_3$) de um intermediário a outro, em várias reações de síntese. Isso inclui a biossíntese de muitas pequenas moléculas, como adrenalina (epinefrina), creatina, melatonina e fosfatidilcolina, assim como a metilação de proteínas.

S-adenosilmetionina

A *S*-adenosilmetionina é obtida pela transferência de uma adenosil do ATP para o átomo de enxofre da metionina:

$$\text{Metionina} + \text{ATP} \rightarrow S\text{-adenosilmetionina} + \text{P}_i + \text{PP}_i$$

METABOLISMO DOS AMINOÁCIDOS

A metila da metionina é ativada pela carga positiva do átomo de enxofre. O grupo sulfônio da *S*-adenosilmetionina reage com aceptores nucleófilos e doa grupos metila para as reações de síntese. Desse modo, a *S*-adenosilmetionina atua como doador de metila em várias reações biossintéticas catalisadas por metiltransferases dependentes de AdoMet (Tabela 17.3), como, por exemplo, a conversão do hormônio noradrenalina em adrenalina:

Noradrenalina   Adrenalina

Em todos os casos, quando a metila de *S*-adenosilmetionina é transferida para um receptor, forma-se a S-adenosil-homocisteína que é, então, hidrolisada a homocisteína e adenosina. Há duas vias que metabolizam a homocisteína: (a) doação de um grupo metila e regeneração de metionina com a produção de S-adenosilmetionina à custa de ATP; (b) transulfuração, que transfere o átomo de enxofre da homocisteína para a serina, gerando cisteína no processo (ver anteriormente).

Tabela 17.3 ● **Transferência de grupos metila a partir da *S*-adenosilmetionina**

Aceptor metílico	Produto metilado
Acetilserotonina	Melatonina
Ácido γ-aminobutírico (GABA)	Carnitina
Ácido guanidinoacético	Creatina
Carnosina	Anserina
Fosfatidiletanolamina (três metilas)	Fosfatidilcolina
Nicotinamida	N-metilnicotinamida
Noradrenalina	Adrenalina
RNA de transferência e ribossômico	RNA metilado
DNA	DNA metilado

As metiltransferases dependentes de AdoMet também catalisam a metilação de resíduos de lisina, arginina e glutamina nas proteínas. A subsequente proteólise de proteínas contendo trimetilserina libera esta, que é precursora para a síntese de *carnitina*, molécula que atua no transporte de ácidos graxos de cadeia longa para o interior das mitocôndrias.

Poliaminas possuem várias cargas positivas que estabilizam o DNA durante a divisão celular sendo, portanto, essenciais para a sobrevivência das células. *Putrescina*, a mais simples das poliaminas, é produzida pela descarboxilação da ornitina. As maiores e mais positivamente carregadas poliaminas, *espermidina* e *espermina*, são sintetizadas pela transferência de grupos aminopropilas para a putrescina. Nessa via, a AdoMet é inicialmente descarboxilada a *S*-adenosilmetiltiopropilamina. A transferência de um grupo aminopropila da AdoMet descarboxilada para a putrescina gera espermidina; a transferência de um segundo grupo aminopropila para a espemidina gera a espermina.

Uma das características da *cirrose hepática* é a síntese deficiente de *S*-adenosilmetionina em razão da baixa atividade da *metionina adenosiltransferase*.

BIOQUÍMICA

A enzima é inativada por espécies reativas de oxigênio (ROS), que impedem a reativação da enzima pela glutationa reduzida (GSH). Como resultado, a concentração intra-hepática de AdoMet é reduzida sob condições de estresse oxidativo crônico semelhantes às induzidas pelo etanol ou pela hepatite C. A ausência de AdoMet, por sua vez, agrava o dano hepático. O tratamento farmacológico com sais estáveis de AdoMet parece ser benéfico, especialmente para pacientes com quadros menos avançados da doença.

B. Tetra-hidrofolato (THF)

O tetra-hidrofolato (THF) é a forma reduzida do *ácido fólico*, que atua como transportador de unidades com um carbono em várias reações do metabolismo de aminoácidos e de nucleotídeos. Consiste em três componentes: um anel pteridina, um ácido *p*-aminobenzoico (PABA) e uma cadeia de um ou mais glutamatos (Figura 17.7). Os mamíferos sintetizam os três componentes da vitamina, mas são incapazes de unir o PABA ao anel pteridina. O tetra-hidrofolato é obtido de alimentos. No interior dos enterócitos no intestino delgado, o ácido fólico é reduzido a tetra-hidrofolato por duas reações catalisadas pela mesma enzima, a *di-hidrofolato redutase*, que emprega o NADPH como redutor.

A demanda por RNA e DNA aumenta durante os períodos mais ativos de crescimento celular, incluindo a embriogênese e o desenvolvimento pós-natal, e em células que se dividem rapidamente, como o epitélio intestinal, células imunes e células-tronco de linhagens eritropoéticas.

Figura 17.7 ● Tetra-hidrofolato (THF). A. É constituído de um derivado da pteridina, um resíduo de *p*-aminobenzoato e uma cadeia de um ou mais glutamatos. É a forma reduzida do ácido fólico. Os quatro átomos de H do THF estão sombreados. **B.** A unidade com um carbono liga-se ao N^5 ou N^{10} do tetra-hidrofolato ou a ambos, a exemplo do metileno (sombreado). O tetra-hidrofolato pode carregar unidades de um carbono de diferentes estados de oxidação (p. ex., um grupo metila ligado ao N^5 e um grupo formil [–HCO] ligado ao N^5 ou ao N^{10}).

O tetra-hidrofolato aceita unidades com um carbono em reações de degradação. Um exemplo proeminente é a remoção do grupo hidroximetila da serina com a consequente formação de glicina. Além da serina, a glicina, o formato e a histidina também doam unidades com um carbono ao tetra-hidrofolato (Figura 17.7).

O principal papel do THF é fornecer unidades de um carbono para a síntese de estruturas cíclicas da adenosina e guanina, as bases púricas constituintes

METABOLISMO DOS AMINOÁCIDOS

353

de DNA e RNA. A síntese de inosina monofosfato, o precursor de AMP e GMP, envolve a doação de dois grupos formil do N^{10}-formil-THF.

17.9 MOLÉCULAS DERIVADAS DE AMINOÁCIDOS

Os aminoácidos, além de servirem como blocos construtores de polipeptídeos, são precursores de muitas biomoléculas de grande importância fisiológica. Na discussão a seguir será abordada a síntese de várias dessas moléculas, como neurotransmissores, glutationa, alcaloides, porfirinas e nucleotídeos.

A. Neurotransmissores

Na terminação do nervo, a chegada do impulso nervoso influencia uma segunda célula, como, por exemplo, outro nervo, músculo esquelético, músculo involuntário ou glândula secretória. A junção entre o terminal do nervo e a célula seguinte constitui a *sinapse*. A chegada do potencial de ação à sinapse resulta na liberação de uma substância transmissora pela membrana pré-sináptica que atravessa a lacuna (espaço entre as células) e libera o sinal ao se ligar a um receptor específico presente na membrana pós-sináptica. Os *neurotransmissores* são moléculas pequenas que comunicam os impulsos nervosos por meio da maioria das sinapses. Podem ser excitatórios ou inibitórios.

Muitos neurotransmissores são aminoácidos ou aminas primárias ou secundárias derivadas de aminoácidos (aminas biogênicas) (Tabela 17.4). Nesta seção será realizada uma breve discussão acerca de aminoácidos, aminas biogênicas e do óxido nítricos como neurotransmissores.

Tabela 17.4 ● **Neurotransmissores aminoácidos e aminas**

Aminoácidos	Aminas
Glicina	Noradrenalina (norepinefrina)
Glutamato	Adrenalina (epinefrina)
Ácido γ-aminobutírico (GABA)	Dopamina
	Serotonina
	Histamina

1. Glicina

A glicina é um neurotransmissor inibitório para a medula espinhal e grande parte do tronco cerebral, onde bloqueia o impulso que migra através do cordão medular para os neurônios motores, de modo a estimular o músculo esquelético. As terminações nervosas pré-sinápticas apresentam um sistema de transporte para remover a glicina da sinapse. A inibição surge em virtude do aumento da condutância de Cl. A estricnina provoca rigidez e convulsões ao se ligar aos receptores de glicina. A apamina, amida polipeptídica de 18 resíduos de aminoácidos do veneno de abelha, atua de maneira semelhante.

2. Glutamato

O glutamato é o neurotransmissor excitatório amplamente distribuído pelo SNC. O glutamato é reciclado nos neurônios e nas células gliais. A célula glial transforma o glutamato em glutamina, que então se difunde novamente para o neurônio. A glutaminase mitocondrial no neurônio produz novamente o glutamato para reutilização. A ativação de seu receptor (*N*-metil-D-aspartato – NMDA) aumenta a sensibilidade aos estímulos de outros neurotransmissores. O álcool inibe a influência do glutamato e, desse modo, diminui a sensibilidade aos estímulos. O glutamato monossódico é suspeito de contribuir para alguns distúrbios psicológicos, embora esse fato não tenha sido ainda comprovado.

3. Ácido γ-aminobutírico (GABA)

Atua como neurotransmissor inibitório no SNC. A ligação do GABA a seu receptor aumenta a permeabilidade da membrana da célula nervosa para os íons cloretos. (Os benzodiazepínicos, uma classe de tranquilizantes que reduzem a ansiedade e causam relaxamento muscular, provocam potencialização da resposta ao GABA, aumentando a condutância da membrana para cloretos.)

Existem dois tipos de receptores desse neurotransmissor: os GABA-α e os GABA-β, dos quais apenas o primeiro é estimulado por álcool, benzodiazepinas e barbitúricos, do que resulta diminuição de sensibilidade para outros estímulos. O efeito ansiolítico do álcool é mediado pelos receptores de GABA.

Recém-nascidos com *epilepsia por dependência de piridoxina* (PDE) exibem convulsões nas primeiras horas de vida e não respondem à terapia antiepiléptica convencional. Acreditava-se que o defeito genético situava-se no gene para a glutamato descarboxilase, a enzima que converte glutamato em GABA. Entretanto, estudos recentes indicam que pacientes com PDE são deficientes de α-aminoadípico semiladeído desidrogenase, enzima de uma via menor do catabolismo da lisina. Como resultado, há acúmulo de um intermediário metabólico (piperidina-6-carboxilato), que reage e sequestra o piridoxal-fosfato (PLP). Como o PLP é um cofator essencial no metabolismo do neurotransmissor, os afetados são dependentes de altas doses de hidrocloreto de piridoxina para prevenir a recorrência de convulsões.

4. Catecolaminas

Compreendem dopamina, noradrenalina (norepinefrina) e adrenalina (epinefrina) e são derivadas do aminoácido tirosina. Dopamina e noradrenalina são usadas no cérebro como neurotransmissores excitatórios. Fora do sistema nervoso, a noradrenalina e a adrenalina são liberadas principalmente pela medula suprarrenal e pelo sistema nervoso periférico. Como ambas regulam vários aspectos do metabolismo, são consideradas hormônios.

METABOLISMO DOS AMINOÁCIDOS

A secreção da *adrenalina* (em resposta a estresse, trauma, exercício vigoroso ou hipoglicemia) causa a rápida mobilização de energia armazenada, ou seja, glicose do fígado e ácidos graxos do tecido adiposo. A reação na qual a noradrenalina é metilada para formar adrenalina é mediada pela enzima *feniletanolamina-N-metiltransferase* (PNMT). Apesar de a enzima ocorrer predominantemente nas células cromafínicas da medula suprarrenal, ela também é encontrada em certas porções do cérebro onde a adrenalina funciona como um neurotransmissor. Evidências recentes indicam que a adrenalina e a noradrenalina estão presentes em vários outros órgãos (p. ex., fígado, coração e pulmões). As duas enzimas que inativam as catecolaminas são a catecol *O*-metiltransferase (COMT) e a monoamino-oxidase (MAO).

Os tremores característicos da *doença de Parkinson* são resultado da degeneração gradual de neurônios produtores de dopamina no SNC em uma região conhecida como substância *nigra*.

5. Serotonina (5-hidroxitriptamina)

A serotonina é um poderoso vasoconstritor e estimulador da contração do músculo liso e inibidor da secreção gástrica. É encontrada no cérebro, no intestino, nos mastócitos e nas plaquetas, bem como em tumores carcinoides. No cérebro atua, aparentemente, como um agente neuro-hormonal que aumenta a atividade do nervo. A serotonina é sintetizada a partir do triptofano:

Triptofano → Serotonina

Baixos níveis de serotonina no cérebro estão relacionados com depressão, agressão e hiperatividade. O efeito antidepressivo de medicamentos como o Prozac resulta de sua capacidade de aumentar os teores de serotonina mediante o bloqueio da reabsorção do neurotransmissor liberado.

A serotonina é também convertida em *melatonina* (*N*-acetil-5-metoxitriptamina), formada na glândula pineal e na retina. Sua concentração é baixa durante o dia e alta no escuro. Como a melatonina parece influenciar a síntese de alguns neurotransmissores que controlam o ritmo circadiano, ela tem sido usada para o tratamento de distúrbios do sono e *Jet lag*.

Melatonina

6. Histamina

A histamina é uma amina produzida por muitos tecidos do organismo e apresenta efeitos fisiológicos complexos. É mediadora de reações alérgicas e inflamatórias, estimuladora da produção gástrica de ácido e um neurotransmissor em diversas áreas do cérebro. A histamina é formada pela descarboxilação da L-histidina em reação catalisada pela *histidina descarboxilase*, uma enzima que necessita de piridoxal-5'-fosfato.

7. Óxido nítrico (NO)

O NO é um gás altamente reativo. Além de suas muitas funções (regulação da pressão sanguínea, inibição da coagulação sanguínea e destruição de células anômalas, lesadas ou cancerosas pelos macrófagos), também atua como um neurotransmissor. O NO é sintetizado a partir da arginina pela óxido-nítrico *sintase* (NOS), sendo produzido em muitas áreas do cérebro, onde sua função está relacionada com a função neurotransmissora do glutamato. Quando o glutamato é liberado de um neurônio e se liga a certas classes de receptores do glutamato, é disparado um fluxo de Ca^{2+} através de uma membrana pós-sináptica, o que estimula a síntese da NOS. Uma vez sintetizado, o NO difunde-se de sua célula de origem para células pré-sinápticas, onde os sinais promovem a liberação do glutamato. Em outras palavras, o NO atua como um neurotransmissor retrógrado, ou seja, ele promove um ciclo no qual o glutamato é liberado do neurônio pré-sináptico e então se liga e promove potenciais de ação no neurônio pós-sináptico. Esse mecanismo potenciador exerce importante papel no aprendizado e na formação da memória, assim como em outras funções no cérebro dos mamíferos.

B. Glutationa (GSH)

A glutationa (γ-glutamilcisteinilglicina) é um tripeptídeo contendo uma sulfidrila. A GSH está envolvida na síntese do DNA e do RNA, de certos eicosanoides e de outras biomoléculas. Em muitos desses processos, a GSH atua como agente redutor, mantendo os grupos sulfidrílicos de enzimas e de outras moléculas no estado reduzido. Além de proteger as células das radiações, da toxicidade do oxigênio e de toxinas ambientais, a GSH também promove o transporte de aminoácidos (ciclo γ-glutamil).

A GSH contribui para a proteção das células das toxinas ambientais. A GSH reage com várias moléculas estranhas para formar conjugados de GSH. A ligação desses substratos com a GSH prepara-os para a excreção, que pode ser espontânea ou catalisada pelas *glutationas S-transferases* (também conhecidas como ligandinas). Antes da excreção urinária, as GSH conjugadas são geralmente convertidas em ácidos mercaptúricos.

C. Biossíntese do grupo prostético heme

O heme, uma das moléculas mais complexas sintetizadas pelos mamíferos, tem um anel porfirínico que contém ferro (Figura 17.8). O heme é um componente estrutural da hemoglobina, da mioglobina e dos citocromos. A via biossintética do heme é predominante no fígado, na medula óssea, nas células intestinais e nos reticulócitos (células precursoras de eritrócitos que contêm núcleo).

Na primeira etapa da síntese, a glicina se condensa com succinil-CoA, formando o δ-aminolevulinato (ALA), em reação catalisada pela *ALA sintase*, que necessita de piridoxal-fosfato. É a etapa comprometida da biossíntese de porfirinas. A ALA sintase, enzima mitocondrial, é inibida alostericamente pela *hemina* (derivado do heme que contém Fe^+). Na etapa

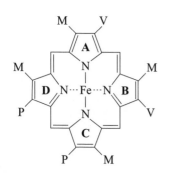

Figura 17.8 ● **Grupo heme.**
(M: metil; V: vinil.)

seguinte da síntese da porfirina, duas moléculas de ALA se condensam para formar porfobilinogênio. A *porfobilinogênio sintase*, que catalisa essa reação, é uma enzima contendo zinco extremamente sensível ao envenenamento por metais pesados. A *uroporfirinogênio I sintase* catalisa a condensação simétrica de quatro moléculas de porfobilinogênio. Quando quatro moléculas de CO_2 são removidas, catalisadas pela *uroporfirinogênio descarboxilase*, o coproporfirinogênio é sintetizado. A reação é seguida pela remoção de duas moléculas de CO_2 adicionais, formando, assim, o protoporfirinogênio IX. A oxidação dos grupos metilenos do anel porfirínico produz a protoporfirina IX, precursor direto do heme. A etapa final da síntese do heme é a inserção de Fe^{2+}, reação que ocorre espontaneamente, mas acelerada pela ferroquelatase.

A protoporfirina IX é também um precursor das clorofilas. Após a incorporação de magnésio (Mg^{2+}), a enzima Mg-protoporfirina-metilesterase catalisa a adição do grupo metila para formar Mg-protoporfirina IX monometiléster. Essa molécula é então convertida em clorofila em várias reações induzidas pela luz.

D. Degradação do grupo heme

Com cerca de 120 dias de vida, as células vermelhas "envelhecem" pelo esgotamento das enzimas eritrocitárias. Como consequência são removidas da circulação pelos macrófagos do sistema reticuloendotelial (baço, fígado e medula óssea), onde são degradadas. O ferro retorna ao plasma e se liga à transferrina. A globina é degradada em seus aminoácidos componentes para posterior reutilização. A protoporfirina IX forma bilirrubina.

A protoporfirina é oxidada a *biliverdina* – pigmento verde-escuro – e monóxido de carbono (CO) pela heme oxigenase. A biliverdina é convertida em *bilirrubina*, tetrapirrol insolúvel em soluções aquosas, em reação catalisada pela biliverdina-redutase (Figura 17.9).

A bilirrubina produzida no sistema retículo endoplasmático (SRE) é apolar e insolúvel em água e é transportada para o fígado via corrente circulatória, ligada de maneira firme, mas reversível, à albumina.

A bilirrubina isolada da albumina entra na célula hepática e é conjugada pela ação da *uridina-difosfato glicuroniltransferase* (UDPGT) com o ácido UDP-glicurônico para produzir o monoglicuronídeo e o diglicuronídeo da bilirrubina (*bilirrubina conjugada*). O derivado conjugado, solúvel em água, é excretado do hepatócito na forma de bile e constitui um dos pigmentos biliares. Em razão da solubilidade em água, a bilirrubina conjugada é encontrada em pequena quantidade tanto no plasma como na urina. No intestino grosso, a bilirrubina é degradada por enzimas bacterianas para formar *urobilinogênio*.

A *icterícia* é a pigmentação amarela da pele, da esclerótica e das membranas mucosas, resultante do acúmulo de bilirrubina ou de seus conjugados. Torna-se evidente clinicamente quando as concentrações plasmáticas de bilirrubina total excedem 3mg/dL, apesar de graus menores também terem significância clínica. A icterícia é o sinal mais precoce de uma série de patologias hepáticas e biliares.

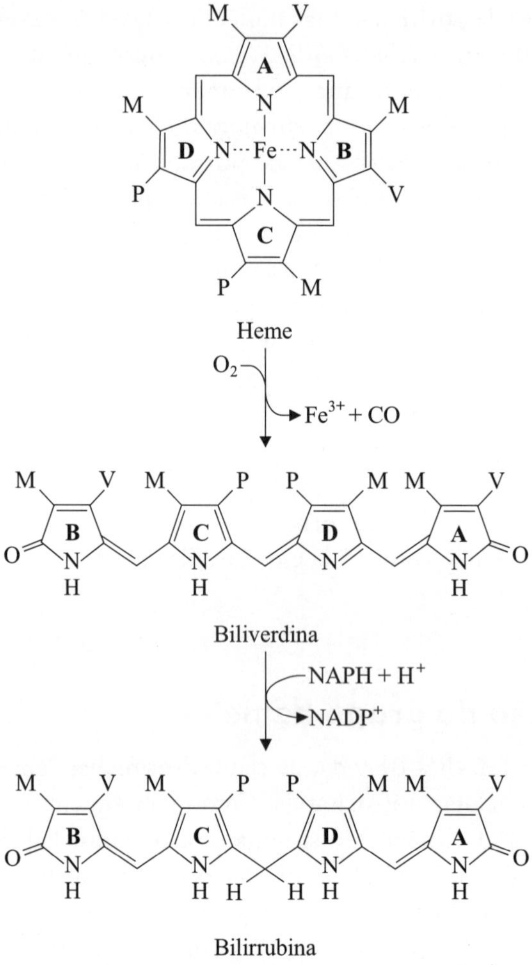

Figura 17.9 ● **Via de degradação do heme.** M, V e P representam os grupos metil, vinil e propionil, respectivamente.

17.10 FIXAÇÃO DE NITROGÊNIO

O nitrogênio é um elemento essencial encontrado em proteínas, em ácidos nucleicos e em outras biomoléculas. Apesar do importante papel que exerce nos organismos vivos, o nitrogênio utilizado biologicamente é escasso. O nitrogênio molecular (N_2) é abundante na biosfera, mas é quase inerte quimicamente. Portanto, a conversão do N_2 na forma utilizável necessita de gasto de energia. Certos micro-organismos podem reduzir o N_2 para formar NH_3 (amônia). As plantas e os micro-organismos absorvem NH_3 e NH_3^- (íon nitrato), produto de oxidação da amônia, para a síntese de biomoléculas contendo nitrogênio. Os animais não sintetizam moléculas contendo nitrogênio a partir de amônia e nitrato. Em vez disso, eles obtêm *nitrogênio orgânico* (principalmente aminoácidos) da alimentação. Em uma complexa série de vias, os animais usam o nitrogênio dos aminoácidos para sintetizar vários compostos orgânicos.

Várias circunstâncias limitam a utilização do nitrogênio atmosférico pelos seres vivos. Em virtude da estabilidade química do nitrogênio molecular atmosférico, a redução do N_2 até íon amônio (NH_4^+) (denominado *fixação do nitrogênio*) necessita de grande quantidade de energia. Por exemplo, no mínimo 16 ATP são necessários para reduzir um N_2 a duas NH_3. Além disso, somente alguns procariotos podem "fixar" nitrogênio. Entre eles estão as bactérias (*Azotobacter vinelendii* e *Clostridium pasteurianum*), as cianobactérias (*Nostoc muscorum* e

Anabaena azollae) e as bactérias simbiontes (várias espécies de *Rhizobium*) localizadas em nódulos de raízes de plantas leguminosas, como soja e alfafa.

As espécies fixadoras de nitrogênio possuem um *complexo da nitrogenase*, cuja estrutura consiste em duas proteínas chamadas dinitrogenase e dinitrogenase-redutase. A dinitrogenase (MoFe-proteína) é um $\alpha_2\beta_2$-heterotetrâmero que contém dois átomos de molibdênio (Mo) e 30 átomos de ferro. A dinitrogenase-redutase (Fe-proteína) é um dímero de subunidades idênticas. O complexo da nitrogenase catalisa a produção de amônia a partir do nitrogênio molecular:

$$N_2 + 8\ H^+ + 8\ e^- + 16\ ATP + 16\ H_2O \rightarrow 2\ NH_3 + H_2 + 16\ ADP + 16\ P_i$$

São necessários oito elétrons para a reação: seis para a redução do N_2 e dois para produzir H_2. Os dois componentes do complexo da nitrogenase são inativados irreversivelmente pelo oxigênio e, por isso, muitas bactérias fixadoras de oxigênio ficam confinadas em ambientes anaeróbicos.

Em condições fisiológicas, a amônia existe principalmente na forma protonada, NH_4^+ (íon amônio) (pK' 9,25).

A. Nitrificação e desnitrificação

O nitrogênio biologicamente útil também é obtido a partir do íon nitrato (NO_3^-) presente na água e no solo. O nitrato é reduzido a íon amônio pelas plantas, fungos e muitas bactérias. Primeiro, a nitrato-redutase catalisa a redução de dois elétrons do íon nitrato a íon nitrito (NO_2^-):

$$NO_3^- + 2\ H^+ + 2\ e^- \rightarrow NO_2^- + H_2O$$

A seguir, a nitrito-redutase converte o nitrito a íon amônio:

$$NO_2^- + 8\ H^+ + 6\ e^- \rightarrow NH_4^+ + 2\ H_2O$$

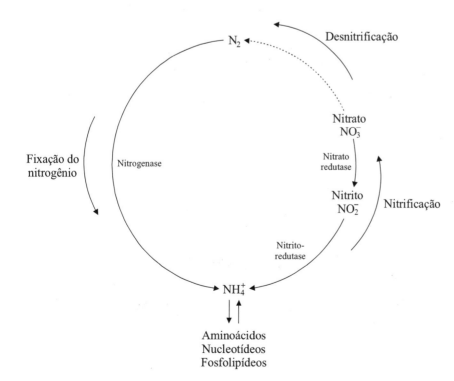

Figura 17.10 ● Ciclo do nitrogênio. A fixação do nitrogênio converte N_2 em íon amônio biologicamente útil. O nitrato também pode ser convertido em íon amônio. A amônia é transformada de volta em N_2 por nitrificação, seguida por desnitrificação.

O nitrato é também produzido por certas bactérias que oxidam o NO_4^+ em NO_2^- e, a seguir, até NO_3^-, em processo denominado *nitrificação*. Outros organismos convertem o íon nitrato e o íon nitrito de volta a N_2 para a atmosfera, em mecanismo chamado *desnitrificação*. Todas essas reações constituem o *ciclo do nitrogênio* (Figura 17.10).

B. Incorporação de íons amônio em aminoácidos

Existem duas vias principais para a incorporação de íons amônio para formar aminoácidos e, a seguir, outras biomoléculas: (1) aminação redutiva de α-cetoácidos; e (2) formação de amidas de ácido aspártico e de ácido glutâmico com a subsequente transferência do nitrogênio amida para formar outros aminoácidos.

A *glutamato desidrogenase*, enzima encontrada na mitocôndria e no citoplasma de células eucarióticas e em algumas bactérias, catalisa a incorporação de íons amônio ao α-cetoglutarato (ver tópico 17.2.B):

$$\alpha\text{-cetoglutarato} + NADH + H^+ + NH_3 \xrightleftharpoons{\substack{\text{Glutamato} \\ \text{desidrogenase}}} \text{Glutamato} + NAD + H_2O$$

Em eucariotos, a desidrogenase também libera íons amônio para a excreção de nitrogênio a partir do glutamato proveniente, sobretudo, das reações de transaminação. Como a reação é reversível, o excesso de amônia promove a síntese de glutamato. A glutamato desidrogenase é uma enzima alostérica ativada pelo ADP e pelo GDP e inibida pelo ATP e pelo GTP.

Os íons amônio são incorporados ao glutamato para formar glutamina em presença da *glutamina sintetase,* enzima encontrada em todos os organismos. Nos micro-organismos, é um ponto crítico de entrada para a fixação de nitrogênio. Em animais, é a principal via de conversão de íons amônio – compostos altamente tóxicos – em glutamina para ser transportada no sangue. Na primeira etapa da reação, o ATP doa um grupo fosforil para o glutamato. A seguir, os íons amônio reagem com o intermediário (γ-glutamil-fosfato), deslocando o P_i para produzir glutamina (ver tópico 17.2.A):

$$\text{Glutamato} + ATP \rightarrow [\gamma\text{-glutamil-fosfato}] + NH_4^+ \rightarrow \text{glutamina} + P_i$$

O nome *sintetase* indica que o ATP é consumido na reação.

O cérebro, fonte rica em glutamina sintetase, é especialmente sensível aos efeitos tóxicos de íons amônio. As células do cérebro convertem íons amônio em glutamina, molécula neutra e não tóxica. A glutamina é, então, transportada ao fígado, onde ocorre a produção de compostos nitrogenados para a excreção.

Em muitos organismos, a glutamina e o glutamato estão presentes em concentrações mais elevadas que outros aminoácidos, o que é consistente com seu papel de carreadores de aminoácidos. Sendo assim, a atividade da glutamina sintetase é fortemente regulada para manter o suprimento adequado de aminoácidos. Por exemplo, a glutamina sintetase dodecamérica da *E. coli* é regulada alostericamente e por modificação covalente.

Em bactérias e vegetais, a enzima *glutamato sintase* catalisa a aminação redutiva do α-cetoglutarato empregando a glutamina como doadora de nitro-

METABOLISMO DOS AMINOÁCIDOS

361

gênio e o $NADH_2$ como doador de elétrons (p. ex., em raízes e sementes) e, em algumas plantas, a ferrodoxina reduzida (p. ex., em folhas).

As reações catalisadas pelas sintases não necessitam de ATP. O resultado das reações da glutamina sintetase e da glutamato sintase é:

$$\alpha\text{-cetoglutarato} + NH_4^+ + NADPH + ATP \rightarrow glutamato + NADP^+ + ADP + P_i$$

Em resumo, a ação combinada das duas reações incorpora o nitrogênio (íon amônio) em um composto orgânico (α-cetoglutarato, um intermediário do ciclo do ácido cítrico) para produzir aminoácidos (glutamato). Os mamíferos não possuem a glutamato sintase; mesmo assim, as concentrações de glutamato nesses organismos são relativamente altas porque o aminoácido é produzido por outras reações.

RESUMO

1. As aminotransferases empregam um grupo prostético PLP para catalisar a intraconversão reversível de α-aminoácidos e α-cetoácidos.

2. Nas reações de transaminação (uma das mais proeminentes dos aminoácidos), novos aminoácidos são produzidos quando os grupos α-amino são transferidos do doador α-aminoácido ao receptor α-cetoácido. Como as reações de transaminação são reversíveis, atuam tanto na síntese como na degradação. Os íons amônio ou o nitrogênio amida da glutamina podem ser diretamente incorporados aos aminoácidos e, eventualmente, a outros metabólitos.

3. Os organismos variam grandemente em sua capacidade de sintetizar aminoácidos. Alguns organismos (p. ex., plantas e alguns micro-organismos) podem produzir todas as moléculas de aminoácidos necessárias a partir da fixação de nitrogênio. Os animais podem produzir somente alguns aminoácidos. Os aminoácidos não essenciais são produzidos a partir de moléculas precursoras, enquanto os aminoácidos essenciais devem ser obtidos da dieta.

4. Os aminoácidos são classificados como cetogênicos ou glicogênicos com base no destino de seus esqueletos carbonados se são convertidos em ácidos graxos/corpos cetônicos ou glicose. Alguns aminoácidos são classificados tanto como cetogênicos como glicogênicos porque seus esqueletos carbonados são precursores de gorduras e de carboidratos. Os aminoácidos são precursores de muitas biomoléculas fisiologicamente importantes. Muitos dos processos que sintetizam essas moléculas envolvem a transferência de grupos de monocarbonos (p. ex., metila, metileno, metenil e formil). A S-adenosilmetionina (AdoMet) e o tetra-hidrofolato (THF) são os mais importantes carreadores de grupos de um carbono.

5. Muitas moléculas derivadas dos aminoácidos incluem vários neurotransmissores (p. ex., GABA, catecolaminas, serotonina, histamina e óxido nítrico) e hormônios (p. ex., ácido indol acético). A glutationa é um exemplo de derivado de aminoácido que exerce um papel essencial nas células. O heme é um exemplo de um sistema complexo de anéis heterocíclicos derivados da glicina e da succinil-CoA. A via biossintética que produz heme é similar a uma que produz as clorofilas nas plantas.

6. A porfirina do heme é degradada para formar o produto de excreção, a bilirrubina, em um processo de biotransformação que envolve as enzimas heme-oxigenase e biliverdina-redutase e UDP-glicurosiltransferase. Após sofrer reações de conjugação, a bilirrubina é excretada como um componente da bile.

7. Os organismos fixadores de nitrogênio convertem N_2 em NH_3 em reação consumidora de ATP. O nitrato e o nitrito podem também ser reduzidos a NH_3.

8. A amônia é incorporada à glutamina pela ação da glutamina sintetase.

BIBLIOGRAFIA

Brosnan JT. Glutamate at the interface between amino acid and carbohydrate metabolism. J Nutr 2000; 130:988S-990S.

Devlin TM. Manual de bioquímica com correlações clínicas. 6. ed. São Paulo: Blucher, 2007:725-69.

Elliott WH, Elliott D. Biochemistry and molecular biology. New York: Oxford, 2009:282-97.

Horton HR, Moran LA, Ochs RS, Rawn JD, Scrimgeour KG. Principles of biochemistry. 3. ed. Upper Saddle River: Prentice Hall, 2002:531-67.

Johnson AM. Amino acids and proteins. In: Burtis CA, Ashwood ER, Bruns DE. Tietz – Fundamentals of clinical chemistry. 6. ed. St. Louis: Saunders, 2008:286-316.

McKee T, McKee JR. Biochemistry: the molecular basis of live. 3. ed. New York: McGraw-Hill, 2003:449-529.

Newsholme E, Leech T. Functional biochemistry in health and disease. Chichester: Wiley-Blackwell, 2010:149-79.

Phillips SM. Insulin and muscle protein turnover in humans: stimulatory, permissive, inhibitory, or all of the above. Am J Physiol Endocrinol Metab 2008; 295:E731.

Pratt CW, Cornely K. Essential biochemistry. Danvers: Wiley, 2004:462-98.

18

Metabolismo dos Nucleotídeos

Os nucleotídeos são moléculas envolvidas em atividades celulares. Constituem compostos de alta energia no interior das células (ATP, GTP, UTP, CTP), unidades monoméricas dos ácidos nucleicos (DNA e RNA), segundos mensageiros (cAMP e cGMP), componentes de coenzimas (NAD$^+$, NADP$^+$, FAD, CoA), intermediários ativados (UDP-glicose, CDP-colina e CMP-ácido siálico) e efetores alostéricos (AMP e ATP).

O metabolismo dos nucleotídeos compreende a síntese *de novo* a partir de compostos simples, as vias de recuperação que reutilizam bases e nucleotídeos pré-formados e a degradação metabólica que facilita a reutilização ou excreção.

18.1 ESTRUTURA DOS NUCLEOTÍDEOS

Os nucleotídeos são constituídos por base nitrogenada (purina ou pirimidina), açúcar pentose (ribose ou desoxirribose) e um ou mais grupos fosfato. As purinas – *adenina* e *guanina* – e as pirimidinas – *uracila, citosina* e *timina* – são as principais bases nitrogenadas dos nucleotídeos.

As pentoses que formam os nucleotídeos são *ribose* e *desoxirribose*:

Ribose
(β-D-ribofuranose)

Desoxirribose
(2-desoxi-β-D-ribose)

A estrutura das bases pirimidínicas (uracila, timina e citosina) e purínicas (adenina e guanina) é:

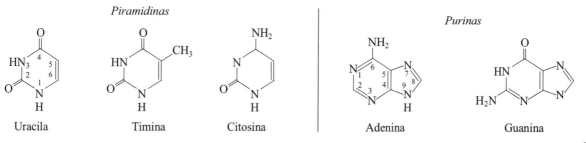

Outras bases purínicas importantes no metabolismo são a *hipoxantina* e a *xantina:*

Hipoxantina   Xantina

Pequenas quantidades de derivados metílicos e outras modificações das purinas e pirimidinas são também encontradas.

As bases púricas ou pirimidínicas são ligadas covalentemente (pelo N1 das pirimidinas e pelo N9 das purinas) ao C1' da ribose ou desoxirribose por ligações *N*-β-glicosídicas para formar *nucleosídeos.*

Os átomos das pentoses são designados com números assinalados com apóstrofo (') para distingui-los do número dos átomos das bases nitrogenadas. Os nucleosídeos contendo ribose são os *ribonucleosídeos,* enquanto os possuidores de 2-desoxirribose são os *desoxirribonucleosídeos.* Os ribonucleosídeos predominantes são *adenosina, guanosina, citidina* e *uridina,* enquanto os desoxirribonucleotídeos são *desoxiadenosina, desoxiguanosina, desoxicitidina* e *desoxitimidina.* Nas abreviações, os desoxirribonucleotídeos são precedidos por "d".

Os *nucleotídeos* são compostos de base, pentose e fosfato. A fosforilação da ribose ou desoxirribose ocorre no grupo hidroxila do C5', formando os nucleotídeos 5'-monofosfato correspondentes:

A nomenclatura empregada para os nucleosídeos e nucleotídeos é apresentada na Tabela 18.1.

Tabela 18.1 ● Nomenclatura das bases, nucleosídeos e nucleotídeos

Purina ou pirimidina	Ribonucleosídeo	Ribonucleotídeo
Adenina (A)	Adenosina	Adenosina monofosfato (AMP)
Guanina (G)	Guanosina	Guanosina monofosfato (GMP)
Citosina (C)	Citidina	Citidina monofosfato (CMP)
Uracila (U)	Uridina	Uridina monofosfato (UMP)
Purina ou pirimidina	**Desoxirribonucleosídeo**	**Desoxirribonucleotídeo**
Adenina (A)	Desoxiadenosina	Desoxiadenosina monofosfato (dAMP)
Guanina (G)	Desoxiguanosina	Desoxiguanosina monofosfato (dGMP)
Citosina (C)	Desoxicitidina	Desoxicitidina monofosfato (dCMP)
Timina (T)	Desoxitimidina	Desoxitimidina monofosfato (dTMP)

As estruturas de nucleosídeos e nucleotídeos são mostradas na Figura 18.1.

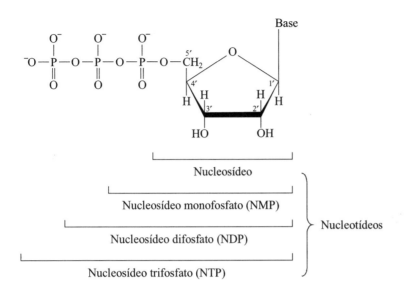

Figura 18.1 ● **A estrutura de nucleosídeos e nucleotídeos.** A pentose ribose é mostrada na estrutura. Os desoxirribonucleotídeos correspondentes são abreviados como dNMP, dNDP e dNTP. (N = qualquer base – A, G, C, U ou T.)

18.2 BIOSSÍNTESE E CATABOLISMO DOS NUCLEOTÍDEOS

Os nucleotídeos são biossintetizados de dois modos: vias *de novo* (síntese a partir de compostos básicos) e vias *de recuperação* (reutilizam componentes pré-formados). A síntese de pirimidinas ocorre em vários tecidos, incluindo baço, timo, testículos e enterócitos intestinais. A síntese *de novo* das purinas é ativa fundamentalmente no fígado. Tecidos não hepáticos aproveitam purinas liberadas pela degradação de ácidos nucleicos e nucleotídeos e as sintetizadas pelo fígado para a síntese de nucleotídeos de purinas pela via de recuperação. Essa via é particularmente importante no cérebro, regenerando adenina nucleotídeos a partir da adenosina.

Em função do baixo suprimento alimentar de nucleotídeos (menos de 1% das necessidades do corpo), as vias biossintéticas os produzem de modo eficiente sem a necessidade de purinas e pirimidinas da dieta. Neste capítulo serão examinadas algumas vias biossintéticas dos nucleotídeos de purinas e pirimidinas em mamíferos que ocorrem no citosol e na mitocôndria das células.

18.3 SÍNTESE *DE NOVO* DE NUCLEOTÍDEOS DE PURINAS

- **Síntese do 5-fosforribosil-1-pirofosfato (PRPP):** a PRPP é uma molécula-chave na síntese *de novo* de nucleotídeos purinas e pirimidinas, como também nas vias de recuperação. Os nucleotídeos de purina (AMP e GMP) são sintetizados a partir de ribose-5-fosfato (gerada pela via pentose-fosfato) para formar 5-fosforribosil-1-pirofosfato (PRPP) em reação catalisada pela enzima *ribose-fosfato pirofosfocinase* (PRPP sintetase). A reação acopla o grupo pirofosfato ao carbono 1 da molécula de ribose:

Ribose-5-fosfato

5-fosforribosil-pirofosfato

- **Síntese *de novo* de inosina monofosfato (IMP):** a partir do PRPP, dez etapas são necessárias para a síntese *de novo* da *inosina monofosfato* (IMP), precursora comum da *adenosina monofosfato* (AMP) e *guanosina monofosfato* (GMP). A via necessita de glutamina, glicina, aspartato e bicarbonato como substratos, além de grupos formil (−HC=O) doados pelo tetra-hidrofolato:

Inosina monofosfato (IMP)

- **Síntese de AMP e GMP a partir de IMP:** a IMP é precursora para a síntese de AMP e GMP. Na síntese de AMP, um grupo amino do aspartato é transferido para a purina; na síntese de GMP, a glutamina é a doadora do grupo amino. As cinases então catalisam as reações de transferência de grupos fosforil para converter os nucleosídeos monofosfatos em difosfatos e, a seguir, em trifosfatos (ATP e GTP).

A Figura 18.2 indica que a GTP participa da síntese de AMP, enquanto o ATP participa da síntese de GMP. Altas concentrações de ATP, portanto, promovem a produção de GMP, enquanto elevados teores de GTP aumentam a formação de AMP. A relação recíproca é um mecanismo de controle da geração de nucleotídeos adenina e guanina. (Como a maioria dos nucleotídeos destina-se à síntese de DNA e RNA, eles são necessários em quantidades aproximadamente iguais.) A via que produz AMP e GMP é também regulada por retroinibição em vários sítios, incluindo a primeira etapa, a produção de 5-fosforribosil-pirofosfato a partir da ribose-5-fosfato, que é inibida por ADP e GDP.

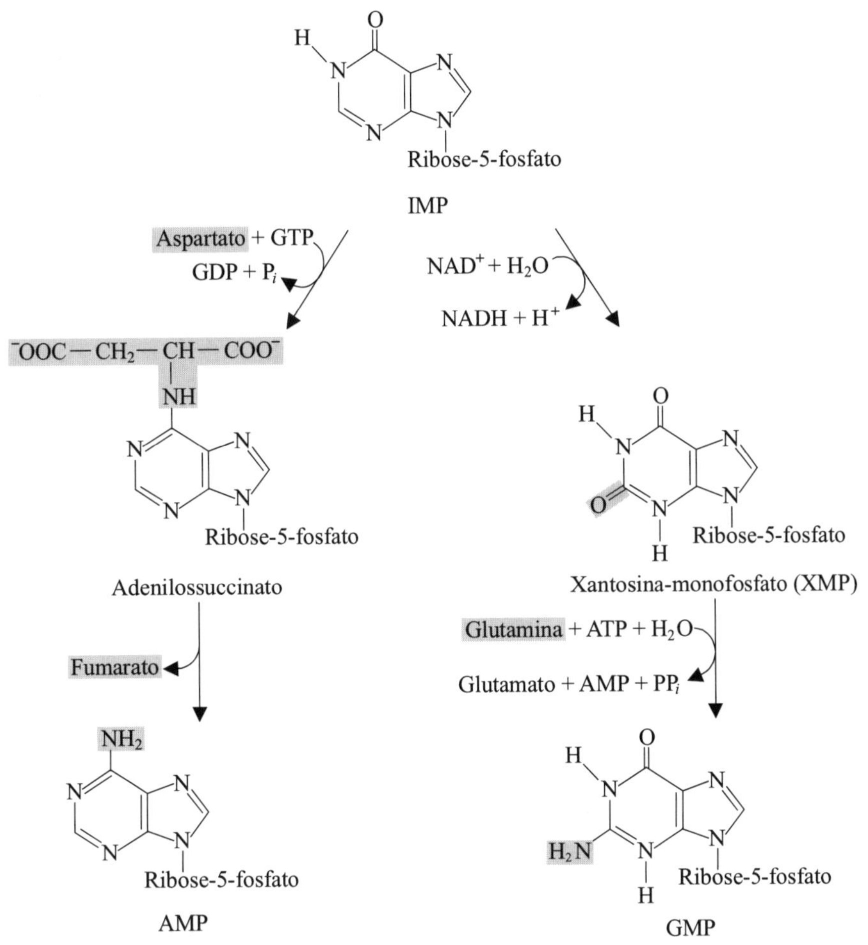

METABOLISMO DOS NUCLEOTÍDEOS

Figura 18.2 ● Síntese de AMP (adenosina monofosfato) e GMP (guanosina monofosfato) a partir do IMP.

A. Vias de recuperação de purinas

As bases purínicas livres, provenientes do catabolismo nucleotídico ou da alimentação, podem ser recuperadas por ligação ao PRPP. De modo geral, as reações de recuperação (salvação) poupam energia intracelular e permitem que as células gerem nucleotídeos a partir de bases livres. A enzima-chave na recuperação das purinas é a *hipoxantina-guanina fosforribosiltransferase* (HGPRTase), que utiliza a guanina e a hipoxantina para gerar GMP e IMP:

$$\text{Guanina} + \text{PRPP} \rightarrow \text{guanosina monofosfato (GMP)} + \text{PP}_i$$

$$\text{Hipoxantina} + \text{PRPP} \rightarrow \text{inosina monofosfato (IMP)} + \text{PP}_i$$

O IMP gerado pela HGPRTase é então convertido em AMP pelas enzimas da via *de novo*. A falta da HGPRTase (erro hereditário do metabolismo) eleva o PRPP intracelular responsável pela produção excessiva das purinas. A deficiência é expressa pela *síndrome de Lesch-Nyhan*, que leva a retardo mental, automutilação e formação de cálculos renais em virtude do acúmulo de urato no soro.

A segunda enzima, *adenina-fosforribosiltransferase* (APRTase), emprega a adenina como substrato para formar AMP:

$$\text{Adenina} + \text{PRPP} \rightarrow \text{adenosina monofosfato (AMP)} + \text{PP}_i$$

De qualquer modo, como a principal via do catabolismo de adenosina gera inosina e, então, hipoxantina, a recuperação de adenina é uma via de menor importância. Nucleotídeos como adenosina são recuperados por fosforilação direta pela *adenosina cinase*:

$$\text{Adenosina} + \text{ATP} \leftrightarrows \text{AMP} + \text{ADP}$$

As reações são reguladas por seus produtos finais.

18.4 CATABOLISMO DE PURINAS: FORMAÇÃO DE ÁCIDO ÚRICO

O ácido úrico é o produto final da degradação de nucleotídeos de purina em seres humanos. Inicialmente, a GMP é transformada em guanosina por uma 5'-*nucleotidase* (remoção de grupos fosfato para formar nucleosídeos):

$$\text{GMP} + \text{H}_2\text{O} \rightarrow \text{guanosina} + \text{P}_i$$

A liberação da ribose da purina é catalisada pela *purina nucleosídeo fosforilase*:

$$\text{Guanosina} + \text{P}_i \rightarrow \text{guanina} + \text{ribose-1-fosfato}$$

A guanina é então desaminada a xantina:

$$\text{Guanina} \rightarrow \text{xantina} + \text{íon amônio}$$

Há duas vias alternativas para o catabolismo de AMP, ambas envolvendo a desaminação da adenosina a inosina e a hidrólise do nucleosídeo monofosfato a nucleosídeo. A principal rota para o catabolismo de AMP envolve a geração de IMP pela *AMP desaminase*, seguida pela remoção do grupo fosfato pela 5'-*nucleotidase*. A reação da ATP desaminase é também parte do *ciclo da purina nucleotídeo* descrito a seguir e mostrado na Figura 18.3. Na via alternativa do catabolismo de AMP, a 5'-*nucleotidase* converte AMP em adenosina, que é, então, desaminada pela adenosina desaminase. A *purina nucleosídeo fosforilase* catalisa a liberação da ribose:

$$\text{Inosina} + \text{P}_i \rightarrow \text{hipoxantina} + \text{ribose-1-fosfato}$$

O catabolismo de desoxinucleotídeos dAMP e dGMP segue as mesmas vias do catabolismo de AMP e GMP com a liberação de desoxirribose em lugar de ribose.

A reação final do catabolismo de nucleotídeos de purina é catalisada pela *xantina oxidase,* uma flavoenzima que contém molibdênio. A xantina oxidase oxida tanto a hipoxantina como a xantina:

$$\text{Hipoxantina} + \text{O}_2 \rightarrow \text{xantina} + \text{H}_2\text{O}_2$$

$$\text{Xantina} + \text{O}_2 \rightarrow \text{ácido úrico} + \text{H}_2\text{O}_2$$

METABOLISMO DOS NUCLEOTÍDEOS

A reação de formação de ácido úrico a partir da xantina é detalhada a seguir:

O excesso de ácido úrico (pouco solúvel em meio aquoso) resulta em deposição de cristais de urato de sódio na forma de cálculos renais. O ácido úrico também se precipita nas articulações, principalmente nos joelhos e dedos dos pés, em uma condição clínica dolorosa conhecida como *gota*. O excesso de ácido úrico pode ser tratado por um análogo de purina (alopurinol), que bloqueia a atividade da xantina oxidase. Os intermediários anteriores do catabolismo das purinas, que são mais solúveis que o ácido úrico, são então excretados.

A hiperuricemia, independente da formação de cálculos, também está associada a hipertensão, aterosclerose, resistência à insulina e diabetes. O gene SLC2A9, que codifica uma isoforma do transportador de glicose (GLUT9), tem alta capacidade para transportar ácido úrico e é o principal determinante dos níveis do ácido úrico no plasma e do desenvolvimento de gota.

Deficiência de AMP desaminase está associada à *imunodeficiência combinada grave* (SCID), enquanto a deficiência de purina nucleosídeo fosforilase leva a uma *imunidade de células T* defeituosa, mas com imunidade de células B normal.

A. Ciclo purina nucleotídeo

Durante o exercício, há aumento do catabolismo de AMP a IMP no músculo esquelético. Exercício vigoroso resulta na perda de adenina nucleotídeos do músculo e na subsequente excreção urinária de quantidades aumentadas de metabólitos da purina, incluindo inosina, hipoxantina e ácido úrico. Entretanto, nessas condições, parte da IMP é convertida em AMP e, a seguir, em ADP e ATP. Esse processo, chamado *ciclo purina nucleotídeo*, serve a várias funções:

- **Geração de ATP:** durante exercício intenso, o ATP citosólico é rapidamente convertido em ADP. ATP adicional é gerado diretamente do ADP pela ação da *miocinase* (adenilato cinase):

$$2\,ADP \leftrightarrows ATP + AMP$$

A reação reversível é dirigida para a direita pela ação da *AMP desaminase*, que remove AMP:

$$AMP + H_2O \rightarrow IMP + NH_3$$

AMP desaminase é expressa em altos teores no músculo esquelético e está associada a miofibrilas.

- **Geração de íons amônio para a síntese de glutamina:** aspartato é o doador de nitrogênio na via que produz AMP a partir de IMP:

$$IMP + aspartato + GTP \rightarrow adenilossuccinato + GTP + P_i$$

$$Adenilossuccinato \rightarrow AMP + fumarato$$

O fumarato é hidratado a malato pela ação da *fumarase* e transportado para o interior da mitocôndria, onde é convertido em oxaloacetato e transaminado para gerar aspartato. Parte do fumarato produzido no ciclo do nucleotídeo purina é metabolizada e gera energia para o músculo.

Aspartato fornece o grupo amino para a produção de AMP e a subsequente liberação de íons amônio na reação da *AMP desaminase*. Apesar de o doador imediato de nitrogênio para a transaminação do oxaloacetato a aspartato ser o glutamato, a maioria dos grupos amino é na realidade derivada do catabolismo dos aminoácidos de cadeia ramificada.

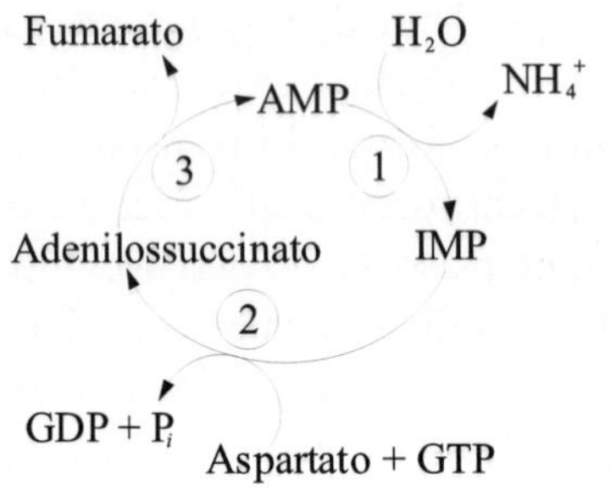

Figura 18.3 ● **Ciclo do nucleotídeo purina.** 1: AMP desaminase; 2: adenilossuccinato sintase; 3: adenilossuccinato. (AMP: adenosina 5'-monofosfato; IMP: inosina 5-monofosfato.)

18.5 SÍNTESE *DE NOVO* DE NUCLEOTÍDEOS DE PIRIMIDINAS

Na síntese *de novo* dos nucleotídeos de pirimidinas, primeiro é formado o anel pirimidina e, então, a ribose-5-fosfato é adicionada por meio de PRPP. A síntese *de novo* de seis etapas forma *uridina monofosfato* (UMP) e necessita de aspartato, bicarbonato e amônia.

- **Síntese de nucleotídeos contendo uracila:** a formação de UMP inicia com a síntese de carbamoil-fosfato a partir de glutamina e CO_2 catalisada pela enzima citosólica *carbamoil-fosfato sintetase II* (CPS II):

$$Glutamina + CO_2 + ATP \rightarrow carbamoil\text{-}fosfato + ADP + \text{ácido glutâmico}$$

Essa enzima é diferente da carbamoil-fosfato sintetase I, encontrada em mitocôndrias e envolvida na biossíntese da ureia.

A formação de *N*-carbamoil-aspartato consiste na etapa de comprometimento na síntese e é catalisada pela *aspartato transcarbamoilase*:

$$Aspartato + carbamoil\text{-}fosfato \rightarrow N\text{-}carbamoil\text{-}aspartato + P_i$$

A seguir, por desidratação da *N*-carbamoil-aspartato pela *di-hidro-orotase* forma a estrutura cíclica di-hidrotato. A *di-hidrorotato desidrogenase*

METABOLISMO DOS NUCLEOTÍDEOS

introduz uma dupla ligação ao anel, formando orotato. O orotato é, então, transferido ao PRPP pela *orotato fosforribosiltransferase*:

$$\text{Orotato} + \text{PRPP} \rightarrow \text{orotidina-5'-monofosfato (OMP)} + \text{PP}_i$$

A OMP descarboxilase remove o grupo carboxílico do anel para formar UMP:

Monofosfato de uridina (UMP)

Por meio de nucleotídeo cinases, a UMP é fosforilada pelo ATP para formar UDP e, a seguir, UTP.

- **Síntese de nucleotídeos contendo citosina:** a *CTP sintetase* catalisa a conversão de UTP em CTP (citosina monofosfato), usando a glutamina como doadora de grupo amino:

UTP   CTP

- **Síntese de desoxitimidilato (dTMP):** até aqui foram descritas as sínteses de ATP, GTP, CTP e UTP, substratos para a síntese de RNA. O DNA é sintetizado a partir de desoxinucleotídeos, formados pela redução de ribonucleosídeos difosfatos ADP, GDP, CDP e UDP, seguida pela fosforilação de desoxinucleosídeo difosfato em desoxinucleosídeos trifosfato.

A dUTP não é usada para a síntese de DNA. Em vez disso, ela é rapidamente convertida em nucleotídeos timina (o que evita a incorporação acidental de uracila ao DNA). Inicialmente, a dUTP é hidrolisada em dUMP (desoxiuridina-5'-monofosfato). A seguir, a *timidilato sintase* catalisa a transferência de um grupo metila ao dUMP para produzir dTMP (desoxitimidina-5'-monofosfato), usando o metileno-tetra-hidrofolato como doador de metila.

A reação da serina hidroximetiltransferase é a principal fonte de metileno-tetra-hidrofolato.

Na conversão do grupo metileno ($-CH_2-$) em grupo metila ($-CH_3$), a *timidilato sintase* converte o cofator tetra-hidrofolato em di-hidrofolato. A enzima *di-hidrofolato redutase* dependente de NADH regenera, então, o cofator tetra-hidrofolato reduzido. Finalmente, o dTMP é fosforilado para produzir dTTP, substrato para a DNA polimerase.

Como as células cancerígenas sofrem rápida divisão celular, as enzimas da síntese de nucleotídeos, incluindo a timidilato sintase e a di-hidrofolato redutase, são altamente ativas. Os compostos que inibem essas reações são usados como agentes antitumorais no tratamento de cânceres humanos. Por exemplo, o análogo da dUMP, a 5-fluorodesoxiuridilato, inativa a timidilato sintase. *Antifolatos* como o metotrexato (MTX), um análogo sintético do ácido fólico, são inibidores competitivos da di-hidrofolato redutase, pois competem com o di-hidrofolato pela ligação com a enzima. Em presença de metotrexato, a célula cancerígena não regenera o tetra-hidrofolato necessário para a produção de dTMP, e a célula morre. Muitas células não cancerígenas, cujo crescimento é mais lento, não são tão sensíveis ao efeito do medicamento.

A. Via de recuperação de pirimidinas

A recuperação de bases pirimidínicas é uma via menor em seres humanos. No entanto, os nucleosídeos pirimidínicos são recuperados por nucleosídeo cinases:

$$Nucleosídeo + ATP \rightarrow nucleotídeo + ADP$$

METABOLISMO DOS NUCLEOTÍDEOS

18.6 CATABOLISMO DE NUCLEOTÍDEOS DE PIRIMIDINAS

Os nucleotídeos de pirimidinas são inicialmente desfosforilados por fosfatases não específicas. A citidina e a desoxicitidina são desaminadas pela pirimidina nucleosídeo desaminase a uridina e desoxiuridina, respectivamente. Por exemplo:

$$\text{Citidina} + H_2O \rightarrow \text{uridina} + NH_4^+ \, NH_4^+$$

As 5'-nucleotidases (nucleosídeos fosforilases) catalisam a clivagem da uridina e da desoxiuridina para gerar bases nitrogenadas (uracila e timina) e ribose-1-fosfato ou desoxirribose-1-fosfato. Por exemplo:

$$\text{Uridina} + P_i \rightarrow \text{uracila} + \text{ribose-1-fosfato}$$

Ao contrário das purinas, as pirimidinas sofrem clivagem do anel. O β-aminoisobutirato é o principal produto do catabolismo da timina, e é quase que totalmente excretado na urina. O produto final do metabolismo da uracila é a β-alanina, parte da qual é incorporada na carnosina (histidina-β-alanina) e na anserina (metil-histidina-β-alanina), dois peptídeos encontrados no cérebro e músculo. O excesso de β-alanina é excretado na urina. Ao contrário dos produtos finais do catabolismo das purinas, os compostos do catabolismo das pirimidinas são hidrossolúveis.

18.7 REGULAÇÃO DO METABOLISMO DE PURINAS E PIRIMIDINAS

- **Síntese de nucleotídeos de purinas:** como em muitas vias metabólicas, a primeira reação da síntese *de novo* de purinas é a etapa reguladora. A *glutamina PRPP amidotranferase,* que catalisa a primeira etapa no processo de síntese de IMP a partir de PRPP, sofre inibição alostérica retroativa pelos produtos finais da via, AMP e GMP. Um segundo nível de controle presente é exercido sobre a síntese de PRPP, em que a PRPP sintetase é inibida por retroalimentação tanto pela ADP como pela GDP.

- **Equilíbrio entre a produção de nucleotídeos de adenina e guanina:** dois mecanismos diferentes e recíprocos atuam na manutenção do equilíbrio entre a síntese de AMP e GTP: (a) adenilssuccinato sintase e a IMP desidrogenase, que catalisam as etapas iniciais da conversão de IMP a AMP e GMP, são inibidas por retroalimentação tanto pela AMP como pela GMP, respectivamente; (b) a síntese de AMP depende do GTP, enquanto a formação de GMP necessita de ATP.

- **Síntese de nucleotídeos de pirimidinas:** a regulação da síntese de nucleotídeos de pirimidina ocorre na etapa catalisada pela *carbamoil-fosfato sintetase II* (CPS II). A enzima é inibida pela UTP, um produto final da via, mas ativada pelo PRPP. A carbamoil-fosfato sintetase II é também regulada por fosforilação transcricional. A fosforilação da CPS II pela MAP cinase resulta em uma enzima mais sensível à ativação pelo PRPP sem ser inibida pela UTP, aumentando assim a atividade da CPS II nas células na fase S do ciclo celular.

RESUMO

1. Os nucleotídeos (purinas e pirimidinas) são sintetizados *de novo*. Os nucleotídeos de purina são também sintetizados por uma via de recuperação (salvação), por reutilização de bases livres liberadas da degradação de nucleotídeos. Em mamíferos, a via de recuperação de pirimidinas não apresenta importância.

2. Na síntese *de novo* de nucleotídeos de purina, o anel purina é associado a uma série de etapas nas quais os intermediários produzem 5-fosforribosil-1-pirofosfato (PRPP). Reações posteriores geram inosina-monofosfato (IMP). A oxidação e a aminação do IMP formam GMP e AMP.

3. Retroalimentação do AMP e do GMP regula sua produção a partir do IMP.

4. Retroalimentação do AMP e do GMP regula a glutamina PRPP amidotransferase, que catalisa a primeira etapa no processo de síntese de IMP a partir de PRPP.

5. Os seres humanos catabolizam as purinas a ácido úrico, composto na forma de sal relativamente insolúvel em água. O urato de sódio em excesso deposita-se nas juntas, causando uma condição dolorosa chamada *gota*. A síndrome de Lesch-Nyhan é um distúrbio hereditário do metabolismo das purinas.

BIBLIOGRAFIA

Campos LS. Entender a bioquímica. 5. ed. Lisboa: Escolar Editora, 2009:445-86.

Horton HR, Moran LA, Ochs RS, Rawn JD, Scrimgeour KG. Principles of biochemistry. 3. ed. Upper Saddle River: Prentice Hall, 2002:531-67.

McKee T, McKee JR. Biochemistry: the molecular basis of live. 3. ed. New York: McGraw-Hill, 2003:449-529.

Murray RK, Granner DK, Rodwell VW. Harper bioquímica ilustrada. 27. ed. São Paulo: Mc-Graw-Hill, 2007:275-89.

Nelson DL, Cox MM. Lehninger: principles of biochemistry. 4. ed. New York: Freeman, 2004:833-80.

Pratt CW, Cornely K. Essential biochemistry. Danvers: John Wiley, 2004:462-98.

So A, Thorens B. Uric acid transport and desease. J Clin Invest 2010; 120:1791-9.

19
Integração do Metabolismo

O principal papel do metabolismo é capturar energia química de alimentos na forma de ATP (adenosina trifosfato) e utilizá-la para inúmeras funções, incluindo síntese de componentes celulares, transporte ativo de íons e solutos e trabalho muscular. Seres humanos podem gerar ATP pela oxidação de carboidratos, ácidos graxos e aminoácidos. De modo simplificado, a homeostase calórica envolve o equilíbrio entre a ingestão de combustível na forma de alimentos e o gasto de energia de tal modo que nem ocorra falta de combustível (jejum muito prolongado) nem armazenamento excessivo de triacilglicerol (obesidade). Como os seres humanos não se alimentam continuamente, os combustíveis em excesso não consumidos de imediato são processados e armazenados para uso subsequente. Consequentemente, vias metabólicas específicas são reguladas e as atividades de diferentes órgãos, coordenadas para satisfazer as necessidades do organismo.

É importante notar que, apesar de o organismo possuir mecanismos para interconverter os alimentos da dieta, nem todas as interconversões são possíveis. Assim, seres humanos podem converter glicose em ácidos graxos de cadeia longa, mas é impossível a conversão de ácidos graxos em glicose. Um esquema desses fatos é apresentado na Figura 19.1.

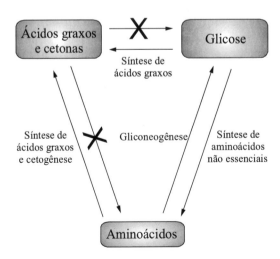

Figura 19.1 ● **Possíveis interconversões dos três principais combustíveis metabólicos em seres humanos.** Notar que a glicose e os aminoácidos não podem ser sintetizados a partir de ácidos graxos.

19.1 PAPEL DE CADA ÓRGÃO NA INTEGRAÇÃO DO METABOLISMO

O metabolismo de certas células modifica-se pouco entre os diferentes estados fisiológicos. Os eritrócitos, por exemplo, dependem exclusivamente da glicólise como fonte de energia tanto no estado de jejum como no estado bem alimentado. Do mesmo modo, o cérebro é dependente, fundamentalmente, da glicose como combustível e não inicia o uso de quantidades significativas de corpos cetônicos antes de 3 ou 4 dias de jejum. Ao contrário, outras células e órgãos alteram seu perfil de uso, armazenamento e exportação de combustíveis para atingir suas necessidades ou as do corpo como um todo em diferentes estados fisiológicos (Tabela 19.1).

Tabela 19.1 ● Principais órgãos envolvidos na integração do metabolismo energético

Órgão	Principal combustível armazenado	Combustível exportado	Quando exportado
Adipócitos	Triacilgliceróis	Ácidos graxos livres e glicerol	Jejum, exercícios
Fígado	Glicogênio	Glicose	Jejum, exercícios
		Cetonas	Jejum
		VLDL-TAG	Estado alimentado
Músculo esquelético	Glicogênio	Lactato	Exercício intenso
	Proteína*	Alanina, glutamina	Jejum

*Proteínas estruturais mobilizáveis.
VLDL: lipoproteínas de densidade muito baixa; TAG: triacilgliceróis.

A. Fígado

Para homens e mulheres, o fígado, o cérebro, o coração e os rins contribuem com 50% do gasto total de energia.

O fígado desempenha papel central em todos os aspectos do metabolismo energético. Quando a glicose é abundante, o fígado a utiliza como combustível, armazena como glicogênio e metaboliza o excesso a acetil-CoA. Por sua vez, a acetil-CoA é utilizada para sintetizar ácidos graxos e, por último, triacilgliceróis, que são exportados pelo fígado na forma de VLDL. Por outro lado, quando as células necessitam de glicose, o fígado utiliza ácidos graxos para gerar energia, mobiliza o glicogênio armazenado para produzir glicose para o sangue e inicia a síntese de glicose (gliconeogênese) e corpos cetônicos. A utilização de esqueletos de carbono de aminoácidos como alanina e glutamina pela gliconeogênese é acompanhada pela conversão de seus grupos amino a ureia.

B. Tecido adiposo

A contribuição do tecido adiposo para a taxa metabólica é pequena: um indivíduo com 20% do peso corporal formado por gorduras contribui com 5% do gasto total de energia.

Os triacilgliceróis no tecido adiposo constituem o principal depósito de combustíveis do corpo. Em um adulto de 70 kg existem 15 kg de triacilgliceróis com um conteúdo energético de 565.000 kJ (135.000 kcal). Em resposta ao estímulo hormonal (p. ex., glucagon, hidrocortisona) e neuroendócrino (adrenalina), ácidos graxos livres são liberados (p. ex., durante o jejum ou para suprir as demandas energéticas aumentadas por exercício, estresse e trauma). O glicerol gerado na hidrólise de triacilgliceróis fica disponível para o fígado para gliconeogênese. Ao contrário, no estado alimentado, o organismo direciona os ácidos graxos e a glicose para armazenamento. A lipoproteína lipase nos capilares do tecido adiposo hidrolisa os triacilgliceróis das VLDL: os ácidos graxos assim liberados são captados pelos adipócitos, incorporados aos triacilgliceróis e armazenados. No estado alimentado, os adipócitos também oxidam glicose para produzir glicerol, o qual é utilizado na síntese de triacilgliceróis, e gerar acetil-CoA, para a síntese de uma modesta quantidade de ácidos graxos.

C. Músculo esquelético

Em homens, o músculo esquelético (cerca de 40% do peso corporal) contribui, em repouso, com 15% do gasto total de energia do organismo. Em mulheres, o músculo esquelético corresponde a cerca de 30% do peso corporal e contribui com 10% do gasto total de energia.

1. Músculo no estado bem alimentado

Quando os níveis de glicose (e insulina) no sangue aumentam, as células musculares a captam via transportadores GLUT4 e a armazenam como glicogênio. Após uma refeição e a subsequente elevação dos teores de insulina circulante, também ocorre o estímulo na captação de aminoácidos e síntese de proteínas pelo músculo.

2. Músculo no estado de jejum

Durante o jejum noturno (ou mais longo), o músculo esquelético tem como principal papel fornecer energia para outros órgãos, incluindo o cérebro. Como o músculo não possui glicose 6-fosfatase, o glicogênio muscular não é utilizado na manutenção dos níveis de glicose plasmática. Há, entretanto, considerável catabolismo de proteínas musculares durante o jejum. Os esqueletos de carbono de aminoácidos de cadeia ramificada são fundamentalmente utilizados como combustível pelo músculo, enquanto a alanina e a glutamina são exportadas para manter a gliconeogênese no fígado e nos rins, respectivamente. No estado de jejum, os músculos também empregam os ácidos graxos livres e corpos cetônicos para satisfazer suas demandas por combustíveis.

3. Músculo em exercício

A atividade física necessita de músculos com marcado aumento na produção de ATP. A mistura de combustíveis usados pelo músculo depende da intensidade e da duração do exercício:

- **Caminhadas e outros exercícios similares:** os ácidos graxos são os substratos preferidos como fonte de energia nos exercícios leves.

- **Exercícios de intensidade moderada:** quando aumenta a distância da corrida ou a intensidade dos exercícios, eleva-se a contribuição relativa de carboidratos para a produção de ATP em relação aos lipídeos. Com a continuidade dos exercícios, o glicogênio muscular esgota-se e a obtenção de energia fica na dependência de *ácidos graxos* e *glicose no sangue*. Sob essas condições, a fadiga muscular pode ocorrer se a intensidade de trabalho muscular não for reduzida. Deve-se notar que somente o glicogênio armazenado no músculo em exercício é esgotado; a quantidade de glicogênio em músculos menos ativos (p. ex., os músculos dos braços de um ciclista) não sofre redução significativa.

- **Corrida de velocidade:** as fontes imediatas de energia para os músculos durante uma corrida de 100 m em velocidade são o *ATP* e a *creatina-fosfato*, que podem manter uma intensa contração muscular por 4 a 6 segundos. Depois a *glicólise anaeróbica*, usando o glicogênio muscular como fonte de glicose, mantém o fluxo de energia para a continuidade da corrida.

- **Maratona:** as principais fontes de ATP são a *glicose no sangue* e os *ácidos graxos livres*, principalmente derivados dos triacilgliceróis do tecido adiposo, estimulados pela adrenalina. O nível de glicose sanguínea é mantido pelo glicogênio hepático.

- **Treinamento atlético:** atletas com treinamento intenso são capazes de realizar grandes esforços por longos períodos. Pessoas preparadas fisicamente têm maiores estoques intramusculares de glicogênio e triacilgliceróis do que pessoas sedentárias.

D. Músculo cardíaco

Apesar de o coração nunca descansar, seu metabolismo é semelhante ao dos músculos esqueléticos de uma pessoa em repouso, nas quais o coração utiliza preferentemente *ácidos graxos livres* como combustível. Os estoques de glicogênio cardíaco são mobilizados nos trabalhos cardíacos intensos que os exercícios demandam.

19.2 INTERAÇÕES INTERÓRGÃOS EM DIFERENTES ESTADOS FISIOLÓGICOS

A coordenação das atividades metabólicas de diferentes órgãos serve para manter a homeostase da glicose, isto é, um teor constante de glicose sanguínea (glicemia), e fornecer um suprimento estável de glicose para as necessidades do cérebro e dos eritrócitos, ambos constantemente dependentes desse combustível. A integração do metabolismo também serve para armazenar eficientemente combustível para os períodos de escassez ou para momentos de grande utilização de energia.

A. Estado de jejum

Na Figura 19.2 é demonstrado o papel de diferentes órgãos no metabolismo coordenado no estado metabólico basal, quando uma pessoa está em repouso após uma noite de jejum. Durante a noite, o glucagon estimula a glicogenólise até o esgotamento do glicogênio hepático. Pela manhã, a principal fonte de glicose plasmática é a gliconeogênese hepática (e, em parte, renal). Substratos para a gliconeogênese são fornecidos por adipócitos (glicerol), músculo (alanina e glutamina) e eritrócitos (lactato). O aumento na velocidade do catabolismo proteico no músculo associado à gliconeogênese é acompanhado pela elevação da síntese de ureia no fígado. A β-oxidação dos ácidos graxos fornece o ATP para a gliconeogênese e a síntese de ureia. Em virtude do desvio de oxaloacetato do ciclo do ácido cítrico para a gliconeogênese, o fígado usa parte do acetil-CoA da β-oxidação para sintetizar corpos cetônicos.

Durante o jejum, os ácidos graxos mobilizados dos triacilgliceróis nos adipócitos são os principais combustíveis para todos os órgãos, exceto o cérebro e os eritrócitos. Se o jejum continuar, as células do músculo esquelético oxidarão *ácidos graxos* liberados dos adipócitos, *corpos cetônicos* produzidos pelo fígado e *aminoácidos de cadeias ramificadas* gerados pelo catabolismo de proteínas musculares. As células musculares necessitam de certa quantidade de glicose para produzir o esqueleto de carbonos da alanina, que é a forma de exportar os grupos amino liberados durante o catabolismo de aminoácidos de cadeias ramificadas.

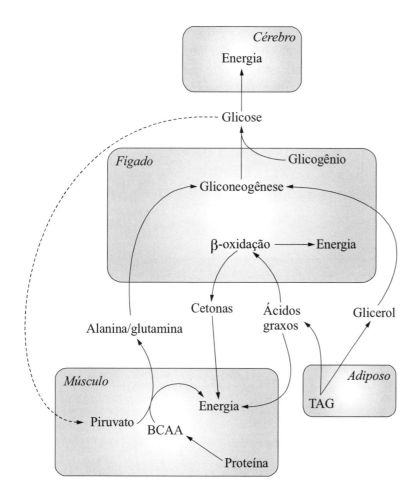

Figura 19.2 ● **Principais vias metabólicas no estado de jejum.** A linha tracejada representa a utilização de glicose como componente do ciclo da alanina. (BCAA: aminoácidos de cadeia ramificada; TAG: triacilgliceróis.)

1. Por que o cérebro não oxida ácidos graxos?

Eritrócitos não possuem mitocôndrias e, assim, não realizam a β-oxidação ou o ciclo do ácido cítrico, dois processos mitocondriais. No cérebro, apesar de as células neurais conterem mitocôndrias, elas não usam ácidos graxos livres como fonte de energia durante o jejum porque esses compostos e outras substâncias lipofílicas não atravessam facilmente a barreira sangue-encéfalo. Assim, o mecanismo protetor contra várias substâncias deletérias obriga o cérebro a ser dependente de um constante e intenso suprimento de glicose como combustível.

2. O que ocorre durante o jejum prolongado?

As mudanças na utilização de combustíveis que ocorrem em jejuns prolongados são denominadas coletivamente *adaptação ao jejum* (Figura 19.3). Os teores de corpos cetônicos elevam-se marcantemente durante as primeiras semanas de jejum e o cérebro inicia a utilização de corpos cetônicos como combustível, assim como a de glicose; após 2 ou 3 semanas de jejum, os corpos cetônicos suprem dois terços das necessidades energéticas do cérebro. Apesar de o cérebro não usar diretamente ácidos graxos livres, a oxidação neural dos corpos cetônicos representa, em essência, a habilidade de o cérebro utilizar parte da energia originalmente estocada em ácidos graxos. O aumento da disponibilidade de corpos cetônicos é facilitado pelos músculos, que interrompem a oxidação destes e empregam quase somente ácidos graxos livres para a obtenção de energia. Depois disso, há menor demanda por glicose pelo cérebro e uma concomitante redução na velocidade do catabolismo de proteínas musculares para fornecer substrato para a gliconeogênese

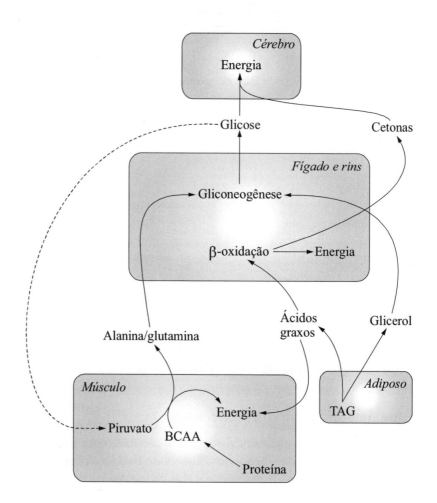

Figura 19.3 • Vias metabólicas durante o jejum prolongado.
A linha tracejada representa a utilização de glicose como um componente do ciclo da alanina. (BCAA: aminoácidos de cadeia ramificada; TAG: triacilgliceróis.)

hepática e renal. Ao mesmo tempo, relativamente mais nitrogênio derivado de aminoácidos é excretado na urina como íons amônio em lugar de ureia. Os íons amônio tamponam o ácido acetoacético e o ácido β-hidroxibutírico (corpos cetônicos) excretados na urina. A produção renal de íons amônio está diretamente acoplada ao aumento no uso renal do esqueleto de carbonos da glutamina para a gliconeogênese.

B. Metabolismo no estado bem alimentado

As alterações metabólicas em vários órgãos que ocorrem após a ingestão de uma mistura de combustíveis (carboidrato, gordura e proteína) refletem a assimilação desses nutrientes e seu processamento para utilização imediata ou armazenamento:

- **Fígado:** quando a concentração da glicose plasmática está alta, o fígado extrai glicose do sangue usando parte dela para síntese de glicogênio; o restante é oxidado a acetil-CoA e utilizado, principalmente, para síntese de ácidos graxos. Os ácidos graxos de cadeia longa resultantes são secretados no sangue na forma de triacilgliceróis incorporados nas VLDL.

No estado alimentado, o fígado capta a maioria dos aminoácidos do sangue, os quais são utilizados prioritariamente para a síntese proteica. Entretanto, em caso de elevada ingestão proteica, o excesso de aminoácidos é catabolisado, sendo o esqueleto de carbonos convertido em ácidos graxos e os grupos amino transformados em ureia (Figura 19.4).

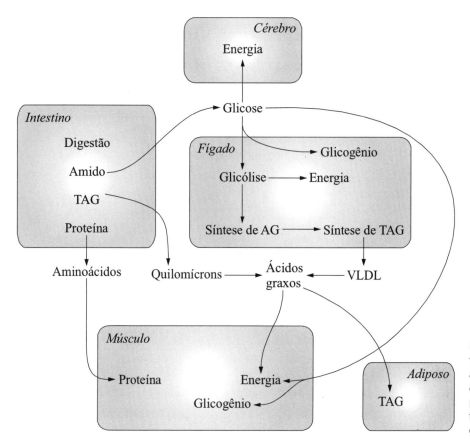

Figura 19.4 • Principais vias metabólicas no estado alimentado. Substancial captação de aminoácidos e síntese de proteínas também ocorrem no fígado (não mostrado). (AG: ácido graxo; TAG: triacilglicerol.)

- **Adipócitos:** no estado alimentado, os adipócitos sintetizam e armazenam triacilgliceróis. Os ácidos graxos livres para síntese são obtidos a partir dos triacilgliceróis exógenos dos quilomícrons e dos triacilgliceróis endógenos das VLDL. A glicose é utilizada para sintetizar o glicerol necessário para síntese de triacilgliceróis, assim como para síntese de ácidos graxos de cadeia longa.

- **Músculo:** quando os níveis de glicose e insulina estão aumentados, o músculo extrai glicose do sangue e o utiliza para a formação de glicogênio. Sob condições normais, a síntese do glicogênio muscular atua meramente para repor os estoques de glicogênio. Entretanto, se carboidratos são consumidos após o esgotamento do glicogênio muscular por exercícios intensos, a ressíntese do glicogênio pode produzir quantidades maiores que os teores existentes antes do exercício. Atletas comumente referem-se ao fenômeno como *carregamento de glicogênio*.

C. Metabolismo durante exercícios moderados

O músculo esquelético pode utilizar diferentes combustíveis durante o exercício. Particularmente durante curtas explosões de exercício intenso (p. ex., corrida de 100 m em velocidade), células musculares obtêm energia da creatina-fosfato e do glicogênio estocado no próprio músculo. Durante exercícios intensos, grande parte da glicólise que ocorre no músculo é anaeróbica; o lactato resultante flui do músculo para o fígado, onde pode ser oxidado ou usado como substrato para a gliconeogênese (Figura 19.5).

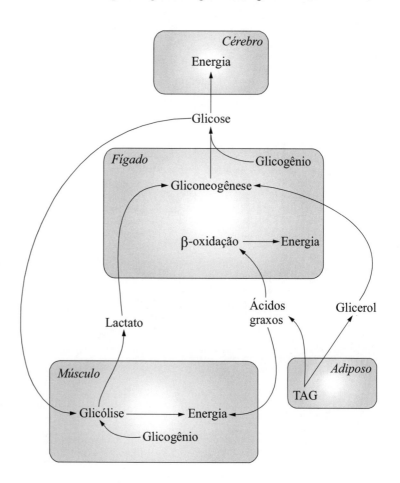

Figura 19.5 • Principais vias metabólicas durante o exercício. O grau de produção de lactato varia com a intensidade do exercício. (TAG: triacilglicerol.)

INTEGRAÇÃO DO METABOLISMO

Ao contrário, exercícios moderados empregam ácidos graxos livres e glicose circulantes, assim como estoques musculares dessas substâncias (Figura 19.5). Os triacilgliceróis armazenados nos adipócitos são as fontes primárias de ácidos graxos livres, enquanto o glicogênio hepático fornece a glicose plasmática. Após 60 a 90 minutos de corrida vigorosa, o glicogênio hepático esgota-se e a gliconeogênese hepática é ativada para manter os níveis de glicemia. Inicialmente, a gliconeogênese utiliza precursores gerados pelo fígado e o glicerol derivado da quebra dos triacilgliceróis nos adipócitos. Contudo, quando o período de exercício se estende, há aumento no desdobramento de proteínas musculares para abastecer a gliconeogênese de alanina e glutamina, enquanto o esqueleto de carbonos de aminoácidos de cadeia ramificada fornece uma fonte adicional de energia para o músculo. O aumento da utilização de aminoácidos para a gliconeogênese reflete-se no incremento da síntese e excreção da ureia hepática, principalmente pelo suor. Como esperado, pessoas com baixos estoques de carboidratos excretam mais ureia durante o exercício que aquelas com mais carboidratos no início do exercício.

19.3 REGULAÇÃO DO METABOLISMO

Os efeitos da regulação hormonal de vias do metabolismo foram descritos em capítulos anteriores. Contudo, é útil neste ponto considerar como os hormônios coordenam a integração do metabolismo interórgãos. Em geral, a insulina é anabólica e atua estimulando as respostas metabólicas no estado alimentado, enquanto outros hormônios (muitas vezes chamados *hormônios contrarregulatórios*) opõem-se às ações da insulina e coordenam a mobilização de combustível e produção de energia durante o jejum ou exercício.

A. Insulina

A insulina atua em muitos tecidos e apresenta vários efeitos em cada um, todos consistentes com as necessidades anabólicas do organismo no estado alimentado. Assim, a insulina impulsiona a translocação de transportadores GLUT4 para a membrana plasmática e a captação de glicose em adipócitos e células musculares. A insulina incrementa a secreção da lipoproteína lipase pelos adipócitos, elevando, assim, a liberação de ácidos graxos livres dos quilomícrons e VLDL. Nos adipócitos, a insulina estimula a glicólise, uma pequena síntese de ácidos graxos e a síntese de triacilgliceróis. Simultaneamente, a insulina promove a glicólise e a síntese de glicogênio nas células musculares, assim como a captação de aminoácidos no músculo e a síntese de proteínas. Nem todos os tecidos são regulados pela insulina. Em particular, a captação de glicose pelas células neurais e a subsequente glicólise são insulino-independentes.

Embora o transporte de glicose para os hepatócitos seja insulino-independente, a insulina estimula a atividade de enzimas-chave regulatórias em vias que empregam glicose (glicogênese, glicólise), enquanto inibe aquelas que produzem glicose (glicogenólise, gliconeogênese). A insulina acelera a atividade da acetil-CoA carboxilase, estimulando a síntese hepática de ácidos graxos e a subsequente formação de VLDL. Além disso, o aumento da atividade da acetil-CoA carboxilase gera malonil-CoA, que previne a simultânea β-oxidação dos ácidos graxos pela inibição da carnitina aciltransferase 1 (CPT-1). A insulina também estimula a síntese da *proteína de ligação ao elemento de regulação de esteroides* (SREBP-1 e SREBP-2), enquanto aumenta a transcrição do gene de enzimas lipogênicas envolvidas na síntese de ácidos graxos e colesterol.

B. Glucagon

O glucagon estimula os hepatócitos e adipócitos a liberarem glicose e ácidos graxos, respectivamente, para a circulação. No fígado, o glucagon estimula a glicogenólise e a gliconeogênese, enquanto inibe as vias de armazenagem de energia (p. ex., síntese do glicogênio e ácidos graxos). Nos adipócitos, o glucagon acelera a lipólise e a liberação de ácidos graxos livres e glicerol para a circulação.

C. Adrenalina (epinefrina)

A síntese de adrenalina a partir da tirosina na medula suprarrenal é impulsionada por estresse, exercício enérgico e hipoglicemia. A adrenalina atua pela mesma via de sinalização utilizada pelo glucagon (proteína G, proteína cinase dependente de cAMP) e produz efeitos similares no fígado e nos adipócitos. Diferente do glucagon, entretanto, a adrenalina também atua nas células musculares. Como essas células não possuem glicose 6-fosfatase, a quebra do glicogênio estimulada pela adrenalina resulta em aumento da glicólise.

D. Cortisol

Cortisol, um glicocorticoide sintetizado pela suprarrenal, incentiva a mobilização de combustível do fígado, músculo e adipócitos. Entretanto, de modo diferente do glucagon e da adrenalina, o cortisol atua fundamentalmente pela regulação da transcrição de genes e medeia mudanças metabólicas de longo prazo durante inanição, sepse e estresse.

E. Adipocitocinas

O tecido adiposo é mais que um local de armazenamento de triacilgliceróis; é também um órgão endócrino. Os hormônios e citocinas secretados pelos adipócitos incluem leptina, adiponectina, adipsina, interleucina-6 e fator α de necrose tumoral. A produção de diferentes adipocitocinas varia com o estado energético da pessoa (p. ex., peso normal ou obeso) e a localização anatômica do depósito de gorduras (p. ex., visceral ou subcutânea).

A *leptina* sinaliza a suficiência energética, e atua para inibir mais armazenamento de lipídeos nos adipócitos e estimula a lipólise intracelular de triacilgliceróis. Ela também reduz o apetite.

A *adipsina* (proteína estimuladora de acilação), cujo efeito é o oposto do da leptina, incentiva a captação de glicose e eleva a atividade da diacilglicerol aciltransferase, fazendo os adipócitos reterem ácidos graxos para formar triacilgliceróis.

A *adiponectina*, outra adipocina, aumenta a oxidação de ácidos graxos no músculo e no fígado. Aumentos dos níveis plasmáticos de adiponectina estão correlacionados com altos teores de HDL-colesterol e baixos níveis de triacilgliceróis.

INTEGRAÇÃO DO METABOLISMO

385

F. Exercício

Além das ações dos hormônios, a atividade física contínua induz importantes efeitos na regulação do metabolismo energético. Ocorrem numerosas adaptações metabólicas de longo prazo ocasionadas pelo exercício aeróbico, incluindo o aumento da massa muscular, que resulta em elevação do gasto de energia basal e nova regulação do metabolismo energético mitocondrial. O exercício também pode elevar o gasto de energia total pelo aumento da proliferação peroxissomal (e, assim, a oxidação de ácidos graxos de cadeia longa sem acoplagem direta com a síntese de ATP) (ver tópico 15.2.D) e incremento da expressão de proteínas desacopladoras na mitocôndria.

Um importante regulador do metabolismo muscular é a *AMP cinase*, ativada quando o ATP se esgota, resultando em aumento intracelular dos níveis de AMP. A AMP cinase inibe a acetil-CoA carboxilase, reduz os teores de malonil-CoA no citoplasma e, desse modo, estimula a oxidação de ácidos graxos (e a produção de ATP para suprir as necessidades do músculo) em virtude da maior atividade da carnitina aciltransferase-1. A proteína cinase ativada por AMP também estimula a captação de glicose pelo músculo por recrutamento insulino-independente do transportador de glicose GLUT4 para a membrana plasmática. Esse fenômeno explica por que a captação de glicose pelo músculo esquelético é grandemente aumentada durante o exercício, quando não há elevação nos teores de insulina. Exercícios também tornam as células musculares mais sensíveis à insulina, em parte por estimularem o acúmulo intramuscular de triacilgliceróis e a remoção de metabólitos dos ácidos graxos potencialmente deletérios.

19.4 ETANOL

A concentração de álcool no sangue após ingestão "social" de bebidas alcoólicas tipicamente se situa entre 4 e 20 mmol/L (o equivalente a aproximadamente 20 a 200 mg/dL) e é determinada pelo equilíbrio entre a quantidade consumida, a velocidade de absorção, a diluição nos líquidos do organismo e a taxa de eliminação via metabolismo (cerca de 98%) da quantidade ingerida. O metabolismo ocorre principalmente no fígado, mas outros tecidos, incluindo cérebro e músculo, apresentam alguma capacidade catabólica. Cerca de 2% do álcool ingerido é excretado sem alterações pela respiração, pele e urina. A absorção pelo estômago e o intestino delgado superior é muito rápida, atingindo o pico máximo no sangue após 30 a 45 minutos. Isso é muito mais rápido que a taxa de eliminação do etanol e, assim, o teor de álcool no sangue permanece elevado por várias horas após a ingestão.

O etanol é uma fonte significativa de energia quando consumido em excesso. O conteúdo calórico de etanol é aproximadamente de 29 kJ g^{-1} ou 7 kcal g^{-1}, que é intermediário entre o da glicose (17,2 kJ g^{-1} ou 4 kcal g^{-1}) e da gordura (38,9 kJ g^{-1} ou 9 kcal g^{-1}). O metabolismo do etanol ocorre de três modos distintos.

O metabolismo do etanol ocorre principalmente no fígado, pela via oxidativa, envolvendo as enzimas *álcool desidrogenase* (ADH), *aldeído desidrogenase* (ALDH), *catalase e isoforma CYP450* (principalmente CYP2E1, mas em menor extensão a CYP1A2 e a CYP3A4). A sigla CYP450 designa a **C**ytochrome **P**450 (citocromos P450). O *sistema microssômico oxidante de etanol* (MEOS) utiliza CYP2E1 e contribui para o metabolismo quando pequenas quantidades de etanol são ingeridas. Entretanto, a atividade da álcool desidrogenase está

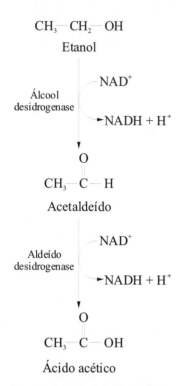

Figura 19.6 • Principal via de transformação do etanol em acetil-CoA.

também presente na mucosa gástrica (mais em homens que em mulheres) e, em menor quantidade, em outros órgãos, incluindo rins, pulmões e intestino delgado (Figura 19.6).

A. Vias do metabolismo do etanol

A via geral do metabolismo do etanol envolve a oxidação do álcool a acetalaldeído e, a seguir, a acetato (ácido acético). O acetato derivado da oxidação de etanol é ativado a acetil-CoA pela acetato tiocinase. A acetil-CoA pode ser metabolizada pelo ciclo do ácido cítrico ou utilizada para a síntese de ácidos graxos. Existem três sistemas enzimáticos que convertem o etanol em acetaldeído: álcool desidrogenase, MEOS e catalase.

1. Álcool desidrogenase (ADH)

No fígado e estômago, o metabolismo do etanol é iniciado principalmente pela álcool desidrogenase dependente de NAD⁺ (ADH), que é uma enzima citoplasmática:

$$\text{Etanol} + \text{NAD}^+ \rightarrow \text{acetaldeído} + \text{NADH} + \text{H}^+$$

Existem várias isoenzimas da álcool desidrogenase que oxidam o etanol. A isoenzima gástrica da ADH tem K_m muito mais elevado para o etanol que as três isoenzimas ADH hepáticas. O NADH produzido pela álcool desidrogenase é lançado para o interior das mitocôndrias para síntese de ATP. A via da álcool desidrogenase executa 80% do metabolismo do etanol ingerido.

2. Sistema microssômico oxidante de etanol (MEOS)

O fígado contém uma segunda via para a oxidação do etanol, o MEOS, que também pode oxidar outros compostos, como ácidos graxos, esteroides e barbitúricos. O MEOS oxida aproximadamente 10% do etanol a acetaldeído:

$$\text{Etanol} + \text{NADPH} + \text{H}^+ + \text{O}_2 \rightarrow \text{acetaldeído} + \text{NADP}^+ + 2\,\text{H}_2\text{O}$$

O MEOS é uma oxidase de função mista que oxida etanol e NADPH. Em muitas vias, o MEOS atua de modo similar à estearil-CoA dessaturase (ver tópico 15.4.E.2) pelo uso da cadeia microsomal de elétrons que envolve os nucleotídeos flavinas. Como a principal álcool desidrogenase componente da MEOS, a CYP2E1, tem um K_m muito maior para o etanol que as formas da álcool desidrogenase, o MEOS atua somente em concentrações preferentemente altas de etanol. É também induzível, particularmente, pela ingestão de álcool. Isso explica por que alcoólicos crônicos, em ausência de lesões hepáticas sérias, metabolizam o etanol duas vezes mais rápido que as pessoas normais.

3. Catalase

A catalase, uma enzima ubíqua, também oxida etanol em quantidades mínimas. A oxidação do etanol pela catalase utiliza o peróxido de hidrogênio:

$$\text{Etanol} + \text{H}_2\text{O}_2 \rightarrow \text{acetaldeído} + \text{H}_2\text{O}$$

INTEGRAÇÃO DO METABOLISMO

A H_2O_2 necessária para a oxidação do etanol catalase-catalisada é derivada principalmente da reação de xantina oxidase do catabolismo das purinas:

$$Hipoxantina + H_2O + O_2 \rightarrow xantina + H_2O_2$$

e ações sequenciais da NADPH oxidase (1) e superóxido dismutase (2):

$$(1)\ 2\ O_2 + NADPH \rightarrow 2\ O_2\bullet + NADP^+ + H^+$$

$$(2)\ 2\ O_2\bullet + 2\ H^+ \rightarrow H_2O_2 + O_2$$

B. Metabolismo do acetaldeído

1. Aldeído desidrogenase (ALDH)

O acetaldeído é tóxico; o acúmulo desse metabólito leva a muitos dos efeitos deletérios promovidos pela intoxição pelo álcool, pois é capaz de alterar a função de muitas proteínas por ligação à lisina, à cisteína e àquelas com cadeia lateral aromática. Apoproteínas, hemoglobina, colágeno, citocromos e albumina estão sujeitos a modificação química pelo acetaldeído; alteram também algumas proteínas associadas às membranas e ao citoesqueleto.

Acetaldeído gerado pela álcool desidrogenase, MEOS ou catalase é oxidado a acetato pela aldeído desidrogenase (ALDH). Apesar de a principal isoenzima da ALDH estar localizada na mitocôndria, existe também uma isoenzima no citoplasma. As duas isoenzimas catalisam a reação:

$$Acetaldeído + NAD^+ \rightarrow acetato + NADH + H^+$$

C. Destino metabólico do acetato derivado do etanol

O acetato produzido pela oxidação do etanol é ativado pela *acetil-CoA sintetase* (acetato tiocinase):

$$Acetato + CoASH + ATP \rightarrow acetil\text{-}CoA + AMP + PP_i$$

A principal isoenzima hepática da acetato tiocinase é citoplasmática, e a acetil-CoA produzida é usada para síntese de ácidos graxos e colesterol. Entretanto, quando as duas vias estão inativas (principalmente em presença de elevados teores de glucagon no sangue), o acetato difunde-se para fora do hepatócito e é captado e oxidado pelo coração e o músculo esquelético, que contêm altas concentrações de acetil-CoA sintetase mitocondrial. Assim, se o etanol é consumido junto a quantidades significativas de carboidratos, o acetato gerado a partir do etanol será usado principalmente como substrato para síntese de ácidos graxos no fígado com o acúmulo de triacilgliceróis (esteatose hepática). Se, entretanto, o etanol for consumido em ausência de ingestão de carboidratos, o acetato derivado da oxidação do etanol será usado principalmente como combustível e oxidado a CO_2 e água no ciclo do ácido cítrico.

D. Regulação do metabolismo do etanol

O consumo crônico de etanol pode ampliar muitas vezes os níveis hepáticos de CYP2E1. O etanol também eleva a expressão gênica de outros citocromos P450. Quando a indução de MEOS aumenta a velocidade do metabolismo do etanol, eleva a produção de acetaldeído, que pode exceder a capacidade de a acetaldeído desidrogenase oxidar acetaldeído. O acúmulo resultante de acetaldeído aumenta o risco de doença hepática.

Diferenças de sexo e variantes genéticas das enzimas responsáveis pela metabolização de etanol podem contribuir para algumas variações individuais em relação à tolerância ao etanol. Mulheres na pré-menopausa normalmente têm níveis gástricos de álcool desidrogenase menores que os dos homens. Baixos níveis de atividade da ADH gástrica em mulheres, assim como diferenças entre os sexos no tamanho corporal e na quantidade de água no organismo, parecem contribuir para a baixa tolerância de etanol em mulheres em relação aos homens.

Vários polimorfismos em enzimas metabolizadoras de etanol foram caracterizados; por exemplo, a inducibilidade da CYP2E1 pode aumentar em cerca de 10 vezes a atividade do sistema. Do mesmo modo, muitas pessoas descendentes de asiáticos têm uma forma inativa ou pouco ativa da $ALDH_2$, a isoenzima da acetaldeído desidrogenase mitocondrial hepática. Quando indivíduos com uma mutação na $ALDH_2$ consomem etanol, são mais suscetíveis a rubor, dor de cabeça e náusea, aparentemente em razão do acúmulo de acetaldeído.

E. Anormalidades metabólicas associadas ao metabolismo do etanol

1. Hipoglicemia alcoólica, acidose e cetoacidose

Coletivamente, as sucessivas reações catalisadas pela álcool desidrogenase e a acetaldeído desidrogenase geram 2 mol de NADH por mol de etanol oxidado. A metabolização de grandes ou mesmo moderadas quantidades de etanol causa acúmulo de NADH hepático. A falta de NAD^+ inibe a lactato desidrogenase e a entrada de lactato para a gliconeogênese; o aumento resultante de lactato no plasma promove acidose metabólica. A falta de NAD^+ também se reflete na ação de outras enzimas-chave necessárias para a gliconeogênese, como a glicerol-3-fosfato desidrogenase, a malato desidrogenase e a glutamato desidrogenase, esta última importante na remoção de grupos amino e subsequente entrada de esqueletos de carbono de aminoácidos na via gliconeogênica.

O metabolismo de grandes quantidades de etanol também promove a cetoacidose, particularmente quando a concentração plasmática de insulina está deprimida. Apesar de a maior parte do acetato derivado do metabolismo do etanol deixar o fígado e ser metabolizada por outros tecidos, parte do acetato é ativada pela acetil-CoA sintetase nos hepatócitos. A fartura de NADH reduz a entrada de acetil-CoA no ciclo do ácido cítrico pela diminuição da atividade da malato desidrogenase, limitando, assim, a disponibilidade de oxaloacetato. A acetil-CoA do metabolismo do etanol é, em vez disso, desviada para a síntese de acetoacetato, que por sua vez é reduzido a β-hidroxibutirato, exacerbando a acidose metabólica. A cetoacidose alcoólica é acompanhada de desidratação, que resulta na combinação de vômito, ingestão líquida restrita e inibição da secreção do hormônio antidiurético pelo etanol. A desidratação, por sua vez, impede a excreção renal de cetonas.

INTEGRAÇÃO DO METABOLISMO

2. Fígado gorduroso induzido pelo álcool (esteatose)

O uso crônico de etanol perturba o metabolismo hepático normal, resultando no acúmulo de triacilgliceróis intracelulares de duas formas: (1) a alta concentração de NADH reduz a atividade da β-hidroxiacil-CoA desidrogenase, inibindo a β-oxidação de ácidos graxos; (2) o metabolismo do etanol aumenta a síntese de ácidos graxos. A supressão da atividade do ciclo do ácido cítrico leva ao acúmulo de citrato no citoplasma, que estimula a acetil-CoA carboxilase, a primeira enzima na via de síntese de ácidos graxos. Ao mesmo tempo, altos teores de NADH incrementam a velocidade de produção de NADPH (o redutor imprescindível para a síntese de ácidos graxos) por meio da via NADH/NADPH de transidrogenação. O acúmulo de ácidos graxos no fígado é também acelerado por fatores hormonais, particularmente o glucagon e a hidrocortisona, que estimulam a lipólise em adipócitos e fornecem ao fígado tanto ácidos graxos livres como o glicerol para a formação de triglicerídeos.

3. Toxicidade do acetaldeído

Acredita-se que o acúmulo de acetaldeído, produzido por álcool desidrogenase e MEOS, seja responsável pela lesão induzida pelo álcool no fígado conhecida como *cirrose*. Em virtude de seu grupo aldeído, o acetaldeído é uma molécula altamente reativa que pode formar ligações covalentes com proteínas, impedindo suas funções. Em particular, a reação do acetaldeído com a tubulina bloqueia a secreção de proteínas séricas pelos hepatócitos, lesando essas células. A elevação do estresse oxidativo, resultante da produção de radicais livres pelo CYP2E1, também contribui para a lesão hepática em alcoólicos crônicos.

A álcool desidrogenase também exerce importante papel na toxicidade do metanol e do etilenoglicol. O metanol é oxidado pela ADH a formaldeído tóxico, que por sua vez é oxidado a ácido fórmico. A ADH é também a enzima-chave na via que oxida o etilenoglicol a três ácidos orgânicos – ácido glicólico, ácido glioxílico e ácido oxálico – que levam ao desenvolvimento de acidose metabólica grave.

Como o etanol é um inibidor da gliconeogênese, o suprimento simultâneo de glicose é recomendado para reduzir o risco de desenvolvimento de hipoglicemia, que pode ocasionar lesões cerebrais.

4. Síndrome de Wernicke-Korsakoff

O consumo crônico e excessivo de etanol pode levar ao desenvolvimento imediato de encefalopatia aguda, disfunção de nervos periféricos e prejuízos crônicos da memória de curto prazo. Essa condição é conhecida como *síndrome de Wernicke-Korsakoff*. O problema bioquímico principal é a deficiência da tiamina (vitamina B_1), que nos casos iniciais pode ser tratada com sucesso com altas doses de vitaminas. A tiamina pirofosfato é a coenzima necessária para a transcetolase, que catalisa duas etapas da fase não oxidativa da via das pentoses fosfato, assim como da piruvato desidrogenase e da α-cetoglutarato desidrogenase, no ciclo do ácido cítrico, e para a α-cetoácido desidrogenase, que está envolvida no catabolismo dos esqueletos de carbonos de aminoácidos de cadeia ramificada. Deficiências de tiamina na dieta são raras nas sociedades ocidentais, exceto em alcoólicos. Além disso, o consumo de etanol reduz a absorção de tiamina no intestino. A cirrose alcoólica prejudica a formação da coenzima ativa tiamina pirofosfato e contribui para a excreção excessiva de tiamina.

5. Deficiência de vitamina A (retinol)

O etanol interfere no metabolismo normal da vitamina A de dois modos:

1. O etanol é um inibidor competitivo da retinol desidrogenase, que converte o retinol em todo-*trans*-retinal. A síntese de retinal é essencial para a formação do pigmento visual, rodopsina, que contém 11-*cis*-retinal. O todo-*trans*-retinal é também precursor de ácido retinoico, a forma hormonal ativa da vitamina.

2. O etanol também induz o sistema MEOS a inativar o retinol.

RESUMO

1. Todas as vias metabólicas estão conectadas. Alguns tecidos, como fígado, tecido adiposo, músculo esquelético e músculo cardíaco, alteram intensamente seu metabolismo diante de modificações no estado fisiológico do indivíduo.

2. Em diferentes estados fisiológicos (jejum, jejum prolongado, exercícios, estado bem alimentado) ocorrem adaptações no metabolismo para atender as necessidades de tecidos por energia e armazenamento de combustíveis.

3. Hormônios (insulina, glucagon, adrenalina, hidrocortisona) e outros fatores (adipocitocinas, exercícios) regulam o metabolismo durante o jejum e o estado alimentado.

4. A via geral do metabolismo do etanol envolve a oxidação do álcool a acetaldeído e, a seguir, a acetato (ácido acético). O acetato é ativado a acetil-CoA pela acetato tiocinase. A acetil-CoA é metabolizada pelo ciclo do ácido cítrico ou utilizada para a síntese de ácidos graxos. Existem três sistemas enzimáticos que convertem o etanol em acetaldeído: álcool desidrogenase, MEOS e catalase.

BIBLIOGRAFIA

Agius L. Glucokinase and molecular aspects of liver glycogen metabolism. Biochem J 2008; 414:1-18.

Berg JM, Tymoczko JL, Stryer L. Bioquímica. 6. ed. Rio de Janeiro: Guanabara-Koogan, 2008:545-94.

Frayn KN. Metabolic regulation: a human perspective. 3. ed. Chichester: Wiley-Blackwell, 2010:92-143.

Reed S. Essential physiological biochemistry: an organ-based approach. Chichester: Wiley-Blackwell, 2009:55-126.

Rosenthal MD, Glew RH. Medical biochemistry. Danvers: Wiley, 2009:393-407.

20

Membranas Biológicas

20.1 ESTRUTURA DAS MEMBRANAS BIOLÓGICAS

Muitas das propriedades dos organismos vivos (p. ex., movimento, crescimento, reprodução e metabolismo) dependem, direta ou indiretamente, das membranas celulares. As *membranas biológicas* envolvem as células e as organelas subcelulares e, desse modo, preservam a individualidade celular e subcelular. No entanto, as membranas biológicas não são meramente barreiras passivas, pois executam uma grande variedade de funções complexas. Pela membrana plasmática, células se comunicam com outras células; a membrana contém muitos receptores proteicos específicos para ligar sinais extracelulares, como hormônios e neurotransmissores, e comunicá-los para o interior das células. Proteínas presentes nas membranas atuam como enzimas, bombas seletivas que modulam o transporte de íons e de pequenas moléculas para dentro e fora da célula, e também geram gradientes de prótons essenciais para a produção de ATP (adenonina trifosfato) pela fosforilação oxidativa. Por meio do controle dos sistemas de transporte seletivo, as concentrações de substâncias em diferentes compartimentos celulares são moduladas, exercendo influência sobre as vias metabólicas.

As membranas biológicas típicas contêm cerca de 25% a 50% de lipídeos e 50% a 75% de proteínas. No conceito atualmente aceito, denominado *modelo do mosaico fluido,* proposto por Singer e Nicolson em 1972, a membrana é uma bicamada lipídica constituída por uma mistura complexa de fosfolipídeos, glicolipídeos e colesterol, cujas regiões não polares são orientadas para o centro da bicamada e os grupos polares, para o exterior. As proteínas estão embebidas na bicamada lipídica e determinam as funções biológicas da membrana.

Como cada espécie de célula e organela exerce suas próprias funções, os componentes lipídicos e proteicos das membranas também são únicos para cada uma delas. Assim, as membranas são constituídas por diferentes tipos de lipídeos e de proteínas em combinações que variam consideravelmente. Por exemplo, a bainha de mielina que envolve certos nervos contém relativamente pouca proteína. Em contraste, a membrana mitocondrial interna é rica em proteínas, refletindo seu elevado grau de atividade metabólica. A membrana plasmática dos eritrócitos é também excepcionalmente rica em proteínas.

Apesar da diversidade da composição e de funções das membranas, elas compartilham certos atributos fundamentais:

- As membranas são bicamadas lipídicas em forma laminar constituídas por estruturas complexas formadas por lipídeos, proteínas e carboidratos.

- Os lipídeos das membranas são moléculas relativamente pequenas com porções *hidrofílicas* e *hidrofóbicas*. Quando misturados em água, esses lipídeos formam espontaneamente três tipos de agregados: *micelas, bicamada* e *lipossomos*.

- Proteínas específicas medeiam distintas funções das membranas. Atuam como bombas, canais, receptores, enzimas e transdutores de energia. As proteínas das membranas estão embebidas nas bicamadas lipídicas, que criam um meio apropriado para sua ação.

- As proteínas estão associadas às membranas por interações polares, eletrostáticas ou covalentes.

- A maioria das membranas é *eletricamente polarizada*, cujo interior é negativo (tipicamente –60 milivolts [mV]). O potencial de membrana exerce papel fundamental no transporte, na conversão de energia e na excitabilidade.

A. Lipídeos de membrana

Os principais lipídeos de membranas são os fosfolipídeos (fosfoglicerídeos, esfingolipídeos), os glicolipídeos e o colesterol. As membranas celulares de diferentes tecidos têm distintas composições lipídicas. *Fosfoglicerídeos* e *esfingolipídeos* são moléculas anfipáticas (caudas hidrofóbicas e cabeças hidrofílicas) que constituem os lipídeos mais comuns das membranas celulares. Os ácidos graxos presentes nos fosfoglicerídeos e esfingolipídeos das biomembranas são alifáticos de cadeia longa e, em geral, contêm 16 e 18 átomos de carbono. Cerca de 50% dos ácidos graxos presentes nas membranas são insaturados, com uma ou mais duplas ligações carbono-carbono na configuração *cis* (Figura 20.1).

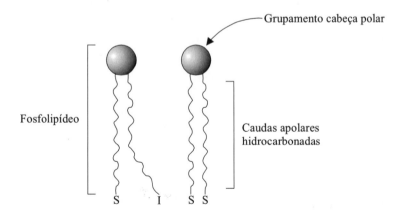

Figura 20.1 • Representação esquemática de fosfolipídeos. O grupamento cabeça polar é hidrofílico, enquanto as caudas hidrocarbonadas são hidrofóbicas. Os ácidos graxos nas caudas são saturados (S) ou insaturados (I).

Fosfoglicerídeos e esfingolipídeos conferem as propriedades físico-químicas básicas das membranas. Quando em concentrações adequadas, essas moléculas anfipáticas são suspensas em água e espontaneamente agregadas para formar esferas, chamadas *micelas* (Figura 20.2). As caudas hidrofóbicas hidrocarbonadas ficam voltadas para o interior, excluindo a água, enquanto os grupos de cabeças polares (grupos hidrofílicos) ficam no lado externo da esfera para interagir com a água, permitindo a solvatação. As micelas são fundamentais para a digestão intestinal e a absorção de lipídeos (Capítulo 10).

MEMBRANAS BIOLÓGICAS

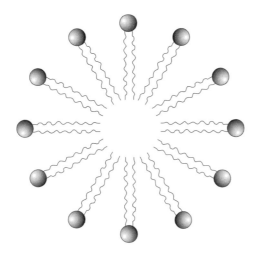

Figura 20.2 ● **Micela constituída por agregado de glicerofosfolipídeos e esfingolipídeos.** Os grupos de cabeça polares estão em contato com a água, enquanto as caudas hidrofóbicas hidrocarbonadas interagem para excluir a água.

Quando em concentrações apropriadas, os lipídeos anfipáticos organizam-se espontaneamente na água para formar uma estrutura em bicamada (*bicamadas lipídicas*), nas quais duas camadas de lipídeos formam uma lâmina bimolecular. As porções hidrofóbicas em cada lâmina, excluídas de água, interagem entre si. Essa propriedade dos fosfolipídeos (e de outras moléculas lipídicas anfipáticas) estabelece a estrutura básica de todas as membranas biológicas (Figura 20.3).

Os lipídeos das membranas são responsáveis por outras características importantes das membranas biológicas.

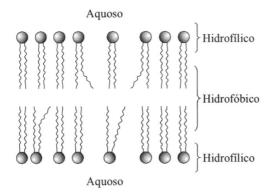

Figura 20.3 ● **Representação esquemática de bicamadas lipídicas.** As estruturas anfifílicas contêm cabeças polares ligadas a caudas sinuosas hidrofóbicas. As caudas de ácidos graxos insaturados estão dobradas, resultando em maior espaçamento entre os grupamentos cabeças polares e, portanto, maior espaço para movimento.

Os *glicolipídeos* (ou glicoesfingolipídeos) são esfingolipídeos de membrana que contêm um ou mais açúcares ligados à porção hidrofóbica da ceramida. Os glicolipídeos não contêm grupos fosfato e são eletricamente neutros. Os glicolipídeos são orientados assimetricamente, com as oses voltadas para o lado extracelular da membrana.

O *colesterol* não forma bicamadas por si próprio, mas é o terceiro lipídeo das membranas biológicas. O colesterol modifica a fluidez da membrana e participa do controle da microestrutura das membranas. Nas membranas, o colesterol é orientado paralelo às moléculas de ácidos graxos dos fosfolipídeos, e a hidroxila interage com os grupos de cabeças polares de fosfolipídeos vizinhos.

B. Propriedades de bicamadas lipídicas

As membranas e seus componentes são estruturas dinâmicas em constante renovação.

1. Fluidez da membrana

Por não estarem ligadas covalentemente, existe liberdade para as moléculas individuais dos lipídeos e das proteínas se movimentarem lateralmente em sua própria camada. A rápida *difusão lateral* de moléculas de lipídeos nas bicamadas é, aparentemente, responsável pelo funcionamento apropriado de muitas moléculas proteicas.

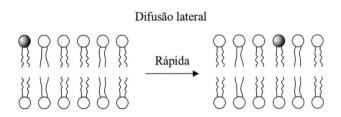

A mobilidade transversal não catalisada de uma monocamada para outra (chamada *flip-flop*) dos fosfoglicerídeos e esfingolipídeos nas bicamadas é extremamente lenta.

A fluidez da membrana é principalmente determinada pela percentagem de ácidos graxos insaturados presentes nas moléculas de fosfolipídeos. Altas concentrações de cadeias insaturadas resultam em membranas mais fluidas. O colesterol modula a estabilidade da membrana sem comprometer muito a fluidez por conter elementos estruturais rígidos (sistema de anéis esteroides) e flexíveis (caudas de hidrocarbonetos) que interferem na movimentação das cadeias laterais de ácidos graxos.

2. Permeabilidade seletiva

Em virtude de sua natureza hidrofóbica, as cadeias hidrocarbonadas nas bicamadas lipídicas organizam uma barreira virtualmente impenetrável para o transporte de substâncias iônicas e polares. Proteínas membranas específicas regulam o movimento dessas substâncias para dentro e para fora das células. Cada membrana exibe sua própria capacidade de transporte ou de seletividade com base em seus componentes proteicos.

3. Capacidade de autosselar

Quando as bicamadas lipídicas são rompidas, imediata e espontaneamente são reconstituídas, porque uma quebra na camada lipídica expõe as cadeias de hidrocarbonetos hidrofóbicas à água. Como a brecha nas membranas celulares pode ser letal, a propriedade de reconstituição é crítica.

4. Assimetria

As membranas biológicas são assimétricas, ou seja, os componentes lipídicos das duas lâminas da bicamada são diferentes. Por exemplo, as membranas dos eritrócitos humanos possuem substancialmente mais fosfatidilcolina e da esfingomielina na superfície externa. A maior parte da fosfatidilserina e fosfatidiletanolamina da membrana está na superfície interna. A assimetria da membrana é fundamental, pois cada lado da membrana está exposto a diferentes compartimentos (intracelular e extracelular, respectivamente). A assimetria tem lugar durante a síntese de membrana, já que a biossíntese dos fosfolipídeos ocorre somente em um lado da membrana. Os componentes proteicos das membranas também exibem considerável assimetria com distintos domínios funcionais, diferentes no interior da membrana e nas faces citoplasmáticas e extracelulares da membrana.

C. Proteínas de membrana

A maioria das funções associadas às membranas biológicas necessita de moléculas de proteínas. As proteínas de membrana são classificadas de acordo com seu modo de associação à bicamada lipídica em: *proteínas integrantes de membrana* (às vezes referidas como *proteínas integrais*), *proteínas periféricas de membrana* e *proteínas ligadas a lipídeos*. Grande parte dessas moléculas constituem componentes estruturais, enzimas, receptores de hormônios, antígeno (p. ex., histocompatibilidade) ou proteínas transportadoras de substâncias e informações através da membrana (Figura 20.4).

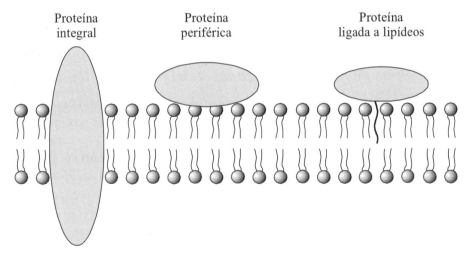

Figura 20.4 • Proteínas de membrana. Representação esquemática de *proteína integrante de membrana* firmemente associada à membrana por interações hidrofóbicas, de *proteína periférica de membrana* ligada por interações hidrofóbicas e pontes de hidrogênio e *proteínas ligadas a lipídeos por meio de cauda hidrofóbica incorporada à bicamada*.

1. Proteínas integrantes de membrana (intrínsecas)

São proteínas firmemente associadas às membranas por meio de interações hidrofóbicas. Essas moléculas só podem ser separadas pelo rompimento da membrana por agentes que interferem nas interações hidrofóbicas, como solventes orgânicos, desnaturantes ou detergentes. As proteínas integrantes de membrana são constituídas de quantidades expressivas de aminoácidos apolares que formam folhas β-pregueadas ou α-helicoidais transmembranares.

Duas importantes *proteínas integrantes de membrana* de eritrócitos humanos compõem a glicoforina e o canal de ânions. A *glicoforina* é uma glicoproteína com 131 aminoácidos com cerca de 60% de seu peso constituído por carboidratos. Certos grupos oligossacarídeos da glicoforina formam os antígenos dos grupos sanguíneos ABO e MN. Entretanto, apesar de todas as pesquisas, as funções da glicoforina ainda são desconhecidas. *Canais de ânions* são proteínas compostas de duas subunidades idênticas, cada uma com 926 aminoácidos. A proteína forma um canal tubular e exerce um importante papel no transporte de CO_2 pelo sangue. O íon HCO_3^- formado a partir do CO_2 pela ação da anidrase carbônica difunde-se através da membrana do eritrócito, por meio do canal de ânions, em troca do íon Cl^-. A troca de Cl^- por HCO_3^-, chamada *desvio do cloreto,* preserva o potencial elétrico da membrana dos eritrócitos.

2. Proteínas periféricas de membrana (extrínsecas)

São proteínas ligadas às membranas por meio de interações eletrostáticas e pontes de hidrogênio. Algumas proteínas periféricas interagem diretamente com a camada bilipídica. Normalmente, as proteínas periféricas são removidas facilmente pelo uso de soluções salinas concentradas ou pela mudança de pH que altera as interações não covalentes entre as cadeias laterais de aminoácidos.

Nos eritrócitos, as proteínas periféricas de membranas são compostas principalmente de espectrina, anquirina e banda 4.1, as quais estão envolvidas na preservação da forma de disco bicôncavo do eritrócito normal. Essa forma torna possível a rápida difusão de O_2 para as moléculas de hemoglobina, posicionando-as a uma distância menor do que 1 μm da superfície celular.

3. Proteínas de membrana ligadas a determinados lipídeos

Muitas proteínas periféricas se associam a membranas por meio de grupamentos hidrofóbicos presos às proteínas. A ligação das proteínas aos lipídeos ocorre de três modos: (a) *miristoilação*: o ácido mirístico (C14) está unido à proteína de membrana por ligação amida com o grupo α-amino da glicina amino-terminal; (b) *palmitoilação*: o ácido palmítico (C16) está unido por ligação tioéster a um resíduo de cisteína; e (c) *prenilação*: os lipídeos estão ligados às proteínas por unidades de isopreno (Figura 20.5).

Muitos eucariotos, particularmente os protozoários parasitos, contêm proteínas ligadas pelo C-terminal a um grupo lipídeo-carboidratos, conhecido como *glicosilfosfatidilinositol* (âncora GPI). A estrutura do grupo GPI é constituída de um fosfatidilinositol (PI), um tetrassacarídeo e uma fosfoetanolamina (Figura 20.6).

D. Glicoproteínas de membrana

As proteínas de membrana estão distribuídas assimetricamente entre as bicamadas (p. ex., algumas proteínas ligadas à membrana voltadas para o interior [proteínas ligadas ao glicosilfosfatidilinositol são exceções]). A face exterior da membrana nas células de vertebrados é rica em *glicoesfingolipídeos*

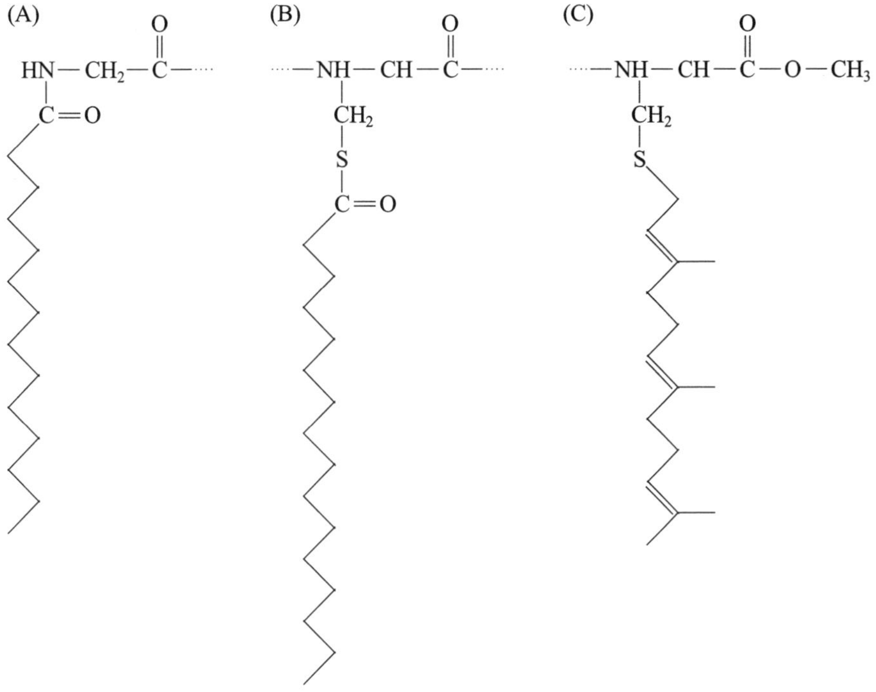

MEMBRANAS BIOLÓGICAS

397

Figura 20.5 ● Ancoramento de proteínas à membrana.
A. Miristoilação. **B.** Palmitoilação. **C.** Prenilação. O lipídeo-âncora consiste em um grupo farnesil com 15 carbonos.

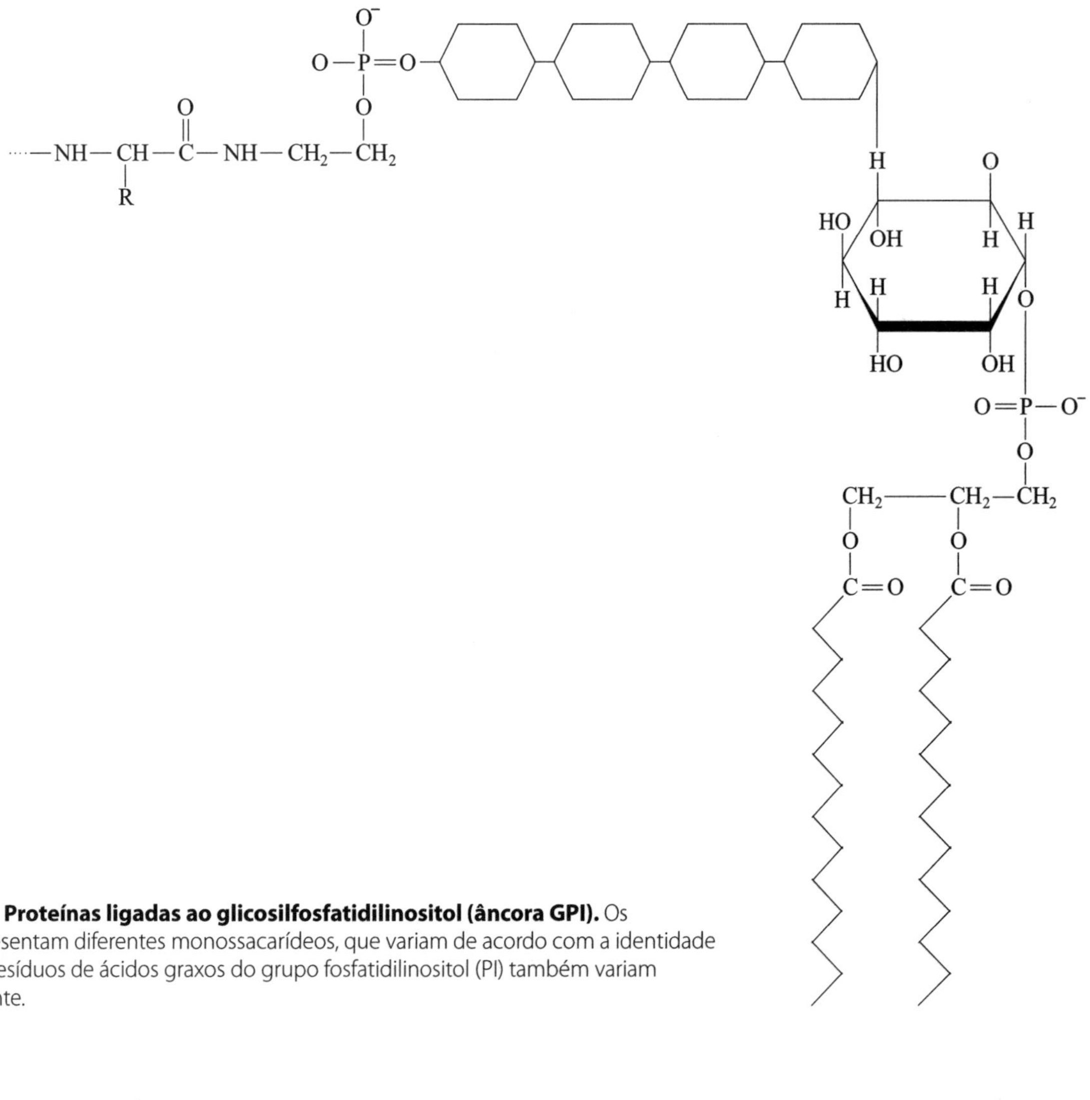

Figura 20.6 ● Proteínas ligadas ao glicosilfosfatidilinositol (âncora GPI). Os hexágonos representam diferentes monossacarídeos, que variam de acordo com a identidade da proteína. Os resíduos de ácidos graxos do grupo fosfatidilinositol (PI) também variam consideravelmente.

(cerebrosídeos e gangliosídeos) e *glicoproteínas*. As cadeias de oligossacarídeos (polímeros de resíduos de monossacarídeos) presentes nas glicoproteínas e que estão covalentemente ancoradas aos lipídeos e às proteínas de membrana envolvem as células como uma cobertura em plumagem.

Várias cadeias de carboidratos estão ancoradas às proteínas, como *oligossacarídeos N-ligados* ou *O-ligados* (Capítulo 7). Em muitas proteínas solúveis, particularmente as extracelulares, os oligossacarídeos ajudam a estabilizar a proteína sob condições extracelulares hostis (Figura 20.7).

Os resíduos de monossacarídeos podem ligar-se uns aos outros de diferentes modos e em sequências potencialmente ilimitadas. Essa diversidade, presente em glicolipídeos e glicoproteínas, é uma forma de informação biológica. Por exemplo, o sistema ABO de grupos sanguíneos é baseado na diferença na composição de carboidratos dos glicolipídeos e das glicoproteínas nos eritrócitos. Muitas células parecem reconhecer umas às outras, com base nos carboidratos existentes em suas superfícies.

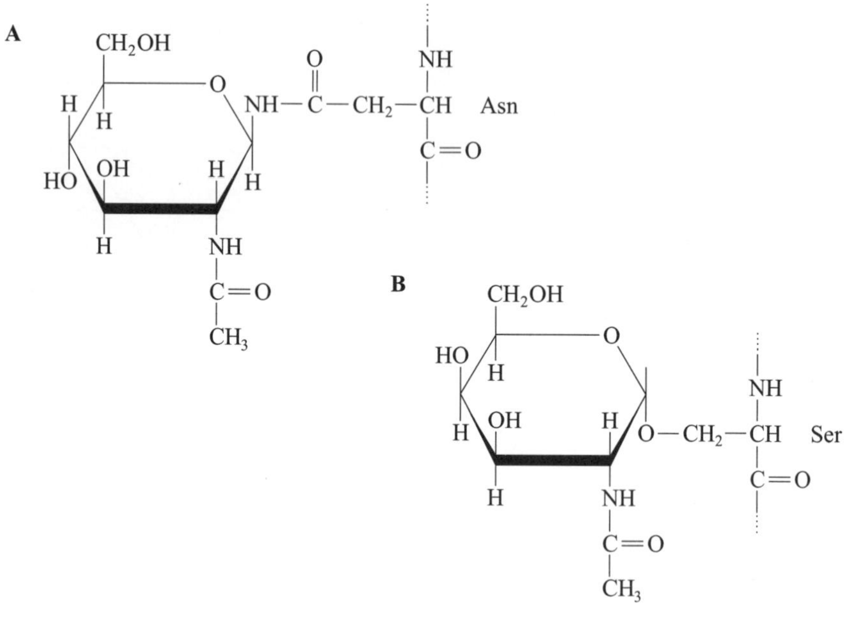

Figura 20.7 ● **Ligação oligossacarídica em glicoproteínas. A.** Nos oligossacarídeos *N*-ligados, o resíduo *N*-acetilglicosamina está ligado por ligação glicosídica à proteína via o N da amida de resíduos específicos de Asn. Os oligossacarídeos tipicamente contêm vários resíduos monossacarídicos adicionais ligados em sequência a um dos grupos OH da glicosamina. **B.** Nos oligossacarídeos *O*-ligados, a *N*-acetilgalactosamina está covalentemente ligada a átomos de O de cadeias laterais de resíduos específicos de Ser ou Thr.

20.2 TRANSPORTE ATRAVÉS DE MEMBRANAS

As membranas estão envolvidas em um grande número de funções nas células. Além da manutenção do conteúdo celular, as membranas têm como funções importantes: (1) o transporte de substâncias para dentro e fora das células e organelas; (2) o transporte de íons e a transmissão de impulso nervoso; (3) a sinalização celular; (4) a manutenção da forma celular; (5) interações célula-célula.

O fluxo de íons e moléculas é altamente regulado para atingir as necessidades metabólicas normais da célula. Por exemplo, a membrana plasmática regula a entrada de moléculas nutrientes e a saída de produtos de excreção, além das concentrações intracelulares de íons. Algumas moléculas passam através da membrana por se dissolverem na bicamada lipídica e se movimentarem a favor de seu gradiente de concentração, em processo denominado *difusão simples* (p. ex., hormônios esteroides).

Como as bicamadas lipídicas são impermeáveis a íons e moléculas polares, a translocação dessas substâncias através de membranas é mediada por duas classes de proteínas: canais (poros) e transportadores (bombas). Os *canais e poros* permitem a rápida translocação de moléculas e íons pelas membranas na direção de menor concentração (sentido termodinamicamente favorável). O movimento espontâneo de alguns íons, pequenas moléculas ou proteínas de uma região com maior concentração para outra com menor concentração não necessita de energia metabólica (*difusão facilitada*). Os *transportadores (bombas)* impulsionam o movimento de íons ou moléculas por uma membrana na direção de maior concentração (termodinamicamente desfavorável), utilizando a energia originária do próprio gradiente (*transporte passivo*) ou uma fonte de energia livre, como o ATP (*transporte ativo*) (Figura 20.8).

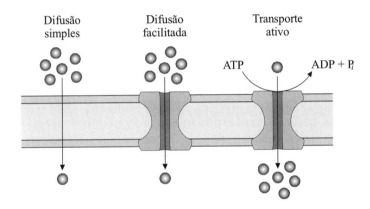

Figura 20.8 ● **Transporte de soluto através de membranas.**

A. Aquaporinas

As aquaporinas são importantes proteínas intrínsecas de membrana pequenas e hidrofóbicas que formam canais para a passagem de moléculas de água através das membranas plasmáticas. Atuam na reabsorção, na retenção, na secreção e na captação de água em vários tecidos (p. ex., a reabsorção renal de água e a secreção de saliva e lágrimas). As moléculas de água se movimentam pelo canal em uma única fila em velocidade de 10^6 moléculas por segundo.

As membranas externas de algumas bactérias são ricas em porinas, que permitem a passagem de íons ou de pequenas moléculas de um lado da membrana para o outro. As porinas são seletivas a solutos; atuam como peneira permanentemente aberta.

Existem, no mínimo, dez aquaporinas nos mamíferos, formadas por seis proteínas α-helicoidais transmembrânicas, que estão envolvidas em diferentes funções. As *aquagliceroporinas* permitem a translocação de água e pequenos solutos.

B. Canais iônicos

As membranas plasmáticas de células humanas contêm canais proteicos altamente específicos para determinados íons, que atuam como sistemas de transporte passivo. Alguns desses canais estão sempre abertos, enquanto outros abrem e fecham em resposta a variações físicas e químicas de seus ambientes. As membranas dos neurônios mantêm canais de potássio que promovem a passagem rápida do íon. Os canais permitem aos íons K^+ passar até 10 mil vezes mais facilmente que os íons Na^+. Após impulso nervoso, os íons K^+ fluem para fora da célula e o potencial de membrana retorna ao nível de repouso (-60 mV). Os canais de K^+ são constituídos de quatro subunidades idênticas que atravessam a membrana e formam um cone, que circunda o canal iônico. As entradas internas e externas dos canais contêm aminoácidos carregados negativamente e que atraem cátions e repelem ânions. Os cátions hidratados promovem uma contração eletricamente neutra do canal, chamada seletividade iônica do filtro. Os íons potássio perdem rapidamente parte de sua água de hidratação e atravessam o filtro seletivo. Os íons sódio aparentemente retêm mais água de hidratação e, assim, transitam pelo filtro mais lentamente. O restante do canal tem revestimento hidrofóbico. Com base na comparação das sequências de aminoácidos, as propriedades estruturais dos canais de potássio são também aplicadas a outros tipos de canais.

C. Transporte passivo

O transporte passivo consiste no movimento de moléculas ou de íons solúveis de um compartimento de maior concentração, por meio de transportadores passivos, para um compartimento de menor concentração. O processo não necessita de energia metabólica. Os mais simples transportadores de membrana podem ser classificados de acordo com o número de moléculas transportadas.

O transporte passivo inclui dois sistemas: difusão simples e difusão facilitada:

1. Difusão simples

As moléculas difundem-se diretamente através da membrana de acordo com seus respectivos gradientes de concentração – de um compartimento de concentração mais alta para um de baixa concentração. O caráter hidrofóbico das moléculas é um fator importante para seu transporte através da membrana, uma vez que a bicamada lipídica é hidrofóbica. Em geral, quanto maior o gradiente de concentração, mais rápida será a velocidade de difusão do substrato. A difusão de pequenas moléculas apolares (como O_2, N_2 e CO_2) através da membrana é proporcional a seus gradientes de concentração. Moléculas polares não carregadas, como ureia, etanol e pequenos ácidos orgânicos, deslocam-se através das membranas sem o auxílio de proteínas.

2. Difusão facilitada

O transporte de muitos íons inorgânicos, aminoácidos, açúcares e alguns intermediários metabólicos ocorre através de proteínas transportadoras transmembrânicas semelhantes a um túnel e sem gasto de energia. Cada tipo é designado pelo transporte de substrato específico e é controlado por ligantes (abrem ou fecham em resposta a sinais químicos específicos) ou por voltagem (abrem e fecham em resposta às alterações do potencial de membrana). Por exemplo, o *canal controlado por ligantes* por onde se movimenta o Na^+ no *receptor de acetilcolina*, também chamado *canal nicotínico de acetilcolina* (encontrado nas membranas dos músculos esqueléticos), se abre quando a acetilcolina (um neurotransmissor) se liga. O Na⁺ é arremetido para o interior da célula, reduzindo o potencial elétrico transmembrana, o que causa *despolarização*. A despolarização promovida pela acetilcolina abre o canal vizinho de sódio, chamado *canal de Na⁺ controlado por voltagem*. A *repolarização*, restabelecimento do potencial de membrana, inicia com a difusão de íons K⁺ para fora da célula através de *canais de K⁺ controlados por voltagem*. A difusão de íons K⁺ para o exterior da célula torna o interior menos positivo, ou seja, mais negativo (Figura 20.9).

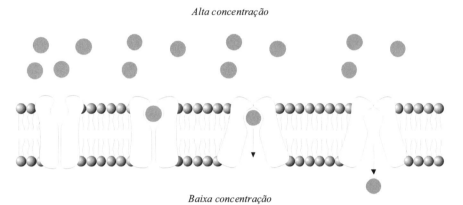

Figura 20.9 • Difusão facilitada. A difusão pela membrana é facilitada pelo canal. A molécula desloca-se de região de alta concentração para uma de baixa concentração. Não é necessário o gasto de energia.

Outra forma de difusão facilitada envolve proteínas chamadas *permeases*. No transporte mediado por permeases, um substrato específico liga-se ao transportador em um lado da membrana e promove alteração conformacional no transportador. O substrato é então translocado através da membrana e liberado. Nos eritrócitos, o *transportador facilitador de monossacarídeos, Na⁺-independente* (GLUT), é um exemplo bem caracterizado de transportador passivo. Ele permite que a D-glicose se difunda através da membrana da célula para ser utilizada na glicólise e via das pentoses-fosfato. A difusão facilitada eleva a velocidade com que certos substratos se movem em direção a seu gradiente de concentração. O processo não aumenta a concentração líquida do substrato em um lado da membrana.

D. Transporte ativo

Consiste no movimento de um substrato contra seu gradiente de concentração ou eletroquímico. O processo de transporte necessita de aporte de energia. Os sistemas mais importantes de transporte ativo são as enzimas *ATPase para Na⁺ e K⁺* (ou bomba de íons Na⁺ e K⁺ ou Na⁺/K⁺ ATPase) e *ATPases para Ca²⁺* (ou Ca⁺ ATPases), que criam e mantêm gradientes eletroquímicos através da membrana plasmática e de organelas. A ATPase para Na⁺ e K⁺ e as ATPases para Ca²⁺ usam a energia da hidrólise do ATP para bombear os íons em um único sentido. As duas formas de transporte ativo são *transporte ativo primário* e *transporte ativo secundário*:

1. Transporte ativo primário

Os transportadores ativos primários utilizam diretamente o ATP como fonte de energia para impulsionar o transporte de íons e moléculas. As diferentes concentrações de Na⁺ e K⁺ no interior e no exterior das células eucarióticas são mantidas por mecanismos antiporte pela enzima *ATPase para Na⁺ e K⁺*, encontrada em todas as membranas celulares. Em cada ciclo, a ATPase para Na⁺ e K⁺ hidrolisa um ATP e bombeia três íons Na⁺ para o exterior e dois íons K⁺ para o interior das células (Figura 20.10).

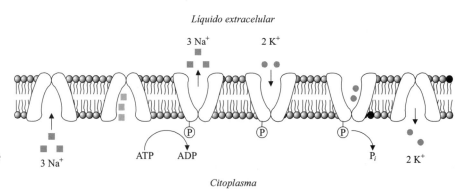

Figura 20.10 • Transporte ativo pela *ATPase para Na⁺ e K⁺*. Três íons sódio ligam-se ao transportador proteico no lado citoplasmático da membrana. Quando o ATP é hidrolisado em ADP, a proteína transportadora é fosforilada e sofre uma modificação na conformação, a qual conduz o sódio para o líquido extracelular. Dois íons potássio ligam-se no lado extracelular. A desfosforilação da proteína transportadora produz outra modificação conformacional e os íons potássio são liberados para o interior da célula.

As *ATPases para Ca²⁺* catalisam o transporte de Ca⁺ para fora do citoplasma e para dentro do retículo endoplasmático ou sarcoplasmático das células musculares. A *ATPase para Ca²⁺ do retículo sarcoplasmático do músculo* (SERCA) desempenha importante papel nos ciclos de contração-relaxamento muscular. A rápida remoção de Ca⁺ do citoplasma pela SERCA para dentro do retículo plasmático promove o relaxamento muscular.

Outra bomba iônica de interesse é a *ATPase gástrica para H⁺ e K⁺*, enzima responsável pelo bombeamento de íons hidrogênio no estômago, para manter o pH <1,0.

Existe uma grande família de *transportadores com cassete de ligação a ATP* (ABC) que catalisam o movimento de diversos substratos, dependente de ATP. O ATP se liga aos cassetes de ligação a ATP e induz alterações de conformação das proteínas transmembrânicas, liberando o substrato para o lado externo da célula. A hidrólise do ATP (ADP + P$_i$) restaura o transportador para outro ciclo.

Uma proteína transportadora ABC, a *glicoproteína-P* (*proteína de resistência múltipla a fármacos – MDR*), parece exercer papel fundamental na resistência de células tumorais a quimioterápicos. A resistência múltipla a fármacos é a principal causa do fracasso do tratamento clínico do câncer humano. A glicoproteína-P é uma glicoproteína integrante de membrana abundante em membranas plasmáticas de células resistentes a fármacos. Usando o ATP como fonte de energia, a glicoproteína-P bombeia uma grande variedade de compostos, como os fármacos para fora das células, contra um gradiente de concentração. Desse modo, a concentração de fármacos no citoplasma é mantida em níveis baixos para evitar a morte da célula. A função fisiológica normal da glicoproteína-P parece ser a remoção de compostos hidrofóbicos tóxicos da dieta.

2. Transporte ativo secundário Na⁺-dependente

O gradiente eletroquímico de Na⁺ na membrana plasmática fornece a energia para o movimento simporte do sódio com glicose, aminoácidos, íons

MEMBRANAS BIOLÓGICAS

e outras moléculas pequenas. O transporte ativo ascendente de um substrato é acoplado ao transporte descendente de um segundo substrato que foi concentrado pelo transporte primário ativo. Por exemplo, o gradiente de Na⁺ criado pela *ATPase para Na⁺ e K⁺* é usado no túbulo renal e em células intestinais para transportar a D-glicose por um simporte Na⁺-glicose; o transporte ativo de glicose, assim, desfaz o gradiente de concentração do Na⁺, que é restabelecido pela ATPase para Na⁺ e K⁺. Portanto, a hidrólise do ATP indiretamente fornece a energia necessária à captação de glicose, sendo associada ao gradiente iônico do Na⁺. O mecanismo geral do *cotransportador de sódio/monossacarídeo* (SGLT) é mostrado na Figura 20.11.

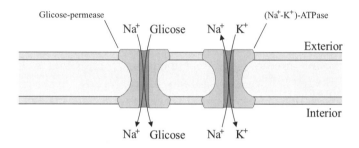

Figura 20.11 Transporte ativo secundário Na⁺-dependente. Mecanismo geral do cotransportador de sódio/monossacarídeo. ATPase para Na⁺-K⁺ gera um gradiente eletroquímico de Na⁺ (estabelecido por transporte ativo primário) que direciona o transporte ativo secundário da glicose nas células epiteliais do intestino. A glicose é transportada juntamente com o Na⁺ através da membrana plasmática para a célula epitelial.

E. Transporte de glicose através das membranas celulares

Há duas famílias de transportadores de glicose (e de outros monossacarídeos). A família mais difundida consiste em transportadores *passivos*, permitindo o movimento de glicose através de membranas somente a favor de gradiente de concentração. São denominados GLUT*n* (*transportador facilitador de monossacarídeos, Na⁺-independente*), sendo *n* o número que distingue os diferentes membros, todos codificados por diferentes genes. Existem 14 membros dessa família, mas somente cinco têm funções bem caracterizadas. A outra família consiste em transportadores *ativos*, possibilitando o movimento de glicose contra gradiente de concentração (ou seja, pode ser concentrada pelo transportador) porque íons sódio são cotransportados com a glicose, movendo-se a favor de gradiente de concentração. Esses são conhecidos como *SGLT* (*cotransportadores Na⁺/monossacarídeos*). A expressão de todos esses transportadores é tecido-específica e suas propriedades fazem parte da regulação do metabolismo da glicose em cada tecido em particular (Tabela 20.1).

Tabela 20.1 Distribuição de transportadores de glicose: GLUT e SGLT

Nome	Tecido
GLUT1	Eritrócitos, tecido fetal, placenta, vasos sanguíneos cerebrais
GLUT2	Fígado, rim, intestino delgado, células β pancreáticas
GLUT3	Cérebro (células neuronais), intestino
GLUT4	Músculos esquelético e cardíaco, tecido adiposo
GLUT5	Jejuno, esperma
SGLT1	Duodeno, jejuno, túbulos renais
SGLT2	Túbulos renais
SGLT3	Túbulos renais, neurônios no intestino e músculo

F. Sistemas de cotransporte

Nem todos os transportes ativos são diretamente estimulados pela energia da hidrólise de ATP, ou seja, o fluxo de um íon ou de um substrato contra um gradiente de concentração é acoplado ao de uma substância diferente a favor de um gradiente de concentração. Proteínas de membrana que transportam íons ou substratos são denominadas *transportadores secundários* ou *cotransportadores*. A energia ainda provém originalmente do ATP, mas não diretamente. Os sistemas de transporte são classificados com base na direção do movimento e no número de moléculas específicas transportadas (Figura 20.12):

- **Uniporte:** envolve o movimento de um único substrato por um transportador. A família de transportadores de glicose, constituída de cinco membros, denominados GLUT-1 a GLUT-5, exemplifica o uniporte.

- **Simporte:** transporta simultaneamente duas moléculas diferentes de substrato na mesma direção. Glicose, aminoácidos, muitos íons e outros nutrientes presentes no filtrado dos túbulos proximais dos rins são quase completamente reabsorvidos por processos de simporte.

- **Antiporte:** transporta simultaneamente duas moléculas diferentes de substratos em direções opostas (p. ex., Na^+ para dentro e Ca^{2+} para fora).

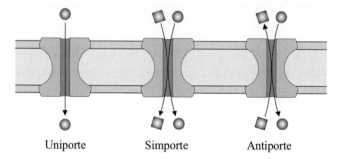

Figura 20.12 • Tipos de sistemas de transporte: uniporte, simporte e antiporte.

A classificação não descreve se os processos necessitam de energia (transporte ativo) ou se atuam independentemente de energia (transporte passivo).

G. Disfunção do canal de íons e fibrose cística

Defeitos no mecanismo de transporte da membrana podem provocar sérias consequências. Um exemplo da disfunção do transporte ocorre na *fibrose cística*, doença autossômica recessiva caracterizada pela falta de ou defeito em uma glicoproteína de membrana denominada *regulador da condutividade transmembrânica da fibrose cística* (CFTR), que atua como um canal para íons cloreto nas células epiteliais e é um membro da família de proteínas *transportadoras com cassete de ligação a* ATP (ABC). O canal para íons cloreto é vital para a absorção de sal (NaCl) e água através das membranas plasmáticas de células epiteliais em tecidos como pulmões, fígado, intestino delgado e glândulas sudoríparas. O transporte de cloretos ocorre quando moléculas sinalizadoras abrem os canais $CFTRCl^-$ na superfície das membranas das células epiteliais (Figura 20.13). Na fibrose cística, o defeito dos canais CFTR resulta na retenção de Cl^- no interior das células. Um muco espesso ou outras formas de secreção causam excessiva captação de água devido à pressão osmótica. As características encontradas na fibrose cística são a doença pulmonar (obstrução do fluxo de ar e infecções bacterianas crônicas) e a insuficiência pancreática (impedimento da produção de enzimas digestivas que pode resultar em deficiência nutricional grave). A mutação mais comum que provoca a fibrose cística é a deleção do resíduo Phe[508] da CFTR, o que causa um enovelamento defeituoso e a inserção de uma proteína mutante em membrana plasmática (Figura 20.13).

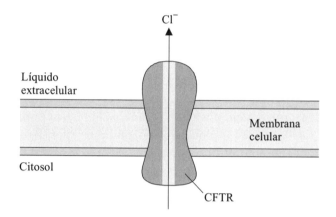

Figura 20.13 • Regulador da condutividade transmembrânica da fibrose cística (CFTR). A proteína CFTR está posicionada na membrana celular para formar um canal para o Cl⁻ sair da célula.

H. Endocitose e exocitose

Os mecanismos de transporte descritos anteriormente ocorrem em um fluxo de moléculas ou íons através de membranas intactas. As células também necessitam importar e exportar moléculas muito grandes para serem transportadas via poros, canais ou proteínas transportadoras. Os procariontes possuem sistemas especializados multicomponentes em suas membranas que permitem secretar certas proteínas (muitas vezes toxinas ou enzimas) para o meio extracelular. Na maioria das células eucarióticas, certos componentes de grande tamanho transitam para dentro e para fora da célula por *endocitose* e *exocitose*, respectivamente. Nos dois casos, o transporte envolve a formação de um tipo especializado de vesícula lipídica.

1. Endocitose

A endocitose é um mecanismo para o transporte de componentes do meio circundante para o interior do citoplasma. Existem três tipos:

- **Pinocitose (endocitose de fase líquida):** é responsável pela captação de líquidos e solutos extracelulares. Segmentos da membrana plasmática se invaginam, formando uma vesícula que contém as moléculas captadas. No interior da célula, a vesícula é conhecida como endossomo e libera seu conteúdo para o citoplasma, enquanto os componentes da membrana são reciclados e devolvidos à membrana da superfície celular. Em alguns sistemas, as vesículas são revestidas pela proteína *clatrina*, que está presente em pequenas chanfraduras

- **Endocitose mediada por receptor:** consiste em um mecanismo de captação de macromoléculas e partículas. Elas se ligam a receptores específicos da membrana plasmática que induzem a captação do receptor juntamente com a macromolécula. Um exemplo é a captação do colesterol e seu receptor pelas células. Colesterol é transportado pelas LDL (lipoproteínas de densidade baixa). Um componente proteico da LDL liga-se ao receptor na membrana celular, formando uma partícula que é interiorizada para gerar um endossomo que se funde a lisossomos da célula. As enzimas hidrolisam as apoproteínas e o colesterol esterificado para produzir aminoácidos e colesterol livre, respectivamente. O receptor é reciclado e devolvido à membrana celular. O colesterol é usado para formar novas membranas e para a síntese de hormônios esteroides em células endócrinas (testículos, ovários e córtex suprarrenal).

- **Fagocitose:** é a forma de endocitose realizada por fagócitos (macrófagos, neutrófilos). O destino das partículas fagocitadas depende de sua natureza. Para partículas (vírus, bactérias, células mortas ou restos), o endossomo funde-se com o lisossomo, onde o material captado e o receptor são degradados. Alternativamente, o ligante, o receptor ou ambos podem ser reciclados. Macrófagos circulam no sangue e na linfa, mas também residem em alguns tecidos (p. ex., pulmão, fígado, nódulos linfáticos). A endocitose mediada por receptores inicia com o sequestro de macromoléculas por proteínas receptoras específicas presentes nas membranas plasmáticas das células (Figura 20.14).

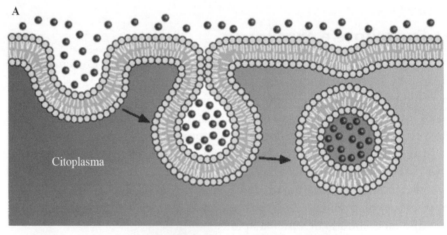

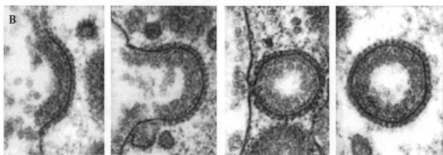

Figura 20.14 ● Endocitose.
A. A endocitose inicia com o sequestro de macromoléculas pela membrana plasmática da célula. A membrana invagina-se, formando uma vesícula que contém as moléculas ligadas; **B.** Microfotografia eletrônica da endocitose.

2. Exocitose

A exocitose é o inverso da endocitose. Durante a exocitose, os materiais destinados à secreção são encapsulados em vesículas no aparelho de Golgi. As vesículas podem fundir-se com a membrana plasmática, liberando seu conteúdo para o meio circundante. Os zimogênios das enzimas digestivas são exportados desse modo pelas células pancreáticas (Figura 20.15).

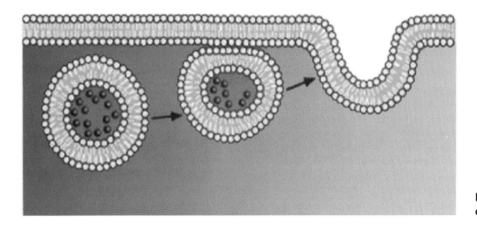

Figura 20.15 • Mecanismo da exocitose.

RESUMO

1. Os fosfolipídeos são componentes estruturais das membranas. Existem dois tipos de fosfolipídeos: fosfoglicerídeos e esfingomielinas.

2. Os esfingolipídeos são também componentes importantes das membranas celulares de animais e vegetais. Contêm um aminoálcool de cadeia longa. Nos animais, esse álcool é a esfingosina. A fitoesfingosina é encontrada nos esfingolipídeos vegetais. Os glicolipídeos são esfingolipídeos que possuem grupos carboidratos e nenhum fosfato.

3. Os isoprenoides são moléculas que contêm unidades isoprênicas de cinco carbonos repetidas. Os isoprenoides consistem em terpenos e esteroides.

4. As lipoproteínas plasmáticas transportam moléculas de lipídeos pela corrente sanguínea de um órgão para outro. Elas são classificadas de acordo com a densidade. Os quilomícrons são lipoproteínas volumosas de densidade extremamente baixa (VLDL) que transportam os triacilgliceróis e ésteres de colesterol da dieta, do intestino para o tecido adiposo e o músculo esquelético. As VLDL são sintetizadas no fígado e transportam lipídeos para os tecidos. No transporte pela corrente sanguínea, elas são convertidas em LDL. As LDL são captadas pelas células por endocitose após ligação a receptores específicos localizados na membrana plasmática. As HDL, também produzidas pelo fígado, captam o colesterol das membranas celulares e de outras partículas lipoproteicas. As LDL têm importante papel no desenvolvimento da aterosclerose.

5. De acordo com o modelo do mosaico fluido, a estrutura básica das membranas biológicas é uma bicamada lipídica na qual as proteínas flutuam. Os lipídeos da membrana (a maioria dos quais consiste em fosfolipídeos) são os principais responsáveis pela fluidez, pela permeabilidade seletiva e pela capacidade de autosselamento das membranas. As proteínas das membranas geralmente definem as funções biológicas específicas. Dependendo de sua localização, as proteínas de membrana podem ser classificadas como integrais, periféricas ou ligadas a lipídeos. Exemplos de funções nas quais as proteínas de membranas estão envolvidas incluem o transporte de moléculas e íons e a ligação de hormônios e outros sinais metabólicos extracelulares.

6. Algumas moléculas pequenas ou hidrofóbicas podem se difundir através da bicamada lipídica. Poros, canais iônicos transportadores passivos e ativos, medeiam o movimento de íons e moléculas polares através das membranas. As macromoléculas deslocam-se para dentro e para fora das células por endocitose ou exocitose, respectivamente.

BIBLIOGRAFIA

Berg JM, Tymoczko JL, Stryer L. Bioquímica. 6. ed. Rio de Janeiro: Guanabara-Koogan, 2008:331-55.

Blaustein RO, Miller C. Ion channels: shake, rattle or roll. Nature 2004; 427:499-500.

Devlin TM. Manual de bioquímica com correlações clínicas. 6. ed. São Paulo: Edgard Blucher, 2007:436-582.

Horton HR, Moran LA, Ochs RS, Rawn JD, Scrimgeour KG. Principles of biochemistry. 3. ed. Upper Saddle River: Prentice Hall, 2002:264-303.

Krishamurthy H, Piscitelli CL, Gouaux CM. Unlocking the molecular secrets of sodium-coupled transporters. Nature 2009; 459:347-55.

Nelson DL, Cox MM. Lehninger: principles of biochemistry. 4. ed. New York: Freeman, 2005:369-420.

Pratt CW, Cornely K. Essential biochemistry. Danvers: John Wiley, 2004:232-74.

21

Transdução de Sinal

A transdução ou transmissão de sinais entre células e tecidos consiste em uma cadeia de eventos que transforma mensagens em respostas fisiológicas. As células do organismo são bombardeadas com milhares de instruções para coordenar o crescimento, a replicação, a diferenciação e sua morte e também para modular as diferentes necessidades fisiológicas, como estado de nutrição, sinais inflamatórios e adaptação a alterações do meio ambiente. A via de transdução de sinais estimulada por hormônios e outras moléculas sinalizadoras é o mecanismo pelo qual as células se comunicam entre si no que se refere às suas necessidades metabólicas.

As vias de transdução de sinal variam muito em seus detalhes moleculares; no entanto, certos elementos se assemelham (Figura 21.2):

- Um estímulo dispara a liberação de molécula sinalizadora (também conhecida como primeiro mensageiro ou ligante) reconhecida por receptores em células-alvo.

- Receptores localizados nas células-alvo reconhecem as características estruturais da molécula sinalizadora. Os ligantes podem ser hormônios, fatores de crescimento, citocinas, interleucinas, neurotransmissores ou uma substância odorífera. O acoplamento do ligante com o receptor é altamente específico, envolvendo interações hidrofóbicas ou eletrostáticas.

- Os receptores são proteínas transmembrânicas que se comunicam com o exterior e com o interior da célula. A ligação do ligante altera a estrutura terciária ou quaternária da molécula do receptor, transferindo o sinal para o interior da célula.

- Alterações conformacionais de proteínas transmembrânicas modificam as interações do receptor com outras proteínas e estimulam a própria atividade catalítica para associar a resposta adaptativa necessária. Por exemplo, alguns receptores são enzimas, enquanto outros são canais iônicos que se abrem ou se fecham em resposta à ligação do ligante. Muitas pequenas moléculas neurotransmissoras e alguns neuropeptídeos usam receptores de canais iônicos.

- A ligação do ligante ao receptor inicia uma série de eventos em cascata com cada componente da via de sinalização ativando a seguinte. Essas etapas amplificam o sinal inicial. Muitos receptores são *proteínas cinases,* enzimas que transferem o grupo fosfato do ATP (adenosina trifosfato) para um substrato polipeptídico (Figura 21.1).

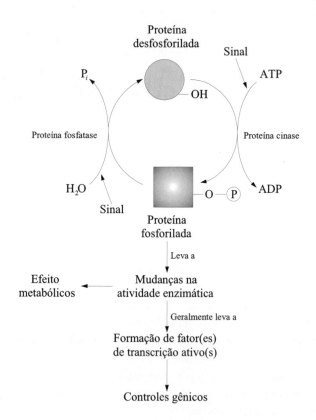

Figura 21.1 ● **Princípio central de controle de muitos sinais extracelulares.** O diagrama ilustra as ações das proteínas cinases e proteínas fosfatases. A fosforilação ocorre em resíduos de serina ou treonina. A fosforilação provoca mudanças conformacionais em proteínas que acarretam alterações em sua atividade e resultam em resposta celular. O processo é revertido por remoção do grupo fosfato pela ação de proteínas fosfatases.

- As proteínas cinases são de dois tipos: (1) *tirosinas cinases* transferem um grupo fosfato do ATP para o grupo OH de tirosina (Tyr) em proteínas-alvo específicas; e (2) *Ser/Thr cinases* transferem o grupo fosfato para a cadeia lateral da serina (Ser) ou da treonina (Thr).

$$-CH_2-\langle\bigcirc\rangle-O-PO_3^{2-} \qquad -CH_2-O-PO_3^{2-} \qquad -CH_2-O-PO_3^{2-}$$
$$\qquad\qquad\qquad\qquad\qquad\qquad\qquad\qquad\qquad\qquad\qquad\qquad\qquad |$$
$$\qquad\qquad\qquad\qquad\qquad\qquad\qquad\qquad\qquad\qquad\qquad\qquad\quad CH_3$$

Fosfo-Tyr   Fosfo-Ser   Fosfo-Thr

- Receptores são classificados como *receptores intracelulares* e *receptores de superfície celular*. Algumas moléculas sinalizadoras (p. ex., hormônios esteroides) que interagem com receptores intracelulares específicos formam complexos ligante-receptores que facilitam sua transferência do citoplasma ao núcleo da célula-alvo.

- As informações retransmitidas pelos *receptores de superfície celular* afetam pequenas moléculas denominadas *segundos mensageiros* (para distinguir do primeiro mensageiro ou ligante). Os segundos mensageiros incluem íons cálcio, cAMP (AMP cíclico), cGMP (GMP cíclico), fosfatidilinositóis, cinases e fosfatases, que se difundem no citosol celular. Os segundos mensageiros ou outros componentes da via sinalizadora são necessários para que o sinal extracelular (p. ex., hormônios hidrossolúveis que se ligam aos receptores) interfira em processos metabólicos, cujas enzimas estão afastadas da membrana celular ou presentes no interior de organelas.

- *Receptores com sete hélices transmembrânicas* (7TM) constituem a maior classe de receptores de superfície celular. Atuam por meio de segundos mensageiros.

- Via de sinalização com chave liga/desliga. O mesmo sinal que inicia uma resposta intracelular também ativa um mecanismo de redução da resposta. Por exemplo, a ativação da proteína cinase desencadeia a ativação de *fosfatase* – enzima que remove o grupo fosfato – e, assim, restabelece os componentes sinalizadores ao estado de repouso. O mecanismo tende a limitar tanto a extensão como a duração dos efeitos de ligantes (p. ex., hormônios).

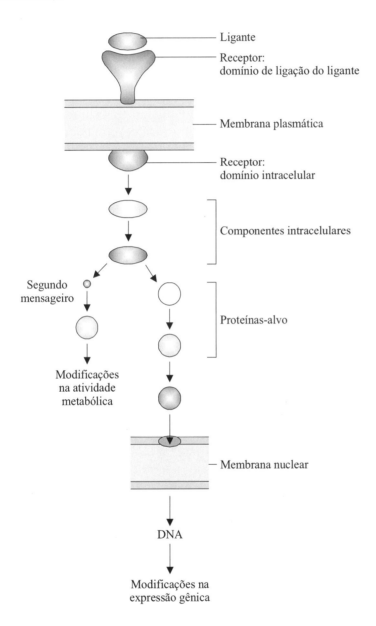

Figura 21.2 Receptores e transdução de sinal. A ligação do ligante (moléculas sinalizadoras) ao receptor, localizado na superfície da célula, desencadeia alterações conformacionais que modificam a interação do receptor com os componentes intracelulares. Podem ser enzimas (proteínas cinases) que geram os segundos mensageiros. As enzimas e os segundos mensageiros alteram a atividade de proteínas-alvo, que modificam o metabolismo ou a expressão gênica.

21.1 MOLÉCULAS SINALIZADORAS

As células ajustam ou alteram seu metabolismo em resposta à ação de substâncias químicas específicas. Respostas fisiológicas são coordenadas por moléculas sinalizadoras que se ligam de modo não covalente a receptores celulares em células-alvo. Em termos de estrutura química, as moléculas sinalizadoras são classificadas em quatro categorias principais: peptídeos, aminoácidos e seus derivados, esteroides e derivados de ácidos graxos:

- **Peptídeos:** incluem muitos hormônios clássicos, citocinas e fatores de crescimento. Sinalizadores peptídicos variam em tamanho, desde pequenos oligopeptídeos, como o hormônio de liberação de tireotropina (TRH, três aminoácidos), oxitocina (nove aminoácidos) e fatores natriuréticos (peptídeo natriurético tipo B, 32 aminoácidos), até peptídeos maiores (paratormônio, 84 aminoácidos), com massas moleculares acima de 10.000 kDa. Alguns hormônios peptídicos passam a ser ativos após glicosilação e outros, como as gonadotrofinas e o hormônio estimulante da tireoide, são diméricos.

- **Derivados de aminoácidos:** fazem parte dessa categoria hormônios da tireoide (tri-iodotironina e tetraiodotironina), catecolaminas (adrenalina e dopamina), neurotransmissores como o ácido γ-aminobutírico (GABA) e noradrenalina. Essas moléculas sinalizadoras mantêm certa semelhança com os aminoácidos de onde derivam, enquanto o óxido nítrico (NO) é sintetizado a partir da arginina – no entanto, por ser um gás simples diatômico, o NO não guarda semelhança com o aminoácido que lhe deu origem.

- **Esteroides:** os hormônios esteroides são produzidos em dois tipos de tecidos: córtex suprarrenal e gônadas. Exemplos de hormônios esteroides são mostrados na Tabela 21.1. Os lipídeos esteroides podem ser sintetizados em células esteroidogênicas (Capítulo 16) ou liberados para a célula pelos complexos lipoproteicos, como a lipoproteína de densidade baixa (LDL) ou a lipoproteína de densidade alta (HDL).

Tabela 21.1 ● **Hormônios esteroides**

Tipo	Exemplos	Origem
Estrogênios	Estradiol, estriol	Ovário, unidade fetoplacentária, córtex suprarrenal
Progestagênios	Progesterona	Gônadas e córtex suprarrenal
Androgênios	Testosterona	Gônadas e córtex suprarrenal
Glicocorticoides	Cortisol, corticosterona	Córtex suprarrenal
Mineralocorticoides	Aldosterona	Córtex suprarrenal

- **Derivados de ácidos graxos:** são constituídos de um grande grupo diversificado de compostos, denominados eicosanoides, que incluem prostaglandinas, tromboxanos e leucotrienos. Todos são derivados do ácido araquidônico, ácido graxo poli-insaturado com 20 carbonos, geralmente presente nas células como componente dos lipídeos da membrana.

Os bilhões de neurônios individuais existentes no sistema nervoso comunicam-se entre si e com outros tecidos-alvo via neurotransmissores químicos. Existe uma grande variedade de compostos que atuam como neurotransmissores ou neuromoduladores no sistema nervoso central e no periférico. Esses compostos são distribuídos em quatro grupos principais e alguns exemplos são mostrados na Tabela 21.2.

TRANSDUÇÃO DE SINAL

Tabela 21.2 ● **Moléculas sinalizadoras neurológicas**

Aminoácidos	Aminas	Peptídeos	Nucleotídeos
Aspartato	Acetilcolina	Encefalina	Adenosina
Glicina	Adrenalina	β-endorfina	ATP
Glutamato	Noradrenalina	Somatostatina	
γ-aminobutirato	Dopamina	Oxitocina	
	Histamina	Angiotensina II	
	Serotonina	Bradicinina	
		Neurotensina	
		Neuropeptídeo Y	
		Substância P	

21.2 RESPOSTA DO TECIDO-ALVO AOS SINAIS

Em células eucarióticas, as moléculas sinalizadoras combinam-se com receptores proteicos presentes em células-alvo. A transdução de sinal consiste na capacidade de a célula-alvo responder aos sinais extracelulares por meio de receptores específicos que reconhecem as moléculas sinalizadoras, transmitem o sinal para o interior da célula e medeiam alterações da atividade enzimática e da expressão gênica. Os receptores no tecido-alvo são dependentes de estrutura (proteínas ou glicoproteínas), especificidade, saturabilidade, sensibilidade, transdução e amplificação de sinal.

Duas são as classes principais de receptores: *receptores intracelulares* e *receptores de superfície celular*. Mensageiros que utilizam os receptores intracelulares são moléculas hidrofóbicas (p. ex., hormônios esteroides e certas vitaminas) que se difundem através da membrana plasmática para o interior das células-alvo, entram no núcleo e atuam como reguladores de transcrição. Em contraste, moléculas polares, como proteínas, hormônios peptídeos, citocinas e catecolaminas, são reconhecidas e interagem com as células-alvo, ligando-se aos receptores de superfície celular. O complexo moléculas sinalizadoras-receptores de superfície dispara mecanismos que geram pequenas moléculas sinalizadoras intracelulares, conhecidas como *segundos mensageiros*, que transmitem e amplificam o sinal inicial. Alguns segundos mensageiros importantes são: AMP cíclico, GMP cíclico, cálcio, inositol-1,4,5-trifosfato (IP_3) e diacilglicerol.

21.3 RESPOSTAS MEDIADAS POR RECEPTORES INTRACELULARES

Como mencionado anteriormente, alguns hormônios são solúveis em lipídeos (lipofílicos) e facilmente atravessam a membrana celular de todas as células. Eles atingem seus receptores situados no citosol ou no núcleo das células-alvo. Os hormônios lipofílicos regulam a expressão gênica em células-alvo na etapa de iniciação da transcrição do gene. Entre os hormônios que se ligam aos receptores intracelulares incluem-se: *androgênios, estrogênios, glicocorticoides, mineralocorticoides, progestina, calcitriol, ácido retinoico* e *hormônios tireóideos* (T_3 e T_4). Várias moléculas sinalizadoras lipídeo-solúveis também atuam do mesmo modo.

O receptor de glicocorticoide é um bom exemplo de receptor intracelular. O receptor reside no citoplasma e está associado à *proteína de choque térmico* (Hsp), que mascara seu *sinal de localização nuclear* (NLS), uma pequena sequência peptídica na proteína. A ligação do glicocorticoide ao sítio específico do receptor causa uma mudança conformacional do próprio e provoca a dissociação da Hsp, expondo o NLS, fazendo com que o complexo ligante-receptor se desloque para o núcleo e se ligue a uma sequência específica do DNA, conhecida como *elemento de resposta hormonal* (HRE). O mecanismo ativa a transcrição de genes específicos.

Receptores de *hormônios da tireoide* (T_3R) e de *ácido retinoico* (RAR) se ligam a elementos silenciadores específicos e reprimem a transcrição de genes. Após a ligação do ligante, esses receptores perdem sua atividade silenciadora e funcionam como ativadores. O princípio de controle é o mesmo dos glicocorticoides, apesar dessas diferenças.

O óxido nítrico é também lipídeo-solúvel com um receptor intracelular, que será examinado posteriormente.

21.4 RESPOSTAS MEDIADAS POR RECEPTORES DE SUPERFÍCIE CELULAR

A transdução de sinal consiste na conversão do sinal da mensagem externa em uma sequência de eventos metabólicos intracelulares que medeiam alterações na atividade celular. Funcionalmente, o processo pode ser visualizado como uma ocorrência em duas etapas: (1) ligação receptor-ligante e, para sinais peptídicos, o início de processos que ocorrem próximo à membrana celular; (2) eventos desencadeados pela transmissão da mensagem para a "maquinaria metabólica" no interior das células. Como cada etapa do processo de transdução é enzimática, e como cada enzima pode atuar sobre muitos substratos, uma cascata é iniciada. Isso resulta em amplificação do sinal, aumentando a eficiência da resposta. A especificidade da resposta celular ao sinal é determinada tanto pela presença de receptor correto como de maquinaria metabólica intracelular apropriada.

Quatro mecanismos de transdução podem explicar a maioria das respostas estimuladas por sinais peptídicos associados a receptores de superfície. Os quatro modelos assumem que o receptor sofre algum grau de modificação conformacional após a integração do sinal e após atingir a proteína, geralmente enzima, modificações no citoplasma da célula-alvo junto ou no interior da membrana.

Os quatro modelos são:

- Canais iônicos (p. ex., receptores de neurotransmissores).

- Geração de segundos mensageiros ligados às proteínas G de membrana (GPCR).

- Ativação de receptores acoplados às tirosina cinases (RTK).

- Ativação de receptores acoplados à tirosina fosfatase (RTPase).

Canais iônicos são exemplificados pelo receptor nicotínico do sistema nervoso autônomo, onde o ligante é a acetilcolina. O impulso elétrico (impulso nervoso) é propagado quando os íons sódio e potássio movem-se através da membrana neuronal, causando despolarização. O fluxo de íons é promovido pela abertura de canais proteicos. Quando o estímulo é removido, o canal se fecha e a membrana se repolariza com os íons movendo-se na direção oposta, e a célula recupera seu estado de repouso.

A. Receptores acoplados às proteínas G

Os receptores acoplados às proteínas G (GPCR) constituem uma superfamília de receptores que ligam várias moléculas sinalizadoras, como hormônios, fatores de crescimento, neurotransmissores, substâncias odoríferas, de sabor e fótons. Seu mecanismo de transdução envolve a produção de segundos mensageiros, como AMP cíclico (cAMP), GMP cíclico (cGMP) ou IP_3 e diacilglicerol, derivados do AMP, GMP e fosfatidilinositol-3,5-bisfosfato, respectivamente. É o segundo mensageiro que desencadeia o processo de amplificação de transdução.

As proteínas G são encontradas ligadas às membranas ou livres no citoplasma. Ao ligar moléculas sinalizadoras aos receptores de superfície celular denominados *receptores com sete domínios transmembrânicos em α-hélice* (7TM), resultam em mudanças na conformação do domínio citoplasmático do receptor que ativam as *proteínas G (proteínas regulatórias heterotriméricas que ligam GTP)*, as quais se estendem de um lado ao outro da membrana plasmática (Figura 21.3). As proteínas G ativadas interagem diretamente com outros sinalizadores, chamados proteínas efetoras, e que são geralmente enzimas ou canais iônicos.

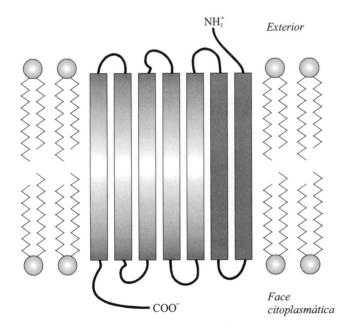

Figura 21.3 • Estrutura de receptores 7TM acoplados às proteínas G. As α-hélices atravessam sete vezes a bicamada lipídica da membrana. As α-hélices não são arranjadas linearmente como o mostrado por conveniência, mas, como um aglomerado compacto.

Os receptores 7TM possuem uma extremidade N-terminal extracelular que contém o local de ligação do hormônio (ligante) que formam três alças extracelulares e três alças intracelulares, além de um domínio na face citoplasmática, à qual se liga a proteína G específica. As proteínas G são constituídas por um complexo heterotrimérico de três subunidades, designadas α, β e γ. Na forma *inativa*, as proteínas G existem como um complexo trimérico αβγ ligado à GDP (daí o nome de proteína G) pela subunidade α. A ligação de uma molécula sinalizadora ao receptor 7TM provoca uma alteração conformacional no domínio citoplasmático com a formação de um complexo com uma proteína G. Como resultado, a subunidade α libera a GDP e, em seguida, liga o GTP em seu lugar. Na forma com GTP, a proteína G altera sua conformação e causa a ativação de uma via sinalizadora, modificando as concentrações de segundos mensageiros que promovem respostas celulares.

A atividade sinalizadora da proteína G está limitada pela atividade da *GTPase* intrínseca da subunidade α, que hidrolisa GTP a GDP + P_i. A hidrólise do GTP permite que as três subunidades da proteína G retornem à sua conformação original inativa ($\alpha_{GDP}\beta\gamma$) (Figura 21.4).

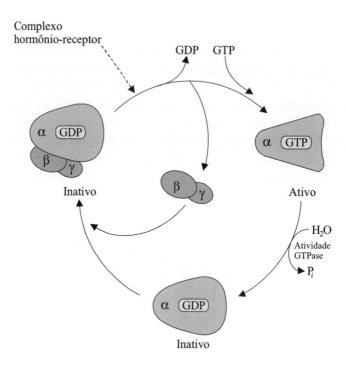

Figura 21.4 ● **Ciclos de ativação e inativação de proteína G pelos sete domínios transmembrânicos acoplados.** O heterotrímero αβγ, com o GDP ligado à subunidade α, é inativo. A ligação do ligante ao receptor associado à proteína G desencadeia modificações conformacionais que causam a substituição do GDP pelo GTP e a dissociação da subunidade α do dímero βγ. A atividade da GTPase retorna à proteína G em sua forma inicial heterotrimérica inativa.

O nucleotídeo GDP ligado às proteínas G triméricas se dissocia em uma velocidade basal lenta, o que significa que a ativação fisiológica das proteínas G (liberação de GDP e ligação de GTP) pode levar horas. *In vivo*, a troca de GDP por GTP ocorre em menos de 1 segundo pelo estímulo de proteínas efetoras, como os *fatores trocadores de guanina nucleotídeo* (GEF). A velocidade catalítica GTPase também é muitas vezes aumentada (mais de 2.000 vezes) por proteínas acessórias conhecidas como GAP (*GTPase activating proteins*), que atuam sobre a subunidade α.

1. Via AMP cíclico

Diversos hormônios empregam o cAMP (AMP cíclico) como *segundo mensageiro*, incluindo hormônio adrenocorticotrópico (ACTH), hormônio antidiurético (ADH), gonadotropinas, hormônio estimulante da tireoide (TSH), paratormônio, glucagon, catecolaminas (adrenalina e noradrenalina),

TRANSDUÇÃO DE SINAL

calcitonina, hormônio luteinizante (LH) e somatostatina (esta última controla negativamente os níveis de cAMP). Essa lista não é completa, mas ilustra os diferentes efeitos do cAMP em diferentes células.

A ligação de um hormônio ao receptor 7TM ativa a subunidade α_{GTP} das proteínas G. A α_{GTP} liga e ativa alostericamente a *adenilato ciclase*, que catalisa a síntese de cAMP (AMP cíclico) a partir de ATP:

O sítio catalítico da adenilato ciclase inclui duas cadeias laterais Asp (aspartato), assim como íons metálicos (provavelmente Mg^{2+}), que se coordenam com os dois resíduos Asp e os grupos fosfato do ATP.

O cAMP é um segundo mensageiro, substância pequena e altamente solúvel, que pode livremente se difundir na célula e cuja concentração reflete modificações nos teores do hormônio (primeiro mensageiro). A maioria dos efeitos do cAMP em células eucarióticas tem como intermediário a ativação da *proteína cinase dependente de cAMP* (PKA ou *proteína cinase A*). Na ausência de cAMP, a PKA é um tetrâmero cataliticamente inativo formado por duas subunidades reguladoras (R) e duas catalíticas (C). A ligação de cAMP às cadeias reguladoras libera as catalíticas (Figura 21.5).

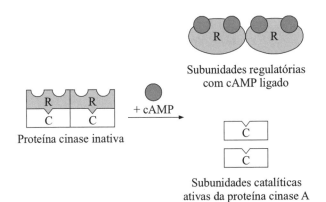

Figura 21.5 • Ativação da proteína cinase A (PKA) pelo cAMP. (R: subunidade reguladora da PKA; C: subunidade catalítica da PKA.)

Consequentemente, *o nível do segundo mensageiro cAMP determina o nível de atividade da proteína cinase dependente de cAMP* (PKA). O sinal cAMP (e, portanto, a atividade da PKA) é interrompido pela ação de uma variedade de *fosfodiesterases* (PDE) que converte o cAMP em 5'-AMP inativo (Figura 21.6).

Derivados de xantina, como teofilina e cafeína, inibem PDE, resultando em níveis aumentados de cAMP em ausência de estímulo hormonal.

Um dos alvos intracelulares da proteína cinase dependente de cAMP é a *fosforilase cinase*, enzima que fosforila (desativa) a glicogênio sintase e fosforila (ativa) a glicogênio fosforilase. Os eventos sinalizadores explicam de que modo hormônios como o glucagon e a adrenalina, que desencadeiam a produção de cAMP, promovem a glicogenólise e inibem a síntese do glicogênio. Embora a fosforilase cinase seja ativada pela PKA, ela só é ativada ao máximo quando os íons Ca^{2+} estão presentes como resultado de outras vias sinalizadoras (ver adiante).

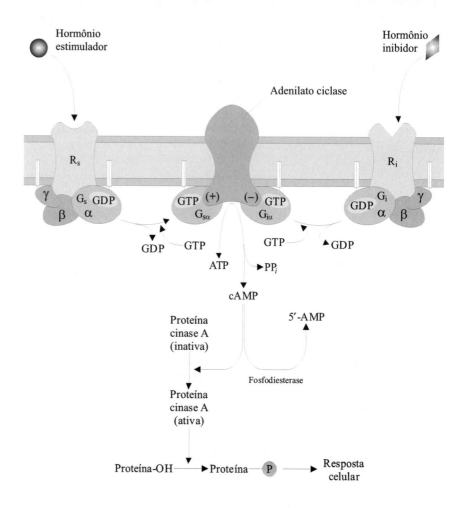

Figura 21.6 Sistema de sinalização via AMP cíclico. A ligação do hormônio ao receptor R_s promove sua ligação à proteína G estimuladora (G_s), que estimula a troca de GDP por GTP em sua subunidade $G_{s\alpha}$. Outros hormônios podem se ligar ao receptor inibidor (R_i) que está acoplado à adenilato ciclase pela proteína G inibidora (G_i). A G_s ativa a adenilato ciclase, enquanto a G_i a inibe. O cAMP ativa a proteína cinase dependente de cAMP, resultando na fosforilação de proteínas celulares.

TRANSDUÇÃO DE SINAL

A estimulação da adenilato ciclase pela proteína G é de curta duração e depende de estimulação hormonal contínua, cessando na ausência do hormônio. Isso é fundamental para o segundo mensageiro que, uma vez gerado, deve ser desativado rapidamente em ausência de hormônio.

As proteínas-alvo afetadas pelo cAMP dependem do tipo de célula. Além disso, vários hormônios podem ativar a mesma proteína G e, assim, provocar o mesmo efeito. Por exemplo, em células hepáticas, a degradação do glicogênio pode ser iniciada tanto pela adrenalina como pelo glucagon.

Existem proteínas G inibidoras que promovem a redução dos níveis de cAMP por ligação em diferentes sítios da enzima adenilato ciclase. Assim, o mesmo hormônio pode criar efeitos estimuladores pela ligação a um dos receptores, mas também pode causar inibição por ligação a outro tipo de receptor. Algumas proteínas G ativam a fosfodiesterase (PDE), convertendo cAMP em AMP. Consequentemente, a resposta celular a um sinal hormonal não depende somente da presença do receptor apropriado, mas também de se a proteína G associada está na forma ativada ou inibidora. Como um único hormônio pode ativar as duas formas de proteína G, o sistema sinalizador pode ser ativo somente por curtos períodos antes de ser desativado.

2. Ação do glucagon

Glucagon é secretado pelas células α nas ilhotas de Langerhans em resposta à redução dos níveis de glicose no sangue. Ele se liga a um receptor no fígado e tecido adiposo que ativa a adenilato ciclase e aumenta a concentração de AMP cíclico (cAMP), que ativa a proteína cinase dependente de cAMP (PKA).

O aumento da atividade da PKA no fígado ativa a glicogênio fosforilase, com aumento da degradação do glicogênio e alta na velocidade de liberação de glicose. Níveis aumentados de cAMP estimulam a gliconeogênese via inibição da fosfofrutocinase e ativação da frutose bisfosfatase. Também ativa a lipase controlada por hormônios (hormônio-sensível) no tecido adiposo, que estimula a lipólise e a liberação de ácidos graxos para o sangue. Isso promove o aumento de sua taxa de oxidação no músculo e no fígado. No músculo, a oxidação de ácidos graxos inibe a utilização de glicose, o que ocasiona a elevação na velocidade de formação de corpos cetônicos.

Os receptores do glucagon e os receptores adrenérgicos, como os receptores α e β-adrenérgicos, são glicoproteínas denominadas 7TM (receptores serpentinos). Os receptores do glucagon e da adrenalina não são tirosina cinases, mas a ligação desses hormônios desencadeia alterações conformacionais que afetam a porção intracelular da proteína (7TM).

3. Ação da adrenalina

A ação da adrenalina (ou noradrenalina) envolve a ligação ao receptor extracelular, que consiste em duas classes: α-*adrenérgicos* e β-*adrenérgicos*. Quando o hormônio se liga ao β-receptor, o complexo hormônio-receptor ativa a adenilato ciclase, que catalisa a formação de AMP cíclico (cAMP) a partir do ATP.

O aumento na concentração do cAMP ativa a proteína cinase dependente de cAMP (PKA). No músculo esquelético, a PKA fosforila e ativa a fosforilase cinase que, por sua vez, fosforila e ativa a enzima fosforilase. Isso catalisa a degradação do glicogênio em que as moléculas de glicose são convertidas em glicose-1-fosfato, que forma glicose-6-fosfato para entrar na glicólise. Esses efeitos bioquímicos formam uma cascata de ativação do desdobramento do glicogênio no músculo. As etapas de ativação, catalisadas pelas reações das cinases, são revertidas por etapas de inativação (reações de desfosforilação), catalisadas por proteínas fosfatases (Figura 21.7).

No tecido adiposo, o aumento da concentração de cAMP ativa a lipase controlada por hormônios (hormônio-sensível) para aumentar a velocidade da lipólise e a liberação de ácidos graxos. Assim, eleva o teor de ácidos graxos no plasma e sua oxidação pelo músculo.

No fígado, a adrenalina liga-se ao α-receptor. O complexo hormônio-receptor ativa uma fosfolipase ligada à membrana que hidrolisa o fosfolipídeo fosfatidilinositol-4,5-bisfosfato. A ação produz dois mensageiros, inositol trifosfato (IP_3) e diacilglicerol (DG) (Figura 21.7). O aumento no IP_3 estimula

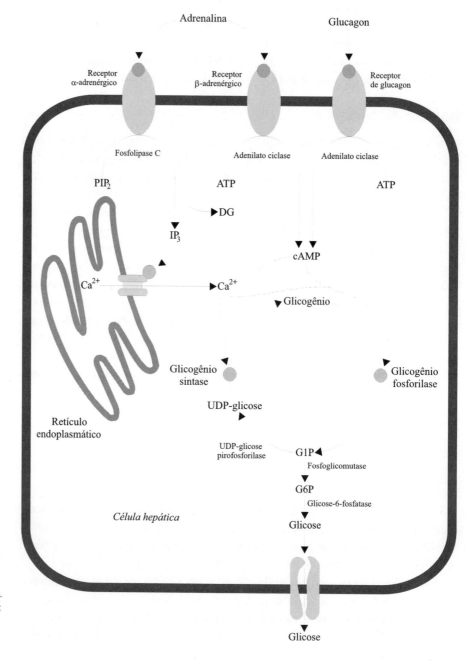

Figura 21.7 ● **Visão geral da interação entre hormônio (adrenalina e glucagon) e receptor (proteína G específica) no metabolismo do glicogênio.** Os complexos hormônios-receptores ativam a fosfolipase C, a adenilato ciclase e o canal de cálcio. (PIP_2: fosfatidilinositol-4,5-bisfosfato; IP_3 = inositol-1, 4,5-trifosfato; DG: diacilglicerol.)

TRANSDUÇÃO DE SINAL

a liberação de íons Ca^{2+} do retículo endoplasmático para o citoplasma, o que afeta a quebra de glicogênio e a liberação de glicose no sangue.

4. Via GMP cíclico

Um dos importantes alvos das proteínas G é a *guanilato ciclase*, enzima que catalisa a transformação de trifosfato de guanosina (GTP) em GMP cíclico (cGMP), um importante segundo mensageiro na regulação da contratilidade muscular e não muscular, na transdução de sinal visual e na homeostase do volume sanguíneo. A guanilato ciclase é ativada pela mudança conformacional resultante do acoplamento do neuropeptídeo ao receptor. Apesar de a síntese de GMP cíclico ocorrer em quase todos os tecidos animais, seu papel no metabolismo celular ainda não foi plenamente esclarecido. Os aumentos dos níveis de cGMP medeiam respostas celulares pela ativação de *proteínas cinases sensíveis a cGMP* (PKG). Isso resulta em afeitos celulares, incluindo o aumento da excreção de Na^+ pelos rins. A inativação do cGMP ocorre em reações catalisadas por várias *fosfodiesterases* (PDE) análogas àquelas para o cAMP.

Há duas formas principais da enzima guanilato ciclase envolvidas na transdução de sinal: uma ligada à membrana (receptora de hormônio) e outra solúvel (citoplasmática):

- **Guanilato ciclase ligada à membrana:** dois tipos de moléculas ativam a guanilato ciclase associada à membrana: o fator natriurético atrial e a enterotoxina bacteriana:

  - *Fator natriurético atrial* (ANF) ou *peptídeo natriurético atrial* (PNA): é um hormônio neuropeptídeo liberado dos miócitos dos átrios e aurículas, após distensão dos mesmos em resposta ao aumento no volume de sangue circulante ou pressão. Natriurético significa que esse hormônio viaja do átrio cardíaco até o rim, onde estimula a perda de sódio (e água) na urina. Os efeitos fisiológicos do ANF são a redução da pressão sanguínea via vasodilatação da vasculatura periférica e diurese (aumento da excreção urinária) por meio do cGMP. O ANF liga-se e ativa a forma da guanilato ciclase ligada à membrana em várias células. Por exemplo, nos túbulos coletores renais, a síntese de cGMP estimulada pelo ANF aumenta a excreção renal do Na^+ e da água. O cGMP citosólico ativa a fosforilação da enzima *proteína cinase G* (PKG), que então fosforila outras proteínas celulares envolvidas nessa via (Figura 21.8). Outros peptídeos relacionados foram descritos: *peptídeo natriurético cerebral* e *peptídeo natriurético tipo C*. Todos atuam via receptores acoplados à proteína G.

  - *Enterotoxina bacteriana*: a ligação da enterotoxina (secretada por alguns patógenos bacterianos) à guanilato ciclase ligada à membrana presente em receptores acoplados à proteína G localizados em células intestinais causa diarreia. Por exemplo, determinadas linhagens de *E. coli* produzem uma *enterotoxina termolábil* (proteína semelhante à toxina da cólera). A interação da enterotoxina com o receptor plasmático do enterócito ligado à guanilato ciclase desencadeia excessiva secreção de sais e água no lúmen do intestino delgado, resultando em diarreia com risco de vida.

- **Guanilato ciclase solúvel:** a guanilato ciclase solúvel (citoplasmática) possui uma molécula de heme e está presente no citosol da maioria das células. A enzima é ativada pelo Ca^{2+}; assim, qualquer aumento do Ca^{2+} citoplasmático promove a síntese de cGMP. Essa guanilato ciclase é ativada também pela ligação de *óxido nítrico* (NO) produzido no endotélio vascular ao grupo heme. Após a ligação, a enzima sofre alterações conformacionais que aumentam a atividade catalítica. NO é gerado pelas ações de *óxido nitroso sintases* (NOS). O NO difunde-se para a musculatura lisa vascular, onde ativa a guanilato ciclase solúvel. O acúmulo de cGMP em músculo liso acarreta relaxamento rápido do aparelho contrátil (vasodilatação). A nitroglicerina, um fármaco prescrito na *angina pectoris*, doa o óxido nítrico e relaxa a musculatura lisa dos vasos sanguíneos, reduzindo a carga de trabalho cardíaco. A fosfodiesterase tipo 5 (PDE5), que destrói cGMP, é inibida por citrato de sildefanila (Viagra®), tadalafila (Cialis®), lodenafila (Helleva®) e vardenafila (Levitra®, Vivanza®). Esses medicamentos potencializam o efeito de NO e são prescritos para o tratamento da disfunção erétil.

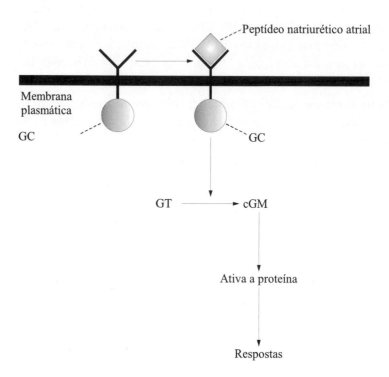

Figura 21.8 • Produção do segundo mensageiro GMP cíclico (cGMP) pelo receptor de membrana ativado pelo fator natriurético atrial. O acoplamento do sinal do fator natriurético atrial no receptor produz mudanças conformacionais que ativam a produção de cGMP a partir de GTP. Essas ações ativam uma proteína cinase que leva a respostas celulares. (GC: guanilato ciclase na face citoplasmática.)

B. Receptores acoplados às tirosina cinases (RTK)

Cinases são enzimas que transferem o grupo fosfato terminal do ATP para um substrato. As tirosina cinases transferem o fosfato para um resíduo de tirosina que faz parte da sequência primária de aminoácidos de um determinado substrato proteico. Os receptores tirosina cinases são proteínas transmembrânicas que têm atividade catalítica.

Transdução de sinal pode envolver dois tipos de tirosina cinases:

- Receptores com atividade tirosina cinase inerente (RTK) (p. ex., receptor de insulina).

- Receptores que recrutam tirosina cinases do citoplasma (p. ex., hormônio de crescimento, leptina operando por meio da cinase de Janus – JAK).

TRANSDUÇÃO DE SINAL

1. Via Ras

Ras são importantes proteínas encontradas em todas as células eucarióticas. Ras e outros componentes da via são essenciais na regulação celular, pois suas mutações resultam em formas anormais de algumas proteínas oncogênicas. Ras é uma GTPase que liga GTP, um regulador do crescimento celular. As proteínas Ras têm moléculas de GDP ou GTP ligadas a elas. São ativas na forma com GTP e inativas na forma com GDP. Na forma com GTP, ativam uma cascata de três proteínas cinases citoplasmáticas, denominadas *proteínas cinases ativadas por mitógeno* ou cascata da *MAP cinase*. As três proteínas da cascata são fosforiladas para amplificar o sinal; no núcleo, fatores de transcrição são fosforilados pela última delas e ativam a transcrição de genes e, assim, a síntese de proteínas específicas para modular o crescimento celular.

2. Via fosfatidilinositol-3 cinase (PI₃ cinase)

A via PI_3 cinase tem um desconcertante conjunto de papéis, envolvendo proliferação celular, diferenciação, inibição de apoptose e outras atividades celulares, incluindo o controle metabólico. A via é ativada por diferentes receptores que respondem a vários hormônios, fatores de crescimento e neurotransmissores. O hormônio insulina será utilizado para ilustrar a via.

C. Sinalização JAK/STAT

Vários genes são controlados por receptores JAK/STAT em seres humanos. A via é utilizada por várias citocinas, fatores de crescimento e interferon. Uma característica da via de sinalização JAK/STAT é que, em vez da multiplicidade de intermediários na via, o sinal é transmitido ao núcleo por uma única proteína dimérica.

Os receptores nas membranas das células existem como monômeros. Os domínios citoplasmáticos não têm atividade tirosina cinase própria, mas somente quando associados a uma JAK (cinase de Janus). Janus era o deus romano com duas faces; JAK têm dois sítios cinases. Na ausência de sinal ativador, as cinases são inativas. Quando da ligação de citocinas, os receptores de membrana se dimerizam e suas tirosina cinases associadas são ativadas. Elas fosforilam os resíduos de tirosina do receptor. Assim, os receptores recrutam JAK, que fosforilam os receptores para gerar sítios de ligação para proteínas reguladoras de genes conhecidas como STAT (*transdutores de sinal e ativadores de transcrição*). As proteínas STAT fosforiladas deixam o receptor e dimerizam; cada dímero é um fator de transcrição ativo que é translocado para o núcleo. Lá se associam a elementos específicos do DNA e ativam a transcrição que, no caso do interferon, protege as células contra vírus.

As vias apresentam grande versatilidade. Existem três classes de receptores e quatro diferentes cinases (JAK 1, 2 e 3 e TYK2) que se ligam a múltiplos receptores fosforilados com alta especificidade. Os mamíferos possuem sete diferentes proteínas STAT que podem formar homodímeros ou heterodímeros. Desse modo, outros tipos de vias sinalizadoras podem ser arranjados.

D. Insulina e receptor de insulina

Estruturalmente, a insulina é um peptídeo pequeno e composto de duas subunidades, denominadas cadeias α e β. A insulina é sintetizada como um peptídeo simples, a *pró-insulina*, e armazenada nas células β das ilhotas pancreáticas. No momento da secreção, a pró-insulina é clivada, liberando o peptídeo C e a insulina funcional no sangue. A insulina é um potente hormônio anabólico. As respostas dos tecidos ao estímulo da insulina incluem:

- Homeostase nutriente; capta glicose (especialmente importante em células do músculo e tecido adiposo), aminoácidos (todas as células) e ácidos graxos.

- Estimula a glicólise e a síntese de glicogênio (fígado e músculo), triglicerídeos (fígado e tecido adiposo) e proteínas (todas as células).

- Inibe a gliconeogênese e a glicogenólise no fígado, a lipólise no tecido adiposo, a degradação de proteínas no músculo e a oxidação de ácidos graxos no fígado e nos músculos.

- Ativa fatores que controlam a iniciação da síntese proteica.

- Ativa uma proteína cinase ribossômica, que aumenta a velocidade de tradução do mRNA.

- Inibe a apoptose (todas as células).

- Estimula a "bomba" Na^+/K^+ ATPase (músculo e tecido adiposo).

O receptor de insulina pertence à família dos receptores de superfície celular que têm capacidade tirosina cinase intrínseca. É uma proteína tetramérica, composta de duas subunidades extracelulares e duas subunidades β transmembrana, ligadas por ponte dissulfeto. A insulina liga-se à subunidade α do receptor, provocando uma mudança conformacional na subunidade β, que leva a sua autofosforilação na tirosina e ativa sua *capacidade tirosina cinase*. Uma vez ativado, o receptor de insulina é capaz de fosforilar diversos substratos intracelulares, entre os quais aqueles conhecidos coletivamente como *substratos do receptor de insulina* (IRS). A família IRS inclui IRS-1, IRS-2, Shc (*Src homology collagen*), gab-1 e CAP. A possibilidade da transdução de múltiplos sinais é mostrada na Figura 21.9. O IRS promove a ativação da enzima fosfatidilinositol-3 cinase (PI_3K). Outras proteínas são fosforiladas, particularmente

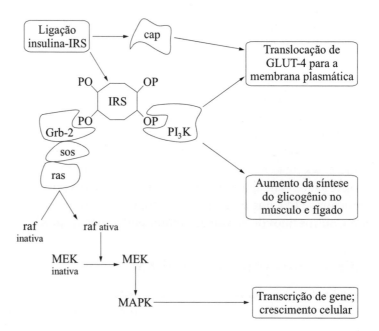

Figura 21.9 ● Sinalização IRS. Grb-2, sos e ras são proteínas adaptadoras reunidas no IRS fosforilado. Raf é uma proteína ligada ao GTP associada à membrana que, quando estimulada, tem atividade Ser/Thr cinase.

TRANSDUÇÃO DE SINAL

a proteína cinase B, que exerce muitos efeitos metabólicos. A atividade tirosina cinase também ativa a cascata MAP cinase, que eleva a transcrição de alguns genes que estimulam muitos efeitos metabólicos da insulina.

A ativação da *PI₃ cinase* (PI₃K) pelo IRS-1 está preferencialmente ligada às ações metabólicas da insulina. O substrato da PI₃ cinase é um componente da membrana, a fosfatidilinositol-4,5-bisfosfato (PIP₂). Como resultado da ação da PI₃ cinase, um segundo mensageiro, o *PIP₃* (fosfatidilinositol-3,4,5-trifosfato), é formado. O segundo mensageiro ativa a *proteína cinase B* (PKB), também conhecida como Akt. A porção da membrana enriquecida com PIP₃ atrai a PKB citoplasmática *inativa* para acoplar-se à membrana que inclui um *domínio de homologia à plecstrina*, que se liga ao PIP₃. Lá encontra uma cinase localizada na membrana chamada *PDK1* (cinase-1 dependente de fosfoinositídeos), que fosforila a PKB, ativando-a. A GLUT4 é fosforilada pela PKB ativa e facilita o transporte de glicose através da membrana plasmática de células de mamíferos por um mecanismo uniporte. A PKB tem muitas proteínas-alvo e está relacionada com o controle de genes envolvidos no metabolismo, assim como com a inativação da *glicogênio sintase cinase 3* (GSK-3). A fosforilação em cascata pela tirosina cinase modula várias proteínas intracelulares. Por exemplo, a insulina ligada inibe a lipase controlada por hormônio nos adipócitos. Aparentemente, isso ocorre em virtude da ativação de uma fosfatase que desfosforila a lipase. Além disso, vários estudos sugerem que segundos mensageiros também são empregados, como o inositol monofosfato ou o diacilglicerol, na ativação da proteína cinase C (PKC).

A ligação de insulina inicia uma cascata de fosforilação que induz a transferência de várias proteínas para a superfície celular. Exemplos dessas moléculas incluem certas isoformas dos transportadores de glicose e os receptores de LDL (lipoproteína de baixa densidade) e IGF-II (fator de crescimento-II semelhante à insulina). O movimento das moléculas para a membrana plasmática, na fase pós-absortiva do ciclo jejum-alimentado, promove a captação de nutrientes pela célula e sinais promotores do crescimento.

Componentes adicionais das vias de transdução de sinal contêm uma região conhecida como domínio SH₂ (*Src homology 2*) da proteína formada por uma cadeia lateral de Arg (arginina) que interage com os grupos fosfo-Tyr do receptor e com outras proteínas. Essas interações permitem que a ligação de um hormônio altere a atividade de várias proteínas intracelulares. Em um caso, uma porção do receptor é clivada por uma protease e viaja até o núcleo, onde modula a transcrição de genes.

1. Insulina e processos metabólicos

Nos tecidos responsivos à insulina, como os músculos e o tecido adiposo, a insulina estimula fortemente o transporte de glicose para o interior das células. A $V_{máx}$ para o transporte da glicose aumenta não porque a insulina altere a atividade catalítica intrínseca do transportador, mas em razão do aumento do número de transportadores da superfície celular. Esses transportadores, denominados GLUT4 (transportador de glicose isoforma 4), são estimulados nas membranas de vesículas intracelulares. Quando a insulina se liga à célula, a vesícula funde-se com a membrana plasmática. Essa translocação de transportadores para a superfície celular aumenta a velocidade com a qual a glicose entra na célula. Quando o estímulo insulínico é removido, os transportadores retornam para as vesículas intracelulares por endocitose (Figura 21.10).

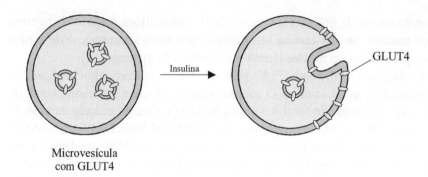

Figura 21.10 • Efeito da insulina sobre o GLUT4. A insulina estimula a fusão da microvesícula com a proteína transportadora de glicose GLUT4, aumentando o número de transportadores de glicose na membrana plasmática.

A glicogênio fosforilase mobiliza resíduos de glicose do glicogênio por fosforólise (clivagem pela adição de um grupo fosfato em lugar de água) para a glicólise. A insulina participa indiretamente na regulação da glicogênio sintase e da glicogênio fosforilase. O receptor tirosina cinase para a insulina ativa as fosfatases que desfosforilam (ativam) a glicogênio sintase e desfosforilam (desativam) a glicogênio fosforilase. Isso resulta na aceleração da síntese do

Quadro 21.1 Efeitos metabólicos do diabetes

A característica fundamental do diabetes não tratado é a *hiperglicemia* crônica (elevadas taxas de glicose no sangue). A redução de captação da glicose pelas células desencadeia a gliconeogênese, aumentando ainda mais a hiperglicemia. Altas concentrações de glicose circulante promovem a glicação não enzimática das proteínas. Esse processo é lento, mas as proteínas glicadas podem gradualmente acumular-se e danificar tecidos, desenvolvendo, por exemplo, doença arterial coronária, retinopatia, nefropatia, catarata e neuropatia.

A lesão tecidual também pode resultar de efeitos metabólicos da hiperglicemia. Como os músculos e o tecido adiposo são incapazes de aumentar a captação de glicose em resposta à insulina, a glicose penetra em outros tecidos. No interior dessas células, a *aldose-redutase* catalisa a conversão da glicose em sorbitol:

Glicose + NADPH → sorbitol + NADP$^+$

Como a aldose redutase tem um K_m elevado para a glicose (ao redor de 100mM), a velocidade da reação é normalmente muito lenta. No entanto, sob condições hiperglicêmicas, o sorbitol acumula-se e pode alterar o equilíbrio osmótico da célula, o que modifica a função renal e desencadeia a precipitação de proteínas em outros tecidos. A agregação das proteínas no cristalino leva à catarata. Os neurônios e as células que revestem os vasos sanguíneos também podem ser lesados, aumentando a probabilidade de neuropatias e problemas circulatórios que, em casos graves, resultam em infarto do miocárdio, derrame ou amputação das extremidades.

O diabetes é também uma desordem do metabolismo das gorduras, pois a insulina normalmente estimula a síntese de triacilglicerol e suprime a lipólise nos adipócitos. O diabetes não controlado tende a metabolizar os ácidos graxos em lugar dos carboidratos, o que resulta na produção de corpos cetônicos. O excesso de produção de corpos cetônicos leva à cetoacidose diabética.

Cerca de 80% dos pacientes com diabetes tipo 2 são obesos. A obesidade – particularmente com grandes depósitos abdominais – está fortemente correlacionada com o desenvolvimento da doença. Isso se deve ao aumento dos níveis de ácidos graxos circulantes, que interferem no metabolismo dos carboidratos. Desse modo, as células empregam menos glicose como combustível. Como resposta, as células β do pâncreas deveriam aumentar a produção de insulina (alguns diabéticos tipo 2 apresentam elevados teores de insulina); no entanto, eventualmente ela está reduzida.

O tecido adiposo exerce um papel ativo no desenvolvimento de diabetes tipo 2. Os adipócitos não são depósitos inertes de gordura, mas sintetizam ativamente hormônios peptídeos e esteroides, que atuam em outros órgãos, incluindo o cérebro. Por exemplo, os adipócitos secretam *leptina*, hormônio que regula o apetite e contribui para o desenvolvimento da obesidade.

Os adipócitos também produzem os hormônios *adiponectina* e *resistina*. A adiponectina suprime o desenvolvimento de aterosclerose e a fibrose hepática e talvez exerça atividade anti-inflamatória. O hormônio proteico resistina pode explicar como a obesidade se relaciona com o diabetes tipo 2. Em pessoas obesas, os adipócitos produzem níveis aumentados de resistina, que atuam prejudicando o funcionamento dos receptores de insulina existentes na célula. Assim, as células deixam de responder à insulina quando existe muita resistina no sangue. Desse modo, as pessoas obesas têm mais resistina e, como consequência, respondem mal à insulina, desenvolvendo diabetes.

Certos fármacos empregados para tratar o diabetes tipo 2 parecem diminuir a quantidade de resistina secretada pelos adipócitos. No entanto, o papel da resistina sob condições normais (não diabéticos) permanece obscuro.

O hormônio *grelina* é produzido no estômago e está envolvido na regulação do metabolismo a longo prazo e na regulação do apetite a curto prazo.

Todos esses hormônios atuam na regulação da homeostase energética, metabolismo da glicose e lipídeos, reprodução, função cardiovascular e imunidade. Influenciam diretamente o cérebro, o fígado e o músculo esquelético e são regulados fundamentalmente pelo estado nutricional.

TRANSDUÇÃO DE SINAL

glicogênio, enquanto a velocidade da glicogenólise diminui. As múltiplas cinases e fosfatases interagem com as enzimas do metabolismo do glicogênio em regulação controlada por sinais enviados por hormônios extracelulares.

E. Sistema do fosfoinositídeo e cálcio

Existem outros receptores acoplados à proteína G que usam outras vias diferentes de sinalização que não as descritas para os receptores adrenérgicos. No sistema de sinalização agora descrito, uma enzima diferente é ativada pela α-GTP (subunidade α na forma GTP), produzindo um novo segundo mensageiro diferente do cAMP. Exemplos de sinais que empregam o mecanismo incluem a acetilcolina e a vasopressina (ADH).

A via emprega o componente de membrana *fosfatidilinositol-4,5-bisfosfato* (PIP_2) (esta via sinalizadora é diferente da *PI_3 cinase*, que também inicia com a PIP_2). A proteína G liga-se ao receptor para a sinalização intracelular. A ligação da molécula sinalizadora ao receptor promove a troca do GDP pelo GTP na subunidade α-GTP, que migra e ativa a enzima ligada à membrana, *fosfolipase C* (PLC) (em resposta ao hormônio/neurotransmissor) que hidrolisa a *fosfatidilinositol-4,5-bisfosfato* (PIP_2) para gerar dois segundos mensageiros diferentes: o IP_3 (inositol-1,4,5-trifosfato) e o *diacilglicerol*.

Fosfatidilinositol-4,5-bisfosfato (PIP_2)

Inositol-1,4,5-trifosfato (IP_3)

Diacilglicerol

1. Inositol-1,4,5-trifosfato (IP_3)

O IP_3 é hidrossolúvel e se difunde desde a membrana através do citoplasma para interagir com receptores específicos do retículo endoplasmático, onde se liga a um *canal de Ca^{2+} dependente de IP_3*, abrindo-o e liberando o Ca^{2+}. O sinal é revertido quando não mais hormônio se acopla ao receptor e o GTP é hidrolisado com posterior destruição de IP_3 e o retorno de Ca^{2+} ao retículo endoplasmático pela bomba Ca^{2+}/ATPase. Assim, a combinação de um hormônio, ou outro sinal, com um receptor associado à via fosfatidilinositol resulta em aumento do diacilglicerol e do Ca^{2+} intracelular (Figura 21.11).

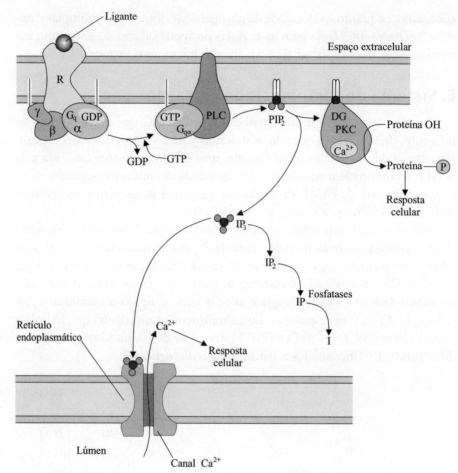

Figura 21.11 • Sistema de sinalização do fosfoinositídeo.
A ligação do ligante a seu receptor transmembrana R ativa a fosfolipase C (PLC) por meio da proteína G_q. A fosfolipase C catalisa a hidrólise de PIP_2 nos segundos mensageiros IP_3 e diacilglicerol (DAG). O IP_3 hidrossolúvel se difunde do citoplasma para o retículo endoplasmático, onde estimula a liberação do Ca^{2+} que vai ativar, via calmodulina, numerosos processos celulares. O diacilglicerol permanece associado à membrana, onde – juntamente como o Ca^{2+} – ativa a proteína cinase C (PKC), que fosforila e modula muitas proteínas celulares.

A transmissão do sinal é encerrada por desfosforilação do IP_3 pela ação hidrolítica da *inositol trifosfatase* para formar *inositol-1,4-bisfosfato*. Os íons Ca^{2+} podem retornar a seus estoques intracelulares pela ação de uma Ca^{2+}-ATPase à custa da hidrólise de ATP.

2. Diacilglicerol

O diacilglicerol é um segundo mensageiro lipossolúvel presente na membrana plasmática e ativa a *proteína cinase C* (PKC), que é também dependente do Ca^{2+}. Foram identificadas várias proteínas cinases C com muitas proteínas-alvo (p. ex., a PKC pode fosforilar fatores de transcrição envolvidos na regulação da expressão gênica). Têm também papel na regulação da divisão celular, como ilustrado pelo efeito de promotor de tumores dos ésteres de forbol. Estes últimos são análogos ao diacilglicerol e capazes de ativar a PKC, provocando divisão celular. Pode parecer paradoxal que o diacilglicerol, uma molécula sinalizadora normal, tenha o mesmo efeito em ativar a PKC como promotora de formação de tumor, mas o diacilglicerol é rapidamente destruído após sua ação e ativa somente a PKC necessária, enquanto os ésteres de forbol têm vida longa e são liberados inapropriadamente como um sinal prolongado. O diacilglicerol e o Ca^+ são necessários para a ativação máxima de PKC, mas, independente disso, o Ca^{2+} isoladamente é também um importante segundo mensageiro.

TRANSDUÇÃO DE SINAL

O cálcio ionizado é um importante regulador de vários processos, como a contração muscular e a coagulação sanguínea. O corpo humano contém cerca de 1kg de cálcio – cerca de 99% como componente estrutural dos ossos e dentes e 1% no sangue e no líquido extracelular; somente uma pequena fração encontra-se no interior das células. A estratégia para manter a concentração citoplasmática baixa de Ca^{2+} consiste em utilizar Ca^{2+}/ ATPases, que bombeiam o íon para o retículo endoplasmático (ou retículo sarcoplasmático – SR – em células musculares). Sinais apropriados abrem os canais de cálcio, que liberam o íon de volta ao citoplasma, onde atua como regulador.

O principal mediador das ações reguladoras de Ca^{2+} é a *calmodulina*, uma proteína que possui quatro sítios de ligação do cálcio. Após ligação de Ca^{2+} aos sítios de ligação, a calmodulina sofre alterações conformacionais que alteram a atividade de muitas enzimas e canais iônicos. As proteínas ativadas pelo complexo cálcio-calmodulina são capazes de mediar muitas reações reguladas pelo cálcio, incluindo adenilato ciclase, fosfodiesterases, proteínas cinases, óxido nítrico sintases, fosforilases (p. ex., a fosforilase cinase, que converte a glicogênio fosforilase *b* em glicogênio fosforilase *a* no metabolismo do glicogênio) e outras enzimas e proteínas reguladas pelo cálcio.

F. Visão – via de transdução da luz

A versatilidade das vias sinalizadoras de proteína G usando diferentes proteínas é exemplificada no caso em que a luz é o sinal. O problema básico da visão é a conversão do estímulo dos fótons de luz em alterações químicas, que resultam em impulsos no nervo óptico, carreando sinais ao cérebro.

A retina dos vertebrados tem dois tipos de células fotorreceptoras de luz: os *bastonetes*, para a visão em preto e branco e com pouca luz, e os *cones*, para a visão em cores. Os bastonetes são estruturas formadas por três segmentos. A porção média possui as mitocôndrias, o núcleo etc. Uma terminação dessas células realiza as sinapses com a célula dipolar que conecta ao nervo óptico. O outro terminal é uma porção cilíndrica na qual há uma pilha de discos membranosos (ao redor de 2.000) embebidos no citoplasma. Este último contém o mecanismo para a detecção da luz.

O processo de detecção de luz é bastante complexo e aqui serão abordados somente os princípios essenciais. No escuro, os bastonetes têm um nível relativamente alto de *GMP cíclico* (cGMP), sintetizados pela guanilato ciclase. Nesse momento, o cGMP não é estritamente um segundo mensageiro, já que não é produzido pela ativação via receptor. Na membrana celular há canais iônicos mantidos abertos pela ligação do cGMP (canais controlados por ligantes) (Capítulo 8).

No escuro, o constante influxo de Na^+ através desses canais produz um potencial de membrana de -30mV.

O receptor de luz nos discos é o pigmento *rodopsina*, um complexo da proteína opsina, e o pigmento visual, *11-cis-retinal*, sintetizado a partir do retinol da dieta (vitamina A) e beta-caroteno (pró-vitamina A). O 11-*cis*-retinal está ligado ao grupo ε-NH_2 do resíduo da lisina na rodopsina. A absorção de fótons converte rodopsina em metarrodopsina II em picossegundos de iluminação. A proteína G está ligada a 7TM. A luz causa ativação da rodopsina por alterações de conformação do pigmento visual para tornar-se todo-*trans*-retinol. Isso causa mudanças de conformação no domínio citoplasmático da rodopsina. A proteína G heterotrimérica associada à rodopsina, denominada *transducina*, dispara a troca de GDP por GTP na subunidade α da transducina. O complexo α-GTP separa e ativa a enzima ligada à membrana *cGMP fosfodiesterase*, que hidrolisa cGMP a GMP. A redução do nível de cGMP resulta no fechamento dos *canais iônicos abertos por cGMP*, levando à hiperpolarização da membrana (a –70 mV). O mecanismo desencadeia o impulso nervoso no nervo óptico para sinalizar ao centro visual no cérebro.

O primeiro evento para o sistema retornar ao estado inicial consiste na hidrólise da subunidade α-GTP pela GTPase, que reassocia a transducina trimérica. O restabelecimento da célula envolve a inativação da rodopsina ativada, reduzindo a concentração de Ca^{2+} intracelular, o que estimula a síntese de cGMP e recicla a rodopsina por uma via complexa.

A visão em cores origina-se nos cones e é feita por três pigmentos visuais diferentes, proteínas (todas acopladas com 11-*cis*-retinal), com grande homologia na sequência de aminoácidos da rodopsina.

21.6 FATORES DE CRESCIMENTO

São mensageiros químicos que regulam o crescimento, a diferenciação e a proliferação celulares. Os fatores de crescimento diferem dos hormônios por serem sintetizados em vários tipos de células e não somente em células endócrinas. Exemplos incluem o *fator de crescimento epidérmico* (EGF), o *fator de crescimento derivado das plaquetas* (PDGF) e as *somatomedinas*:

- **Fator de crescimento epidérmico (EGF):** é um mitógeno (estimulador da divisão celular) para muitas células epiteliais, como as epidérmicas e de revestimento gastrointestinal. O EGF desencadeia a divisão celular ao se ligar aos receptores EGF da membrana plasmática – tirosina cinases estruturalmente semelhantes aos receptores de insulina. Após ligação, os receptores são autofosforilados nos resíduos de tirosina e desencadeiam as reações que geram os sinais que produzem os efeitos nas células.

- **Fator de crescimento derivado de plaquetas (PDGF):** é secretado pelas plaquetas sanguíneas durante o processo de coagulação. Atuando com o EGF, o PDGF estimula o processo mitogênico nos fibroblastos e em células vizinhas durante a cura de ferimentos. O PDGF também promove a síntese de colágeno nos fibroblastos.

- **Somatomedinas:** são polipeptídeos mediadores de ações promotoras de crescimento do GH (hormônio do crescimento). Produzidas no fígado e em outros órgãos (p. ex., músculos, fibroblastos, ossos e rins), estimulam o crescimento. As somatomedinas promovem os mesmos processos metabólicos realizados pela insulina (transporte de glicose e síntese de gorduras). Por essa razão, as duas somatomedinas – *fatores de crescimento I e II semelhantes à insulina* (IGF-I e IGF-II) – desencadeiam processos intracelulares por ligação a receptores na superfície celular. Os receptores da somatomedina são tirosina cinases.

RESUMO

1. As células contêm receptores que recebem inúmeros sinais de outras células para coordenar suas atividades. Eles regulam muitos aspectos fundamentais da expressão gênica, sobrevivência da célula, morte programada da célula, divisão celular, assim como o metabolismo. O câncer geralmente envolve o mau funcionamento das vias de sinalização.

2. As moléculas sinalizadoras (primeiros mensageiros) são proteínas, peptídeos, óxido nítrico, esteroides e outras moléculas lipídeo-relacionadas. São moléculas que atuam como hormônios, neurotransmissores, fatores de crescimento e citocinas.

3. As moléculas sinalizadoras ligam-se a receptores específicos em células-alvo e ativam vias de sinalização, que resultam em eventos que regulam a expressão gênica no núcleo e/ou efeitos diretos sobre o metabolismo.

4. Existem duas classes de receptores de superfície celular: associados às tirosina cinases e acoplados à proteínas G.

5. Os segundos mensageiros cAMP, cGMP, IP_3, DAG e Ca^{2+} muitas vezes medeiam a mensagem hormonal ou de fatores de crescimento.

6. A via do cAMP consiste em um receptor, uma proteína G, adenilato ciclase e uma proteína cinase dependente de cAMP.

7. No sistema do fosfoinositídeo, a ligação do hormônio provoca a hidrólise do fosfatidil-4,5-difosfato (PIP_2), produzindo inositol-1,4,5-trifosfato (IP_3), que abre canais de Ca^{2+}, e diacilglicerol (DG), que ativa a proteína cinase C.

8. De modo geral, os hormônios da tireoide e os esteroides hidrofóbicos ligam-se a receptores intracelulares. O complexo hormônio-receptor subsequentemente liga-se a segmentos específicos de DNA, chamados *elementos de resposta a um hormônio* (HRE). A ligação de um complexo hormônio-receptor a um HRE aumenta ou diminui a expressão de genes específicos.

9. A insulina, sintetizada pelo pâncreas em resposta à glicose, liga-se ao receptor tirosina cinase. A resposta celular à insulina consiste na captação de glicose e ácidos graxos.

10. A sinalização pelo óxido nítrico também produz cGMP, mas o receptor está localizado no citoplasma. Os sinais são cancelados pela hidrólise da cGMP por uma fosfodiesterase (inibida pelo Viagra®).

11. Os receptores visuais em que os fótons são os sinais também são sistemas ligados à proteína G, entretanto, neste caso, o sinal causa uma redução no cGMP. Isso resulta em impulsos nervosos para o centro visual no cérebro.

BIBLIOGRAFIA

Carvalho-Filho MA et al. Cross-talk das vias de sinalização de insulina e angiotensina II: implicações com a associação entre diabetes mellitus e hipertensão arterial e doença cardiovascular. Arq Bras Endocrinol Metab 2007; 51:195-203.

Devlin TM. Manual de bioquímica com correlações clínicas. 6. ed. São Paulo: Edgard Blucher, 2007:483-520.

Gompers BD, Kramer IM, Tatham PER. Signal transduction. 2. ed. Amsterdam: Academic Press/Elsevier, 2009:21-36.

Hancock J. Cell signaling. 3. ed. New York: Oxford, 2010:55-77.

Meier U, Gressner AM. Endocrine regulation of energy metabolism: review of pathobiochemical and clinical chemical aspects of leptin, ghrelin, adipocectin, and resistin. Clin Chem 2004; 50:1511-25.

Pratt CW, Cornely K. Essential biochemistry. Danvers: John Wiley, 2004:500-27.

Rosenbaum DM, Rasmussen SGF, Kobilka BK. The structure and function of G-protein-coupled receptors. Nature 2009; 459:356-63.

Taniguchi CM, Emanuelli B, Kahn CR. Critical nodes in signalling pathways: insights into insulin action. Nat Rev Mol Cell Biol 2006; 7:85-96.

22
Fotossíntese

A fotossíntese é o processo que transforma a energia luminosa em energia química para a conversão de CO_2 e água em carboidratos e oxigênio molecular (O_2). Utiliza a energia fornecida pelo ATP (adenonina trifosfato) e pelo NADPH gerados na transferência fotossintética de elétrons.

$$CO_2 + H_2O \xrightarrow{Luz} (CH_2O) + O_2$$

O carboidrato é representado na reação por CH_2O. O reagente redutor é a H_2O. A oxidação da água para produzir oxigênio é uma reação termodinamicamente desfavorável que é impulsionada por energia solar absorvida pela clorofila. A fotossíntese em plantas consiste em dois processos. A primeira série de reações (reações de luz), a energia da luz absorvida pela clorofila, é utilizada para impulsionar os elétrons da água para gerar ATP, NADPH e oxigênio. Na segunda série de reações (reações no escuro), o ATP e o NADPH formados pela ação da luz fixam o CO_2 gasoso em precursores de carboidratos.

22.1 CLOROPLASTOS: SÍTIO DA FOTOSSÍNTESE

A fotossíntese em plantas verdes ocorre no *cloroplasto*, organelas intracelulares associadas à membrana (Figura 22.1). O cloroplasto está envolvido por duas membranas altamente permeáveis ao CO_2 e seletivamente permeáveis a outros metabólitos.

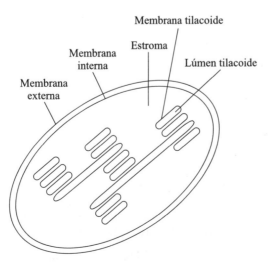

Figura 22.1 Estrutura do cloroplasto.

A membrana interna circunda o *estroma* (análogo à matriz mitocondrial), onde ocorre a conversão de CO_2 e H_2O em moléculas de carboidratos. O interior do estroma contém estruturas membranosas chamadas *tilacoides*, discos (ou vesículas) achatados e envoltos por membranas. Nas membranas dos tilacoides estão os pigmentos fotorreceptores, centros de reação, cadeias transportadoras de elétrons e ATP sintase. No estroma estão localizadas as enzimas que utilizam o ATP e o NADPH sintetizados nos tilacoides para a produção de carboidratos.

A. Clorofila e outros pigmentos que absorvem luz

Os cloroplastos contêm *fotorreceptores*, moléculas especializadas que absorvem luz (Figura 22.2). O principal fotorreceptor para a fotossíntese é a *clorofila*, cuja estrutura é semelhante à do grupo heme da hemoglobina, mas contém íon magnésio em vez do ferro. A clorofila é fotorreceptora eficaz porque contém sistemas conjugados (ligações simples e alternadas). Diversos pigmentos acessórios, como os *carotenoides* e as *fitobilinas*, incluindo fitoeritrina e ficocianina, encontradas em algumas algas e cianobactérias, também absorvem a luz. Como a clorofila, essas moléculas contêm sistemas conjugados que permitem a absorção da luz. Juntos, esses pigmentos absorvem todos os comprimentos de onda da luz visível.

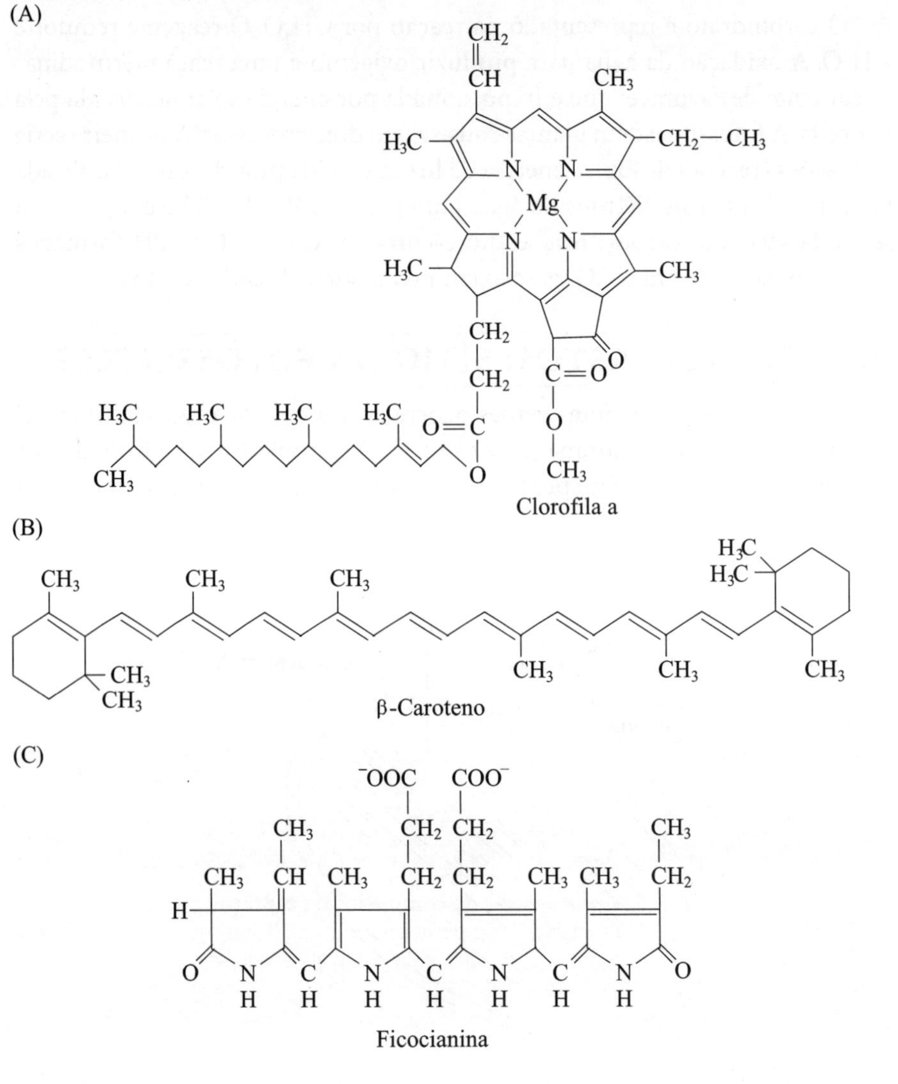

(A)

(B)

β-Caroteno

Figura 22.2 ● **Estrutura de alguns fotorreceptores em cloroplastos. A.** Clorofila *a*, um grupo metila, é substituída por um grupo aldeído. A clorofila lembra os grupos heme da mioglobina e citocromos, mas com Mg^{2+} em lugar do íon Fe^{2+}, e inclui um anel ciclopentano e uma cadeia lateral lipídica. **B.** Carotenoide β-caroteno, um precursor da vitamina A. **C.** Ficocianina, tetrapirrol linear.

(C)

Ficocianina

Quando os pigmentos fotossintéticos absorvem *fótons* (*quantum* de luz) de comprimento de onda apropriado, um de seus elétrons é promovido a um orbital superior de energia (*estado excitado*). O elétron em estado excitado rapidamente retorna a seu estado fundamental, fornecendo o *quantum* absorvido para realizar trabalho químico. Os pigmentos energizados são fortes agentes redutores que podem reduzir outras substâncias químicas para armazenar a energia originalmente captada da luz (Figura 22.3).

B. Fotossistemas

A luz é capturada por elétrons das moléculas de clorofila que excitam os elétrons para um nível energético mais elevado. A transferência de elétrons excitados pela energia luminosa conduz a energia da clorofila para os *centros de reação*, onde ocorrem as principais reações da fotossíntese. Entretanto, os cloroplastos contêm mais moléculas de clorofila e outros pigmentos que os contidos nos centros de reação. Muitos desses pigmentos extras, ou *antenas coletoras de luz*, estão localizados em proteínas de membranas chamadas *complexos de captação de energia*. Mais de trinta diferentes tipos de complexos de captação de energia foram caracterizados. O arranjo dos grupos que absorvem luz é essencial para o funcionamento dos complexos.

Os vários complexos de captação de luz com seus múltiplos pigmentos podem absorver luz de diferentes comprimentos de onda. No interior do complexo, o alinhamento preciso das moléculas de pigmentos transfere rapidamente a energia para outros pigmentos. Sem os complexos para coletar e concentrar a luz, o centro de reação da clorofila coleta somente uma pequena fração da radiação solar disponível. Mesmo assim, a planta capta somente cerca de 1% da energia solar disponível.

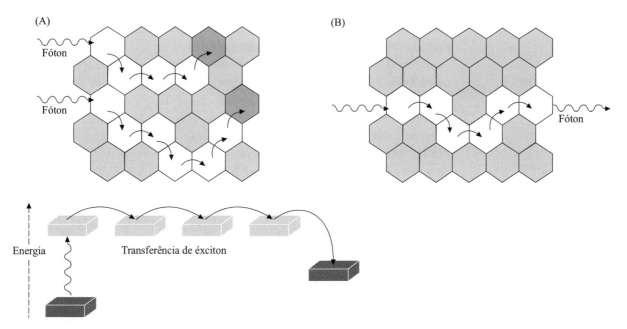

Figura 22.3 ● **Fluxo de energia através de complexos de captação de luz.** Um sistema fotossintético consiste em centros de reação (cinza-escuro) circundados por complexos de captação de luz (cinza-claro), cujos múltiplos pigmentos absorvem luz de diferentes comprimentos de onda. **A.** A energia de um fóton absorvido ao acaso migra para os centros de reação fotossintética (cinza-escuro). Como o éxciton (elétron excitado) deve mover-se do estado mais alto de energia para o mais baixo, a antena de pigmentos mais distantes do centro de reação tem estados excitados de energia mais elevados. **B.** A energia de um fóton pode ser reemitida menos frequentemente (fluorescência).

Durante os períodos de luminosidade intensa, alguns pigmentos acessórios atuam na dissipação do excesso de energia solar como calor para não lesar o aparelho fotossintético por foto-oxidação inapropriada. Vários pigmentos também atuam como fotossensores para regular a velocidade de crescimento de plantas e coordenar certas atividades – como germinação, floração e repouso – de acordo com as quantidades de luz diária ou sazonal.

22.2 REAÇÕES DE LUZ

Em plantas e bactérias fotossintetizantes púrpuras, a energia captada pelas antenas coletoras de luz é canalizada para os centros de reação. *A excitação dos centros de reação aciona reações que resultam na oxidação da água, na redução do NADP+ e na geração de gradiente de prótons transmembrânicos que impulsiona a síntese de ATP.* Esses eventos são conhecidos como *reações de luz* da fotossíntese. (Bactérias fotossintéticas realizam reações similares em um único centro de reação e não produzem oxigênio.) Os centros de reação das plantas verdes são complexos proteicos sensíveis à luz ligados à membrana: *fotossistema I* (PSI) e *fotossistema II* (PSII). Os dois, juntamente com outras proteínas periféricas e integrantes encontradas embebidas na membrana tilacoide, realizam reações redox de modo semelhante à cadeia mitocondrial transportadora de elétrons.

A. Fotossistema II

Em plantas e cianobactérias, as reações de luz iniciam com o fotossistema II (o número indica que foi o segundo a ser descoberto). Esse complexo proteico transmembrânico inclui pigmentos que absorvem luz e cofatores de oxidação-redução. O fotossistema II catalisa a transferência de elétrons impulsionada pela luz, da água para a plastoquinona.

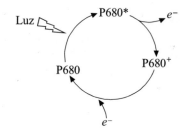

As moléculas de clorofila no fotossistema II atuam como antenas internas, canalizando a energia para os dois centros de reação, com uma clorofila cada e conhecidos como *P680* (P é o pigmento do centro de reação e 680, o comprimento de onda de luz absorvida que inicia a reação, em nm). Os elétrons liberados pela oxidação da água passam para a P680 (indicado pela notação P680*), que transfere rapidamente um elétron e transforma-se em um estado de baixa energia P680+, isso é, a luz oxidou o P680. A molécula de clorofila foto-oxidada é reduzida para retornar a seu estado original.

A redução da P680+ necessita de elétrons derivados da água. A P680 está localizada ao lado do lúmen do fotossistema II. O elétron liberado pela P680 foto-oxidada desloca-se através de vários grupos redox. Apesar de os grupos prostéticos no fotossistema II serem arranjados mais ou menos simetricamente, nem todos participam diretamente da transferência de elétrons. Os elétrons da água atingem a plastoquinona no lado estromal do fotossistema II. A *plastoquinona* (PQ) é semelhante à ubiquinona, um componente da cadeia mitocondrial de elétrons. Atua como um aceptor de dois elétrons. O plastoquinol reduzido (PQH$_2$) une um conjunto de plastoquinonas solúveis na membrana tilacoide. Dois elétrons (duas foto-oxidações de P680) são necessários para reduzir completamente a plastoquinona a PQH$_2$. A reação também consome dois prótons, que são tomados do estroma.

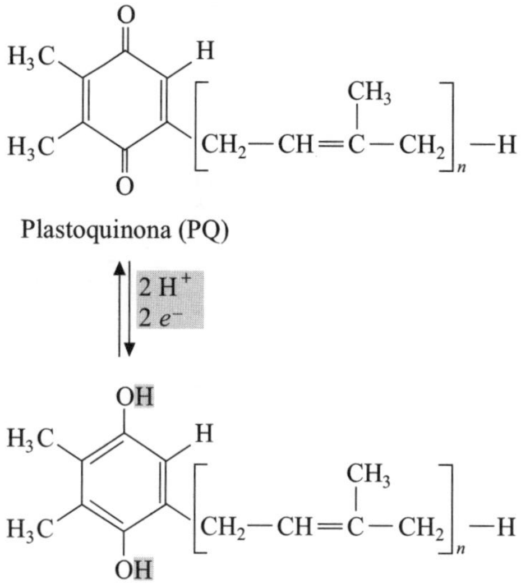

Plastoquinona (PQ)

$$2\ H^+$$
$$2\ e^-$$

Plastoquinol (PQH_2)

B. Complexo produtor de oxigênio do fotossistema II

Os elétrons que reduzem a P680 foto-oxidada são derivados da oxidação da água a O_2 pela porção luminal do fotossistema II, chamada *complexo produtor de oxigênio*. No processo, duas moléculas de água são oxidadas, produzindo quatro elétrons, quatro prótons e oxigênio molecular:

$$2\ H_2O \rightarrow 4\ H^+ + 4\ e^- + O_2$$

A reação é rápida, com 50 O_2 produzidos por segundo por fotossistema II, e gera a maior parte do oxigênio atmosférico.

O catalisador da reação de quebra da água é um cofator com composição aproximada $Mn_4CaCl_{1-2}O_x(HCO_3)_y$. Esse cofator inorgânico tem a mesma composição em todos os complexos do fotossistema II.

Durante a oxidação, o magnésio sofre alterações no estado de oxidação. Os quatro prótons derivados da água são liberados para o lúmen tilacoide, contribuindo para a redução relativa de pH do estroma. Um radical tirosina, no fotossistema II, transfere cada um dos quatro elétrons derivados da água para a P680$^+$.

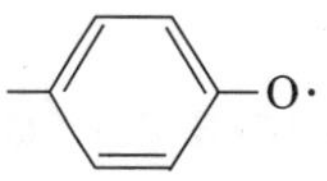

Radical tirosina

A oxidação da água demanda energia porque o O_2 tem potencial de redução extremamente elevado ($+0,815$ V) e os elétrons fluem espontaneamente de um grupo com potencial de redução baixo para um grupo de potencial de redução alto. De fato, a P680 está entre os mais poderosos oxidantes biológicos conhecidos, com um potencial de redução de $+1,15$ V. Na foto-oxidação, o potencial de redução da P680 (agora P 680*) é dramaticamente reduzido, ao redor de $-0,8$ V. Esse baixo potencial de redução possibilita que a P680* entregue um elétron para grupos com potenciais de redução altamente positivos (Figura 22.4).

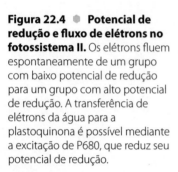

Figura 22.4 ● Potencial de redução e fluxo de elétrons no fotossistema II. Os elétrons fluem espontaneamente de um grupo com baixo potencial de redução para um grupo com alto potencial de redução. A transferência de elétrons da água para a plastoquinona é possível mediante a excitação de P680, que reduz seu potencial de redução.

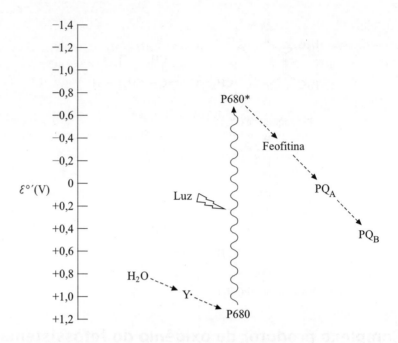

O resultado total é que a captação de energia solar promove o deslocamento de um elétron em via termodinamicamente favorável da água para a plastoquinona. *Quatro eventos de foto-oxidação no fotossistema II são necessários para oxidar duas moléculas de água e produzir uma molécula O_2.* A Figura 22.5 resume as funções do fotossistema II.

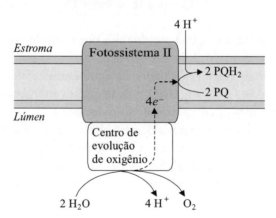

Figura 22.5 ● Função do fotossistema II. Para cada molécula de oxigênio envolvida, duas moléculas de plastoquinona (PQ) são reduzidas.

C. O citocromo $b_6 f$ conecta os fotossistemas I e II

Os elétrons fluem do fotossistema I para o fotossistema II através do complexo proteico ligado à membrana conhecido como *citocromo $b_6 f$.* Após deixarem o fotossistema II como plastoquinóis (PQH_2), os elétrons atingem o *citocromo $b_6 f$.* O complexo contém oito subunidades em cada metade monomérica. Três subunidades contêm grupos prostéticos transportadores de elétrons. Uma é o citocromo b_6, homóloga ao citocromo b mitocondrial. A segunda é o citocromo f, no qual o grupo heme é do tipo *c*. Apesar da ausência de homologia com o citocromo c_1 mitocondrial, ele funciona de modo similar. O complexo no cloroplasto possui proteína ferro-enxofre com um grupo 2Fe-2S. O citocromo $b_6 f$ também contém outros grupos prostéticos: uma molécula de clorofila e um β-caroteno. Essas moléculas parecem não participar da transferência de elétrons, mas podem participar da regulação da atividade do citocromo $b_6 f$ mediante o controle da quantidade de luz disponível.

Nos cloroplastos, o aceptor final de elétrons é a *plastocianina* (PC), pequena proteína que contém íon cobre e a forma oxidada da P700. A plastocianina funciona como transportador de elétrons pelo ciclo entre os estados de oxidação Cu^+ e Cu^{2+}. A platocianina, proteína periférica de membrana, capta elétrons na superfície luminal do citocromo $b_6 f$ e os entrega a outra proteína integral de membrana, o fotossistema I.

O resultado líquido do ciclo citocromo $b_6 f$ é que, para cada dois elétrons provenientes do fotossistema II, quatro prótons são liberados para o lúmen tilacoide. *A oxidação de 2 H_2O com a produção de O_2 promove a geração pelo complexo citocromo $b_6 f$ de oito prótons no lúmen* (Figura 22.6). O gradiente de prótons gerado pelo transporte de elétrons via citocromo $b_6 f$ gera parte da energia livre para a síntese de ATP nos cloroplastos.

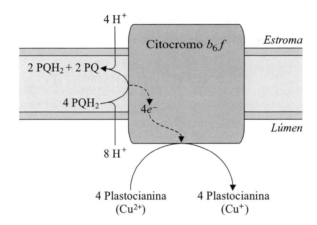

Figura 22.6 • **Função do citocromo $b_6 f$.** Quatro elétrons são liberados pelo complexo produtor de oxigênio do fotossistema II.

D. Segunda foto-oxidação no fotossistema I

O fotossistema I é constituído de um complexo proteico que contém múltiplas moléculas de pigmentos. O fotossistema I nas cianobactérias *Synechococcus* é um trímero simétrico com 31 hélices transmembrânicas. Noventa e seis moléculas de clorofila e 22 carotenoides operam como formadores do complexo de captação de luz do fotossistema I.

No núcleo de cada monômero, um ou dois pares de moléculas de clorofila constituem o grupo fotorreativo conhecido como *P700*. A luz converge das antenas de clorofilas para a P700. A P700* libera um elétron para atingir o estado de baixa energia, P700$^+$. A P700$^+$ capta um elétron da plastocianina para voltar ao estado fundamental P700 e ser novamente excitada.

A P700 não é um bom agente redutor (potencial de redução ao redor de +0,45 V). Entretanto, a P700 excitada (P700*) tem um valor extremamente baixo de $E^{o'}$ (ao redor de −1,3 V), de tal modo que os elétrons fluem espontaneamente da P700* para outros grupos redox do fotossistema I. Esses grupos incluem quatro moléculas de clorofila adicionais, quinonas e *clusters* ferro-enxofre do tipo 4Fe-4S. No fotossistema I, os grupos redox sofrem oxidação e redução.

Cada elétron liberado pela P700 foto-oxidada, eventualmente, atinge a ferredoxina, pequena proteína periférica no estroma da membrana tilacoide. A ferredoxina sofre redução pelo 2Fe-2S. A ferredoxina reduzida participa em duas vias de transporte de elétrons no cloroplasto: fluxo não cíclico e fluxo cíclico.

No *fluxo não cíclico*, a ferredoxina serve como substrato para a *ferredoxina-NADP⁺ redutase*. Essa enzima do estroma emprega dois elétrons (de duas moléculas de ferredoxina) para reduzir o NADP⁺ a NADPH (Figura 22.7). *O resultado líquido do fluxo não cíclico é a transferência de elétrons da água para o fotossistema II, citocromo $b_6 f$, fotossistema I e, então, para NADP⁺.* O fotossistema I não contribui para o gradiente de prótons através da membrana, exceto pelo uso de prótons do estroma na redução de NADP⁺ a NADPH.

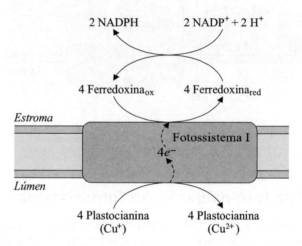

Figura 22.7 • Fluxo não cíclico do fotossistema I. Elétrons doados pela plastocianina são transferidos para a ferredoxina e usados para reduzir o NADP⁺. A estequiometria reflete os quatro elétrons liberados pela oxidação de 2 H₂O no fotossistema II. Portanto, 2 NADPH são produzidos para cada molécula de O₂.

Quando os grupos prostéticos são arranjados pelos potenciais de redução, formam um diagrama conhecido como *esquema Z* da fotossíntese (Figura 22.8). A característica em zigue-zague do esquema Z reflete os dois eventos de foto-oxidação, que marcadamente diminuem os potenciais de redução de P680 e P700. Note-se que a absorção de oito fótons (quatros para os fotossistemas II e I) produz uma molécula de O₂, duas de NADPH e três de ATP.

No *fluxo cíclico*, os elétrons do fotossistema I não reduzem o NADP⁺, mas retornam ao complexo citocromo $b_6 f$. Os elétrons são transferidos para a plastocianina e fluem de volta para o fotossistema I para reduzir a P700* foto-oxidada. Enquanto isso, as moléculas de plastoquinol circulam entre os dois locais ligadas à quinona do citocromo $b_6 f$, de tal modo que os prótons são translocados do estroma para o lúmen. O fluxo cíclico necessita de energia luminosa no fotossistema I, mas não no fotossistema II. Durante o fluxo cíclico, a energia livre não é recuperada na forma de NADPH, mas usada para gerar gradiente transmembrânico de prótons pela atividade do complexo citocromo $b_6 f$ (Figura 22.9).

FOTOSSÍNTESE

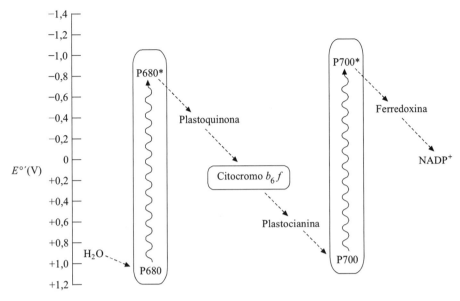

Figura 22.8 • Esquema Z da fotossíntese. Os potenciais de redução dos principais componentes são mostrados (os grupos redox individuais no fotossistema II; citocromo $b_6 f$ e o fotossistema I não são mostrados). A excitação de P680 e P700 assegura que os elétrons fluam na via termodinamicamente favorável para grupos com aumento do potencial de redução.

Consequentemente, o fluxo cíclico de elétrons gera ATP por quimiosmose sem a formação simultânea de NADPH. Pela variação da proporção de elétrons que seguem os fluxos não cíclicos e os cíclicos através do fotossistema I, a célula fotossintética pode variar as proporções de ATP e de NADPH produzidas pelas reações de luz.

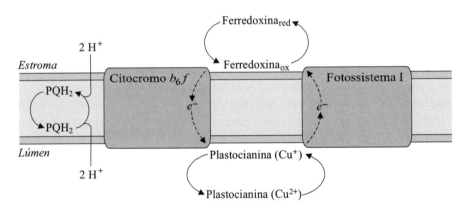

Figura 22.9 • Fluxo cíclico. Os elétrons circulam entre o fotossistema I e o complexo citocromo $b_6 f$. Não é produzido nem NADPH nem O_2, mas a atividade do citocromo $b_6 f$ gera um gradiente transmembrânico de prótons que permite a síntese de ATP.

E. Fotofosforilação: síntese de ATP

Os cloroplastos e a mitocôndria usam essencialmente o mesmo mecanismo para sintetizar ATP: acoplam a dissipação de um gradiente de prótons à fosforilação do ADP. Nos organismos fotossintéticos, o processo é denominado *fotofosforilação*. A ATP sintase do cloroplasto é homóloga à ATP sintase mitocondrial e bacteriana. O complexo CF_1CF_0 ("C" indica cloroplasto) consiste em proteína hidrofóbica transmembrânica (CF_0) mecanicamente ligada à membrana tilacoide e a CF_1, o local de síntese de ATP. O gradiente de prótons transmembrânico criado pelo transporte de elétrons dentro de cada fotossistema e entre os dois impulsiona a síntese de ATP nos cloroplastos. *O movimento de prótons do lúmen tilacoide para o estroma fornece a energia livre que impulsiona a síntese de ATP.*

Como na mitocôndria, o gradiente de prótons tem componentes químicos e elétricos. Nos cloroplastos, o gradiente de pH (cerca de 3,5 unidades de pH) é maior que na mitocôndria (ao redor de 0,75 unidade). O motivo dessa diferença é que a membrana tilacoide é permeável a íons Mg^{2+} e Cl^-. A transferência de prótons é acompanhada pela transferência de Cl^- no mesmo sentido e de Mg^{2+} no sentido oposto.

Assumindo um fluxo linear de elétrons, oito fótons são absorvidos (quatro pelo fotossistema II e quatro pelo fotossistema I) para gerar quatro prótons no lúmen pelo complexo produtor de oxigênio e oito prótons pelo citocromo $b_6 f$. Teoricamente, os 12 prótons impulsionam a síntese de três ATP (Figura 22.10).

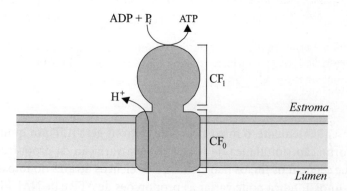

Figura 22.10 ● Fotofosforilação. Os prótons fluem pelo componente CF_0 da ATP sintase do cloroplasto; o componente CF_1 conduz à síntese de ATP.

22.3 REAÇÕES DE FIXAÇÃO DO CARBONO

O ATP e o NADPH são produtos das reações de luz na membrana tilacoide (ou membrana plasmática nas bactérias) e são parte da fotossíntese. A utilização dos produtos das reações de luz da fotossíntese ocorre nos processos de fixação do carbono, algumas vezes erroneamente chamados *reações de escuro*. As reações de fixação do carbono, que ocorrem no estroma do cloroplasto, fixam o dióxido de carbono atmosférico a moléculas orgânicas biologicamente úteis.

A. A enzima rubisco catalisa a fixação de CO_2

O dióxido de carbono é incorporado pela ação da *ribulose-1,5-bisfosfato carboxilase/oxigenase* (geralmente denominada *rubisco*). A enzima catalisa a adição do CO_2 ao açúcar com cinco carbonos, *ribulose-1,5-bisfosfato*, e a clivagem do produto com seis carbonos para formar duas moléculas de 3-fosfoglicerato. A reação não necessita de ATP ou de NADPH; no entanto, a conversão de 3-fosfoglicerato em gliceraldeído-3-fosfato (passo seguinte) utiliza tanto o ATP como o NADPH (Figura 22.11).

Os compostos com três carbonos são os precursores biossintéticos dos monossacarídeos, aminoácidos e, indiretamente, nucleotídeos. Também dão origem às unidades acetil de dois carbonos usadas na produção de ácidos graxos.

A enzima rubisco atua, direta ou indiretamente, na manutenção da maior parte da biomassa da Terra. Metade do conteúdo proteico dos cloroplastos é formada pela enzima rubisco. Constitui o mais abundante catalisador biológico. Um dos motivos da alta concentração é sua pouca eficiência como enzima, por catalisar a fixação de somente três CO_2 por segundo.

FOTOSSÍNTESE

A *rubisco* não é uma enzima altamente específica: também catalisa uma reação improdutiva de *oxigenase* por reagir com o O_2. Os produtos da reação da *oxigenase* são: uma molécula com três carbonos e uma com dois carbonos:

$$\text{Ribulose-1,5-bisfosfato} + O_2 \xrightarrow{\text{Rubisco}} \text{2-fosfoglicolato} + \text{3-fosfoglicerato}$$

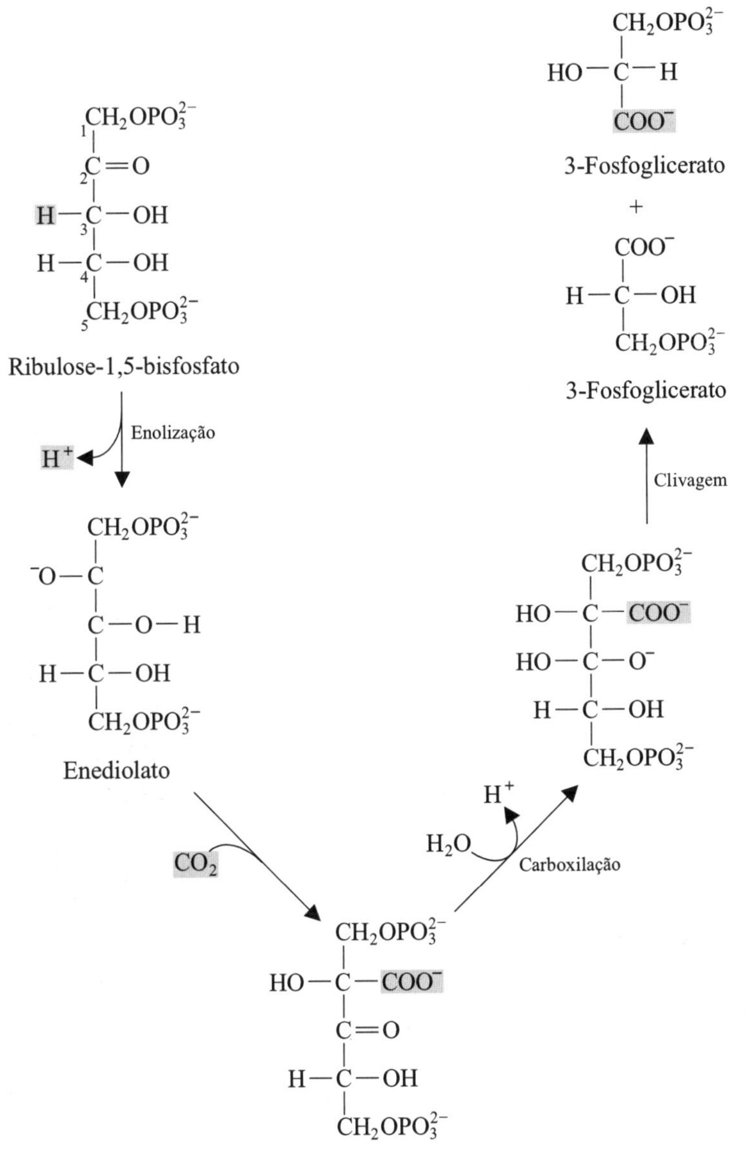

Figura 22.11 ● **Reação de carboxilação pela rubisco.**

O 2-fosfoglicolato, produto da oxigenação pela *rubisco*, é subsequentemente metabolizado por uma via que consome ATP e NADPH e produz CO_2 (reação improdutiva). O processo é chamado *fotorrespiração* porque consome O_2 e libera CO_2 e, portanto, elimina parte da energia livre de fótons captados. Aparentemente, a fotorrespiração proporciona um mecanismo para as plantas dissiparem o excesso de energia livre quando o suprimento de CO_2 é insuficiente para a fixação de carbono. A fotorrespiração é um processo sem a produção de ATP ou NADPH. Algumas plantas também envolvem a *via C_4*, que acelera a fotossíntese por concentrar CO_2, minimizando, assim, a fotorrespiração.

22.4 CICLO DE CALVIN

Melvin Calvin e cols. elucidaram a rota metabólica na qual a ribulose-5-fosfato incorpora o CO_2 e é convertida em precursores carboidratos de três carbonos com a posterior regeneração da ribulose-5-fosfato. O ciclo de Calvin inicia com um açúcar monofosfato, a ribulose-5-fosfato, que é fosforilada em reação ATP-dependente:

Ribulose-5-fosfato   Ribulose-1,5-bisfosfato

O bisfosfato é substrato para a enzima *rubisco* (ver anteriormente):

Ribulose-1,5-bisfosfato   2-Fosfoglicolato

3-Fosfoglicerato

Cada 3-fosfoglicerato formado é fosforilado:

3-Fosfoglicerato   1,3-Bisfosfoglicerato

A seguir, o bisfosfoglicerato é reduzido pela enzima do cloroplasto a *gliceraldeído-3-fosfato desidrogenase*, que emprega o NADPH como cofator.

1,3-Bisfosfoglicerato   Gliceraldeído-3-fosfato

FOTOSSÍNTESE

Parte do gliceraldeído-3-fosfato é canalizada para outros destinos, como a síntese de glicose ou aminoácidos. O restante sofre uma série de reações de iso-merizações e transferência de grupos que regeneram a ribulose-5-fosfato. Es-sas reações de interconversão são similares à da via pentose-fosfato. De modo simplificado, as reações são:

$$C_3 + C_3 \rightarrow C_6 \qquad \text{Aldolase}$$
$$C_3 + C_6 \rightarrow C_4 + C_5 \qquad \text{Trancetolase}$$
$$C_3 + C_4 \rightarrow C_7 \qquad \text{Aldolase}$$
$$C_3 + C_7 \rightarrow C_5 + C_5 \qquad \text{Transcetolase}$$

O processo líquido é, portanto,

$$5\, C_3 \rightarrow 3\, C_5$$

Consequentemente, se o ciclo de Calvin inicia com três moléculas de ri-bulose de cinco carbonos, então três moléculas de CO_2 são fixadas. Os produ-tos são seis moléculas de gliceraldeído-3-fosfato com três carbonos, cinco das quais são recicladas para formar três moléculas de ribulose, deixando a sexta como produto líquido.

A reação total do ciclo de Calvin, incluindo o ATP e o NADPH, é:

$$3\, CO_2 + 9\, ATP + 6\, NADPH \rightarrow \text{Gliceraldeído-3-fosfato} + 9\, ADP + 8\, P_i + 6\, NADP^+$$

A fixação de um CO_2, portanto, necessita de 3 ATP e de 2 NADPH – apro-ximadamente a mesma quantidade de ATP e de NADPH produzida pela ab-sorção de oito fótons. O número exato de carbonos fixados por fóton absor-vido depende de fatores como o número de prótons translocados por ATP sintetizado pela CF_1CF_0-ATP sintase e da relação do fluxo cíclico e não cíclico de elétrons no fotossistema I.

22.5 REGULAÇÃO DA FIXAÇÃO DE CARBONO

As plantas coordenam a disponibilidade de luz com a fixação de carbono. À noite, quando os fotossistemas estão inativos, a planta desliga as *reações de escuro* para conservar ATP e NADPH, enquanto liga as rotas que regeneram os cofatores, como glicólise e via pentose-fosfato. As *reações de escuro* não ocor-rem no escuro.

Todos os mecanismos de regulação do ciclo de Calvin estão direta ou in-diretamente associados à disponibilidade de energia luminosa. Alguns dos mecanismos são destacados aqui. Por exemplo, o íon Mg^{2+} no sítio ativo da rubisco é coordenado em parte pela cadeia lateral do resíduo lisina produzido pela reação do CO_2 com o grupo ε-amino:

$$-(CH_2)_4-NH_2 + CO_2 \leftrightarrows -(CH_2)_4-NH-COO^- + H^+$$

Pela formação do Mg^{2+} ligado ao sítio, a molécula CO_2 *ativada* promove a capacidade de a rubisco fixar moléculas de CO_2 adicionais. A reação de car-boxilação é favorecida por pH elevado, sinal de que as reações de luz estão em atividade (influxo de prótons do estroma) e de que o ATP e o NADPH estão disponíveis para o ciclo de Calvin.

Os íons magnésio também ativam diretamente a rubisco e outras enzimas do ciclo de Calvin. Durante as reações de luz, o aumento do pH no estroma desencadeia o fluxo de íons Mg^{2+} do lúmen para o estroma (esse movimento do íon ajuda a equilibrar a carga de prótons que são translocados na direção oposta). Algumas das enzimas do ciclo de Calvin são também ativadas quando a ferredoxina reduzida e o NADPH estão presentes. A proteína *tiorredoxina* exerce um papel importante na regulação do ciclo de Calvin por receber prótons da ferrodoxina reduzida que coordena as atividades das reações de luz e no escuro. A tiorredoxina transfere elétrons para as enzimas componentes contendo ligações dissulfeto reguladoras, ativando-as.

22.6 SÍNTESE DE CARBOIDRATOS

Muitos dos açúcares com três carbonos produzidos no ciclo de Calvin são convertidos em sacarose ou amido. O amido é sintetizado no estroma do cloroplasto como depósito temporário de glicose. Além disso, é também sintetizado como molécula de armazenamento de longo prazo em outros locais das plantas, incluindo folhas, sementes e raízes. No primeiro estágio da síntese do amido, duas moléculas de gliceraldeído-3-fosfato são convertidas em glicose-6-fosfato por reações análogas às da gliconeogênese nos mamíferos. A fosfoglicomutase catalisa a reação de isomerização para produzir glicose-1-fosfato. A seguir, o açúcar é *ativado* pelo ATP para formar ADP-glicose:

$$\text{Glicose-1-fosfato} + \text{ATP} \leftrightarrows \text{ADP-glicose} + \text{PP}_i$$

A amido sintase transfere o resíduo de glicose para o terminal de um polímero de amido, formando uma nova ligação glicosídica:

$$\text{ADP-glicose} + (\text{amido})n \text{ glicoses} \xrightarrow{\text{Amido sintase}} (\text{amido})n + 1 \text{ glicoses} + \text{ADP}$$

A reação total é impulsionada pela hidrólise exergônica do PP_i liberado na reação de formação de ADP-glicose. Assim, uma ligação fosfoanidrido é consumida na adição de resíduo de glicose para o alongamento da molécula de amido.

A sacarose, dissacarídeo de glicose e frutose, é sintetizada no citosol. O gliceraldeído-3-fosfato, ou seu isômero, a di-idroxiacetona-fosfato, é transportado para fora do cloroplasto por uma proteína específica (antiporte) que troca fosfato (P_i) por triose fosfato. Dois desses açúcares se combinam para formar frutose-6-fosfato e dois outros se combinam para formar glicose-1-fosfato, que é subsequentemente ativada pela UTP. A seguir, a frutose-6-fosfato reage com a UDP-glicose para formar sacarose.

A sacarose pode então ser exportada para outros tecidos da planta.

A celulose, o outro importante polissacarídeo de plantas, é também sintetizada a partir da UDP-glicose. De modo diferente do amido em plantas ou do glicogênio em mamíferos, a celulose é sintetizada por complexos enzimáticos na membrana plasmática de plantas e transferida para o espaço extracelular.

FOTOSSÍNTESE

UDP-glicose + Frutose-6-fosfato

Sacarose-6-fosfato

Sacarose

RESUMO

1. Fotossíntese ocorre em cloroplastos das células das plantas. A parte dependente da luz consiste na quebra da água para gerar NADPH. O NADPH é usado para a síntese redutora de carboidratos a partir de CO_2 e água.

2. Clorofila é um pigmento verde, que recebe a energia luminosa. Está presente na membrana de organelas chamadas tilacoides. Quando ativadas por fótons, as moléculas de clorofila induzem a transferência para dois fotossistemas (PSI e PSII). Os elétrons são finalmente usados para reduzir $NADP^+$. A perda de elétrons pela clorofila torna-a um poderoso agente oxidante capaz de aceitar elétrons da água.

3. Durante a passagem de elétrons de um fotossistema para outro, é gerado ATP pelo mecanismo quimiosmótico. Assim, tanto NADPH como ATP são produzidos e usados para a síntese de carboidratos pelo ciclo de Calvin. A reação-chave dessa via é catalisada pela ribulose-1,5-bisfosfato carboxilase/oxigenase (rubisco), que gera 3-fosfoglicerato, a partir do qual a síntese de carboidratos procede pela reversão das reações glicolíticas empregando o NADPH como redutor.

4. Rubisco atua menos eficientemente em níveis baixos de CO_2 porque também reage aparentemente com oxigênio em processo conhecido como fotorrespiração. Oxigênio e CO_2 competem pela rubisco e, em altas temperaturas, a fotorrespiração é maximizada.

BIBLIOGRAFIA

Berg JM, Tymoczko JL, Stryer L. Bioquímica. 6. ed. Rio de Janeiro: Guanabara-Koogan, 2008:545-94.

Elliott WH, Elliott D. Biochemistry and molecular biology. New York: Oxford, 2009:272-81.

Nelson DL, Cox MM. Lehninger: princípios de bioquímica. 3. ed. São Paulo: Sarvier, 2002:540-62.

Pratt CW, Cornely K. Essential biochemistry. Danvers: John Wiley, 2004:398-423.

Voet D, Voet JG, Pratt CW. Fundamentos de bioquímica. Porto Alegre: Artmed, 2000:353-81.

Índice Remissivo

A

ABC, transportadores, 311
Absorção, 145
- ácidos biliares, 158
- aminoácidos e pequenos peptídeos, 149
- carboidratos, 150
- cobre, 160
- colesterol, regulação, 315
- funções, 145
- íons zinco, 160
- lipídeos, 157
- micronutrientes, 160
- monossacarídeos pelo intestino, 152
- órgãos que contribuem, 145
- - boca, 145
- - estômago, 146
- - fígado/vesícula biliar, 146
- - intestino
- - - delgado, 146
- - - grosso, 146
- - pâncreas, 146
- proteínas, 147
- regulação, 161
- vitaminas lipossolúveis, 160
Aceptor de elétrons, 231
Acetaldeído, metabolismo, 387
Acetato derivado do etanol, destino metabólico, 387
Acetil-CoA
- acetiltransferase, 263
- carboxilase, regulação, 274
- condensação com o oxaloacetato, 219
- destinos metabólicos, 218
- formação, 176, 259, 264
- oxidação do piruvato, 217
Acetilcolinesterase
- constantes de especificidade, 87
Acetilsalicílico, 301
Acetoacetato, 263
- formação, 264
Acetoacetil-CoA, produção, 263
Acetona, 263

Ácido(s), 25
- acético
- - constante de dissociação, 26
- - curva de titulação, 30
- - PK, 26
- acetilsalicílico, asma induzida, 302
- ascórbico, ver Vitamina C
- aspártico
- - abreviatura, 37
- - pK, 37
- base conjugado, 26
- biliares
- - absorção, 158
- - funções, 318
- - síntese, 16, 315
- - - regulação, 319
- carbônico
- - constante de dissociação, 26
- - pK, 26
- cítrico, ciclo, 165, 215-227
- conjugado, 26
- constantes dissociação, 26
- esfingomielinase, 293
- força, 27
- fortes, 27-30
- fosfatídico, síntese, 276
- fosfórico
- - constantes de dissociação, 26
- - curva de titulação, 30
- - pK, 26
- fracos com mais de um grupo ionizável, 30
- glicocólico, 153, 317
- glutâmico
- - abreviatura, 37
- - pK, 37
- graxos, 6, 121
- - alongamento da cadeia, 272
- - ativação, 256
- - - transporte para a matriz mitocondrial, 257
- - biossíntese, 266
- - - fontes de NADPH, 271
- - - regulação, 262

- - definição, 133
- - essenciais, 266
- - - modificação, 274
- - estrutura, 123
- - metabolismo, 253-284
- - mobilização, 254
- - modificações, 272
- - monoinsaturados, 121
- - oxidação, 256
- - - cadeia ímpar, oxidação, 261
- - - cadeia média, oxidação, 261
- - - insaturados, oxidação, 260
- - - peroxissomos, 259
- - - produção de energia, 260
- - - reações da beta-oxidação, 258
- - - vias secundárias, 262
- - poli-insaturados, 121
- - regulação da oxidação mitocondrial, 262
- - saturados, 121
- - - rendimento energético, 260
- - sintase, 268
- - síntese, 14
- - - regulação, 274
- hialurônico, 117
- hidroxieicosatetraenoicos (5-HETE), 298
- indolacético, 34
- láctico
- - constante de dissociação, 26
- - pK, 26
- lipoico, reação, 71
- N-acetilneuramínico, 107
- nucleicos, 7
- palmítico, síntese a partir de acetil-CoA, 267
- pirúvico
- - constantes de dissociação, 26
- - pK, 26
- quenodesoxicólico, 318
- taurocólico, 153, 317
- úrico, catabolismo, 368
- urônicos, 107

449

- γ-aminobutírico (GABA), 34, 354
- γ-carboxiglutâmico, 34
Acidose metabólica, 335
Acil-CoA
- desidrogenase, 261
- - cadeia média (MCAD), 262
- oxidação, 258
Acilcarnitina, 257
- translocase, 257
Aconitase, 221
Acoplamento, 142
Actinomicina, 33
Açúcar(es), 6
- não redutores, 106
- redutores, 106
Adenosina
- deaminase, velocidade de reação, 68
- monofosfato, 366
- trifosfato (ATP), 7, 8, 140
- - estrutura, 140
- - gerados via cadeia mitocondrial de elétrons, 232
- - hidrólise, 141
- - síntese, 240
- - - desacopladores da transferência de elétrons e termogênese, 244
- - - inibidores da transferência de elétrons, 244
- - - modelo quimiosmótico, 240
- - - número de ATP gerado via cadeia mitocondrial transpotadora de elétrons, 242
- - - regulação da transferência de elétrons e fosforilação oxidativa, 243
- - - transporte ativo de ATP, ADP e Pi, através da membrana mitocondrial, 242
- - transportadoras com cassete de ligação, 155
Adipocinas, 163
Adipócito
- lipase, 282
- triacilglicerol lipase (ATGL), 282
Adipocitocinas, 163
- regulação do metabolismo, 384
Adiponectina, 162, 384
Adpsina, 384
Adrenalina, 254, 355
- regulação do metabolismo, 384
Agregado de proteoglicano da cartilagem, 118
Agregam, 117
Água, 2, 19-32
- ácidos e bases, 25
- escala de pH, 24
- estrutura, 19
- interações não covalentes, 20
- ionização, 23
- moléculas anfifílicas, 22
- osmolalidade e movimento, 22

- produto iônico, 24
- propriedades solventes, 21
- tampões e tamponamentos, 28
Alanina, 35, 208, 337, 345
- abreviatura, 37
- aminotransferase, 331
- curva de titulação, 37
- pK, 37
- transferases, 327
Albinismo, 348
Albumina, 255
Aldeído desidrogenase (ALDH), 387
Aldolase, 168, 172
Aldopentoses, 103
Aldoses, 101
Aldosterona, síntese, 320
Aldotetroses, 103
Alfa-amilase
- pancreática, 150
- salivar, 150
Alfa-amino, transformação em íons amônio, 328
Alfa-aminoácidos, 33
- monoamino-monocarboxílicos, 33
Alfa-cetoglutarato
- descarboxilação, 222
- oxidação, 222
Alfa-D-galactosamina, 107
Alfa-D-glicosamina, 107
Alfa-D-glicuronato, 107
Alfa-hélice, 42
Alfa-tocoferol, 72
Alimento, efeito termogênico, 143
Alisina, 55
Alopecia, 123
Alostérico, sítio, 68
Alta energia
- compostos, 140
- ligações, 140
- reservatório de ligações de fosfato, 248
- troca de ligações entre nucleotídeos, 247
Amido, 109
Amilases, 69
Amilina, 163
Amilopectina, 110
- ligações glicosídicas, 111
- peso molecular, 111
- pontos de ramificação, 111
- tipo de polímero, 111
- unidades monoméricas, 111
Amilose, 110
- ligações glicosídicas, 111
- peso molecular, 111
- tipo de polímero, 111
- unidades monoméricas, 111
Amino-transferases, 327
Aminoácidos, 5, 33-42
- absorção, 149

- ácidos, 35
- apolares, 35
- básicos, 35
- biologicamente ativos, 34
- esqueletos carbonados, catabolismo, 343
- - alanina, 345
- - arginina, 346
- - aspartato, 345
- - cisteína, 345
- - fenilalanina, 347
- - glutamato, 345
- - histidina, 346
- - isoleucina, 347
- - leucina, 347
- - lisina, 347
- - metionina, 347
- - prolina, 346
- - serina, 345
- - tirosina, 347
- - treonina, 346
- - triptofano, 349
- - valina, 347
- cetoácidos derivados, 209
- desaminação, 328
- essenciais, 336
- fontes, 325
- grupo alfa-amino, remoção por transaminação, 327
- metabolismo, 149, 326-361
- - biossíntese da ureia, 331
- - fixação do nitrogênio, 358
- - função anormal das vias do metabolismo do nitrogênio, 335
- - transporte de amônia para o fígado e rins, 330
- - unidades com um carbono, 350
- moléculas derivadas, 353
- - glutationa, 41, 356
- - neurotransmissores, 353
- - - ácido γ-aminobutírico (GABA), 354
- - - catecolaminas, 348, 354
- - - glicina, 34, 317, 339, 353
- - - glutamato, 35, 150, 337, 345
- - - histamina, 355
- - - óxido nítrico, 356
- - - serotonia, 34, 355
- não essenciais, 336
- nutricionalmente
- - essenciais, 340
- - não essenciais, 337
- oxidases, 328
- peptídeos, 41
- polares sem carga, 35
- pouco comuns em proteínas, 34
- primários, 35
- reação química, 39
- - ligação peptídica, 39
- - oxidação da cisteína, 40

ÍNDICE REMISSIVO

451

- remoção de nitrogênio, 326
- - grupo alfa-amino por transaminação, 327
- titulação, 34
- - diamino-monocarboxílico, 38
- - monoamino-dicarboxílico, 36
- - monoamino-monocarboxílico, 36
Aminoaçúcares, 107
Aminoglicanos, 112
Aminopeptidases, 149
Aminoterminal(N-terminal), 40
Aminotransferases, 327
Amônia, incorporação para formar glutamina, 330
Anaplerose, 226
Androgênios, síntese, 320
Anemia
- falciforme, 62
- hemolítica por deficiência de glicose-6-fosfato desidrogenase, 185
Anabolismo, 11
Anidrase, 70
-carbônica, 70
- - constante de especificidade, 87
- - constantes catalíticas, 87
- - valor do Km, 86
- - velocidade de reação, 68
Anidrido fosfórico, 140
Anômeras, 105
Anti-inflamatórios não esteroides (AINE), 90, 301
Antimetabólitos, 92
Antiporte, 404
Apetite, hormônios que controlam, 162
- adiponectina, 162
- amilina, 163
- colecistonina, 162
- grelina, 162
- insulina, 163
- leptina, 162
- PYY-3-36, 162
Aplicações clínicas das enzimas, 80
Apo-B100, 310
Apoenzima, 71
Apoproteína C2, 159
Apoptose, 95
Aquaporinas, 399
Araquidonato, regulação da mobilização, 300
Arginase, 333
Arginina, 34, 35, 150, 338, 346
- abreviatura, 37
- pK, 37
- vasopressina, 41
Arginina-tRNA-sintetase
- valor do Km, 86
Argininossuccinato sintetase, 333
Arginosuccinase, 333
Armazenamento de combustível, 15

Asma induzida por ácido acetilsalicílico, 302
Asparagina, 35, 337
- abreviatura, 37
- pK, 37
Aspartato, 35, 150, 337, 345
Atividade enzimática
- disponibilidade de precursores, 97
- efetores alostéricos, 95
- fatores de influência, 76
- isoenzimas, 98
- carga energética da célula, 97
- cooperatividade, 97
- inibição pelo produto final da via, 97
- moléculas que sinalizam, 97
- regulação, 92
- - controle genético, 93
- - modificação covalente, 93
Atividade física, energia gasta, 143
Átomos de carbono do colesterol, 303
Atorvastatina, 314
ATP, ver Adenosina trifosfato
Autoativação, 76
Autoionização, 25

B

Balsas lipídicas, 127
Bases, 25
Beta-fosfoserina, 34
Beta-galactotidase
- valor do Km, 86
Beta-hidroxibutirato, 263
- desidrogenase dependente de NAD+, 264
Beta-L-fucose, 108
Beta-L-iduronato, 107
Beta-lactamase, constante de especificidade, 87
Beta-oxidação mitocondrial, reações, 258
Bicamadas lipídicas, 393
Bile, 318
Bilirrubina, 357
Biliverdina, 357
Bimolecular, 84
Bioenergética, 135-144
- compostos de alta energia, 140
- metabolismo, 136
- termodinâmica, 136
Biomoléculas, 2
- atividades potenciais, 1
- estrutura tridmensional, 4
- estrutura, 1
- funções, 28
- grupos funcionais, 3
- organização, 1
- principais classes, 4
- - ácido graxos e lipídeos, 6
- - açúcares e carboidratos, 6

- - aminoácidos e proteinas, 5
- - nucleotídeos e ácidos nucleicos, 7
- - - DNA, 7, 8
- - - RNA, 7, 8
Bioquímica, 1-17
- biomoléculas, 2
- energia da vida, 9
- vias metabólicas, 11
Biossíntese
- ácidos graxos, 266
- alanina, 337
- arginina, 338, 346
- asparagina, 338
- aspartato, 338
- cisteína, 339
- fenilalanina, 337, 347
- glicina, 339
- grupo prostético heme, 356
- glutamato, 356, 360
- glutamina, 361
- histidina, 328, 342, 346
- leucina, 347
- lisina, 347
- metionina, 347
- nucleotídeos, 365
- prolina, 346
- serina, 338
- tirosina, 347
- treonina, 341
- triptofano, 341
- ureia, 16, 331
- valina, 347
Bioticina
- fonte vitamínica, 71
- reação, 71
1,3-bisfosfoglicerato, 168, 173
2,3-bisfosfoglicerato, 61
Boca, 145
Bohr, 62
Borracha natural, 130
Bradicinina, 42

C

Cadeia(s)
- mitocondrial trasportadora de elétrons, 12, 141, 215, 232
- - complexo I-IV, 233-240
- - energia livre da transferência de elétrons do NADH para o O2, 232
- - número de ATP, 242
- peptídicas, 53
Caderinas, 57
Calvin, ciclo, 444
Canais iônicos, 399
Canalização, 342
Câncer, 302
Captação de glicose pelas células, 166
Carbamoil-fosfato sintetase I e II, 331-334

Carboidratos, 6, 101-119
- absorção, 150
- digestão, 150
- dissacarídeos, 108
- glicoconjugados, 115
- monossacarídeos, 101
- oligossacarídeos, 108
- polissacarídeos, 109
- síntese, 446
Carbono
- anomérico, 105
- fixação, regulação, 445
Carbóxi-terminal(C-terminal), 40
Carboxipeptidases, 149
Carga energética, 97
Carnitina, 257
- acilcarnitina translocase, 257
- aciltransferase I e II, 257, 262
Carotenoides, 129
Catabolismo, 13
- aminoácidos, 14
- - esqueletos carbonados, 343
- - - alanina, 345
- - - arginina, 346
- - - aspartato, 345
- - - cisteína, 345
- - - fenilalanina, 347
- - - glutamato, 345
- - - histidina, 346
- - - isoleucina, 347
- - - leucina, 347
- - - lisina, 347
- - - metionina, 347
- - - prolina, 346
- - - serina, 345
- - - tirosina, 347
- - - treonina, 346
- - - triptofano, 349
- - - valina, 347
- heme, 16
- nucleotídeos, 365
- - pirimidinas, 373
- purinas, 368
Catalase, 250
Catálise
- ácido-básica geral, 75
- covalente, 75
- mecanismo básico, 74
Catecolaminas, 348, 354
Cefalina, 125
Celecoxib, 301
Células
- captação de glicose, 166
- elementos encontrados, 2
- epiteliais
- - endócrinas, 161
- - proteção pelo muco, 146
- fagocíticas, 184
- celulose, 111

Celulose, 110
Centros quirais, 4
Ceramidas, 126, 293
Ceras, 124
Cérebro, marcadores plasmáticos
    utilizado no diagnóstico, 80
Cerivastatina, 314
Ceruloplasmina, 116
Cetoácidos derivado de
    aminoácidos, 209
Cetoacidose, 265
3-cetoesfingamina sintase, 291
Cetoesteroide-isomerase
- constante catalíticas, 87
Cetogênese, 263
Cetohexoses, 104
Cetonemia, 265
Cetonúria, 265
Cetopentoses, 104
Cetoses, 101
Cetotetrose, 104
Cetotriose, 104
Chaperoninas, 49
Choque térmico, 48
Citrato, 178
Ciclização
- D-glicose, 105
- frutose, 106
- monossacarídeos, 104
- ribose, 106
Ciclo
- ácido cítrico, 165, 215-227
- - descoberta, 227
- - energia, 224
- - funções, 215
- - intermediários, 225
- - oxidação do piruvato a acetil-Coa e
    Co2, 217
- - reações, 219
- - - anapleróticas, 225
- - regulação, 224
- Calvin, 444
- carbono, 10
- cori, 176, 207
- - dissipação de energia, 207
- - gasto de energia, 207
- - glicose-alanina, 331
- - glioxilato, 226
- Krebs, ver Ciclo do ácido cítrico
- purina nucleotídeo, 326, 369
- ureia, 331
- - reações, 331
- - regulação, 334
Ciclofilina, constante catalíticas, 87
Cinética
- ordem zero, 84
- primeira ordem, 84
- segunda ordem, 84
- sigmoide, 95
11-cis-retinal, 72

Cirrose hepática, 351
Cistationina beta
- liase, 339
- sintetase, 339
Cisteína, 35, 339, 345
- abreviatura, 37
- oxidação, 39
- pK, 37
Cistina, pK, 37
Cistinúria, 346
Citidina trifosfato (CTP), 142
Citidina-deaminase, constantes
    catalísticas, 87
Citocromo
- b6f, 438
- c oxidase, 239
Citosol (elétrons), transporte para a
    mitocôndria, 245
Citrato, 267
- liase, 267
Citrulina, 34
Clivagem da frutose-1,6-bisfosfato, 171
Cloreto, 20
Clorofila, 34, 434
Cloroplastos, 433
CO_2, efeito, 63
Cobalamina
- fonte vitamínica, 71
- reação, 71
Cobre, absorção, 160
Coenzimas, 70
Cofatores íons metálicos, 70
Colágenos, 53
- tipos abundantes, 56
Colecalciferol, ver Vitamina D
Colecistocinina, 41, 161
Colecistonina, 162
Colesterol, 7, 130, 302
- absorção, regulação, 315
- aciltransferase, 307, 311
- átomos de carbono, 303
- esterase, 155
- esterificação, 307
- metabolismo, regulação, 313
- regulação, absorção, 315
- síntese, 302
- - ciclização do esqualeno, 306
- - conversão em isopreno, 304
- - formação do esqualeno, 306
- - mevalonato, 304
- - transformação em ácidos biliares, 306
- transporte
- - cérebro, 313
- - tecidos, 307
Colina, 125
Colipase, 154
Complexo
- ácido graxo sintase, reação, 268
- histocompatibilidade principal
    (MHC), 116

ÍNDICE REMISSIVO

- piruvato desidrogenase, 217
- - regulação, 218
- produtor de oxigênio do fotossistema II, 437
Compostos de alta energia, 140
- adenosina trifosfato (ATP), 140
- citidina trifosfato (CTP), 142
- gasto, 143
- guanosina trifosfato (GTP), 142
- reações acopladas, 142
- uridina trifosfato (UTP), 142
Condroitina sulfato, 112
Configuração dos monossacarídeos, 102
Constante de equilíbrio, 138
Constantes
- de especificidade, 87
- dissociação, ácido, 26
- equilíbrio, 23
Conversão
- 3-fosfoglicerato em 2-fosfoglicerato, 173
- piruvato acetil-CoA, 217
Conzima A, reação, 71
Cooperatividade, inzimas, 97
Coração, marcadores plasmáticos
- enzimas utilizadas no diagnóstico e, 80
- utilizados no diagnóstico, 80
Corismato, 341
Corpos cetônicos
- metabolismo 263
- oxidação, 265
- síntese, 263
Cortisol, regulação do metabolismo, 384
Cotransporte, 404
COX1 e 2, 301
Creatina-fosfato, 15, 142
Creatino cinase, 15
Crotonase, contantes de especificidade, 87
Curva de titulação
- ácidos
- - acético, 30
- - aspártico, 38
- - fosfórico, 30
- alanina, 37
- lisina, 39

D

D-aldoses, relação estereoquímicas, 103
D-alose, 103
D-altrose, 103
D-arabinose, 103
Dedos de zinco, 48
D-eritrose, 103
Desnaturação e renaturação, 49
- ácidos e bases fortes, 49
- agentes redutores, 49
- concentração de sais, 49
- estresse mecânico, 49

- íons de metais pesados, 49
- solventes orgânicos e detergentes, 49
- temperatura, 49
D-frutose, 105
D-galactose, 103
D-glicose, 103
- ciclização, 105
D-gulose, 103
Diagnóstico, uso de enzimas, 80
D-idose, 103
Difusão, 167, 208, 229, 242, 245, 248
Digestão/absorção, 145
- ácidos biliares, 158
- aminoácidos e pequenos peptídeos, 149
- carboidratos, 150
- cobre, 160
- colesterol, regulação, 315
- funções, 145
- íons zinco, 160
- lipídeos, 157
- micronutrientes, 160
- monossacarídeos pelo intestino, 152
- órgãos que contribuem, 145
- - boca, 145
- - estômago, 146
- - fígado/vesícula biliar, 146
- - intestino
- - - delgado, 146
- - - grosso, 146
- - pâncreas, 146
- - proteínas, 147
- - regulação, 161
D-lixose, 103
D-manose, 103
D-psicose, 104
D-ribose, 103
D-ribulose, 104
D-sorbose, 104
D-tagatose, 104
D-talose, 103
D-treose, 103
D-xilose, 103
D-xilulose, 104
Dálton, 5
Decanoil-ACP tioestarase, 271
Defeito genético na função das células beta-MOBY2, 167
Defesas celulares, 250
Deficiência(s)
- de alfa1-antitripsina, 79
- hereditária da frutose 1,6-bisfosfatase, 188
- lactase, 151
- ornitina transcarbamoilase, 335
- vitamina A, 390
- vitamínicas, 78
Degração, moléculas orgânicas, 13
Derivados de monossacarídeos, 107
- ácidos urônicos, 107

- aminoaçúcares, 107
- desoxiaçúcares, 108
Dermatana sulfato, 112
Dermatite, 123
Desacopladores da transferência de elétrons, 244
Descarboxilação oxidativa do isocitrato para formar alfa-cetoglutarato, 221
Desidratação do 2-fosfoglicerato a fosfoenolpiruvato, 173
Desidrogenação da L-beta-hidroxiacil-CoA, 259
Desidrogenase, 70
Desmosina, 56
Desnutrina, 282
Desoxiaçúcares, 108
Desoxiribonuclease, 74
Desoxitimidilato, 371
Dextrinase, 150
Di-hidrolipoil
- desidragenase, 217
- transacetilase, 217
Di-hidroxiacetona, 101
- fosfato, 168, 171
Di-hidroxiacetona, 104
Diabete melito, 169
1,25-di-hidroxicolecalciferol
- fonte vitamínica, 71
- reação, 71
- regulação da síntese, 323
Diacilgliceróis, 123
- 3-fosfato, 276
Diastereoisômeros, 103
Dienoil-CoA, 261
Digestão, 14, 145-164
- carboidratos, 150
- enzimas digestivas, 146
- função, 145
- lipídeos, 152, 153
- micronutrientes, 160
- órgãos que contribuem, 145
- - boca, 145
- - estômago, 146
- - fígado/vesícula biliar, 146
- - intestino
- - - delgado, 146
- - - grosso, 146
- - pâncreas, 146
- proteção das células epiteliais pelo muco, 146
- proteínas, 147
- - enzimas que contribuem, 147
- - produção de HCl pelo estômago, 147
- regulação, 161
- vitaminas lipossolúveis, 160
Digitoxina, 130-131
Diméricas, 48
Dipeptídeo, 40

Dissacarídeos, 108
- lactose, 109
- maltose, 108
- sacarose, 108
Dissolução de sais cristalinos, 21
DNA, 7, 8
Doador de elétrons, 231
Doenças
- armazenamento de esfingolipídeos, 129
- celíaca, 160, 164
- Cori(dextrinose limite)
- - características, 201
- - enzima deficiente, 201
- Fanconi-Bickel
- - características, 201
- - enzima de deficiente, 201
- Gaucher
- Hendersen(amilopectinose)
- - características, 201
- - enzima deficiente, 201
- Hers
- - características, 201
- - enzima deficiente, 201
- Krabbe
- - enzima deficiente, 129
- - esfingolipídes acumulado, 129
- McArdle
- - características, 201
- - enzima deficiente, 201
- Niemann-Pick
- - enzima deficiente, 129
- - esfingolipídeo acumulado, 129
- Parkinson, 355
- Pompe
- - características, 201
- - enzima deficiente, 201
- Refsum, 262
- Tarui
- - características, 201
- - enzimas deficientes, 201
- Tay-Sachs
- - enzima deficiente, 129
- - esfingolipídeo acumulado, 129
- vaca louca, 55
- vitamino-dependente, 79
- von Gierke
- - características, 201
- - enzima deficiente, 201
Dopamina, 348

E

Efeito
- Bohr, 62
- termogênico do alimento (ETA), 143
Eicosanoides, 295
- ácidos hidroxieicosatetraenoicos, 298
- atividades, 300
- doenças, 302

- leucotrienos, 298
- lipoxinas, 298
- prostaglandinas, 296
- receptores, 299
- regulação da síntese, 300
- síntese, aumento, 300
- tromboxanos (TX), 298
Elastase, 75
Elastina, 56
Elétrons
- citosol, transporte para a mitocôndria, 245
- NADH, energia livre da transferência para o O2, 232
Enantiômeros, 4
Encefalopatia espongiforme bovina, 55
Endocitose, 405
Endopeptidase, 148
Energia, 135
- ciclo do ácido cítrico, 224
- gasto, 143
- - atividade física (EGAF), 143
- - repouso, 143
- geração, 13
- hidrólise do ATP, 141
- livre, 137
- - Gibbs, 137
- - transferência de elétrons do NADH para o O2, 232
- - variação, 138
- rendimento na oxidação completa de ácidos graxos saturados, 260
- solvatação do anidrido fosfórico, 141
- vida, 9
- - ciclo do carbono, 10
Enoil-CoA hidratase, 258
Enolase, 168
Entalpia, 136
Enterócitos (monossacarídeos)
- metabolismo, 152
- transporte, 151
Enteropatia glúten-induzida, 160
Enteropeptidase, 75, 148
Entropia, 136, 137
Enzima(s), 67-81
- agentes terapêuticos, 74
- antioxidantes, 250
- ativação por proteólise parcial, 94
- atividades
- - fatores que influenciam, 76
- - regulação, 92
- cadeia polipeptídica, 73
- cinética, 83
- classificação, 69
- clínica médica, 80
- coenzimas, 71
- cofatores íons metálicos, 70
- concentração, 77
- constantes
- - catalítica(K), 87
- - especificidade, 87

- controle, 83
- - genético, 93
- cooperatividade, 97
- deficiência(s)
- - alfa1-antitripsina, 79
- - vitaminicas, 78
- desfosforilação, 93
- digestivas, 146
- - proteínas, 147
- doenças vitamino-dependentes, 79
- efeitos
- - pH, 77
- - temperatura, 76
- equação de Michaelis-Menten, 84
- erros hereditários do metabolismo, 79
- especificidade: sítio ativo, 73
- fosforilação, 93
- gráfico de Lineweaver-Burk, 87
- inibição, 83, 88
- - alostérica pelo produto final da vida, 97
- - competitiva, 89
- - incompetitiva, 91
- - não competitiva, 90
- - mista, 92
- inibidores
- - irreversíveis, 94
- - proteases, 76
- isoenzimas, 98
- macanismo
- - ação serino proteases, 75
- - básico de catálise, 74
- modificação covalente, 93
- natureza química, 68
- pancreatite, 80
- proteolíticas (proteases), 148
- reação
- - catalisadas, 72
- - multissubstratos, 88
- regulação alostérica
- - carga energéticas da célula, 97
- - moléculas que sinalizam a disponibilidade de precursores, 97
- regulação por efetores alostéricos, 95
- significado do K, 86
- usadas como agentes terapêuticos, 74
- uso industrial, 69
- velocidade de formação do produto e consumo do substrato, 83
- velocidade de reações, 68
Epilepsia por dependência de piridoxina, 354
Epímeros, 103
Equação de Henderson-hasselbach, 27
Eritrócitos, 185
Eritrose-4-fosfato, 182
Escala de pH, 24
Escorbuto, 54, 79
Esfinganina, 293
Esfingolipídeos, 126, 287, 392
- síntese, 291

ÍNDICE REMISSIVO

Esfingolipidoses, 129, 283
Esfingomielinas, 126, 287
Esfingomielinase, 294
Esfingosina, 126, 287, 291
Espaço intermembranas, 230
Espécies reativas de oxigênio
   (ROS), 248
Espermina, 351
Esqualeno, 129
- monoxigenase, 306
Esqueletos carbonados dos aminoácidos,
   catabolismo, 343
- alanina, 345
- arginina, 346
- aspartato, 345
- cisteína, 345
- fenilalanina, 347
- glutamato, 345
- histidina, 346
- isoleucina, 347
- leucina, 347
- lisina, 347
- metionina, 347
- prolina, 346
- serina, 345
- tirosina, 347
- treonina, 346
- triptofano, 349
- valina, 347
Estabilização por ressonância, 141
Estados hipercatabólicos, 336
Estatinas, 314
Estearil-CoA dessaturase, 273
Esteatorreia, 160
Estereoisômeros, 4, 33
Ésteres de colesterol, hidrólise, 155
Esterificação do colesterol, 307
Esteroides, 130
- síntese, regulação, 321
Estômago, 146
- produção de HCl, 147
Estresse oxidativo, 249
Estrogênios, síntese, 320
Etanol
- inibição da gliconeogênese, 212
- metabolismo, 385
- - acetaldeído, 387
- - anormalidades, 388
- - destino do acetato, 387
- - regulação, 387
Etanolamina, 125
Etoricoxib, 301
Excreção de substâncias potencialmente
   nocivas, 16
Exercícios, metabolismo, 382, 385
Exocitose, 406
Expressão gênica, regulação
   transcricional, 211
Ezetimiba, 155

F

Fagocitose, 406
Farnesene, 129
Farnesil, prenilação, 306
Farnesil-pirofosfato, 306
Fator
- ativação de plaquetas (PAF), 288, 295
- crescimento, 430
- natriurético atrial, 41
Fenilalanina, 35, 148, 341
Fenilbutazona, 301
Fenilcetonúria (PKU), 349
Feniletanolamina-N-metiltransferase
   (PNMT), 355
Ferimentos, cura, 123
Fibras do colágenos, 54
Fibrilogênese, 54
Fibronectina, 57
Fibrose cística, 404
Fígado, 146
- gorduroso induzido pelo álcool, 389
- marcadores plasmáticos e enzimas
   utilizadas no diagnósticos, 80
- metabolismo, 376
Filoquinona, ver Vitamina K
Fitobilinas, 434
Fitoesfingosina, 126
Fitoestanóis, 155
Fitoesteroides, 155
Fitol, 129
Flavina
- fonte vitamínica, 71
- reação, 71
Flavoproteína de transferência de elétrons
   (ETF), 258
Fluvastatina, 314
Folha beta pregueada, 44
Força(s)
- eletromotiva, 231
- van der Waals, 9, 20, 47
Formação
- acetil-CoA, 176
- ATP a partir do 1,3-bisfosfoglicerato, 173
- oxaloacetato, 176
- piruvato, 174
- ramificação, 194
Fórmulas em perspectiva de Haworth, 105
Fosfatidil-4,5-bisfosfato (PIP2), 125
Fosfatidilcolina, 7, 125
Fosfatidiletanolamina, 125, 289
Fosfatidilglicerol, 125
Fosfatidilserina, 125
- síntese, 291
Fosfoenolpiruvato, 174
- carboxilase, 210
Fosfoéster, 140
Fosfofrutocinase, 171, 177
- 1(PFK-1), 178
- 2(PFK-2), 178

3-fosfoglicerato, 168
Fosfoglicerato
- cinase, 168
- mutase, 168
Fosfoglicerídeos, 125, 126, 287, 392
Fosfoglicomutase, 189, 192
6-fosfogliconato, 181
- desidrogenase, 181
6-fosfoglicono lactonase
Fosfoinositol, síntese, 291
Fosfolipases, 293
- A1, 293
- A2, 294
- B, 294
- C, 294
- D, 294
Fosfolipídeos, 124, 287
- âncoras de proteínas, 288
- ativação de enzimas, 288
- emulsificação, 287
- formação de membranas, 287
- fosfolipase, 293
- hidrólise, 156
- precursores de moléculas
   sinalizadoras, 288
- reações de remodelamento, 294
- remoção de radicais livres, 289
- síntese
- - esfingolipídeos, 291
- - fosfoglicerídeos, 289
- surfactantes, 288
Fosfoproteínas fosfatase, 178
Fosforilação
- fosfatidilinositol, 295
- frutose-6- a frutose-
   1,6-bisfosfato, 171
- nível do substrato, 141, 173
- oxidativa, 12, 229-251
- - cadeia mitocondrial transportadora de
   elétrons, 232
- - - complexo I, II, III e IV, 233-240
- - - energia livre da transferência de
   elétrons do NADH para o O2, 232
- - espécies reativas de oxigênio
   (ROS), 248
- - estrutura mitocondrial, 229
- - reações de oxidação-redução, 231
- - rendimento da oxidação completa da
   glicose, 247
- - reservatório de ligações fosfato de alta
   energia, 248
- - síntese de ATP, 240
- - - desacopladores da transferência de
   elétrons e termogênese, 244
- - - inibidores da transferência de
   elétrons, 244
- - - modelo quimiosmótico, 240
- - - número de ATP gerado via cadeia
   mitocondrial transportadora de
   elétrons, 242

- - - regulação da transferência de elétrons e fosforilação oxidativa, 243
- - - transporte ativo de ATP, ADP e Pi pela membrana mitocondrial, 242
- - - transporte de elétrons do citosol para a mitocôndria, 245
- - - troca de ligações de alta energia entre nucleotídeos, 247

Fosforilase
- cinase, regulação, 200
- hepática, 200
- muscular, 199

5-fosforribosil-pirofosfato, 342, 365
Fotofosforilação, 441
Fótons, 435
Fotorreceptores, 434
Fotossíntese, 433-447
- ciclo de Calvin, 444
- cloroplastos, 433
- reações
- - fixação do carbono, 442
- - luz, 436
- regulação da fixação de carbono, 445
- síntese de carboidratos, 446
Fotossintéticos, 10
Fotossistemas II e II, 435, 436
Frutocinase, 187
Frutose, 6
- 1,6-bisfosfatase, 171, 178, 184, 205, 210
- 1,6-difosfatase, 168
- 2,6-bisfosfatase-2(FBPase-2), 178
- 2,6-bisfosfato, 178
- 6-fosfato, 168, 178
- ciclização, 106
- defeitos no metabolismo, 188
- metabolismo, 187
Fumarase, 223
- constante de especificidade, 87
Fumarato, 223, 370
Furanose, 104

G
Galactocerebrosídeos, 127, 293
Galactocinase, 189
Galactose-1-fosfato uridiltransferase, 189
Galactosemia, 189
Galanina, 41
Gangliosídeos, 128
Gasto de energia, 143
- atividade física, 143
- repouso (GER), 143
Gastrina, 161
Genoma, 8
Geração
- energia, 13
- substâncias reguladoras, 16
Geranil-geranil, 306
Geranil-pirofosfato, 306
Geraniol, 129

Glicano transferase, 196
Gliceraldeído, 101
- 3-fosfato, 168, 182
- - desidrogenase, 168, 172
Glicerofosfolipídeos, 125, 287
Gliceroesfingolipídeos, 1127
- cerebrosídeos, 127
- gangliosídeos, 128
- globosídeos, 128
Glicerol, 209
- 3-fosfato
- - desidrogenase, 276
- - geração, 276
- - lançadeira, 245
Glicina, 34, 317, 339, 353
- abreviatura, 37
- pK, 37
Glicocerebrosídeos, 127
Glicocinase, 167, 170
Glicocolato de sódio, 153
Glicoconjugados, 115-118
- glicoproteínas, 115
- proteglicanos, 117
Glicoesfingolipídeos, 127
Glicogênese, 165, 192
- doenças do armazenamento, 201
- reações, 192
- - amilo (alfa-1,4-alfa-1,6)- transglicosilase, 194
- - enzima ramificadora, 194
- - formação de ramificação, 194
- - glicogênio a partir de UDP-glicose, 194
- - glicose-1-fosfato, 192
- - glicosil transferase, 195
- - pirofosfatase inorgânica, 193
- - uridina disfosfato glicose(UDP-glicose ou UDPG), 193
Glicogênio, 15, 54, 110, 165, 195
- doenças de armazenamento, 201
- fosforilase, 195
- hepático, 191
- ligações glicosídicas, 111
- peso molecular, 111
- pontos de ramificação, 111
- sintase, 194
- - regulação, 201
- tipo de polímero, 111
- unidades manoméricas, 111
Glicogenólise, 165, 195
- alfa-1,6-glicosidase, 196
- amilo (alfa-1,4-)glicano transferase, 196
- fosfoglicomutase, 196
- fosforilase
- - cinase, 198
- - hepática, 200
- - muscular, 199
- glicogênio fosforilase, 195
- glicose-6-fosfato translocase, 196
- manutenção dos níveis de glicose no sangue, 196

- proteína cinase A dependente de cAMP, 200
Glicolipídeos, 121, 127
Glicólise, 14, 165
- aeróbica, 165
- aldolase, 172
- anaeróbica, 165
- 1,3 bisfosfoglicerato, 172
- captação de glicose pelas células, 166
- destinos do piruvato, 175
- diidroxiacetona-fosfato, 172
- enolase, 173
- fosfofrutocinase-1, 177, 178
- fosfofrutocinase-2, 178
- 2-fosfoglicerato, 173
- 3-fosfoglicerato, 173
- fosfoglicerato
- - cinase, 173
- - mutase, 173
- fosfoproteína, fosfatase, 178
- frutose 1,6-bisfosfatase, 171
- frutose-1,6-bisfosfato, 174
- frutose-2,6-bisfosfatase, 178
- gliceraldeído-3-fosfato, 180
- - desidrogeocinase, 168, 172
- glicose-6-fosfato isomerase, 167
- hexocinase, 177, 179
- lactato desidrogenase, 175
- oxaloacetato, 176
- piruvato, 174, 175
- - cinase, 177
- proteína
- - cinase A dependente de cAMP, 178
- - dependente de AMP (AMPK), 179
- - PFK-2/FBPase, 178
- reações, 167, 180
- - clivagem da frutose-1,6-bisfosfato, 171
- - conversão do 3-fosfoglicerato em 2-fosfoglicerato (2PG), 173
- - desidratação do 2-fosfoglicerato e fosfoenolpiruvato (PEP), 173
- - formação de ATP a partir do 1,3-bisfosfoglicerato, 173
- - formação do piruvato, 174
- - fosforilação da frutose-6-fosfato a frutose-1,6-bisfosfato (FBP), 171
- - interconversão
- - - di-hidroxiacetona-fosfato (DHAP), 172
- - - gliceraldeído-3-fosfato, 172
- - isomerização da glicose-6-fosfato a frutose-6-fosfato (F6P), 171
- - oxidação do gliceraldeído-3-fosfato a 1,3-bisfosfoglicerato (1,3-BPG), 172
- - síntese de glicose-6-fosfato (G6P), 167
- regulação, 177
- - fosfofrutocinase-1 (PFK-1), 178
- - hexocinase, 179
- - piruvato cinase, 179

ÍNDICE REMISSIVO

- rendimento energético, 174
- triose-fosfato isomerase, 184
Gliconeogênese, 14, 165, 202
- inibição pelo etanol, 212
- precursores, 207
- - alanina, 208
- - cetoácidos derivado de aminoácidos, 209
- - glicerol, 209
- - glutamina, 208
- - lactato, 207
- reação, 203
- - fosfoenolpiruvato carboxicinase, 204
- - frutose 1,6-bisfosfatase(FBPse), 205
- - glicose 6-fosfatase, 205
- - piruvato carboxilase, 203
- regulação, 210
- - fosfoenolpiruvato carboxicinase, 210
- - frutose 1,6-bisfosfotase, 210
- - hormonal, 210
- - piruvato carboxilase, 210
- - transcricional da expressão gênica, 211
Glicoproteínas, 9, 115
- membrana, 396
- mucinas, 116
Glicosaminoglicanos, 112
Glicose
- 1,6-bisfosfato, 193
- 1-fosfato, 195
- 6-fosfatase, 196
- - translocase, 196
- 6-fosfato, 168, 205
- - desidrogenase, 181
- anaeróbico, reciclagem do NADH, 176
- constante de dissociação, 26
- conversão em acetil-CoA citoplasmática, 267
- fosfato isomerase, 168
- manutenção dos níveis no sangue, 196
- metabolismo, 165
- pK, 26
- reação, 169
- regulação, 177
- rendimento da oxidação completa, 247
- rendimento energético, 174
- síntese, 14
Glicosídeos cardíacos, 130
Glicosil transferase, 195
Glicosilceramida, 293
Glicosilfosfatidilinositol, 288
Globosídeos, 128
Glucagon, 254, 282
- regulação do metabolismo, 384
GLUT, 151, 166
Glutamato, 35, 150, 337, 345
- desidrogenase, 328, 330, 360
Glutamina, 16, 35, 208, 337
- abreviatura, 37

- formação, 330
- pK, 37
Glutationa, 41, 356
- peroxidase, 41, 185, 250
- reduzida, 185
Glútens, doença celíaca, 164
Gorduras, 124
Gráfico de Lineweaver-Burk, 87
Grânulos de zimogênio, 146
Grelina, 162, 163
Grupo
- heme, 59
- prostéticos, 42
Guanosina
- monofosfato, 366
- trifosfato, 142, 222

H

HDL, ver Lipoproteínas de densidade alta
Heme, 356
- degradação, 357
- síntese, 14
Hemiacetais, 104
Hemina, 356
Hemoglobina, 60
- estrutura, 60
- glicada, 63
Hemólise, 23
Heteroglicanos, 111
Heteropolissacarídeos, 112
- glicosaminoglicanos, 112
- peptideoglicanos, 113
Hexocinase, 139, 167, 170, 179
Hexoses, 101
- monofosfato, 180
Hialuram, 117
Hialuronato, 112
Hidratação da dupla ligação da enoil-CoA, 258
Hidrocortisona, síntese, 320
Hidrogênio, pontes, 9, 20, 47
Hidrolases, 69
Hidrólise
- ésteres de colesterol, 155
- extracelular de triacilgliceróis, 281
- fosfolipídeos, 156
- quilomícrons, 159
- triacilgliceróis, 153
- - redução, 160
L-beta-hidroxi-acil-CoA desidrogenase, 259
Hidroxi-metilglurail-CoA liase, 264
Hidroxi-metilglutaril-CoA sintase, 264
Hidroxilisina, 34
- abreviatura, 37
- pK, 37
Hidroxiprolina, 33, 34
- abreviatura, 37
- pK, 37

Hiper-homocisteinemia, 341
Hiperamonemia, 335
Hipoglicemia alcoólica, 388
Hipotálamo e controle hormonal, 163
Hipoxantina-guanina fosforribosiltransferase, 367
Histamina, 355
Histidina, 35, 342, 346
- abreviatura, 37
- pK, 37
HIV, inibidores de enzimas, 91
HMG-CoA
- formação, 263
- redutase
- - fosforilação, 314
- - proteólise, 314
- - regulação, 313
Holoenzima, 71
Homocistinúria, 340
Homoglicanos, 109
Homopolissacarídeos, 109
- amido, 109
- celulose, 110
- glicogênio, 110
- quitina, 111
Hormônio
- controle do apetite, 162
- - adiponectina, 162
- - amilina, 163
- - colecistonina, 162
- - grelina, 162
- - insulina, 163
- - leptina, 162
- - PYY-3-36, 162
- esteroides, síntese, 319
- estimulador dos alfas-melanócitos, 41
- folículo-estimulante (FSH), 116
- tireoide, 348

I

Ibuprofeno, 301
Icterícia, 357
Indometacina, 301
Inflamação, 300
Ingestão dos alimentos, regulação, 161
- adiponectina, 162
- amilina, 163
- colecistonina, 162
- grelina, 162
- insulina, 163
- leptina, 162
- PYY-3-36, 162
Inibidores
- 5-lipo-oxigenase, 301
- proteases, 76
- transferência de elétrons, 244
- tripsina pancreática, 149

Inibição enzimática, 88
- competitva, 89
- mista, 92
- não competitiva, 90
Inosina monofosfato (IMP), 366
Inositol, 125
Insaturados, 6
Insulina, 95, 163, 283
- regulação do metabolismo, 383
Integrinas, 57
Interações
- eletrostáticas, 9, 47
- hidrofóbicas, 21, 47
- não covalentes, 20
- - forças de van der Waals, 21
- - iônicas, 20
- - pontes de hidrogênios, 20
Interconverção do gliceraldeído-3 e da di-hidroxiacetona, 171
Integração do metabolismo, papel de cada órgão, 376
- fígado, 376
- tecido adiposo, 376
- músculos
- - cardíaco, 378
- - esquelético, 377
- - - estado bem alimentado, 38
- - - estado de jejum, 378
- - - exercício, 382
Interações interórgãos em diferentes estados fisiológicos, 376
- estado bem alimentado, 381
- exercício moderado, 382, 385
- jejum, 380
Intestino
- delgado, 146
- grosso, 146
Íon
- amônio
- - constante de dissociação, 26
- - incorporação em aminoácidos, 360
- - pK, 26
- di-hidrogenofosfato
- - constante de dissociação, 26
- - pK, 26
- dipolares, 33
- hidrogenofosfato
- - constante de dissociação, 26
- - pK, 26
- hidrônio, 23
- zinco, absorção, 160
Ionização da água, 23
Isocitrato desidrogenase, 178
Isoenzimas, 98
Isoleucina, 35, 347
- abreviatura, 37
- pK, 37
Isomaltose, 151
Isomerases, 69

Isomerização
- citrato a isocitrato via cis-aconitato, 221
- glicose-6-fosfato a frutose-6-fosfato, 171
Isômeros cis, 122
Isopentenil-pirofosfato isomerase, 306
Isoprenoides, 129
Isotérmicos, 135, 136

J

Jejum, metabolismo, 378, 380

K

Km, significado, 86

L

Lactase, 151
- deficiência, 151
Lactato, 175, 207
Lactose, 109
Lançadeira
- glicerol-3-fosfato, 245
- malato-aspartato, 246
Lecitina, 125
Leite humano, pH, 25
Leptina, 41, 162, 384
Leu-encefalina, 42
Leucina, 35, 148, 341, 347
- abreviatura, 37
- pK, 37
Leucotrienos, 298
- regulação do metabolismo, 301
Liases, 69
Ligação
- alta energia, 140
- - nucleotídeos, troca, 247
- fosfato de alta energia, reservatório, 248
- glicosídicas, 9
- peptídica, 39
Ligases, 69
Linfócitos, 64
Lipase, 69
- ácida lisossômica, 282
- controlada por hormônios, 254, 282
- endotelial, 282
- gástrica, 153
- hepática, 282
- intracelular, 282
- lingual, 153
- muscular, 282
- pancreática, 154
Lipídeos, 6, 121-133
- absorção, 157
- ácidos graxos, 121
- ceras, 124
- classificação, 121
- digestão, 153, 154

- esfingolipídeos, 126
- esfingolipidoses, 129
- fosfolipídeos, 124
- isoprenoides, 129
- membrana, 392
- transporte no sangue, 278
- triacilgliceróis, 123
Lipogênese, 266
Lipoproteínas, 121, 131, 278
- características, 281
- HDL (densidade alta), 131, 280, 310
- IDL (densidade intermediária), 280
- LDL (densidade baixa), 131, 280, 308
- - receptor, papel regulador, 314
- lipase, 159, 281
- - regulação da ativdade, 283
- metabolismo, 132
- quilomícrons, 131
- receptores, 312
- VLDL (densidade muito baixa), 131, 280, 308
Lipossolúvel, vitamina, 160
Lipoxinas (LX), 298, 299
Líquido
- interssticial, ph, 25
- intracelular, ph, 25
Lisil
- hidroxilase, 54
- oxidase, 55
Lisina, 35, 341, 347
- abreviatura, 37
- pK, 37
Lisozima
- valor do Km, 86
Lovastatina, 314

M

Macrófagos, ativação, 300
Macromoléculas
- classes, 9
- síntese de precursores, 14
Malato, 223
- descarboxilase ligada a NADP+, 271
- desidrogenase, 271
- oxidação a oxaloacetato, 223
Malonil-CoA, 267
Maltase, 150
Maltose, 108
Massa molecular, 5
Matriz mitocondrial, 230
Mecanismos catalíticos, 74
Meio circundante, termodinâmica, 136
Melanina, 348
Melatonina, 34, 349
Membranas biológicas, 391-407
- estrutura, 391
- glicoproteínas, 396
- lipídeos, 392
- proteínas, 395

ÍNDICE REMISSIVO

- transporte, 398
- - aquaporinas, 399
- - ativo, 401
- - canais iônicos, 399
- - disfunção do canal de íons e fibrose cística, 404
- - endocitose, 405
- - exocitose, 405
- - glicose, 403
- - passivo, 400
- - sistemas de cotransporte, 404
Menaquinona, ver Vitamina K, 160
6-Mercaptopurina, 92
Met-encefalina, 42
Metabolismo, 135, 136
- acetaldeído, 387
- ácidos graxos, 253-284
- - biossíntese, 266
- - de corpos cetônicos, 263
- - mobilização a partir de triacilgliceróis nos adipócitos, 254
- - oxidação mitocondrial, regulação, 262
- - oxidação, 256
- - regulação
- - - metabolismo dos tricilgliceróis, 283
- - - síntese, 274
- - transporte
- - - lipídeos no sangue, 278
- - - triacilgliceróis, 275
- aminoácidos, 325-362
- - esterócitos, 149
- corpos cetônicos, 263
- durante exercícios moderados, 382
- erros hereditários, 79
- estado bem alimentado, 381
- estado de jejum, 378
- etanol, 385
- - anormalidades, 388
- - regulação, 387
- frutose, 187
- galactose, 189
- glicogênio, 191
- glicose, 165-190
- - glicólise, 165
- - via das pentoses-fosfato, 180
- integração, 375-390
- intermediário, 11
- leucotrieno, regulação, 301
- monossacarídeos nos enterócitos, 152
- nitrogênio, função anormal, 335
- nucleotídeos, 363-373
- órgão, papel, 376
- - fígado, 376
- - músculo esquelético, 377
- - tecido adiposol 376
- regulação, 383
- - adipocitocinas, 384
- - adrenalina, 384
- - cortisol, 384

- - exercício, 385
- - glucagon, 384
- - insulina, 383
- triacilgliceróis, 275
- - regulação, 283
Metionina, 35, 148, 340, 347
- abreviatura, 37
- pK, 37
Metotrexato, 92
Micelas, 392
- mistas, 157
Michaelis-Menten, 84
Micronutrientes
- absorção, 160
- digestão, 160
Mioglobina, 58
Mitocôndrias
- estrutura, 229
- transporte de elétrons do citosol, 245
Modelo quimiosmótico, 240
Moléculas
- água, 19
- anfifílicas, 22
- derivadas de aminoácidos, 353
- híbridas, 9
- mioglobina, 58
- orgânicas
- - catabolismo, 13
- - degradação, 13
- - formação, 2
- sinalizadoras, 411
Monoacilgliceróis, 123
Monócitos, ativação, 300
Monossacarídeos, 6, 101-108
- ciclização, 104
- configuração, 102
- derivados, 107
- transporte para os enterócitos, 151
Monoterpenos, 129
Montelucaste, 301
Movimento da água, 22
Mucinas, 116, 147
Mucoproteínas, 115
Mureínas, 113
Músculos, metabolismo
- cardíaco, 378
- esquelético(s), 377
- marcadores plasmáticos e enzimas utilizadas no diagnóstico, 80
Mutarrotação, 106, 118

N

N-acetil-alfa-D-glicosamina, 107
N-acetil-D-galactosamina, 112
N-acetil-D-glicosamina, 112
N-acetilgalactosamina, 112
N-acetilglicosamina, 111, 112
N-acetilglutamato, 332

N-acetilglutamato, 334
NADH
- elétrons, energia livre da transferência para o O2, 232
- ubiquinona oxidorredutase, 233
NADPH, 135
- fontes para a síntese de ácidos graxos, 271
Neuropeptídeo Y, 41, 163
Neurotransmissores, 353
Neutrófilos, ativação, 300
Niacina, 349
Nicotinamida
- fonte vitamínica, 71
- reação, 71
Nitrogênio
- fixação, 358
- metabolismo, função anormal, 335
- remoção de aminoácidos, 326
Noradrenalina, 348
Nuclease estafilocócica
- constante catalíticas, 87
Nuclease estafilocócica, velocidade de reação, 68
Nucleosídeo-disfosfato cinase, 194
Nucleotídeos, 7, 363-374
- 5'-trifosfatos, 142
- ácido úrico, formação, 368
- biossíntese, 365
- catabolismo, 365
- ciclo purina, 369
- estrutura, 363
- pirimidinas
- - catabolismo, 373
- - síntese de novo, 370
- purinas, síntese de novo, 365
- troca de ligações de alta energia, 247

O

Obesidade, 161
Óleos vegetais, 124
Oligômeros, 48
Oligossacarídeos, 9, 108, 109
Órgãos que contribuem para digestão e absorção de alimentos, 145
- boca, 145
- estômago, 146
- fígado/vesícula biliar, 146
- intestino
- - delgado, 146
- - grosso, 146
- pâncreas, 146
Ornitina, 34, 334
- transcarbamoilase, 332
- - deficiência, 335
Orotidina descarboxilase, velocidade de reação, 68
Osmolalidade da água, 22

460 BIOQUÍMICA

Osteogenesis imperfecta, 54
Ouabaína, 130
Oxaloacetato, formação, 176
Oxidação
- ácidos graxos, 14, 256
- - ativação, 256
- - ativo para a matriz mitocondrial, transporte, 257
- - cadeia
- - - ímpar, 261
- - - média, 262
- - completa dos ácidos saturados, rendimento energético, 260
- - insaturados, 260
- - mitocondrial, regulação, 262
- - peroxissomos, 259
- - reação da beta-oxidação mitocondrial, 258
- - vias secundárias, 262
- cisteína, 39
- corpos cetônicos, 265
- gliceraldeído-3-fosfato a 1,3-bisfosfoglicerato, 172
- glicose (completa), rendimento, 247
- malato a oxaloacetato, 223
- piruvato a acetil-CoA e CO2, 217
- succinato para formar fumarato e FADH2, 223
Oxidase, 70, 184
Óxido nítrico, 356
Oxidorredutase, 69
Oxigênio, espécies reativas (ROS), 248
Oxitocina, 41
Oxygen burst, 185

P

Palmitoil tioesterase, 271
Palmodium falciparum, 62
Pâncreas, 146
- marcadores plasmáticos e enzimas utilizadas no diagnóstico, 80
Pancreatite, 80
- crônica, 160
Par ácido-base conjugado, 26
Pectinase, 69
Pelagra, 79
Penicilase
- valor do Km, 86
Pentoses, 101
Pepsina, 148
Pepsinogênio, 148
Peptídeo Agouti, 163
Peptideoglicano, 33, 113
- estrutura do núcleo, 114
Peroxissomos, oxidação dos ácidos graxos, 259
Petoses-fosfato, via, 165
pH
- escala, 24

- regulação, 28
- valores líquidos biológicos, 25
Pinocitose, 405
Piranose, 105
Piridoxal fosfoato
- fonte vitamínica, 71
- reação, 71
Pirilipina, 254, 283
Pirimidinas, 7
- regulação do metabolismo, 373
- via de recuperação, 372
Pirofosfatase inorgânica, 194
Pirofosfato de tiamina
- fonte vitamínica, 71
- reação, 71
Piruvato
- carboxicinase, 204
- carboxilase, 203, 210, 272
- - valor do Km, 86
- cinase, 168, 174, 179
- - hepática, 180
- destino, 175
- oxidação, 217
- redução a lactato, 175
PK
- ácido, 26
- - aspártico, 37
- - glutâmico, 37
- alanina, 37
- arginina, 37
- asparagina, 37
- cisteína, 37
- cistina, 37
- fenilalanima, 37
- glicina, 37
- glutamina, 37
- hidroxilisina, 37
- hidroxiprolina, 37
- histidina, 37
- isoleucina, 37
- leucina, 37
- lisina, 37
- metionina, 37
- prolina, 37
- serina, 37
- tirosina, 37
- treonina, 37
- triptofano, 37
- valina, 37
Plasma sanguíneo, pH, 25
Plasmina, 75
Polipeptídeos, 5
Polissacarídeos, 9, 109
- heteropolissacarídeos, 111
- homopolissacarídeos, 109
Politerpenos, 129
Pontes
- dissulfeto, 40
- hidrogênios, 9, 20, 47
Ponto isoelétrico, 36

Porfobilinogênio sintase, 357
Potencial de transferência de grupos fosforila, 140
Potencial redox, 251
Pravastatina, 314
Precusores de macromoléculas, síntese, 14
Pregnenolona, síntese, 319
Pressão osmótica, 23
Primeira lei da termodinâmica, 136
Príon-proteína, 55
Pró-ópio-melanocortina (POMC), 163
Produto iônico da água, 24
Progesterona, 320
Projeção de Fisher, 102
Prolil hidroxilase, 54
Prolina, 33, 338, 346
- abreviatura, 37
- pK, 37
Prostaglandinas, 296
- G/H sintase, 300
Proteases, 69, 148
- carreadoras, 230
Proteção das células epiteliais pelo muco, 146
Proteína, 5
- absorção, 147
- carreadora de acilas, 268
- central, 117
- cinase
- dependente de cAMP (PKA), 178, 282
- - - regulação, 200
- - dependente da AMP(AMPK), 179
- digestão, 147
- - enzimas, 147
- fosfatase 1 (PP1), regulação, 201
- globulares, 57-65
- - anticorpos, 63
- - hemoglobina, 59
- - mioglobina, 58
- ligadora de ácidos graxos (FABP), 157
- matriz extracelular, 53-57
- - adesão, 57
- - - celular, 57
- - colágenos, 53
- - elastina, 56
- - integrinas, 57
- membrana
- - transportadora de ácidos graxos, 255
- reguladora esteroidogênica aguda, 320
- relacionada com o receptor de LDL, 313
- transferência
- - colesterol esterificado (CEPT), 312
- - fosfolipídeos, 312
- - transportadoras de glicose, 166
- TRB3, 275
- troca entre as lipoproteínas na circulação, 312
Proteínas, 42-52
- chaperone, 48
- desnaturação, 49

ÍNDICE REMISSIVO

- dinâmica proteica, 49
- eletroforese, 51
- estrutura
- - primária, 43
- - quaternária, 48
- - secundária, 43
- - terciária, 46
- peptídeos como eletrólitos, 50
- PFK-2/FBPase-2 hepática, 178
- renaturação, 49
Proteoglicanos, 9, 117
- heparan-sulfato, 281
Protômeros, 48
Protoporfirina IX, 357
Prozac, 355
Purinas, 7
- regulação do metabolismo, 373
- vias de recuperação, 367
PYY-3-36, 162

Q

Queratona sulfato, 112
Quilomícrons, 131, 308
- formação, 157
- hidrólise, 159
- remanescentes, 155
- transporte de triacilgliceróis
   exógenos, 280
Quimo, 148
Quimotripsina, 68, 75, 76, 148
- valor do Km, 86
- velocidade de reação, 68
Quimotripsinogênio, 76
Quitina, 111

R

Radicais livres, remoção, 289
Reação(ões)
- acopladas, 142
- beta-oxidação mitocondrial, 258
- ciclo do ácido cítrico, 219
- complexo ácido graxo sintase, 268
- condensação, 4
- endergônicas, 138
- equilíbrio, 138
- exergônicas, 138
- fixação de carbono, 442
- glicólise, 167, 168
- - clivagem da frutose-1,6-bisfosfato, 171
- - conversão do 3-fosfoglicerato em
   2-fosfoglicerato (2PG), 273
- - desidratação do 2-fosfoglicerato a
   fosfoenolpiruvato (PEP), 174
- - formação de ATP a partir do
   1,3-bisfosfoglicerato, 173
- - formação do piruvato, 174
- - fosforilação da frutose-6-fosfato a
   frutose1,6-bisfosfato (FBP), 171

- - interconversão
- - - di-hidroxiacetona-fosfato
   (DHAP), 172
- - - gliceraldeído-3-fosfato, 172
- - isomerização da glicose-6-fosfato a
   frutose-6-fosfato (F6P), 171
- - oxidação do gliceraldeído-3-fosfato a
   1,3-bisfosfoglicerato (1,3-BPG), 172
- - síntese de glicose-6-fosfato
   (G6P), 167
- gliconeogênese, 203
- - fosfoenolpiruvato carboxilase, 204
- - frutose 1,6-bisfosfatase, 205
- - glicose 6-fosfatase, 205
- - piruvato carboxilase, 203
- luz, 436
- não oxidativa, 180
- oxidação-redução, 231
- oxidativa, 180
- - via das pentoses-fosfato, 181
Receptor(es)
- acoplados à proteína G, 299
- ativado por proliferação de
   peroxissomo, 263
- eicosanoides, 299
- lipoproteínas, 312
- SR-A, 313
- SR-B1, 313
Redox, 231
Redução do piruvato a lactato, 175
Regulação
- absorção, 161
- ácido cítrico, 224
- digestão, 161
- fosforilase cinase, 200
- glicogênio
- - fosforilase, 198
- - sintase, 201
- gliconeogênese, 210
- glicose, 177
- - hepática por metabólitos, 177
- HMG-CoA redutase, 313
- hormonal, 210
- ingestão dos alimentos, 161
- metabolismo
- - colesterol, 313
- - glicogênio, 197
- - leucotrieno, 301
- - triacilgliceróis, 283
- metabolismo, 383
- oxidação mitocondrial de ácidos
   graxos, 262
- proteina
- - cinase dependente de cAMP,
   (PKA), 200
- - fosfatase 1 (PP1), 201
- síntese dos ácidos graxos, 274
- transcricional da expressão
   gênica, 211
- transferência de elétrons, 243

Remodelamento
- fosfolipídeos, reações, 294
- lipoproteínas na circulação, 310
Rendimento energético da glicólise, 174
Repulsões eletrostáticas mútuas, 141
Retinal
- fonte vitamínica, 71
- reação, 71
Retinol, ver Vitamina A
Ribolose-5-fosfato
Ribose
- 5-fosfato, 180
- - epimerase, 182
- - isomerase, 182
- ciclização, 106
Ribozimas, 67
Ribulose
- 5-fosfato, 183
Rim, marcadores plasmáticos e enzimas
   utilizadas no diagnóstico, 80
RNA, 7, 8

S

S-adenosilmetionina (AdoMet), 350
Sacarose, 108, 151
Sais biliares, 153
Saliva, pH, 25
Sangramento, 302
Sangue, transporte de lipídeos, 278
Saturados, 6
Secreção biliar insuficiente, 160
Secretina, 148, 161
Sedoeptulose-7-fosfato, 182
Segunda lei da termodinâmica, 137
Serina, 35, 125, 338, 345
- abreviatura, 37
- hidroximetil transferase, 339
- pK, 37
Serotonina, 34, 355
Sesquiterpenos, 129
SGLT1 (cotransportador
   Na+/monossacarídeos), 151
Sildenafil, 92
Simporte, 404
Sinalização JAK/STAT, 423
Síndrome
- falcêmica, 62
- Hunter, 113
- Hurler-Scheie, 113
- Lesch-Nyhan, 367
- Maroteaux-Lamy, 113
- Morquio, 113
- Niemann-Pick, 293
- Sanfilippo, 113
- Sly, 113
- sofrimento respiratório do lactente
   (IRDS), 294
- Wernicke-Korsakoff, 389
- Zellweger, 259

Sinapase, 353
Síntese
- 1,25-di-hidroxicolecalciferol, 321
- - regulação, 323
- ácidos
- - biliares, 16
- - - regulação, 319
- - graxos, regulação, 274
- - palmítico a partir de acetil-CoA, 267
- aldosterona, 320
- androgênios, 320
- carboidratos, 446
- coleterol, 302
- corpos cetônicos, 263
- esfingolipídeos, 291
- esteroides, regulação, 321
- estrogênios, 320
- fator de ativação de plaquetas (PAF), 295
- fosfatidilcolina, 289
- fosfatidilserina, 291
- fosfoglicerídeos, 289
- fosfoinositol, 291
- glicogênio a partir de UDP-glicose, 194
- glicose
- - 1-fosfato, 192
- - 6-fosfato, 167
- hidrocortisona, 320
- hormônios esteroides, 319
- precursores de macromoléculas, 14
- - ácidos graxos, 14
- - glicose, 14
- - heme, 14
- pregnenolona, 319
- progesterona, 320
- proteinas, 177
- uridina disfosfato glicose (UDP-glicose ou UDPG), 193
Sinvastatina, 314
Sistemas
- clivagem da glicina, 347
- fosfoinositídeo, 125
- RS, 15
- sistemas-tampões de importância fisiologica, 31
- tampão
- - bicarbonato, 31
- - fosfato, 31
- - proteinas, 31
- - termodinâmica, 136
Sítio, enzimas
- alostéricos, 68
- ativo, 68
Solução
- hipotônica, 23
- isotônica, 23
Subastratos suicidas, 92
Substâncias
- P, 42
- potencialmente nocivas, excreção, 16
- reação lenta da anafilaxia (SRS-A), 298

Succinato, 222
- oxidação para formar fumarato e FADH2, 223
- ubiquinona oxidorredutase, 236
Succinil-CoA
- clivagem para formar succinato e GTP, 222
- formação, 222
Suco
- gástrico, ph, 25
- pancreático, pH, 25
Sulfas, 92
Sulfatídeos, 127
Sulfogalactosilceramida, 127
Sulfotransferase microssomal, 293
Superóxido-dismutase, 250
- constante de especificidade, 87
Surfactante pulmonar, 288

T

Talidomida, 12
Tampões, 28
Tamponamentos, 28
- par ácido fraco e sua base conjugada, 29
Taurina, 317
Taurocolato de sódio, 153
Taxa de metabolismo basal (TMB), 143
Tecido adiposo, metabolismo, 376
Termodinâmica, 136
- primeira lei, 136
- segunda lei, 137
Termogênese, 244
- sem tremor de frio, 245
Termogenina, 244
Terpenos, 129
Tetra-hidrofolato
- fonte vitamínica, 71
- reação, 71
Tetra-hidrofolato (THF), 352
Tetraterpenos, 129
Tetroses, 101
Tioforase, 265
Tiolase, 265
Tioneína, 161
Tirosilvaliltreonina, 40
Tirosina, 35, 148, 325, 341
- abreviatura, 37
- hidroxilase, 348
- pK, 37
Tiroxina, 34
Toxicidade do acetaldeído, 389
Transaldolase, 183
Transcetolase, 182
Transdução de sinal, 409-431
- fatores de crescimento, 430
- moléculas sinalizadoras, 411

- respostas
- - mediadas por receptores
- - - intracelulares, 413
- - - superfície celular, 414
- - tecido-alvo aos sinais, 413
Transferência de elétrons
- desacopladores, 244
- inibidores, 244
- NADH para o O2, energia livre, 232
- regulação, 243
Transferrina, 116
Transfulração, 340
Transglicosilase, 194
Transportadoras com cassete de ligação a ATP, 155
Transporte
- amônia para o fígado e rins, 330
- através de membranas, 398
- - aquaporinas, 399
- - ativo, 401
- - canais iônicos, 399
- - disfunção do canal de pions e fibrose cística, 404
- - endocitose, 405
- - exocitose, 405
- - glicose, 403
- - passivo, 400
- - sistemas de cotransporte, 404
- colesterol entre os tecidos, 307
- elétrons do citosol para a mitocôndria, 245
- lipídeos no sangue, 278
- triacilgliceróis, 275
Trasferases, 69
Treonina, 35, 341, 346
- abreviatura, 37
- desidratase, 328
- pK, 37
Treonina-desaminase
- valor do Km, 86
Triacilgliceróis, 16, 123
- adipócitos, mobilização
- - ácidos graxos, 245
- - regulação, 283
- geração a partir do ácido fosfatídco, 277
- hidrólise extracelular, 281
- metabolismo, 275
- - regulação, 283
- síntese intestinal, 278
- - regulação, 283
- transporte, 275
Tríade catalítica, 73
Triclosan, 272
Triose, configuração, 102
Triose-fosfato-isomerado
- constante
- - catalítica, 87
- - especificidade, 87
- velocidade de reação, 68

ÍNDICE REMISSIVO

Tripeptídeo, 40
Tripsina, 75, 148
Triptofano, 35, 148, 341
- abreviatura, 37
- pK, 37
Triterpenos, 129
Trombina, 75
Trombocitopenia, 123
Tromboxanos (TX), 298
Tropocolágeno, 54

U

Ubiquinol-citocromo C
    oxidorredutase, 237
Ubiquinona, 130
- redutase, 258
UDP
- galactose
- - epimerase, 189
- - pirofosforilase, 189
- glicose
- - 4-epimerase, 189
- - pirofosforilase, 189, 193
Úlceras, 302
Unidades de isoprenos, 129
Uniporte, 404
Urease bacteriana, 329
Ureia, 70
- biossíntese, 331
- elevada, 335
Uridina trifosfato (UTP), 142

Uridina-difosfato glicuronil transferase
    (UDPGT), 357
Urina, pH, 25
Urobilinogênio, 357
Uroporfirinogênio, 357

V

Valdecoxib, 301
Valina, 35, 341, 347
- abreviatura, 37
- pK, 37
Valinomicina, 33
Vasopressina, 41
Vesícula biliar, 146
Vias
- metabólicas, 11
- - anabólicas, 11
- - anfibólicas, 12
- - armazenamento de
    combustível, 15
- - catabólicas, 11
- - degradação ou catabolismo de
    moléculas orgânicas, 14
- - excreção de substâncias
    potencialmente nocivas, 16
- - geração de energia, 13
- - geração de substâncias reguladoras, 16
- - síntese de precursores de
    macromoléculas, 14
- pentoses-fosfato, 180, 187
- - células com maior necessidade

- - - NADPH de ribose-5-fosfato, 184
- - - ribose-5-fosfato que de NADPH, 186
- - reação
- - - não oxidativas
- - - oxidativas, 180
Vitaminas
- A, 160
- - deficiência, 390
- C(ácido ascórbico), 54
- D, 160, 321
- E (alfa-tocoferol), 130, 160
- K, 130, 160
- lipossolúveis, 160
Vitamínicas, deficiências, 78

X

Xantina oxidase, 368
Xenical, 160
Xilulose-5-fosfato, 182

Y

Y-carboxiglutamato, 34
Y-glutamilcisteinilglicina, 185

Z

Zileuton, 301
Zimogênios, 75, 94, 146
- gástrico, 95
- pancreáticos, 95
Zinco, absorção, 160